数学·统计学系列

The Process of the Revitalization of Motherland Mathematics
——Chinese Research of Elementary Mathematics Historical Talk

振兴祖国数学的圆梦之旅
——中国初等数学研究史话

● 杨学枝 杨世明 编著

哈尔滨工业大学出版社
HARBIN INSTITUTE OF TECHNOLOGY PRESS

内容提要

本书主要以历史的时间顺序为主线，介绍了中国初等数学研究中的成就，涵盖了从古至今的中西方数学家在相关领域的重要研究成果. 全书共分为三篇：第一篇序幕，第二篇初数登上大雅之堂，第三篇从今走向繁荣昌盛.

本书适合大中学生或数学爱好者参阅.

图书在版编目(CIP)数据

振兴祖国数学的圆梦之旅：中国初等数学研究史话/杨学枝，杨世明编著. ——哈尔滨：哈尔滨工业大学出版社，2015.6
ISBN 978-7-5603-5242-8

Ⅰ.①振… Ⅱ.①杨… ②杨… Ⅲ.①初等数学-数学史-中国-高等学校-教材 Ⅳ.①O12-092

中国版本图书馆 CIP 数据核字(2015)第 035459 号

策划编辑　刘培杰　张永芹
责任编辑　张永芹　张永文
封面设计　孙茵艾
出版发行　哈尔滨工业大学出版社
社　　址　哈尔滨市南岗区复华四道街 10 号　邮编 150006
传　　真　0451－86414749
网　　址　http://hitpress.hit.edu.cn
印　　刷　哈尔滨市工大节能印刷厂
开　　本　787mm×1092mm　1/16　印张 40.25　字数 789 千字
版　　次　2015 年 6 月第 1 版　2015 年 6 月第 1 次印刷
书　　号　ISBN 978-7-5603-5242-8
定　　价　98.00 元

1

出版一本初等数学研究的历史著作一直是我们初等数学工作者、爱好者的一个长期的梦想.把近三十年中,发生的、亲身经历的历史事件,亲手记录下来,呈现在大家面前,是一件很了不起的事.书中涉及的人和事,都是鲜活的、(大多数)还健在的,事情都是切身经历,亲自所为,记忆尚未消失,读起来一定倍感亲切.

除了第1篇前三章,是查阅历史资料之外,其余各章各节都是现场记录,据实而写.我们是自己写自己的历史,无虚无夸,是非曲直,一一亮出,没有他人的记录和想象.是想给后人留下一点真实.比如,为了尽可能反映真实,我们把每届会参会人员(名单)都写出来,论文都尽可能地列举出来了,每届会的开会过程、开幕词、闭幕词、纪要都列出来了.

2

20世纪七八十年代,眼见一股初等数学研究的春风,从祖国大地的东西南北中,从民间吹起,恰似"溪云初起日沉阁,山雨欲来风满楼"(许浑:"咸阳城东楼")之势.杨世明和庞宗昱两位顺势而发,先后写了三篇文章("初等数学研究问题刍议""再议""三议"),大力倡导初等数学研究,没想到引起全国各地初数爱好者的热烈回应.继之,成立全国首届交流会"筹备组""中国初等数学研究工作协调组",召开全国首届初等数学研究学术交流会.这是数学历史上第一次召开这样的学术盛会,开了数学史上初等数学学术会议的先河.

全国初等数学工作者,初等数学爱好者欢欣鼓舞,研究热情得到激发.

3

协调组的最初成员是周春荔、杨世明、庞宗昱、张国旺、杨学枝等五人.首届会在天津召开之后,由于种种原因,协调组的工作,落在了周春荔、杨世明、杨学枝的身上.现在,杨学枝、杨世明两人合作写出了《振兴祖国数学的圆梦之旅——中国初等数学研究史话》,理应由周春荔给写个序,我们把书稿发给他,因为对写法有意见,他没有写,但提出了他的意见和建议,我们部分吸纳了他的意见和建议.而本书的序(前言),就由我们自己来写.不过,这样也好,我们有机会向读者说一说心里话.

专门把初等数学作为学术研究的对象,这在数学的历史上,是从来没有过的,写一本初等数学研究历史的著作,也是第一次.但我们执意要把中国初等数学研究这段历史过程写出来,哪怕作为历史资料也好,把它留存下来,是非功过,留给后人评判.不知怎么写,按什么体例,就如实地写.免得事过久远,时过境迁,他人依据不完整的片面的资料"瞎写",这也是我们的目的之一.

现在,千千万万的初数爱好者,每天在初等数学这块宝地辛勤耕耘,为数学大厦添砖加瓦.初等数学研究,像一条小溪,渐成大流,时间逝去,再回头来看看今天的事业,会无限感慨,相信人们会为今天的事业称道.

4

然而,本书的写作亦有创新:比如,在数学史著作中,很少涉及数学哲学,我们却把数学哲学在我国的萌发,写进了数学史.事实上,我国数学的发展,从一开始就受到数学哲学的"指导"和关顾,而且在以后的发展进程中,再也没有中断过.本书着意分析了《周易》《老子》(道德经)中蕴含的数学思想,和它们在推动数学发展中的作用.

其次,在我国数学发展史上,出现了一种独特的现象——"小册子"现象,它兼数学的普及、大众化和数学的研究发展于一身,形成一道亮丽的风景线.著名数学家、数学工作者、名师,抓住数学中某一个有趣的小专题,上挂下联,适当展开,写成一本本小册子,深入浅出,妙趣横生,所用基础知识不多,中学生、大学低年级学生,争相阅读."小册子"出于课本,但又高于课本,对于数学教师、数学爱好者也有很强的吸引力.每一本书都一版再版.我们都是过来人,都是被"小册子"吸引过的.这种独特的"小册子"现象,对于数学普及、对于初等数学研究发展,都是功不可没的.

这种独特小册子现象,至今延续,长盛不衰.在我们初等数学研究的历史上,为它记下了重重的一笔.

5

中国数学发展的动力,按传统的说法,主要是"经世致用",即实用.现在发现,"赏玩"也是它发展的另一个动力.比如,孙子算题(有物不知数)、河图洛书(幻书)等,并没有什么实用价值,而大多数"民间算题",都是因其斗智、玩赏、竞技价值而存在、流传.

20世纪90年代以后,中国初等数学发展的动力,一是来自中国人自己提出的丰富的数学问题,再是靠陈省身猜想.21世纪中国将成为数学大国、数学强国,靠这一目标的强烈鼓舞作用,靠广大初数工作者、初数爱好者顽强决心、信心和爱国热情.

6

近30年来,我国的初等数学研究取得了哪些成果?请读者浏览一下本书的第11,12,13章,在那里,展示了诗样的论文目录,提的问题与课题,都是研究的新成果.特别是在这些"诗句"背后成长的大批数学人才,他们具有了提问题的能力,攻坚克难的能力,达到了参与研究的水平,对国家是十分珍贵的.

初等数学研究事业的兴旺发达,最大的赢家,是数学教育,初数研究的丰硕成果,极大地丰富了数学教育的素材,拓宽了数学教材的背景,最为重要的是,从初数研究中脱颖而出的一大批高水平数学教师,为教学水平的大幅度提高,奠定了基础.

7

清代诗人赵翼,有论诗绝句五首,其一首说

李杜诗篇万口传,至今已觉不新鲜.

江山代有人才出,各领风骚数百年

原"协调组"的五人耄耋老矣,为初数研究事业的持续传承发展,协调组早有准备,早在四届会期间,就成立了由年青人组成的"协调办事组",后经过三届研究会的持续且有序的工作,完成了由"协调组"向"初等数学研究会"的过渡.现在的理事会机构完整,功能齐全,成员都是有理想、有事业心、愿为初数研究事业贡献力量、干一番事业的年青人.第七、八、九届会,就是由他们主持的,办得井井有条.

我国的初数研究事业,还面临着许多困难.但是,有了这个理事会,有了一代又一代初数研究者决心和努力,我们的事业大有希望.

杨学枝 杨世明
2015年4月

1

第1篇 序幕

第一篇 气象

历史上的辉煌

第
1
章

中国是数学的故乡.

按数学史家们比较一致的看法是,世界有五大数学发祥地:中国、巴比伦与埃及、希腊、阿拉伯、印度,中国是其中之一.

§1 中国古代数学成就举要

中国广大劳动人民和知识分子、知名或轶名的数学家,用勤劳和智慧,撰写了辉煌的古代数学史,它博大精深、自成体系.中国数学的发展,自周至明以前(特别是汉、宋、元三代),历时1800余年,代表着世界数学的主流.那么,中国古代对数学的发展,到底做出了哪些贡献呢? 为了弄清这个问题,就要清理中国古代数学著作.据《中国数学简史》[6]编写组估计,流传下来的,就有2 100种之多,而由钱宝琮先生在他主编的《中国数学史》([1]、同时参考[2],[3],[4])中告诉我们:

1.1 算术方面

(1)计数方法:文字(如一、二、三、四、…、十、零)、数字、算筹、盘珠和手掌等各种计数法,空位(后发展为"0")的应用,同时发明和应用了位值制和十进制;

3

（2）整数的四则运算；九九歌、筹算－珠算口诀，包括加减口诀、乘法与归除口诀（以及从中演化的一掌金口诀）；

（3）分数、十进小数的计数方法和运算法则、运算律；

（4）各种算术应用题及其解法：行程问题、流水行舟、追及问题、比例（及比例分配）问题、工程问题、孙子问题及盈不足术，另有各种民间算题：百子问题、百僧问题、老人卖蛋问题、隔墙算等.

（5）非十进数的应用. 如 16 进制（1 斤＝16 两），斤两互化歌为

一退六二五，二一二五，三一八七五，四二五，

五三一二五，六三七五，七四三七五，八五，

九五六二五，十六二五，十一六三七五，十二七五，

十三八一二五，十四八七五，十五九三七五，十六一斤

（相当于 $\frac{1}{16}=0.062\,5$，$\frac{2}{16}=0.125$，$\frac{3}{16}=0.187\,5$ 等）60 进制（如角度、时间，还有干支记日、记年；二进制数（八卦中的卦画，以"－"（阳爻）表 1，"－－"（阴爻）表 0，那么一个"卦"都是一个二进制数）的应用.

（6）初等数论. 自然数的初等性质，如奇数偶数、合数素数、约数倍数、公约数、公倍数（以及在通分、约分中的应用）、更相减损术、同余式与不定方程、中国剩余定理、二次不定方程 $x^2+y^2=z^2$ 的通解公式与勾股数组等.

（7）组合、拓扑思想的萌芽. 如卦画的结构、杨辉三角、河图洛书与纵横图（幻方）、象棋围棋（及大量民间杂棋）、纸牌麻将、中国古环（九连环、歧中易及其变形华容道等，大量拓扑益智游戏）、迷宫、拣石子游戏等.

1.2　几何方面

（1）面积、体积的计算. 建立和使用了大量的公式，即方田术（矩形计算）、圭田、箕田（梯形）、圆田（圆形）、弧田（弓形）等面积的计算（公式）；方堢铸（正四棱柱）、圆堢铸（圆柱）、方锥（正四棱锥）、圆锥、方亭（正四棱台）、圆亭（圆台）、堑堵（底面为直角三角形的直三棱柱）、阳马（底面为矩形、一条侧棱垂直于底面的四棱锥）、鳖臑（底面为直角三角形、一侧棱垂直于底面的三棱锥）以及羡除、刍童等的体积计算（公式）.

（2）相关的原理：有出入相补原理、刘徽－祖暅原理（幂势既同，则积不容异）.

（3）勾股定理、弦图及数十种勾股图证方法、三斜求积公式.

（4）割圆术与圆面积公式，缀术、求 π、开立圆术与球体积公式（对"缀术"的破解）、连分数方法.

（5）相似直角三角形（其他用到相似斜三角形）及比例的应用，重差术与三

4

角比的应用.

1.3 代数方面

吴文俊先生在文献[8]中说,"代数学无可争辩地是中国创造的,这从《九章算术》等书中可以看出.可以说在 16 世纪以前,除了阿拉伯某些著作之外,代数学基本上是中国一手包办了."下面的表 1,做了一些对比.

表 1 中国与国外数学方法的对比

	中 国	国 外
位值制十进位计数法	最迟在《九章算术》成书时已十分成熟,成书于公元一世纪左右.	印度最早在 6 世纪末才出现.
分数运算	《周髀算经》中已有,在《九章算术》成书时已成熟.	印度最早在 7 世纪才应用.
十进位小数	刘徽注中引入,宋秦九韶在 1247 年时已通行.	西欧 16 世纪时始有之,印度没有.
开平方、立方	《周髀算经》中已有开平方,《九章算术》中开平、立方已成熟.	西方在 4 世纪末始有开平方,但还没有开立方,印度最早在 7 世纪.
算术应用	《九章算术》中各种类型的应用问题.	印度 7 世纪后的数学书中有某些与中国类似的问题与方法.
正负数	《九章算术》中已成熟.	印度最早见于 7 世纪,西欧至 16 世纪始有之.所谓公元 3 ~ 4 世纪 Diophantus 有正负数规则之说是有问题的.
联立一次方程组	《九章算术》中已成熟,并有了"矩阵""行列式"思想萌芽.	印度 7 世纪后开始有一些特殊类型的方程组.西方迟至 16 世纪始有之.
二次方程	《九章算术》中已隐含了求数值解法、图解法.三国时有一般求解法(公式).	印度在 7 世纪后.阿拉伯在 9 世纪有一般求解法.
三次方程	唐初(公元 7 世纪初)有列方程法、求数值解已成熟.	西欧至 16 世纪有一般解求法、阿拉伯 10 世纪有几何解.
高次方程	宋时(12 ~ 13 世纪)已有数值解法.	西欧至 19 世纪初始有同样解法.
联立高次方程组与消元法	元时(14 世纪初)已有之.	西欧甚迟,估计在 19 世纪.

1.4 在历法中应用的数学

如调日法、线性与二次插值法、三次内插与外推、垛积术与招差术、高阶等差数列方面的工作.

5

1.5　奠定数学基础的工作

这方面的工作,常常是被数学史家们(的传统观念)忽视了的,但十分重要,我们将在§3中详述,包括:

(1)周易、老子、墨子、庄子中,萌发的数学哲学、数学思想萌芽,建立概念的尝试;

(2)推导与证明的思想、"名家"的逻辑思想、《老子》中的公理化思想,赵爽弦图数形结合思想与证明思想,刘徽《九章注》与公式的推导、证明;

(3)割圆术－无限逼近思想、极限萌芽.

总而言之,中国古代数学,"成果"丰富而全面:它的发生发展,几乎涵盖了算术、几何、代数中,所有最基本的东西,通过"算经十书"等整合,几乎满足了当时教学、日用、工、商、税务、水利工程和历法编制等方面的需要,还出现几部初等数学(某一分支专题或某一应用领域)专著,如《数书几章》(秦九韶)、《梦溪笔谈》(沈括)、《测圆海镜》(几何专题、方程术)、《四元玉鉴》(多元方程组专著)、《算法统宗》(商用算法、珠算书专著)等.

研究的成就还包含了数形结合思想(宏观层次的,未向微观发展)、记数方法位值制思想,严谨定义和演绎证明的思想(未能向公理体系发展)、极限思想、符号化思想(天之术、四元术 —— 未能发展到系统符号化)、由实用向理论、向玩赏发展的思想萌芽,由于社会实践还没有向数学提出更高的要求,这些萌芽未能发展壮大,是十分可惜的.

§2　数学著述、数学家

这一节我们主要以数学著作和数学家为线索,具体地阐述我国古代数学成就.然而,中国古代数学著作到底有多少?

李约瑟在他的著作[3]中说:"1898年编的《古今算学丛书》仅在第三集中重印的著作,就有73种,李俨发表的他个人的藏书目录,其中所列出的大约有450种.

18世纪末(1795～1799),由阮元和李锐编纂的《畴人传》46卷出版.畴人是有专业知识、世代相传的人.天文、数学的发展是有继承性的,所以他们的传记称为《畴人传》.《畴人传》记录了从黄帝时期到嘉庆四年已故天文学家和数学家270余人,其中有著作传世的不足50人.

后罗士琳撰《续畴人传》6卷,收入1799年后的数学家44人.

《畴人传》是为数学家立传的著作,是数学史的重要组成部分.

6

待到明清两代,中国古代数学发展基本停滞,但撰文著书的则大有人在,据李俨在《中算史论丛》中透露,著书者有 650 余人,著作 1 300 余种,多无创见.

2.1 《九章》以前的数学著作

(本小节内容主要参考(文献[5])

(1) 西汉《算术》作者许商、杜忠,《汉书·律历志》称(见"备数"一节):"其法在算术,宜于天下,小学是则,职在太史,羲和掌之". 根据刘歆"七略"写成的《汉书·艺文志》录有《许商算术》二十六卷,《杜忠算术》十六卷,至迟成书于西汉末年.属于推算历法之用的一些数学方法,被《艺文志》列入"数术"略之"历谱"中.而"历谱"按班固(公元 32— 公元 92)的解释为"序四时之位,正分至之节,会日月五星之晨,以考寒署杀生之实,…… 此圣人知命之术也."

(2) 竹简《算数书》.1983 年,于湖北省江陵市张家山三座西汉前期墓葬中,出土了 1 000 余枚汉简,其中 500 枚为"汉律",与文献对照,知为汉初萧何制定之法律,此外还有"脉书""引书""历谱""日书""遗册"等多种文献;奇妙的是,其中 180 余枚,是一部数学著作《算数书》,已清理出来的小标题有分乘、增减分、相乘、含分、经分、里田、金价、程禾、石街、少广、方田、出金、铜耗、贾盐、息钱、负炭等 60 余个.小标题下或有一应用题、或有一计算题、或无题只有法则;有 20 多个无题目的小标题.全书共 80 多道题,内容是与当时社会有关的问题,涉及分数运算法则.结构与《九章》类似,内容已全部包含在《九章》之中了,但比《九章算术》成书要早二三百年.

(3)《周髀算经》,原名《周髀》.髀,大腿骨,因此,它是周代刻在骨头上的数、理、天文学著作.非一人所为,唐初李淳风等人整理,并将其列入"算经十书",改称《周髀算经》.书中内容可追溯到西周初年,经历代增补,于公元前 100 年前后成书.

《周髀》通过对周公问"数安从出"的回答,叙述并证明了"勾股定理"(比希腊毕达哥拉斯学派早 600 多年);它又通过陈子与容方对话的形式,记述了秦人推求圆周率的一般方法,并取 $\pi \approx 3$. 并在"盖天说(其言'天象盖笠,地法覆盘')"的宇宙模型,建立"日高公式",运用了复杂的分数计算,应用了相似直角三角形.

传本《周髀》有赵君卿注、甄鸾重述和李淳风等注释.

赵君卿(赵爽)是三国时吴人,作注(在公元 222 年之后),并著"勾股圆方图说"(附于卷一之后),首创"弦图",依之严格证明了勾股定理,推证了二次方程求解法则,并补绘了"日高图"和"七衡图".

甄鸾字叔遵,无极(汉北无极县)人,曾撰"天和历"(公元 556 年颁行),他对《周髀》书中数字运算进行了清理;

李淳风等人,一是批评了书中的缺点,二是改正了甄鸾的"勾股圆方图说"的曲解,并重构了盖天说算法模型,创立"斜面重差术"(斜三角形相似).

2.2 《九章算术》

(1)《九章算术》是"算经十书"中最重要的著作,萌生于先秦,集我国秦汉以前数学之大成,经长期积累,由汉北平侯张苍和大司农耿寿昌删补、加工,于公元前后定本.全书共246个题目,每题均由题-答-术(草)构成,题目按内容划分为九章,其为:

第一章"方田":主要讲述了平面几何图形面积的计算方法.包括长方形、等腰三角形、直角梯形、等腰梯形、圆形、扇形、弓形、圆环这八种图形面积的计算方法.另外还系统地讲述了分数的四则运算法则,以及求分子分母最大公约数等方法.

第二章"粟米":谷物粮食的按比例折换;提出比例算法,称为今有术;衰分章提出比例分配法则,称为衰分术.

第三章"衰分":比例分配问题;介绍了开平方、开立方的方法,其程序与现今程序基本一致.这是世界上最早的多位数和分数开方法则.

第四章"少广":已知面积、体积,反求其一边长和径长等.

第五章"商功":土石工程、体积计算;除给出了各种立体体积公式外,还有工程分配方法.

第六章"均输":合理摊派赋税;用衰分术解决赋役的合理负担问题.今有术、衰分术及其应用方法,构成了包括今天正、反比例、比例分配、复比例、连锁比例在内的整套比例理论.

第七章"盈不足":即双设法问题;提出了盈不足、盈适足和不足适足、两盈和两不足三种类型的盈亏问题,以及若干可以通过两次假设化为盈不足问题的一般问题的解法.

第八章"方程":一次方程组问题;采用分离系数的方法表示线性方程组,相当于现在的矩阵;解线性方程组时使用的直除法,与矩阵的初等变换一致,这是世界上最早的完整的线性方程组的解法;这一章还引进和使用了负数,并提出了正负术 —— 正负数的加减法则,与现今代数中法则完全相同;解线性方程组时实际还施行了正负数的乘除法.

第九章"勾股":利用勾股定理求解的各种问题.其中的绝大多数内容是与当时的社会生活密切相关的.提出了勾股数问题的通解公式.

(2)成就与影响."方田"章在世界上最早提出系统的分数四则运算的法则和各种图形的面积公式;"粟米""衰分""均输"提出比例及比例分配问题的算法;"少广"章提出世界上最早的完整的多位数开平方、开立方的算法(程序);

8

"商功"章创立了多面体的体积理论,发现了多种立体的体积公式和工程分配方法;"盈不足"章解决盈亏问题,创立盈不足术;"方程"章则创立了世界最早的线性方程组的解法,提出了正、负数概念及加减法则;"勾股"章除给出一般勾股定理之外,还致力于解决勾股形和简单测望问题,竭尽应用之能事.

《九章算术》在整数性质、分数理论、比例算法、开方术、面积体积计算、盈不足算法、线性方程组解法、正负数概念及其加减法则,勾股定理及其应用等方面,都取得了当时世界领先的成就,并对中国古代数学格局产生了决定性的影响.尔后的中国数学家,都按"九章"模式进行著述,遵循其方法、体例及术语,成为近 2 000 年"中算家"奉行的规范,许多数学成果,都可从"九章"中找到源头.

利耶? 弊耶? 待下面评说.

(3)注释风潮.《九章算术》成书后,"注"家蜂起.如东汉马续、列洪、郑玄、徐岳、王粲、阚泽、吴人陈炽等,都通过《九章》,对以其为代表的传统数学理论研究起了助推作用.尔后魏人刘徽精心研读《九章》,并将自己的心得体会、思想火花、真知灼见,以"注解"形式撰写出来,终于景元四年(263 年)完成了一部《九章算术注》,他积前人之大成,在书中展示了他的发明发现:割圆术、牟合方盖、截面原理、重差理论等.以后注《九章》的,又有南北朝的祖氏父子、北周甄鸾、唐李淳风、北宋贾宪、南宋杨辉、清人李潢等,其中又以李淳风注最为有名,但创见不多.

(4)刘徽的贡献[4].刘徽,淄乡(今山东邹平或淄川)人,生活于公元 3 世纪,中国古代数学理论体系的奠基人之一.杰作《九章注》和《海岛算经》,现有各种传本问世,十分宝贵.刘徽曾被封为"淄乡男",任过魏仪同之职,官小职微,经传无名,是地道的"布衣"数学家.

刘徽博览群书,善于思考,思维极富创造性.他在《九章算术注》的"序"中说:"幼习《九章》,长再详览.观阴阳之割裂,总算术之根源,探赜之暇,遂悟其意.是以敢竭顽鲁,采其所见,为之作注".可见,刘徽研读《九章》,逐一解答和思考每个问题,深得数学研究之要领,并逐渐形成正确的思想和观念.在注重实用的中国传统数学的基础上,开辟了理论化研究的道路.他认为,多种数学对象,虽然形式多样,但互相关联,总可归类,对某些解答方法,引而伸之,"触类而长",可用于解同类或相近之题;他重视理论概括和提炼,追本溯源,构建最基本的概念和原理,形成"理论"系统,对每个结果和理论的成立都尽可能严格论证,而论证又需有据,因为"不有明据,辨之斯难".

首先,他改变了《九章》中,对名词术语"约定俗成"的惯例,对许多重要概念做了界定,如"率"的概念和基本性质,做了界说和概括,又如正负数、方程、幂、开方、阳马、勾、股、弦等也做了界定.这些定义,内容清晰、逻辑严谨,成为推理论证的坚实基础.

另外,刘徽对《九章》中的公式、解法采用剥离其具体内容,做一般叙述,从而形成"术"(一般方法、公式或命题),然后予以证明.归纳,也有演绎,在推理中"图形分析"起到了至关重要的作用,也就是他主张的"析理以辞,解体用图""数形结合"运用精当.论证中多用综合法,也用分析法,则大多与综合法并用.刘徽治学,严谨求实,勇于开拓,"师古而不拘泥于古",富有批判精神,对待疑难从不虚夸,采用审慎求真的态度.他解题不是为解而解,而是以"概括数学基本概念、提炼基本原理、摸清数学理论体系"为目标,对中国古代数学理论做出了奠基性的贡献,是无人可以比拟或替代的.刘徽的贡献,主要有如下几个方面:

① 关于数系理论方面.以比率概念为基础,建立了分数运算理论;用"两算得失相反"阐明正负数运算法则;从开方意义出发论述不尽方根(无理数)的存在及其运算性质;发现"求微数法",以十进分数逼近无理数.从一定意义上讲,刘徽已构建了实数系.

② 在算法理论方面.刘徽建立了由比率到方程的一系列筹式演算的统一理论,从遍乘、通约、齐同三术(基本演算)出发,构建了《九章》中"算草"的一般基础,实现了计算的模式化和程序化.

③ 在几何方面.主要是通过建立"出入相补原理""幂势等积原理"和"割圆术",奠定了求积(求精确的面积、体积公式)的理论基础.构造了"牟合方盖"为球体积公式的推导展现了成功的前景;刘徽的极限思想和在求积理论方面的成就,使中国数学家走到了微积分的大门口.

④ 在勾股测量方面.提出了"不失本率原理",实际上建立了相似勾股形定理.在《海岛算经》中,把我国的测望之术推向顶峰.

2.3　秦汉数学著作:《算经十书》

唐显庆元年(公元 656 年),李淳风与国子监算学博士梁述、太学助教王真儒等人奉诏整理注释《算经十书》,作为教材和"明算"科考依据.《算经十书》即《周髀算经》《九章算术》《海岛算经》《孙子算经》《夏侯阳算经》《张邱建算经》《缀术》《五曹算经》《五经算术》和《缉古算经》.除前两种外,其余八种分述如下:

《海岛算经》,这是刘徽《九章注》的第十卷,由九个测量问题构成,叙述了他关于重差术的三个基本方法:重表法、连索法和累矩法,是中国最早的一部测量学专著,不用"阳光"用"目光",运用了"三点共线"原理.

《孙子算经》三卷,约成书于四五世纪.上卷叙述筹算乘、除法,中卷叙述分数与开方法,下卷为应用题.最著名的如"今有物不知数""鸡兔同笼"等成为"流行"算题,其解导致"一次同余式组"解法和求解理论的研究,导致"中国剩余定理".

后程大位《算法统宗》中给出"求同歌诀"

三人同行七十稀,五树梅花廿一枝,

七子团圆正半月,除百零五便得知

20 世纪 50 年代,经华罗庚在《从孙子的神奇妙算谈起》一书的开发,所获"孙子－华罗庚"原则,在现代数学中派上了大用场.

《夏侯阳算经》三卷,夏侯阳著,年代在 5 世纪中叶前,83 题,历述筹算乘除捷法,推广了十进小数的应用.

《张邱建算经》清河张邱建著,成书约在 5 世纪中叶,南北朝时期,现存 92 个问题,内有等差级数、大公约、小公倍、二次方程等应用题,最后的"百鸡问题"是中国数学史上最早的不定方程问题.

《五曹算经》是北周甄鸾为地方行政职员编写的算术课本,由田曹、兵曹、集曹、仓曹、金曹五组题目共 67 题及浅近解法构成.

《缉古算经》(一卷),唐王孝通撰并注,书中收入 20 个问题,首次提出并解了开带从立方(即求三次方程正根)问题,那时尚无天元术,求解高次方程,都用复杂的几何方法,书中涉及 28 个正系数三次方程问题.

《五经算术》北周甄鸾撰. 书中对《易经》《诗经》《尚书》《周礼》《仪礼》《礼记》《论语》《左传》等儒家经典的古注中,与数学计算有关的地方加以详解,对后世经学研究有助益,但就数学内容而论,意义不大.

《缀术》为南北朝时期的父子数学家祖冲之、祖暅所著但已失传,代表了他们在数学方面的辉煌成就. 钱宝琮先生认为[1]:祖冲之钻研了《九章算术》刘徽注之后,认为数学还应该有所发展,他写成数十篇论文,附缀于刘徽注之后,叫它"缀术",也就是他的"九章注". 他在 33 岁以前,对于圆周率和球体积已有深入地研究,并发现了不等式

$$3.141\ 592\ 6 < \pi < 3.141\ 592\ 7$$

和 π 的近似值(密率):$\frac{355}{113}$. 并发展了开立圆术和带从开方法. 祖暅继承父业,进一步钻研此法,写成了《缀术》六卷,内容更加丰富精准. 如刘徽已知"球体积 $= \frac{\pi}{4} \times$ 牟合方盖体积". 但不知后者体积公式,《缀术》解决了这个问题,运用"截面原理"求出了球的体积公式. 以后,人们想尽各种办法希望理解《缀术》,直到 20 世纪末,江苏省盐城市王能超教授,才破解了它,他的结果是令人佩服的,本书将予以介绍.

除算经十书外,其他汉唐算书还有汉徐岳的《数术记遗》、董泉的《三等数》、信都芳的《黄钟算法》、刘祐的《九章杂算文》、阴景愉的《七经算术通义》、江本的《一位算法》、陈从远的《得一算经》、张遂的《心机算术核》等.

2.4 宋元算书

宋元是中国古代数学辉煌的时期. 在 13 世纪下半叶,仅短短几十年就出现了李冶、秦九韶、杨辉、朱世杰等四位有成就的数学家.

《数书九章》宋秦九韶著,1247 年成书,全书 81 题,分为大衍、天时、田域、测望、赋役、钱谷、营建、军旅和市易九大类(章). 原名《数术大略》. 其主要研究成果是关于一次同余式组解法的"大衍求一术",以及高次方程数值解的增乘开方法,都是当时的世界领先成果,富有中国古算的程序化特色.

《测圆海镜》与《益古演段》是李冶的两部天元术著作,前者 12 卷,著于1248 年,围绕一座圆城测量提出 170 个几何—方程问题,由于预定了解答,错失探索解法的机会. 卷首 692 条"识别杂记",列举勾股形各边及其和、较、积与圆的关系,每条相当于一个命题,不仅几何内容丰富,且有了演绎推理的倾向. 《益古演段》三卷作于 1259 年,该书是对蒋周的《益古集》进行通俗化的著作.

《详解九章算法》12 卷,杨辉著于 1261 年,现存已残缺. 据其"自序"可知,该书除从《九章》中取出 80 问加以详解外,又另增"图""乘除""纂类"三卷,并搜集和征引了不少珍贵数学史料,如贾宪的"开方作法本源图",即在"少广"章被引用. 在方法上除运用"图"和"草"详释《九章》中的解法之外,还用"比类"(即类比、归纳和推广)研究方亭、方锥、堑堵、鳖臑等各种堆垛,开了高阶等差数列研究的先河.

到 20 世纪,数学家华罗庚著《从杨辉三角谈起》一书更把此种方法推广到极致.

《杨辉算法》是杨辉晚期三部著作《乘除通变本末》(3 卷,著于 1274 年)、《田亩比类乘除捷法》(2 卷,1275 年)、《续古摘奇算法》(2 卷,1275 年)的总称,前两部包括各种实用算法,最后一种则是各类纵横图的列举和讨论.

《算学启蒙》与《四元玉鉴》是朱世杰的著述. 成书于 1299 年和 1303 年,前者 3 卷,20 门共 259 问,从乘除口诀和计算开始,到面积、体积、比例、开方、高次方程,由浅入深,评述方法,是很好的数学启蒙读物. 后者 3 卷,288 问,分 24 门讲述,以天、地、人、物表未知数,系统地介绍了二、三、四元高次方程的布列和解法. 并抓住了解法的关键 —— 消元转化(为一次方程). 然后用增乘开方法. 《四元玉鉴》又一杰出成就 —— 垛积、招差术,前者是高阶等差数列求和,后者则是高次内插法.

可见,朱世杰已站到了"代数学"的大门口,然而未想到用(选设)简单的符号代表数去进行系统地符号化,没有能让符号进入算结式,因而未能对相关内容,进行一般化的理论研究,十分可惜.

其他宋元算书:

对增乘开方法做出贡献的,有佚名之作《释锁算书》、贾宪的《黄帝九章算法细草》、刘益的《议古根源》等;对天元与四元术有所增益的,则有蒋周的《益古集》、李文一的《照胆》、石信道的《铃经》、刘汝谐的《如积释锁》、李德载的《西汉群英集臻》、刘大鉴的《乾坤括囊》等.书名新颖别致,但掩盖了其数学内容之陈旧贫乏,则属失着.还有一些算书,如蒋舜元的《应用算法》、曹唐的《曹唐算法》、韩公廉的《九章勾股测验浑天书》、杨云翼的《勾股机要》、丁巨的《丁巨算法》、贾亨的《算法全能集》、陈尚德的《石塘算书》、彭丝的《箕经图解》、安止斋与何平子的《详明算法》、谢察微的《发蒙算经》、杨鉴的《明微算经》等,从名目上面可知,属于实用或教学用书.还有一些虽非专门讲数学,但含有很多数学内容的著作,如沈括的《梦溪笔谈》等.

2.5　明清算书举要

明清(特别是清代)算书汗牛充栋,但有新意者不多,仅列举如下数种,至于相应编著者的数学成就,待下一章予以述评.

《九章算法比类大全》,明吴敬撰成于1450年,共10卷,前9卷对应《九章算术》各章.每卷先从杨辉《详解九章算法》等书中引出若干道"古问",然后仿杨辉进行"比类".第10卷专论"开方",运用的则是北宋早期的立成释锁法,书中提到了珠算加减法口诀.

《通证古今算学宝鉴》,明王文素撰,42卷,前30卷完成于1513年,后20卷完成于1522年.作者遍采众家,广为搜集各类算题1 000余道,并仿杨辉、吴敬进行"比类",关键处有自己的评述.在曲边图形面积、圆的有关命题、勾股算术、纵横图方面有所发挥.

《律学新说》《律吕精义》《算学新书》,明朱载堉著,三书共25卷,分别于1584年,1596年和1603年完成.阐释了朱载堉所创"十二平均律"理论,通过25位数的四则与开方运算,显示了当时数学由筹算过渡到珠算之后仍继承程序化、算法化的传统.还讨论了"黍律"尺的数量关系(相当于九、十两种进位制下小数的换算).《算学新书》则"选了"八十一竖档的大算盘,进行大数运算,还应用了指数定律和等比数列的知识,由于作者离开了通用的数学语言,他的工作鲜为人知.

《算法统宗》及其《纂要》.前者17卷,明程大位于1592年撰成,全书592题,多摘自各家算书,以论珠算方法为主.后五卷则以优美的诗歌形式,表述难题及其解法,它们多搜集于民间,在改编中多有创新(如对孙子算题的歌诀:三人同行七十稀……),对数学的传播,起到了重大的作用.特别是《算法纂要》中列举的"指算术"的例题,后在民间发展为"一掌金""袖褫金",在20世纪已由张廷瑞和杨之加以系统化、理论化,包括诸多创新,形成专著出版(见本书后面的论述).

其他明代算书.如严恭的《通原算法》、顾应祥的《勾股算术》《测圆海镜分类释述》《弧矢算术》《测圆算术》,唐顺之的《勾股六论》、周述学的《神道大编历宗算会》等均属系统的数学著作,但创新无多.

清代算书.有《梅氏丛书辑要》.梅文鼎及其孙子梅珏成的作品,共 25 种 62 卷,包括《笔算》5 卷、《筹算》2 卷、《度算释例》2 卷、《少广拾遗》1 卷、《方程论》6 卷、《勾股举偶》1 卷、《几何通解》1 卷、《平三角举要》5 卷、《方圆幂积》1 卷、《几何补编》4 卷、《弧三角举要》5 卷、《环中黍尺》5 卷、《堑堵测量》2 卷,内容多有创新,如"三角举要"相当于中国首套三角学教科书,各种著述均深入浅出,便于研读.

《割圆密率捷法》为明安图遗稿,嘱门人陈标新等于 1774 年整理成书 4 卷,以几个抄本传世.1839 年,这是清代数学家研究无穷幂级数的开篇之作,其中介绍了九个公式,6 个证明是用圆内一系列比例关系,通过几何方法获得的,3 个是法国传教士杜德美介绍的.

《衡斋算学》是汪莱的数学著作集,共 7 卷,1796 年 ～ 1804 年陆续撰成.内容有球面三角、勾股问题、给出了韦达定理的一个特例、一般三项方程 $x^m - px^n + q = 0 (m > n; p, q > 0)$ 存在正根的充要条件;五卷、六卷为割圆问题,第四卷名为"递兼理数",明确给出了组合数定义,讨论了组合与垛积公式的关系.

《李氏遗书》是李锐的天文、数学著作集,收书 11 种 18 卷.其中《方程新术草》等三种是对古本《九章》研究的成果,体现了"乾嘉学派"重视文献考据的特点.《日法朔条强弱考一卷》1 卷,撰于 1799 年,正确阐释了南北朝时期,何承天所创"调日法"的数学意义,他提出由调日法求强弱二数的方法.《开方说》是他本人及其弟子钻研方程论的杰作,其中讨论了数字系数方程正根个数与其系数符号排列的关系,提出正确判定法,还有对方程负根、重根的认识,方程变形方法等.

《象数一原》7 卷,项名达于 1837 年 ～ 1846 年陆续撰成.其中求得了表达弧系关系幂级数展开式,还给出了椭圆求周长公式并得到有理指数幂的二项展开式.

《求表捷术》,戴煦撰,3 种 9 卷,完成于 1845 年,1846 年和 1855 年.其中《对数简法》研究对数函数的幂级数展开和对数表的构造方法,还研究了"三角函数对数表"构造方法,在《外切密率》中,讨论了正切、余切、正割、余割四种函数展开问题,获九个幂级数公式.实际算出了欧拉数递推公式及前 10 个欧拉数.

《则古昔斋算学》,李善兰撰,13 种 24 卷,多在 1852 年开始译西方科学著作前完成的.包括《四元解》《麟德术解》《对数探源》《弧矢启秘》《方圆阐幽》等.还有《垛积比类》4 卷,对中国古代垛积术进行系统整理,导出了一个著名的组合公式(现称"李善兰公式"),又获组合学中第一类斯特灵数和欧拉数;《椭圆正数解》等三部书,对椭圆方程进行了研究,得出了几何与级数两种解法;李善兰还提出了四种素数判别法和证明了费马小定理,并指出其逆命题不成立.《则古昔斋算学》通过创造性研究,把 19 世纪末的中国数学引到了高等数学的方向.

对于清代数学书除了大量平庸之作以外,有一定创新和有价值的著作,如上引诸书,不难看出受到"外来"题材的影响,开拓了眼界.用较为"直观"的方法,获得了不少成果,大有与西方殊途同归之势.但由于缺少系统、简洁的数学符号,显得笨拙,西算传入则改变了它的历程.

§3   数学哲学的初萌

根据口头传说的历史和出土文物,可认为我国古代数学起源于"结绳记事"和"规矩"的使用.尔后的发展,则一直受到一定的数学思想有形无形的指导.

3.1   《周易》中的数学哲学思想

(1) 什么是《周易》?《周易》是中国古代一部哲学著作.在"系辞"中,揭示了它的起源.如"系辞下传"中说:"古者(大约公元前 27 世纪)包羲氏之王天下也,仰则观象于天,俯则观法于地,观鸟兽之文,与天地之宜.近取诸身,远取诸物.于是始作八卦,以通神明之德,以类万物之情."可见,是伏羲氏,出于治世之需,通过观天测地,体察民情,始作"八卦",以指导民生百业.后来,经神农氏、黄帝、尧、舜、禹,内容不断丰富和发展,待到初步的完善、成书:"易之为书也不可远,为道也屡迁,变动不居,周流六虚,上下无常,刚柔相易,不可为典要,唯变所适.""易之为书也,广大悉备,有天道焉,有人道焉,有地道焉,兼三才而两之,故六.六者非他也,三才之道也.道有变动,故曰爻;爻有等,故曰物;物相杂,故曰文;文不当,故吉凶生焉". 就是说,成书之后的《周易》,内容广泛,道理周备,有天之道,人之情,地之理,兼天地人的象征,而两卦相重,所以有六爻的卦,以显示天地人三才之道.道理不断变化,故有爻位置的变化,道理有大、小等级,叫作物象,阴阳物象交错杂陈,形成文理脉络,其中有的适当,有的不适当,从而产生了吉凶.

这里,已初步地显示出"易的结构",但尚未最后完成.待到殷商末期,周文王(西伯候姬昌)德业兴盛,在被纣王囚禁于殷都羑里(羑里,在今河南汤阴一带)时,才推演完成(见太史公司马迁《史记》报任安书:"昔者文王拘而演《周易》…….")直到此时,才有了真正的《周易》.那么,周文王到底做了哪些工作呢?"系辞"上传说:

"是故《易》有太极,是生两仪.两仪生四象.四象生八卦.八卦定吉凶,吉凶生大业."

这里"太极"指宇宙初始的混沌状("千字文"云:"天地元黄,宇宙洪荒");两仪指天与地;四象指春夏秋冬.应用符号表示,"太极"用"阴阳鱼",两仪则用阳爻"—"与阴爻"— —",四象为 二,二 二,二二,二 二就是(图1):

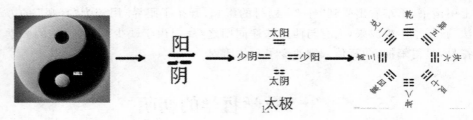

图1

但文王认为,八卦,只有8种情形,不足以表示世间千万事物复杂的变化,于是将由两爻构成的8种卦画,上下叠合,成为8×8=64种6爻卦画.然后据观察卦画引起的心理反应,选择有代表性的词为之命名,按自己的哲学思想,撰写卦辞(表2).

表2

上＼下	天乾	澤兑	火離	雷震	風巽	水坎	山艮	地坤
天乾	1乾	10履	13同人	25無妄	44姤	6訟	33遯	12否
澤兑	43夬	58兑	49革	17随	28大過	47困	31咸	45萃
火離	14大有	38睽	30離	21噬嗑	50鼎	64未濟	56旅	35晉
雷震	34大壯	54歸妹	55豐	51震	32恆	40解	62小過	16豫
風巽	9小畜	61中孚	37家人	42益	57巽	59渙	53漸	20觀
水坎	5需	60節	63既濟	3屯	48井	29坎	39蹇	8比
山艮	26大畜	41損	22賁	27頤	18蠱	4蒙	52艮	23剝
地坤	11泰	19臨	36明夷	24復	46升	7師	15謙	2坤

16

后世"聖人"、易学家大多借题发挥,评史论事,宣扬自己的哲学思想.如后来周公(姬旦)撰写爻词,解释各爻的含义;孔子则通过"卦传"以阐发其哲理.

由于三爻卦画都是左右对称的,故六爻卦画亦然;由于三爻卦画有 4 个自相上下对称的,有两对是上下互相对称的;8 个又分为 4 对,按 f:"—"↔"— —"互相置换对称.因此,在拟订卦序时考虑了这个因素,比如卦"1,2"是互为置换对称(图 2):

图 2

卦"3,4"互为上下轴对称(图 3):

图 3

但从卦名和卦词上,却没有反映出这种对称的含义,而整个卦序,给人的感觉是有些杂乱.

《周易》按当时社会占卜(打卦、算命)的需要,使用了"卦"的系列术语(这是情有可原的,时至今日,我们遇到难以处理的分配问题,还采用"抓阄""摇号"的方法,把争执推给偶然性去处理).但它毕竟是一部伟大的哲学著作,其基本的思想,就是由观天、测地、体察人情而概括的辩证法思想:

其一,《周易》认为,自然事物与人事关系存在着某种同一性的联系.人对于自然应当有敬畏之心,尽管这一思想曾被非科学的加以利用,导致迷信;但今天看来它有着深刻的意义,我们的科学发展观提出"环境友好"的思想,以指导我们各项事业的发展,就是对这种思想的继承和发扬光大.

其二,《周易》的辩证思想是非常突出的,认为事物如天地、阴阳、男女、奇偶等都有对立统一的两个侧面,互相联系又互相转化、互相依存、互相渗透.而在卦词、爻词中阐释了事物发展转化的规律(有的仅为猜测、推断).

其三,人们的言行必须符合一定的客观法则和行为规范才能遇事顺利,少受挫折、避凶趋吉.另外,为人如何抓住机遇、走出困境、克服困难、争取成功,也有很多的提示.当然,我们应当采用科学态度,遇事力争弄清因果关系,不能盲目听从算命打卦者们的瞎说八道.

数学的发展当然不能例外.

(2)《周易》中的数学哲学思想.

同众多的学科比较起来,数学往往更容易受到哲学的影响.此事不难理解,因为数学,从它研究的对象、一般方法,到一些具体的思想方法,都是哲学的范畴.拿中国古代数学与《周易》来说,数学岂止"不能例外",而实际上,《周易》早已"点名道姓"地关顾了数学,比如在"系辞上传"中它提到:

①"上古结绳而治,后世圣人易之以书契,百官以治,万民以察,盖取诸夬".

②"《易》,穷则变、变则通、通则久".

③"河出图,洛出书,圣人则之".

④"乾以易知,坤以简能;易则易知,简则易从;易知则有亲,易从则有功"."易简则天下之理得矣".

⑤ 革卦第四十九曰,革:已日乃孚,元亨利贞,悔亡.

其中①,③涉及数学研究的对象属于数学哲学的"本体论";②,④,⑤谈论的则是研究方法,属于数学哲学方法论研究的内容.下面我们分别加以说明.

第一,"上古结绳而治",用结绳表示事物和数量,大结表示大事,小结表示小事;随着生产活动的发展,生活内容日益丰富,绳结越打越多,容易混淆和弄错;于是,"后世聖人易之以书契",通过在陶片、竹片、骨片上刻制符号来记事,从而,记一般事物的符号发展为文字,记数量多少的符号发展为数字,这就是数学研究最原始的对象 —— 数产生的大致图景.

应当说,由结绳到书契反映了一系列的(数学)思想方法:以结绳表事物,对事物进行了初步的抽象,有了"表示""对应"的思想,由结绳而书契,这是一种大胆的创新;由实物变成了符号是了不起的进步,画刻符号比起打绳结来,简单易行,而且种类繁多,区分度高 —— 应当说,人类迈出这一步是十分不易的,也是非常重要的.

第二,"河出图,洛出书,圣人则之",是说黄河有龙马负(九宫八卦)图而出,洛水有大乌龟浮出水面,背上刻有八卦,聖人效法它,制作了八卦.而这个"九宫图"则成为人们和数学家们玩赏和研究的对象(图 4):

构造实在是太巧妙了,对河图来说,有

$$5+5+5=4+6+5=3+7+5=2+8+5=1+9+5=15$$

对于洛书来说:横行、竖列和两条对角线的和均为 15

$$4+9+2=3+5+7=8+1+6=4+3+8=9+5+1=2+7+6$$
$$=4+5+6=2+5+8=15$$

"河图洛书"传说的源头,应当是某人自己发现并制造出了如图 4 的数字,

18

图形的数学爱好者. 但无论如何, 由于它"好玩", 特别是后者又易于推广, 因此被《周易》引述, 并流传开去.

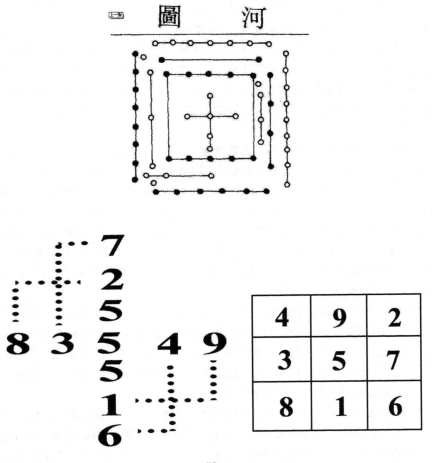

图 4

因此, 以往关于"数学研究的对象来源于生产生活的实践, 数学发展的动力是实践和科学技术的需要"的认识当然是不错的. 但把诸如河图洛书之类的传说, 一言以蔽之曰"宣扬数字神秘"主义, 则是不对的. 事实上, 除河图洛书发展为后来的"纵横图"(幻方)以及孙子问题(物不知其数, 三三数之剩二; 五五数之剩三; 七七数之剩二, 问物几何)后来发展成为韩信点兵、大衍求一术、中国剩余定理, 还有百马问题、隔墙算等, 当时并没有什么实际用途, 而完全出于玩赏、游戏、智力竞赛的需要. 另一方面, 在中国一批具有数学性质的玩具(中国古环、棋类、盘类)发展起来. 应当坦然承认, 实践应用的需要和玩赏是数学发展的两大动力.

第三,"穷则变、变则通、通则久".当山重水尽疑无路时,就应当想到变,变化中能找到通途,通了,就可以持续的应用."变化题目"是数学中解决问题的通法,波利亚的《解题表》把这件事说的最清楚.而变化中又有不变,如证明恒等式(恒等变形)是式子的形式变而值不变;解方程用的"同解变形"在于形变解不变;在几何变换中,欧几里得的平移、旋转、翻折三种变换是"合同变换":位置变化但形状与大小不变,"相似变换"是位置变而形状不变,等积变换则是形状变但大小不变.总而言之,"变"是数学中处理问题的一种根本方法.研究变化中不变的技术,则是数学的主旨.数学无论怎样发展,也是不能离开这个主旨的.

第四,关于"革卦"的"革"字也是变化,但不是普通的变化,是一种革新、改革、革命、创新,是变得更好、更适合需要.那么对于数学的发展来说,"革"应当是它的主旋律,纵观《周易》问世以后,我国数学发展的途径,不难看出,它确实是通过革新,一步步向前发展的,如计算工具由算筹到算盘是创新,由《九章算术》到"刘徽注",到秦九韶的《数书九章》是很大的创新.程大位撰写《算法统宗》,一方面继承了中国的珠算术,但都经过了改造创新,其中有大量歌诀,读之朗朗上口,用来方便顺手.《算法统宗》被认为是"实用数学"书,但程大位撰写时,也列入了很多创新的成果.

同样地,为了计算更精准的 π 值,刘徽创制了"割圆术",祖冲之则革新方法 —— 运用"缀术",在已算出的数据的基础上,推算出了 π 的精准到6位小数的近似值.至于"缀术"本身,一直流传到唐代,尔后由于"学官莫能究其深奥"而失传.悠悠数百年过去了,至今未能破解(可喜的是,此项"疑案"已被华中理工大学王能超教授破解,本书将予以介绍).

第五"乾以易知,坤以简能.易则易之,简则易从.易知则有亲,易从则有功".作为一条数学方法论的原则,是非常重要的.乾、坤以简单容易著称,容易的东西,容易理解;简单的东西容易操纵(古字"从"同"纵");容易理解则有亲和力,让人喜闻乐见,容易操作的,则容易成功,获得成绩.

简单容易,成为数学的一种不懈追求.小孩子学数学伊始,就不断地对式子进行化简;为了使乘法运算简易的进行,我们发明了"九九歌",为了在算盘上顺利地进行除法运算,我们制订了归除口诀.简单是一种美,不仅中国数学,整个世界数学,都在对美的追求中一路发展前行;好的数学问题,简明易解,基本的数学定理、法则、公式,也都是简单明确的.有一些数学发明、发现经历的人,都有这样的体会:当问题思考陷入"山重水复疑无路"的时候,常常是"简单、容易"帮助找到"柳暗花明又一村"的.

《周易》"易则易之,简则易从(纵)"所表现的,正是一条重大的数学方法论的原则.

20

总而言之,周易的"易"字,有三层含义:交易(交换、对换、对立统一)、变易(变化、变换)、简易(简单、容易、优美),对数学来说,都是非常重要的、不可或缺的.

（3）至于《周易》的卦画中所体现的符号化思想、组合结构思想,由于种种原因,没有能够指导中国数学向系统的符号化、深入的组合化方向发展[7],逝于褊褓,十分可惜.

3.2 《墨经》《庄子》(南华经)中的数学思想

(1)《墨经》中的数学概念[1].

在现有传本的《墨子》53篇中,有"经上""经说上""经下""经说下"四篇,是他的学生们依据他的言论的集体创作.墨子名翟,约公元前468－公元前376年,战国时期的鲁人,他创立的墨子学派,在逻辑学、数学、物理学方面有不少成就.特别是对几何学中的点、线、面、体等,提出了明确的定义.在"经"中,给出定义,在"说"中做一些解释.现举数例如下:

①《经上》:平,同高也.

意思是:平行线(或平行平面)是在每一点处距离都相等同的两条直线(两个平面).

②《经上》:直,参也.

参,就是三,用三点共线来定义直线.所谓"参相直"说明三点在同一直线上(刘徽:《海岛算经》).

辨析:原文中写的是"参"而不是"叁".刘徽同样如此,所以把"参"附会成"叁"是不对的;把数"叁"进而附会成"三点",再附会成"三点共线",一句话就是"三点所共的线是直线"仍然没有说清楚.可见,这样牵强加附会的结论是不正确的.

事实上参有参校、参验、参看、参透等意思.校验就是欲知一条线直不直,把它掉头过来与原线重在一块校验下;看、透,就是透视,看若干点是否共线,如能参透就可以了."直"是个简单的原始概念,无法定义,只好用实践中的检验方法去描述.

③《经上》:同长,以正相尽也(《经上说》略).

意思是说,二线段相比,一端对齐,另一端也正好对齐(相尽),就说它同长.

④《经上》:中,同长也.《经上说》:心,中,自是相往若也.

意思是说,中点,它两边的线段同长;关于中心对称的图形,两边彼此相像.

⑤《经上》:圜,一中同长也.《经上说》:圜,规写支也.

就是说,所谓圆有一个中心,其他点到中心等距离,可以用圆规画出它的边缘.

⑥《经上》.方,柱隅四讙也.《经上说》:方,矩见支也.

意思是说,正方形,柱子四个周边,可以用"矩"来画.

⑦《经上》.厚,有所大也.《经上说》,惟无厚,无所大.

⑧ 端,体之无厚而最前者也.《经上说》,端,无间也.

意思是说,"端点"是物体上最前面无厚度也无间距(即无大小)的部分.

⑨《经上》:体,分于兼也.《经上说》:若二之一,尺之端也.

这里,"体"是形体,"分"是部分,"兼"是全体,"尺"是线段.那么意思是说:图形(这个形体)是由部分构成的.体一次次地分下去,可分成面,再分下去,可分成线;线段一半、一半地分下去就可以分成点.

⑩《经上》:穷,或有前不容尺也.《经上说》:或不容尺,有穷;莫不容尺,无穷也.

这里,"或"是或许;"莫不"是"没有不"的意思,那么上文意思是说:用尺(一条线段)去量路程(一条线),如果量到前面,剩下不到一尺了,那么就是"有穷";如果总是没有不够一尺的,则是无穷.

⑪《经上说》:小故,有之不必然,无之必不然;大故,有之必然,若见之成见也.

这里,"故"即原因、条件;"小故",必要条件,"大故",充分条件.则上文意思是:必要条件,有它结论未必成立,但无它必不成立;充分条件,有它结论必然成立."若见之成见也"似应换成"无之未必不然",即无它结论未必不然.

这是《墨经》中对充要条件的十分确切地阐释.

由以上引文可见,墨子学派已能进行很深入的逻辑推理并拿几何学中概念的定义来小试牛刀.但是,由于他们既没有系统地研究一些几何知识,也没有以几何为例说明他们的逻辑思想,而只是零乱地"定义"了一些顺手拈来的概念,既未论证一个几何命题,也没有解答一道数学问题,加之语言隐晦过简,因此,很难传播和承继.

但是,它对中国数学的影响还是非常深远的.

(2)"名家"的数学观.由上面我们已经看到,《墨经》对一系列的几何概念,做了很了不起的抽象概括,萌发了中国初步的抽象数学理论,且密切地与逻辑联系在一起.

以惠施(战国时宋人,前 370— 前 310)和公孙龙、恒团为代表的"名家",掀起了明辨的高潮.其中惠施提出的不少论题具有数学意义,而且显示出它的更加深入、确切的思考.

比如,在《墨经》中,有"厚,有所大也.惟无厚,无所大."就是说,物体如果由薄片累积而成,薄片(面)若厚为 0,则体积也是 0,薄片有厚度,物体才会有体积.惠施认为,这种从直观上看问题,只能看到表面,只适用于"有限"的情况,且与"点动成线:无大小的点累积的线段,却有一定的长度""线动成面:无宽度的线,累积成面,却有一定的面积""面动成体:无厚度的面,累积起来形成的立体,却有一定的体积",这些事实,不相符合,进一步认识到点动生成线,线动生成面,面动生成体,均可以达到无限.因此提出"无厚不可积也,其大千里"的命题,意思是:表面上看无厚不可积.实际上,其累积可达千里之大,甚至是无穷大.尔后,南北朝时期的祖暅发挥汉刘徽的思想,制订的祖暅(面积、体积)原理:幂势既同,则积不容易",不能说与名家惠施的这个思想无关.

现代无穷级数理论与积分理论,进一步揭示了惠施这一思想的辩证性和远见性,虽然(因为)

$$\lim_{n \to \infty} \frac{1}{n} = 0$$

却有

$$\sum_{1}^{\infty} \frac{1}{n^2} = \frac{\pi^2}{6}, \sum_{1}^{\infty} \frac{1}{n} = \infty$$

至于理解为"直线图形无宽度,有长度""平面图形无厚度,有面积",似乎也对,但太肤浅了.

另外,庄子在自己的书《庄子》天下篇中还引述了惠施的大量论题,可分析出数学意义的,我们摘若干条如下:

① 至大无外,谓之大一;至小无内,谓之小一;

② 无厚,不可积也,其大千里;

③ 万物毕同毕异,此之谓大同异;

④ 南方无穷而有穷;

⑤ 连环可解也;

⑥ 轮不蹍地;

⑦ 镞矢之疾,而有不行不止之时;

⑧ 一尺之棰,日取其半,万世不竭.

还有恒团、公孙龙等"好辩之徒"的一个论题,我们替庄周先生补引在下面:

⑨ 白马非马.

显然,其中充满了辩证法和逻辑常识(尽管许多与我们通常的直观经验不同,却是正确的),然而史传他的好朋友(辩友)的庄周先生,对他却是那样的不理解,也许是论辩中的火气未消,便提笔著文,对他给予了不公平的评价,曰"惠施多方,其书五车,其道舛驳,其言也不中.""桓团、公孙龙辩者之徒,饰人之心,易人之意,能胜人之口,不能服人之心,辩者之囿也."

好在经过数千年科学的发展,我们终于突破那时束缚庄周们的传统思想,

认识了惠施、恒团、公孙龙等人思想的科学价值,并从数学角度予以界说:

①"大一"就是无穷大;用现代数学语言表述,就是无界;"小一",则可理解为几何中的"点"(忽视其大小、内部结构,只考虑它的位置)或代数中的"无穷小".

② 前已述及.

③ 任何事物都是有同有异(同一性和矛盾性),有相同的一面,才有研究对比的可能,有所异,才有研究之必要.举等式

$$A = B$$

为例,A 与 B 有相同之处,才可以"="连接,又有不同,才有用等号之必要.如写 $3+2=5$,我们是在做加法,化简式子.如果一个学生总是写 $3+2=3+2=3+2$,那就不正常,我们不知是在做什么."大同异"说明数千年前,惠施就发现了事物这种"一分为二"的性质,就悟到了"对立统一"的辩证规律.

④ 说明了在方向上的无穷与有穷的辩证统一.

⑤ 包括"九连环""岐中易"在内的中国古环是一种拓扑益智玩具,表面看上去环环相扣,紧密连接,如不用破坏性方法砸开是不能分离的.事实上,应用拓扑规律,按步操作进退是可以解开的,当时在民间小孩子都能做到.作为学者庄周怎么说"其言也不中"呢?是不是气糊涂了?

⑥ 轮不辗地,理想的轮子(圆)与理想的路(直线)相切,只有一个公共点,整个的轮子,除切点外,并没有轧在直线上.如此而已,这同他们的论题"矩不方""规不可以为圆"一样是讲现实事物和抽象的(理想)数学概念的关系的(再精准完美的角尺,也不可能画出完全符合定义的矩形;无论怎样精准的圆规,在无论怎么平的纸板上,也画不出完全符合定义的圆.同样"点"在纸上一点出来,就有了大小,"没有面积的点",是画不出、看不见的).因此,靠试验,无论做到如何的精确,都是不可能证明数学命题的.这是由数学的本性决定的,十分可贵的是,惠施们在数千年之前,对此就有了认识.

⑦"飞鸟之景未尝动也"和这里的"镞矢之疾,而有不行不止之时",是《庄子》引述的恒团、公孙龙的两个关于运动的命题.以"不行不止"来描述"运动",同恩格斯以"在某处又不在某处"来描述,有异曲同工之妙.它巧妙地阐述了动静关系.由于古代数学没有专门研究"变量",因此,恒团们的这个思想,没有在数学中的具体运用.但在现实数学中,确实用上了:

如果在自变量变化范围 D 内任意一点 x,都有因变量变化范围内唯一的一点 y 与之对应,就称 y 为 x 的函数,记作

$$y = f(x)$$

这里,$x \in D$ 就是选择的"不行不止"的时刻.

⑧ 和 ⑨ 则在稍后讨论.

3.3　名家与老子《道德经》中的数学思想

（1）名家的逻辑思想与无穷观.

我们知道,庄子在《南华经》中,对于名家的论题做了在我们今天看起来很不完美、很不客气、很不公允的评价,但决无恶意,而完全是出于自己的观念,在批判"错误"的思潮,维护正确的认识,而且从整本《庄子》看来是一以贯之的.

这也同时告诉我们,惠施、恒团、公孙龙等"名家"的思想观念,确实大大超越了他们的时代,致使当时的老百姓认为他们在说疯话,连名列"子班"的庄周也不能理解他们,直到汉朝的太史公司马迁仍认为"名家苛察缴绕,使人不得反其意,专决于名而失人情"(见《史记·自叙》).一直到了我们当代,一些数学史家仍在用大帽子扣他们(见[1]的第一章六(2)节):"他们从唯心主义世界观出发,丧失了明辨思潮的积极意义,许多辩辞蜕变成概念游戏的诡辩."但从唯物辩证的立场出发,毕竟还是说了句公道话:"但也要有含于数学思想的议题".

下面我们就对他们数学味浓浓的两个论题,加以评述.

⑧ 一尺之锤,日取其半,万世不竭.

就是说:一尺长的棍子每天截取它的一半,则永远截不完(图 5):

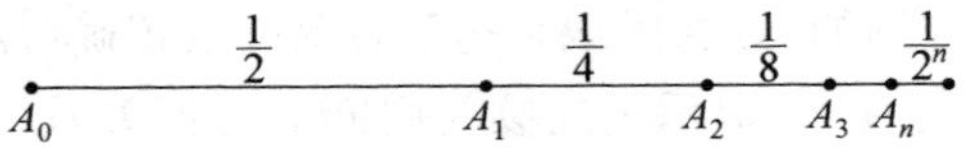

图 5

数学家们认为这反映了数学中的一种"极限思想",用数学符号写出,就是:设 $A_0 B = 1$,点 A_1 是 $A_0 B$ 的中点,点 A_2 是 $A_1 B$ 的中点,……,点 A_n 是 $A_{n-1} B$ 的中点,那么 $A_0 A_1 = A_1 B = \dfrac{1}{2}$,$A_1 A_2 = A_2 B = \dfrac{1}{4}$,$A_2 A_3 = A_3 B = \dfrac{1}{2^3}$,$\cdots$,$A_{n-1} A_n = A_n B = \dfrac{1}{2^n}$. 那么论题 ⑧ 的意思就是

$$\frac{1}{2} + \frac{1}{4} + \frac{1}{8} + \cdots + \frac{1}{2^n} + \cdots < 1 \quad \left(\frac{1}{2^n} \neq 0. \right)$$

这自然是正确的,如果这个"万世"仍然是一个有限自然数,比如 $n = 3\ 651\ 000\ 000 = 3.65 \times 10^9$(按"每世万年",每年 365 日)的话;然而,名家们的"万世",显然不是这个意思,而是"永远""无限延续下去"的意思:$n \to \infty$,可是按现代的极限理论,易知

$$\lim_{x \to \infty} \frac{1}{2^n} = 0 \tag{a}$$

$$\lim_{x \to \infty} \sum_{k=1}^{n} \frac{1}{2^k} = \sum_{k=1}^{\infty} \frac{1}{2^k} = 1 \tag{b}$$

这在"理论"上是不存在任何纰漏的,那么从实践上应该怎样认识呢? 为了说

25

明这个问题,我们应用图 5 来构造一个新的模型 —— 运动模型:一个人步行从 A_0 出发,去相距百里之外的 B,速度是百里／日,他怎样走呢? 我们来分析一下:

他用了半日,越过了 A_0B 中点 A_1,用了 $\frac{1}{4}$ 日走过中点 A_2,然后相继走过点 $A_3,A_4,\cdots$,直到最后一步,跨过了无穷多个中点 $A_n,A_{n+1},\cdots$ 到达了 B. 这是我们每个人天天都在经历的(从一处走到另一处)的事实,即式(a)和式(b)是两个真真正正的等式.

然而,公孙龙们却认为式(a)和式(b)是两个近似的等式,尽管误差可以任意地小. 就是说,即使 $n \to \infty$,这个极限也是达不到的,这叫作"潜无穷论者". 如果认为"百里之途,次行其半,一日可达",就是个"实无穷论者". 别说在现代数学中,持"潜无穷观"的还大有人在,这是否足以使"名家"先辈们含笑九泉呢?

这里要补充说明的是:潜无穷观和实无穷观,孰是孰非呢? 在数学中,如果你研究数论则潜无穷的看法是正确的;但若你研究微积分、集合论等,则实无穷观的看法符合实际. 就是说,持什么无穷观要看你是对待怎样的事物,这叫作辩证的无穷观.

另外,论题 ⑧ 宣扬的"万物无限可分"的观点也正确(深刻而形象地)揭示了数学中"连续性"的存在;揭示了连续与间断的辩证关系.

在数千年之前,能确立一种无穷观和对连续性这种明确的认识,实在是难能可贵.

⑨ 白马非马,这是公孙龙学派一个非常著名的论题. 公孙龙在《白马论》一文中为"白马非马"辩护的理由之一是:"求马,黄马、黑马皆可致;求白马,黄马、黑马不可致. …… 是白马之非马. 审矣!"为此,《韩非子》中,还有一则寓言故事,来挖苦名家:故事说,倪说是宋国一位力挺"白马非马"论的善辩者,齐国稷下许多辩士都折服于他. 一次他要骑马入关,但当时,禁止人骑马过关,他便雇了一匹白马,守关的人不让过,他便说"我骑的是白马,而不是马",过了关,他却按雇马的价格付了费. 可见,讲大道理倪说可以战胜一国的人;但对于实际问题,他却一个人也蒙不过.

这里,韩非抓住倪说言行不一来讥讽公孙龙的"诡辩",却没有通过深入研究,在这里蕴含着高超的语言艺术和深刻的哲理;特别地,当把我们的日常语言用以表达数学内容时,就要去除普通语言词汇的模糊性和多义性(通常采用公理化定义和系统符号化的方法),才能定结果、论胜负. 战国时代还做不到这一点,集合论的发明使得我们今天能做到这一点.

在集合论(数学)中,日常的"马"有单个的马(m)和马的集合(M)两重含义,"白马"也有单个白马(b)和白马集合(B)两重含义;日常生活中的"是"有

26

三重含义:等同于($=$,如鲁迅是《阿 Q 正传》的作者),属于($\in$,如鲁迅是伟大的文学家)和包含于($\subseteq$,如小孩也是人).相应的非(不是)也就有了三种含义:不等同于($\neq$)、不属于($\notin$)、不包含于($\nsubseteq$).

这样"白马非马"这论题就可以分解为表 3 中的 12 个子论题:

表 3

非 白马 ＼ 马	单匹马 m	马集合 M
单匹白马 b	①$\neq$,②$\notin$,③$\nsubseteq$	④$\neq$,⑤$\notin$,⑥$\nsubseteq$
白马集合 M	⑦$\neq$,⑧$\notin$,⑨$\nsubseteq$	⑩$\neq$,⑪$\notin$,⑫$\nsubseteq$

这样我们就可以逐个进行讨论了.例如:

①$b \neq m$:一匹白马不等同于一匹马,错!因为"一匹马"是抽象掉了各种颜色的结果,"白"在这里不予考虑的;

②$b \notin m$,③$b \nsubseteq m$,都正确,因为单个白马与单个马间谈不上"包含""属于"关系.

继续讨论可知:④、⑥、⑦、⑧、⑨、⑩、⑪都正确;只有⑤和⑫不正确的.

这样,辩论起来,公孙龙们正确的概率是 $\frac{9}{12} = 75\%$,对手胜的概率是 $\frac{3}{12} = 25\%$.大家辩不过他们,还有什么奇怪的呢?

可见在表述事物,特别是在科学(如数学)中表述相关的规律、法则、命题、原理等.在拟订各种合同、条约、法律、规则中正确的、一义的概念是非常重要的.公孙龙学派通过设题辩论的方式,引起大家的兴趣和注意,确实是功不可没的,我们应当给予充分的肯定,"一棍子打死"的态度是不正确的.但我们感到(为他们)惋惜的是,他们未能迈出下一步,像亚里士多德(Aristotle)那样建立自己的"形式逻辑",凭学派之力写出自己的逻辑学著作,以便从正面解决他们心目中的问题.该出手时,他们为什么没有出手,从而与这项功业失之交臂,为什么呢?

民间流传着一则"先有鸡,还是先有蛋"的论题,有兴趣的读者可以用逻辑方法予以辨析.

(2)《老子·道德经》中一则珍贵的数学思想.

《道德经》一句名言.在《老子》即《道德经》中,有一句名言也是全书的第一句话:

道可道,非常道;名可名,非常名.

《道德经》是中国最古老的哲学著作之一."道"是它的基本范畴、核心概念,但解释很不一致.有说它是物质性的东西,有说它是精神性的,但它是宇宙一切事物产生的源泉,有些类似于"周易"中的太极.

《道德经》的影响是太大了.美国人麦克·哈特 20 世纪末所著的一本书:《影响人类历史进程的 100 名人排行榜》(海南出版社,1999.)中,老子被排列到 73 位.作者说:《老子》是一部风格隐晦的书,可以有多种解释,它的中心思想是"道".但这个概念本身也有些模糊,正如《道德经》开篇所言"道可道,非常道;名可名,非常名",不过我们可以说"道"的意思是"自然"或"自然规律".作者还说,《道德经》的影响是巨大的,内涵极其丰富.在西方,该书比孔子和其他儒家哲学家的著作都更为流行.事实上,该书至少有 40 种英文译本,除了《圣经》以外,任何书籍在数量上都无法与其相比.

从数学角度看:是数学公理化思想.

对"道可道,非常道;名可名,非常名."这句话,通常的解释是:"可以用语言表达的规律,就不是永恒不变的规律;可以叫出名字的就不是永恒不变的名字".就是说:永恒之道,尽在不言中,永恒之名,只可意会,不可言传.仔细品味上述解释,感到很庸俗,似乎并没有传达出它的真实含义,特别是那个"永恒不变的名字",令人费解.但是按我们当前的认识,我们也拿不出恰当的一般解释.但是从"数学"的角度,我们却可以给出一个较为确切的解释[28].

"道可道",第一个"道"是名词,指的是规律、法则.在数学中可以认为是(真)命题,第二个"道"是动词:说道;在数学中可以认为是论证、证明;"非常道"中的"常",有平常、经常、常常等意思,取"经常"之意,则"非常道",就是"不能经常给出证明",即有时不能证明,有的命题不能、也不必给出证明."名可名"中的第一个"名"是表示概念的名词、术语;第二"名"则是命名引申为对名词术语的说明、定义;"非常名"也就是"不能经常给出定义",即有的名词术语不予定义.那么这段话的意思就是真命题可证,但不是所有的都证;概念可定义,但不是所有的都定义.

首先,这是一条重要的逻辑规则:一个真命题需要给出证明,但证明除了本命题的假设条件(小前提)之外,还需要(若干条)另外的真命题作为根据(大前提),这些"根据"的证明,又必须有其他的根据,这样倒推上去,总要有个头,即不必证明的若干个真命题(数学中称之为公理);同样的为了使概念有明确的含义,就应当给予定义,但在这样的定义中,又必然包含着其他的概念,这"其他的概念"也应当是明确定义了的,因而又需要另外的其他的概念.这样,倒推上去,总要有个头,即不必定义的若干个原始概念.

比如我们要定义"三角形"概念:三条线段(其中任何两条之和大于第三条)两两首尾相接所构成的图形,叫作三角形;这里用到的"图形"是个原始概念.那么"线段"呢？ 直线上任意两点之间的部分叫作线段.这里："直线""点""点在直线上""两点之间"都是原始概念.这些概念再不要定义,因为它们已很简单,再定义下去就要用更复杂的概念了.

命题的证明有类似的情况(读者不妨分析任何一条数学定理,比如"三角形内角和定理"的证明过程,来了解这一点).那么这条大规则(即"道可道,非常道;名可名,非常名.")之中,也蕴含着若干条"小的"逻辑规则：

① 任何概念的定义中除原始概念之外,不得含有未定义的概念;

② 不得用本概念或定义中用过本概念的概念来定义本概念,否则就叫"循环定义".

③ 定义的条件构成内涵包含的对象叫外延;定义需使外延与内涵相适,特别,不能使外延中无对象.

④ 在真命题的证明中,不得使用公理之外的未经证明的命题;

⑤ 证明中不得使用本命题或证明时用过本命题的命题来证明本命题,否则就是"循环论证".

循环定义和循环论证统称恶性循环是逻辑推理中的近亲繁殖,如不制止,将会导致正误颠倒,黑白不分.

⑥ 这些规则中包含的"大"规则,就是形式逻辑推理的三段论法

大前提(根据)＋小前提(假设条件)→ 结论

因此从数学角度理解"道可道,非常道;名可名,非常名"就是数学公理化的思想.

3.4　中国古代数学发展特征的再认识

按照传统的认识,中国古代数学有如下的三条主要特点：

一是经世致用的实用特点,二是开放的归纳体系,三是便于操作和运用的算法化、程序化特征.这三点都可以从中国代表性的数学经典 ——《九章算术》的内容、结构和对问题的解决处理方式中,分析出来:《九章算术》由典型的有实用背景的问题组成,按不同的用处加以分类,每题都按题 — 答 — 术 — 草的方法来叙述,这样按部就班地学习就可以理解和应用,如上的三个特点显示得十分明确.

（1）但是这样的评价只是就事论事,并没有说清楚这些"特点"到底是怎样形成的,因而也无法知道是否正确.我们前面分析的中国古代哲学(如《周易》)和思想(诸子的著述),对于中华民族文化思想的影响是巨大的,带根本性的."数学"这种人们创造的一种独特的文化形式,怎能"独善其身"！ 在详细地分析大量资料的基础上,刘钝先生在[5]中说:"先秦诸子中,儒墨并称显学.春秋战国之际的数学,肯定受到这两派学术思想的影响".并进一步分析说:孔子所

创儒家学说,主要关注的是社会政治秩序和相应的人伦道德规范,它的一系列经典,对后世特别是秦汉"渗透力"是强大的.《九章算术》与秦汉政治经济形态的高度和谐,隋朝、唐朝和北宋时期,数学的官僚化倾向,这些现象的背后都衍射出儒家治国理想的光环.儒家的自然观(强调事物变化同宇宙整体的和谐),则从各个方面渗入到《周易》之中.《周易》则从各个方面关注数学的一举一动,这从我们前边的分析看得很清楚.当然,从我们前面的分析还可看出:在关注"数学发展"这件事情上,墨家(以及老庄学派和名家)表现得一点也不逊色.所以文[1]说:"透过以上粗浅的描述,隐约可以发现,先秦数学呈现出两种不同的传统,儒家传统以'九数'为核心,具有鲜明的政治人文色彩,并以《周易》宇宙论为哲学依托;墨家传统以几何学为核心,具有一定的抽象性和思辨性,并以《墨经》逻辑学作为其论说的工具.这两种传统都对中国古代数学的发展产生了影响."

"名家"在与之的辩论中深感逻辑的重要性,而这种论辩不仅在弄清遣词造句中用语的界定,不能无限追索或循环进行.在寻求根据、理由时,也不能无限寻求或互相为据、互相推证,已经意识到这种选拟逻辑起点的极端重要性和难免性.致使《老子》的第一句话就是"道可道,非常道;名可名,非常名".从而使得他们的理论依据在逻辑上是不可论证、不可界定的,因而也是不可推翻的,从而永远屹立而挺拔,从数学上看,也就是公理化的思想.

然而,这样的传统把"数学"捆在政治战车上的现实,它的发展就与社会政治思想意识的变迁具有某种一致性.比如汉代"罢黜百家,独尊儒术",与封建大一统政治经济结构相适应的《九章算术》等就兴盛一时;魏晋思想解放,墨家、名家逻辑传统在刘徽、赵爽等人的工作中得以复苏.

(2)事实上,中国封建社会发展到魏晋时期,两汉王朝那种大一统的政治局面,已不复存在.在思想界本来儒经之学已走入末流,遭逢乱世的知识分子,对讲求"修、齐、治、平"的一套说教已不再关注,而对以谈易、论老庄为中心的玄学,感到极大的兴趣.绝迹数百年的名、墨学说,也借谈玄之风得到复苏的良机.文[5]进而指出:"这种思想震荡对魏晋学术风貌和知识分子的心里人格都带来很大的影响,谈玄使实用不再成为学术的主要价值规范,礼法失控的结果是更多个体的自觉.这一时代的大学者也往往表现出建构理论体系的兴趣.曹操(155—220)之于军事,陆机(261—303)之于文学,顾恺之(345?—406)之于绘画,王羲之(321—379)之于书法,……,就都是以纯学术的追求的例子""刘徽、赵爽同为'布衣'数学家,他们的数学研究不像前辈张苍、耿寿昌(历算家)具有功利目的,也不像刘歆、杨雄(专做数术,用数学算式去附会儒家经典中的数学)受哲学的制约;他们的工作是纯学术性的,刘徽通过给《九章算术》作注,从理论上完善了中国古代数学体系,赵爽通过给《周髀算经》作注,对勾股定理做了系统的证明",他们在用自己的数学实践在实现墨家的理想.比如刘徽在"粟米章·今有术"中就提出"审辩名分",不但对现在提出的每个新概念都给出界说,对《九章算术》中大量约定俗成的术语,也力争确切定义.如对"方田章"首次提出的"幂"这个概念(术语),就给出定义"凡广从相乘谓之幂";又如《九章》中虽有正负数加减法则,但没有言明何谓"正负数",刘徽则说:"今两数得失相反,要令正负以名之".有的重要概念,还从不同角度给予定义.例如,他给"率"的定义:"凡数相与者谓之率.率者,自相与通.有分则可散,分重叠则可约也;等除法实,相与率也."其中,至少是从三个方面说明的,并把"今有术""通过率"与齐同、衰分、返衰、均输、经率、其率、重差等不同问题联系起来.赵爽对《周髀》的注文虽然不多,但还是对原文中的"方""矩""广""修""经""隅"等下了定义.

但是一则,由于《九章算术》这个框框实在是太"完美"了,二则,名家的逻辑证明思想没有插上老子公理化(道可道,非常道;名可名,非常名)的双翅,从而与日常语言中论证与界定严格区分;因而刘徽囿于"九章"的实用体系,把大量珍贵论述埋没在实用语言的杂质中,而没有形成纯数学严谨的内在逻辑系统,实在可惜.而在漫长的中国封建社会中,儒家的思想体系始终处于"文化正统"的地位(只在很少的时段里有例外,墨家和名家思想总是不得烟抽,从而使刘徽的事业后继无人,中国古代数学一直未能从说理走向推理,从直观走向抽象,从零星论证走向严格的数学证明,这也是没有办法的事.但反思和认识这一点(儒家思想对数学产生的消极影响)非常重要,因为这种影响今天并没有"形去影消".

(3)然而,《周易》"系辞上传"中提到的"河出图,洛出书,圣人则之"这一件事情,也并没有被儒家思想完全地抹掉,尽管"数字神秘主义"的不大不小的帽子一直扣着它.然而它仍然是不胫而走、冲破"经世致用"的框框,向前发展.

① 沿着"河洛路线"勇往直前.先是,许多的"经书"都在讨论它[5].如纬书《春秋纬》称:"河以通乾出天苍,洛以流坤吐地符,河龙图发,洛龟书感,河图有9篇,洛书有6篇".此外,《论语·子罕》《墨子·非攻》《尚书·顾命》《汉书·五行志》《白虎通义·德论》也都有论及.大义是:在远古洪荒时代,黄河龙马背图而现,洛水神龟负书而出,这是上天受圣人(伏羲或大禹功德)的感动而降下的"祥瑞".到西汉末年,纬书《易乾凿度》提到太乙(北辰之神)巡九宫路线,直到东汉郑玄,才按这路线配成"九宫数".另外,西汉戴德《大戴礼记·明堂》中提到"二、九、四、七、五、三、六、一、八"的排数顺序,东汉张衡亦通九宫占术.《数术记遗》所记14种算法中就有"九宫算",数学家甄鸾注道:"九宫者,二、四为肩,六、八为足,左三右七,戴九履一,五居中央".唐代陆德明著《经典释文》提出,《尚书·洪范》中的洪范九畴就是"九宫图".可见到唐代九宫图已在民间广为流

31

传.宋儒刘牧趁势附会《周易》"天地生成数"的意义,说洛书就是九宫数图,受到了朱熹的赞许.

到了宋代,由于洛书体现的简单、和谐、巧妙、对称之美,更是吸引了不少数学家,投入相关研究,杨辉就是其中的一位.他先把洛书作为三阶纵横图(幻方)的排数方法,归纳为八句口诀:"九子斜排,上下对易,左右相更,四维挺出.(结果)戴九履一,左三右七,二四为肩,六八为足."继之在《续古摘奇算法》中录有纵横图 20 个,计四四图、五五图、六六图、七七图、八八图各两个,九九图一个和百子图两个.另外,还有各种变形(如聚五图、聚六图、聚八图、攒九图、八陈图、连环图等).之后更有宋丁易东,明程大位与王文素,清方中通与张潮、保其寿等的研究,直到现代形成组合数学的一个独特分支.

② 作为它的一个延伸或发展,是民间各种智力游戏的算题或玩具.比如:最著名的是"孙子算题"(有物不知数),后程大位在《算法统宗》中搜集了它的解法歌诀,形成了"大衍求一术";民间数学游戏,则有组合益智游戏和拓扑益智游戏两大类,前者如围棋、象棋,起源于春秋战国时代分别称为"弈"和"六博",到宋代才逐渐完善起来,在围棋盘上还可以玩"五子杆",民间还有大量"杂棋";再如"麻将"和纸牌;麻将也称牙牌,相传是宋朝司马光所创,打法很多.纸牌游戏则起源于汉朝,后传入西方,发展为"扑克"和"桥牌",还有"锤子、剪刀、布",掷骰子、饮酒划拳等,也大致属于这个方面.特别地,还有一种"拣石子"游戏,当石子只有 $n=1$ 堆时是巴什在 1612 年提出的;对于 $n=2$ 堆的,叫作"两堆物博弈",产生于中国民间;对于有 $n=3$ 堆的情况,起源不详,人们称之为"尼姆博弈".三种($n=1,2,3$)博弈都已有了比较成熟的理论.理查德·盖伊等人则用了66 万字写成一部书《稳操胜券》,对一般的 n 堆物的情形,进行深入的研究,确确实实地是一本组合博弈的专著,却说"数学的本质就是一种游戏".关于"拓扑益智游戏"或玩具是中国古环,其中最著名的是"九连环"."九连环"中国最早出现在战国,在《战国策》上叫"玉连环",宋朝出现的"解玉版"也许就是最早的"目连环".明朝的《丹铅总录》中,已明确给出了九连环结构和玩(拆装)法.另一种叫作"岐中易".近年我国新发现或研制的环类玩具 500 余种,数学对它们进行研究进展也很大.

读了以上的资料,我们还能再说,"经世致用"(实用)是中国数学研究的唯一目标、唯一的动力吗? 显然不能."好玩"也是人类的本性之一,人类的一切制造物除了满足人们的衣食住行的需要之外,也需满足人们赏玩的需要.2002年在中国召开世界数学家大会期间,陈省身先生通过《上海教育》为全国广大青少年题词:"数学好玩",这是先生凭一生教数学、学数学、研究数学、"玩数学"的切身经历写出来的;为我们重新认识中国数学的历史,拓宽了思路.我们的装满了"数学实用"的头脑也该开开窍了!

（4）由上面的分析可见，中国古代数学是始终沐浴着数学哲学的阳光，一路走过来的，无论是在我们诸子百家的经典中，数学历史著作中，还是在数学专著中都有丰富的数学哲学的论述．特别是在《周易》《墨经》《老子》《庄子》中，数学哲学（无论是本体论、认识论和方法论）的论述比比皆是．然而，我们学习数学哲学，总是到希腊、德国、法国、英国各国去找．当然我们并不反对这样做，但数典忘祖是不对的，决非现代数学才"产生"数学哲学，决非西方数学才伴随着数学哲学．事实上，有数学就有对数学的认识；有数学研究，就有对这种研究的分析、认识、指导的问题，就需要数学哲学．

因此我们期望对我国数学史的研究，应尽快走出"收集和辨析史料"的阶段，对伴随的数学思想史的研究，也要尽快走出分段列举评论的阶段，而是把我国数学发展的特有的规律、思想概括出来，形成我们的数学哲学体系，以指导我国数学健康、快速的发展．

中国现代初等数学的发展，走的就是我们自己开拓的道路．

15 世纪 ～ 20 世纪中叶中国数学动荡发展

第
2
章

　　为了弄清中国初等数学研究,在 20 世纪八九十年代快速发展的重大意义,必须把它放在我国数学历史长河中加以观察;而要弄清中国数学的发展,在宋元以前,如果能"单独审视"的话,那么到了明清时期,则再也不能忽视世界、特别是"西方"数学的发展.

　　我们知道,公元 5 世纪 ～ 公元 15 世纪,欧洲处于"黑暗的中世纪",科学的中心在东方,数学也随之进入"东方发展阶段".当时的东方,包括阿拉伯各国和印度都取得很大成就.期间的 10 世纪 ～ 14 世纪,正是中国的宋元时代,继汉唐之后,出现了诸如秦九韶、李冶、杨辉、朱世杰等大数学家,他们领先世界数百年的成果,和具有世界意义的数学专著,把中国数学的发展,推向顶峰.

　　尔后的 300 年,情况又是怎样的呢?

§1　15 世纪 ～ 17 世纪中外数学发展概况

1.1　外国数学发展,缓慢前行

　　在这一时期,印度、日本、阿拉伯的数学,通过与中国传统数学的融合,并从《几何原本》中汲取内容和方法继续前进;进入"中世纪"后期的欧洲数学,通过吸收古代数学(如欧氏"原本",

34

毕达哥拉斯学派的研究）和东方的数学遗产慢慢复苏，终于迎来了大约从 15 世纪 50 年代开始的"文艺复兴"时期.

这一时期，在思想观念上欧洲数学冲破宗教思想的樊笼，回到希腊人的境界，认为"数学是认识自然的强有力的工具".把数学演绎和科学实验相结合，从而在初等数学各个方面的研究，都有所进展、有所创新，甚至是重大突破（见[9]的 176 页 ～ 178 页）；在算术方面，总结了印度与阿拉伯的相关成果，发明了对数；在代数方面，改进了符号并加以系统地应用，且三次、四次方程进行了深入研究（1541 年，意大利布里西亚的数学家塔塔利亚推导出三次方程的求根公式，被卑鄙小人卡丹抢先在他 1545 年出版的《大术》中发表，竟被后人称为"卡丹公式"!《大术》中还窃取了他的"秘书"斐拉里四次方程的解法，数学史家们应明察）[10]；几何方面，把欧几里得（Euclid）《原本》和阿基米德（Archimedes）著作《圆的度量》《论球与圆柱》等译成英文用从中国输入的活字印刷术出版印行.

1.2　中国情况

在中国 15 世纪 ～ 17 世纪这 300 年，正是元末至明末时期，一方面，在商业应用的推动下珠算术替代筹算由发展到完善（以程大位的《算法统宗》为标志）；另一方面，这种实用主义的思潮使中国传统数学不仅难以保持宋元时期的发展方向和势头，使研究进入低谷，而且使包括"算经十书"在内的数学经典著作，因无人问津而濒于亡佚.天元术、四元术几乎成为"绝学"，连应用味道十足的《九章算术》也很少有人知道了，在这样的情况下，中国数学发展不仅没有了领先的优势，而且逐渐被挤出了主流圈.

中国数学研究万马齐喑的局面，一直持续到意大利传教士利马窦与徐光启合译的欧几里得《几何原本》（前六卷及一些其他著作）刻印出版（1607 年）.并逐渐传播开来的 17 世纪中叶，才有所松动，《几何原本》与中国传统数学迥异的逻辑结构，有联系又很不相同的内容，引起很多人的热议，不熟悉、不了解就去学习、去研究，经过若干时日开始接受一些新的方法和内容（笔算术、代数学的符号系统、几何学严格的概念定义及演绎推理，许多新的命题等）.

1.3　中国数学复兴的征兆

继《原本》刻印传世之后，徐窦合译的《测量全义》于 1631 年出版，波兰传教士穆尼阁的学生薛凤祚出版了自己构作的"双数表"；江苏省王锡阐，安徽省梅文鼎，发展了三角函数的"积化和差术"，1669 年德国人汤若望编译的《新法算术》出版.年希尧的《视学》1729 年初版，作为"画法几何学"比蒙日的著作早了 70 年.明安图在学习法人著作的基础上、著《割圆密率捷法》，发现并证明了一系列新的幂级数展开式.

进入清代之后,由西方输入的几何、三角、代数的文献日益丰富,我国数学家相关研究也逐渐增多,除上面提到的年希尧和明安图之外,数学家梅文鼎(1633—1721,安徽宣城人)有数学著作 70 种.他的孙子梅珏(瑴)成遵照祖父"去中西之见""考证古法之误,而存真是,择取西学之长,而去其短"的主张,把西方传入的《借根方》同"天元术"相比,发现两者乃名异而实同,沿着这条思路继续前进,发现传教士们带来的"Algebra"(代数学)很多内容都与我国早已发展的"开方术""天元术""四元术"相同(只不过用了易懂好用的符号),可见是"嫁女省亲(欧洲人也承认这一点)".梅珏成把他的发现和研究汇成一部著作《赤水遗珍》(取黄帝"赤水遗珠"之意)出版,激发不少数学家的兴趣和共鸣,追本溯源,用新的符号、术语和方法去研究我国传统数学著作,形成"数学复兴"兆头.

梅珏成等人还编了一部《数理精蕴》,可谓数学百科全书,既继承中国古算,且介绍西方数学,出版后流传甚广.顺便指出,梅文鼎弟弟文鼐、文鼏(mì),子以燕,孙瑴成、孙玕成,曾孙孙鈖等都通数学,是一个祖孙四代的数学家族,堪与同时代瑞士伯努利数学家族媲美.

§2 18 世纪 ～ 19 世纪西方与中国数学发展掠影

2.1 西方数学发展概况

继 17 世纪笛卡儿、费马、牛顿和莱布尼兹、代沙格、帕斯卡等创新研究变量、无限性、极限、函数、微积分之后,欧洲数学高速发展.在 18 世纪,19 世纪及其前后,出现的我们耳熟能详(因为他们的名字被用来为常用数学对象命名)的数学家(包括贡献巨大、被认为是"大师级"的数学家)就有数十位,我们按文献[9]的"数学史年表",举例如下:

韦达(法,Viete,1540—1603)著《分析术入门》,系统使用符号表示已知与未知数,符号代数由此确立.代数方程根系关系.

雷蒂卡斯(德,Rhaeticus,1514—1567)用直角三角形定义六个三角函数.

费马(法,Fermat,1601—1665)对数论、解析几何、概率论、微积分做开创性研究,提出著名的费马问题.

笛卡儿(法,Descartes,1596—1650),著《方法论》,以其《几何学》开创坐标几何,开变量研究的先河;提出笛卡儿符号法则、因式定理和待定系数法,引入对数螺线.

36

代沙格(法,Desargus,1593—1661)著《圆锥曲线论》,引进无穷远元素,发现代沙格定理,创立射影几何学.

帕斯卡(法,Pascal,1623—1662),发现圆锥曲线的帕斯卡定理;进行概率论、微积分等开创性研究.

惠更斯(荷,Huygens,1629—1695),概率论早期研究,著《论赌博的计算》.

牛顿(英,Newton,1642—1727),创立微积分学、发现微积分基本定理、著《自然哲学的数学原理》、创立经典力学和机械论自然观.

莱布尼兹(德,Leibniz,1646—1716)创立微积分学,改进符号,奠定理论基础方面的工作.

约翰·伯努利(瑞士,John Bernoulli,1667—1748),研究等周问题、出现变分法迹象,他是欧拉的老师.

雅各布·伯努利(瑞士,Jocob Bernoulli,1654—1705)著概率著作《猜度术》、提出大数定律,获"最速降线问题"的最简解答.

丹尼尔·伯努利(瑞士,Daniel Bernoulli,1700—1782)在概率论方面成就卓著、10 次获法国科学院奖,著《流体动力学》.

尼古拉·伯努利(瑞士,Nicolaus Bernoulli,1695—1726)以"彼得堡问题"而出名.

欧拉(瑞士,Euler,1707—1783)1728 年引进指数函数,开辟了高阶微分方程求解之路;1744 年发表《寻求具有某种极大极小性质的曲线的技巧》,标志"变分法"学科的诞生;1747～1774 年,发表《无限小分析引论》《微分学》《积分学》等,在微分方程、椭圆函数论、整数论、变分法方面做了开创性工作.

达朗贝尔(法,D'Alembert,1717—1783),由弦振动研究而开创偏微分方程研究.

拉格朗日(法,Lagrange,1736—1813),变分法、解析力学与代数方程(根式解问题)领域的开创性工作.

拉普拉斯(法,Laplace,1749—1827)研究解析力学(势论)在天文学中的应用,著《分析概率论》.

范德蒙特(法,Vandermonde,1735—1796)系统阐述行列式理论,并奠定理论基础.

高斯(德,Gauss,1777—1855)获正 17 边形作图法(1796)、证明代数基本定理(1799)且给出多种证法;著《数论研究》(1801)、研究椭圆函数论(1801 以后)、已有了非欧几何的思想(1816),致力于曲面、论微分几何(1822～1827)等研究.

蒙日(法,Monge,1746—1818)著《画法几何学》.

泊松(法,Poisson,1781—1840)推广"大数定律"并提出"泊松分布"、进行解析学（势论）研究.

傅立叶（法，Fourier，1768—1830）1811 年创立傅立叶级数.

柯西（法，Cauchy，1789—1857）致力于解析学严格化（《解析数学教程》）的研究，提出 $\varepsilon-\delta$ 方法奠定了极限论基础；进行复变函数论基本定理、微分方程存在性理论、群论、代数与几何的研究.

阿贝尔（挪威，Abel，1802—1829）证明了一般五次方程无根式解；导入阿贝尔函数.

彭色列（法，Poncelet，1789—1867）发表《图形的射影性质》、系统地研究了图形在射影变换下的不变性、引入"连续原理"奠定了射影几何的理论基础.

罗巴切夫斯基（俄，Lobazebckuu，1793—1856）创新观念，从新视角研究欧氏第 V 公设，发现一种新的几何系统（罗巴切夫斯基几何学），推翻了"欧氏几何是唯一的几何系统"的观念，顶住压力，捍卫真理，被誉为"数学英雄"，成为非欧几何的真正创立者.

勒让德（法，Legendre，1752—1833）确立椭圆函数.

雅可比（德，Jacobi，1804—1851）确立椭圆积分，建立行列式理论.

伽罗瓦（法，Galois，1811—1832）著《论方程的根式可解性条件》，成为群论的开创者.

维尔斯特拉斯（德，Weierstrass Karl，1815—1897），对解析函数论做系统研究.

希尔维斯特（英，Sylvester，1814—1897）进行不变式研究.

凯雷（英，Arthur Cayley，1821—1895）研究不变式理论、定义抽象群.

狄利克雷（德，Dirichlet，1805—1859）把解析函数用于数论研究，引入"狄利克雷"函数.

汉密顿（英，Hamiltom，1805—1865）发现四元数.

格拉斯曼（德，Grassmann，1809—1877）引进并研究 n 维仿射与度量空间.

里斯丁（德，Listing，1808—1882）发表第一本拓扑学专著《拓扑学初步》.

库默（德，Kammer，1810—1893）研究各种数域中的因子分解问题，引入"理想数".

布尔（英，Boole 1815—1864）创立布尔代数.

黎曼（德，Riemann，1820—1866）创立"黎曼几何"（又一种非欧几何）、发表《阿贝尔函数论》、提出"黎曼猜想".

克隆尼克（德，Kronecker，1823—1891）致力于代数（不变量）、数论、拓扑学研究是数学直觉主义领军人物.

切比雪夫（俄，Zesbxefu，1821—1894）创立"函数逼近论".

代德金（德，Dedekind，1831—1916）进行代数学、数论（理想数）研究、建立

38

实数理论.

克莱因(德,F. Klein,1849—1925)提出《艾尔兰根纲领》、用变换群进行几何统一分类、创立自守函数论.

康托(德,G. Camtor,1845—1918)建立实数理论、创立集合论.

庞加莱(法,Poincare,1854—1912)创立自守函数,致力于二元代数函数论;建立代数拓扑学理论基础,致力于数学发明心理学的研究.

希尔伯特(德,Hilbert,1862—1943)1900年在巴黎数学家大会上做"数学问题"的报告,提出大量数学方论问题和23个数学问题,严格证明狄利克雷原理,确立变分法的直接方法,著《几何基础》,结束了欧氏几何的严格化工作,进行"希尔伯特空间"基础的研究.

勒贝格(法,Lebesgue,1875—1941)著《积分、长度、面积》,创立"勒贝格积分理论".

这一时期正是古代数学向近现代数学的转变时期,由上面列举的四十几位数学家,我们看出他们的研究除高等数学的专题之外也兼顾初等数学的专题.如韦达系统地使用符号,使初等代数(多项式、代数方程)完善化、系统化,还建立了根与系数的关系;雷蒂卡斯则用直角三角形建立六个三角函数的等式且联系勾股定理和边角关系.费马提出了数论和初等几何中一系列知易解难的问题.还有,没有在名单中列出的哥德巴赫(Goldbach,1690—1764),他提出的"浅易"猜想(大偶数均可表为两个素数之和),至今无人解决.又如笛卡儿与费马建立的坐标几何(即解析几何),为我们带来了从微观上系统地进行数形结合的方法,即搭上了初数到高数的"天梯",也为初等几何与代数的互相为用铺平了道路.约翰·伯努利研究的等周问题,也正是初等数学中一个大问题.欧拉的工作中有大量与初等数学相关的内容,如多面体的"欧拉定理""七桥问题"属于初等图论,还有复数中的欧拉公式等.范德蒙特建立的行列式理论可以直接拿到中学去.高斯证明的"代数基本定理",阿贝尔与伽罗瓦的工作,加深了我们对高次方程的认识,代德金和康托的工作使我们真正地认识了"实数",康托的集合论成为我们现在高中数学的重要部分,勒贝格的工作让我们真正理解初等数学中长度、面积、体积概念的实质,希尔伯特奠定了欧氏几何牢固的基础,罗巴切夫斯基以自己的几何,"证明"了几何并非一种,黎曼几何则"证明"了非欧几何也并非一种,克莱因以"艾尔兰根纲领"宣布,有多少种变换群就有多少种几何,这促进了几何学的发展和繁荣.

由于初等与高等数学是相对的、相通的,18,19世纪欧洲数学的快速发展,从思想、方法、基础、题材方面惠及了初等数学.

2.2　中国数学发展概况

那么18～19世纪,中国数学界的同仁们都干什么去了呢?

去发掘、整理、研究传统的数学遗产了.其原因可能是多方面的,但主要的原因是[6]:清政府的闭关锁国政策阻断了中西科学(包括数学)、文化曾经的交流,特别是雍正继位之后,一次又一次大兴文字狱,使人们的自由思想受到禁锢,知识分子少有敢冒天下大不韪者,大多转向古典经藉的整理、注释,致使复古之风抬头,创新精神被窒息.到乾隆、嘉庆年间形成了"乾嘉学派",所做的工作有:

(1)戴震等人对《算经十书》的发掘.到明末清初,中国古典数学名著散佚殆尽,清政府通过编纂《四库全书》保存数学书 26 部,计:

《九章》9 卷、《孙子算经》3 卷、《海岛算经》1 卷、《五经算术》2 卷、《夏侯阳算经》3 卷、《五曹算经》5 卷、《数书九章》18 卷、《益古演段》3 卷、《几何原本》6 卷、《数度衍》(及附录)25 卷、《庄氏算学》8 卷、《九章录要》12 卷、《勾股引蒙》5 卷、《少广补遗》1 卷、《数术记遗》1 卷、《同文算指》前编 2 卷、通编 8 卷、《测圆海镜》12 卷、《测圆海镜分类释术》10 卷、《弧矢算术》1 卷、《勾股矩测解原》2 卷、《张邱建算经》3 卷、《缉古算经》1 卷、《数理精蕴》50 卷、《几何论约》7 卷、《数学钥》6 卷、《周髀》2 卷.

并将戴震等的校勘附注于各书之后,就中:

戴震(1724—1777)安徽休宁人,在编校中倾注了大量精力与智慧,他还自撰了《算策》一卷,《勾股割圆记》2 卷.

李潢(? —1811)湖北钟祥人,博览群书,尤精算学,在完成校勘和艰难的注释之余,著有《九章》《海岛》等"细草图说"使之文从字顺,图明"草"清,其遗稿《缉古算经考注》颇受人称道.

此外还有陈际新、屈曾成、沈钦裴、吴兰修、孔广森、凌廷堪、刘衎、陈杰,都做出了贡献.还有由写出《畴人传》即数学家传的阮元、罗士琳也各自参与了"抢救"数学经典古籍的工作,功莫大焉.

(2)焦循、汪莱、李锐以及罗士琳等人的数学工作与贡献.

焦循(1763—1820)著作有 8 种 23 卷,主要研究加、减、乘、除、乘方与开方运算.特别地在 1788 年完成的《加减乘除释》中,用甲、乙、丙、丁等天干文字表示数并认为"论数之理,取于相通,不偏举数而以甲、乙明之".可见,他已有系统地以文字表示一般的数,来阐明运算定律的思想,并确实这样做了:以之表出了加法的交换律、自反律、结合律、乘法的交换律、结合律、简单的运算法则等,离建立"代数式"只有一步之遥了(在欧洲,运算律的提出大约也在 18,19 世纪).

汪莱(1768—1813)安徽歙县人,精于天文、历算,著有《衡斋数学》七卷,《衡斋遗书》九卷,书中论述了组合概念、算法及某些性质;还论述了二、三、…、九进制数的算法和理论,开了"进位制"研究的先河.

系统地研究了球面三角形的性质和"解球面三角形"26 种情形,得到 40 条定理,对有解无解情形进行了系统的讨论.

对二、三次方程理论研究获丰硕成果,一是"根数"的讨论,二是发现了三次方程根与系数的关系,但比韦达晚了 200 年.1805 年,阐明分析高次方程 $x^n - px^m + q = 0$ 有正根的条件.

李锐(1768—1817)江苏元和(苏州)人,自幼开敏,每得一书必通其义,研读过《算法统宗》《测圆海镜》《数书九章》.自著数书多种,最后在汪莱《衡斋数学》第五、七册基础上著《开方说》,弄清了高次方程"可开"(有正根)同系数变号的关系的定理:"凡可开三数或止一数,可开四数或止二数,其二数不可开,是为无数.凡无数必两,无无一数者".在其中、下卷里,继续讨论根与系数变化规律:求出一根,降一次,余根可从降次的方程求得.并首次提出负根、重根的问题.

罗士琳(1789—1853)江苏甘泉(扬州)人,他"博闻强识,兼综百家,于古今算法尤具神解".细心研读《四元玉鉴》等古籍析疑、补漏、正误,做了大量研讨和校勘工作,十年努力写成《四元玉鉴细草》24 卷还有其他算书多种.

阮元(1764—1849),江苏仪征人.他博览群书,酷爱历算,组织名家,对天文、数学、历算书籍进行整理注疏,特别是编纂《畴人传》一书,开了写数学家传记的先河.

《畴人传》于 1795～1799 四年编成,46 卷,收自黄帝至嘉庆已故天文、数学家 270 余人,中有著作传世者近 50 人,还附明末以来涉及的外国天文、数学家和来华传教士 41 人,后又补著《续畴人传》6 卷.

张敦仁(1754—1834)阳城人,主要致力于研补古籍.著《求一算术》上、中、下三卷;撰《开方补记》,仅成 6 卷,未终而卒.

骆腾凤(1770—1841),江苏山阳人,撰《开方释例》四卷,采用非增乘开方法,还有研究札记 22 篇.

(3) 清代后期数学家们的工作.

这一时期有贡献的数学家除本章 1.3 节中提到的年希尧、明安图与梅文鼎、梅珏成祖孙之外还有:

董祐诚(1791—1823)江苏阳湖(常州)人,著《割圆连比例图解》等书,致力于三角函数的幂级数、等比级数的研究,应用了"反演"方法.

项名达(1789—1850)浙江仁和(今杭州)人,著有《勾股六术》《三角和较术》《开诸乘方捷术》等书传世,《割圆捷术》失传,还有《象数一原》研究三角函数幂级数展开式,和正、余弦幂表示诸三角函数的公式;他通过归纳求得的椭圆周长公式(用长短半轴的幂级数表示的)与完全椭圆积分公式如出一辙,从中立刻可导出 $\frac{1}{\pi}$ 的展开式.他还发明了二项式平方根的待定系数法的求法和有理指数二项展开的系数表.

戴煦(1805—1860),钱塘(杭州)人,著《对数简法》等书数种. 研究对数成就突出,主要应用指数式 $A^{\frac{1}{n}} = (a^n + r)^{\frac{1}{n}}$,$\lg(1-x)$ 的幂级数展开式进行计算.

徐有壬(1800—1860),浙江乌程(今湖州)人,著《测圆密率》中给出 α 与 $\frac{\alpha}{n}$ 的三角函数间无穷级数型互求公式,还有《造表简法》.

还有邹伯奇(1819—1869),广东南海人;顾观光(1799—1862),江苏金山人,进行类似的造公式和计算技巧研究.

李善兰(1811—1882),浙江海宁人,1852～1860年期间与英国人伟烈亚力、艾约瑟等合作译西方数学、天文学、力学、植物学的系列著作,著有文集《则古昔斋算学》.1867 年汇刻出版,其数学成就表现在尖锥术、垛积术、数根术等方面,创造了传统数学研究的新水平,"荟萃中外"成一家之言. 在微积分、组合数学、数论与级数等领域颇多独创. 他制订的一套汉语数学译名,很快传到日本,被日本数学界接受.

他的"尖锥术"可概括为 10 个"当知",即其命题由垛积术综合祖暅原理而成(见他的《方圆探幽》一书),贴近了现代"积分"理论,如从中可导出圆面积公式. 他还著有《垛积比类》四卷,内有造表计算法,全书 45 000 言,图、表各三分之一,文字部分为定义、定理、草式. 方程 400 余则,四卷分叙三角垛、乘方垛、三角自乘垛和三角变垛,有 15 个数表(三角形数阵),57 个具体垛的定义式,124 个具体垛前 n 项和的公式,给出 100 个高次方程.《垛积比类》研究的递归函数、组合函数、组合恒等式都是组合数学研究对象,因此它确实是组合数学早期经典杰作.

关于"数论"研究,李善兰继古代"更相减损术""大衍求一术"等之后,在1872 年发表的"考数根法"中,提出了四个素数判定定理,已具备近代数论基础.

§3 变量数学传入后中国数学的发展

3.1 译介西方数学[6]

(1) 李善兰(续),1852 年李善兰到上海与伟烈亚力、艾约瑟等合作,翻译刻印了如下数学著作:

《几何原本》后九卷(1858 年);

《代微积拾级》18 卷(1859 年);

《代数学》13 卷(1859 年);

《圆锥曲线说》3 卷(1866 年).

此外,还有多部天文与力学著作(如牛顿的《奈端数理》(即《自然哲学的数学原理》,未译完).下面做几点重要说明:

1.《代微积拾级》是中国出版的第一本微积分学译著,原书名为《解析几何与微积分学》李善兰在"序"中说:"是书先代数,次微分,次积分,由易而难,若阶级之渐升",故名《拾级》,至于"解析几何",这是以后转自日文的译名,李善兰译作"代数几何"看来似更为贴切,这就是"代"的含义.

2.李善兰在翻译中,遇到了如何处置新符号的问题:办法是"中西结合":

数字仍用汉字:一、二、三、四,…;

26 个拉丁字母仍用汉字"十干":甲、乙、丙、丁,…;"十二支":子、丑、寅、卯、……,加上天、地、人、物四元共 26 个汉字;

大写字母 A… 写成 呷 …;

微分、积分分别用偏旁表示:彳 和禾.

引入 $\times, \div, (), \sqrt{}, =, <, >$ 等符号,但"+"写成 $\perp$,"—"写成 T(为避免与数字十,一混);

分数沿用《同文算指》记法:分母在分数线上,分子在分数线下.

28 个希腊字母用 28 星宿名:亢、氐、房等代替,圆周率"π"译成"周",自然对数底 e 译成"讷"等.

于是,一个微分式

$$dz = \sqrt{dx^2 + dy^2}$$

便译成了

$$彳人 = \sqrt{彳天^= \perp 彳地^=}$$

积分式

$$\int \frac{dx}{a+x} = \ln(a+x) + c$$

则译成

$$禾\frac{甲 \perp 天}{彳天} = (甲 \perp 天) 对 \perp 叮$$

现在看来,当时中国长期处于封闭状态,李善兰先生怕外来的符号系统不易接受.因此煞费心思地创造了汉字表示的符号系统,文[6]说:"在当时是必要的,也是不得已的"那么我们要问:

①既要介绍"外来"数学内容,却不用"外来"的符号系统,难道"封闭状态"的中国人对内容不排斥却执意排斥符号?

②阿拉伯数码、拉丁字母好写好记、"不易接受".那么汉字偏旁和生造成

的一批汉字(有的读音也没有)就"好"接受吗?

③ 爱美之心,人皆有之.周易有云:"易则易知,简则易纵",简易、优美、和谐是人们的追求,采用汉字表达的这套符号,比起拉丁字母和阿拉伯数字的符号系统显然繁复得多.因此,严重影响了人们的学习和它在中国的传播.

④ 李善兰创制的数学(微积分)符号是系统的,使中国数学的符号化向前迈了一大步.因此,从思想上看是先进的,离现代数学的符号化语言只有一步之遥了!

3. 李善兰的译著首创了一批汉语数学名词,除了初等几何中的 60 余个之外还有:坐标系的原点、圆锥曲线、抛物线、双曲线、渐近线、切线、法线、超越曲线、摆线、蚌线、螺线等 20 多个;微积分中的"无穷""极限""曲率""歧点""微分""积分"等 20 多个;代数学中的代数、方程式、函数、常数、变数、系数、未知数、虚数等近 30 个大多贴切合用,既符合汉语习惯和传统,又反映问题的实质.如把 Calculus 译成"微积分",可能源于《数术记遗》"不辨积微之为量,讵晓百亿于大千",译名反映了对概念的科学内容的深刻理解和对汉语的谙达;而 Calculus 原意是计算、演算的意思,未能反映实质,汉语数学名词有的译自外语,但有的比外语更贴切,如"逻辑""代数""几何"等,这是汉语的优势.

(2) 华蘅芳(1833 - 1902),江苏常州金匮县人,他与傅兰雅合译的数学书已出版的有:

《代数术》25 卷,(1878 年);

《微积溯源》8 卷(1874 年);

《三角数理》12 卷(1877 年);

《代数难题解法》16 卷(1879 年);

《决疑数学》10 卷(1880 年);

《算式解法》14 卷(1899 年).

此外,还有《代数总论》《合数术》《相等算式理解》与《配数算法》等,译出而未能出版.上述出版的《代数术》和《微积溯源》是李善兰译《代数学》和《代微积拾级》的新译,为什么要重新译呢? 华蘅芳说:"每觉李氏所译之两种、殊非易于入手之书""所以又译此书者,盖欲补其所略也".除翻译之外,华蘅芳也从事数学研究,曾写成《开方别术》《数根术解》《积较术》等六种著作,除《积较术》讨论了有限差分法,提出两种计数函数和互反公式、内插公式有所创见外,研究工作主要限于传统数学.

华蘅芳的译著除继承李善兰所创的数学名词之外,又有新创,如有理数、无理数、根式、移项、实数、实根、未定式、迭代法、无穷级数、二项微分式以及大数、指望(期望)、排列、组合、相关、母函数、循环级数等,应当指出的是这些译名至今仍然用着,多数都很确切,但有理(数)、无理(数)的译法,似属选意不当(事

44

实上,应选原词的"可比(数)"与不可比(数)这一含义),为尔后的应用留下了困惑."实数""实根"的译法有类似的情况.

李善兰、华蘅芳译书为了传播也为了满足教学的需要.1898年"百日维新"下令各省办中小学堂、中小学数学课本用量日增,《笔算数学》《代数备旨》《形学备旨》《八线备旨》等教科书,重印了10余次.值得注意的是:这些教科书中,数学采用印度－阿拉伯数码,加减号也终于写成了"+""－",分数的分母、分子也终于"正了位":分母在下,分子在上了!特别地:1905年书内算式改为横排(剩的就是只有两个问题了:一是何时用简单、优美的拉丁字母和希腊字母取代汉字;二是汉文数学文献(不仅算式)自左至右横排是何时、何人开始这样做的).

3.2 其他一些数学家的工作

夏鸾翔(1823－1864)浙江钱塘人,有著作数种.在《洞方术图解》中研究了用幂级数造正弦、正矢表的算法问题;在《致曲术》中研究二次曲线用无穷级数解决椭圆积分的若干问题.《万象一原》9卷,在继承明安图、项名达、戴煦、徐有壬和李善兰相关成果的基础上,对二次曲线与直线的相关问题给出130多个公式,其中80个为自创,该书代表了19世纪60年代中国圆锥曲线的研究水平.

丁取忠(1810－1877)长沙人,自幼喜好数学,无师自钻研40年,老而无成,于是致力于培养后学和编印数学文献,弟子黄宗宪、曾纪鸿、左潜等多人形成"长沙学派",与好友南丰、吴嘉善讨论数学,写出心得多种.1872年～1876年的5年间,印书21种,谓《白芙堂算学丛书》,内容由浅入深,利于学习,传播广而影响大.其中有他自己的四种.丛书中亦有创新,但多是研究和改进旧法.

刘彝程(约生于1850年前后),江苏兴化人,致力于整数论和不定分析研究,研究了勾股积相等、勾弦和相等的两组勾股数.回答了日本加悦傅一郎的问题,还研究了求勾股差恒为1的勾股数,致力于二次不定方程的研究.

周达(1878—?)浙江建德人,自幼习数学,遍读中国数学名著及西方的代数、微积分著作.早年著有《垛积循环小数》等10种著作,与江都张剑虹等四五位学者讨论西方数学,并于1902年,1904年两次东渡日本与长龟、上野诸氏研讨日本与西方数学,著《调查日本算学记》.

一生著作很多,后期研究转向西方数学,开始了向近现代数学的过渡.

3.3 几点评述

在中国数学的发展史上出现了两次大的"中断".

(1)第一次中断,是由元朱世杰著《四元玉鉴》(1303年)到明程大位著《算法统宗》(1592年)这三个世纪中,"没有重要创作",(见[11]的455页)认为,元朝统治1279年～1368年,共79年,按数学发展状况分两期,前期1279年～

1314 年的 35 年中,还出了郭守敬、朱世杰等名家,1314 年 ～ 1368 年则一无成就,1314 年成了分界线.中断的原因,一是数学本身的弱点,它的发展本来就缺乏强劲的动力,数学家思想长期受儒学经典的控制,出口闭口不离《九章算术》,缺乏创造性;我国科举考试始于隋朝(604 年),唐时分科取士,中有"明算"(即数学)科促使学子们重视数学学习,北宋时有些反复,执政旧党将国子监内算学馆砍去,蔑视数学,致使祖冲之《缀术》失传.王安石变法后恢复了算学教学,入元以后,科考终于恢复,考试内容完全以朱熹注的"四书"为准,并无数学内容.形成"八股",死板空虚,摒弃一切学术的创新思想,八股取士延续至明,元朝文字狱迭起,亦为祸根.

加之中国"经世致用"的思想非常浓重",数学家们"只注重具体数学并阻碍他们去考虑抽象的概念;不管怎样,中国人重视实践和经验的性格总是使他们倾向于向这方面发展""专门致力于统治官员所要解决的问题,土地丈量、谷仓容积、堤坝和河渠的修建,税收、兑换率 —— 这些似乎都是最重要的实际问题.'为数学而数学'的场合极少"(以上为李约瑟语).

然而这一次的"中断"不要紧,因为它正赶上欧洲"中世纪"的黑暗时期,中国数学研究这种"万马齐喑"的局面,待到《几何原本》《测量全义》与《新法算术》等西方数学著作相继译刻出版,才逐渐有所松动.这时中国数学不仅没有落后于西方,而且有些数学家的研究(如年希尧的《视学》),还早于西方相同的著作,还出现了梅文鼎的数学家族,堪同西方伯努利家族媲美.中国数学的复兴似乎露出了一点征兆.

可怕的是第二次的中断.

(2)这第二次中断发生 18 世纪 ～ 19 世纪,具体地说可认为是 1740 年 ～ 1840 年这 100 年间,有三个特点:① 这段时间,正是西方走出"中世纪"进入文艺复兴时期,人们的思想得到自由,充满了创造活力;相反,在中国由于闭关锁国政策,中断了开始不久的与外国的学术交流,加上雍正上台后的文字狱,使人们思想自由受到禁锢;② 这段时间正是古代数学开始向近代数学过渡时期,在西方数学研究在新思想指导下,新题材、新方法不断涌现;在中国,由于文字狱和思想禁锢,数学研究只好返回故纸堆,做"发掘、注疏",这样做也不是不可以,但缺乏新思想的指导也只能是"温故知故",很难有什么知新创新出来,大体上是在故纸堆里推磨;③ 这段时间正是西方数学哲学研究十分活跃的时期,古希腊的数学思想方法得以发扬光大.在中国除了文字狱的打压、"经世致用"思想的束缚,由于董仲舒的"罢黜百家,独尊儒术"的馊主意长期传承,名家"严格界定数学概念",赵爽、刘徽"严谨推证数学命题与公式"的主张,老子、庄子的逻辑公理化(道可道,非常道,名可名,非常名)的思想以及《周易》中的"符号化思想""易则易知,简则易纵"的求简求美的思想,全都遭到"忘却",致使西方先进的符号系统与数学表述方式也被拒或被改,繁琐别扭的(因而是落后,丑陋的)表述形式,长期困惑着中国数学的研究、传播和教学,大大迟滞了中国数学的发展.

在这样的情况下,一方面是西方数学人才辈出,新课题、新思想、新方法、新成果不断涌现,旧分支不断被刷新改造,新分支如雨后春笋;在中国则是大量人才被禁锢、被埋没,在故纸堆里"乐此不疲",很多"研究成果"逃不出旧作的框框,这种与世界潮流背道而驰的"发展",使中国数学的水平一落千丈,被淡出世界数学发展的主流圈,为以后"中国数学文献充满外国人名"的现象埋下了"祸根".

§4　20世纪初期～70年代西方与中国(非初等)数学的发展

4.1、 西方数学发展状况

为了弄清在这同一时期,作为中国初等数学发展的背景 —— 国外数学的发展状况,我们还是看看一些具有代表性的数学大家:

摩尔(美,E. H. Moore. 1862—1931)发表关于"数学基础"的讲演,支持数学中的形式主义和佩利的数学教育理论;

布劳威尔(荷,Brouwer,1881—1966)提出"直觉主义"数学观.

策默罗(德,Zermelo,1891—1953)、弗兰克尔(Fraenkel,1891—1965)构建了集合论的公理化系统(形成公理化集合论).

罗素(英,Russell,1872—1970)、怀特海(Whitehead,1891—1965)共同著《数学原理》三卷,是现代数学逻辑主义的代表作.

豪斯道夫(德,Hausdorff,1868—1942)提出拓扑空间公理系统,奠定了"一般拓扑学"基础,著《集合论》,1935年初版,影响深远.

爱因斯坦(德,Einstein,1878—1955)发明狭义和广义相对论.

嘉当(法,E. Cartan,1869—1951)提出一般联络的微分几何,统一了克莱因与黎曼的几何,成为"纤维丛"的发端.

范.德.瓦尔登(荷,Vander waerden,1903—　)与诺特(德)、阿廷(奥)一起开创抽象代数研究领域,范·德·瓦尔登整理代数学,著《近世代数》.

哥德尔(奥,Godel,1906—1976)逻辑学家、数学哲学家,1931年发表"不完全性定理".

冯·诺依曼(美籍匈,Von Neumann,1903—1957)著《量子力学的数学基

47

础》.

柯尔莫哥洛夫（苏，Kolmogolov，1903—1987）提出概率论公理系统，1933年所著《概率论的基础概念》出版.

哈代（英，G. H. Hardy，1877－1947）著名数学分析家，致力于解析数论研究.在丢番图逼近、堆垒数论、素数分布、黎曼ζ函数、发散级数积分变换与积分方程等方面的研究，对分析学的发展有深刻影响."哈代空间"仍是当今研究的活跃领域，他与波利亚、李特伍德合著的《不等式》（1934年初版）一书开了系统研究不等式的先河.

哈代还是个数学教育大家，他曾帮助过中国数学家华罗庚；他发现了印度"一位不可思议的数学奇才"拉马努金并给予精心地培养，他的《纯数学教程（A Course of pure mathe matics)》，自1908年出版以来已出到第10版，成为一部经典著作.一代又一代崭露头角的数学家，通过这本书的指引步入了数学的殿堂.

拉马努金（印，Ramanujan，1887.12－1920.4），他是一位不可思议的数学奇才，他去世后，留下一本355页的《论文集》和一本厚厚的写满了奇妙数学公式的笔记本.后人致力于这"笔记本"的研究，所获极丰.

埃尔德什（匈 Paul Erdös，1913－1996）他主攻数论，被称为"数字情种".三岁开始研习数学，一生周游了25个国家，与485人合作过，在不同领域发表过1 475篇高水平论文，在古稀之年每天还工作19小时.

波利亚（美籍匈，G. Pólya，1887－1985），研究兴趣广泛，如复变函数、组合数学、概率论、几何、物理、数学物理等均有建树.他与哈代、李特伍德合著的《不等式》，开了系统研究不等式的先河.《数学物理中的等周不等式》一书中的众多"猜想"逐渐被证明.研究数学探索、数学发现、数学解题、数学方法论、数学与合情推理、数学教育均获规律性的认识.三部名著《怎样解题》《数学发现》《数学与合情推理》风靡世界，他被誉为"数学教育家".

图灵（英，Turing，1912—1954），提出通用理想计算机概念、建立了算法理论.

韦伊（法，A. Weil，1906—　）建立代数几何基础理论、创立布尔巴基学派，共著《数学原本》数十册，1939年开始出版.

施瓦兹（法，Laurent Schwartz，1915—　），1945～1946年期创立广义函数论.

赛尔伯格（美籍挪，Selberg，1917—　）致力于数论研究，1919年用初等方法证明了"素数定理".

托姆（法，Rene Tnom，1923—　）1954年提出"配边理论"、1968年提出"突变论".

48

庞特里亚金(苏,Понтрягин,1908—)发现最优控制的变分原理.

贝尔曼(美,Bellman,1920—)创立"动态规划"理论.

扎德(美,Zadeh,1921—)致力于寻求模糊事件处理方法,1965 年创立模糊集合论.

鲁宾逊(美,A. Robinson,1918—1974)1960～1966 年确立非标准分析理论,著《非标准分析》一书,1966 年出版.

贝克尔(美,Alan Baker,1939—)1966 年著《超越数论》,提出贝克尔方法、解决希尔伯特第十问题.

维纳(美,N. Wiener,1894—1964)建立维纳测度、引进巴拿赫－维纳空间、发展调和分析、提出维纳滤波理论、开创维纳信息论、创立控制论,把交流与合作视为学术生命,开创了一种跨学科、跨领域的"科学方法讨论会"的交流形式,现在人们称为"维纳沙龙".

曼德布罗特(波,Benoit B. Mandellbrot,1924—)致力于应用数学、数学艺术研究,创立"分形几何"数学分支,著《大自然的分形几何学》一书,于 1977 年出版.

从上面列举的一些数学家中不难看出,20 世纪以来,西方数学继续 19 世纪末的发展势头,但出现了如下一些新的特征:

(1)数学进一步地抽象化了.抽象代数、拓扑学、泛函分析等新学科陆续诞生,它们是高等代数、高等几何、数学分析的深入和综合发展,同时集合论与数理逻辑也迅猛发展起来,并在它们的基础上将整个数学作为研究对象,形成"数学基础"(从逻辑角度的研究,叫作"元数学"证明论.哥德尔证明了"不完全性定理",证明了公理系统中完备性与无矛盾性是不能兼得的;数学的"彻底形式化"以及"永绝悖论之源"是不可能的;从哲学角度的研究,出现了形式主义、逻辑主义和直觉主义三大学派)的研究;其次,数学的应用越加广泛,它成为物理、力学、电学更加强有力的工具,同时大规模地向生物学、经济学、社会学、语言学渗透,系统论、信息论、控制论等思想使各学科定量化趋势日益强劲.电子计算机的诞生不仅解决了大量、迅速处理数据的问题,而且再次引发数学及科学研究方法的革命."数学实验"成为一种强有力的方法,"机器证明"虽尚有争议,也不失为一种辅助方法,"数学技术"意味着数学登上了直接应用的前沿.

这些发展特点使我们认为:进入了现代数学时期.

(2)传统学科旧貌换新颜,变得新颖、简易、优美,由于新问题的提出而向纵深发展(如数论、传统几何);且新学科、新分支如雨后春笋,如模糊数学、分形几何、图论、组合数学、规划论、统筹方法、纤维丛几何学、拓扑学、群环域、泛函分析、变分法、公理集合论等.另外,现代数学的发展也不忘"初等数学"的研究和发展:一是传统几何、代数、三角,不断地旧枝发新芽,另一方面,许多高等数学分支的初等部分(或初等化)的研究,时有进展,如"不等式"自从波利亚、哈代与李特伍德的《不等式》开了系统研究的先河,它的发展非常迅速,特别是其中涉及几何图形的部分形成了"几何不等式"的分支.另如,古典平面几何的研究,曾一度形成"三角形几何学"分支.

(3) 数学方法论、科学方法论快速发展.

随着数学的快速和向新方向的发展,"方法论"问题日益显现,最早是亚里士多德的三段论,成就了欧几里得.尔后是笛卡儿关注研究的方法问题,希尔伯特 1900 年在"数学问题"的报告中提出数十个带根本性的数学方法论问题,引起数学界的广泛关注.数学家阿达玛(法,Hadamard)著《数学领域中的发明心理学》,1945 年初版,书中阐述了"近 50 年来最伟大的天才人物"庞加莱在巴黎心理学会上的著名讲演,深入地分析了数学探索、发明、发现的思维过程.波利亚(以及我国数学教育家傅种孙)首开数学发现法的系统研究.

应当说,每一位数学家的研究都伴随着数学哲学中的认识论与方法论问题,如欧拉一生研究成果为何如此丰富,至今只有爱尔德什能与之媲美.康托的集合论引起了"无穷性"与无穷观问题.数学发明发现中有无直觉、灵感、一闪念的问题,希尔伯特为什么那么年青就在多个领域做出了战略性的成就?数学家提出的"问题是数学的心脏"的论断是正确的吗?为什么?对待无穷性(特别是在对待极限问题上)有两种观点:一是实无穷,一是潜无穷,怎样对待?还有由无穷性和逻辑引发的"悖论",怎样认识和对待?

这本来是"数学哲学"的"分内之事".然而,不知是什么原因,当时的数学哲学的研究一头扎进了"数学基础"的泥坑难以自拔,所以一直腾不出手来去管这些事.想起来了,据数学发展的过程中曾遇到过三次"危机",第一次出在毕达哥拉斯时代,由于发现不可公度的量(如$\sqrt{2}$是不是数?)而引发的,只需转变观念,承认它们(不可比的量)也是量,并把它作为"公设"写进《原本》告终;第二次"危机"由于微积分基础理论(它的无穷小量、极限等)不严格而引发的,由于柯西、维尔斯特拉斯、戴德金等严格定义了实数概念,给出了极限科学的 ε 语言($\varepsilon-\delta,\varepsilon-N$)确切定义,从而堵住了贝克莱们的嘴,算是过去了,都没有用到数学哲学家来掺和.第三次可是大不一样了,它发生在 19 世纪末 20 世纪初,数学正在兴旺发达的时期,这时康托在 19 世纪 70 年代创立的"集合论"正在成为整个数学(它所有分支)的基础,这是多好的事情,人们正在成功地把一座座数学分支的"摩天大厦",牢牢地建在简单明确的"集合论"之上.可谁承想到,正是这个简单的"集合论"出了问题:其中出现了一系列的"悖论"(Paradox)(不太确切地说,就是这样的判断:你认为它真,它就假;你认为它假,它反而真.左右不行,让人无所适从).这还了得!基础出了问题,"数学"就成了豆腐渣工程,说不定哪一天就会砰的一声倒塌下来,所以就一窝蜂地全员上阵,来"补救"

振兴祖国数学的圆梦之旅
—— 中国初等数学研究史话

这个基础问题:两条路线,一是策默罗－弗兰克尔创立"公理集合论"来消除朴素集合论中的悖论;二是数学哲学家们提出了三套方案(形式主义、逻辑主义、直觉主义),直接清除数学产生悖论的根源,不管怎么说,心是好的,事情总算情有可原.

特别地,"坏事"变成了好事,对悖论的研究引发了数学方法论的研究,由笛卡儿、阿达玛、庞加莱、希尔伯特、傅种孙、波利亚等方法论先驱们开创的"数学方法论",在 20 世纪蓬勃发展起来了.

同时由于数学中的非线性研究、分形几何的研究、迭代方法的使用(简单的迭代产生异常复杂的结果)和物理中混沌现象的研究、各种突发突变事件的研究、各种"计划经济""计划思维"不科学性的发现等,综合促进的"复杂性科学"的诞生,可是科学方法论中的大事,其影响之深远是难以预料的.

(4) 数学发展的几个宏观上的特点. 比较突出的几点是:

① 以有巨大贡献和影响的几位数学家为标志,形成比较集中的研究方向(可称为主流或热点)就称为学派,这学派所在的地域或国家就是世界数学的中心.

19 世纪末,以首屈一指的数学权威 —— 庞加莱为核心,包括波莱尔、勒贝格、毕卡等大家在内的"学派"十分活跃,这时,数学中心在法国(巴黎).

20 世纪初,在 F. 克莱因、韦伯的努力下,哥廷根大学迎来了希尔伯特、策默罗、闵可夫斯基、柯朗等每个都有开创性的工作,哥廷根成为世界数学中心.

第一次世界大战后,苏联在欧拉、罗巴切夫斯基(喀山学派)等工作的基础上,又出现了切比雪夫(彼得堡学派)、李雅普诺夫、马尔科夫、斯米尔诺夫、菲赫金哥尔茨、康托洛维奇、叶果洛夫、鲁金、亚历山大洛夫、柯尔莫哥洛夫、宠特列亚金、斯杰克洛夫、辛钦、普里瓦洛夫、彼得洛夫斯基、维诺格拉多夫、G. 克莱茵、切波塔廖夫等数十位,他们每个都是好样的,他们的工作创造了世界数学史上的奇迹. 因此,苏联在 21 世纪 20 年代 ~ 30 年代逐渐成为这一时期的数学中心,至今仍保持着.

同时,21 世纪 20 年代 ~ 30 年代,波兰出现了巴拿赫(S. Banach)、史丹因豪斯(H. D. Steinhaus)、乌拉姆(S. M. Ulam)、希尔宾斯基(W. Sierpinski)、库拉托夫斯基(K. Kuratowski)、齐格蒙德(A. Zymund)等一批数学家,他们每个人都有开创性的工作,波兰学派异军突起,波兰成为数学中心(之一).

1924 年法国一批青年数学家:狄东涅(Dieudonne)、韦伊(A. Weil)、享·嘉当(H. Cartan)、德尔萨特(Delsarte)、埃瑞斯曼(Ehresmann)、谢瓦莱(Chevalley) 等人,不满法国当时数学现状,决心把整个数学重新整理一遍,运用"结构主义"观点,1939 年始出《数学原本》第 1 卷,到 1984 年出到第 40 卷,前 10 卷内容为:集合论、代数学、一般拓扑学、实变函数论、拓扑向量空间、积分论、李群和李代数、交换代数、谱理论、微分流形与解析流形.巴黎成为数学中心.

第二次世界大战前后优秀数学家云集美国,这里遂成为世界数学中心.

② 数学研究的组织、学术会议[12].19 世纪末 ～ 20 世纪,各国争先建立(科学院下的)数学研究所,召开综合的或分学科的学术交流会议;

1897 年在瑞士苏黎世召开首届国际数学家大会,成立一个机构化的组织.1900 年在法国巴黎开第二届大会,1920 年在法国斯特拉斯堡召开第六届大会,成立国际数学联盟,到 2010 年,共开了 26 届大会,第 24 届大会是 2002 年在中国北京召开的,联盟还出版了《世界数学家名录》.

联盟主办两个奖项:菲尔兹奖(4 年 1 次,每次获奖者 2 名 ～ 4 名)和罗尔夫 • 奈 望林纳奖(4 年 1 次,每次获奖者 1 名).

③ 文献轰炸问题[9].20 世纪的现代数学,从文献的飞速增长上也可以看出它的巨大进展.据统计,20 世纪初,每年发表数学论文不过千篇,到 1966 年美国《数学评论》发表的"论文摘要"是 7 824 篇,1973 年为 20 410 篇,1979 年为 52 812 篇,简直是"文献轰炸",指数呈增长之势.

(5)与数学教育相辅相成.数学的传承、教学古已有之,中国的《算经十书》,欧氏的《原本》都是作为教本之用的,"但一般认为,数学教育大约是 19 世纪进入西方各国教育系统之中的"[13].有教育就有改革、有数学教育改革就有相关的研究.20 世纪数学新一轮的大发展是伴随着数学教育的相关学科,如"数学教育""数学思维""数学方法论""数学史""数学文化""数学心理学" 等,相辅相成地进行的.

4.2   中国数学的发展状况

中国数学急起直追.我们知道中国数学被落下是从元末明初的事,到 18,19 世纪"差距"进一步加大,但中国人并没有气馁,并没有放弃.而是急起直追,办法有两个,一是派留学生去国外学习,二是办好数学教育,还有成立数学团体,进行交流等.

(1)派留学生是从清代开始的.1847 年向美国派出第一批留学生,到 20 世纪初,每年达到数千人,但学习数学的人很少.据目前所知冯祖荀是出国学习数学的第一人.

冯祖荀(1880—1940),浙江仁和县(今杭州市)人.1903 年 12 月,曾出国赴日本(京都帝国大学)留学,回国后执教于北京大学、北京师范大学(北京高师)数学系并任系主任,他教授与研究的内容有集合论、变分法、微分与积分方程论、椭圆函数及椭圆模函数论、无穷级数论等.发表论文有"以图像研究三次方程式之根的性质""论模替换之母""高斯积分公式之新证法""高斯收敛定理之新证法""$P\mathrm{d}x+Q\mathrm{d}y=0$ 之积分因数""高斯积分定理"等. 他主要精力放在了数学教育上, 傅种孙、陆建功等都是他的学生.

另外 1919 年"五四"运动前后, 胡敦复、胡明复、姜立夫先后从美国哈佛大学毕业(获博士学位) 归来, 熊庆来、何鲁从法国留学归来, 中国有了自己的数学家.

胡明复(1891—1927), 胡敦复(1886—1978) 江苏无锡人, 中国最具声望的前辈数学家.

姜立夫(1890—1978) 浙江平阳(今苍南县) 人. 1920 年创南开大学数学系, 另一项重要工作是他与胡明复都花了大量心血审定的《算学名词汇编》, 1938 年出版. 姜立夫在数学中事无巨细、严肃认真, 黑板上字工图准, 版面优雅、边写边讲、速度配合得当, 讲完站在讲台右下侧, 要学生耳目手脑并用, 把关键之处记下来; 基础课处处打牢, 选修课让学生轮流报告, 发作业按坐标(x,y)排好顺序, 依次传递; 习题作业要求学生工整书写, 有时让学生把整理好的笔记交上来; 有时让学生写短文、书面报告. 这些方法看来不起眼, 却利于学生学习、思考, 培养了不少优秀学生, 陈省身、江泽涵等就是杰出代表. 姜立夫为建立中国数学会费了很大力气, 为中国数学事业的发展立了大功. 苏步青说: "没有他, 中国数学面貌将是另一个样子".

熊庆来(1893—1969) 云南弥勒县人. 主攻函数论和数学教育. 1921 年留法归来, 1926 年任新成立的清华大学数学系主任兼教授, 他以善于发现千里马的伯乐慧眼, 发现了当时仅有初中学历的华罗庚, 并用一套高明的安排(方式) 加以培养, 使之终成大器. 这不失为中国数学史上一则佳话. 熊庆来在清华大学任教 5 年, 1931 年再去巴黎, 在庞加莱研究所从事整函数研究获博士学位, 1934 年重返清华.

何鲁(1894—1973) 四川广安人. 曾任安徽大学、重庆大学、北京师范大学教授, 主攻数学教育, 著初等数学书、文若干.

出国留归国的数学家还有:

陈建功(1891—1971) 浙江绍兴人. 1914 年留学日本东京高工, 1919 年回国; 1920 年二去日本, 入仙台东北帝大数学系; 1923 年回国教数学; 1926 年三去日本做研究生, 主攻三角级数论, 获理学博士学位. 建立"据点书"的故事, 是脍炙人口的. 1927 年, 浙江大学成立, 陈建功、苏步青边在那里教学, 边做研究, 倡导、创建"讨论班", 发表大量论文, 浙江大学成为中国南方的数学中心.

苏步青(1902—2001) 浙江平阳县人, 他幼时就显示出数学的天赋, 14 岁那年竟用了 20 种方法证明三角形内角和定理. 1924 年苏步青入日本东北帝大数学系; 1931 年当他结业获博士学位时, 已在日本、美国、意大利等国的数学刊物上发表了 41 篇有关仿射微分几何, 射影几何方面的论文. 回国后与陈建功一起支撑浙江大学数学系,数十年如一日办"讨论班"严格培训学生;1952调任复旦大学任教务长、副校长、校长等职.他的"啃"沙尔门·菲德拉的《解析几何》(三厚本近千页,又是用德文写的)的故事,对学生学习和研究有强烈的启示作用.

自20世纪90年代起,国家设有"苏步青数学教育奖".

华罗庚(1910—1985)江苏金坛县人.这是一位家喻户晓的、大师级的数学家,他自学成才,以初中学历因两篇文章"斯图姆定理之研究"和"苏家驹之代数五次方程解法不能成立之理由",被伯乐熊庆来发现,为使他成为"千里马"创造了条件(他的成长有很多人的帮助:王维克,《科学》杂志的编辑,唐培经、杨武之、熊庆来、叶企荪、苏联数论专家维诺格拉多夫(I. M. Vinograder)、英国数学家哈代和李特伍德等);两次自学(在金坛小店,在清华大学读懂(通)了许多权威的数学经典著作),打下了坚实的现代数学基础;他是一个无学位支撑的数学家,在数论、矩阵几何、多复变函数方面,贡献巨大,还涉足有限域上的方程论、典型群、域论,论文硕果累累.著《堆累素数论》《数论基础》《典型群》《多复变函数论与典型域上的调和分析》等经典著作;他领导几个讨论班,指导年青人向新领域进军,担任基础课(高等数学)的教学工作,创造了风格独特、效果显著的教学方式;发明了"薄—原—薄"的读书—学习法(成为广大青年学习和研究数学的法宝和阶梯);他在数学应用和普及(简化易化"优选法""统筹法"这双法研究,和应用"经济数学")贡献巨大,发现和培养王元、陈景润、张福基等,使他成为千里马式的伯乐;他大力倡导和组织实施"数学竞赛",实施英才教育,功德无量;他著三个"谈起"(《从孙子的神奇妙算谈起》《从祖冲之的圆周率谈起》《从杨辉三角谈起》)开了开发应用数学史的先河.

傅种孙(1898—1962)江西高安人,是我国自己培养的、有为有守的数学家、数学教育家,他"出国不留学"扎根中国大地.他1895年就证明了一条群论定理、译《罗素算理哲学》,向中国介绍几何基础和希尔伯特公理体系;他编著《高中平面几何》教科书,既教几何知识,又教方法论("几何之务,不在知其然,而在知其所以然;不在知其所以然,而在何由以知其所以然"是他的名言),使他成为早于波利亚的、数学方法论的先驱;他以"从五角星谈起""扩张与因袭"等著作,阐述合情推理与数学探索发现的过程.他提出"初等数学研究",既作为高师数学系学生的一门课,又是一项研究课题和大力倡导的一项活动和任务,并以身作则,积极开展研究并取得了丰富的成果(见[13].""初等数学研究"中的"初等数学基础研究"既是关乎数学(本身),又是关乎数学教育的一件天大的事."初等数学研究"在我国影响深远.

陈省身(1911—2004)浙江嘉兴人,他的数学基础是自学自打的(读荷尔(Hall)与奈特(Hnigkt)合编的《高中代数》与温特沃斯(Wentworth)与斯密思(Smith)的《几何》与《三角》),15岁进南开大学数学系跟姜立夫学习;1930

年入清华大学读研究生(几何方向),读了大量射影微分几何的论文;1934年去德国汉堡跟布拉施克(Blaschke)学几何;1936年获科学博士学位,到巴黎跟嘉当研究微分几何,"啃"他那些"超越了时代20年"的难懂论文和他每周一次的"几何谈话",使陈省身有机会接触到"嘉当的广义空间,把联络作为主要几何观念、外微分"等,近代微分几何的两大支柱.1939年在西南联大教授保形微分几何和李群,并与王竹溪、华罗庚等举行"李群讨论班";1943年～1945年在美国普林斯顿高等研究院工作时达到了他研究的高产期,完成了"高维高斯－邦内特公式的内蕴证明"和"示性类"两项顶尖工作.

1946年到上海市组建中央研究院,招收20余人(吴文俊、路见可、朱德祥等都在其中),希望能像1920年前后,从集合论和泛函分析上全力突破一样,在主流方向上取得突破,目的虽未达到,但这些学生尔后都成为中国数坛的中坚.1960年又回美国,到加利福尼亚大学伯克利分校工作.

他的最大贡献,是认识到嘉当的联络几何与纤维丛理论的密切关系,从而把微分几何推广到大范围的情形.他发现的示范类(陈类)影响整个数学领域,而纤维丛理论成为物理场论的数学工具,他是当仁不让的当代最伟大的几何学家.杨振宁有诗赞曰:"造化爱几何,四力纤维能,千古寸心事,欧高黎嘉陈".

陈省身为美国筹建了"数学研究所".1981年建成,陈省身担当第一任所长.他一生得意门生很多,中国的如丘成桐、杨振宁、项武义、伍鸿熙、廖山涛等,还有很多外国学生,可谓"桃李满五洲".晚年回国组建"南开数学研究所"培养了大批年青的优秀人才,在中国实现"21世纪数学大国"之梦,扎实行进.他提出中国数学家要研究"中国人自己的问题",不要老是跟着人家跑,2002年在中国举办世界数学家大会期间,他认为"中国已经是数学大国"时,就进一步提出"中国要向数学强国进军"的目标.

陈省身的数学思想有两点令人深思:一是,他借用《周易》的话说"易则易知,简则易从(纵)",他说自己一生追求的目标就是简化复杂的东西,这是"数学唯简唯美"的思想;二是他通过给广大青年学生题词,认为"数学好玩"、认为"赏玩"也是数学发展的强大动力(之一)!

1985年～1987年,中国数学会通过设立了"陈省身数学奖".

杨武之(1896—1973)安徽合肥人,芝加哥大学博士,曾任清华大学、西南联大数学系主任,中国现代数学先驱者之一,以"双二次型的不变量"论文获硕士学位.1928年完成"华林问题的各种推广",使他成为因研究代数和数论获博士学位的第一人,且因《数论历史》(三卷本)一书蜚声世界.杨武之1919年与罗孟华女士完婚,生四子一女,长子杨振宁,1957年获诺贝尔物理学奖.杨武之早期关于华林问题的研究,对华罗庚及中国数论学派影响甚大,杨武之不仅教子有方(如对杨振宁),而且教学有方——华罗庚和陈省身都是他的亲传弟子.

(2)办好数学教育.中国数学发展缓慢是缺乏人才的根源、是没有必要的数学教育.

清末根据政府命令全国各地始建新式小、中学,开设数学课,各地开办大学堂,到1902年已有122所."章程"规定:小学学习算术和珠算;中学、中师(五年制):算术、几何、代数、三角;优级师范(四年制),加上微积分和解析几何,大学堂是预科三年(仍是代数、解析几何、微积分),正式三年(微积分、几何学、代数、力学、整数论、微分方程论等)教科书大部分译自美国,少部分自编.

到1923年,全国共有大学70所,设有数学系或数理系的有32所(有38所没有设),共有教师155人,在校生不过852人,有学生几人和十几人的学校有19所,可见当时中国大学教育真是举步维艰.到20世纪40年代才出版了我们自己编写的大学数学教材.

在这样的形势下,出国留学返回的数学人才的绝大多数到大学数学系任教,或创立、加强一些大学的数学系.

据文献[14](289页～203页)称:中国最早的大学数学系,北京大学数学门成立于1914年,1917年改"门"为系;北京师范大学在辛亥革命之后兴办,有数理科,培养的数学教师足迹遍全国,影响巨大.1920年姜立夫创建南开大学数学系,培养了一批对中国数学以后发展有影响的人才,如江泽涵、陈省身、吴大任等.熊庆来回国后,1921年曾主持东南大学(南京大学前身)数学系,后来到清华大学.胡敦复和胡明复兄弟在上海创办大同大学(是最好的私立大学).吴在渊(1884—1935)在该校任数学系主任多年,他是未出国留学、自学成才的无学位的数学教育家(之一),留下多种数学教材和普及读物.

1929年和1930年,陈建功和苏步青先后来到浙江大学数学系,使该系日渐兴旺,也使浙江大学成为中国南方数学研究中心.1926年熊庆来到清华筹备成立数学系,郑桐荪协助.1928年孙光远和杨武之在美国芝加哥大学获博士学位,先后来清华任教,强大的"阵容"使清华数学系蒸蒸日上,到20世纪30年代有陈省身、华罗庚、许宝騄、柯召,"阵容"更加强大.

20世纪20年代,广州的中山大学、武汉大学、东北大学(沈阳)、山东大学(济南)、厦门大学、岭南大学、金陵大学、燕京大学等也都有了数学系,其不时地搞一些数学教育活动.

20世纪30年代,中国一些大学已能培养数学方向的硕士生.1930年孙光远在清华研究生院招收的第一名硕士生就是陈省身;陈建功和苏步青在浙江大学招收的第一名硕士生是程德民.

1937年抗日战争开始,北京大学、清华大学、南开大学西迁,在昆明成立"西南联大",数学系由杨武之、江泽涵与姜立夫共担.这时科研氛围浓厚,华罗庚、陈省身、许宝騄都有创造性的工作,解决了若干难题,在他们的指导、带动下学术活动有声有色,西南联大的数学水平,实际上已达到了招收和培养博士生的水平.

同样地,当时迁到贵州湄潭的浙江大学数学系,在陈省身、苏步青的领导下也是成果迭出,每年都有大量论文发表,在函数论与微几何方面都有出色的工作,本科生显示出数学既扎实又活跃的情况.同样达到了培养博士生的水平.

为做好数学教育,也就打开了源源不断地涌现数学人才的闸门.

(3) 成立数学研究机构、组织,进行学术交流.数学研究,虽属于是个人独立为之之事,但需有环境和条件、需有思想和信息的交流,因此又不全是个人能独立为之的事.

1928 年成立"中央研究院".1941 年经姜立夫悉心准备,成立了中央研究院数学研究所筹备处.1941 年～1943 年,六位研究员(苏步青、陈建功、江泽涵、陈省身、华罗庚、姜立夫) 共完成 41 篇论文.1944 年又延聘许宝騄、李华宗.1945年抗战胜利,1946 年 4 月陈省身自美国返抵上海,代理主任,致力于尽快成立研究所.陈省身认为第一要务是培养新人并致函各大学数学系,请推荐优秀毕业生.应征者很多,不久就选得十多名,陈省身亲自执教代数拓扑等课程,把研究所办成了研究生院.1948 年初迁南京市,选举院士又聘专职高级研究员,除陈省身、陈建功、苏步青、华罗庚、许宝騄之外,又添樊畿、周炜良、段学复、李华宗、胡世桢和王宪钟.

据文献[15] 提供的资料我们得知:19 世纪后半叶现代数学比较发达的国家,陆续成立专业性的数学学会或小型数学团体.通过召开学术交流会、创办会刊、发表和传播会员研究成果,不仅积蓄力量、推动本国数学研究,也促进了国际交往.

最早成立数学会的是英国,它的伦敦数学会诞生于 1865 年;7 年后,法国数学会于 1872 年在巴黎成立,1877 年日本成立东京数学会;1883 年英国又成立爱丁堡数学会;1884 年意大利成立数学会;1888 年美国成立纽约数学会,后很快改为美国数学会;德国数学会是 1890 年诞生的.尔后,由这些国家数学会发起,于 1897 年在瑞士苏黎士,召开首届国际数学家大会.这促使瑞士数学会于 1899年成立,印度数学会 1907 年成立,西班牙数学会 1911 年成立等.

待到 1935 年中国数学会在上海成立时,距世界上第一个数学会 —— 伦敦数学会的成立,已经 65 年.不过在这个 65 年的过程中曾在中国出现过一系列"小的"学术团体与活动.

例如,周达于 1900 年在扬州组织"知新算社",以"研究学理、联络声气、切磋讨论、以辅斯学之进化"为宗旨,以"有算稿"为入社之条件,亦有创办杂志的意图;1911 年胡敦复联络在清华任教的顾澄、吴在渊等 10 位教员成立"立达学社",宗旨是"视己立立人,自达达人,共同研究学术,与兴办学校为职志".辛亥革命后,立达社员辞去清华职务,南下上海,以立达学社名义1912年3月创办私立大同大学.1918年组建"大同数理研究会".另外,"中国科学社"1915年在美国成立.1918年迁回国,在南京和上海都设有事务所,开展了数学名词编译审查工作.还有,钱宝琮1908年~1912年在英国伯明翰大学留学期间,"曾有科学社之组织,会员达数十人";何鲁1912年~1919年在法国里昂同熊庆来、段子燮等成立"中国学群",下设杂志社、译著社等."五四"运动前后,一些高校以学生为主成立了一批"数理学会"(如1914年武昌高师,1916年北京高师,1918年北平大学,1919年南京高师),创办"数理(化)杂志",曾联合发起成立"全国数理学会",但由于1927年秋当局禁止集会,数理学会无辜被封闭.

待到1929年8月15日,"北平第一师范张贻惠及该院系主任冯祖荀,在中山公园来今雨轩宴会各来北平之数理学家,于席间提议组织中国数理学会,与会者全体赞成".8月19日赵进义、冯祖荀等27人发表宣言,成立"中国数理学会".商定每年召开一次年会.1932年9月,派熊庆来出席在苏黎世召开的第9届国际数学家大会,有机会同希尔伯特等会见.数理学会成立大大促进了中国大学的数学研究与教学;1934年开始,各地数学会负责人,曾经组织过数学学术团体的老一辈数学家互相联络,认为"成立全国数学会的条件已经成熟".

经过两代数学家几十年的准备,终于在1935年7月25日通过章程,宣布中国数学会成立."章程"规定,"本会以谋数学之进步及其普及为宗旨".

(4) 略述20世纪初中国数学研究的收获.以上的三项"举措",培养了不少人才(上面我们已列举了一部分).中国数学会成立以后的一系列活动(学术交流、办刊物拓展发表的渠道、设立奖项来推动),极大地促进了中国数学的发展.

中国独立培养研究生始于1931年.清华大学的陈省身和吴大任各招一名几何方向的研究生.1940年浙江大学开始招研究生,入学的有程德民,后来渐多,还有印度人,这时的中央研究院数学所实际上是研究生院.培养了不同方向的数学人才.

研究方向主要是纯数学:函数论、数论、几何、拓扑、泛函分析、代数、概率、微分与积分方程.1949年前共发表论文652篇,除国内《中国数学学报》上发表的34篇,《科学》及一些大学学报上发表的少量之外,大多发表在美、英、德、日、印等国的杂志上.从内容上,可分为五个方面:

① 在分析方面胡明复发表"线性微分方程",陈建功在日发表"关于无穷乘积的一些定理",一部《三角级数论》及40余篇论文,有直交函数级数收敛问题,他的成就为中国人争了光.熊庆来在函数论方面(主要是亚纯函数和整函数),1933年和1934年都有论文发表.1935年先证明了奈望利纳引入的函数 $T(r)$ 为逐段解析函数,并在此基础上作成无穷级亚纯函数一般理论.函数论方面,王福春、李国平等十多人也有论文发表.正当泛函分析形成独立分支的20世纪30年

代,曾远容就进行研究. 从 1932 年起,就引进并研究任意维的,实、复或四元数体上的线性空间,在其上定义埃尔米特对称双线性泛函,结果获得早于黎斯(F. Riese),但被西方人忽视. 变分法研究始于胡坤升,1932 年他以"博尔达(Bolza)问题和它的附属边界问题"论文,获博士学位. 微分与积分方程方面,周炜良和陈传章有论文发表;

　　② 在数论与代数方面. 杨武之最早研究华林问题,他用初等方法证明了任一正整数是 9 个三角垛数之和. 1935 年初华罗庚用三角和工具研究华林问题,结果优于哈代和李特伍德. 华罗庚并把华林问题推广为将 n 表为整值多项式问题;并将"哥德巴赫问题"推广为"每一充分大的奇数 n 可表为两个素数与一个素数的 k 次方之和". 华罗庚还在"他利问题"的研究中做出很好的结果. 1940 年 ～1941 年完成了《堆垒素数论》一书,其中有不少未发表的新成果. 在几何数论方面,对圆内格点问题估计结果优于梯齐玛希,有关素数最小元根的估计也获当时最好结果.

　　闵嗣鹤(1913—1973)在解析数论方面成就也值得一提:他与华罗庚合作把莫德尔(Mardell)定理推广到二重三角和的情形,又独立地把定理中的多项式推广到 n 个变数,成为研究解析数论的一个有利工具. 王福春对黎曼 ζ 函数也做过不少工作,他证明过一个中值公式改进了佩利 — 维纳定理,关于 ζ 函数零点个数也做过估计.

　　柯召 1938 年与艾尔德什、海尔布朗合作解决了 $m=1(\bmod \varphi)$ 时只有有限个欧几里得域问题,张德馨、钟开莱在数论方面也有成果发表.

　　在代数方面曾炯之有不少创造性工作,并创立了拟代数封闭域的层次论. 华罗庚 1938 年主持"近世代数讨论班",从有限群论开始引进"秩"的概念,依之证明了 P 群中拟基底的存在. 讨论班获得关于有限群,特别是 P 群的不少成果;1940 年华罗庚开始研究矩阵几何,从实数或复数域上各类矩阵几何(即长方阵几何. 对称矩阵几何与变号对称矩阵几何)出发,逐渐向纵深推进;1949 年关于自同构域的一定理,那么示性数不为 2 的域上一维射影几何即获证. 王湘浩1948 年证明了关于代数数域上单纯代数的一个定理,同时给出葛伦瓦特一个"定理"的反例,而此"定理"乃是关于正规单纯代数"定理"的基础. 其影响不小.

　　李华宗在矩阵代数、二次齐式方面的工作,张禾瑞关于威特(Witt)环 $\dfrac{L}{K}$ 的工作,以及段学复、严志达、傅种孙等的工作,都应提及.

　　③ 几何与拓扑学方面. 自 20 世纪 20 年代中期 ～ 40 年代末,发表论文的有俞大维、苏步青、陈省身、江泽涵、吴大任、吴文俊、傅种孙等 20 余人,研究范围包括一般空间微分几何、仿射微分几何、代数拓扑、纤维丛理论、初等几何等,代

表性的工作首推苏步青.1927年～1949年共发文103篇,在"仿射空间曲面论"方面获重大进展,对一般曲面发现了被人称为"苏曲面"的四次(3阶)代数曲面,后来他致力于仿射曲线与曲面的研究,建立了一般射影曲线的基本理论.20世纪30年代后期,研究"一般空间微分几何",取得许多重要成果,着重研究极值离差理论,推广了黎曼几何中重要的雅可比方程.20世纪40年代后期,研究K展空间几何的广义射影运动.1947年继续研究开玲方程和射影运动群的性质.道格拉斯空间中K展空间微小变动等.

严志达1948年也进行K展空间研究.王宪钟则在芬斯勒(Finsler)空间几何研究中取得成果.

在中国最早研究拓扑学的是俞大维,1925年以署名David yu在德国数学杂志上发表关于点集拓扑的论文.江泽涵最初研究临界点理论把莫尔斯方法用于分析,获有趣结果.他就各种分布型系统地研究区域的拓扑特征与牛顿位势临界点类型的关系,证明一些关于临界点的定理.1930～1931年研究不动点理论,也获一些结果;陈省身于1936年开始发表拓扑学、微分几何、积分几何方面的论文.20世纪40年代开始纤维丛与示性类理论研究,获一批重大成果;张素诚1942年开始发表微分几何方面的论文;吴文俊于1948年发表拓扑方面的论文;早在20世纪20年代,傅种孙就开始在初等几何与几何基础方面获得了不少高水平的结果.

④ 概率与统计方面的成果.1930年,褚一飞从法国寄回一篇数理统计方面的论文"相关度与相变度之原理".1937年刘炳震、钟开莱对一些概率定理给出初等证明.许宝騄(1910～1970)在1935年～1949年这15年内发表相关论文24篇,统计方面成果较多,他研究了贝连斯－费舍尔问题、导出了统计量.依照高斯－马尔柯夫定理的思路,研究了其模型中方差σ^2的最优估计问题,考虑了一些估计量,还讨论了多元线性假设检验中势的性质等问题.在1941年的一篇论文中,他获得了一元线性假设似然比检验的第一个优良性质,本质上等价于:这一检验是一致最强不变的.因此是一项很重要的成果,因为它开创了两个发展方向.在多元分析方面,推进了矩阵论在统计领域中的应用,研究了正态向量和n维向量模型,几乎与费舍同时,各自导出了一个最基本的分布:某一行列式方程的根的分布.对似然比检验、比值极限分布等也有很好的成果.

在概率方面,1945年推广了贝雷方法,对克拉姆定理给出了一个较简单的证明,1947年他获得了均值为零方差有限的,独立随机变量序列方面一项重要结果.

⑤ 其他几个重要方面.从20世纪20年代起,就有傅种孙、汤璪真与朱言钧等,向中国介绍数理逻辑、数理哲学方面的内容.傅种孙先生介绍了《罗素数理哲学》、希尔伯特《几何基础》和公理系统,并自著有《几何基础研究》是这一领

振兴祖国数学的圆梦之旅
—— 中国初等数学研究史话

域的前驱. 此前,傅种孙先生还译述和撰写了一系列关于"什么是数学""Dedekind 实数理论、非欧几何、维布仑(O. Veblen)的几何公理系统等方面的文章,发表在北京高师《数理杂志》上. 汤璪真曾著"近代数学思想""算学的共同基础",刊登于《数理杂志》,介绍罗素关于近代数学的基本观点和数学公理系统. 朱言钧著文介绍数学公理之完备性、独立性、分析与综合的必然性、归纳与演绎等. 继傅种孙之后,金岳霖 1927 年在清华大学讲授数理逻辑. 20 世纪30 年代末,又有王湘浩等人在大学开课. 20 世纪40 年代,胡世华、莫绍揆开始进行"数理逻辑"的研究,王浩则到美国学习和研究. 这一段时间数学哲学方面似无人跟进.

20 世纪三四十年代,李仲珩、樊畿等对差分方程、赵访熊对图解法的研究都取得了一些成果. 1943 年林士锷建立了高次方程的一种近似解法,人称"林士锷法",这大致属于初等数学研究.

(5)20 世纪 50 年代～70 年代中国数学发展简况. 1949 年 10 月 1 日中华人民共和国成立. 1952 年 7 月"数学研究所"成立,华罗庚任所长. "中国数学会"1949 年 10 月恢复活动. 到 1950 年 2 月有会员 482 人,包括新吸收的中学数学教师. 决定续出《数学学报》《中国数学杂志》. 1951 年 10 月出 1 卷 1 期. 1953 年改为《数学通报》. 这时,国内数学学术交流日渐活跃,中外交流也有所开展. 1952 年开始进行数学教育改革. 1958 年"左"的倾向"抬头",否定欧氏几何. 1962 年走上正轨,恢复 20 世纪 50 年代中期做法,1966 年 6 月到 1976 年的十年动乱,使数学教育和研究都受到很大的影响.

这一时期,出了三本专著:华罗庚的《堆垒素数论》、苏步青《射影曲线概论》和陈建功的《直交函数级数的和》,还出版了李俨的《中算史论丛》五卷.

1950 年～1966 年,据不完全统计发表论文的有 500 余人,论文 2 000 余篇,包括数论、代数、几何、拓扑、函数论、微分方程、泛函分析、积分方程、概率论与数理统计、计算技术、运筹学、数理逻辑与数学基础、数学史等分支内容.

① 数论与代数. 闵嗣鹤及他的学生迟宗陶,以及尹文霖、越民义、董光昌在解析数论方面收获丰富. 堆垒数论方面,1957 年华罗庚用指数和的结果解决了华林问题中的优弧问题. 引进"指数密率"概念,推广了哥德巴赫问题,吴方、董光昌、陈景润也有一些研究.

对于哥德巴赫猜想,王元 1956 年证明了(3,4). 1957 年他与维诺格拉多夫(I. V. Vinogradov)各自独立地证明了(3,3),同年,又证明了(2,3)和 $(a,b)a+b \leqslant 5$. 潘承洞于 1962 年证明了(1,5),同年王元、潘承洞把它再次改进为(1,4). 1966 年春,陈景润证明了(1+2)即(1,2). 他的"大偶数表为一个素数及一个不超过两个素数的乘积之和"的论文(摘要),发表在 1966 年第 17 期《科学通报》上,曾引起强烈反响,但不少戴着曲光镜、习惯了扬头看天的"老外”和一向对外国人察言观色,看不起自己同胞的“老内”们,第一反应是“怀疑”(这些“老内”妒火化为毒计[16],曾企图趁“文革”之机毁掉他的论文、手稿甚至肉身或窃取他的成果.可是老天有眼,他们未能得逞.几年之后,论文得以改进、简化,发表在《中国科学》上,以事实粉碎了“老内”们的毒计,中国人民扬眉吐气了.“老内们”呢)

越民义对素数分布、王元对素数模的最小元根和“殆素数”、华罗庚对均方和都有研究,闵嗣鹤、潘承洞、董怀允对黎曼 ζ 函数推广进行研究、闵可夫斯基与尹文霖为 $Z_{n,h}(s)$ 建立了中值公式.

柯召致力于代数数论研究,对一系列不定方程、二次型进行探讨.代数方面,华罗庚等在体的半自同构、以体为基域的酉群的构造、任意体上长方阵几何基本定理的研究等方面取得进展.1957 年,严士健、万哲先把体上典型群自同构结果进行了推广.

几何学与拓扑学,1949 年以后的十七年中,有不少研究.函数论与泛函分析,尤其是多复变数函数论的研究成果不少.1956 年华罗庚出版了《典型域上的调和分析》一书,陈建功等研究了约当闭曲线的性质.

② 在微分、积分方程,概率论与数理统计,运筹学、计算数学,数理逻辑方面,也是硕果累累.如在运筹学方面,1958 年创造了“图上作业法”,进行了推广应用;1959 年内蒙古大学线性规划组证得“合理的流向图必定是最好的”.1960年,李修睦用网络理论给出相异代表系一个定理的新证法.管梅谷改进了“图上作业法”,并建立一种“表上作业法”,这些内容写成一本小册子,1965 年由上海教育出版社出版.1964 年,姜伯驹有一本《一笔画和邮递路线问题》写给青年学生,这是网络几何创造性的通俗化.这一时期我国在普及推广线性规划方面做了很多工作.华罗庚对“双法”(统筹法和优选法)的简化、通俗化及以身作则的推广方面,令世人称道.计算数学方面,1953 年提出一种解任意方程组的“斜量法”;1959 年计算所制成中国首台通用计算机.在数理逻辑方面,莫绍揆改进了希尔伯特与贝奈斯命题演算系统,并提出五个具备同样特点的新系统.此外,还有沈有鼎、王世强、胡世华、唐稚松、陆钟万、董蕴美、李开德、沈百英等也做了大量研究.

这里,我们再补充介绍几位这一时期有代表性的数学家、数学史家.

李俨(1892—1963)福建闽侯人.1913 年肄业于唐山路矿学堂,后考入陇海铁路局,在铁路工作 40 余年.从 1913 年始即从事数学史研究,42 年后的 1955 年才调入“中科院自然科学史研究所”,任一级研究员,除了到处搜集中国古算书之外,还到敦煌考察,通读《大藏经》、甚至小说《金瓶梅》.从中搜寻史料,他的古算书曾编成《李俨所藏中国算学书目录》,1920 年 ~ 1932 年陆续在《科学》杂志刊登.

他写的数学史论文有"中国数学史余录""中国数学史源流考略"等百余篇,编成《中算史论丛》五集;还有《中国算学史》(已译成日文),《中算家的内插法研究》《中国古代数学史料》等.多次出席国际数学史会议.1987 年与他的学生杜石然合著《中国数学简史》,在牛津大学出了英文版.

钱宝琮(1892—1974),浙江嘉兴人.1908 年 10 月留英(伯明输大学).1927～1928 年间,筹建浙江大学,首任数学系主任,后一直任浙江大学教授.到 1956 调自然科学史研究所为止.因此,数学史亦属业余研究.主要著述有《中国算学史(上)》(1932),《古算考源》(1933),《中国数学史话》(1957),《算经十书注释》(1963).1964 年主编《中国数学史》,他是我国用现代方法研究传统数学的奠基人.

1998 年 12 月,辽宁教育出版社出版了《李俨钱宝琮科学史全集》共十卷,大致上是收入了他们的全部论文.

在中算史研究方面,还有章用(1911—1939)、严敦杰、吴文俊、杜石然等,有一些新的见解.我们认为,这是"中国数学史"研究的第一阶段:搜集史料、进行奠基性研究,成就巨大、功德无量.

吴文俊(1919—)祖籍上海,1945 年在陈省身指导下,研究拓扑学.1947 年到法国斯特拉斯堡.曾参加过嘉当领导的讨论班.他把拓扑学知识用于无线电工程的线路板设计.20 世纪 70 年代致力于"计算机证明"的研究.他的机械化方法国外称之为"吴方法".他还研究中国古代数学史,有独到的见解.

汤璪真(1898—1951)湖南湘潭人,是我国最早的现代数学家之一.他在高校工作了 32 年,培养了大量"将去培养人"的人才.他对数学有很深的造诣,他在德国随著名几何学家布拉施克(Blaschke)做研究工作,并"啃"完了德文原版的《微分几何讲义》.他有《新几何学》(即"扩大几何学")《数理玄形学》《绝对微分几何学》等一系列著述.难得的是,他在被遗忘的"初等数学"的研究(如"扩大几何""自然几何""天体几何" 等)中也时有所获.

陈景润(1933—1996)福建省福州市人,是方德植、华罗庚等人的得意门生.他以研究华林问题、整点问题、三角和估计、除数问题、塔里问题等作为"试笔".并以"大偶数表为一个素数及一个不超过两个素数的乘积之和"获得了哥德巴赫问题研究的最好结果:"1＋2".该文发表于 1966 年《科学通报》(摘要).全文发于 1973 年的《中国科学》.1978 年对证明加以改进.这个"世界第一"至今仍然保持着.陈景润发表的论文有 40 篇.还有几部专著,都是数论方面的.

陆家羲(1935—1983)生于上海市,号外"教授".初中毕业后,"上山下乡"到东北,先到哈尔滨机电厂当学徒,后调到包头五中当物理教师.1957 年,他从孙泽瀛编的《数学方法趣引》得知,有"斯坦纳序列"和"寇克满序列"两个世界难题.与之"一见钟情",22 岁那年下决心征服它们.60 年代初,他解决了"寇克满系列"的论文,被国内杂志"因故"扣压.1971年意大利数学家宣布解决了这一问题;1981年陆家羲给国际权威杂志《组合论》寄出一信,告知斯坦纳三元系大集问题已解决,初遭怀疑,当三篇论文:"论不相交斯坦纳三元系大集"(Ⅰ),(Ⅱ),(Ⅲ)于1981年9月陆续寄到时,编辑们认识到此项难题已被中国一名中学教师所征服.1983年3月,三篇文章在美国《组合论》杂志发出,他为祖国争了光.可是,我们并没有好好地保护他.使他由于积劳成疾而英年早逝,只在人间逗留了48个春秋.

事实上,19世纪末 ~ 20世纪,我国出现的"数学家"是很多的,仅在《中国现代数学家传》的前6卷中收入的就有250余人.该"传"还要继续编撰出版,相信会有更多畴人入传,成为我国有名有姓有业绩的数学家.众多"现代数学家"的出现,而且其中不乏佼佼者,为我国21世纪"成为数学大国"奠定了基础.然而,其中具有开创性业绩、足以成为世界数学领军人物的"大师级的数学家",不过寥寥数人,与我们这个占世界人口 $\frac{1}{5}$ 的大国,实在是差距太大了!看样子,当我们实现了"世界数学大国"之梦后的数十年、也许是数个世纪."世界数学强国之梦"还要继续做下去.

国内外现代初等数学的发展

本章我们要综观一下国内外现代初等数学发展概况,时间大约从 19 世纪中叶 ～ 20 世纪 80 年代.

§1　国外初等数学研究发展概况

1.1　初等数学自然而扎实的发展

19 世纪中叶以后的这一段时间,正是以微积分为代表的变量数学兴起、发展势头强劲的时期或是说由初数向高数的过渡期.这时,初数被挤出发展的主流圈,一般认为,初等数学这一时期的发展趋于停滞.然而,由于如下几条原因,初数并没有停止发展:

（1）初等高等数学之间并没有巨大的差距,而是有着千丝万缕的联系.比如,初等数学提出的"浅近问题"（如哥德巴赫猜想、费马大定理猜想）,久攻不下,就由初等（数论）数学转交给高等数学（解析数论）;反之,高等数学为了教学或普及之需,希望直观化（希尔伯特与康福森（S. Cohn Vossen）著《直观几何学》）,通俗化,这些部分就"下嫁初等数学";有些内容（如五次方程的根式解问题、哥尼斯堡七桥问题等）,你很难说它是初等数学,还是高等数学.

65

（2）高等数学、变量数学的发展伴随着新思想、新方法、新观念的涌现（如变换、集合、群论）往往推动初等问题的研究向纵深发展；从而部分内容的研究就进入高数领域，整个初等数学，也向现代化过渡，它的概念、符号系统更加完善、结构更加协调、合理（如初等代数出现近乎公理系统的结构），许多的表述更趋简明、确切.

（3）没有了主流的、社会需要的压力研究就轻松得多.有的是出于爱好，供茶余饭后的玩赏；有的充任竞赛之需，不必太过认真，出于一种平和自然的心态.记得有一首脍炙人口的小诗，好像是唐人王维的"山居秋暝"

空山新雨后，天气晚来秋.

明月松间照，清泉石上流.

竹喧归浣女，莲动下渔舟.

随意春芳歇，王孙自可留

一阵变量数学的"秋雨"过后，研究初等数学的环境变了，明月静静地照着、清泉款款地流淌 …… 一幅多么幽静、美丽的画卷.热爱初等数学的人，不妨继续你的研究.

1.2 　算术、代数的发展

拿算术、代数来说，它来自于《原本》和《九章》，以及后来的《天元术》《四元术》《百鸡术》《孙子算经》，斐波那契（Fibonacci）的《算经》（兔子问题），丢番图（Diophantus）的"不定方程"研究等.欧洲人出于他们的理性思维和凡事追求"原因"，进行推理的亚里士多德式的习惯.帕斯卡 1654 年重新发现了（比他年长 600 岁的贾宪早发现）"算术三角"，并给出了很多有价值的应用；牛顿 1676 年把"二项式"展开式中的指数，推广为有理数的情形；费马于 17 世纪 40 年代，先后提出他的"大""小"定理和"费马数猜想"（2^n+1，当 n 为非负整数时，总为素数）；欧拉 1742 年 6 月，否定了费马数猜想，并于 1738 年和 1753 年，分别证明了 $n=4$ 和 3 时的费马大定理.1742 年哥德巴赫（Goldbach）提出他的看似平易，实际上是特别难的一个猜想（即哥德巴赫猜想），因长期无人能攻克而极负盛名.1591 年韦达著《分析方法引论》（1646 年由荷兰人斯括滕予以出版）.在此书中，他用字母表示量，并引入"类"的运算（类似于今天的"代数式"）；并用于解方程，还（除了用字母表示未知数以外）首次用字母表示方程的系数，这是代数学的一大进步.韦达还发现了方程根与系数的关系（就是我们现在称为"韦达定理"的一组等式）.从而为"代数"基础的系统化，创造了条件.比如，为各种"式"的运算、"二项式定理"的公式化表述、方程根式解的研究创造了前提.人们顺利地求得了一般代数方程中，一次的、二次的方程的根式解（用含有已知系数的含有"六则运算（＋，－，×，÷，方幂、方根）"的代数式表示根）问题；16 世纪在

66

振兴祖国数学的圆梦之旅

—— 中国初等数学研究史话

"数学竞赛"中,塔塔利亚(Tataleah)获得三次方程根式解,费拉里(Ferrari)求得四次方程的根式解;1545年卡丹(Cardano)著《大术》一书,发表了塔塔利亚、费拉里两人的结果(明确地表示是分别从塔塔利亚和费拉里那学来的.可是引用者不分青红皂白,用卡丹的名字命名,既不公平地对待了塔塔利亚、费拉里,也给卡丹抹上了"窃取他人成果"这块黑污).卡丹补上了证明和很多方面的应用也是有功的.基拉尔1629年,明确了"负数"的几何意义,并提出"代数基本定理"(n次方程有n个根).尔后,高斯给出了第一个和多种证明,受代数基本定理的鼓舞和塔塔利亚及费拉里公式的启示,人们希望找到五、六次(甚至一般的n次)一般代数方程的根式解,然而屡"战"屡败.200余年过去了,直到1770年拉格朗日才意识到:五次方程可能并没有所希望的根式解.在一篇名为"关于代数方程解法的思考"中,他系统地总结、反思了二、三、四次方程的各种解法并构造了统一方法,它们对五次方程通通失效,从而开始认识到根的排列、置换在求解中的重要性,沿着此路前行,挪威的年青人阿贝尔于1824年证明了五次方程无根式解.8年之后,法国的年青人伽罗瓦(Galois)创立了变换群理论且用它找到了代数方程可根式解的充要条件.索福斯·李(Symex.lee)继续前进,1874年著《论变换群》,创立了"李群论".在数论方面,高斯1801年著《算术研究》,阐明了包括"同余式"在内的数论中的一系列理论问题.1845年库默尔(Kummer)著《理想数论》,引进"理想数"概念,完成了复数理论.

1.3　再看看几何

有这样一张时间表:1936年费马的《论解析几何》,与1937年笛卡儿的《几何学》,开了在平面上建立坐标系、建立平面上的点与有序实数对的一一对应,从而用解析(代数)方法研究几何的先河;1939年代沙格《论射影几何》、1640年帕斯卡《圆锥曲线论》、1822年庞赛列《图形的射影性质》,突破了传统几何的方法和题材,以及观察"性质"的角度;1884年格拉斯曼(Crassma)《扩张论》,把"几何"从平面、(3维)空间推向n维空间;1829年罗巴切夫斯基(Лодачевский)《论几何原理》,通过反面解决欧氏第五公设问题,突破了欧几里得《几何》的"维一性"的观念,首开非欧几何的研究.黎曼1851年创立了另一种非欧几何,这是在"几何系统"上的重大空破;1899年希尔伯特《几何基础》出版完成了古典几何的奠基工作;1736年欧拉解决了《哥尼斯堡七桥问题》;1852年英国大学生古德里提出"四色问题",庞加莱著《位置分析》,开了网络几何、拓扑学的先河.尔后各种几何系统如雨后春笋,"有点乱乎"? 1872年,F.克莱因在艾尔朗根大学,做了题为"关于新近几何学研究的比较考察"的学术报告.后于1893年和1921年两次发表"艾尔朗根纲领",将"几何学"定义为研究"图形在某类变换群下保持不变的性质"的学科,从而可按变换群对几何加以分类.在《几何基础》中,希尔伯特在透彻分析公理系统的内在逻辑的结构的基础上,首次提出对公理系统的"相容性""独立性"和"完备性"的要求,以后这要求被推广为对一切数学公理系统的要求,从而引发出数学历史上一系列有声有色的故事.

　　这就为以后传统几何的发展奠定了基础.例如,1931年出于教学需要,法国的达尔布主编了一套"初等数学教程"(包括算术、代数、三角与平面几何、立体几何五种)由阿达玛编著的《平面几何》与《立体几何》,前者内容包括直线、平行、角、垂线、三角形、平行四边形、三角形中共点线、圆及其中的线段、角、尺规作图、相似、面积等"传统"知识,而且有了截线、反演、交比等新的几何知识;后者内容除传统的内容(直线与平面、多面体、旋转体)外,还有了运动、对称、相似等变换、圆锥截线、球极、反演、球面几何等.可以说是19世纪以来,"初等几何"研究成果的大汇集.另外我们手里有一本商务印书馆1934年出版的高尔特(N. A. Court)著(陆钦轼译)的《高级几何学》(原书出版于1923年),内容是平面几何中的"高深部分",包括三角形中的九点圆、垂心四边形、西姆逊定理、梅涅劳斯定理、西瓦定理、调和分割、圆的调和性、根轴、阿波罗尼圆,还专有一章是"现代三角形几何学".关于此情此景,1999年上海教育出版社出版的美国人R. A.约翰逊(A. B. Johnson)著(单墫译,作为叶中豪责编的《通俗数学名著译丛》的一种)《近代欧氏几何学》,作者写于1929年的"序"中,做了生动的描述:

　　"这本书,研究三角形与圆的几何学,它们在19世纪被英国与欧洲大陆的作者们广泛地发展了.这门几何学,完全以欧几里得的初等平面几何或它的近代版本的为基础,……或许没有其他领域,包含这么多可被读者直接接受的几何真理.……本书所用材料……".下面点了西蒙(Simon)与马克思(Marx)1906年的著作,开始初版于1881年,1888年出了第5版,讨论布洛卡几何的《欧几里得续集》,然后是拉克兰(lachlan)1893的出版的《现代纯粹几何》、木克兰1891年出版的《圆几何》,卢赛尔1893年出版的《初等纯粹几何》,都瑞尔1920年的《现代几何》与卡拉特利1910年的《现代三角形几何学》.还说:"我们也试图利用杂志上大量的文章……"云云,这从侧面说明19～20世纪之交"近代欧氏几何"研究的繁荣景象.

　　《近代欧氏几何学》共18章:引论、相似形、共轴圆与反演、三角形及多边形、圆的几何学、相切的圆、密克定理、西瓦定理与梅涅劳斯定理、三个特殊点、内切圆与旁切圆、九点圆、共轭重心与其他特殊点、透视三角形、垂足三角形与垂足圆、小节目、布洛卡图、等布洛卡角的三角形、三个相似形等.

　　你看,这是何等的丰富.怪不得单墫先生在译完之后,感慨万千地说:"几何学历史悠久.自欧几里得算起,也已经有2 000多年.平面欧几里得几何,既有优美的图形令人赏心悦目；又有众多的问题供大家思考探索，它的论证严谨而优雅、命题美丽而精致、入门不难、魅力无限．因此，吸引了大批业余数学家与数学爱好者，在这里大显身手"．"平面欧几里得几何学是一座丰富的宝藏，经过两千多年的采掘，大部分精华已落入人类手中．然而 20 世纪后半叶又发现了一个宝库，得出不少新结果，当时称为近世几何学，约翰逊的这本书就是这一部分内容的很好的介绍"．最后单墫先生问："欧几里得几何能否又一次再现辉煌？未来的事难以预料"．"在 1998 年美国科学年会上，学者们一致认为 21 世纪的教育应把几何放在头等重要的地位，硅谷的马克思、韦尔等人甚至喊出'几何学万岁'的口号"．我们可以告慰欧几里得老夫子的是：一本"一般折线几何学"已经问世！

最后，我们要引述几本书说明几个相关的问题．第一本是英国人科克肖特（Cockshott）和沃尔特斯（Walters）著的《圆锥曲线的几何性质》(1889 年出版)，它是用综合法，从图形到图形直截了当地由圆锥曲线的定义出发，导出大批几何性质，包括通常资料中没有的性质，而一般认为，圆锥曲线的这些性质只有用解析法在方程的帮助下才能推证，其实是误解（这一误解就是一个多世纪，人们没有认真对待科特肖特和沃尔特斯两人意义重大的著作）．该书的成功说明"欧氏的综合法"并没有因解析法的出现而失去光芒，更没有死去，而是仍然在默默地发展着．然而，他们的著作已过去了 120 余年，我们希望有人继续他们的工作；第二本是希尔伯特与康福森合著的《直观几何》，1932 年出版，将各抽象的几何直观化，也是初等化、通俗化；第三本是 S. 巴尔著的《拓扑实验》，1964 年出版，它是通过将抽象的内容加以"操作化"，来通俗化拓扑学知识的．最后一本是俄罗斯的雅格尤著的《九种平面几何》，它着重地介绍了"伽利略几何"之后，讲述了按艾尔朗根纲领构造的凯莱—克莱因九种几何，化抽象为具体．

1.4　几点认识

由上述对国外，主要是对欧洲初等数学发展情况的回顾，不难获得如下几点认识：

（1）对"初等数学"应当有一新的认识．从内涵上看它除了简易直观以外，还有"初步发展"、萌芽的意思，比如，算术在奠基阶段属于初等数学，待到高级阶段就成为"数论"．皆在探索数的更深刻的性质（如堆垒性质），却不是初等数学了．又如"变量数学"，当数学史上把"研究常量"作为初等数学时期时，是被排除在初等数学之外的．现在普遍的认识是许多变量、函数、解析几何问题，甚至微积分的初等部分都是初等数学了．有人想从数学中驱逐"极限"概念，像当年克隆尼克、外尔（Wall）等人那样，为数学界所不齿．极限概念连同它的 ε—语言定义，在整个数学中都是非常重要、弥足珍贵的．

（2）这个时期，初等数学的研究和发展是在同专门的、高深数学的发展，相辅相成地进行的．一方面，初等数学的传统领域，算术、几何、代数在不断地进行的完善化、系统化，运用现代数学思想推进着"现代化""几何"的发展，就是个典型的例子；一方面是欧氏几何在不断地走向纵深（高级几何、近世几何等）；另一方面，向"解析几何""射影几何"、n 维空间几何、变换群几何、非欧几何、位置几何（拓扑学与图论）进军，我们都不知道初高等数学的界限应该划在哪里了．说"相辅相成"是指初等数学一直在给高数"出难题"．如三大尺规作图问题、费马猜想、哥德巴赫猜想、七桥问题、四色问题等，而高等数学既从初数中汲取和发展思想方法，又向初数输送思想方法．高等数学出于教学、传播和普及的需要进行直观化、普及化，也相当于"还给"初等数学的许多"难题"．"高等数学的初等部分随着时代的进步在逐渐被初等数学所"吞并"，初等数学向纵深发展往往"沦为"高等数学．

（3）数学的问题（难题）越来越多，如希尔伯特 23 个问题中亦有初等的．为了解决三大尺规作图问题，e, π 的越超性被证明；五次（及高于五次）代数方程无根式解的证明，都难说是高数，还是初数的胜利．随着现代数学的发展，数学符号（语言），概念系统越来越科学、系统、完备、和谐，乃是高等、初等数学的共同福音．

（4）在这一时期．中国初等的研究与国外的差距进一步加大．外国人名充塞中国数学文献的现象日益严重．虽说"数学无国界"，但面对这样的情景，炎黄子孙怎样告慰曾经创造了我们古代数学辉煌的祖先？我们的脸往哪里搁！

（5）这一个时期，随着现代数学的发展，一系列的哲学问题已经摆了出来，研究频频但破解乏力，我们留待下一章叙述．

§2　中国初等数学研究和发展 —— 开创阶段

2.1　19 世纪中期 ～ 20 世纪 80 年代

按本节题目的规定是写 19 世纪中期到 20 世纪 80 年代中国初等数学研究情况的．一则，1840 年英国发动的鸦片战争，使中国沦为半殖民地．数学研究发展趋于停滞；二则，尔后中国向外派留学生学习的、西方传入的除欧氏《原本》之外，就是"变量数学"．我国这一时期少数研究数学的人也都是注意力集中在这个方面．因此直到 20 世纪的前十年，我们都没有见到初等数学的相关研究．《中国现代数学家传》中列出的，在这一时期有著述的数学家，无一属于初等数学方面．因此我们的回顾只能从 20 世纪初开始．

70

2.2   汤璪真、傅种孙和华罗庚的初数研究

（1）先说汤璪真（图 1）先生的初数研究成就．汤璪真（1898.2.3—1951.10.9）是我国老一代颇有成就的数学家之一，祖籍湖南省湘潭县韶山，主攻数理逻辑、微分（偏微分、绝对微分几何方面，都有创造性的工作．）他一直把主要精力献给了教育事业，尽管如此，他的具有开拓性的初等数学研究成就卓著．

（2）他最早的一篇论文：

① 广义的二项式定理，发表在 1918 年《数理杂志》上，这还是他上大学时的著作．讨论二项式定理一种很别致的（类似于数阶乘的）一种推广形式．其他初等数学论文还有［17］：

图 1   汤璪真像

② 任意一次无定方程式之解法（1918）；

③ 开任意次方法（1918）；

④ 自然几何（1925）；

⑤ 数理玄形学（1925）；

⑥ 天体几何初步研究（1930）；

⑦ 集合理论几何学（1930）；

⑧ 算学的共同基础（1933）；

⑨ 好几个题和一个秘诀（1933）；

⑩ 秘诀的披露（1933）；

⑪ 第五原则及其应用（1936）；

⑫ 扩大几何学（一本书，1936.武汉大学出版社）；

⑬ 三角形内切圆及旁切圆之解析公式（1951）；

⑭（吴尊文整理）扩大几何学（《数学通讯》，1955.4）；

⑮ 九点圆定理与扩大几何（英文，美国数学月刊，1938.45(7)）．

其中 ④，⑥，⑨，⑩，⑪，⑫，⑭，⑮ 的共同目标，是在宣传一种新的几何思想，即"自然几何"或"扩大几何"．也就是认为，通常的欧氏几何把"不计大小和形状"的物体抽象为点，有点"过度抽象"，致使把这种几何用于，比如"天体"时理论与实践差距太大．因而汤先生做一个逆向思考，把抽掉的性质再"扩回去"．对此傅种孙先生有自己的看法．在 1948 年 11 月 11 日北京师范大学的一次讲演会上，［13］在汤先生讲了自己的"扩大几何"之后，傅先生以"扩大几何学绪论"为题讲这一番话的；他首先讲了"五式"，而每一式都可能有四种几何，"四种几何……表面各道其道，而其实皆以 P 几何（即以真点为点，以真长为长）为其背景，是故四种几何同一构造而可视为互相写照"．并近而指出不仅欧氏空间有公式、每式四种几何的问题，而且在黎氏（黎曼）空间、罗氏（罗巴切夫斯基）空间

71

也存在5式,每式四种几何.这简直是指出了按汤璪真先生的思路展开去,无异于成为另一个"艾尔朗根纲领"(或应当叫作"北京纲领").这自然是汤璪真先生思想的一种创新性质.那么这些"几何"(包括汤璪真先生倡导的"欧氏平面上的C几何"),从提出到现在80年过去了,却一律没有发展起来,而且似乎也没有后续的研究,这是为什么呢? 这可能有宣传、传播上的原因(汤璪真先生的文章发表之后一直"躺"在杂志上,连中国人撰写的文献、课本上都很少提到.直到2007年才重印出来;国外恐怕更少有人知道了).另外,是否也有它本身的弱点呢? 有的,正如傅先生讲演中指出的:"惟名、翻繁、一一对应",最要命的是这里的第二点:愈翻演愈繁复.这是不受欢迎的也违背数学的根本精神.然而,汤璪真先生的思想方法是一种辩证的思想,自有其独到之处.它可以在很多地方丰富传统几何,在计算机课件制作中我们常用的一种"扩张收缩原理"就是"扩大几何"思想的应用.我们将在本书适当的地方评述这一点.

(2)再说傅种孙先生.傅种孙先生字仲嘉,是一位成就卓著的数学家,又是有为有守的中国数学教育家.他首开中国现代初等数学研究的先河,亮出名号,成了中国初等数学研究的先驱.赵慈庚(1910—1999)是另一位有为有守的数学教育家,在数学分析、微分方程和初等数学方面均有很深的造诣.早在20世纪50年代就有初等数学论文发表.1990年他主编的《初等数学研究》论文集出版(该书搜集了包括10篇傅仲孙先生遗作在内的29篇有创见的论文),在该书的"前言"中,他破题说:"初等数学研究"原是北京师范大学数学系,21世纪20年代按师范性需要创立的一门课程,开设在三四年级.目的是使未来教师对初等数学有较高的认识、研究各科的理论体系和一些重要专题,借以知道中学课本在许多关节上为了适应学童的年龄特点不得不删繁就简,希望师范大学学生日后登台阐教时心中有数;遣词用句不要贪速效,以致有碍正理.这是傅种孙先生在北京师范大学30多年呼吁经营的一件大事.

"初等数学研究"作为一门高师数学系的课程,傅种孙先生呼吁经营了30余年.从多年来我国中小学教学实践和理论探索中认识到,确实是远见卓识、难能可贵;目标定在"使未来教师对初等数学有较高的认识,研究各科的理论体系和一些重要专题"确实是恰当的,名称叫作"初等数学研究"而不叫作"初等数学"(像"数学分析""高等代数"那样),就是说学生是上的"研究"课,因为"初等数学"各种的理论体系远未完备,还有很多的"专题"有待开发,还不能像数学分析等那样去教学.同时也提出了培养研究能力的目标,而不单纯去学知识.

所以"初等数学研究"教学的第一目标就是初等数学的基础研究,首先是它的逻辑基础.为此,傅仲孙先生撰写专著式的讲义《初等数学研究》,拟包括几何、代数、算术(数论)、三角等.若干部分当时只完成了几何部分(是采用边研究、边撰写、边讲授的方式完成的.这讲义后经整理到2001年2月,才以《几何基

72

础研究》为书名,由北京师范大学出版社出版),后来由于战乱以及新中国成立后行政工作繁忙等原因其他几部分未能完成;其次是初等数学各分支概念、命题、公式、法则及它们之间的逻辑关系的研究(这方面在文献、课本、教学中有许多不经之谈、能使谬种流传、贻误后学也贻害数学本身),将起到修根固本、正源清流的作用;再次是研究一些重要的专题以推动初等数学向前发展.这两个方面,傅仲孙先生(图 2)也是率先垂范,做了大量的研究工作.这从如下的论文,讲稿中不难看出:

1."大衍(求一术)"(1918 年).开了用现代数学思想研究和发扬中国古代数学之先河.

2."循环小数值方乘及方根"(1919).建立小数乘方、开方未有之法则、创造性研究.

3."三角形与其共轭点"(1920),创造性专题研究.

4."什么是数学"(1920),数学哲学.

5."书魏怀谦君"(正十二面体各二面角相等之证明,1921 年,专题研究).

6."论轨迹"(1922)专题研究:确立基本概念.

7."几何学之近世观"(1925)数学哲学.

8."Malfatti 问题 104 解"(1936,中国数学会年会宣读),创造性专题研究.

图 2　傅仲孙像

9."循环排列问题(1942)"创造性专题研究,该文建立了他的著名的 m 种 n 个文字循环排列数公式.

10."自然数与遗传性""扩张与因袭""零之特性及其所引起的纠纷""比例相似形""求积术与割补法""圆""角"(1934 ~ 1936),这一组文章属于数学方法论,论述建立初等数学基本概念中逻辑问题十分重要.这是在北平师范大学培训教师的讲稿或论文.

11."无穷小与无穷大""关于数和量的浅近问题""作图漫谈""联立方程的公解"(1941),这一组文章的性质同 10 中的一样,是在陕西城固西北师范大学期间的讲稿.

12."循环小数位数问题""任何进法之循环小数""弓形面积近似值"(1948 ~ 1956).创造性数学专题研究,在北京师范大学中学教师培训的讲稿.

13."交换律与结合律(1953)"初等数学基础研究、构建基本定律.

14."几何公理体系""几何学基础大纲""扩大几何学绪论(1948 ~ 1956)""数学哲学中的方法论研究",在北京师范大学培训教师的讲稿.

15."从五角星谈起"(1952).在北京师范大学中学数学暑假讲习会的讲稿,

作为创造性的数学专题研究,文中有诸多新发现开了"折线研究"的先河;作为"数学方法论"(合情推理方法)的示范,它是一系列"谈起"的先导.

16.《平面几何教本》(1933)北平师范大学附属中学算学丛刻社印行,既是一本优秀几何教科书,又是一部难得的数学方法论的专著使傅种孙先生(与美籍匈牙利数学家波利亚同时代人,但早于波利亚)成为方法论的先驱.

(3)数学大师华罗庚(图3)作为世界知名的大师级的数学家.华罗庚在中国解析数论、多复变函数论、典型群与矩阵几何等领域做出了重要的、开创性的工作.除研究工作之外,他还培养了大批优秀学生,如王元、陈景润、万哲先、陆启铿和龚昇等.作为伯乐,他在新疆发现了图论界的"千里马"(历尽坎坷,半生苦难的)张福基(张福基是我国图论、组合论、排队论、数学化学方面的专家之一,1936年12月16日生于四川省成都市)等数学拔尖人才.华罗庚特别关心青少年学生的成长和数学英才教育,他大力宣传"数学竞赛",有独特的教学和讲演方法,加之现身说法、故事性强,广受欢迎.他通过对自己自学成才经历的深入总结和反思,而概括的"薄 — 厚 — 薄读书法",由于抓住了数学的本性,符合人的认知规律是一种行之有效、用无不准的数学学习方法,惠及一代又一代青年学子.

从20世纪60年代中期～90年代初,专门为广大青少年(及广大群众)撰写了十部丰富有趣的科普著作:

1.《从杨辉三角谈起》(1956);

2.《写给青年数学家》(1956);

3.《数学的性质和作用》(1959);

4.《从祖冲之的圆周率谈起》(1962);

5.《谈 谈 与 蜂 房 结 构 有 关 的 数 学 问题》(1979);

6.《数学归纳法》(1963);

7.《从孙子的"神奇妙算"谈起》(1964);

8.《统筹方法平话及补充》(1965);

9.《优选法平话及补充》(1971);

10.《华罗庚科普著作选集》(1984).

在这些著作中,最令人关注的是三个"谈起"(即1,4,7),它们继承和发扬了傅种孙先生"小题大做"的风格,运用数学探索发现的有力"武器":实验、观察、归纳和类比联想等,而且往往联想到高等数学的"大门口",如:

在《从杨辉三角谈起》中不仅联想到二项式定理、开(任意次)方、高阶等差

图3　华罗庚像

级数,而且联想到差分多项式、逐差法、无穷混合级数、斐波那契级数、周期级数、倒数级数(的发散性质)和 $\sum_{n=1}^{\infty}\frac{1}{n^2}$ 的估值.这已远非初等数学的内容了.记得从 20 世纪 70 年代到 80 年代,出版后的 12 年间,我(杨之)曾三次通读此书,第三次(1977 年 10 月)通读时,以"求廉图的思想光辉 —— 三读华罗庚著《从杨辉三角谈起》"为题写了详细的笔记,重证了书中略去的内容,结果我的"笔记"比原书厚多了.在读完该书以后,接着研读江苏师范大学周英先生,登在《数学的实践与认识》(1977 年四期)上的文章"一张数表及其应用"(其通项公式 $a_{i+1,j}=ja_{ij}+a_{i,j-1}$ 乃是杨辉三角公式的推广).文中举例说明"表"在解线性方程组和求级数和中的应用.尔后,我则一直致力于搜集和研究各种"数表",从而导致"数阵"课题的提出及"类杨辉数阵"的研究.你看,华罗庚先生的书《从杨辉三角谈起》虽然只是一本小册子,而他的启发作用该有多大呀!

在《从祖冲之的圆周率谈起》中,先谈约率 $\frac{22}{7}$ 和密率 $\frac{355}{113}$ 及其"内在"意义,然后谈辗转相除法和连分数、谈人造行星、谈闰年闰月、谈火星大冲、日食月食、谈日月合璧、五星联珠、七曜同宫、谈有理数逼近实数、谈极限 ……,你看,这"小小的 π"中是包含着天文、历法、卫星以及数学中的多少东西呀!一本不过 40 页的小册子,侃侃道来竟把它讲得生动有趣、简单明白、引人入胜,这就是大师的功夫.

大家知道《孙子算经》三卷,约成书于公元 4 世纪,其卷下第 26 题是:有物不知其数,三三数之賸二,五五数之賸三,七七数之賸二,问物几何? 题下有答、有术.后传入民间,到明程大位编著《算法统宗》时,搜集到歌诀四句

三人同行七十稀,五树梅花廿一枝,

七子团圆月正半,除百零五便得知

不难看出正是从算经中的"术"变来的.这个"术"民间传说纷纭,有叫"鬼谷算"的,有叫"韩信点兵"的,还有叫"隔墙算""剪管术""神奇妙算"的,华罗庚的《从孙子的神奇妙算谈起》一书,正是对这四句歌诀施行点石成金之术.

他先分析原题从题目所述出发,用"笨"办法一试再试,找到"述"的由来,然后弄清"歌诀"的含义,终于会用歌诀解"这道题"了.然再弄清 3,5,7 所对应的乘数 70,21,15 的一般求法,然后进一步从中抽象出重要的数学思想方法:要作出有性质 A,B,C 的数学结构,A,B,C 的变化可分别用 α,β,γ 刻画,则可用标准"单因子构件"来凑:先作 B,C 无作用,A 取单位量的构件,再取 ……,最后分别乘以"权"系数 α,β,γ 相加即可.这个原则可用于力学、不定方程或同余式组求解,以及多变数内插法等(比拉格朗日的插值法简明好用).

这里,分别从一个算术三角,一个 π(的几个近似值),一道算题出发就"谈"

出如此多的数学思想、方法、原则,说明这些对象乃是源泉、法宝,数学史上多的是,它们是人类智慧的结晶. 华罗庚先生只不过"举"了三个例子;其次,以往的数学历史研究,大致是处在搜集、整理、抢救、保存、考证、辨析阶段,华罗庚开了对数学史进行开发、利用的先河;再次,这三个"谈起"只是为青少年学生数学竞赛培训讲座写的讲稿,但"种豆得瓜"成为典型的初等数学研究的论文,像傅种孙先生的"从五角星谈起"一样,是初等数学研究的开山之作.

§3　中国初等数学研究和发展 —— 后续研究

3.1　"基础"方面的后续研究

初等数学基础的研究是傅种孙先生开创的一个研究课题,目的在于"修根固本、正源清流",把一个干净顺畅的、谐调稳固的初等数学传给后人;这无论对于数学教育、研究都是非常重要的. 然而,现在还不行,有必要从多个角度加以细致的研究.

1. 赵慈庚先生的工作[18]. 从 20 世纪 40 年代到 80 年代初,赵慈庚先生一直关注着初等数学基础问题,并以数学中提出的问题的解释为契机撰写了一系列的短文,异常珍贵.

(1)"降格锥线"(1940). 指出:用"退化"一词之不当.

(2)"关于三角方程"(1941). 指出:解三角方程必须验根、举例分析,令人信服;

(3)"关于逆三角恒等式"(1941). 指出:"逆三角恒等式问题,枝岐难穷;博学如 Hobson 亦裹足焉".

(4)"整除性与弃九法"(1965). 简明地阐释用于判别整除性的弃九法.

(5)"关于函数的两个问题"(1979).

(6)"关于$(\varepsilon - \delta)$定义"(1979). 从历史发展过程分析 $\varepsilon - \delta$, $\varepsilon - N$ 定义,及教学中困难的形成之源,很透彻,可惜用的是"潜无穷"观.

(7)"疏通参数方程的一点不通"(1979).

(8)"代数曲线之渐近线"(1941 ～ 1979). 初在西北师范大学暑期讲习会上讲演,后发展为一本书,既属基础研究,又是创造性的论著.

(9)"单位、弧度、单位圆"(1980).

(10)"关于量的思考"(1981).

(11)"轨迹"(1983).

(12)"平面几何轨迹教材小议"(1941).

76

(13)"轨迹教学(1955)". 轨迹概念及其教学中,可谓问题多多,在(11),(12),(13)这三篇文章中,已详加论述、释解.

另外,赵慈痩先生还有初数研究的几篇专题论文:

(14)"一个关于数码的问题"(1965).

(15)"坡 —— 梯度浅释"(1963).

(16)"夫妇相离、男女相间环坐问题"(1987).

(17)"在曲线的普通方程与参数方程之间"(1987).

2. 王世强先生的相关工作. 王世强先生(1927 年,生于石家庄),是专攻数理逻辑的,对傅种孙先生的"固本"思想理解非常深入,除了在奠定数学逻辑基础方面大量的创造性工作之外,还在确立初等数学基本概念、法则方面,做了许多非常重要的工作:[19]

(1)"命题演算的一系列公理"(1952).

(2)"一种逻辑电路演算的初步构作"(1959).

(3)"关于合同关系的可换性"(1953).

(4)"实向量所成的有序环"(1955).

(5)"有限结合系与有限群"(1957).

(6)"结式定理的一种证法"(1955).

(7)"运算律的秘密"(1958).

(8)"0 和 1 的方程组"(1961).

(9)"行列式理论的公理构成"(《数学通报》,1955.4).

(10)"电路与代数"(《数学通报》1951.1).

3. 梅向明(与其合作者)的工作:

(1)"线段的长度"(梅向明,黄浩如,贺龙光,《数学通报》,1963.9).

(2)"多边形的面积"(梅向明,《数学通报》,1963.10).

(3)"多面体的体积"(梅向明,黄浩如,《数学通报》,1963.11).

长度、面积、体积是数学中的基本概念,推而广之是一种测度,但在"初等数学"中怎么说? 这里把它说清楚了.

4. 其他人的相关工作.

(1)钟集,"角的测量"(《数学通报》,1958.2).

(2)孙梅生,"运算律"(《数学通报》,1963.10).

(3)李继闵,"周期函数的和、差、积、商的周期性"(《数学通报》,1965.5).

(4)董克诚,"关于数学的逻辑初步"(《数学通报》,1956.6).

(5)孙梅生,"中学教材里的一次方程组"(《数学通报》,1957.1).

(6)王元,"谈谈筛法"(《数学通报》,1958.1).

(7)严士健,"'抽屉原则' 及其应用"(《数学通报》,1957.7).

(8) 朱达人,"尤拉公式 $e^{i\theta} = \cos\theta + i\sin\theta$"(《数学通报》,1963.1).

(9) 陈重穆,"整系数多项式的因子分解"(《数学通报》,1963.1).

(10) 师连城,"实系数多变数二次多项式的因式分解问题"(《数学通报》,1963.1).

(11) 邵品琮等,"一个因子判别法"(《数学通报》,1956.5).

(12) 王邦珍,"规尺作图不能问题"(《数学通报》,1953.12).

(该文取自林和一著《作图不能问题》或王邦珍著《作图论讲义》,文中列举了 152 个用圆规直尺按"作图公法"作不出的作图问题.

(13) 聂灵沼,"几何作图"(《数学通报》,1957.2).

(14) 蒋巍,"关于分圆问题"(《数学通报》,1957.8).

(15) 裘光明,"二元二次方程组求解的一个几何解释"(《数学通报》,1956.3).

(16) "方不圆,圆周长定义的讲解过程"(《数学通报》,1957.10).

此外还有:张凤学"圆的周长"(《数学通报》,1957.11);和"现行高中平面几何中关于圆周长定义的'一段注意'(《数学通报》,1957.11);以及马明"再谈圆周长定义唯一性的证明"(《数学通报》,1958.6)等工作.

(17) 孙梅生,"有理化因子的存在及求法"(《数学通报》,1957.11).

(18) 卫东舟,"关于不定方程的三个定理"(《数学通报》,1956.10).

(19) 徐矞,"数理逻辑在工程中的应用"(《数学通报》,1957).

(20) 梁宗巨,"圆锥圆柱截口的展开曲线"(《数学通讯》,1954.5).

(21) 同祁,"单用一个圆规的作图问题"(《数学通报》,1954.10).

(22) 王联芳,"单位直尺作图问题"(《数学通报》,1953.1—2).

(23) 王树茗,"关于代数基本定理拓扑学证法的通俗叙述"([20]).

(24) 王树茗,"公理方法与初等几何公理化"([20]).

(25) 朱鼎勋,"近代几何的一种思想 —— 变换群与几何学"(1963.[20]).

(26) 梁绍鸿,"关于平行线的定义和公理"([20]).

(27) 梁绍鸿,"几何证明失检的例题"([20]).

(28) 梁绍鸿,"谈谈作图题"([20]).

(29) 赵慈庚,"法线式之为名"([20]).

(30) 郑宪祖,"指数函数""对数函数""幂函数的建立与扩张"([20]).

(31) 徐宏枢,"线性循环数列"([20]).

(32) 吴品三,"关于方程的几个问题"(《数学通报》,1963.1).

以上的 32 篇文章中基本的内容是对初等数学中基本概念、命题、法则的研究.但是,其一,内容中也可能有创新部分、有新发现的东西;其二,由于手头文

78

献欠缺,可能挂一漏万,只求对"初等数学基础研究"的举例而已.

另外,在这一段时间里也有一些从国外译介的相关文献很是重要,将见到的几篇列在下面.

(33)蒋魏,"中学数学课程中的逻辑概要".(译自苏《数学数学》,1953.1的Ф. Притуло 的文章,刊《数学通报》,1955.6).

(34)杜石然,"量"(译自苏《大百科全书》卷下,柯尔莫哥洛夫文,刊《数学通报》,1955.6).

(35)许孔时,"素数"(译自苏《自然》,1955.4. 马尔德让尼什维奇(К. Марджанашвичи)文,刊《数学通报》,1956.5).

(36)黄学维,"恒等于 0 的多项式定理在三角恒等式证明中的应用"(译自苏《数学数学》,1959.2. А. 雅辛纳别依文,刊《数学通报》,1963.1).

(37)С. Пархоменко,"什么是曲线"?(《数学通报》,1954.2).

(38)А. Н. 柯尔莫哥洛夫(А. Н. Колмогоров),"数学中的无穷"(《数学通报》,1955.1).

(39)"小格节,逻辑方程的求解"(译自苏《数学数学》,1963.5. 提普曼文,刊《数学通报》,1964.6).

(40)张继贞,"最多用三色来染圆中各扇形的问题"(译自日文《基础数学讲座》附录 6,白石早出厷文,刊《数学通报》,1958.4).

评析 由上述我们挂一漏万地列举的赵慈庚、王世强、梅向明的工作和其他作者的40篇著作不难看出:初等数学的"基础",在 20 世纪50～70 年代,几乎是"千疮百孔"的.无论对尔后的研究和教学都是致命伤,而我们的杂志编辑远见卓识和广大数学工作者的积极努力,研究撰写和发表了相关的文章,综观其内容,给人的感觉几乎是"全覆盖".尽管他们是基础性的、移植和介绍性的、有所创造,但不是很多,可是为尔后的初等数学研究,奠定了初步的基础,功莫大焉.

3.2　一些具有创见性的工作

1.吴望名,"一道数学竞赛题的推广"([20]). 提出并解决了一个组合数论方面的问题.

2.芝原,"指数方程 $X^X = X$ 的解法"([20]).

3.马国璋,"拼砖和不定方程"([20]).研究了正多边形的铺砌问题,方法上有所创造.

4.闵嗣鹤,"由抽堆游戏得到的定理"([20]).从二堆物博弈中"挖掘"出许多数学定理,创造性意味十足.

5.顾良信,"倍边公式的简化形式"(《数学通报》,1962.9).

6. 张弼臣，"阶乘位数"(《数学通报》，1955.6).证明了一个估计 $m!$ 位数的不等式 $2\left(\dfrac{m}{e}\right)^m < m! < 2\left(\dfrac{m+1}{e}\right)^{m+1}$.

7. 孙雄曾，"一个循环公式和它的应用"(《数学通报，1955.6》).证明了基本对称多项式间的一个递推关系式，举了多种应用.

8. 王本苞，"连乘积 $(X+a_1),\cdots,(X+a_n)$ 的一种算法"(《数学通报》，1955.9)，本文找到了其展开式系数的一种递归算法.

9. 赵访熊，"三角七巧板"(设计并著文，《数学通报》，1955.10) 这是一个极富创造力的数学玩具.

10. 王联芳，"'矩'中的数学"(文："谈矩"《数学通报》，1955.4).

11. 张明樑，"万能模型板"(译自苏《中学教学》1954.6，伏龙诺夫文，载《数学通报》，1956.2)

12. 大浩，"正反函数仪"(译自苏《数学教学》，1954.6 阿尔拉兹文《表明正函数和反函数的仪器》《数学通报》，1957.3，钱曾涛：从"表明 …… 仪器"改装的函数仪器，《数学通报》，1958.2)

13. 李峻山，"怎样做倒数尺"(《数学通报》，1962.8).

14. 季文达，"定比分割仪"(《数学通报》，1959.4).

15. 蔡家骏，"用标尺和方格图开方"(《数学通报》，1958.1).

16. 刘碧梧，王光寅，"极限仪"(译自苏《数学教学》，1951.3. гтоклриук 文："阐明数列极限概念的直观方法"，刊《数学通报》，1955.10.

评析 以上 9 ～ 16 属于"可玩的数学"的创造.

17. 张志桢，"一种等差级数的奇巧组合"(《数学通报》，1955.4).

18. 康继鼎，"一个组合问题"(《数学通报》，1955.5).

19. 二非，"圆周等分法"(译自苏《数学教学》，1953.1 上的科尔格姆斯基文，刊《数学通报》，1955.5).

20. 麦兆娴，"圆的等分"(译自苏《数学教学》，1956.6 上蔡吉尔的文章，刊《中学数学》1957.1).

21. 沈林兴，"C_n^k 奇偶性规律"(《数学通报》，1965.7).

22. 王友銎，"谈倒数方程"(《数学通报》，1955.10).

23. "谈第二种倒数方程"(《数学通报》，1956.4).

24. "人工制造的无理数"(《数学通报》，1957.9).

25. 臧家祐，"关于三面角的几个计算公式及正多面体中二面角的求法"(《数学通报》，1957.11).

26. 力同，"关于抛物线开口方向"(《数学通报》，1963.4).

27. "用逐次逼近法求三次方程的根"(《数学通报》，1961.5).

28. 吴品三,"实数的连续性"(《数学通报》,1961.6).

29. 杨荣祥、韩始祖,"无理方程"(《数学通报》,1955.6).

30. 杨大淳、张运钧,"无理方程"一文的更正(《数学通报》,1955.9).

31. 包克钢,"无理方程的有理化"(《数学通报》,1964.9).

32. 张弼臣,"正方形内接正三角形"(《数学通讯》,1954.6).

33. 姜长英,"一张纸能包多大体积"(《数学通讯》,1954.4).

34. 陈聖德,"三角 —— 代数恒等式的类似性"(《数学通讯》,1954.7).

35. 胡鞠陶,"一个不等线段问题"(《数学通讯》,1954.7).该文对直角三角形的弦高和大于勾股和给出不同证法 24 种,当时她还是南昌一中高三学生.

36. 杨建堂,"限制同号码的组合数"(《数学通讯》,1954.9).

37. 路见可,"一个赛跑问题"(《数学通讯》,1954.10).

38. 尤兆桢,"行列式中非零项与排列问题"(《数学通讯》,1954.10).

39. 陈聖德,"牛顿线的证法种种"(《数学通讯》,1954.11).

40. 罗国光,从"$A_p(n)$ 方阵得来的定理"(《数学通报》,1953.10).

41. 何治国,"反商方程的变换及综合除法"(《数学通报》,1953.8).

42. 张志祯,"偶完全数的某些性质"(《数学通报》,1953.8).

43. 陆承新,"用定积分定义三角函数"(《数学通讯》,1956.3).

44. 李鼎初,"几个数学不等式定理"(《数学通讯》,1956.6).

45. 陆振声,"几组奇异的平方数"(《数学通讯》,1956.6).

46. 张天民,"等差级数'积'与高阶等差级数"(《数学通讯》,1956.5).

47. 邢作林,"叠纸游戏"(《数学通讯》,1956.5).

48. 武汉大学数二代教研组,"逆矩阵的几个求法及其证明"(《数学通讯》,1956.9).

49. 谢于生,"关于某种五次方程的解法"(《数学通讯》,1956.9).

50. 李应天,"等周整边三角形的个数"(《数学通讯》,1956.9).

51. 李迪,"正整数立方化成平方差"(《数学通讯》,1955.11).

52. 孙继逊,"插值公式的推广"(《数学通讯》,1955.10).

53. 彭继李,"四次方程解法"(《数学通讯》,1955.8).

54. 胡新月,"代数基本定理的意义"(《数学通讯》,1955.8).

55. 王守义,"线性方程组的直除解法"(《数学通讯》,1955.7).

56. 张立,"数码组成的乘法等式(数码方程一)"(《数学通讯》,1955.7).

57. 谢瑞五,"加法等式的全部解(数码方程二)"(《数学通讯》,1955.2).

58. 许自荣,"一个数码方程组的一切解(数码方程三)"(《数学通讯》,1956.3).

59. 陈化贞,"三角公式的独立性"(《数学通讯》,1955.4).

60. "称珠问题"(《数学通讯》,1955.12;1956.1).

61. 金品,"长方台上撞球问题"(《数学通讯》,1955.2).

62. 罗卓林,"灵活游戏的推广"(《数学通讯》,1954.11).本文研究了"二堆物博弈""三堆物博弈"到 m 堆物的博弈(在 6 种博弈规则)之下的推广,获得了若干成果意义重大.

63. 王国俊(西安师范大学一年级学生),"由棱长求正多面体体积"(《数学通讯》,1955.12).

64. 叶子,"又一种数学游戏(数码方程四)"(《数学通讯》,1954.4).

65. 谈祥柏,"贝尔数"(见谈祥柏:"奇妙的联系:数学与诗词"《自然辩证法通讯》一卷二期,1980.4).

66. 贺文魁,李文清,"求二项展开式中系数值最大项的一般方法"(《数学通讯》,1980.3).

67. 杨之,"垂足与对称点坐标公式及其应用"(《数学通讯》,1984.4).

68. 杨之,"形如 $F(f(x))=F(\varphi(x))$ 的三角方程的解法"(《中等数学》,1983.6).

69. 杨之,"二次函数在各种区间的极值及其应用"(《数学通讯》,1983.5).

70. 杨之,"推导圆锥曲线方程的消参数方法"(《中等数学》,1983.2).

71. 刘毅,"立体几何中与余弦定理类似的定理"(《厦门数学通讯》,1982.3).

72. 杨之,"从三角形到四面体"(《初等数学论从》9,1986.2).

73. 夏大生,"圆内接六边形相对顶点联结共点的充要条件"(湖北大学《中学教学》,1984.10).

74. 伍启期,"2 行 n 列式的理论及其应用"(《数学通报》,1981.5).

75. 李庆国,"2 行 n 列式在数列方面的应用"(《数学通报》,1985.2).

76. 陈金辉,"四面体的求积公式"(《数学通报》,1985.3).

77. 叶天碧,"二次方程 $ax^2+bx+c=0$ 整解问题"(《数学教学通讯》,1985).

78. 汤正谊,"伯努利不等式的证明及应用"(苏州大学《中学教学》,1985.1).该文给出了伯努利不等式的 7 个证明.

79. 欧培辅,李长禄,"四面体又一体积公式"(甘肃《数学教学研究》,1984.4).另外《三角法辞典》(日本长泽龟之助著)的第 3 088 条给出公式

$$V_{A-BCD}=\frac{1}{6}AC \cdot BC \cdot DC \sin ACD \sin BCD \sin A-CD-B$$

还有,安徽《中学数学》,1982.2 有一个体积公式).

80. 项政,"球面上的两点之间最短距离定理的证明"(上海《中学数学教

学》,1984.2).

81. 包志超,"函数[X]及其应用简介"(《厦门数字通讯》,1984.3).

82. 汪国彪,"谈谈地图的染色问题"(《厦门数学通讯》,1984.3).

83. 谢庭藩、裴定一,"关于多项式的不可分解性"(《科学通报》,1975.9).

84. 柯里亚金(蒋声译),"关于函数方程"(《数学通报》,1964.4).

85. 林壁羡,"三角形上某些点之间的距离"(《数学通报》,1964.6).

86. 郭慰群,"用 n 阶二行式求面积"(《数学通报》,1965.12).

显然,该文早于文(74)16 年,早于文(75)20 年,大家可对比研究.

87. 张斐慕,"代数方程根的几何表示法"(《数学通报》,1964.1).

88. 赵永昌,"流图拓扑和线性方程组的解"(《数学通报》,1966.7) 这是两篇非常美好的文章,它们使我们可以在优美的几何、拓扑的图形中看到方程的根、方程组的解,难能可贵,还有如下一篇:

89. 钟至人,"三元线性方程组的图解法"(《数学通报》,1962.10).

90. 梁宗巨,"调和级数求和法"(《数学通报》,1964.1) 该文用"取对数求导法",这是一种"比直接相加更方便的求和方法".

91. 郑竹生,"调和公式的归纳证法"(《数学通报》,1957.11).

92. 庞俊明,"调和数列"(《中学生数学》,1989.3).

93. 陈重穆、黄绍文,"线性规划的一个新方法 —— 直除法"(《数学通报》,1963.6),它来自于《九章算术》,但青出于蓝而胜于蓝,线性规划直除解法是地道的古色古香的现代方法.

94. 管梅谷,"关于'线性不等式组的消去法'"(《数学通报》,1965.8).

95. 陈定浩,"动态规划概论"(《数学通报》,1962.2).

96. 杨之,"均差函数的递增性"(《数学通讯》,1982.5).

97. 杨之,"等周整边三角形的计数"(《数学通讯》,1987.3) 本文的结果是对文(50) 结果的改进.

98. 杨之,"定值方法与费马问题"(《初等数学论丛》(第 7 辑),1983.12).

99. 杨之,"$n-$ 四面体网络中若干基本计数问题"(《数学通讯》,1985.8).

100. 杨之,"四面体棱切球存在的一个充要条件"(《湖南数学通讯》,1985.6).

以上 100 篇文献,只是依据我们读刊、札记所列,遗漏甚多,现再依文献(21) 加以补充.

101. 欧阳禄,"多元复数"(《数学通讯》,1955.5).

102. 吴悦辰,"两个不定方程的讨论"(《数学通讯》,1958.7).

103. 王连笑,"关于方程 $x^2 + x - 2y^2 = 0$ 的解法"(《数学通报》,1964.4).

104. 何平,"柯西函数方程及其应用"(《数学通报》,1966.8).

105. E. Ф. 杰士兰科，"中等学校中的非欧几何"（《数学通报》,1954.7-8.10).

106. A. C. 巴尔霍民柯，"黎曼式非欧几何"（《数学通报》,1963.1).

107. 白云亭，"三角形两边与第三边 n 等分线的关系"（《数学通讯》,1956.7).

108. 梁绍鸿，"三角形等心的宝藏"（《数学通报》,1955.1.2).

109. 张德煦，"关于垂心点群的研究"（《数学通讯》,1955.6).

110. 娄志渊，"三角形重心、垂心、外心的扩充定理"（《数学通讯》,1954.5).

111. 郑格于，"四直线所成四个三角形的性质"（《数学通讯》,1955.3).

112. 梁绍鸿，"西摩松线之推广"（《数学通讯》,1951.2).

113. 陈望德，"牛顿线的各种证法"（《数学通讯》,1954.9).

114. 李祖光，"牛顿线的五种证法"（《数学通讯》,1954.12).

115. 张德煦，"四边形上共点问题的研究"（《数学通讯》,1953.10,1954.8).

116. 梁绍鸿，"十字四边形的性质"（《数学通讯》,1955.7).

117. 梁绍鸿，"黄金分割的推广"（《数学通讯》,1956.11).

118. 沐定夷，"谈面积的黄金分割"（《数学教学》,1957.2).

119. 王联芳，"多边形面积唯一性的证明"（《数学通报》,1954.8).

120. 傅章秀，"弓形面积公式哪个最好"（《数学通报》,1958.3).

121. 王迪，"多边形和多面体的分割相等和拼补相等"（《数学通报》,1958.9).

122. 秦培民，"三十六点圆"（《数学通讯》,1957.4).

123. 李方钥，"相切问题"（《数学通讯》,1957.10).

124. 邓光兴，"六圆共点与五点共圆"（《数学通讯》,1955.4).

125. 李展吾，"关于根轴的定义"（《数学通讯》,1955.4).

126. 张鑫炎，"关于多边形内的最大圆问题"（《数学通报》,1965.11).

127. 马明，"多面角的面角性质"（《数学通报》,1959.11).

128. 黄河清,成源枢，"三面角与三角形"（《数学教学》,1958.1).

129. C. 诺尔琴，"半正多面体"（《数学通报》,1958.7).

130. 尹松波，"多边形与多面体对角线条数的讨论"（《数学通讯》,1956.2),本文获多面体对角线条数的公式

$$M = C_m^2 - C_n^2 \frac{n-2}{n-1}P$$

（p 面体，每面均为 n 边形,顶数为 $m(n=3,4,\cdots,p,m=4,5,\cdots)$）

131. 黄树贵，"三角连分式"（《数学通讯》,1958.3),讨论了连分式
$$\cos 2x = [0; 1, 1+2\sin^2 x, \cdots, 1+2\sin^2 x, \cos^2 x]$$

132. 何妙福,"函数连续性的三个定义"(《数学通讯》,1955.5).

133. 闵嗣鹤,"谈一个制造处处不可微分的连续函数的方法"(《数学通报》,1955.7).

(以下141～168引自当时编好的《中国初等数学研究文粹(1949～1989):第四辑不等式研究》,但该书至今未能出版).

134. 颜怀曾,"π 的无理性与超越性"(《四川师范大学学报》,1980. No. 1).

135. 徐鸿逵,"复数运算在几何方面的应用"(安徽《中学数学教学》,1980.2).

136. 单墫,"多项式恒等定理的应用"(安徽《中学数学教学》,1980.3).

137. 王宗儒,"广义综合除法"(《湖南数学通讯》,1980.2).

138. 编辑综合,"判别式应用集锦"(《湖南教育》,1980.4).

139. 田校贵,"二元二次方程组的无穷解、重解及其判定"(《数学通报》,1980.8－9).

140. 梅向明,"多元高次方程组的解"(北京师范大学《数学参考资料》增刊,1980"中学数学专题选讲").

141. 程龙,"Pedoe 不等式的推广"(《数学通报》,1980.1).

142. 单墫,"关于匹多不等式的讨论"(《安徽教育》,1980.1).

143. 吴振奎,"康托洛维奇不等式的一个初等证明"(《数学通讯》,1980.4).

144. 陈传孟,"康托洛维奇不等式的几何证明"(《数学通讯》,1980.6).

145. 张运筹,"微微对偶不等式"(《数学通讯》,1980.4).

146. 常庚哲,"柯西－许瓦兹不等式及其在代数问题上的应用"(《安徽教育》,1980.2).

147. 梅向明,"平面几何中的不等式问题"(北京师范大学《中学数学专题选讲》,1980).

148. 莫颂清,"对称平均数定理及其应用"(《数学通报》,1982.12).

149. 张志华,"关于 Jacobsthal 不等式与平均不等式的等价性"(《湖南数学通讯》,1984.6).

150. 唐复苏,"算术－几何均值定理的推广图式"(华东《数学教学》,1985.5).

151. 蒋明斌,洪绍芳,"加权平均不等式的加强"(《中学数学教学》,1986.6).

152. 陈计,"Heron 平均和幂平均不等式"(《湖南数学通讯》,1988.2).

153. 萧振纲,"n 个正数的对数平均对算术－几何平均不等式的隔离"(《湖南数学通讯》,1988.4).

154. 吴康,"平均值函数递增性质的另一证明"(《教学与研究:中学数学》,

1981.4).

155. 杨学枝,"一个初等对称式的不等式"(《中学数学》,1989.2).

156. 刘培杰,"一个不等式的加强"(《湖南数学通讯》,1989.4).

157. 张承宇,"$Q \geqslant A \geqslant G \geqslant H$ 的磨光变换证明"(《中学数学》,1989.2).

158. 郭璋,"利用定比分点公式证明一组不等式"(《数学教学研究》(甘肃),1987.5).

159. 李长明,"一类不等式的简捷证法 — 利用单调性"(《数学通报》,1989.6).

160. 高灵,"三角形不等式的一个基本定理"(《湖南数学通讯》,1984.3).

161. 杨学枝,"一个三角不等式的再推广"(《中等数学》,1988.1).

162. 苏化明,"关于三角形不等式链"(《教学与研究:中学数学》,1987.3).

163. 陈胜利,"一个和谐而优美的三角不等式链"(《福建中学数学》,1989.4).

164. 杨学枝,"由一个代数不等式引出的三角不等式"(说明:1988 年 1 月收到,当时我(杨世明)作为《中等数学》"短记集锦"专栏的编辑,在审读完该稿后写了一条"附记:(1) 真是一个了不起的不等式,应命名为'杨学枝不等式'"后本人"编辑"无故被罢免. 此文一直压在手中,令我深感到内疚,好在十多年之后(2009 年),杨学枝的专著《数学奥林匹克不等式研究》由哈尔滨工业大学出版社出版,才在"附录"中找到它. 它的几个"儿女"(推论每个都是好样的),值得深入研究.

165. 杨之,"勾股定理的推广"(《中等数学》,1986.6).

166. 杨世国,"Oppenheim 不等式的推广及应用"(《福建中学数学》,1989.5).

167. 张在明,"Pedoe 不等式和另一个涉及两个三角形的不等式"(《数学通报》,1980.1).

168. 刘健,"关于四边形的一个不等式"(《数学通讯》,1989.6).

169. 叶军,"Adamouic-Taskouic 问题的彻底解决"(1989.12 收到,本打算在本文粹中全文发表,但"文粹"未出).

(以下的 170 ～ 190,引自当时编好的《中国初等数学研究文粹 1949 ～ 1989:第二辑,数列研究》).

170. 黄友谦,谢平民:"加速序列收敛的外推算法"(《初等数学论丛》第 2 辑,1981.2).

171. 冯跃峰,"等差数列的划分"(《数学通讯》,1985.10).

172. 丁宗武,席竹华,"二项式一个新展开式"(《数学通报》,1982.12).

173. 赵显曾,"一类级数和的初等推导"(《初等数学论丛》第 8 辑,1985.1).

174. 高明哲,"关于 Fibonacci 数列通项公式的一种推导方法"(《数学通讯》,1986.7)问题:文中的行列式是怎样想到的?

175. 刘志全,"m 次 n 等分定理"(《数学通讯》,1988.2).

176. 薛胜保,"奇数列与勾股数"(《中学生数学》,1988.2).

177. 邵品琼,"关于素数分布的若干问题"(《数学通讯》,1981.4).

178. 赵龙山,"从数学竞赛一道试题谈起"(《数学通报》,1986.9)本文结论十分精彩,说明数学竞赛题中宝藏多.

179. 冯跃峰,"递归方程组给出的数列的通项"(《中学数学》,1988.8)

180. 刘文,"递归数列的通项与求和"(《初等数学论丛》第 4 辑,1982.6).

181. 肖韧吾,"等差数列中的等比数列"(《数学通报》,1980.8).

182. 黄友谦,"高斯算术几何平均数列"(《初等数学论丛》第 6 辑,1983.7).

183. 杨之,"西姆逊定理的推广及解析证明"(《中等数学》,1986.3).

184. 杨之,"三角形网络中的计数问题"(《中等数学》,1987.6).

185. 杨之,"$m \times n$ 格点图计数问题""三维格点图基本计数问题"(《中学数学教学》(安徽),1986.4).

186. 杨之,"数圈问题"(《数学通讯》,1986.11).

187. 肖振纲,"牛顿二项式定理的推广及应用 —— 兼谈等差数列的几个特征性质"(《数学通讯》,1988.6).

188. 杜锡录,"几何代换趣引"(《初等数学论丛》第 9 集,1986.2).

189. 王勤国,"证明整值多项式的一个方法"(《数学通报》,1982.11).

190. X. A. 辛钦(X. A. Яковлевмч),"关于算术级数的范·德·瓦尔登定理"(《数学通报》,1983.11).

191. 杨之,"绝对值方程"(《中等数学》,1985.6).

192. 杨之,"关于'绝对值方程的几个问题和猜想'"(《中等数学》,1986.5).

193. 杨之,"复含二次函数的极值问题"(《数学教学通讯》(重点),1986.6).

194. 杨之,"任意四边形中位线公式及其应用"(《数学教师》,1987.2).

195. 杨之,"用2行n列式证题举例"(《数学通讯》,1987.10).本文给出了只有机器证明的王东明—胡森定理一个"手工的"证明.

196. 杨之,"二次函数的初等性质"(《数学教师》,1988.5).

197. 杨之,庞宗昱,"空间射影公式及 Simson 定理的三维推广"(《天津师范大学学报(自然科学版)》,1988.1).

198. 叶盛标,杨宇火,"多边形等周问题的一个矩阵证明"(《数学通讯》,1987.10).

199. 杨学枝,"椭圆内接n边形的最大面积问题"(写作时间 1988 年 10 月收入《数学奥林匹克不等式研究》).

200. 杨学枝,"圆锥曲线切线的基本定理"(本文写作于 20 世纪 80 年代末,首发于《中国初等数学研究文集》).

201. 杨学枝,"一个三等分周界型不等式的初等方法证明"(该不等式是"从来没有被人证明出来的,因为关于这定理无论是分析的证明还是几何的证明都太复杂了 ……".然而,1989 年 8 月 15 日杨学枝轻松地"突破"难关找到一个简洁、严谨、优美的证明,此证明连同这个故事被写进《初等数学研究的问题与课题》之中;2000 年 4 月 22 日,数学家杨路在为《不等式研究》一书写的"序"中说:"1983 年我在北京市参加一个层次较高的国际学术会议,…… 会间休息时几位中外学者在一块闲聊,谈及几何不等式,美国的 M. Shud 说他知道一个著名难题,这一不等式在国际同行中广为流传,但无人给出证明:'设点 P, Q, R 为 $\triangle ABC$ 周界三等分点且分居三边上,则 $PQ + QR + RP \geqslant \frac{1}{2}(AB + BC + CA)$,…… 我们获悉一位中学教师杨学枝先生给出一个十分简短而漂亮的初等证明,这个证明现今在国内大约是广为人知")[23].

3.3　几点评析

（1）我们这样按作者发表文章的时序(只是大体上)罗列他们的研究成果,有人可能认为不过是在展示参考文献的目录.而对于我们来说,它们则更像是优雅的诗句.整体看来就是内容丰富的数学史诗,我们把作者放在著作的前面,则是着眼于人,我们是想让人们看清楚,千百位的学生、教师、数学爱好者是怎样地在前赴后继地做着研究的工作;千百位的"布衣",如何把中国初等数学研究事业推向前进,创造当代中国数学的历史;我们是想让人们看清楚,随着研究工作的进展、成果的增多和深入,有些作者逐渐成长起来,由浅薄走向深厚,由普通的教师、数学爱好者逐渐走向数学家的行列.同时我们也指出,在这 30 余年初等数学的发展中,《数学通报》《数学通讯》《中学数学》《数学教学》《中等数学》《初等数学论丛》《厦门数学通讯》《湖南数学通讯》《中学数学教学参考》等杂志的编辑们,是以伯乐的身份参与其中的,他们慧眼识珠从大量来稿中甄别出初等数学研究的有价值的新成果,然后付梓.因此,在每一篇文章、每一项研究成果之中,不仅有研究者的智慧和劳动,也凝聚着编辑、审稿、排版、校对等的心血和智力付出,特别是审稿和编辑的卓识的眼光,这里应当特别指出的是《数学通报》和《数学通讯》两家杂志,它们在先后 30 余年的时间里,一直坚持刊登初数研究的论文,我们列举的文章有 80% 以上出自这两本刊物,在中国初数发展的历史上是应当重写一笔的,当然,其他刊物也是功不可没的.

当我们列举这些研究成果时,心中充满激情,它们实在是太珍贵了.我们十分地珍视,但可惜的是由于我们这本著作的性质,不可能全盘列出,即使只列个

振兴祖国数学的圆梦之旅
—— 中国初等数学研究史话

目录也是太大了,何况内容!(在20世纪90年代初,我们曾策划编纂《初等数学研究文粹》一书,详细摘录内容,已编好了"二次及高次式研究""数列研究""三角形研究"和"不等式研究"四集(每集30万～40万字),但未能付梓,后续的工作,也就中断了).因此,我们列举的文献,应不足什一,有的作者多篇或甚至是相继的研究,我们也只是选列了其中的一篇,其他则只好割爱.

(2)浏览这200余篇文献,会感到很"杂",遍布了初等数学的各个方面,每个"角落",有古典几何的发隐,105～130都是,有代数方面、多项式、方程方面,特别是代数与几何不等式方面的.我们所选的每一个课题的研究都有一定的创新性质,即使是引进的课题也都是有一定的创见或问题研究有所进展的,也有自己提出的课题的研究,如多元复数(101)、三十六点圆(122)、m 次 n 等分定理(175)等;也有一些创造性的成果,如186,170,201,164,100,93等,每一篇都解决了困难的或著名难题,而且大多数的研究、课题都是较为新颖的、日常少见的.但同时,也出现一个问题,那就是研究的内容比较琐碎,提出的原因往往不是对初等数学的发展,通过较长时间的观察、思考,而发现的阙如、重大疑难、不补充解决就难以进一步发展的;而往往是出于某种偶然的刺激或一时的灵机一动.因此,提出的问题或课题只是"孤点"式的,难以有后续的研究和发展,对整个数学也不会产生多大的助益,我们需要的是那种胞芽式的问题,那种开拓性的创新课题.在这一时期的研究中却难以发现.

(3)比起19世纪中叶那种万马齐暗的局面来,我国初等数学在20世纪的发展,确实给人一种繁荣昌盛的强烈印象.然而,这里边至少有两个问题需要指出:一是没有明确的目标,只是出于个人的需要和爱好进行研究;二是缺乏有价值的问题与课题,特别是缺少中国人自己的问题.此事到底有多么严重,它如何制约了我国初等数学的研究和发展,我们听听两位数学大师的话,也许是有启示作用的.

一是希尔伯特在"数学问题"这个报告中的一段论述是耐人寻味的:

"问题对于一般数学进展的深远意义,以及它们在研究者个人的工作中所起的重要作用是不可否认的.只要一门科学分支能提出大量的问题,它就充满着生命力;而问题缺乏则预示着独立发展的衰亡或中止."

而数学大师陈省身则告诫我们:

"中国数学要独立,…… 从此不要跟着人家,想法子找到新的、有意义的方向,在这个方向中国数学家领头做一些工作,不再跟了."

"中国人应该研究中国自己的数学,不要老是跟着人家走 ……,中国数学应该有自己的问题,即中国数学家在中国本土上提出,而且加以解决的问题."

陈省身先生确实是一言中的,在这一段时间里由于缺乏我们自己的问题,我们自己缺乏提问题的勇气、能力和习惯,为了研究只好"进口"了一部分问题与课题,跟着"人家"走了一段路,这本无可非议,但我们也应当深思陈省身先生的"告诫",不再跟了! 要大力地培育我们提问题的勇气、能力和习惯,要敢于承认、重视中国人(特别是名不见经传的"布衣")自己提出的问题,学会尊重、珍惜我们的同胞作出的重大成果,我们的千里马不要老是等待洋伯乐替我们发现,那么我们数学的复兴就大有希望了!

§4 综观

举人名、列标题来展示我国初等数学研究和发展过程和状况,自然如数家珍,有着用优雅的诗句撰写数学史诗的优点和愉快;但也有缺乏系统的、综合的认识的遗憾.

这一节,我们就通过"综观"来弥补这种遗憾. 这方面我们将参照文献[24],该书"编者的话"说:

"在数学发展的历史长河中,初等数学曾经发挥过不可估量的作用,直至今日,初等数学仍然是许多数学家和数学教育家共同关心的一大课题. 他们关心的主要有两个方面:一是继续搜寻初等数学的新结论,为初等数学的宝库增添财富;二是阐发现代数学与初等数学的联系,为现代数学的发展提供深刻的背景. 当然,要在初等数学研究中真正有所发现确非易事,这不但对初等数学要有深入地理解,而且对现代数学也要有深厚的功力. 也就是说,只有站在更高的层次,用现代的观点来研究初等数学,才能发前人所未发,取得实质性的结果."

"在 1978 年 ~ 1988 年,我国数学家、数学教育家,特别是(其中的)广大中学数学教师对初等数学研究做了大量工作,取得了许多成果. 对我国在这方面的研究现状做系统的回顾,总结这段时间里的工作,无疑对今后发展研究是有益的. 这就是编写本书的目的所在."

我们认为,"编者们(包括马湘陵、萧贻兴、林贞生、李国星、黄国勋和李炯生等六位老师以及热心中国初等数学研究事业,并做出了巨大贡献的著名编辑王文才先生)"的见解是完全正确的,目标是明白而可实现的(从书出版的影响和反映看,目标已经达到)他们的工作确实助推了中国初等数学研究事业的发展.

下面分五个方面简单综述.

4.1 初等数论方面

数论是研究整数的数学学科,按研究的对象和性质分为初等数论、代数数论、解析数论和几何数论. 此学科发源于《原本》和《九章》,尔后都得到长足发

90

展:勾股数、完全数、素数无限性、自然数唯一分解式(算数基本定理)、辗转相除法、艾拉斯托特尼筛法、丢番图(不定)方程、pell 方程解法等.费马大、小定理猜想,每个正整数均可表为 m 个正 n 边形数之和."数论"一语来自勒让德的一本书——《数论》.连分数理论来自拉格朗日.高斯《算术论文集》系统地研究二次剩余、二次型和单位根算术理论为"代数数论"开端;狄利赫勒用解析法计算二次型类数产生了"解析数论".20 世纪哥德巴赫猜想研究进展很大;1937 年苏联维诺格拉多夫(Vinogradov)证明了 $1+1+1+1$(每个大偶数均可表为四个素数和),1938 年华罗庚证明了几乎所有偶数都有 $(1+1)$;1966 年陈景润证明了大偶数可表为 $(1+2)$,这是迄今为止最好结果.1987 年格朗维尔和赫斯勃朗证明了:对几乎所有的 $n,x^n+y^n=z^n(n \geqslant 3)$ 无解.中国古代对勾股数、大衍术研究很多.华罗庚的《堆垒素数论》《数论导引》都对数论做出巨大贡献.

(1)整数分解.判断一个数 P 为素数方法是用威尔逊定理:

P 为素数 $\Leftrightarrow (p-1)! +1$ 被 P 整除.(一般 $(P-1)!$ 很大)

1983 年,郝稚传证明了(《数学通报》,1983.10):P 为素数 $\Leftrightarrow$

①$C_p^k \equiv 0(\bmod p),1 \leqslant k \leqslant p-1$;②$c_p^{2k-1} \equiv 0(\bmod p),1 \leqslant k \leqslant \left[\dfrac{\sqrt{p}}{2}\right]$

1985 与 1983 年宋迎春和张志远(《湖南数学通讯》)也各自找到了新的判别法.

(2)完全数、费马数和自生数.①1984 年彭秀平(《湖南数学通讯》)给出奇完全数存在的两个必要条件,如从中可推出 n 为奇完全数,则 $n \geqslant 3^2 \times 5 \times 7^2 \times 11^2 = 266\ 805$(优于 1973 年哈代的估值 $n > 10^{50}$.)②1987 年 12 月刘祖成(《数学通讯》)给出了费马合数$(F_n = 2^{2^n}+1,n \geqslant 5)$ 的几个分解式

$$F_n = p(a+2^{2^{n-1}+1}-p);F_n = p(2^{2(n+2)}k-p+2)$$
$$F_n = p(2^{n+2}(2^{n+2}k-g)+1)(2^{n+2}(2^{n+1}k+g)+1) \quad (a \text{ 为偶数},k,g \text{ 为正整数})$$

③ 自生数.1987 年 5 月蒋省吾和吴秉国定义:n 位数 A_n 的平方末 n 位仍是 A_n,则 A_n 称为自生数.并证明了五条性质(《数学通报》),宋铭杰、张广华(《数学通报》)1988 年 6 月推广了他们的定义.

(3)自然数方幂和,陈景润、周持中都找到了各自的方法.

(4)不定方程:① 对一次不定方程 $a_1 x_1 + \cdots + a_n x_n = c$,已知其有解的充要条件是最大公因数 $(a_1,\cdots a_n) | c$.1983 年 10 月王作桂(《数学通报》)给出 $ax+by=c$ 的一个新解法,1985 年 9 月张德荣给出一种矩阵解法(《数学通报》).对 $(a_1,\cdots,a_n)=1$,则对每个正整数 N,已知 $a_1 x_1 + \cdots + a_n x_n = N$ 恒有正整数解;且已知:存在正数 C,对每个 $N > C$,它恒有非负整数解.设使它不具有非负整数解的 N 的最大值为 $g(a_1,\cdots,a_n)=g$,则弗洛宾尼乌斯(Frobenius)提出:g 的解析式是什么? 王兴全(《宁夏大学学报》,1984.2)获得了关于 $g(a_1,$

a_2, a_3）的两个定理（但结果不简单）.

② 高于一次的不定方程，关于方程 $x^4 - Dy^2 = 1(D > 0$ 为非平方数），柯召和孙琦 1980 年 1 月和 1981 年 4 月在数学年刊上，在 1975 和 1978 年工作的基础上又发表一系列成果；于允考讨论了方程 $x^2 + y^2 = 2z^2$ 的正整数解，刘天章对方程 $x^2 + y^2 = z^2$ 首先证明，$\sin \alpha$ 与 $\cos \alpha$ 同为有理数的充要条件是 $\tan \frac{\alpha}{2}$ 或为有理数，或者无意义，由此可避免整除性的讨论；梁开华找到了 $c^2 = a^2 + b^2 \pm ab$ 的正整数解的公式. 宣体佐证明了方程 $x(x+1)(x+2)(x+2) = 5y(y+1)(y+2)(y+3)$ 有唯一正整数解 $(2,1)$，16 个平凡解和 4 个非平凡解 $(2,1)$，$(-5,-4)$，$(-5,1)$ 和 $(2,-4)$. 郑格于讨论了一类 m 元 n 次齐次不定方程的解法（《初等数学论丛》第 6 辑）.

③ 柯召、孙琦还研究了方程 $P^2 - 2q^2 = 1$ 和 $p^2 - 2q^2 = k^2(k$ 为奇数）.

（4）其他结论. 1978 年陈景润讨论了对给定正整数 a,b 是否总存在 m,n，使 $[a,b] + k(a,b) = ma + nb$，且不存在 m,n，使 $[a,b] = ma + nb$，孙乾解决了这一问题（《数学通报》，1988.5）. 1986 年 10 月徐肇玉提出埃道什（P. erdös）猜想的推广（《数学通讯》）：是否存在正奇数 $x_1, \cdots, x_k, z, Z$，使得 $x_1^{x_1} \cdots x_n^{x_n} = Z^Z$？1988 年陶鹏（《数学通讯》，1988.1）给出了否定解答.

4.2　初等代数方面

近世代数之外的代数，核心是方程式理论. 以 17 世纪 60 年代欧拉《代数学引论》为标志.

（1）多项式因式分解，已有唯一析因定理. 关于"不可约"的艾森斯坦和匹朗判别法，华罗庚和王元的《数论在近似分析中的应用》，与波利亚、蔡戈的《分析中的问题和定理》两书中有一些有趣结论.

1981 年 3 月李友耕（《福建中学数学》）. 1985 年 5 月徐行（《数学通讯》）. 1988 年 6 月马跃超（《数学通讯》）都得到有理数域 Q 上不可约多项式的一些结论. 王赵凤（《数学通讯》，1985.10）、朱修（《中学数学教学》，1986.1）、陈奖沾（《数学教学》（上海），1987.3）讨论了 Q 上二元二次和三次多项式的因式分解问题.

（2）整系数多项式的整根. 现已知整根的一个必要条件，充分性则须用综合除法验证. 熊幼奇（《中学数学》，1982.4）、藉靠山（《数学通讯》，1983.1）、袁梧（《中学数学》（苏州），1984.2）和包需文（《数学通报》，1985.10）讨论了如何简易验证的问题. 另外胡运法、杨文堂、黄壮物（《数学通讯》，1987.10）讨论了 n 次整系数多项式的 k 次单位根问题.

（3）根的分布. 这方面经典结论关于实系数多项式的斯图姆（Sturm）定理，

92

张福检(《数学通讯》,1983.1)讨论了斯图姆定理对复系数多项式是否仍成立的问题.结论是:稍作变形,即有相应定理.张先觉(《湖南数学通讯》,1983.5)获得了实系数多项式具有非实复根的一个充分条件.

(4)分式和分式方程.一个重要问题是把既约真分式化为部分分式之和.1983年欧述芳给出一种"逐步法",杨学枝(《数学通讯》,1988.10)则给出一个重要结论,是关于分式的欧拉公式的推广.赵家庆《数学通报》,1981.9)讨论了方程$\frac{f_1(x)}{f_2(x)}=\frac{g_1(x)}{g_2(x)}$,仇春锦讨论方程 $f(x)+\frac{R}{f(x)}=m+\frac{R}{m}(Rm\neq 0)$(《中学理科教学参考资料》(广西),1982.5)均获相应结论.

(5)根式与根式方程.这方面,主要研究了复合 $2n+1$ 次根式的化简问题.李文荣(《曲阜师院学报》,1979.1)、顾鸿达(《初等数学论丛》第4辑)、柏圣生(《国内外中学数学》,1984.2)研究了两根式和或差等于 1 的方程和形如 $\sum\sqrt{p_i(x)}=a$ 的方程的有理化问题.

(6)其他.李炯生、黄国勋(《初等数学论丛》第4辑)从二次方程判别式出发归纳它与二次型判别式的共性;叶年新用判别式研究二次分式函数值域问题,林海明(《数学通报》,1983.4)考虑了方程组 $x_1{}^i+\cdots+x_n{}^i=0(i=1,2,\cdots,n+1)$ 解的情况;韩轩(《数学通报》,1985.8)给出了关于初等对称多项式牛顿公式一个初等证明.

4.3 初等几何方面

(1)平面几何著名定理的证明与拓广.

① 托勒密(Ptolemy)定理.设点 A_1,A_2,A_3,A_4 为平面任意四点 $a_{ij}=A_iA_j(1\leqslant i<j\leqslant 4)$ 则

$$a_{12}a_{34}+a_{14}a_{23}\geqslant a_{13}a_{24}(=1\text{ 四点共圆或共线})\qquad(a)$$

杨路(《数学通报》,1985.7)证明了对凸四边形的一个推广

$$(R_1R_2+R_3R_4)a_{12}a_{34}+(R_1R_4+R_2R_3)a_{14}a_{23}\geqslant(R_1R_3+R_2R_4)a_{13}a_{24}$$

其中 R_1 为 $\triangle A_2A_3A_4$ 外接圆半径等.黄跃进给上式一个简易证明(《湖南数学通讯》,1986.2),且若点 A_1,A_2,A_3,A_4,为空间四点,且它们共面(共圆或共线)的充要条件是式(a)中等式成立.刘汉标与顾忠德(《中学数学教学(安徽)》,1983.3)将式(a)中等式推广到圆内接六边形,徐道(《数学教学研究》(甘),1985.3)的推广是:对凸四边形 $ABCD$,有

$$a_{13}{}^2a_{24}{}^2=a_{12}{}^2a_{34}{}^2+a_{23}{}^2a_{14}{}^2-2a_{12}a_{23}a_{34}a_{14}\cos(A_1+A_3)$$

② 蝴蝶定理.杨耀池于1986(《湖南数学通讯》,1986.5)年将它推广到二次曲线.

③ 施泰纳—雷米欧斯定理,即等腰三角形两底角平分线相等的逆定理.现

在简洁巧妙的证明有百种，但往往离不开平行公理. 现国外已有不用平行公理的绝对几何证明. 国内张景中也给出一个，吴文俊考虑能推广到外角？尔后他与周咸青一起找到一个反例：内角为132°，12°和36°的三角形. 蒋声继续探索（《数学通报》，1989.1）获得了系统的结果：$\triangle ABC$ 有两条外角平分线等长且满足如下条件，则三边均不相等

$$\angle A = \theta - \arccos(1 + \cos\theta + \cos 2\theta)$$
$$\angle B = \theta + \arccos(1 + \cos\theta + \cos 2\theta)$$
$$\angle C = 180° - 2\theta \qquad (60° < \theta < 90°)$$

④ 莫莱定理. 1900 年提出，80 多年内已有 20 多种证明. 俞元洪（《初等数学论丛》9 辑）、刘正中（《数学教学研究（甘）》，1984.2）、蒋声（《从单位根谈起》）分别给出纯几何、三角和复数证明. 王勤国（《数学通报》，1982.8）、朱孝璋（《数学通报》，1983.4）分别给出了其逆定理的初等证明.

⑤ 正 n 边形作图问题. 高斯给出：正 n 边形可用尺规作出的充要条件是 $n = 2^k$ 或 $n = 2^k p_1 p_2 \cdots p_m$，其中 k 为非负整数，$p_1, \cdots, p_m$ 为形如 $2^{2^k} + 1$ 的不同素数. 1985 年 4 月，欧阳维诚给出这个高斯定理一个初等证明，且充分性证明是构造性的，即给出一个作图法.

⑥ 梅森、塞二氏定理. 林祖树（《厦门数学通讯》，1984.3）把梅森定理推广到多边形，陈华荣（《中学理科教学参考资料（广西）》，1986.2）和于志洪（《中学数学教学（上海）》，1986.6）在 $\triangle ABC$ 上取点，得到更漂亮的结果.

⑦ 圆幂定理. 杨学技（《中学数学研究》，1986.11）给出一个优雅的推广：设有三三不共线的四点 A_1, A_2, A_3, A_4，$A_1 A_2$ 与 $A_3 A_4$ 交于点 P，$PA_i = a_i$，$\triangle A_1 A_2 A_3$ 外接圆半径为 R_4 等. 则 $R_1 R_2 a_1 a_2 = R_3 R_4 a_3 a_4$，当 A_1, A_2, A_3, A_4 共圆时，$R_1 = R_2 = R_3 = R_4$ 化为通常的圆幂定理.

⑧ 拿破仑定理. 曾推广为向内、外侧作相似等腰三角形.

（2）其他问题研究.

① 整边三角形、整边勾股形、海伦三角形（三边与面积均为整数）研究均有点滴成果. 余应龙（《数学教学》，1985.1）讨论三边为连续自然数 $2x - 1, 2x, 2x + 1$，（当且仅当 $3(x^2 - 1)$ 为平方数时，即 $x^2 - 1 = 3y^2$）的整边三角形，得佩尔方程 $x^2 - 3y^2 = 1$ 的递推解. 通解为 $x_n = \dfrac{1}{2}\left[(2 + \sqrt{3})^n + (2 - \sqrt{3})^n\right]$ 及万会等也做了一些研究.

② 垂心与垂足三角形. 程龙（《初等数学论丛》第三辑）将已知结果推广到多边形. 张彪（《数学通讯》，1986.4）获得关于垂心的漂亮结论.

③ 完全四边形的牛顿线，也称中点线. 20 世纪 50 年代以来，我们对它进行了多角度的研究. 20 世纪 80 年代，王东明和胡林（见吴文俊《数学的实践与认

识》,1986.3)发现并(用计算机)证明了完全五边形的一条美妙定理,杨世明(《数学通讯》,1987.10)则用二行 n 列式给出了一个简洁的"手工"证明.

④ 双圆多边形.陈聖德和曹奋进(《福建中学数学》,1984.4－5)探讨了双圆四边形的边角关系.

⑤ 费马问题.杨世明(《初等数学论丛》,1983,第 7 辑)推广了维维安尼定理并给出 n 阶加权费马问题的解.尔后,王凯宁(《中学数学文摘》,1986.3)用复数证明了类似结论.

⑥ 圆内接多边形定值问题.杨学枝(《湖南数学通讯》,1985.4)、陈建生(《湖南数学通讯》,1986.1)获正 n 边形一个定值很漂亮,但证明较长;杨世明 1983 年将维维安尼定理推广到任意凸 n 边形上.姜坤崇(《数学通讯》,1988.9)亦获正 n 边形的一个定值.

⑦ 光折射定律的初等证明.杨之早在 1972 年就用定值方法给出了反射与折射定律统一的初等证明,但到 1983 年才在《初等数学论丛》第 7 辑上发表;杨路在《初等数学论丛》第 3 辑发表的文中,搜集了他本人和马明、张景中、傅钟鹏等人给出的十种初等证明.

(3) 立体几何研究.

① 四面体.杨之(《初等数学论丛》第 9 辑)确切定义了等腰四面体、等面四面体,对维维安尼定理做了空间推广,并解决了空间四点的费马问题;杨之还(《湖南数学通讯》,1985.5)证得了棱切球存在的一个充要条件.刘毅(《厦门数学通讯》,1982.5)最早给出四面体一个余弦定理,尔后杨之又给出一个.田隆岗又给出两个余弦型定理;叶文耀(《中学数学教学》,1988.6)、刘毅(《数学通讯》,1985.9)分别给出一个正弦型定理.这段时间,陈金辉(《数学通报》,1985.3,六棱求积)、李文亮(《数学通讯》,1986.12)、胡国华(《数学通报》),1986.5,三棱与棱底角)的新的体积公式.

② 我们还进行了三面角、四面体与空间 n 边形、多面体中不等式的研究.冷岗松(湖南数学通讯),1988.5.)证明了 n 维单形的一个体积公式.

③ 高灵(《中学数学教学》,1985.1)把托勒密定理推广到空间四边形.

4.4　不等式方面

在 20 世纪 30 年代以前,"像不等式这样一个科目,它在数学各方面皆要用到,但又还没有得到系统地发展"[26],其内容分布在数学各分支,甚至物理、力学等学科.哈代、李特伍德、波利亚的《不等式》一书 1934 年完成、出版,使"不等式"由零星工具发展为一个数学分支,被认为是不等式"原本".它考虑了不等式分类(有限与无限的;初等的、高等的;代数的、几何的、分析的等),初步建立了"代数不等式公理系统"的基础:选定了不定义的概念、公理,推证出平均不等式、Holder 不等式和 Minkowski 不等式,再依此用推广、类比和演绎推证其他不等式.最后考虑到不等式的本质,不过是各种函数解析式因结构差异和参数变化而有不同级大小,通过建立幂平均和加权幂平均函数(及其递增性),统一了各种平均值和相应的不等式,从而把不同"出身"的不等式,排成了严整系列.后续的研究有:1951 年波利亚和赛格的《数学物理中的等周不等式》出版;1961 年收入 1935 年以后的新不等式的别肯巴赫与贝尔曼的《不等式》一书出版;继之,是《几何不等式》(1969)、《解析不等式》(1986)、《几何不等式的新进展》(1988),这形成了中国初等不等式研究的浓重的国际背景.在此学术背景强烈推动下,中国不等式研究终于在 20 世纪 50 年起步.

(1) 从普及、奠基入手.首先除译出哈代等的《不等式》外,还译介了科罗夫琴《不等式》小册子(1954).那汤松的《简单的极大极小值问题》(1962).我们自己也开始撰写出版一些小册子.如最早的是陈振宣的《极大与极小》(1958),然后是史济怀的《平均》(1962)、张驰《不等式》(1964),蔡宗熹《等周问题》(1964)、范会国《几种类型的极值问题》(1964) 等.后中断,直到 1980 年大家才等来单墫的《几何不等式》一书,它从大家熟知的基本几何事实(如两点间线段最短、斜线长不小于射影长等)和代数不等式 $a^2 \geqslant 0$ 出发,演示了基本不等式的推导和应用."培训"基本的思想方法、技巧,激发了研究兴趣;1980 年还出版了傅樵、姜成林的《不等式》,1984 年出版了张运筹的《三角不等式及应用》;1985 年,1986 年翻译出版了"美国新数学丛书"中别肯巴赫与贝尔曼的《不等式入门》,和卡扎里诺夫的《几何不等式》,1989 年杨世明著《三角形趣谈》由上海教育出版社出版,专章介绍了由三角形元素构成的初等不等式与恒等式(200 余个),并尝试建立 $\triangle ABC$ 符号系统,被广大研究者接受并沿用至今,大大简化了新成果的表述.

这种普及和奠基效果不错,激发了 20 世纪八九十年代我国不等式研究的热潮.其中《数学通报》《数学通讯》《中学数学》《中学数学月刊》《湖南数学通讯》《福建中学数学》《数学教学研究》《中学教研(数学)》《中学数学教学参考》《自然杂志》《初等数学论丛》,功不可没.

研究的具体进展:我们依据文献[24] 来略举这段我国不等式研究的进展.

(2) 平均不等式(参考文献见[24]):

① 联系海伦平均值研究,并取得成果的有匡继昌(1986)、王振(1987)、陈计(1987).

② 讨论对数与指数平均有所进展的是杨镇杭(1984)、陈奉孝(1985).还有王中烈与王兴华(1982)、王志雄(1987).

③ 算术、几何平均的差与商:杨之(1982)、刘晓波(1987)、邹敏(1987)、方卓元(1988)、张先觉(1988) 等.

④ 加权平均:陈纪锦(1980)以及常庚哲、单墫、陈传孟、伍林(1980)、还有胡克(1982).

⑤ 对称平均:张运筹(1981)、莫颂清(1982)、方献亚(1985)、朱共辰(1982)、陈计(1986)等.

⑥ 其他平均不等式:这方面人比较多,有戴钖恩(1985)、苏化明(1984)、王在华(1985)、徐苏焦(1983)、周建华(1987)、史济怀(1985)、党宇飞(1986)、何永济和辛墨(1982)、唐喜林和刘景球(1988)等11位.

(3)其他代数不等式.

① 柯西不等式:孙平川(1982)、王方汉(1984)、陈计(1988)、林瑞营(1986)、杨学枝、赵一民(1987)、徐章圭(1987)、汪用征(1986)、倪承源(1986)、苏化明(1988)、张运筹(1981)、叶军(1987)、管志宏(1984)等.

② 赫尔德不等式:杨克昌(1980,1982)王建平(1983)、常庆龙(1988)、王志雄(1986)、唐岳山(1976)、单墫(1981)等.

③ 康托洛维奇不等式:吴振奎(1980)、康士凯(1981)、徐焦苏(1982)、施恩伟(1985)、简超(1987)等参与了研究和发展.

④ 凸函数与Jensen不等式:王炳安(1985)、方献亚(1985)参与了研究和发展.

⑤ 切比雪夫与排序不等式:张运筹(1980)、丁超(1982)和简超(1983)的研究有较大进展,还导出了"微微对偶不等式".

⑥ 重排不等式:1980年闵克(H. Minc)提出重排不等式,1987年魏万迪对之进行了推广.

⑦ 其他参与这方面研究的有赵显曾(1982)、何金廷(1982)、颜家凡(1983)、萧秉林、沈文兆(1986)、吴权俊(1985)、方献亚(1985)、彭明海(1983)、伊景尧(1983)等.

(4)几类几何 — 三角不等式.

① 埃尔德什 — 莫德尔不等式:顾忠德、刘汉标(1983)、李伟(1983)、陈计(1984)、简超(1984)、单墫(1986)、田隆岗(1986)、刘健(1988)等.

② 含多边形面积的不等式.1980年常庚哲提出.1985年成建君、苏化明推广并提出猜测,胡炳生(1987)、安振平(1985)、徐鸿迟(1984)参与研究.

③ 含双圆半径的不等式:阳亦川(1986)、叶年新和苏化明(1987)、成太华(1988)、刘健(1988)、常庚哲(1984)、徐鸿迟(1984),参与研究并获新成果.

④ 波利亚 — 蔡戈不等式:陈计(1987)、邓波(1987)、苏化明(1986)、毛泽辉(1987)、成太华(1988)、杨路(1981)、赵何成(1984)等参与研究.

⑤ 三角形不等式:陈守义(1980)、席竹华(1982)、黄华礼(1982)、郑远城(1985)、杨克昌(1987)的研究,均有成果.

⑥ 外森比克与芬－哈不等式:单墫做了推广,杨克昌 1982 获类似不等式、祁平与徐苏焦、卞祖焱、安振平、李尧明、李尧亮(1988)、陈远利(1984)、王方汉(1988)、孔令斌(1985)、陈计(1987)、李炯生与黄国勋(1986)、马援(1987),均有投入,此课题研究很热门,成果亦丰硕.

⑦ 其他几何三角不等式:常庚哲(1984)、俞文鮆和陈开明(1979)、陶懋颀、张景中(1989)、杨乐(1985)、兰正勇(1986)、郑远城(1986)、冷岗松(1983)、徐章圭(1987) 等均有投入,有所发现.

(5) 纽堡－匹多不等式.

① 致力于加强它的,有张在明(1980)、程龙(1980)、彭家贵(1983)、陈云峰(1986)、安振平(1987)、陈计与何明秋(1988).

② 致力于指数推广的有高灵(1981)、萧振纲(1985)、马援(1987)、钱黎文和王振(1988).

③ 致力于加权推广的只有杨克昌(1985)一人.

④ 致力于多边形推广的有高灵(1984)、杨学枝(1986)、陈计、马援(1988)、王坚(1985),杨路、张景中(1980)、张哈方(1983) 等.

⑤ 致力于几何不等式统一代数化的有杨克昌(1987)、施恩伟(1988)、张在明(1980) 和彭家贵(1983).

⑥ 致力于 $N-P$ 不等式类似研究的有苏化明(1982)、张哈方(1984) 和陈胜利(1987) 三人.

4.5　组合数学

研究在某种特定的规则之下,安排某种事物有关问题的就是组合数学.包括存在性问题、计数问题、构造问题和最优化问题几个方面,另外,组合思想的研究也是个大课题.

中国是组合数学的发祥地之一.周易的掛画就是阴阳两爻的排列组合,算筹数字、河图洛书、贾宪三角、象棋围棋,都是组合的典型问题.近三四十年,我国组合数学研究成果不少:万哲先在有限几何与不完全区组设计、张里千致力于不完全组设计与正交拉丁方、柯召对有限集族、徐利治关于组合计数原理、管梅谷对中国邮路问题都做出了贡献.特别是中学教师陆家羲一举解决了施泰纳三元系大集的存在问题,引起国内外的强烈关注.

至于在初等组合论方面,我们做了不少工作,但成果较为零星平凡.

(1) 一些计数问题.“计数”是组合数学基本问题之一.1983 年 10 月黄国勋和李炯生出版《计数》小册子,系统地介绍计数原理和方法;20 世纪 80 年代末,杨之开始将“数阵”用于组合计数问题.

① 平面与立体网络中的计数问题.1985 年 ～ 1987 年的三年间,杨世明相

继发表"$n-$四面体网络中若干基本计数问题"(《数学通讯》,1985.8)、"平面格图圈的计数"(《兰铁学报》,1986.6)、"$m \times n$格点图的若干计数问题"(《中学数学教学》(安),1986.4)、"三维格点图的基本计数问题"(同上)和"三角形网络中的计数问题"(《中等数学》,1987.3)获得了一系列有用的计数公式.例如,设$n-$四面体网络中,顶点数、线段数、三角形数、正四面体数和八面体数分别为$D(n),X(n),S(n),V_4(n),V_8(n)$,则

$$D(n) = C_{n+3}^3, \quad X(n) = 6C_{n+3}^4$$

$$S(n) = \frac{1}{12}\left[(3n^3 + 16n^2 + 24n + 8)n - 3\sin^2\frac{n\pi}{2}\right]$$

$$V_4(n) = C_{n+3}^4$$

$$V_8(n) = \frac{1}{48}\left[(n-1)(n+3)(n+1)^2 + 3\cos^2\frac{n\pi}{2}\right]$$

1986年我国著名图论专家张忠辅教授提出问题:正n边形在形内交点有多少?是否存在一个简单的计数公式?[27]根据当时获得的资料,杨之猜想:当n为奇数时,正n边形任何三条或三条以上对角线在形内不共点.这问题或猜想至今未能完全解决.另外,格图$m \times n$的圈数$Q(m,n)$除$Q(2,n)$为杨之解决,$Q(3,n)$1987年为叶秀明和朱鼎相解决外,$m \geqslant 4$时,至今未获解决.

② 关于超平面分割空间问题.晓理(《数学通报》,1983.5)和杨延龄(《数学通报》,1985.5)讨论此问题获一些初步结果.

③ 关于无序分拆.刘宗廉(《福州大学学报》,1988.2)应用线性函数工具求得无序分拆数$P(n)$的六个公式,到1991年(《中等数学》,1991.3)杨世明发表了他早在20世纪60年代获得的一个递归公式.

④ 整边三角形计数.1984年杨世明讨论了最大边一定的整边三角形个数获公式,1987(《数学通讯》,1987.3)又获等周整边三角形一个简洁的公式.

(2)关于计数原理.1980年魏万迪(《科学通报》,1980.7)介绍容斥原理;1988曹汝成(河南教育学院《教学通讯》,1988.2)做进一步推广.邵嘉裕(《高校应用数学学报》,1988.2)讨论了如何成批发现计数原理的问题:运用集合S的子集族构造"k元集合函数",进而找到符合加法原理与乘法原理的"计数多项式",并从中导出一系列已知与未知的计数原理.

(3)著名结论的拓展.

① 丁宗和席竹华(《数学通报》,1982.12)找到$(1+x)^n$展为$x(x-1) \cdot \cdots \cdot (x-k)$的新展开式.

② 李仲来(《数学通报》,1987.3;《数学的实践与认识》,1988.1)给出三种帕斯卡型三角(被赵慈庚命名为"双进组合三角"),可由重复组合、附加条件的组合计数导出.

③ 夫妻入座问题研究.

(4) 组合恒等式.

1982 年,王勤国(《数学通报》,1982.9) 给出了组合数的三角函数表达式.

§5   总的看法

本章我们从不同的侧面展示了国内外初等数学发展的概况,很明显国内外的发展是有所不同的.

5.1   国外的发展

在 19 世纪现代变量数学开始发展以后,一方面是"配合"式的发展,如几何学,为了配合解析几何的发展,在不断地完善它的基础(希多伯特在许多人工作的基础上完成了《几何基础》一书),从而又"生长出"非欧几何,将新的数学思想和工具(如群论)用于综观几何,认识到变换群与几何学的关系;将微积分用于几何,产生了"微分几何";沿着欧氏几何向纵深发展,产生了"高级几何"(包括对变换思想的应用)、射影几何.各种研究专门图形的几何(如圆几何、三角形几何学),抽象化思想的应用,产生了位置几何、拓扑学等,其中相当一部分都是初等的.另外,阿达玛著《几何》(包括平面、立体两部分),对欧氏几何加以完整化、细致化.再如代数,沿着"方程"方向,对三次、四次方程根式解加以研究,解决之后,对五次方程找不到根式解的问题.从几个角度"进攻",一是找到了"代数基本定理",二是找到了适当的工具,"证明"它无根式解,并发展了"群"的理论;另一个角度是多元方程,或为方程组,或研究其整数解;再则是把方程与曲线结合 …….总而言之,是沿着数学发展的过程不断地提出创新性、开拓性的问题和方向,不断地有所发现,系统地向前发展.在发展的路途上,还时不时地提出一些看似简单,实则困难的问题,从而也就等于向难于高等数学的方向发展.这个发展势头一直持续到 20 世纪,由于系统化、完善化的目标基本达到,速度才减缓下来.除"遗留"的有可能系统发展的初等课题(如"不等式"、组合与图论、拓扑学等)还在发展之外,其他"传统课题"则只有零星的发现(如九点圆定理、莫莱定理等).

5.2   中国的发展

中国初等数学的发展在经历了 19 世纪(由于种种原因造成的)万马齐喑的局面之后,进入 20 世纪逐渐出现了一个由起步到繁荣的局面,特别是在 50 年代以后;特点是:参与的人数多,发表的论文多,初等数学现有分支的几乎每一个都有人涉足,尤其是在以傅种孙先生为代表的"北京师范大学初等数学基础学派"的带动下,著书为文(如专著《高中平面几何》《几何基础研究》,梁绍鸿著《初等数学复习及研究(平面几何)》及朱德祥著《初等数学复习及研究》(立体几何)等;文章则如汤璪真、傅种孙、赵慈庚、王世强、梅向明的文章,以及钟集、孙梅生等40余篇具有代表性的文章),对几乎是"千疮百孔"的初等数学进行了女娲补天式的研究,对初等数学的"修根固本、正源清流",起到了重要作用,对初等数学(以及整个数学)的教学、研究、传播和应用都是至关重要的.

至于在创新研究方面,由前面列举的"史诗"般的文章目录和综合述评可见,"成果"是非常可观的,但应当指出的,有如下四点:

(1)庞杂肤浅. 深刻的结果不是没有,但凤毛麟角,能成气候的几乎没有,文章发表之日,也就是它被遗忘之时. 少数的文章可以有后续的研究,但缺少交流,因而往往中断. 如汤璪真先生的"自然几何"(特别其中的扩大几何),一直在呼唤后来人,但半个世纪无人响应. 这样的研究犹如狗熊掰玉米,花费力气很大,最终所获甚微;这样的研究主要的在于选题不当,但也与研究的出发点、指导思想和方法有关,细枝末节式的课题的研究是难出重大成果的.

(2)综观我们的研究,多数是"进口"课题. 因此,"老是跟着人家走",致使我们的研究总难走向平等和独立. 中国的初等数学研究应当有"中国人自己的问题,即中国人在中国本土提出并加以研究解决的问题." 当然,问题应当有价值,非细枝末节的孤题绝题,应当是胞芽式活题,有生发的前景. 提出这样的问题是不容易的,应能像希尔伯特那样深谙数学各个分支,像罗巴切夫斯基那样对久证未果的"第五公设"进行反向思索,像丢番图那样意识到小小不定方程中蕴含的数学因素与思维珍品,像欧拉那样发现平凡的七桥问题(有通向图论之可能)的无限风光,就是要对数学发展中的种种现象进行综观、洞析、反思,见微知著,从而大胆地提出我们自己的问题、自己的猜想.

(3)我们的研究大多出于个人的一时的兴趣(这本无可非议),没有明确目标和持续的事业感. 特别地,"初等数学研究"被认为是中小学生的练习,并不为数学界所认同. 数学界的多数人误认为"初等数学"等同于中小学数学,等同于简单和容易,等同于"还有什么可研究的? ". 一句话,认为"初等数学"并非数学!

这就是造成了研究者只能单兵作战,缺少交流的平台,登不上学术会议、高等学府讲台这些"大雅之堂". 曾几何时,傅种孙先生为高师数学系设立的"初等数学研究"课程,也被迫"改革"成为"初等数学复习及研究"的课程. 单兵作战缺少学术组织;孤立研究缺乏研讨和交流;跟随别人,缺乏自己的研究课题. 这是中国初等数学研究的三大软肋(当然,还有舆论的问题、发表的问题等. 在这个时期并没有凸显出来,我们在适当的地方再加以分析).

(4)在国外这一个时期,初高等数学始终相关联地研究、相协调地发展. 在

101

国内则太多各自研究,双轨发展,这产生了一系列的问题.

(5) 在这一段时期内,出于西方人思辨和推理的习惯伴随着数学的发展,"数学哲学"也逐渐发展并形成一个学科,分成三个分支,分别研究本体论、认识论和方法论. 由于种种原因,这个时期西方数学哲学,一头扎进认识论和本体论,而多少有些轻视方法论的研究. 尽管曾经出现笛卡儿、希尔伯特、庞加莱等特别关注方法论的数学家. 这种局面直到出现了波利亚,局面才有所改观.

在中国则不然,我国数学教育家傅种孙先生在提出"初等数学研究"课题的同时,就十分关注数学基础. 早在 1922 年,就把罗素出版仅三年的《Introduction to Mathematical Philosophy》译介到中国,名为《罗素算理哲学》,后来又译述出版了希尔伯特的《几何基础》. 在《数理杂志》上发表了一系列论文,阐述代德金实数理论、非欧几何、韦布伦几何公理体系等,通过《初等数学研究》课讲授"几何基础研究"并通过编撰《高中平面几何》(这实际上是一本几何－数学方法论的著作)和一系列初等数学基础研究的论文(教师培训的讲稿),把数学哲学中的方法论扎扎实实地用于数学内容的分析理解,使数学教学、数学研究和发现双双获益.

这为继之而来的中国初等数学的健康发展,打下了基础.

振兴祖国数学的圆梦之旅
—— 中国初等数学研究史话

山雨欲来之势

经过 19 世纪到 20 世纪 80 年代的研究和准备,进入 20 世纪 90 年代,中国初等数学的研究和发展已形成蓄势待发的局面. 然而,要将它变成现实还应有一些重要的条件和准备. 一是"研究的人"的大量涌现;二是有一种社会需要的推动;三是舆论的造势和观念上的转变. 再配以有相当的研究课题和一定的交流平台和发表的渠道."初等数学研究"繁荣昌盛的局面就指日可待了.

§1 "小册子"现象

1.1 从三个"谈起"谈起

(1) 在第 3 章的 §2 的 2.2(3) 中,我们曾经对数学大师华罗庚所著的三个名为"谈起"的小册子:

《从杨辉三角谈起》(1956);

《从祖冲之的圆周率谈起》(1962);

《从孙子的神奇妙算谈起》(1964).

从学术成就的角度进行了评述,指出:① 开发古算,提出中国数学史研究的一个新方向或目标:由搜集整理到开发利用中国古代数学的珍宝,而不单单是宣扬和赞叹,增益"民族自豪感"的内涵;② 一个小小的数学三角、圆周率的几个近似值、一道算题的解法口诀,竟然蕴含着如此丰富的数学知识、方法、思想,有的直通现代数学的大门口或其内部,从而展示出中国古代数学的思想光辉;③ 展示了一些学习数学、研究数学的思想方法、思维方法,不仅是着眼于知识的展示和拓展,而特别地着眼于人.尤其是青少年的培养,而开展数学竞赛和推动学校开展课外活动、阅读课外数学读物,就是早期培养学生的数学才智,促进数学精英涌现的一条重要途径.

1983 年,继世界著名的斯普林格出版社出版了《华罗庚论文选集》之后;上海教育出版社又于 1984 年出版了《华罗庚科普著作选集》,王元为该书写了长篇"介绍",在第三部分说:"他(华罗庚)是我国在中学进行数学竞赛活动的热心创始人、组织者与参加者,20 世纪 50 年代北京的历次数学竞赛活动,他都参与组织,从出试题,到监考,改试卷都亲自参加,也多次到外地推动这一工作.特别在竞赛前,他都亲自给学生做报告,作动员,他写的几本通俗读物《从杨辉三角谈起》《从祖冲之的圆周率谈起》《从孙子的"神奇妙算"谈起》《数学归纳法》等都源出于当时的报告".在为《从杨辉三角谈起》一书的"写在前面"中,华罗庚说:"这本小册子是为中国数学会创办数学竞赛而作的,其中一部分曾经在中国数学会北京分会和天津分会举办的数学通俗讲演会上讲过.它的目的是给中学同学们介绍一些数学知识,可以充当中学生的课外读物"(1956.6).

(2) 这些"小册子"的写作、出版,果然有"传染"作用:吊起了广大师生的"胃口",从而也吊起了出版社的"胃口".当 1962 年,由北京市数学会、中国青年出版社出版"青年数学小丛书"时,已经有了 10 本:

华罗庚:《从杨辉三角谈起》;

段学复:《对称》;

华罗庚:《从祖冲之的圆周谈起》;

吴文俊:《力学在几何中的一些应用》;

史济怀:《平均》;

段学复:《归纳与递推》;

闵嗣鹤:《格点和面积》;

姜伯驹:《一笔画与邮递路线问题》;

曾肯成:《100 个数学问题》;

常庚哲、伍润生:《复数与几何》.

不久人民教育出版社、北京出版社也参与这套丛书的出版;北京出版社出的是:

振兴祖国数学的圆梦之旅
—— 中国初等数学研究史话

柯召、孙琦:《单位分数》;

华罗庚:《谈谈与烽房结构有关的数学问题》;

华罗庚:《数学归纳法》;

龚昇:《从刘徽割圆谈起》;

范会国:《几种类型的极值问题》;

江泽涵:《多面形的欧拉定理和闭曲面的拓扑分类》;

蔡宗熹:《等周问题》.

在此前后,中国青年出版社还从当时的苏联"进口"一批"小丛书":

别尔曼(高彻、闫喜杰译):《摆线》;

马库西维奇(朱美琨译):《循环级数》;

那汤松(丁寿田译):《简易的极大极小问题》;

索明斯基(高彻译):《数学归纳法》;

马库西维奇(高彻译):《奇妙的曲线》;

科罗夫琴(许粿译):《不等式》;

弗洛别耶夫(高彻译):《斐波那契数》;

盖尔冯德(刘尼译):《方程式的整数解》;

沙法列维奇(Щар笯вич)(程乃栋译):《高次方程的解法》;

柳斯捷尔尼克(Л. А. Люстерник)(高彻译):《最短线》;

乌斯宾斯基(高天青译):《力学在数学中的一些应用》.

特别地还有三本趣味数学的名著:为别莱利曼的《趣味几何学》(符其珣译)、《趣味代数学》(于寿田译、朱美琨译)、《趣味力学》(符其珣译),1952年由中国青年出版社出版.那时我们还是初中生,记得当时从图书馆借到《趣味代数学》这本书时,简直都有些着迷了,后来产生读课外书的兴趣,似乎也与这几本书有关.

这些"小册子"确实"厉害",一经出版面世就以其内容之新颖、构思之奇巧、思想方法之丰富多彩,以及引人入胜的叙述(与大家手头的"课本"形成鲜明的对比)、吸引,甚至"征服"了广大师生.

(3)然而这并不奇怪,因为这些小册子有自己的"风格":① 它们大多出自名家之手.据我们了解,这些小册子大多出于关心下一代的知名、成就卓著的数学家,或广受学生欢迎的科普作家、教师;② 选材新颖、有趣,多为数学发展历史长河中的浪花,出于"课本"高于课本,通俗有趣,又是区别于"通俗数学"的严肃数学;③ 写作深入浅出.首先是出发点很低,出发点往往是课本上甚至生活中的浅易知识,通过隽永而确切的叙述,分析引导读者拾级而上,往往在不知不觉中达到一个又一个新奇的"景点";④ 由于作者们有丰富的探索发现的经历又怀着对年青一代成长成才的期望和深情.所以,虽然在讲解"抽象"的数学却能够字字含情、谆谆教导；⑤"小册子"的宗旨在于培养人. 因此不仅在于传授知识，而且展示解决问题的过程、方法和思想，这就使这些"小册子"具有了引人入胜的"可读性".

拿《谈谈与蜂房结构有关的数学问题》这本小册子来说，开始是一首脍炙人口的小诗词（浪淘沙）

人类识自然，　　　　　　　　探索穹研，
花明柳暗别有天，　　　　　　谲诡神奇满目是，
气象万千.

往事几百年，　　　　　　　　视述前贤，
瑕疵讹谬犹盈篇，　　　　　　蜂房秘奥未全揭，
待咱向前

一下子把读者引入到问题之中，问题谲诡神奇，气象万千，值得充满好奇心的青年们去探索；然后通过"楔子"讲述自己思考这问题的过程：始之以为"有趣"，继而感到"困惑". 走投无路时，再"仿实"（拿个马蜂窝来观察）终于能化成一个数学问题了，找到一个解法，却要用到微积分，于是再加以浅化，一举找到8个初等解法 ……"问题看清了，解答找到了，但还不能就此作结，随之而来的是浮想联翩，更丰富更多的问题，在这小册子上是写不完的……. 总之，我做了一个习题，把我做习题的（过程）原原本本写下来供中学同学参考". 这实在是太珍贵了. 一位世界知名的大师级数学家面对中学生，能竹筒倒豆，把解题思维过程原原本本地"交代"供大家学习，这是何等的胸怀！ 没有对中学生的殷切的期望和信任，是不会这样做的. 确实地，遍读这一套小册子的每一本，都会感受到出自名家. 选题新颖、深入浅出、满怀真情、育人为本这五点的撰写风格. 这正是它广受欢迎的根本.

但这里，我们要特别指出的是其中的第二点. 自 20 世纪七八十年代以来，出现了一批"通俗数学""趣味数学"著作，它们受"大众数学"（即"人人都能学懂的数学"）观念的影响，为了使"人人能懂"，采用了去概念化、去论证化、去符号化的做法，从而也就去掉了数学之本. 因此这类著作的基本内容就只是数学常识的粗略介绍，而根本不是数学，从中也学不到任何的"数学". 我们的小册子却完全不一样，它们原本都是严肃的数学书，读了不仅能学知识、学方法、领会数学思想，而且增长我们的见识. 至于它们同我们现在充斥图书市场，专为应试东抄西凑的教辅书、复习资料之类本不在一个档次，难以同日而语了.

1.2 "小册子"的功过

我们都是过来人，在 20 世纪五六十年代都还是中学生. 当中国青年出版社出版这些小册子的时候，我们和当时的同学们一样都热情地去借阅，研究它，谈

论它,拿今天的话说,在不知不觉中成了它的"粉丝".而我们从阅读中获得的是丰富的、闻所未闻的数学知识,是对数学浓厚的兴趣.不仅"杨辉三角"、赵爽弦图、孙子妙算、祖冲之的近似值$\frac{355}{113}$让我们着迷,连"外来客""斐波那契数""黄金分割"等也如获至宝.刘徽、祖冲之、赵爽、孙子、杨辉、贾宪,在我们的心目中成为了不起的数学家,十分敬仰的偶像.这样的课外阅读,也促进了我们课内的学习,不少同学成为数学尖子生,每次小测验都是 100 分.偶有失误,老师都要责问:怎么啦? 正是这批学生,到了 20 世纪七八十年代,他们对数学的爱好,他们的学习和研究数学的能力逐渐发挥了出来.我国在 20 世纪,大量初等数学研究"成果"的涌现,不能说是与此无关的.因此我们认为"小册子"对我国数学的发展的巨大贡献,主要体现在如下几个方面.

(1)促进了数学的普及.试想当年,包括一些数学家在内的我国广大群众,对数学的认识是十分狭隘的.中小学生头脑中不过算术、代数、几何、三角,从"课本上"学来的那一点东西,尽管有不少数学专著翻译出版,可是能够去浏览者会有几人? 连专业的数学家、教授也办不到,何况一般人?"小册子"给我们以这样的机会,它篇幅不长、生动有趣、顺手拈来、称兴而读、用时不多、即有所获,给很多人带来方便.俗话说,给人方便自己方便.这一套小册子,在这些年中一版再版、供不应求就是这个道理.

(2)种豆得瓜,促进了数学教育改革."小册子"撰写的初衷,一是为了推动数学竞赛活动,二是为中学生提供一批数学课外读物,这两个目标显然是很好地达到了.我国数学竞赛一直坚持年年举行,即使在某些时刻遭到某些人(出于他个人的某种原因)的强力反对,却仍然坚持下来了,而且在参与国际数学奥林匹克竞赛(IMO),一直取得好成绩,也不能说与此无关.同时促进我国中学数学课外活动的开展方面也起了积极作用.从而也推动了我国数学教育的改革;推动了学生学习方式的改革,促进了数学尖子生的涌现和培养.在 20 世纪 60 年代和尔后的七八十年代之交,已出现了良好的发展势头.

可惜的是,曾经的政治运动阻断了前一个"势头".来势汹汹的应试教育,以及尔后制订"新课标"时的"理念"(注:应该是"观念",即指导思想,"理念"是哲学上一个专有名词,不可乱用的)上的错乱,又阻断了第二个势头:它以大量的"补补补"挤掉了学生健康的数学课外活动.以"一年课,两年完,一年重煮夹生饭"的安排,加重师生负担,然后又以"减负"为由砍削内容、拆桥断路;它一方面把"数学竞赛"普及化,进行变相的高考培训,使"数学竞赛"变了味,追求功利目标;另一方面,又以铺天盖地的"复习资料",全面占领图书市场,以商业方式去"平息""小册子"的学术运作,这是一个十分严酷的现实.使我国的数学教育,走到了十字路口.

然而经过历次的风风雨雨,中国数学界、数学教育界,已经变得成熟起来,再也不是那个任人(国内特别是国外的错误思潮)摆布的数学界、数学教育界了.在数学教育改革中,中国数学会高举国家正确的"素质教育"的方针,以"科学发展观"为思想武器,起到了中流砥柱的作用.数学与教育界一批有识之士,在科学发展观指导下,运用数学哲学、数学方法论设计出符合素质教育要求的与时俱进的数学教育方式,通过提高教师来提高数学教学效益,通过培养和建设"新三型"(即学习型、反思型、研究型)数学教师队伍,来实现高效低耗的数学教学;而实施有效的数学课外活动指导,则成为它的一项重要的教学环节,这个"数学教育方式"在大浪淘沙的严峻环境下,坚持实验 20 余年,不但存活,而且还在不断发展.在许多实验校数学课外活动搞得有声有色,数学"小册子"再次受到师生的欢迎,需求量在增加.《数学小丛书》也于 2002 年,由科学出版社推出新版(一涵18册,比原来增加了 2 册:虞言林与虞琪的《祖冲之算 π 之谜》和冯克勤的《费马猜想》,基本上保持了既有的风格).从此数学"小册子"能再次像新雨之后的清泉、绵延不断的源头活水时时流入我们的"半亩方塘"了.

　　(3)为初等数学研究积蓄力量.一方面,我们的老师和广大中学生,甚至大学生在"小册子"的阅读中成长;另一方面,由于"小册子"的编著者范围的扩大,一部分数学教师、数学爱好者和年青的数学工作者,逐渐加入到编著者的队伍之中;然而队伍的扩充,编著者身份和"资格"的放松,可是对作品的质量要求并没有降低;对"小册子"的风格,并没有改变.特别地,由于读者"口味"的逐步提升,可能对新作者的要求更严格了.没办法,这迫使有志于入闱"小册子"作者队伍的人,只好边学习,边研究,边更新自己的观念,边提高自己的水平."小册子"的编著保持风格、保持高水平,才能继续受到广大青年学生和数学爱好者的喜爱,降低要求就等于自毁长城,这实际上是"小册子"长盛不衰秘诀.

　　果然,当我们相继读到其他出版社(特别是上海教育出版社)出版的"小册子"时,完全证实了我们的看法.这样一来,我们的"小册子"的每一位新的作者,无论他是资深数学家还是年青的数学工作者就都成为初等数研究的一员干将.他撰写的"小册子"从一定意义(创新性、开拓性、新的综合,新的表述,发掘新义、新方法、新思想等)上讲,都可以看作初等数学研究的新成果、新探索.事实上,许多"小册子"在撰写中都不失时机地提出了新的问题、新课题,从而丰富了我们初等数学研究的"问题资源".至于它在方法、思想上的贡献那就更加可观了.当我们总结和回顾我国初等数学研究的丰硕成果时,如果忘记了我们的"小册子"们,那是不应该的.

1.3　当代数学历史上,一道亮丽的风景线

　　(1)由上面的分析我们看到,"小册子"在我国的数学普及、数学传播中的

作用是巨大的,是其他的方式难以取代的.而且开始的时候只不过是为了推动数学竞赛,为青少年写一点课外读物.后来"种豆得瓜"的令人惊奇的现象出现了,而且"一发而不可收",中间有曲折、停顿,但并没有终止,真是"野火烧不尽,春风吹又生".在20世纪末到21世纪的前十年,"小册子"又出现了发达振兴的势头.

先是北京市数学会在华罗庚的大力倡导下,在中学生中开展数学竞赛且撰写《谈起》的启示下,发起邀请关心下一成长的知名数学家们撰稿,商定由中国青年出版社出版一套《青年数学小丛书》.真是"心有灵犀一点通",结果一拍即合."小丛书"拟订10本中的8本,于1962~1964年期间先后出版(事实上,曾肯成的《100个数学问题》和段学复的《归纳与递推》在1963年的预告目录中已被删去,似乎终于未能出版)从出版的情况看,人民教育出版社也以"数学小丛书"的名义出版了其中的一部分,如《复数与几何》《等周问题》等.也许当时出现"抢亲"现象,这其实是好事,很多出版社的社长、总编高瞻远瞩,预见到此事意义重大.

（2）然而最热心、最情有独钟的是上海教育出版社.据我们不完全的搜集,知它早在20世纪60年代,就出版了:

纳汤松:《最简单的极大值和极小值问题》(1962);

华罗庚:《数学归纳法》(1964);

莫由:《复数的应用》(1964);

张弛:《不等式》(1964);

余元庆:《待定系数法》(1963);

程其坚:《怎样用复数解题》(1964);

余元庆:《方程论初步》(1964);

管梅谷:《图上作业法》(1965);

马明:《圆和二次方程》(1965);

夏道行:《π 和 e》(1964).

20世纪70年代我们搜集到的只有如下三本:田增伦《函数方程》(1979),王元:《谈谈素数》(1978)和常庚哲:《抽屉原则及其他》(1978)》.

20世纪80年代正当很多出版社忙着抢占教辅书、应试书市场的时候,也正是上海教育出版社的"中学生文库"和另外两类,档次较高的"小册子"的出版旺季,获得大丰收的时期.我们搜集到的有:

柯召、孙琦:《谈谈不定方程》(1980);

张远达:《运动群》(1980);

张锦文:《集合论与连续统假设浅说》(1980);

史坦因豪斯:《一百个数学问题》(1980);

史坦因豪斯:《又一百个数学问题》(1980);

余元希:《数的概念浅说》(1980);

柯召、孙琦:《初等数论 100 例》(1980);

单墫:《趣味的图论问题》(1980);

史济怀:《母函数》(1981);

李世雄:《代数方程与置换群》(1981);

管梅谷:《图论中几个极值问题》(1981);

严镇年:《反射和反演》(1981);

张景中:《面积关系帮你解题》(1982);

奚定华:《怎样用配方法解题》(1982);

单墫:《覆盖》(1983);

黄国勋、李炯生:《计数》(1983);

常庚哲、苏淳:《奇数和偶数》(1984);

张运筹:《三角不等式及应用》(1984);

顾忠德、管西培:《复数》(1987);

冯克勤:《射影几何趣谈》(1987);

杨世明:《三角形趣谈》(1989);

单墫、程龙:《棋盘上的数学》(1987);

吴利生、庄亚栋:《凸图形》(1982);

孙玉清:《反证法》(1986);

蒋声:《形形色色的曲线》(1985);

单墫:《几何不等式》(1980) ;

蒋声:《从单位根谈起》(1980);

严镇军:《从正五边形谈起》(1980);

毛鸿翔:《根与系数关系及其应用》(1981).

进入 20 世纪 90 年代和 21 世纪的前十年,上海教育出版社更是雄心勃勃,一方面推出以卜允台先生设计的寓意深长的封面;一方面为标志的精品"小册子"若干册:

冯克勤:《平方和》(1991);

单墫、余红兵:《不定方程》(1991);

黄宣国:《凸函数与琴生不等式》(1991);

南山:《柯西不等式与排序不等式》(1996);

单墫:《组合几何》(1996);

冯跃峰:《棋盘上的组合数学》(1998);

单墫:《十个有趣的数学问题》(1999);

110

柳柏濂:《染色 —— 从游戏到数学》(2000);

单墫:《集合及其子集》(2001);

单墫:《平面几何中的小花》(2002).

另一方面,则是以《中学生文库精选》和《中学生文库精选续编》为专题,推出两函:一函是(均为 1993 年重印):

单墫:《趣味的图论问题》(80.1 版 7 次印);

张景中:《从 $\sqrt{2}$ 谈起》(85.1 版,5 次印);

华罗庚:《数学归纳法》(63.1 版,13 次印);

陈家声、徐惠芳:《递归数列》(88.1 版 4 次印);

刘应明、任平:《模糊数学》(88.1 版 7 次印);

常庚哲:《抽屉原则及其他》(78.1 版 6 次印);

邱贤忠、沈宗华:《几何作图不能问题》(83.1 版 6 次印);

蒋声:《几何变换》(81.1 版 7 次印);

谷超豪:《谈谈数学中的无限》(88.1 版 4 次印);

程龙:《初等极值问题》(84.1 版 6 次印);

常庚哲、苏淳:《奇数和偶数》(86.1 版,4 次印);

苏步青:《谈谈怎样学好数学》(89.1 版 4 次印).

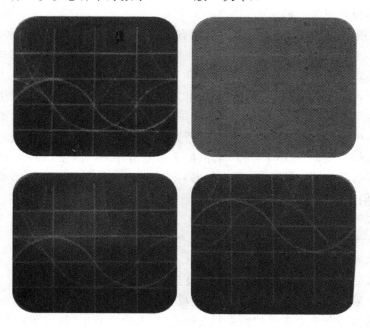

图 1　卜允台设计的寓意深长的封面

如果说这一函都是 20 世纪 80 年代旧作,由于热销而重印的话,那么第二函

111

中的"小册子"则多为 20 世纪 90 年代的新作,且冠以"数学趣谈集"之名. 共 8 本:

德·古斯曼:《数学探奇》;

张盛开:《矩阵对策初步》;

李金平、苏淳:《生物数学趣谈》;

蒋声:《形形色色的曲线》;

陆乃超、袁小明:《世界数学名题选》;

谈详柏:《SOS 编码纵横谈》;

单墫、程龙:《棋盘上的数学》;

黄国勋、李炯生:《运动场上的数学》.

面对这些由"小册子"的书名构成的,新奇、优美、封富的数学史诗,稍懂数学的人,谁肚子里的馋虫能够不被激活呢?

说到这里,我们应当十分地感谢和敬佩上海教育出版社的社长和总编;感谢和敬佩这套"小册子"的历任责编王文才、叶中豪、王耀东、冯贤、赵斌、韩希塘等先生,他们的高瞻远瞩和巨大的气魄;他们关怀年青一代成长成才的责任心;他们对中国数学事业的执着,面对艰难险阻仍然坚持到底的决心,和无私奉献的精神换来了这项看似平凡,实则意义重大的"小册子工程"的成功,数学的历史是不会忘记他们的.

(3) 现在一个可喜的现象是,全国有不少著名的出版社跟了上来,如中国科技大学出版社 1992 年出版了《数学竞赛丛书》,收入了《周期数列》《构造法解题》《漫话数学归纳法的应用技巧》《数学竞赛中的图论技巧》和《算两次》等五本小册子,责任编辑是刘卫东先生;北京大学出版社,先是由徐信之先生担任责任编辑,组织翻译并于 1986 年出版《美国新数学丛书》:包括《拓扑学的首要概念》《科学中的数学方法》《数学中的智巧》《有趣的数论》《无限的用处》《不等式入门》《几何变换》(I—IV)等 17 本,但似乎未能出齐. 尔后,在 1990～1997 年出版了由丁石孙教授主编的《数学小丛书·智慧之花》(1)～(5),责任编辑是刘勇先生. 我们见到的(1)～(5)是:

(1)《等周问题与夫妇入座问题》;

(2)《邮票、自行车、果园、雨中行》;

(3)《登山、赝币、红绿灯》;

(4)《归纳、递推、无字证明、坐标、复数》

(5)《乘电梯、翻硬币、游迷宫、下象棋》.

由国内外杂志上选编的精彩短文构成. 而湖南教育出版社,在 20 世纪 80 年代推出《数学、我们、数学》(丁石孙先生主编. 孟实华先生为责任编辑)丛书(包括数学与教育、数学与军事、数学与思维、数学与哲学、数学与经济、数学与社会、数学与语言、数学与创造、数学与文化等9本.似乎属于数学方法论丛书)之后,又于90年代初推出《走向数学丛书》:该丛书由一系列具有现代数学味儿的"小册子"构成,据说已经出三集.我们见到的只有如下七本:

华罗庚、王元:《数学模型选谈》;

冯克勤:《有限域》;

杨忠道:《浅论点集拓扑、曲面和微分拓扑》;

姜伯驹:《绳圈的数学》;

陈维恒:《极小曲面》;

李忠、周建莹:《双曲几何》;

冯克勤:《P进数》.

该丛书主编是冯克勤和杨忠道.仍由孟实华为责任编辑.最后我们说说2008年,高等教育出版社也加入到这个"小册子"的出版队伍中来了.它成立了一个由十五人组成的不大不小的"编委会",由李大潜任主编,崔梅萍为责任编辑,作为"十一五"规划重点图书,来编辑出版《数学文化小丛书》,我们见到的"第一辑"包括十本"小册子":

齐民友:《遥望星空(一)人类怎样开始认识太阳系》;

齐民友:《遥望星空(二)牛顿·微积分·万有引力定律的发现》;

项武义:《几何在文明中所扮演的角色 —— 纪念陈省身先生的辉煌几何人生》;

李大潜:《圆周率π漫话》;

李大潜:《黄金分割漫话》;

李文林:《从赵爽弦图谈起》;

周明儒:《费马大定理证明的启示》;

王善平、张奠宙:《二战时期密码决战中的数学故事》;

徐诚浩:《连分数与历法》;

王培甫:《数学中之类比 —— 一种富有创造性的推理方法》.

当然我们列举的出版社是极不完全的.因我们收集到的文献确实很少.我们相信有很多出版社审时度势,也出版了许多优秀的"小册子",参与到这个事件或竞争中来了.

(4)据我们了解通过"小册子"来普及数学、传播数学,促进数学研究和发展.像中国这样,开局好(目标明确,选题选材恰当,知名数学家带头,形成良好的风格等).持续时间长(50年曲折前行,至今存活、发展)、规模大,影响深远的情况,在数学历史上是独一无二的."小册子"以其独特的优势,成为学数学、交流数学、研究数学和发表自己成果的良好平台,一条畅行的渠道.由我们上面列举的"小册子"作者可见,有很多知名的数学家涉足进来了,有多少名教授、名师为此笔耕不辍;有多少知名编辑不计辛劳,不怕扣奖金,执着于此项事业. 在其他国家,也是从未有过的. 这是当今我国数学研究发展的一条亮丽的风景线,这是数学界之福. 对此我们应当做的事情是:

① 积极参与. 阅读、宣传、评价、撰写,把自己研究的新成果写出来;把自己独到的见解、思想、方法奉献出来,众人拾柴火焰高!

②"小册子"撰写出版的初衷是为学生提供课外读物,为教师提供参考资料,希望学校图书馆多进这样的"小册子",促进学生阅读;开展数学课外小组活动,促进学生学习方式方法的改革;

③ 开展对小册子的评论、评价、评选活动,对它的内容、结构、写作风格、特点(相对于杂志、专著、课本、一般的论文和书籍的不同之处)、艺术性等,哪些深受师生欢迎?

④ 从数学发展史上看,为什么会出现这种"小册子"现象? 它为什么会在20世纪中叶以后的中国出现、存在和发展? 它对于数学研究、传播、普及和发展,有什么作用?

⑤ 为什么必须把"小册子"同"大众数学"(那种去概念化、去论证化、去符号化的"人人都能懂的数学")、趣味数学等严格区分开来? 怎样给它下一个严格的定议,确切概括它的特征?

§2　山雨欲来风满楼

2.1　研究成果蓄势待发

20世纪60年代开始的一场政治运动,使中国数学研究停滞十年,初等数学研究当然不能例外. 20世纪70年代中期以后大学恢复,中小学教育改革提上日程. 近20家中小学数学杂志复刊或创刊,为数学教学改革和研究提供了发表的平台,加上我们在上一节描述的"小册子"这条畅行的渠道,我们的初等数学研究,在20世纪80～90年代出现了一个小高潮. 一个看来繁荣的局面,有的是十多年积压下来的研究成果被发表了出来;有的则是旧题新作,大量的"进口"课题和少量的教学一线提出的问题,以及围绕着数学"小册子"的研读和写作提出的问题,在锻炼着我们的初等数学队伍.

2.2　观察和思考

杨之老师是北京师范大学数学系1962届的毕业生,和同届的许多同学一样通过批判傅种孙先生(即老师,北京师范大学的传统称"老师"为"先生")的大字报,而真正地认识和理解傅先生的,最后从内心敬佩先生正直的为人,学识上的高水平和为教育事业呕心沥血的精神(这完全出于"大字报"撰写者的意外,还是撰写时有什么奥妙).他虽然未能聆听先生的讲课,却有机会阅读先生的遗文和专著,证实了这种敬佩是完全正确的.从而开始了对先生的数学工作及数学教育思想,进行了持续的学习、研究和实践.

傅仲孙先生关于"初等数学研究"的思想就是他努力学习、研究和实践的课题之一.1977年高考恢复以后,他先是研究了各地传来的大量高考复习题.尔后,随着一个又一个杂志的复刊或创刊,研究的文章越来越多,其中不乏新的结果,杨之密切关注"事态"的发展.在1983年8月18的日记中他写道:"近来考虑关于初等数学的研究,现在文章分散在各种中数杂志上,数量似不少,但大体是谁抓到什么算什么这种局面,较为集中的是上海教育出版社的《初等数学论丛》,已出了5辑,但出得太少,对文章的要求也太严.其实应当出一个名为"初等数学研究"的杂志,介乎于现在的"学报"和中数教学杂志之间,以刊登初等数学研究的进展和有创见的文章".8月26的日记有"这一天,我写好教案,然后写了一封信给天津市数学会,建议出一本《初等数学研究杂志》,把天津市筹建为'初等数学研究中心'".1984年5月17日日记记载:"我基本上完成了"初等数学研究小议"一文,好费劲!".5月30日记说:"两周没有写日记了,但这两周还是在使劲干,"初数研究小议"已完,寄给了老庞".事情是这样的,1984年初,由天津四郊五县协作组主办的《全国初中数学教学研讨会》在塘沽召开.在返津的火车上关于"初等数学研究"问题,同天津师范大学《中等数学》主编庞宗煜(劳格)进行了深入地交谈.我向他提出:初等数学研究也应当召开自己的学术会议.他说"确实应当召开初等数学研究的学术会议,让初等数学登上大雅之堂,改变无交流、无研讨,总是研究者单兵作战的状态,然而谈何容易!"看到了重重困难,但仍是不死心,决定先发几篇文章试一试.按这个约定,杨之5月初开始拟稿,17日完成了初稿.该文反复修改,到"第三稿"才初步定下来.期间曾壮着胆子给当时的市长李瑞环写信,建议把天津市建成一个"科学城市"(自然是没有下文).寄信王文才先生建议把《初等数学论丛》改为期刊.又把"初等数学研究小议"寄给多家杂志.这段时间,做了不少明知不可为(会无结果,无希望)而为之的傻事.

2.3 著文造势,加紧进行

中国初等数学研究的形势,进入20世纪80年代以来确实很好.包括创刊、复刊的杂志多."小册子"现象日趋凸显,但"研究"中的一系列问题(如单兵作战,缺乏交流,"不高不低"的论文难于发表,"研究"目标不明,课题多为顺手拈来等).因此对"初数研究"本身缺乏必要的研究,社会舆论对它又缺乏必要的正面认识.杨之和劳格深知道一点,虽有"谈何容易"的预期,却还是硬着头皮去做.

对于"初等数学研究问题小议"这篇文章,在许多杂志都不肯刊登的情况下,我们又将它"冷处理"半年多.然后字斟句酌,尽量用平和的、商量的口气,来阐释我们的看法和主张,尽量摆事实、讲道理、不妄加论断,不用刺激的字眼(在我们拟订的初稿、二稿中这样的字眼不少,后来反复推敲,逐渐删除,希望文章能有几处闪光点,使喜爱初数的人、研究初数的人,感到替他们说出了心里话,那些不在乎、不关心初数研究的人,读了也不会产生反感,要更多的人,团结到初数研究的队伍中来.宣传、解释初等数学研究,不是政治动员,是学术领域的事,但也有个策略问题).

经过这样的考虑,终于定稿,为了不给杂志编辑部造成不必要的麻烦,我们同意刊载于"来文照登"的栏目里,做好了"文责自负"的思想准备.文章的发表,当然喜欢(期盼)支持的、拥护的、正面的声音,但是,也准备好了"挨骂":倾听他们的声音和高见,向有不同意见、不同见解的读者,作出说明,汲纳他们的正确意见,修正我们的错误.

这样"发表"的条件就成熟了.

§3 "三议"

3.1 刍议

1985 年 2 月"初等数学研究问题刍议"终于在《中等教学》第 1 期"来文照登"栏目发出,为了读者研究这篇重要的初数研究的历史文献,我们把它的全文录在下面:庞宗昱、杨之(图 2)著.

图 2 庞宗昱、杨之合影

初等数学研究问题刍议

近二十年来随着现代数学的蓬勃发展和一个又一个新领域的开拓,人们对初等数学的兴趣又浓厚起来了.对一些古老题材的重新研究,若干几乎被遗忘的东西,突然以新的姿态出现在数学历史舞台上,如优选法的发展促使人们重新研究黄金分割、裴波那契序列、连分数这些古老的内容;组合数学的兴起,又把古代的纵横图(幻方)、七桥问题等重新请了出来,发掘古算宝藏(贾宪三

振兴祖国数学的圆梦之旅
—— 中国初等数学研究史话

角,孙子算法,祖冲之求 π,刘徽割圆术、垛积术等）的热潮方兴未艾；对已探索了上千年的问题,如三角形、四面体的有关问题,算术－几何平均值不等式等的继续挖掘,还时有重大发现.这就使人们对长期以来关于初等数学的"完善论"和"枯竭论"产生了怀疑.本文想就初等数学研究的问题谈一些粗浅看法.

什么是"初等数学"? 恩格斯认为:初等数学是常数的数学.这是一个历史的概括.数学史家们认为这主要是对数学发展的五个时期中的第二个时期 —— 初等数学时期而言的.这个时期大约从公元前600年～17世纪中叶,持续了2 300多年.算术、初等几何、初等代数和三角学是初等数学的几个主要分支.但"初等数学"的含义和范围是随着时代的前进而改变的.比如当代的初等数学把解析几何的一部分,数列、初等函数、集合论初步、向量初步等也包括进去了,就是说它已并非仅是"常数的数学"."初等数学"这只是一个相对的概念.老实说要在初、高等数学之间划一条明显的界限是困难的.比如,一次方程组是初等数学还是高等数学呢? 又比如,"三等分任意角"和"任何大于2的偶数都可表成两个素数之和"看来这都是很"初等"的命题,但解起来却动用了很不初等的工具.

从现代初等数学发展和研究的状况可以看出它的如下几个特点.

第一,初等数学是相对于抽象程度来说的.其内容、方法都比较直观具体,研究的对象大多可以看得见、摸得着.抽象程度不深,离开现实不远,几乎直接同人们的经验相联系,学习掌握起来,不需很多的"基础".顾名思义,"初等"就是它的首要的特点.

第二,初等数学是一门综合性的数学.它数形并举、内容多种多样、方法应有尽有,自然分成几个部分,各部分又互相渗透,相互为用.它最适宜进行解题方法的研究,一道题拿来,可以从各个角度去分析探讨,可以进行综合会诊,获取有一般意义的方法和思路.大量多解题、渊源题涌现出来,新的题型题类层出不穷,这是高等数学难以比拟的,"数学综合题"更是初等数学的独特产物.

第三,初等数学处于"基础"的地位.这是相对于数学各专门研究领域而言的.因为无论数学多么高深,总离不开加、减、乘、除四则运算,总要应用等式、不等式、基本的图形分析.初等数学正是提供了这些普遍适用的东西.初等数学又是整个数学的"土壤"和源泉,各专门数学领域几乎都是在这块土壤中发育成长起来的.至今初等数学还在为高等数学提供着研究的素材.初等数学的各种方法、原理、公式不断被高等数学所吸收、改造、应用并得到发展,如筛法、判别式、消元、代换、迭代、逼近等,例子俯拾即是.

第四,初等数学的普通教育价值.初等数学同人们的生活、工作的联系是非常密切的,它已构成人类"文化"的有机组成部分.不仅如此,它一般的教育价值还在于它对于培养、训练人的智能的重要性,因为它最适宜于作为智力竞赛的材料,最适宜于作为研究人们创造型思维规律的实验材料.对中、小学生来说,它的智能训练价值远远超过了它的实用价值.

第五,与高等数学相互渗透、相互为用.一方面,由于实践中某些问题的出现,使初等方法被深入研究和发展成专门的数学分支;另一方面,是高等数学中许多专题的初等化、通俗化,如循环级数、函数方程、组合计数、一笔画、覆盖、母函数、平均、"抽屉"原则等都被写成了通俗读物,供中学和大学低年级学生阅读;集合论、逻辑代数和概率统计的初步知识被"下放"到中学,这已形成一股潮流.著名数学家舍曼·斯坦因,出于"具体地向一般读者介绍数学",引导读者鉴赏数学的美、广泛性和生动性这一目的.从数论、拓扑、集合论、几何、代数和分析中选择了丰富有趣的内容,于1961年撰写成一本大型科普读物《数学世界》(或译成《数学水晶宫导游》),该书三十多万字,出版后受到广泛欢迎.斯坦因对他选择的十八个专题的"初等化处理"是很成功的.

初等数学的发展,除了形成以算术、几何、代数、三角为主要分支的庞大体系之外,还提出并研究了大批精巧的问题,它们像颗颗明珠将数学"大厦"装点得富丽堂皇.在我国的《算经十书》中,汇集了大量算题,如有物不知数、垛积、勾股容圆、盈不足术、百鸡问题、五家共井等都很出名;在国外,德国著名数学家德里写了一本书(原书德文,英文书名为《100Great Problems of Elementary Mathematics——Their History and Solution》,中文译为《100个著名的初等数学问题》),搜集了100个著名的初等数学问题,其中大多曾风行一时,在数学史上起过重要作用,有的至今仍令人兴味盎然.

初等数学确是一个古老的领域,它的历史几乎同人类有文字记载的历史一样悠久.古往今来,做出过巨大贡献的优秀人物成千累万.现在世界上恐怕有几亿人天天和它打交道;中学师生、教研人员和课本编辑,天天在钻研初等数学,还有哪一门科学有如此庞大的队伍、如此广泛的群众基础呢?各国和国际上年年举行数学竞赛,这是推动初等数学发展的强大动力,围绕竞赛进行的培训、研究、命题等各种活动,给初等数学不断注入新鲜血液,正像奥林匹克运动会推动着体育运动的发展一样.

那么时至今日,初等数学中的问题是不是"枯竭"了呢?发展是否"到头"了呢?大量事实告诉人们,情况并非如此.初等数学不仅继续在为专门研究提供着素材、方法、工具、思想,而且它的独立应用越来越多.乔治·波利亚(G. Polyya)就以初等数学为素材进行解题方法和数学发现问题的研究,他不仅获得了大量数学解题的珍贵模型,如双轨迹模型、笛卡儿模型、递归模型和叠加模型等,而且总结出一般的解题方法和数学发现的普遍规律,并以初等数学素材为基础(也用到一些高等数学和其他领域的材料),对似真推理逻辑(现称"合情推理")进行了深入探讨和系统阐述.波利亚的思想对近20年来的初等数学研究产生了巨大的影响,以致形成一股"解题热".世界上出现了多种研究解题方法的专著,美国数学家威克尔格伦还把解题方法同人工智能的研究结合起来,对计算机模拟人的思维的研究做出了贡献.

现在,由于一个个古算法的新生和不少高等数学感到棘手的问题,被初等数学巧妙地解决,人们感到了初等数学的威力和价值.认识到这块宝地并未发掘净尽,这里的大量奥秘继续吸引着人们.大批有威望的数学家转而研究初等数学、力攻专题、发掘古法,致力于某一专门方法(如统筹法、优选法、线性规划、实验设计、质量评估、对策论、系统工程等)的初等化、普及化的工作.初等数学研究领域的思想非常活跃,国内外的有关杂志如雨后春笋.有人曾断言"光的折射定律"(即"光在两种介质中的速度比等于折射角的正弦比")是光行最速的充分条件这一原理不能用初等方法证明,然而人们很快就拿出了十几种证法.我国在短短的几年中,应用初等方法在四面体和古老的费马问题的探索中获得了一系列可喜的成果.

然而,国内的初等数学研究中也还存在一些问题.例如,这种研究还囿于中数教学,大多数的初等数学杂志实质上是教学杂志,专门性的杂志目前只有上海教育出版社编辑出版的《初等数学论丛》一家.由于阵地狭小,致使初等数学研究方面的成果的发表和交流十分困难,以至于不少可贵的研究成果长期不能问世.又如,初等数学研究的队伍还缺乏组织,还处于分散状态,也没有初等数学研究方面的学术会议.我们期待着初等数学研究繁荣昌盛局面的来临,我们期待着在新的技术革命中初等数学大显身手.

下面,我们试对当前的初等数学研究问题提出几点粗糙的看法:

第一,对于"成型的"经典数学问题,由于采用新观点、新方法、新手段(如电子计算机)进行处理,仍可获得新的成果,如前面提到的费马问题、光折射问题、黄金分割问题、孙子问题等.另一方面,初等代数、几何及三角中许多问题仍缺乏深入的探讨和综合的研究,如几何中一般四边形、多边形、多面体的研究,代数中三次、四次函数、分式及无理函数的研究,含有绝对值符号的方程、不等式的研究,多元不等式理论的研究、三角中三角方程分类和应用的研究等.

第二,由于一大批从传统观点看来原不属于初等数学的东西,迅速涌入初等数学的大家庭,如初等集合论、概率、微积分、逻辑代数初步、组合数学与图论初步,对策论初步等,它们原来或是作为某高等数学分支的基础部分,或原处于两不管的"中间地带".现在进来了,那么就有改造、消化、吸收、融合的问题,要像原来的"几代三"那样可以互相"综合"、相互为用,这方面还有大量的工作要做.

第三,初等数学既有极高的教育价值.那么从教学的角度来研究初等数学,也是一项重要而迫切的任务.怎样从教学和智力开发的需要来改造初等数学体系呢？如数形怎样真正结合（而不是两张皮）、材料的穿插安排,合理的概念和符号体系（如对 $\sqrt{a}$,目前众说纷纭）、证明方法的逻辑基础等,都要仔细研究、认真解决.这种研究结合中学教学是应当的,但不能拘泥于当前的中学教学,以至于不敢越"雷池"一步.还有当前解题方法的研究有一种偏于解题技巧的倾向.技巧固然不可不注意,但过分了就不好,不仅有支离之嫌,而且往往一种技巧只适用于某种特殊的场合,而缺乏方法论意义上的价值.我们认为,应当加强一般解题方法的教学和研究,这是初等数学研究的一项重要内容.

近年来有人提出,为了贯彻教育要面向现代化、面向世界、面向未来的方针,就要变凭经验办教育为凭科学办教育.因此,要把教育科学与各学科结合起来,创立一系列边缘科学.具体到数学,就是数学教育学,它包括数学教学论、数学逻辑学、数学心理学、数学美学和数学教学法,把数学教学置于科学理论的指导之下.而要创立这样的边缘科学,除了专业研究人员之外,还要靠第一线的广大数学教师.要根本改变他们的工作结构,变单纯教学为教学与教育科学研究相结合,开展大、中、小与微型教育科学实验活动,逐步形成我国的数学教育学.我们相信研究工作者和实际工作者联合起来,共同努力,我们的目标一定能够达到.初等数学研究的崭新局面一定能够到来.

（杨之　劳格）

3.2 "再议"

"刍议"在《中等数学》,1985 年第 1 期"来文照登"栏发表以后,引起了数学界、数学教育界的关注.确实有不同的声音,但也有、甚至更多的正面反响,无论如何,"初等数学研究"这个以往被认为"没有什么"的话题,终于进入人们的视界.针对形势的发展,杨之、劳格又撰写成"再议"一文,在《中等数学》,1988 年第 1 期(恰为"刍议"发表三周年之际)发表出来,全文如下:

初等数学研究问题再议

三年以前,我们在《初等数学研究问题刍议》(载《中等数学》,1985 年第一期)一文中,曾对初等数学的特点、价值、晚近的发展,做了粗浅分析并对初等数学研究的进一步发展、繁荣,提出几点粗糙的设想.没有想到,这篇拙文居然引起许多同行的注意和兴趣.这当中有教师、学生,也有国内知名的学者、专家.

常庚哲教授来信说:"我是很赞成搞初等数学研究的.我每到一个地方,总是向师范院校师生、中学教师鼓吹搞初等数学研究,认为这是提高他们水平的切实可行的途径,也是促使他们热爱数学教育职业的有效方式,……你所构想中的杂志,我是十分赞成的,我系有许多专家也是赞成的."

徐利治教授来信说:"国内确实缺少一份初等数学研究性质的杂志.……创办这种杂志,相信将来稿源和销路都无问题,办得好,也将是对我国发展数学

120

教育事业和培养人才的一种贡献."

一位知名的编辑(王文才)在信中写道:初等数学研究"将涉及引导至少两代人的业务思想和兴趣.中国科学技术大学的常庚哲授授告诉我,他很称颂您对研究初等数学的高见,我也得遇几位有权威的数学界人士,不少也有同感."

中学数学杂志的编辑们怀着振兴我国初等数学研究事业的强烈责任感,克服重重困难,千方百计地使我国数学工作者研究的珍贵成果尽早与读者见面.

一批执意发展我国初等数学研究事业的有心人,正在为开创我国初等数学研究繁荣昌盛的新局面而努力地、艰苦地工作着.

三年来,我们在那篇文章中所列举的初等数学若干课题的研究,也有了新的进展.比如,对一般四边形(包括空间四边形),不少文章进行了颇为深入的探索;对于平面凸图形和空间凸多面体,也已有译著文献[1]填补了我国在这方面的空白;对三次函数,已有人进行了初步探讨文献[2];对含有绝对值符号的方程,不仅有多文对其解法进行了精细的研究,而且已有专文对它的图像进行了深入探索(参考文献[3],[4]);对符号 $\sqrt[n]{a}$ 的含义,有人提出了颇富新意的见解;对于证明方法的逻辑基础问题,好几家杂志上发表了专文进行论述.还有,我们高兴地获悉,天津宝坻县一位青年农民,对我国明朝流传下来的一掌金(袖褪金)算法的研究,取得了突破性的进展.

总之,在初等数学研究的广阔领域内,又取得了丰硕的成果.这些成果有的出自专家之手,但更多的是来自数学教师、业余爱好者、有的甚至是中学生.例如,西姆逊定理向多边形的推广就出自安徽一位初中学生;上海的一个中学生对著名的艾尔多斯－莫迪尔不等式的推广作出了有见地的猜想.

面对三年来初等数学研究的新形势、新进展,我们认为有必要就一些重要问题再议论一番,以为这大好形势推波助澜.

从近几年我国(以及世界)初等数学研究的状况可以看出,在这个领域中,逐渐形成了三支力量或称为三个流派.这三支力量,从三个不同的方向上开展自己的研究工作,共同推动着初等数学研究事业的蓬勃发展.

第一支力量可称为"教材研究派".他们主要由中学数学教师、教研人员,大中学生和数学爱好者构成,也有有名望的数学家偶尔涉足其中.此派人数众多,基础广泛,他们围绕教材、中考高考试题展开研究工作.如教学中某些课题的拓广开掘,解题方法、技巧的归纳整理,对例题及习题中某些有背景的好题的剖析引申等.近年来这方面取得了可观的成果.如垂足与对称点公式的求得,为点线距离公式的简洁推导和西姆森线的解析研究等准备了条件;仰角公式、张角定理、判别式方法、复数法证题的研究、三次多项式的开发利用、复合二次函数极值的研究、三角方程解的等价性的研究等,对于改善教学内容各部分的功能和素质起了重大作用.一部分人在历史名题、数学竞赛试题和外来题材研究的启迪之下,对不少有价值的课题进行了引申、挖掘、推广、开拓.如维维安尼定理,几何－算术平均值不等式、莫莱定理,初等组合计数问题,三角形中的不等式、四面体的余弦和正弦定理、体积和其他有关公式、蝴蝶定理、商高与海仑数组、垂足三角形等的探索,都取得了相当可观的成果,有的还解决了世人瞩目的课题.比如,匹多生锈圆规问题的研究、匹多不等式的推广和加强、四面体棱切球存在充要条件的获得、西姆逊定理在两个方向上推广的成功等.这些成果不仅丰富了初等数学的内容,显示了初等方法的犀利,而且进一步提出了一大批有价值的问题和猜想.

第二支力量可称为"数学奥林匹克派".他们认为数学竞赛不仅能促使数学人才的早期发现和培养,而且给初等数学研究以强大的推动力.当前,国际数学奥林匹克(IMO)运动的发展,已形成一股强大的冲击波.为在 IMO 竞赛中争光,各国在加强基础、命题研究、选拔培训等方面,都投入了极大的力量.一批享有世界盛名的优秀数学家参与了这方面的工作.我国近年开始在数学竞赛领域走向世界,从各省、市、自治区到全国,逐渐形成了一个数学竞赛辅导员和组织者的强大阵容,越来越多的教师、研究人员、专家学者投身到这一事业中来.各级各类数学竞赛,吸引着一批又一批青少年数学爱好者.数学奥林匹克的意义重大、深远,至少可以指出如下几点:

1.利于早期培养开发智力、发现人才,这是十分明显的.

数学是思维的科学.良好的思维习惯和思维方法的养成,必须从早期抓起.科学史表明,凡在某个学科领域做出卓越贡献的人,往往是在早期就崭露头角的人.其重要标志之一,就是具有优异的数学才能.数学竞赛是科学后备军成长的摇篮.通过数学竞赛发现人才、选拔人才,并通过适当方式加以特殊培养(如各地数学奥林匹克学校、全国数学冬令营等),促使尖子人才加速成长,这无疑是建设四化大业的需要.当前在我国,数学竞赛已出现向两个方向延伸的新动向,一是通过"华罗庚金怀赛"等形式向小学延伸;二是有开始向大学延伸的趋势.可以预言,不久的将来我国数学竞赛将发展为初等、中等、高等"一条龙".到那时,数学竞赛的作用和影响力将不仅限于尖子人才的选拔和培养,而且会带动各级各类在校学生数学思维水平的普遍提高,那前景将是十分诱人的.

1990 年 IMO 竞赛将由我国主办,这件事已引起了各方面的关注.1987 年 8 月,在天津师范大学召开的中国数学教育研讨会指出:教育如何做到既要培养劳动者又要培养优秀人才;教育目标如何制订才算科学合理;如何既减轻学生负担又能提高教学质量;课程教材如何编排才有利于人才的培养;如何使得学生的学习潜力最大限度地发挥出来;如何做到科学的评估;如何做好 1990 年由我国举办的国际数学奥林匹克竞赛等,都需要从理论和实践上加以回答.

2.围绕数学竞赛的命题和培训活动,给初等数学研究注入强大活力.

竞赛命题的灵活性和科学性,调动和活化了初等数学中很多潜在的知识、方法、原理.同时,还把高等数学和某些专门领域的问题、方法通过"特殊化""初等化""具体化"而移植到中小学数学竞赛中,如"抽屉原则"是组合数学的一条基本原理,近年在竞赛命题中反复出现.1964年第六届IMO有这样一道赛题:

17个科学家中的每个和其余科学家都通信,在他们的通信中仅讨论3个题目,而任意两位科学家之间仅讨论1个题目.证明:其中至少有三个科学家,他们互相通信中讨论的是同一个题目.

这是源于拉姆赛(Ramsey)定理的精巧题目.另外,如凸函数和不等式理论、数论、图论、函数逼近论、规划论中的许多内容都被移植到竞赛中.

近年来,在数学竞赛命题中出现了一个令人瞩目的趋势:背景化,即讲求题目的来历、"出身"、背景.1987年美国数学邀请赛共有15个题目,其中大多数都有重要背景.例如"好数"问题涉及数论中素数、殆素数的有关课题;"简单数对"问题涉及数的分拆和表示;"气泡过程"则是置换和排序问题的特例.由于题目的背景化使得题目"身份"提高,更加富有新意,以其构思的优美和精巧吸引着广大数学爱好者,以其含量丰富的知识、技巧、方法、思想,给人们的研究留下了思考和开掘的广阔余地.人们通过对这类题目的剖析、探索,往往能获得新的成果做出重要的发现.

3.数学竞赛命题的很多题材,凝结了大批优秀数学家的心血和智慧,题目的启示性、方向性和开拓精神,往往为初等数学的研究提出新课题、开拓新领域提供有力的方法和工具.

第二届IMO竞赛有个称为"威森波克不等式"的试题:设$\triangle ABC$的边和面积分别为a,b,c和$\triangle$,则$a^2+b^2+c^2\geqslant 4\sqrt{3}\triangle$.现在人们已经发现了它的十多种证法,而且被加强为

$$a^2+b^2+c^2\geqslant 4\sqrt{3}\triangle+(a-b)^2+(b-c)^2+(c-a)^2$$

另一个IMO赛题是这样的:设x,y,z为实数,则对任意$\triangle ABC$,成立不等式

$$x^2+y^2+z^2\geqslant 2xy\cos C+2yz\cos A+2zx\cos B$$

后来经我国数学工作者研究发现,它的"胃口"大得惊人,它竟然囊括了三角形中一大批著名和不著名的不等式(如戚森波克不等式、匹多不等式和几类角间关系式)成为研究三角形一种独特而有力的工具.这也许是命题者们所始料未及的.数学竞赛题中诸如此类的例子真是举不胜举.

4.正如奥林匹克运动会推动着世界体育事业的发展一样,数学竞赛命题的思想、方法,不仅会逐渐自成系统,像有人预见的那样,形成一门"奥林匹克数学",而且会逐渐扩散、渗透到初等数学的教学之中,影响高考、中考和各种考试的命题,给中学数学教学以新的活力.IMO试题成为各种试题的范例和楷模,

123

又是数学思想方法的大宝库,而"能不能对付奥林匹克题"将成为培养高层次数学人才的初期目标.另外以数学竞赛试题为桥梁,增加了高等数学和初等数学的接触点,这对于打破中学数学的封闭系统,也是大有裨益的.

第三支力量,可称为"数学方法论派".这支力量虽然兴起未久,但由于他们站在现代科学同初等数学的交接点上高瞻远瞩.他们的活动将有可能从结构上改善初等数学的封闭状态,并对传统数学实现一次深刻的变革,因而将发生深远的影响.苏联亚历山大洛夫学派基于数学教学改革的需要,已提出用现代数学思想和语言(符号)改造初等数学的方案,并逐步予以推行.由于以初等数学为基地和素材,进行一般解题方法和数学发现、合情推理研究,而著称的波利亚学派的成功,对世界数学思想方法的研究产生了广泛深刻的影响.苏联最近编辑出版的《量子丛书》,对系统地应用诸如向量、平移、旋转、中心对称、轴对称方法解决初等几何中的问题做了成功的尝试.该丛书以其方法的直观、简练、优美和平易向传统方法提出了挑战.美国新近出版的一套"新数学丛书"也是沿着这个方向进行的一次大胆的尝试.

在国内,则是从三个侧面对此进行了卓有成效的探索.一是进行数学方法论的研究,如已出版了徐利治教授的《数学方法论选讲》;郑毓信副教授的《数学方法论入门》,还准备编辑出版一整套《教学方法论丛书》,罗廷金、刘兆明、孙振华等编著的《中学数学方法论》,在这方面,对波利亚数学思想的研究和在中国的传播也做了不少的工作.二是结合数学教育学的研究,探讨初等数学现代化的途径,现在已有若干文献发表.一方面是进行理论探讨,比如对数学的(双重)逻辑结构,将数理逻辑的符号、语言以及集合、变换、函数、向量等一套方法,引入初等数学等问题进行探讨;另一方面是具体地把现代数学方法引进初等数学,做了不少成功的尝试.这个运动的发展也引起了高等师范院校的注意.我们前面提到的中国数学教育研讨会,就对从数学教学论、数学课程论、数学学习论三个方向及相关分支,开展数学教育学的研究,做了具体深入的探讨.这次会议也曾对初等数学研究以及数学家与教育家怎样结合的问题进行了讨论,其意义是非同一般的.三是把数学与思维科学的研究结合起来,用思维科学和系统科学的成果寻求数学教学的最优措施和途径,以最大限度地开发中小学生的智力,这方面也做了不少工作.

三支力量的活动在相当程度上符合了当今世界、初等数学研究的潮流和方向.我国初等数学的研究正在汇入世界的主流,有的已跃入或接近前沿,但我们还有许多工作要做.

首先,在人才培养、智力开发中还有许多困难,不少致力于数学竞赛的同志在资金短缺、条件困难的情况下艰苦地工作着;上述第一支力量人员虽多,但处于分散状态;研究的课题也缺乏计划和交流,成果的发表周期长,阵地小.这在当前世界各国的竞争中,我们就处于十分不利的地位.我们仍然期待着初等数学研究学术会议的召开,期待着初等数学研究刊物的尽早面世.

经过几年的培养和锻炼,在初等数学研究的队伍中,已经出现了一批攻克难题的能手,出现了一批高产的研究人员,但是我们还需要一大批居高临下、善于发现问题、提出问题;特别是提出具有方向性、开创性问题的人,需要波利亚型的数学教育家.

其次,用现代数学思想改造初等数学的工作,刚刚开始,数学方法论的研究刚刚起步,对波利亚、阿达玛、欧拉、高斯、希尔伯特、华罗庚、熊庆来等已故数学大师以及健在的高产数学家厄多斯(Erdös)、陈省身、亚历山大洛夫、苏步青、吴文俊、常庚哲等的数学思想应当进行研究和总结,以为培养人才的借鉴.

为了加速青年数学工作者的成长,我们还应当有计划地翻译出版世界有影响的初等数学专著、文献、并着手编写能反映当代研究成果和发展趋势的我国初等数学全书.

几年来,在中国、在世界,初等数学研究硕果累累,这项事业方兴未艾."枯竭论""到顶论"看来是站不住脚的.然而,我们究竟对初等数学已经认识了多少? 它的储量还有多大? 这却是一个难以回答的问题.很有可能:如果把初等数学比作一座冰山,我们已经看到的也许不过是这座冰山露出水面的部分.中国有一支庞大的初等数学研究队伍,有着雄厚的基础和力量.只要我们继续艰苦地工作,我们的初等数学研究事业就一定能够进一步兴旺发达起来.

参 考 文 献

[1] 杨之,劳格.平面凸图形与凸多面体[M].哈尔滨工业大学出版社,2012.10.

[2] 杨肇澂.利用三次函数图形研究一元三次方程根的分布[J].天津教育学院院刊,1986.6.

[3] 杨之.绝对值方程[J].中等数学,1985.6.

[4] 娄伟光.凸多边形的绝对值方程[J].中等数学,1987.6.

(杨之　劳格)

3.3 "三议"

三年两头发表"刍议""再议"之后,又过了三年,"形势"发生了一系列的变化:首先是社会舆论和人们(关于初等数学的)观念的变化.观念的变化带来的是行动:"两议"的某些倡议要变成现实,因而有如下的:

初等数学研究问题三议

这是我们第三次谈论初等数学研究问题了,所以叫作《三议》.前两次分别是 1985 年的《刍议》和 1988 年的《再议》.尽管我们的那些意见很粗陋,但却引起不少朋友的兴趣和关注.

近几年的情况怎么样呢？从我们所了解到的情况看,应当说我国初等数学研究的队伍在不断壮大,在逐渐走向成熟；初等数学研究成果在大量涌现,质量在迅速提高；初等数学学术研究这一事业在深入持久地发展,正在推动着教学改革的进程,并逐步得到社会的承认.

1989 年 5 月,在北京召开的"波利亚数学教育思想研讨会"上,与会同志分析了我国初等数学研究的状况,认为尽快举办一次初等数学研究学术交流会是适宜的,并组成了会议筹备组.10 月筹备组在天津市举行第一次工作会议,拟订了《初等数学研究学术交流会征集论文提纲》,并于 12 月发出.

1990 年 4 月初,湖南省数学会决定成立"湖南省初等数学研究委员会",并定于 1991 年初召开省初等数学研究学术交流会.

1990 年 7 月,筹备组在北京市举行第二次工作会议,分析了《征文提纲》发出以来的形势,认为条件已基本成熟,初步定于 1991 年 8 月下旬召开初等数学研究学术交流会.

1990 年 8 月,福建省初等数学研究学术交流会筹备组发出《征集论文通知》,并定于 1991 年 7 月召开省初等数学研究学术交流会.

据我们所知,还有若干省市也在积极筹办,本省市的初等数学研究学术组织或会议.

据筹备组的同志透露《征文提纲》发出之后反响之热烈出乎预料.在不到一年的时间里,就收到来自二十几个省、市、自治区的信函 500 多件,论文 400 余篇.

这些动向和信息表明,我国的初等数学研究事业经过近十年的开拓和奋斗,已经形成了一股潮流.这股潮流以"振兴初等数学学术研究,促进数学教学改革"为宗旨,以培养数学人才为己任,正在健康地发展、壮大、前进.

我们对《刍议》发表六年来,有关初等数学研究的论文,做了一个概略的估计,算上筹备组所收到的论文在内约近 800 篇.这些文章的主要特点是:

第一,涉及面广.可以说几乎涉及了初等数学的各个方面.对于"传统题材"的研究,如"有物不知数"问题、二元不定方程 $ax + by = c$、勾股数、无序分拆、费马数等.仍时有新的发现."三角形几何学"也是个古老题材.有人运用新的方法又挖掘出成批的美妙性质；有人发现了"一般截割定理"、欧氏空间的点距关系、等距变换、四面体等的研究又有新的收获；有人还发现了一种"点运算",这很有可能成为初等几何研究的有力工具.数列和不等式是近几年的热门课题.

振兴祖国数学的圆梦之旅
—— 中国初等数学研究史话

关于数列的研究已大大超出了我们在《数列研究概观》一文中的估计,如题材涉及一般递归数列通项、求和及其一般性质(如周期性)、变换数列的研究上又开拓了一些新的课题.关于不等式的研究,无论几何不等式,还是代数不等式令人眼花缭乱、目不暇接.面对千姿百态的不等式,不少人开始向"综合"方面探索,如寻求代数与几何不等式的内在联系、寻求"母不等式"、寻求不等式赖以产生的通用方法等.从目前看来,这一"综合"的前景还很不明朗.此外在方程、函数、曲线、方程组、行列式、矩阵等的应用,以及复数形式的曲线方程、面积公式、复数范围内求解不等式等方面,也都有许多新的进展.

第二,敢攻名题、难题.数学上的许多名题、难题,如费马最后定理、孪生素数、哥德巴赫猜想、居加猜测、角谷猜想等都有人敢于钻研、敢于碰硬.到目前为止虽尚未取得重大突破,但已开始获得了一些副产品,如新方法、新概念、新性质、等价猜想等,这同样是难能可贵的.

第三,开拓新的课题.近几年来,一些初等数学研究者陆续开拓了一些新的课题,如一般折线的研究、绝对值方程的研究、数阵的研究、变换数列的研究等.以数阵研究为例,这个概念提出的时间虽然不长,但目前对于等差数阵、等比数阵、杨辉数阵、高阶等差数阵、斐波那契数阵以及 n 维等差数阵等均已做出较为深入的探索和研究,并进一步提出了一些新的课题.

总之,20 世纪 80 年代以来,尤其 20 世纪 80 年代中期以来,我国初等数学学术研究取得了丰硕的成果,以中青年为主力军的一批初等数学研究人才迅速成长起来,这是十分可喜的.在这里,我们愿意提出以下几个问题与同志们一起探讨:

第一,初等数学研究的方向问题.

初等数学研究能否站稳脚跟、成果能否得到确认,这并不取决于研究者的意愿,归根结底要取决于社会实践.

希尔伯特和哈尔莫斯都曾强调:问题是数学的心脏.只要一门科学分支能不断提出大量的问题,它就充满着生命力;而问题贫乏,则意味着它独立发展的衰亡或中止.从这个意义上讲,目前我们的初等数学研究还是很有生命力的.

然而,还有另一个方面,一个更重要的方面那就是应用.华罗庚、吴文俊、严士健等诸先生,都曾反复强调应用对于某一数学分支发展的重要性.

问题是对"应用"做何理解.钟开来先生认为应当是广泛意义下的应用,而不是狭隘的实用.我们认为作为初等数学的应用至少应包括这样三个方面:一是生产、生活、文化教育等直接产生社会效益的各方面的应用;二是初等数学的思想、理论、方法在发展初等数学自身以及向高等数学某些方面移植的应用;三是有关初等数学教育价值的研究在培养人才、提高全民族文化素质方面的应用.

如果我们的初等数学研究既能不断提出新的问题,又搞好了应用.那么这项事业就会充满生机、充满活力,就能长盛不衰.

第二,成果的收集整理问题.

目前国内还没有一家初等数学研究的专门杂志,成果散布在数以百计的书刊上.这不仅使读者、作者查阅十分不利,而且给这些成果的宣传、交流、使用带来诸多困难.早在1988年,就曾有人动议汇编《中国初等数学研究文萃(1949~1989)》和《中国初等数学研究(1978~1988)》,这些意见无疑是很好的,因为这确是一项有意义、有价值的工作.但是由于种种原因时至今日仍未搞成.这实在是一个缺憾.当然,实际搞起来从资料的搜集、选择、分类、加工直至整理成册,也确是一项浩大的工程、难度很大、困难不少,一下子搞大部头的有困难.可以先搞些中部头、小部头的,如会议论文精选之类还是不难办到的.我们希望那些热心者,尤其是杂志社能够担起此项重任,早日研究成荟萃初等数学研究成果的资料性、工具性的书来.

第三,数学评论问题.

开展学术争鸣和批评是科学发展的一种动力,初等数学研究当然也不例外.而在这方面,目前还是很薄弱的,甚至可以说尚未引起人们的足够重视,这很不利于初等数学研究工作的健康发展.比如人们证题解题应当遵守以少数真命题为依据的原则,而我们现在俯拾即是的,是这样一大批文章:某公式或某结论在解某些题目中的应用.这些文章有一个共同模式:以某个题目的结果推广成为依据,处理一批同类型的问题.对这些文章的意义和价值就有加以分析、辨别的必要.又如当前有一种"推广"之风,这在不等式研究中尤为突出,无非是加权、加细、多元、高维等.其实有一些这样的"推广"恐怕只具有例题、练习的价值.还有的把某些竞赛题拿来也"推广"一番,其实这种题目往往本来就是由一般情形加以限定而来的,何劳再"推广"回去?如果把数学评论开展起来,正确的得到肯定,错误的得到纠正.那么,我们初等数学研究的学术空气一定会更加活跃,我们前进的步伐就可能会更快一些、更扎实一些.

第四,人才的培养问题.

几年来,确实已经涌现出一批富有创造精神的、高产的初等数学研究工作者,他们的工作已经突破了"传统"问题和"进口"问题的范围,而迈上华罗庚先生所说的"第三种境界"(创造方法、解决问题)或"第四种境界"(提出问题,开辟方向),这是一支骨干力量.但对于我们这个大国来说,这批人毕竟还是太少了.我们需要成千上万个高水平的研究人员组成的大军.我们同时也发现,确有相当一批同志,他们兢兢业业、非常努力,但往往是重复别人已经做过的工作或虽辛辛苦苦也往往研究不出有新意的东西.据我们观察除了功底之外,恐怕还有两个方面的原因值得注意:一是视野不开阔,不大了解自己所研究的课题的

128

振兴祖国数学的圆梦之旅
—— 中国初等数学研究史话

历史和现状,闭门造车当然就难免重复;二是数学方法论素养有待于提高. 相当一部分研究者在谈到自己创作体会时,都觉得自己从波利亚那里获益匪浅,特别是受到过观察、归纳、类比、推广、限定、猜测、检验等一套合情推理方法的深刻影响,这是他们的经验,也是值得我们深思的. 我们认为,功底 — 阅历 — 方法论 — 事业心,这恐怕是初等数学研究人才成长的必要条件.

和许多热心的同志一样,我们一直在关注着我国初等数学研究领域的动向和进展. 在我们为这一领域所取得的成绩和进步而高兴的同时,想到了以上一些问题. 今不揣冒昧提出来权作引玉之砖,以与同志们共同探讨.

(劳格　杨之)

3.4　"三议"的基本观点和主张

"三议"并不是几篇普通的论文,而是对"初等数学研究和发展"本身的研究和进行战略战术考虑,属于数学哲学中的方法论. 大家已读过原文,现在对它们的基本观点和主张,做一个重点的说明.

(1) 对"什么是初等数学"及其特点,做了简要的回答,要义在于:这是历史上形成的概念,代表了数学发展的一个时期;这是一个相对的概念,同高等数学之间,很难做出明确的划界;它是一个不断变化中的概念,内涵和外延都在发展. 许多原为"高等数学"的对象现在成了初等数学. 许多初等数学研究的内容随着研究的深入发展,往往进入高等数学领域;现代初等数学已远非"常量数学",而许多"常量数学"也并不那么"初等". 就是说,"初等数学"这个概念具有一定的模糊性,而这种模糊性对于研究者来说,往往并无多么重要的意义,真正重要的是弄清它的特点. "刍议"共列举了它的五项特点:初等、综合性、基础地位、普通教育价值和与高等数学的相互渗透,这里应当说明几点:第一,"初等"在这里是指抽象程度不高,离开现实不远 …… 不是指难易程度的,有人把"初等"等同于"容易",因而认为它只不过是中小学生的试题,没有难度就没有价值. 因此,很多研究数学的人不认为"初等数学"是数学,只有他研究的专门数学(很少人懂,很少人知),才是数学. 许多大学和研究机构把初等数学研究的成果排除在"成果"之外. 在这个问题上社会的偏见是根深蒂固的. "中国初等数学研究会"20 余年来希望成为中国数学会的一个分会,至今难于如愿,不能说与此无关. 事实上,"初等"与容易完全是两码事,做过一点初等数学研究,有所发现、有所发明的人都深知这一点. 更何况,如果真的"容易"也恐怕并非坏事,华罗庚在《从孙子的神奇妙算谈起》这小册子中,有一首小诗曰

神奇妙算古名词,师承前人沿用之,

神奇化易是坦道,易化神奇不足提

华罗庚先生在盛赞"神奇易化"的同时,在自己所著三本"谈起"的小册子

中大行"繁难易化"之道，为我国"小册子"的撰写确立"深入浅出"的风格，起了带头作用。再说陈省身先生，他有一次引用《周易》中的话"易则易知，简则易从（纵）"，来说明自己一生都在致力于简化某些东西。繁难化易本是一条重要的方法论原则；"深入浅出"则是著书为文的优良传统，不想"容易"竟然成为某些人排斥初等数学的"口实"，真的不咋样！第二，初等数学处于整个数学的基础地位，高耸入云的"现代数学大厦"就建筑在初等数学这个基础之上。"数学哲学"的早期研究专注于数学的逻辑基础，而"忘记"了它的初等数学基础。中国知名的数学家傅种孙先生，注意到初等数学基础在 20 世纪四五十年代，那种"几近豆腐渣"的状况，并倡议进行了大量的研究至今有所改善。然而离根本好转尚远，对这点感受最深的是数学教育工作者。知道了这一点，难道你还会对包括基础研究在内的初等数学研究"嗤之以鼻"吗？第三，谈到应用，不少人只是盯住"实用"。对现代社会来说，数学的实际应用主要在于专门数学、专题的研究，然而，同样对现代社会来说，"软应用"也是非常重要的。特别的是数学的文化教育和体育价值（强身健脑的价值）是无可取代的，它关乎人类将把自身塑造成什么样子的大问题。还有作为素材和载体，在研究数学教育、数学文化、数学哲学和方法论、科学方法论、数学思维等问题中，基本素材都取自初等数学，难道这都不算作应用吗？然而，"初等数学无用"还是被某些人顽固地坚持着，作为否定和排斥初等数学研究的口实。事实上，说老实话，初等数学应用的广泛深入，在现代社会几乎是每个人（包括你我他），都须臾难离的这种特征，是高等的专门的数学任何一种，都难以比喻的。你还闭着眼说它"无用"吗？

（2）初等数学还要大发展。首先，初等数学的资源是非常丰富的，也可以说是无穷无尽的，有人曾形象地说：当年由于经济社会发展的需要，高等数学的发展在广阔无垠的初等数学的原野，修了一条铁路，高等数学列车飞奔向前，至于铁路两侧的无尽资源，尚待开发；从这广阔无垠的原野上"生长"的初等数学问题、课题、也是层出不穷的；第二，初等数学的广泛应用必然促进它的发展；第三，哈尔莫斯（Halmos）曾概括希尔伯特和波利亚等人的论述（希尔伯特在 1900 年世界数学家大会上的报告：数学问题、波利亚的数学方法论著作《怎样解题》）和见解，提出"问题是数学的心脏"的著名口号，来强调问题、对问题的研究和求解，在数学研究、数学发展中巨大的核心的作用。）希尔伯特断定：有问题，就蓬勃发展；无问题，发展就会停滞或衰亡。然后，又说："数学问题的宝藏是无穷无尽的，一个问题一旦解决，无数新的问题就会代之而起"。就是每一个待解决或已解决的问题，每一篇论文（因解决问题而作）都是初等数学的资源。那么，我们的问题宝藏是无穷无尽的，关键在于我们要勇于和善于提出问题。

（3）中国初等数学正在大发展。20 世纪 80 年代以来，中国初等数学正在快速发展，这是确实的，但为什么会如此呢？

初等数学研究是人做的,一是要有人才;二是恰当的问题、课题;三是要有一种动力、需要;四是要有地方发表.事实上,在这一段时间里这四项条件都是具备的.

前面我们曾经讲过数学"小册子"现象,那是我国数学大师华罗庚为配合"数学竞赛"率先撰写,于 20 世纪 60 年代作为中学生课外读物的.那么事情就对了,那时十几岁的学生,到 20 世纪 80 年代正好是 30 岁,40 岁,到 50 岁上下,通过认真的教学,加上数学竞赛、阅读"小册子"提高了水平,培养了兴趣,成为这一时期初等数学研究的生力军."小册子"有时还能提供有价值的课题.这一时期是恢复高考大力进行数学教育改革的时期,又是许多数学教学杂志复刊、创刊时期,研究的动力肯定是有的,发表的渠道也是有的,特别地,撰写数学"小册子",往往也成为一条不错的发表途径.

这样,我们就从事实和原因两个方面,弄清了"中国初等数学正在大发展"这件事.

(4)"三议"的主张、建议.初等数学还要大发展,中国初等数学正在大发展,然而,这并不等于它必然大踏步前进,没有困难,没有问题.事实正好相反,它至少在六个方面,存在着问题或困难:一是缺乏明确的目标,因为从中小学数学教育改革方面,对初等数学研究的"需求",是极为有限的;二是缺少交流,这对初等数学作为学术的发展,是极为不利的;三是研究者处于单兵、孤立作战状态,容易自生自灭;四是发表的渠道狭窄,而且,由于应试教育的风行,"教学研究"(主要是高考题和解高考题的研究)的"成果"受到追捧,初数论文受到挤压,发表渠道越来越窄;五是缺乏宣传、屡遭误解,不被社会承认;六是缺少"中国人自己的问题、课题、猜想".

因此"三议"建议:召开初等数学的学术会议,创办专门的初数研究杂志,建立学术组织(最好是"中国数学会初等数学分会"),宣传造势,同时努力拿出深刻的、有分量的研究成果,以图站稳脚跟,取得生存权、发展权,还要培养高水平的研究人才,能提出有分量的问题、课题.最后,最为重要的是:要确立一个研究、发展的远大目标.

而这些工作的每一项也都有一个宣传造势的问题."三议"所为也兼有此任.

131

§4　中国初等数学研究宣传造势活动

4.1　早期的工作

赵慈庚先生在文献[20]的"前言"中说:"'初等数学研究'原是北京师范大学数学系,在 21 世纪 20 年代按师范性需要创立的一门进修课程,开设在三、四年级.目的是使未来教师对初等数学有较高的认识,研究各科的理论体系和一些重要专题,借以知道中学课本在许多关节,为了适应学童的年龄特点,不得不删繁就简,希望师大学生日后登台阐教时心中有数;遣词造句不要只贪速效,以致有碍正理,这是傅种孙先生在北京师范大学三十多年呼吁经营的一件大事".

傅种孙先生创造了一个十分贴切的名词"初等数学研究",来做这样的一件事,直接的目标是作为一门课程,让未来的数学教师深谙初等数学之底里.但其中隐含的要求是进行初等数学的基础研究(进行修根固本、清源正流的工作).从傅先生本人的实践来看,进行新课题的创造性研究,也应当是"初等数学研究"的一项重要内容.

"在北京师范大学 30 多年呼吁经营",几十届毕业生,还有数学系的老师,说明影响十分的深远.这么多具有"初等数学研究"上课经历的学生,分布到全国各地的中学、大学和其他岗位,不是一件小事情.然而"20 世纪 60 年代以来,我国重视实用,专攻之士,则注意尖端,'初等数学研究'这门课(先变为'初等数学复习及研究',然后)便从师范院校的教学计划里消失了".可见,传统的"对初等数学研究不以为然"的观念是何等的顽固,30 年的呼吁经营,都未能站住脚.然而,"课消失了"传统的观念"胜利"了,"中学数学中可能出现的瑕疵,并不能随之消失"(这是赵慈庚先生 20 世纪 80 年代写的,事情不幸被他言中.在我国的数学教学中 20 世纪 90 年代,各种瑕疵层出不穷,进入新世纪更是成批出现,要命的是在初等数学的根本上人为地出了问题).

可见我们的造势宣传活动,任重道远,以秉承傅仲孙、赵慈庚二位先生的遗志,"防患未然补苴罅漏"的意识在相当时期内不该放松.

4.2　在"三议"前后的工作

在撰写"三议"期间,杨之向各地发出一些信函,反响热烈,反馈的信息十分珍贵.每一件复函都带着浓浓的人情味,真切地反映着对待即将发生的历史事件的态度.

1984 年 10 月 19 日常庚哲教授来信:

来信昨日收到,你的见解,很是精辟,我与你是有同感的.我虽是常写初等数学文章.但是,完全重复人家的文章,没有创造、没有综合那我是不写的.所以说,我是很赞成做初等数学研究的,我每到一个地方讲课,总是向师范院校师生、中学教师鼓吹做初等数学研究,认为这是提高他们水平的切实可行的途径,也是促使他们热爱数学职业的有效方式,但如今的杂志,高的太高了,低的又太低了,你所构想中的杂志,我是十分赞成的.我想,我系有许多专家也是赞成这一观点的.

1985 年 1 月 15 日杨世明给裘宗沪的信:

自 1980 年以来,我国的初等数学研究进入了一个高潮,在诸如四面体、三角形、初等不等式、费马问题等许多方面不断出现新成果,但是发表出来的也许不到研究成果的十分之一.我认识不少中学数学杂志的编辑,他们手头都积压着大量有关的文章.因为与中学数学"无关"的东西,发表多了会影响发行,危及杂志前途,唯一的初数研究文集(不定期的杂志),上海教育出版社的《初等数学论丛》出了七辑,但印数越来越少,现在勉强支撑.这样,高的太高,"低"的太低,初等数学研究的成果只好大量积压,使得我们与世界竞争中处于十分不利的地位.因此迫使人们去研究与中学数学有关的东西,这无异于把初数研究纳入了中数教学大纲,这实在是很不正常的局面.

为了改变这种局面(我只是这样想,实在也无力去"改变"),我到处在游说自己的想法,幸好许多人(包括一些有成就的数学家)都"有同感".我还和一位编辑一起写了一篇名为"初等数学研究问题小议"的文章,将刊登在今年二月出版的《中等数学》第一期上,届时将奉上请您批评.在文中我们提出了对"初等数学研究"的一些看法.比如,为什么初等数学研究要囿于中数教学大纲,而不是相反呢? 为什么不可以创办《初等数学研究》杂呢? 为什么不召开初等数学研究的学术讨论会呢? 事实上人们对初等数学的"需求",要大得多.我认为应当这样做,当然是有困难的.

1985 年 1 月 31 日徐利治教授的来信:

来信收读,内情详悉.您有志于研究数学思想方法,并著文介绍 Pólya 的思想,我很赞赏.国内确实缺少一份"初等数学研究"性质的杂志.如有条件和机会,您可以找几位数学界的同行向天津市有关部门倡议创办这种杂志,相信将来稿源和销路都无问题.办得好也将是对我国发展数学教育事业和培养人才的一种贡献.

1986 年 5 月 21 日王文才先生的来信:

在京期间,我和裘宗沪同志谈了您对初等数学研究方面、创办刊物的意见.他表示准备给您去信.他的想法是最好让一家现成的刊物转向,亏损由其余刊物资助,但据我的看法,要依此办成真也不易.昨天常庚哲教授绕道上海返回合肥.他告诉我,您给他去了信,我们也讨论了上面的事.他们曾申请办一份《中国数学月刊》,至今未成.

1988 年 4 月 14 日张国旺先生来信:

杨之、劳格先生:

我不知这是您二位的笔名或真实姓名,因为这是在先后三年的两头,读到了您二位的有分量的文章.这是在百花争艳之中读到的奇艳独特的鲜花.

多年来,围绕着大纲、教材的文章,随手可得.本来是数学研究的杂志为了迎合读者的心理也被牵着鼻子走,由试题选登到试题精选到标准化练习 ……五花八门.今年有些杂志干脆全册都是一些不同名堂的试题,天津的中等数学仍保其本色,有学术研究的空气,您二位的文章更加浓了这一气氛,所以,我细心的拜读着,…….

我原来也是一个中学数学教师,在数学之中也探讨些规律性的东西.但是专门为初等数学研究开辟的却不多见.为此我决心走上出版部门,为初等数学研究的志士仁人开辟阵地,创造有利的条件.为此我们正在筹备《初等数学研究》杂志的创办,计划今年下半年开始组稿,明年试刊.每年四期,季刊,于每年的 3,6,9,12 月份发刊,不求钱,只求对学术研究有所帮助.

为此,想在办刊宗旨、稿件质量、组稿方法等,听听您二位的高见,特此取得联系,有机会一定去登门求教.

1988 年 4 月 21 日杨之、劳格的回信:

张国旺老师:

4 月 14 日大函收悉,所传来的创办《初等数学研究》杂志的信息,对我们确是一件大事,相信它将载入中国初等数学发展史的史册.

先说一些情况(介绍两人情况,以及杨之的两则札记:"我设想的《初等数学研究》杂志",(1984 年 11 月 14 日) 和"办一个改革型的杂志"(1985 年 3 月 25日)).这是 1984 和 1985 年写的两则札记.想法不见得都是可行的.这期间,我们也曾同几位知名数学家、编辑讨论这一问题,大家都认为"非常必要,但谈何容易!"现在,有您这样一位编辑出来承担这件事,那真是求之不得.

为办这个杂志,我们自然会全力以赴.徐利治、常庚哲、梅向明等著名人士,自然我们可以去联系,将来审稿的责任也会努力承担相当的一部分,也竹筒倒豆子式地出主意、想办法.我们将视老兄为知己!

1988 年 5 月 6 日庞宗昱来信:

老杨:

收到福州 24 中杨学枝老师的信、稿,阅后信存你处,并请你便中回他一信,看来这又是一位热心的人,也说明我们两议的观点,确在扩大影响,从事业角度来看是令人鼓舞的.他的来稿我浏览了一遍,觉得有些新意,请你仔细审一下,

振兴祖国数学的圆梦之旅
—— 中国初等数学研究史话

提出看法,请回信时代我向他致意.

1988 年 4 月 21 日杨学枝给庞宗昱的信:

敬爱的庞老师:

您好!

您的 1 月 23 日给我的信中已收到……,今天向您寄出的"对一个三角不等式的再探讨",此文已有很久的构思,并反复修改而成稿,但仍不满意,故今日给您寄去,望能在百忙中抽空予以过目,提些修改意见.此文较长,但本人认为文中专题很有研究价值.但是否如此,还请您多提出宝贵意见.

对于初数研究问题,我十分赞赏杨之等老师在"初等数学研究问题刍议"及"初等数学研究问题再议"等文章中所持的观点,我们十分急切地盼望国内能有一份公开发行的初数问题研究和评论的杂志.它一旦诞生,一定具有强大的生命力,对中学数学教学与研究也将起着巨大的推动作用.我作为一名普通的中学数学教师,愿尽力支持(包括必要时的资助),望您转告杨之老师,希望他以及其他专家(当然您应在内)能再做鼓动为初数研究杂志的诞生而呐喊.

1988 年 5 月 11 日杨之给杨学枝的信

杨学枝:

您的信庞老师转给我,嘱我给您回信,向您问好,并感谢对我们观点的理解,看来在"初等数学研究"的事业中咱们是知音了.在杂志上,也多次读到阁下的大作,感到您在这方面是有造诣的.大约是实践中的共同体会,把咱们的看法融合在一起.

我欣喜地告诉您,河南教育出版社将在明年创刊《初等数学研究》杂志.该杂志不求钱,主要目标是为初等数学研究和交流开拓一个阵地,我想这确是个大好事.

在初等数学研究方面,我国近年来做了不少的工作,把不少方面推向前进了.但是,开拓性的工作不多,提出的新的研究课题很少,以致使人感到杂志上尽是不伦不

图 3　杨学枝、杨之合影

类的以洋人名字命名的这问题、那定理,我以为,外国人开拓的课题,当然也可以去研究,我们自己为什么不可以开拓?我们在这方面做了一点工作,如"绝对值方程".当然有争议,有人怀疑是否有价值,然而已做了些工作,发了四篇文章;近来又提出"黑洞数"(将在《自然杂志》年内刊出)等问题.创办这样的一个杂志,为搞初等数学研究的人,提供丰富的课题和信息是有好处的,我正全力以

赴,协助创刊这一杂志.

1988 年 5 月 11 日杨之致张国旺:

今接福州市 24 中杨学枝老师信(庞宗昱转来的),内有一段话抄在下边(即 1988 年 4 月 21 日杨学枝给庞宗昱信中的第二段,这里略).据了解,支持"咱们"的人是很多的,四月我去曲阜师范大学,有北京教育学院和四平师范学院的两位老师,执意要我讲自己的观点(即对"初等数学研究"的看法),讲后他们大加赞赏.在其他一些学术会上也出现过类似情况.

1988 年 5 月 12 日张在明来信:

杨之、劳格两位同志:

大作《初等数学研究问题刍议》前几年就拜读了,对文中的宏论甚感兴趣.但读了之后也就算了,最近见到《再议》后,方知引起几位知名人士的注意,并写信与你们,交流看法,这也引起我写下面这封信,凑凑热闹.

笔者也对初等数学研究颇感兴趣.从 20 世纪 80 年起,已有 20 多篇短文在各刊物上发表 …… 我想提供一些零零碎碎的体会,供你们再撰文时参考.

第一,似乎有开一次全国(或部分省市)初等数学研究会议的必要,让大家见见面、交流信息、促进了解、建立联系.必要性自不待言,困难在于要找一找牵头的单位或组织.

第二,国外信息的取得.我经过这几年的体会,感到这个问题很重要,而我们国内这方面的资料太缺了,比如苏联的《Матемачика в школе》、美国的《Mathematical Teaches》《Mathematical Magazine》等有名杂志现在很难找到.因而我们搞的结果往往国外早已搞出,我们只是重复别人的东西,失去了创新价值,比如《数学通报》上有几篇创作,我就看到是国外早已发表了的.这种情况当然不利于初等数学研究的顺利发展.

第三,研究结果得不到一定形式的承认、肯定和鼓励,往往是自生自灭,这早已是一个老问题了,中国人搞的东西必得有洋人的首肯发现,才会得到国内的承认,小的不说,大的如包头九中陆家羲老师的成果,不也是先由加拿大的数学家"发现"的吗?我看搞研究的人恐怕最痛苦的便是成果得不到应有的评价和承认.我觉得我们自己应该有一定形式的什么组织或学会,对一定时期的研究成果加以认定和评议鼓励.

第四,我也十分赞成搞一份初等数学研究性质的杂志.

1988 年 5 月 20 日杨之给张在明回信:

张在明老师:惠函收悉,信中的热情和支持的力,使我们深受感动.

我们在三年两头发表的两篇文章是经过反复讨论、思考的.第一篇,小心翼翼地放在"来文照登"栏里,准备挨批.第二篇才大着胆子移向"正文"头条,然而立志是很清楚的:荡涤人们对初等数学的传统看法,从理论和实际两方面为研究初等数学的人们(中数教师、教研人员、高师初等数学教研人员、课本编辑、中数杂志编辑、数学奥林匹克工作者)加油鼓劲,说明这条路通天可为,从发表后的效果看确是起了一定的作用,至少是为爱好初等数学的人们,说了几句公道话,联络了感情.

对于您谈到的四点,我以为是非常迫切的事情:开全国初等数学学术会议,积极吸收外国初数研究信息,承认、鼓励和支持研究成果,搞初数研究杂志,都是当务之急.

我高兴地告诉阁下:河南教育出版社理科编辑室副主任张国旺老师,已决定创办这样一本杂志,明年试刊一、二、三、四期……

"初数研究"问题,继续探讨名题,挖掘古算,进行零星探索、推广…… 也无不可,然而重要的是开拓新的领域、课题,这样才能走向世界的前沿,您说是吗?

1988 年 5 月 26 日庞宗昱来信:

老杨:

5 月 20 日信悉,关于"两议"问题我认为河南可以转发,转发时除改正个别印刷错误外,其余就维持原样吧."两议"是否全面反映了当时实际这很难说,但却反映了我们当时的认识水平,这是事实,那已经是历史了,还是保持其原貌为好,意下如何?

对"两议"的诸多反响,整理成文似乎尚早,可再等一等. 我们也好再多方面考虑一下,如形式问题,读者心理问题等.

1988 年 5 月 28 日张国旺来信:

我们定于 6 月 1 号或 2 号起程,第二天到京,然后直到八王坟,乘当天去宝坻的汽车赶到您处.

这次是王伟和我同行,不用什么标志咱们就可以见面了.会见时间是 6 ~ 7天,到时咱们再充分讨论一下设想,交换意见.

《附录》:张国旺 — 杨世明"会谈"概况.

(据杨世明 1988 年 6 月 3 日,日记载)6 月 3 日上午,张国旺和王伟来到宝坻招待所,杨世明参加政协会刚结束.张国旺胃口不好,吃干粮,王伟和政协委员们一块吃午饭,喝啤酒;晚上,祖光、恩荣和王树青校长来与他们见面,共进晚餐,晚十时结束.6 月 4 日早送王卫去天津.

后开始"张国旺、杨世明(图 4)会谈":讨论刊名,大体定为《中国初等数学研究》(封面加印英文刊名).

宗旨:作为初等数学学术刊物,在于推动我国初等数学研究、培养人才.第1 期在宝坻编全部稿件;在几个杂志上广告宣传.向徐利治、常庚哲、裘宗沪等征稿.

让开辉练字，做一点秘书工作的问题.

6月6日经三天紧张"谈判"，大体落实了《中国初等数学研究》杂志的办刊方针、宗旨. 昨天起草了"征稿简则"和"简介". 并决定以后每一期均在这里编订初稿(有些事，到天津与庞宗昱一块决定).

上午，国旺、王伟、我、翠芳乘政协"伏尔加"小车(韩师傅开车)，到东陵看了四个陵. 下午三时返回. 事情初定，但内容上初数研究与教学研究文章比例，略有分歧. 我和王伟主张，要区分于其他中数教学杂志，就在于它以初数研究论文为主，"水平"也以此为标志. 张国旺对此有保留意见.

6月7日早6时起床，8：30到天津，天下起雨来，先到古文化街，后到天津师范大学，庞宗昱正在那里等，张国旺简述了

图4　张国旺、杨世明合影

几天会谈情况，庞宗昱全力支持. 说与张国旺老师相见恨晚. 后李兆华请来上海师范大学的袁小明，也谈了此事.

我和庞宗昱表示：愿尽力帮助他出好《中国初等数学研究》杂志，和编好那套《中学数学专题详著丛书》50本，他说："每次排印校样均寄您'把一把关'".

1988年宝坻政协办公室编印的《政协工作》简报(第四期)刊出：《中国初等数学研究》将在宝坻创刊. 刊出：在有关部门关注下，今年6月，杨世明邀请河南教育出版社张国旺来宝坻，经过认真研究决定编辑出版《中国初等数学研究》杂志，办刊宗旨是：积极反映初等数学研究的新成果、新动向、新思想，开拓初等数学研究的新领域、新方向、新课题，为促进我国初等数学研究、教育和人才培养，为实现四化服务. 杨世明表示，将努力把这个杂志办成全国一流杂志，并争取参与国际交流.

目前，第一期编稿工作也已开始.

1988年6月18日熊曾润来信：

欣闻河南教育出版社拟创办《中国初等数学研究》杂志，阁下将出任编稿，谨致衷心地祝贺！

去年6月，我曾有幸在昆明市会见了张国旺同志. 他告诉我，他决定组编一套"中学数学教师丛书"，计划出50本，10年出齐. 今天从阁下来函得知，他又决

心创办《中国初等数学研究》杂志. 看来,他真可谓雄心勃勃的实干家,令人敬佩,值得学习.

1988 年 7 月 1 日陈清森来信:

来信告知张国旺老师亲赴贵处商定创办《中国初等数学研究》杂志事,甚是高兴,此乃有识之士之壮举. 必将得到广大同仁的重视和支持.

1988 年 7 月 3 日曾家骏来信:

读了您和劳格同志在《中等数学》上的精彩论述,令我拍手叫好!"刍议""再议"的高见在我们四川、重庆有较大影响,不少同志赞同你们的见解.

1988 年 7 月 10 日刘波来信:

我是一名初等数学爱好者,现在四川一〇九信箱子弟校教高中数学. 最近拜读了您二位在《中等数学》88 年 1 期发表的《初等数学研究问题再议》受益很多,虽然我很喜欢初等数学,也受过大学正规教育,但对初数学研究的方向、课题却至今茫然. 七八年里也只是"东一榔头,西一棒",数学题虽做了不少,但没多大成果. 望老师在这方面给予指导.

1988 年 8 月 22 日张国旺来信:

回来后,就为实现咱们的愿望奔忙,但是,好事多磨,总是在前进中有一些障碍存在. 当前的阻力有三:

① 为了禁止色情、凶杀出版物. 新闻出版署(7 月 6 日)下了一个文件:《关于出版物封面、插图和出版物广告管理的暂行规定》:规定的第三条中提出:"不得用书号出版期刊或变相出版期刊";这样一来,把我们先以书号出版刊物的计划就打乱了. 如果明年按四期出,出版计划报到省出版局也不会再批了. 所以多方协商,明年改出一本书《中国初等数学研究(1989)》,在前言中把编辑意图说明. 同时做 20 世纪 90 年所批刊物的工作.

② 回来后,正赶上全省各出版社的领导换届,工作组进驻我社一个月之后,于上星期宣布了新调来的社长,原来社长、副社长、总编、副总编就地免职……．

说明 1."好事多磨""城门失火,殃及池鱼"这些成语所系事实,经常发生. 我们精心策划的、全国初数爱好者迫切期盼和倾力支持的出版《中国初等数学研究》(杂志)的计划,就这样破灭了,而且后来改出年刊的"次计划"也未能实现. 这件事到现在那些全力支持出杂志的同仁恐怕仍然蒙在鼓里,这里交待一下.

2.俗话说"一分钱难倒英雄汉". 当时(直到 21 世纪的今天仍然如此)一个阿拉伯数字(刊号)使一个杂志办不成的事是很正常的,从那时到现在,能刊登初等数学论文的杂志,损失不少,如《厦门数学通讯》《湖南数学通讯》河南的《数学教师》哈尔滨的《中学数学教育》上海教育出版社的《初等数学论丛》,都先后停刊,有的杂志变性为应试的杂志.初等数学成果发表的阵地一再被挤压.再过二十年、半个或一个世纪,也许会成为难于理解、需"专家"探索之事.

3. 但出期刊《中国初等数学研究》的希望也没有"彻底"破灭,而是一本《中国初等数学研究文集(1980～1991)》面世,作为一个暂时的结局,它乃是"野火烧不尽,春风吹又生"的小草,但这是后话.

4. 此后,仍有很多初数爱好者、数学教师、学生甚至资深数学家支持"两议"的观点,支持创办《中国初等数学研究》期刊,他们是:张忠辅、于志洪、陈计、郭璋、罗增儒、张家瑞、林祖成、张承宇、叶军、殷国良、冯跃峰、汪江松、谢冬青、蒋明斌、简超、赵小云、黄尔慈、过伯祥、杨宏伟、娄伟光等数十人,不少人还为办刊提建议,出主意、想办法,有的还提出"资助",也有人传来国外不同的声音.内容十分的珍贵.可惜不能一一登录.

特别地,从这些声音中还清楚地反映出,不仅搞初等数学研究、出相关的期刊是大家迫切期待的,而且召开全国性的初等数学学术会议的时机已经到来.

第2篇　初数登上大雅之堂

自从 17 世纪以变量数学为代表的所谓"现代数学"问世,继 1865 年伦敦数学会成立之后,法国(1872)、日本(1877 年)、意大利(1884)、美国(1888)、德国(1890)等纷纷建立数学会,中国数学会也于 1935 年在上海成立.数学会建立的目的是学术交流,召开综合的或专业的数学学术交流会.1897 年首届国际数学家大会在瑞士苏黎世召开.在这些交流会上都是顶尖的数学家交流"现代"数学研究成果,没有初等数学"什么事儿"!因为,在现代数学家们的心目中,"初等数学"早已被排除在"数学"之外,而且形成了百余年的牢固的传统认识.

　　由于 20 世纪 50 年代以来,中国初等数学(包括大量精彩的"小册子")研究蓬勃发展,和大量成果的涌现,加上"三议"和大量书信往来,对初等数学的"无用论""发展停滞论""资源枯竭论"和"容易论""非数学论"的冲击,传统的认识被撕开了缺口."初等数学还要大发展""中国初等数学正在迅速发展"的事实,被越来越多的人所认可,创刊初等数学研究性质的杂志,召开初等数学学术交流会的呼声日隆,舆论的力量是不可低估的.自 1985 年"刍议"发表到 1991 年"三议"的问世,我国不少热心初数研究事业的志士仁人,包括一大批知名数学家为此奔走呼号,召开初数交流会的条件日臻成熟,真是诸事具备,只欠东风,这阵"东风"是什么?

首届初等数学研究学术交流会

第 5 章

§1 紧锣密鼓的筹备工作

1.1 具有历史意义的决定

1989 年 5 月 22~24 日,周春荔和杨世明经过认真筹备,在北京师范学院(现在的首都师范大学)主持召开了全国首届"波利亚数学教育思想研讨会"(杨之、周春荔合影,图 1).在《会议纪要》中说:"会议还就初等数学研究问题听取了杨世明和周春荔同志的意见,会议支持并期待尽快召开'初等数学研究学术讨论会',以推动我国初等数学研究事业的发展."

图1 杨之、周春荔合影

关于在这个会上谈"初等数学研究"问题,不是脑袋一热的结果,而是"早有预谋":1989 年 3 月 30 日的"日记"中曾写道:去北京师范学院找周春荔,说他去了实验中学,去实验中学找他,见到中国科学技术大学的杜锡录,同班同学张春条也在,大家谈到初等数学研究都非常赞赏.关于波利亚会议周春荔说:"梅向明先生说,4 月~5 月回来,但不用等他了.定在 5 月 20~25 日期间开,25 人左右,梅先生讲话,给准备个提纲,提到搭一下"纪要"的架子,有几项成果."还就初等数学研究学术会议问题后征求了他们的意见.在 5 月 9 日的日记上记有:"关于本月 22 日会,已筹备就绪,回函已有六七人,三天会争取两天完,一天上午参观中南海,下午讨论'初等数学会'的事情,梅先生已回到北京,尽快把他讲话的提纲给他,开会的结果,要不要成立联络机构的事.大家商量,能否设想在两三年内召开一次数学思想、数学方法论(包括波利亚思想)的讨论会,有无人承办? 但我们的主要精力,要放在筹备召开一次"中国初等数学研究"的学术会议上,会前充分准备,出书、办刊,提几十个问题.20 世纪初的数学家大会是1900 年开的,希尔伯特提出的 23 个数学问题影响巨大.这"第一届中国初等数学研究学术研讨会"在近几年召开正是时候,有迎接 21 世纪的意思,可以开100 人~200 人的会,只要有一个筹办单位就好!"

5 月 24 日日记载:"晚上周春荔、杨世明、过伯祥会谈决定:中国初等数学研究第一届学术讨论会,于 1991 年在天津市或北京市举行,主要由周春荔、杨世明、庞宗昱筹备.另外过伯祥、张国旺、杨学枝等也参加筹备工作(图2),这是个具有历史意义的决定."

图 2　筹备组合照

1.2　筹备组成立,发布"征集论文提纲"

有了(波利亚会赋予的)"尚方宝剑",筹备工作就"正式"开始了.1989 年 8 月 8 日我(杨世明)到天津与庞宗昱商定:10 月份,杨世明、周宗荔、庞宗昱会晤,讨论决定有关事宜,并请筹备组另外两人:张国旺、杨学枝到会或写来详细意见;1990 年第一季度召开筹备会:五人筹备组主持;拟订征集论文启事或提纲.

1989 年 10 月 16～17 日,在天津师范大学召开初等数学研究学术交流会筹备组第一次工作会议,决定了如下事项:

(1)正式成立由周春荔、杨世明、庞宗昱、张国旺、杨学枝五人组成的筹备组.

(2)1991 年暑假期间,召开初等数学研究学术交流会(此为正式名称;为了不刺激一些人,把前面的"中国"(或"全国")"第一届"去掉了).

(3)修改并通过了"征集论文提纲",待庞宗昱加工后,寄杨世明定稿,由杨学枝打印后寄发:邮寄论文分别寄给——几何方面:周春荔;代数方面:杨世明;其他方面:庞宗昱."提纲"争取在几份杂志上刊登一下.

(4)商定 1990 年第四季度召开"筹备组第二次工作会议".

下面是"提纲"全文:

初等数学研究学术交流会征集论文提纲

进入 20 世纪 80 年代以来,以中等学校教师和各级教研人员为骨干的初等数学研究队伍在我国不断发展壮大.这一领域的学术空气空前活跃,具有一定水平的研究成果一批批涌现出来.为了交流初等数学研究工作的经验和研究成果、进一步推动初等数学研究、促进初等数学教育教学改革,经波利亚数学教育思想研讨会(1989 年 5 月北京市)与会代表协商,认为在 1991 年～1992 年期间召开一次初等数学研究学术交流会是适宜的.

开好这样一个专业性的学术会议,需要做好充分准备.为此,拟定如下征集

145

论文提纲,供热心于初等数学研究的各位同志参考.

一、提交本次会议的论文,应主要是初等数学专题研究的成果,尤其欢迎有创见的、尚未公开发表过的新成果.

二、参照近几年来我国初等数学研究所涉及的范畴,提供如下诸方面内容,供大家选题撰文时参考(当然决不局限于这些方面):

1. 数列. 如一般递归数列、数阵(通项、母函数、求和、特殊数阵)、数列的分组与并项等;

2. 多项式及有关问题. 如三次、四次、五次函数、方程,一般多项式函数与方程的初等性质;

3. 绝对值方程. 如方程的建立、性质、分类及应用;

4. 初等几何及代数不等式. 如三角形、四边形中的不等式;

5. 多边形. 如凸四、五边形,正 n 边形的性质;

6. 多面体. 如四面体中有关问题;

7. 简单三角方程. 如简单三角方程的定义、分类、解的研究、应用;

8. 初等组合问题. 如组合几何、组合计数、组合极值;

9. 初等数论. 如角谷猜想、黑洞数问题;

10. 初等函数、方程和不等式. 如与无理式、分式、对数、三角及反三角式有关的问题;

11. "数学奥林匹克"问题.

12. 国内外初等数学研究现状"综述".

以上所举,意在抛砖引玉,欢迎大家提出更多新的课题. 希望这次会议上能够百花齐放、百家争鸣;同时也希望大家在自己的专题论文中渗透、揉进数学思想和数学方法.

三、几点说明:

1. 论文要有不超过三百字的"提要"."提要"写在正文之前,并希望注明关键词.

2. 请在论文首页右上角注明该文是否已经发表.

3. 征文截止日期:1990 年 12 月 31 日(以当地邮戳为准).

4. 来文不退,请自留底稿,来函请注明您的邮政编码,以便联系.

5. 来文请寄以下同志:,

几何方面:周春荔,北京师范学院数学所 100037;代数方面:杨世明,天津市宝坻县教研室 301800;其他:庞宗昱,天津师范大学《中等数学》杂志社 300074.

初等数学研究学术交流会筹备组

1989 年 10 月 16 日

附:筹备组联系人:杨世明、庞宗昱、周春荔、张国旺(河南省郑州市教育出版社理科编辑室,450003、杨学枝(福建省福州市第二十四中学,350015).

为了使发放的"提纲"更显人性化,鼓励大家积极撰文,踊跃参会,在寄发"提纲"的同时,附寄一短函,表示专对收信者本人寄发的,而不是谁都有:

_____老师:

您好!

阁下近年来在初等数学研究方面的成果是令人钦佩的.盼望已久的初等数学研究学术交流会终于召开有日.现寄上《征集论文提纲》一纸作为撰写论文时参考.我们期待着您的重要成果问世,欢迎您参加这次盛会.

由于现在正式筹备会还没有召开,只有个五人的筹备小组,经费和许多具体问题还在研究解决之中.因此欢迎您对交流会提出建议,同我们一块做好筹备工作.待会期及会议地点确定并接到您的论文后,我们将立即发函邀请您赴会.

顺祝

教学、研究双丰收!

杨世明　杨学枝

1989 年 12 月 12 日

到 1989 年 12 月,共向包括 23 家中学数学杂志在内单位或个人发放近 300 份,得到热烈反响.

1.3　筹备组第二次工作会议

1990 年 7 月底,在"提纲"发出去的近 8 个月之后,"筹备组"在北京师范学院举行了第二次工作会议.1990 年 10 月 1 日出版的《初等数学研究学术交流会情况简报》刊出了这次会议的"纪要",全文如下:

筹备组第二次工作会议纪要

初等数学研究学术交流会筹备组,第二次工作会议于 1990 年 7 月 26～27 日在北京师范学院举行.周春荔、杨世明、杨学枝、庞宗昱出席了会议,张国旺寄来了书面意见.

会议回顾了筹备工作进展情况.1989 年 10 月发出交流会征文提纲引起了较大反响,至 1990 年 7 月下旬已收到论文 110 余篇,作者遍及 20 多个省、市,还收到与交流会有关的来信 300 余件.初步印象是论文总体水平较高、涉及范围较广、有不少创见和新的成果.这就为开好交流会奠定了坚实的基础.大量来信表明许多同志热切地关注着拟议中的交流会,并为开好这次会议提出了许多很好的意见和建议.面对这样的形势,筹备组的同志深受鼓舞,信心很足,决心

147

克服困难把交流会开成开好.

会议认真讨论了下一步工作的安排.下一步工作主要有四项:一是就如何开好初等数学研究学术交流会广泛征求意见,请大家解放思想、献计献策、集思广益、众志成城;二是筹集经费,请大家想方设法积极为会议筹集经费.有筹到者请同庞宗昱同志联系;三是审读论文,出版《中国初等数学研究文萃》第一集;四是会务准备工作.

会议初步商定交流会定于 1991 年 8 月 15～25 日之间召开,地点在北京或天津.

会议认为,召开初等数学研究学术交流会尚属首次,其成效如何对今后影响甚大.会议希望交流会一定要开得扎实、丰富、节俭、朴素,要真正体现征文提纲中所提出的宗旨:"交流初等数学研究工作的经验和研究成果,进一步推动初等数学研究,促进初等数学教育教学改革".

各位同仁对开好交流会有何意见和建议,盼能及时来信告知.来信请寄:

杨学枝:350015,福州第二十四中学;

周春荔:100037,北京师范学院数学所;

庞宗昱:300074,天津师范大学.

《中等数学》杂志编辑部

初等数学研究学术交流会筹备组

1990 年 8 月 10 日

筹备会二次工作会议之后形势很快发展.筹备组又于 9 月 1 日向大家通报了来函、征集论文等情况.

成果累累,形势喜人.初等数学研究学术交流会来函来文简况:

一、1989 年 10 月,筹备组所拟"征文提纲"发向全国.截止 1990 年 8 月底,筹备组共收到二十几个省市大、中学生、中学数学教师,高等学校的教授、副教授、讲师、研究生,初等数学教研人员,杂志和出版社编辑,初等数学爱好者等寄来的信件 400 余封,论文 150 多篇.

二、来信和来文像一股股强劲的春风,拍动着筹备组工作人员的心,充分表达了广大初等数学工作者,对振兴我国初等数学研究事业的强烈关注和期望,对开好初等数学研究学术交流会给予的热情支持.有的对会议的时间、地点、开法提出了宝贵的建议;有的表示愿意承担筹备组交给的任务;有的为会议积极筹措经费.湖南广大初等数学爱好者,在省数学会和老一辈数学家的大力支持下,成立了"湖南省初等数学研究委员会",现正在筹备召开本省的初等数学研究学术交流会.福建省数学会成立了"福建省初等学术研究学术交流会"筹备组,并拟于 1991 年 7 月召开省学术交流会.浙江省、江苏省、湖北省、四川省、山西省、黑龙江省等地也积极行动起来,展开了筹备工作.

许多同志以积极撰写论文的实际行动,给筹备工作以最珍贵的支持.众多教师在繁忙的教学工作之余,牺牲休息时间撰写论文,有的拿出了多年研究的成果.云南省张在明;四川省蒋明彬;湖南省叶军、杨林、胡国振、肖振纲、冷岗松、冯跃峰;湖北省林祖成;江苏省肖秉林;安徽省张承宇;福建省杨学枝等老师每人都寄来多篇论文.江西省胡文生老师对一篇文章先后八易其稿,福建省陈胜利老师拿出了他的书稿作为向大会献礼、天津市徐达先生把他多年研究数论难题的成果也提交大会.这样的事例不胜枚举.

三、目前已收到论文 150 余篇(截止 8 月底),其中多数属于初等数学研究的新成果.所涉及的课题有:数阵的通项,母函数,一般递归数列,一次与高次齐次不定方程,高次多项式因式分解,三角形、平行四边形的绝对值方程,三角形、四面体以及多边形中的不等式,新的代数不等式,组合计数问题,自然数方幂求和,末 m 位数问题,变换数列问题,一般折线研究,递归函数,三项高次方程研究,倒齐次方程与勾股数问题,世界著名难题,棋盘数学,复数问题,高等初等几何研究等.这就为我们开好交流会奠定了坚实的基础.

论文有两个显著的特点:一是除了对古典课题(如几何、不等式)进行开拓以外还大力向新的课题突进,如变换数列,末 m 位数问题,数阵、绝对值方程,一般折线研究等都有很大进展;二是,许多论文作者显示了深厚的功底,不仅在突破难关方面,而且在"提出问题"方面做出了可喜的贡献.这种带有突破性意义的进展,预示着我国初等数学研究将进入一个崭新的阶段.

现在论文还在源源不断地涌来,各项筹备工作尽管遇到不少困难,但仍按预定目标进展,为大会起草"初等数学问题"和其他文件的工作也正在进行中.欢迎同志们用通信的方式积极参与大会的筹备工作,尤其欢迎在筹措经费方面做出努力.

初等数学研究学术交流会筹备组

1990 年 9 月 1 日

1.4　筹备组第三次工作会议

筹备组第二次工作会议之后,各项工作积极推进.到 1991 年 2 月底已大致完成.1991 年 2 月 25～26 日举行了第三次工作会议.为了尊重大家"知情权",1991 年 4 月 20 日的初等数学研究学术交流会《情况简报》刊发了"会议纪要":

筹备组第三次工作会议纪要

初等数学研究学术交流会筹备组第三次工作会议,于 1991 年 2 月 25～26 日在天津市宝坻县举行.筹备组成员张国旺、周春荔、庞宗昱和杨世明出席了会议,杨学枝寄来了书面意见.

这次会议总结了二次会议以来,筹备工作进展情况和全国初等数学研究的形势,满意地指出:筹备工作第一个阶段的基本任务,即征集和审查论文的工作,已圆满完成. 到 1990 年 12 月底为止共收到来自 27 个省市自治区,271 人寄来的论文 436 篇. 内容丰富广泛,新课题、新成果、新方法、新思想是其突出的特点. 这就为开好一个高水平的学术会议奠定了坚实的基础.

现在全国初等数学研究的形势很好. 湖南省在今年元月举行了省初数研究会成立大会及首届学术交流会,福建省 1990 年 3 月已发出征文通知,并已决定在 1991 年 8 月 8～10 日召开初等数学研究学术交流会. 还有不少省市准备召开这样的会议,全国许多中数杂志发表研究论文. 湖北大学《中学数学》杂志辟《初等数学专题研究》栏,陆续发表交流会征集的部分论文;河南教育出版社继出版中学数学专题丛书(50 本,已出 5 本)后,又决定出版 40 万字的《中国初等数学研究文集(1)》. 其他出版社也相继出版了一批初等数学及数学方法论专著. 会议认为召开交流会的时机已经成熟.

经筹备组成员反复协商、决定:初等数学研究学术交流会 1991 年 8 月 15～18 日在天津师范大学举行. 一切食宿和其他事宜安排就绪,即可向中选论文的作者发出邀请通知. 会议希望接到邀请通知的同志们、朋友们,努力克服困难,准时赴会.

筹备组成员还就召开交流会的具体事项,在广泛吸取各方面意见和建议的基础上进行了细致的讨论,并作了相应的部署.

会议认为,这次重要的初等数学研究学术会议应贯彻"双百"方针,充分发扬学术民主,既重视"学"(即研究成果)的交流,又重视"术"(即思想、方法、经验)的探讨,把会开得扎实、节俭,洋溢着学术气氛,生动活泼,人人心情舒畅. 满载而来,满意而归.

到目前为止筹备组已筹集到少量经费,会议对河南教育出版社、福州 24 中学、福州市马尾区科委、科协、中国优选法统筹法与经济数学研究会、《数理天地》杂志社、安徽黄山市徽州区保险公司、天津师范大学等单位表示衷心感谢. 但为了把会议开好,经费仍感不足,工作会议希望热爱初等数学研究的同志们继续为交流会筹措经费. 现在离交流会开会日期还有五个月,会议希望大家继续提出意见和建议,积极筹备和组建省市级的初等数学研究组织或学术交流会,大力开展学术研究,以更加丰富的新成果迎接交流会的召开.

筹备组将继续努力工作,把各项事宜安排好,为成功地召开会议做好充分的准备.

初等数学研究学术交流会筹备组

1991 年 2 月 27 日

振兴祖国数学的圆梦之旅
——中国初等数学研究史话

下面是杨学枝老师的信：

庞宗昱、周春荔、杨世明、张国旺四位老师：

春节之际，向诸位拜年！

由杨世明老师处得知，2 月底将召开筹备组第 3 次会议. 本人因故不能参加，现用书信提出几点意见，供您们研究时参考.

一、关于会议经费来源. 许多同仁向我们建议可用以下渠道取得：1、每人交适当的会议费 30 元 ～ 50 元；2、论文作者（指编入文集者）稿酬奉献给会议，另拟交 20 元左右（每篇）出版费；3、《文集》尽早出预订单，分发给与会者和论文作者，让他们广为宣传，同时要求他们每人要有一定定数，提前交书款；4、学会、大学支持一点，我这里可以肯定还会搞到一点，到时寄去；5、编几套高考模拟试题向同仁发出，要求订购. 这些人多数在教高三，他们会支持的，这点至少已有 10 位老师向我提过建议；6、向社会做点工作，集一点资. 以上几点，同仁们都会很愿意去做.

二、会议正式发函时，最好能以正式学会和我们筹备组名义联合发函，以便来者持有报销差旅费理由. 若会议规模为 150 人，发函应比此数多，并要求凡参加会议者在规定时间之前回函或有个回执，这样能确定开会人员，便于我们安排.

三、建议大会有纪念品，如纪念章或纪念册或证书之类（"羊毛出在羊身上"，由与会者出钱，大家十分愿意）.

四、在交流会期间我已打算成立一个高中数学教师联谊会或高考资料交流中心，主要为高考服务，活动在与会者学校中进行，这样会有一点收入，全部用于本年学术交流会. "千日养兵，用于一时""手中有钱，办事不慌"这个意见早在去年九月份，我们十来所将参加会议的高三教师在给我通信中就已提议过，他们早就要我出面组织，此事我也早同世明老师说过. 从长远出发必有益处，请诸位考虑.

五、在同仁们给我的信中，大家希望会议能开五天左右. 上午大会，下午小组活动，晚上个人交谈，留一天游览，大会发言要典型. 我这里已有一大会发言稿，即对 100 年以来匹多不等式的研究综述是安振平写的. 此事我已同世明老师说过，希望能安排安振平老师发言.

六、大会期间要安排一个重要议程，即研究讨论成立全国性初数研究机构问题. 可以不乞求官方承认，先搞民办. 另外我打算组织几个人，搞个内部发行杂志. 若您几位认为可行，就由筹备组办；若认为不可行，我们几个自己办，经费由我们自己付，我现已联系了几个热心者，大家极愿义务甚至自己出钱办此事. 我上面说过，这些都是同仁们热切希望办的事. 若交流会期间只是交流一下论文，而什么其他事都没办成，那太使这批人失望了. 您几位说对吗？我们要办让

151

他们感到高兴、感到有劲的事,切切不可伤他们心.

七、专家愿意参加并愿帮忙的话就让其参加,否则不必强求,强求的事难办.

八、凡参加会议者,应提前通知大家将论文打印若干份(参会者每人保证一份),到时带上参加会议.需要大家打印哪一篇,在通知上应予说明,太差劲的就不要打印了.

九、在向赴会者发通知时应将事情说明白,要把会议中要大家商讨的问题写上,让大家有较长时间考虑或去活动活动、到时大家一集中,意见都较成熟,以免在交流会这短暂时间里七嘴八舌、多为空话.发函时应同时向赴会者单位也发去另一种内容的函件,为给单位的函件可写明赴会同志在初数研究方面成绩卓越,写有较高水平的论文,请之赴会云云.

十、会议除个别急需请工作人员外,我们五人或再通知几个同仁一起当工作人员.我们几人应提前几天到,也可多通知几个人提前到共同研究确定大会相关事宜.

十一、上海教育出版社有人告诉我,要求赴会.我们应发邀请函,还有几个杂志编辑也给我来过信,要求参加会或要论文.如何处理,您几位研究.

十二、这次会后出第 2 期简报,请您几位将内容事先编好到时寄来,会议情况请能来信说明之.

杨学枝

1991 年 2 月 10 日

说明 这是一篇重要的历史文献,它提前寄到,使得会议得以充分地考虑这些意见,且大多被采纳,特别第四点,"建立资料交流中心"的设想可取,但同高考挂钩的想法需慎重,因为谈论了十多年的"初等数学研究学术交流会",如与教学、高考挂钩,则将失去它的本性.因为数学教学、高考复习的"论文"会铺天盖地,把真正的初等数学研究的成果给"埋掉""吃掉",所以这条意见有待商量.关于初等数学研究资料交流的设想,则予以支持,且在"情况简报"中发了"信息":

关于初等数学研究资料交流的设想

我国初等数学研究至今未见有一专门性杂志,但要办成这样一份杂志又谈何容易(为此事,筹备组同志曾做过很大努力,未成).在这种情况下,为使广大初数研究工作者,在今后研究工作中能互通学术信息,及时了解研究动态、交流研究成果.本人设想,利用这次天津会议的极好机会商讨成立自发的、民间性质的"全国初等数学研究资料交流中心".

1.成立自发的民间性质的"全国初等数学研究资料交流中心"组织机构,负责收集、编辑、印发、推荐我国或外国初等数学研究成果;每个省、市设联络小

152

组或联络员,协同做好资料的收集、发行及有关信息的沟通工作.

2. 凡在全国省级以上数学杂志或大学学报上,正式刊发的初等数学研究内容的论文的作者,均可将刊出的论文影印交寄"交流中心",以便编印成资料互相交流;对作者认为有价值,但又未能刊出的同类论文也可交寄"交流中心",我们将交有关专家审定.对认为确是好的论文也将编入资料,予以交流或进一步向有关数学杂志推荐.

3. 交流资料暂为不定期发行,凡要求索取资料者,应事先联系.我们在本着义务的原则下,收取适当的资料费.

4. 以上粗略设想仅作引子提出,希望广大初数研究爱好者能共同关心此事、集思广益、群策群力,提出这方面的有关意见和建议,将意见或建议尽早寄给本人.我将汇总大家的意见.然后在 8 月份天津市会议上再向大家做出汇报,以做定策.

(通讯地址:杨学枝,福建省福州市第二十四中学. 邮政编码:350015)

杨学枝

1991 年 4 月 21 日

1.5　各地来信

另外在交流会筹备期间同仁们通过书信"参与"筹备工作,现从大量书信中,摘出若干封以示一斑:

筹备组按:自从 1989 年 10 月我们向全国发出"征文提纲"至今,筹备组五个成员先后共收到全国 27 个省、市,自治区同仁们的七百余封热情洋溢的信件,他们热切关注和真诚支持我国首届初等数学研究学术交流会的筹备工作.在会议的有关问题上共同出主意、想办法、提建议,为开好交流会共做努力,现摘抄部分同志的来信如下,以见一斑.

初等数学的研究是广大中学教师关心的问题,能召开这方面的学术交流会很好.祝会议早日召开,并圆满成功.

—— 路见可(武汉大学 1990 年 1 月 4 日信)

经费一事可让与会者分担一些,具体做法:在会议通知书中写明会务费若干元、资料费若干元,住宿费、会议伙食补贴、差旅费等回本单位报销等.

—— 黄拨萃(福建三明钢铁厂一中,1990 年 12 月 29 日信)

我建议,凡被邀请参加会议的人员一切费用自理.另可收取一定的会务费(五十元左右),一般这些费用,还是可以报销的.

—— 刘隄仿(湖北十堰市)

会议应尽量简朴,住宿、伙食尽可能简朴些,与会者有志于数学研究,对生活要求不会太高,更不会要求像其他会议那样高的标准,这一点请筹备组同志

153

们放心.

—— 潘正矩(江苏高淳县永丰中学)

决心开一个节约、朴实的会是很好的,我极赞成.

—— 陈计(宁波大学数学系)

我认为可通过这样几个渠道来筹措经费:(1)向一些经济效益较好的中数杂志社申请赞助;(2)通过一些热心于初数研究的人员所在的学校、教科所、教研室、出版社等单位申请赞助;(3)希望一些支持初数研究事业的高校中有带研究生任务的教授、副教授能从他们的研究生培养费中挪出一部分经费予以实际支持;(4)与中国数学会联系,由中国数学会出面解决一定的经费;(5)发动个人捐款. 因为真正忠诚于事业的人除了果腹御寒外,对物质生活不会有太高追求,也不会吝啬那几个"孔方兄".(此点筹备组认为广大教师个人生活并不富裕,因此这个方法不妥,但同志们的精神可嘉);(6)交流会届时收取适当的会务费.

—— 肖振纲(湖南岳阳市师范高等专科学校、1990 年 11 月 19 日信)

建议建立全国性初数研究网络或成立全国初数研究机构(即使民间也好),出版刊物,利用这些机构和学术交流会,还可以交流数学教学方面(含高考)信息和经验.

—— 李世杰(浙江常山第一中学 1990 年 1 月 31 日信)

若政策许可,做个"初等数学研究"内参刊物,非常需要. 我愿在陕西做宣传,联系一些读者,做些应尽义务.

在全国学术交流会上能否商讨成立一个"初等数学研究"资料、信息网络或做一个"初数研究文摘(内刊)".

—— 安振平(陕西永寿县常宁中学,1991 年 3 月 6 日信)

8 月份全国初数学术会召开,只要我受邀请,我自费也要参加.

—— 黄汉生(湖南绥宁县第一中学,1991 年 1 月 6 日信)

我们多么希望全国能有一个《初等数学研究杂志》沟通信息、交流学术、探讨有关问题.

—— 方亚斌(湖北黄梅杉木中学 1990 年 12 月 10 日信)

万事俱备,只欠东风,为了给参会者充分的准备时间,筹备组提前 4 个多月,发出邀请函.

初等数学研究学术交流会邀请信

_____同志:

您好!

您的论文_____,经审查,认为符合交流会的宗旨. 我们荣幸地邀请您出席大会.

154

有关事宜通知如下:

1. 会议定于 1991 年 8 月 15～18 日在天津师范大学(南院)举行. 8 月 14 日在天津师范大学招待所凭此信和个人证件(工作证或身份证)报到.

来天津师范大学路线:如在东站(即天津站)下车,乘 8 路车到终点站即到;如从西站下车,可乘地铁至鞍山道站转乘 8 路.

2. 凡决定出席交流会的同志,请于 5 月 20 日前将所附"报名表"填好,连同房间预订费 40 元、资料费 20 元以及返程路费一并寄天津师范大学《中等数学》编辑部庞宗昱同志收(300074),以便提前为您做好安排. 以邮戳为准,过时不再办理. 报名后,如不能赴会,房间费及资料费不再退还,但寄资料一套,返程路费扣除手续费后退还.

3. 由于此次会议无专项经费. 因此个人食宿费用自理(住宿费、会务费和资料费有正式报销凭证). 大会将本着精俭节约的原则安排好食宿和各项活动.

4. 请将您的论文打印 240 份. 于 1991 年 6 月 20 日以前寄天津师范大学《中等数学》编辑部李炘同志,并做好发言的准备.

由于与会人数较多会议时间短,所以论文要在分组会上进行交流,每人发言限时 15 分钟～20 分钟.

5. 报到时需交纳会务费 60 元. 住宿标准(每日)分四种:9 元,12 元,15 元,18 元,需住哪种标准请在报名表上划"√". 因每种标准床位为定数,如发生某一标准填报人数超员时,大会有权予以调整,请您协助和谅解.

六月、八月份正值旅游旺季,返程车票只能保证 8 月 18 日～20 日三天天津市始发车次,请原谅.

此致

敬礼!

初等数学研究学术交流会筹备组

1991 年 4 月 5 日

§2　全国首届初等数学研究学术交流会召开

2.1　大会前夕

1991 年 8 月 14 日各地代表陆续报到,为了使整个开会过程保持透明,交流会领导小组决定编印一个"简报",其 1 号简报是:

△ 各位代表,辛苦了! 大会秘书处向同志们问好!

截止到发稿为止已有 140 余人办理了报到手续. 大家对会议的接待工作还

155

比较满意.同志们有什么困难请提出来,我们将尽力去办,实在办不到的,还请各位谅解.

　　△ 筹备组同志提前一天报到.杨学枝兴奋地介绍福建省初等数学学术交流会的情况,谈到有的教师为了参加大会,但学校经费紧张只得自费,交了会务费.为了省钱就睡在大厅中,后来被发现,会议为该同志免费安排了住宿,事迹确实感人.

　　△ 杨学枝同志见到杨世明、周春荔两位同志,问福建省的会怎么没有去?大家不由得都看看庞宗昱,为了开好首届全国初等数学学术交流会,今年全国13个省区闹水灾,筹备组的同志要截在外面赶不回来怎么办? 所以今年暑假谁也没有外出,一定留下给"庞司令""保驾护航".

　　△"上帝"被感动了.

　　8月中旬开"交流会",可是今年气候反常,南方大雨、北方燥热,我们真担心会被"老天"搅黄! 然而担心是多余的:我们搞初等数学研究的决心不仅感动了许多高校、教育局甚至是县市领导,而且感动了"上帝":8月10号左右,不仅大雨大水比开始缓和,气温也逐渐回降.于是我们的会"万事俱备",连"东风"也不欠了!

　　△ 相见恨晚.

　　看了大会与会人员名字总有似曾相识之感,为什么? 噢,可能原因很多:有的在杂志上"见过",有的多次通信"交谈"无由得见 …… 这次抱着同一个目标走到一起来了.俗话说:相交贵相知,相知不相识.现在见面了总有说不完的话,讨论不完的问题,相见恨晚.

　　我们从四面八方走来,我们每个人都描出一条长长的轨迹,都创造了一则曲折的故事;我们用各自的乡音交谈,对方听了像外语,但不用翻译都能懂,心是相通的.

　　△ 福建省代表早到会

　　福建省代表一行十余人,他们于8月10日在刚结束省初数研究学术交流会之后即刻启程,千里迢迢赶来参加全国初等数学研究学术交流会.他们一致表示,在会议期间虚心向各省市代表求教,把大家研究的成果和经验带回福建,促进福建省初等数学研究工作的开展.

　　△ 会议"交流中心".

　　筹备组同志就成立"初等数学研究资料交流中心"一事,在《情况简报(2)》刊出消息后,我们共收到了来自全国十余个省市自治区近70位同仁的来信.大家纷纷就成立"交流中心",提出许多宝贵建议和意见.

　　△ 江西省熊曾润、徐建国;湖北省黄汉生;四川省杨正义;浙江省李世杰、俞和平;江苏省缪继高、张允寿;安徽省杨世国、胡安礼;湖南省张运筹、匡继昌、

肖振纲、申建春等同志在来信中,一致赞同成立"交流中心",并对组织形式、经费来源、交流途径等方面都提出了很好的、具体的建议.根据大家所提出的意见和建议,筹备组同志正进行认真研究,到时将向大会汇报.

2.2 大会正式开幕

"全国首届初等数学研究学术交流会"于1991年8月15日在天津师范大学礼堂隆重开幕,如下"简报"2号报道了开幕式盛况.

全国初等数学研究学术交流会隆重开幕

经过两年紧张而又细致的筹备,全国初等数学研究学术交流会,于今天(15日)上午9:10在天津师范大学隆重举行.

老一辈数学家,年逾八十的原天津市科协主席,天津大学、南开大学副校长吴大任教授;中国民进中央副主席梅向明教授;天津师范大学副校长侯国荣教授、沈德立教授;中国优选法、统筹法与经济数学研究会教育委员会主任周国镇老师;天津市教育教学研究室数学研究室主任闫学敏老师;原《中等数学》杂志主编李其汾教授;天津师范大学数学系主任陈俊雅副教授出席了今天的开幕式.

吴大任先生、梅向明先生先后在大会上讲了话.他们在讲话中充分肯定了我国近十年来初等数学研究所取得的成绩,对我国今后初等数学研究工作提出了精辟的见解,给与会代表以很大教育和启发.筹备组成员、大会领导小组成员、大会秘书长庞宗昱副教授代表筹备组做了筹备工作报告.

大会收到了湖南省数学会初等数学研究会、福建省数学会初等数学研究会筹备组以及各方人士发来的贺信、贺电共20份.中国数学会理事长王元教授、秘书长任南衡副教授寄来了信件,表示因外事活动不能参加会议.今天参加开幕式的有来自全国二十多个省、市自治区初等数学研究工作者、爱好者共130余人.《中等数学》杂志社、《数理天地》杂志社、天津科技出版社、《中学数学杂志》(山东)、《数学教师》杂志社(河南)、《中学数学教学参考》杂志社(陕西)、《中学教研(数学)》杂志社(浙江)、《教学月刊》杂志社、河南教育出版社等杂志社及出版单位也派出了有关人员列席了会议.

天津电视台对开幕式进行了采访和录像,不久将在天津电视台播出全国初等数学研究学术交流会盛况.

中午东道主天津师范大学盛情宴请了全体与会代表.

来宾与全体与会代表在会前合影留念.

初等数学研究学术交流会成立了领导小组,梅向明先生为顾问,其成员有:陈俊雅、周国镇、杨世明、周春荔、庞宗昱、杨学枝、肖振纲.

大会主办单位有:中国优选法、统筹法与经济数学研究会、北京师范学院数学研究所、天津师范大学数学系、《数理天地》杂志社、《中等数学》杂志社等五个单位.

全国初等数学研究学术交流会筹备组及与会全体代表,向以下各赞助单位表示衷心感谢.这些单位是:中国优选法、统筹法与经济数学研究会、北京师范学院、天津师范大学、福建马尾区科委科协、福州市第二十四中学、安徽黄山市徽州区保险公司、《数理天地》杂志社、《中等数学》杂志社.

初等数学研究学术交流会筹备过程及对会议开法的建议

庞宗昱

一

1985 年《中等数学》第一期,刊出杨之、劳格两位同志的文章《初等数学研究问题刍议》,阐述了初等数学的含义、特点、应用,批判了传统的"初等数学的完美论、枯竭论、无用论",概括了 20 世纪 80 年代前五年我国初等数学发展的大好形势,指出初等数学还要大发展,主张尽快出版初等数学研究杂志,筹备召开初等数学研究学术会议,文章引起热烈反响.

1988 年《中等数学》第一期又刊出杨之、劳格的文章《初等数学研究问题再议》,除概括了《刍议》发表以后各方面的反应和三年中初等数学研究的进展以外,提出了初等数学研究的"三支力量".该文的发表把初等数学研究的许多建议,逐渐变为行动.

这一时期,大量通信呼吁应尽快办刊开会.杨学枝老师在通信中提出了大量可行的建议.张国旺同志专程由河南赶赴天津、北京同杨世明、庞宗昱和周春荔协商创办初等数学研究杂志的问题.

1989 年 5 月在北京市召开的"波利亚数学教育思想研讨会"期间,杨世明、周春荔两位同志向与会代表说明了关于初等数学研究问题的意见.在会议代表的支持和建议下于 5 月 24 日建立了由周春荔、杨学枝、张国旺、庞宗昱和杨世明组成的初等数学研究学术交流会五人筹备小组.

二

1989 年 10 月 16～17 日筹备组在天津师范大学召开了第一次工作会议,确定了会名为:初等数学研究学术交流会,会期为 1991～1992 年.为了做好充分准备,拟定了《初等数学研究学术交流会征集论文提纲》,铅印发向全国,并在几本杂志上刊登.

1990 年 7 月 26～7 月 27 日在北京师范学院,召开筹备组第二次工作会议.

158

周春荔、杨世明、杨学枝、庞宗昱出席了会议,张国旺寄来了书面意见.这次会议,回顾了筹备工作进展情况,商定交流会于1991年8月15～8月25日之间召开,并商定了评审论文、出版文集、筹集经费事宜.

1991年2月25～2月26日在天津市宝坻县举行筹备组第三次工作会议.张国旺、周春荔、庞宗昱和杨世明出席了会议,杨学枝同志寄来了书面发言.这次筹备会议认为,征集和审查论文的工作已基本完成,共收到271人寄来的论文436篇,并具体确定了交流会的日期为8月15～18日,地点是天津师范大学,并对最后五个月的工作进行了部署.

对于会议筹备情况,先后于1990年10月和1991年4月印发了两期"情况简报",发给论文作者.

1991年4月5日筹备组向中选论文的作者发出邀请信.

三

在会议的动议和筹备期间得到我国著名数学家的大力支持,如徐利治教授、常庚哲教授、梅向明教授和中国数学会副理事长严士健教授等,都非常支持和关心大会的召开.

河南教育出版社,福州市第二十四中学,福州市马尾区科委、科协,中国优选法、统筹法与经济数学研究会,《数理天地》杂志社,安徽黄山市徽州区保险公司,天津师范大学,北京师范学院慷慨解囊相助,为大会的顺利召开创造了必要的条件.这里附带指出在两年多的筹备工作中,花费的差旅费、住宿费,多次发函的打印费、邮寄费,简报的印刷、邮寄费等都是筹备组成员个人开支的,并未动用赞助费的一分钱.

四

本次会议的主导思想是坚持四项基本原则,坚持双百方针,与会人员在学术上一律平等.我们召开的是一个初等数学研究的学术会议,同志们自然应当紧扣主题、各抒己见.

在会议筹备的过程中有许多热心的同志向我们建议,把会议的主题的面扩大一点;有的建议把数学教学、数学思维、数学史、高考等也列入会议讨论、交流的范围.我们考虑再三,认为三天的会议,主题不能太分散;再说,数学教学、思维、数学史、高考等都多次召开过专门的学术会议,我们争取和筹备这样一个初等数学研究的专题会议是不容易的,这方面成果很多,需要交流的内容非常丰富,因此还是坚持了原来的方针,我想大家是能够理解的.

在天津师范大学副校长候国荣教授致开幕辞之后,我国知名的老一辈数学家吴大任教授做了热情洋溢的讲话:

在初等数学研究学术交流会开幕式上的讲话

吴大任

今天的会是一个独特的、有深刻意义和开创意义的会. 近年来学术界的动态引起人们注意的比较多一点了,如七五数学重大项目、八五数学重大项目、数学天元基金、数学竞赛等. 对于基础性的数学工作,人们注意得较少,如数学教育、数学教师的培养与提高都属于基础性工作,是涉及较多人的工作. 基础性工作做好了,我们的事业才能立于不败之地. 今天的会意义之所以重大,就因为它涉及数学教育,又涉及教师的提高.

我们都知道高等数学教育十年来出现一个危机,那就是数学才能好的学生志愿学数学的太少,致使数学系学生质量下降. 这样下去,不但数学队伍将有后继无人的危险,整个科学人才的培养,从更长远看也受到威胁. 中小学数学教育关系到人民的科学素质,也关系到高级人才的质量是更基础的工作. 可惜这个问题 —— 数学教育问题还没有引起足够的重视.

要提高数学教学质量关键是提高数学教师的水平. 教育质量提高无止境,教师水平提高无止境,要随着我国社会主义事业的发展而提高. 提高的途径我认为,一是学习,二是创新. 学习内容包括数学内部各个不同分支(如教几何的学代数、学分折)也包括其他自然科学和社会科学,还可以向社会学习. 当然不可能样样学,更不能都学好. 要根据个人条件,首先结合本身工作的需要学习. 今天这个会主要是大家做数学研究创新成果的一个检阅.

我不是做初等数学的,可看到那么一大摞论文由衷感到高兴. 我没有条件学习这些论文,也不大懂,但看到内容广泛,有的还有一定深度,有的是对前人成果的综合和发展,真是琳琅满目. 这些论文,无论是数学内容的提高,还是经典问题的发展,都表明了作者的创新精神. 做出的新成果,虽然大半不能教给学生,但对于教师驾驭和表述教学内容能力的提高,无疑将发挥重大作用. 通过交流,把个人收获化为集体财富,将来文集出版,对于提高我国数学教育的质量必将起重大作用.

这次是初等数学研究第一次学术交流会,能有这样的成绩是良好的开端. 毫无疑问,这次会议将大大推动对初等数学的研究工作. 请允许我提出两点对远景的希望:第一、进一步加强学习,以提高研究的宽度和深度,更多地和高等数学与现代数学联系起来. 第二、逐步较多地结合我们的社会主义建设实践,我认为这样做会使我们的数学教育呈现新的面貌,达到新的水平.

我们的数学工作者,应当对我国的社会主义物质文明建设和精神文明建设,作出自己独特的贡献.

祝大会成功.

8月15日下午会议简况

△8月15日下午小组交流会上,共有62名论文作者在小组会上交流了学术论文.

△ 第一组李忠旺(湖南)老师在论文发言中还挂出了他精心设计的图表,加上他动情的表述,使与会者一目了然.

△ 第二组学术报告,在每个人做完学术报告后还留出了 2 ~ 3 分钟的时间,让代表们发表议论,交流看法,切磋学术思想.

△ 第四组陈汉冶老师代表无锡市"MM"课题组,从数学方法论的观点来研究非线性递归数列的问题,报告很精彩.

△ 第三组、第五组同志会议开得十分热烈,内容题材丰富,有方幂和问题、函数极值问题、不等式问题、数列问题、数论问题、组合几何问题等.

8月16日　会议简况

交流会8月16日上午举行全体会议,会议由杨学枝老师主持.首先由周春荔副教授做专题报告,题目是"试论初等数学研究的宏观方法",周老师在报告中阐述了初等数学问题对初等数学研究的重要意义,初等数学问题的来源、提出以及研究中所采用的一般方法,大家很受启发.第二个由安振平老师做"匹多不等式研究综述"的报告.最后由杨世明老师做"初等数学问题"的专题报告,他在前言中阐述了初等数学研究的有关问题之后,提出了 24 个具有研究价值的初等数学问题及相应的背景材料.

对于他们的报告大家表示热烈欢迎,一致认为.对我们今后的初等数学研究工作有重要参考价值.

8月17日会议简报

△8月17日上午各组论文交流继续进行.在各组论文交流结束后,根据大会领导小组意见,各组分别就建立全国性协调机构,资料或信息交流,第二届学术会议的时间、地点、主办单位等问题展开了热烈的讨论.湖南省数学会初等数学研究会表示愿意承办第二届学术交流会,会后即将投入第二届学术交流会的筹备工作.

△8月17日上午大会领导小组召集部分同志进行座谈,大家对"今后怎么办"发表了许多很好的意见和建议.这些意见和建议归纳起来有以下几点:

1.建议成立"全国初等数学研究工作协调组",其成员由原筹备组五人组成(杨世明、周春荔、庞宗昱、张国旺、杨学枝),负责全国初数研究工作及学术会议有关方面的协调工作.

2.建议今后的学术会议在论文审理方面要尽早着手进行,并将其中优秀论文编印成《中国初等数学研究论文集(II)》,有的同志提出要对论文进行评选.

3.希望能成立"初数研究信息交流中心",这个中心应包括初、高中总复习考试信息、资料交流.

4. 还有的同志提出, 凡参加会议代表以及其他来参加会议的初数研究工作者、爱好者, 个人捐款, 筹集资金供"协调组"及"信息中心"开展办公、业务活动.

座谈会上湖南省和福建省同志, 还分别介绍了他们开展初数研究活动, 建立组织以及举办学术交流会的一些做法和经验. 领导小组的同志希望各省都能尽快组织起来开展学术交流活动.

△8 月 17 日下午,《中学数学杂志》编辑部(山东)、《中学教研(数学)》编辑部(浙江)、《教学月刊》编辑部(浙江)、《数学教师》编辑部(河南)、《中学数学教学参考》编辑部(陕西)、《湖南数学通讯》编辑部、《中等数学》编辑部(天津)、湖南教育出版社等单位联合举行联谊会, 会场气氛热烈.

△8 月 16 日晚 7:00, 北京《数理天地》杂志社举办了招待会, 到会人数达一百余人, 会议开得很成功.

△8 月 17 日《天津日报》报道了这次全国初等数学研究学术交流会, 全文如下:

初等数学研究学术交流会 8 月 15 日在天津师范大学隆重开幕, 这是初等数学界的首次盛会. 来自 28 个省市自治区的近 200 位初等数学研究工作者出席了大会, 吴大任教授、梅向明教授等知名数学家到会(图 3).

图 3 大会筹备组与天津师大领导合影

国外近二三十年来, 国内近十年来, 初等数学研究兴起活跃并取得了一系列新的成果.

这次会议将通过交流成果、交流经验, 从理论上和实践上对初等数学研究的方向和价值做出进一步的探讨.

△ 中国数学会主办的《中国数学会通讯》以及陕西《中学数学教学参考》湖

162

北《中学数学》、河南《数学教师》《湖南数学通讯》、天津《中等数学》等刊物也将发布交流会消息.

2.3　大会闭幕

大会闭幕的这一天

△8月18日上午的大会分两部分进行.前半部分由各小组代表发言,分别将各组论文交流情况以及对这次交流会的看法、收获、体会,对有关事宜的意见、建议,对初数研究工作今后如何开展等问题向大会做了汇报.后半部分,举行闭幕式.

闭幕式由大会领导小组成员肖振纲同志主持,周春荔同志致闭幕词,杨学枝同志就有关事项在大会上做了说明,杨世明同志宣读了会议纪要.

大会通过举手表决的方式,一致通过了成立"全国初等数学研究工作协调组",协调组由杨世明、周春荔、庞宗昱、张国旺、杨学枝五位同志组成.

与会代表一致赞同由湖南省数学学会初等数学研究会筹办第二届全国初等数学研究学术交流会,并希望福建省数学学会初等数学研究会能负责承办第三届全国初等数学研究学术交流会.

全体到会同志以热烈掌声通过了"初等数学研究学术交流会纪要".

交流会圆满地完成了各项议程,在团结向上的气氛中胜利闭幕!

简讯

△8月17日晚上,天津市教研室在秘书处召开了与会各省市自治区代表座谈会.

△全国初等数学研究学术交流会全体与会同志感谢天津师范大学领导以及天津师范大学数学系领导、老师、《中等数学》杂志的同志们的盛情款待,并对他们致以崇高的敬意!

△与会代表相互交往,广交朋友.大家依依不舍,高兴而来,满载而归.

代表们的建议

8月17日上午,各组在宣读完论文之后,就大家共同关心的问题,进行了热烈的讨论,并提出许多建议:

1.我们的初等数学研究事业,应当延续下去.具体地说,就是我们的交流会,应当每隔二或三年召开一次,不能断线.现在全国民间学术会议,有好几种模式.我们可以采取"在这次会上,确定下次会主办单位,并建立相应的筹备组"的办法.为了保证事业的延续和协调有关事宜,应保留原来的五人筹备组,名称可改为"初等数学研究工作协调组".

2.代表们希望下次交流会在湖南长沙举行,湖南省初等数学研究会的代表表示愿意考虑大家的建议.有的代表建议下次会议名称叫作"全国第二届初等数学研究学术交流会",以区别于各省的交流会.

3. 许多代表提出交流会的论文应进行评奖. 但有许多具体问题有待解决,且做起来难度很大.

4. 代表们认为,为了使全国初等数学研究工作有扎实的基础,各省市自治区的同志们,应当像湖南省和福建省那样,积极筹备和建立本地区的初等数学研究的学术组织,争取本省市自治区数学会的支持和领导,并尽快召开各自的初等数学研究学术交流会,福建省和湖南省的经验对大家很有启发性.

全国首届初等数学研究学术交流会
闭幕词

周春荔

各位代表、同志们、朋友们:

公元 1991 年 8 月 15 日 ～ 18 日,在中华大地的沃土上一株幼苗破土而出,挺拔成长. 全国首届初等数学研究学术交流会,经过与会代表三天团结协作共同努力,各项议程均已顺利完成,它将以"一个独特的、有深远意义和开创意义的大会"载入我国的数坛史册.

三天来,大会听取了三个专题学术报告,每位代表都宣读了论文、切磋了学术、结识了朋友、找到了知音,并且热烈坦诚地共商今后发展、我国初等数学学术研究的方针大计. 我们的大会开得团结、民主、扎实、俭朴,超过了我们预期的设想,取得了圆满的成功!

众所周知,世界著名数学家陈省身教授曾经预言:21 世纪中国将成为世界数学大国. 我们认为,一个世界数学大国除了各主要数学分支,应该具有世界领先水平,具有一批世界第一流的数学家之外,还要有强大的初等数学研究队伍. 在初等数学的研究上,也应具有世界先进水平. 要把"陈氏预言"在 21 世纪变为现实,需要一大批有识之士的中华儿女,为之执着追求与努力奋斗. 我相信,我们每一位同志对此都会感到有一种使命感、责任感和紧迫感! 这次大会标志着对我们过去近十年工作的总结和肯定,而会后我们面临的任务将更加艰巨,时间将更加紧迫. 怎样才能使初数研究这株幼苗不致"昙花一现",而独树一帜地开出绚丽的花朵,结出丰硕的果实呢? 也就是在这次大会以后,如何继续振兴发展我国的初数研究呢? 我们筹备组的同志们一致认为,应该继续发扬开好我们这次大会的"三点精神".

第一,树立事业观念,发扬奉献精神.

初等数学研究是一项事业,绝不是写一两篇文章、开一两次会议就可以完成的,要靠几代人的努力,才能达到世界先进水平. 只有把初数研究作为一项事业,树立事业观念才会有历史的责任感、时代的使命感,才会以奉献的精神对待这一事业. 两年来,许多同志为筹备这次大会,多方奔走,无私地完成了 400 多篇近 100 万字论文的审阅工作,他们为扶持青年人的成长可以说是呕心沥血. 正是这种为初等数学研究事业奉献的精神感动了"上帝",筹备组以他们扎实的工作产生了号召力与凝聚力.有的代表克服了许多困难,甚至自费前来参加这次学术盛会.大家为了振兴我国的初等数学研究事业这一宏伟目标,从五湖四海云集到一起.如果说今天我们开好这次会靠的是事业心和奉献精神,那么为了振兴我国初等数学研究事业,在 21 世纪达到世界先进水平,就更需要执着的事业心和无私的奉献精神.本次会议上有些事情没能满足少数代表的要求,尚有不尽如人意之处.但是我们要向远处看,到 2000 年全国第四届初等数学研究学术交流会在北京召开时,你再拿出本届会议的通讯录和合影照片,各位同志,你将会是什么心情呢? 我相信,你将为自己是首届学术交流会的参加者而自豪,为自己没有辜负历史的责任而骄傲! 今天的小小不满足和不愉快都会烟消云散! 这就叫作忆往昔,峥嵘岁月稠! 总而言之,初等数学研究是一项光荣而艰巨的事业,要完成它必须树立事业观念、发扬奉献精神.

第二,树立群体意识,发扬团队精神.

振兴与发展我国的初等数学研究是一项光荣而艰巨的事业,光靠一、两个人的个人奋斗是难以完成的,需要广大的有志之士与初等数学研究的同志通力协作,除了每个成员个人努力之外,更需要靠群体的意识、群体的力量,其中包括组织上的联络、项目上的分工配合、信息上的及时交流.我们提倡学派,但坚决反对门派.只有淡泊名利,才能加强团结.团结就是力量,团结是民间倡导发起的,是全国初等数学研究学术交流会赖以生存发展的前提.在困难时期,同舟共济,容易注意团结;在顺利时期,为了胜利前进,更应该提倡团结.这次会议之后,全国初数研究将可能出现一种顺利发展的局面,在这种形势下更要头脑冷静,坚持和发扬团结的精神.俗语说:"一个篱笆三个桩,一个好汉三个帮".发展我国初数研究事业要有一支业务能力强、对公共事业尽心尽力,又能团结群众、化解矛盾、有工作魄力的老中青相结合的,学科带头人的队伍和勤务员的队伍.赶超世界初数研究水平靠的是群众力量.壮大我国初数队伍要靠团结的精神.这是我们提倡的第二句话.

第三,树立艰苦扎实的工作作风,发扬奋斗拼搏的精神.

本届筹备组的五位同志和诸位代表一样都是小人物,这次又是民间筹办发起的会议,为什么能有这么多的代表响应呢? 我觉得除了天时、地利、人和的条件之外,这些同志以他们扎实的业务实践,在全国初等数学杂志上已经和广大同志成了未曾见面却心心相印的朋友.今后我们的工作要继续前进,为社会所承认,靠的仍然是扎扎实实的业务实力,也就是论文的质量.我们有这样一个意向,第二届会议的规模以 120 人左右为宜,第三届会议的规模以 100 人左右为宜.要认真把好论文的质量关,使我们大会交流的论文能充分引起国内外的重视,提高我们会议的知名度、可信度,让社会承认"初等数学研究学术交流会"是个质量信得过的学术会议,逐步达到只要是这个会议交流的论文,在评职和评奖时都会得到社会的承认.因此,论文质量上一定要严格把关,宁缺毋滥,逐步提高.只有保证了论文的质量,才能保证初等数学学术研究的信誉,才能使初等数学研究在我国数坛有立足之地,才能逐渐改变各界朋友对初数研究的某些传统偏见.严格把好质量关,有时也会得罪一些朋友.希望我们的同志一旦遇到自己的论文在竞争中失利时,一定要自觉维护初数研究这个大局.我们认为,自觉地维护初等数学学术研究的质量和信誉,这本身就是对我国初等数学研究事业的支持和贡献.搞好初数研究,正如吴大任先生所指出的,一要学习,二要创新.这就要有一种拼搏奋斗的精神.振兴初数研究事业要靠拼搏奋斗,赶超世界初数研究先进水平更要靠拼搏奋斗.我们殷切希望与会代表通过自己的努力,在自己周围逐步形成一个群体,拼搏奋斗、扎扎实实地苦干十年,在下个世纪初的第一个年头,在北京市开会时汇报我们的成绩.各位同志担起历史赋予我们的责任,张开我们的双手,迎接这一天的到来吧!

我们这次会议能够圆满完成,是与天津师范大学校系两级领导的关怀指导、天津师范大学数学系和《中等数学》杂志社的同志们的辛勤努力分不开的.让我们向天津师范大学参与会议组织服务工作的全体同志表示衷心的感谢!

会议之后,与会的各杂志社、出版社的同志将为我们这次大会发消息、出报道,为大会造舆论,擂鼓助威.对此我代表大会对各出版社、杂志社的同志们的关怀帮助表示感谢!

从现在起,全国首届初等数学研究学术交流会筹备组的使命宣告结束.受大家的委托,全国初等数学研究工作协调组即将开始启动,行使大家委托的职责.会后大家将离开津门,返回故里,在依依惜别之际,预祝大家一路平安!两年之后,希望我们重聚于湘江之滨,在岳麓山下握手,橘子洲头饮酒,看世界初等数坛园地,到底谁主沉浮!

现在我宣布全国首届初等数学研究学术交流会胜利闭幕!

全国首届初等数学研究学术交流会
纪要

全国首届初等数学研究学术交流会,于1991年8月15～18日在天津师范大学举行.

出席会议的有来自28个省市自治区的代表、列席代表和特邀代表共180余人.

吴大任教授、梅向明教授、侯国荣教授等出席了开幕式并讲了话.

会议本着"坚持四项基本原则,坚持双百方针,坚持在学术上一律平等,认真交流初等数学研究的成果与经验,促进数学教育教学改革"的指导思想开得团结、民主、扎实、俭朴并取得了圆满成功.

在全体会议上,周春荔副教授做了题为"试论初等数学研究的宏观方法"的学术报告,杨世明特级教师做了"初等数学问题"的专题报告.大家一致认为,这两个报告对推进初等数学研究工作有重要的参考价值.

会议收到初等数学专题研究论文 449 篇,其中的 168 篇在分组会议上进行了交流.这次会议收到的论文,涉及面广、内容丰富,取得了一批新的成果.这不仅从一个方面反映了我国初等数学研究的状况,同时也预示了今后进一步发展的广阔前景.代表们还在会外进行了广泛的交流.

会议认为,自 20 世纪 80 年代以来,我国初等数学研究逐步活跃起来,并出现一个初步繁荣兴旺的局面是有其深刻的社会历史原因的.事实证明,初等数学还在发展,"到顶论""枯竭论"是没有根据的,它至今仍然是一块出课题、出思想、出方法的"沃土".

会议认为,我国初等数学研究的基础雄厚,人员众多,目前大多还处于单兵作战状态,用于交流成果和经验的阵地也比较狭小,因此,在适当时机建立相应的学术团体、创办专门化的杂志是必要的.为了便于开展工作,目前建立"全国初等数学研究工作协调组"作为协调联络机构是适宜的,也是必要的.经与会代表协商,协调组由首届交流会筹备组成员周春荔、杨世明、庞宗昱、张国旺和杨学枝五位同志组成.

为了逐步改变我国初等数学研究"单兵作战"状态、扩大研究队伍、提高研究人员素质,必须创造更多的学习交流机会.会议建议各省市自治区像湖南省和福建省那样积极创造条件,尽快建立初等数学研究组织,召开本地区的初等数学研究学术交流会、出版文集和开展各种研究活动.大家坚信通过我们的艰苦努力、勤奋细致的工作,我国初等数学研究走在世界前列是大有希望的.

代表们赞同,今后每二至三年举行一次这样的学术会议.与会代表建议,全国第二届初等数学研究学术交流会于 1993 年 8 月在湖南省长沙市举行,湖南省数学会初等数学研究会负责筹备工作.我们的交流会是高水平的学术会议,希望这个传统能一直保持下去,并希望与会代表用普通话进行交流.

会议感谢中国优选法、统筹法与经济数学研究会、天津师范大学、北京师范学院、河南教育出版社、福州市马尾区科委科协、福州市二十四中、安徽黄山市徽州区保险公司、《数理天地》杂志社、《中等数学》杂志社给予的珍贵支持.会议衷心感谢筹备组的同志们和天津师范大学数学系及《中等数学》杂志社的同志们,他们卓有成效的筹备工作和服务工作,保证了会议的胜利召开和圆满成功.

全国首届初等数学研究学术交流会
1991 年 8 月 18 日于天津

§3 会议的巨大收获

3.1 两个重要文献

为了便于大家具体地研究全国首届初等数学研究学术交流会的状况,我们把两个大会的报告稿收录于此.

(1) 论初等数学研究的宏观方法.

论初等数学研究的宏观方法

—— 在"初等数学研究学术交流会"上的报告(1991 年 8 月 16 日)

周春荔

初等数学是一个模糊概念.我们说的初等数学一般是指数学中初等的、基础的部分.现代中学数学的大部分及其延伸均属于初等数学.但仅仅是初等数学的极小部分.初等数学研究主要涉及专题发现与探讨、数学方法论及有关数学问题的研究等.

(一)

科学研究的实质就是科学家发现问题和从事解决问题的活动.科学研究的起点应当是问题.正如爱因斯坦所指出的"提出一个问题比解决一个问题更为重要,因为解决问题也许仅是一个数学上或实验上的技能而已;而提出新的问题、新的理论,从新的角度去看旧的问题,却需要有创造性的想象力,而且标志着科学的真正进步"[1].那么在初等数学领域中如何发现与捕捉问题呢? 提及以下几点仅供参考.

1. 研究文献著作,质疑筛选问题.

认真研读初等数学的文献著作,学习消化前人的研究成果是我们进一步研究的基础.在前人的著作中,一方面可以找到某些未解决的问题;另一方面,通过消化与反思也可能提出某些质疑,有的质疑问题甚至对数学发展产生过重大影响,欧几里得的《原本》是一部数学名著.《原本》中提出了五条公设,其中第 V 公设行文冗长简直像个定理.并且欧几里得在《原本》中也迟迟不用第 V 公设来证明命题,于是提出疑问:第 V 公设会不会是个定理? 能否以其他公设为依据证明第 V 公设? 正是对这个质疑的近两千年的研究,最后导致了非欧几何的诞生与几何学的突破性的进展.又如,从 20 世纪 50 年代伯拉基斯的《中学数学教学法》直至 20 世纪 70 年代我国流行的教材中都沿用了对"'若 A 则 B' 为真,则'若 $\bar{B}$ 则 $\bar{A}$' 必真"的如下证明:

假设'若 $\bar{B}$ 则 $\bar{A}$' 为假,则它的否定命题:'若 $\bar{B}$ 则 A' 为真,已知'若 A 则 B'

为真,故由 $\bar{B}$ 可推出 A,再推出 B,也就是说如果 $\bar{B}$ 为真则 B 也真. B 与 $\bar{B}$ 同真是不可能的.因此,'若 $\bar{B}$ 则 $\bar{A}$' 为假是不可能的.故'若 $\bar{B}$ 则 $\bar{A}$' 必真.[2]

这个证明在我国初等数学界流传了近二十年,最终在 20 世纪 80 年代初提出了对这个证明正确性的质疑.通过争论与探讨在理论上基本得到了澄清.

2. 延拓发散思考,多方设置问题.

这是一种常用的由一个问题发展到多个问题的思考方法,将一个简单问题拓广为新的问题,常用的设问方式是:已知基本问题 A,那么把 A 的条件做些变化所得的问题 A_1 是否成立? 把 A 由低维延伸为高维的问题 A_2 是否成立? 把 A 从一元推广为多元的问题 A_3 是否成立? A 的逆命题是否成立? A 的原型或背景问题 A_0 又是什么? 对问题 A 的各种解法的综合分析也可作为研究课题,以上设置问题是一种多方位发散的思考模式.

比如人们对"蝴蝶定理"的研究及其在二次曲线上的推广,综合利用多种方法对"蝴蝶定理"进行证明的探讨就反映了按上述多方位发散的思考模式提出与设置问题的过程.

3. 资料综合分析,猜想提出问题(图 4):

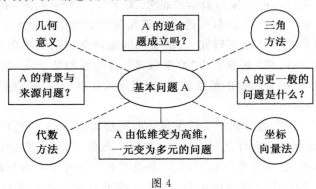

图 4

初等数学资料异常丰富,其中包括研究者成功失败的经验,以及各种数据等材料通过对某些资料的系统整理、观察分析,常常可以发现关于规律的猜想,作为进一步探究的课题.数学家高斯曾对素数表进行分析,在 15 岁时就提出了关于素数分布规律的猜测:$\pi(x) \sim \dfrac{x}{\log_e x}$.其中 $\pi(x)$ 表示不超过 x 的素数的个数,e 为自然对数的底.下面介绍一位中学生来信中提到的一个猜测,他谈到"近来我在做一道数学题时,偶尔发现了两个规律":把一个自然数表示为若干个连续自然数之和该有多少种表示(分拆)方法呢? 比如 $15 = 1+2+3+4+5 = 4+5+6 = 7+8$ 共三种分拆方法. $43 = 21+22$ 只有一种分拆方法,$30 = 4+5+6+7+8 = 6+7+8+9 = 9+10+11$ 共三种分拆方法.经过若干试

算,观察归纳后这个中学生提出如下猜测:

（1）若 N 为奇数时,将 N 分拆成若干个连续自然数之和的方法数,等于 N 的约数个数减 1.如 15 的约数有 1,3,5,15 四个,分拆组数为 3＝4－1.43 的约数是 1 与 43 共两个,分拆组数为 1＝2－1.（2）若 N 为偶数时,将 N 分拆为若干个连续自然数之和的组数等于 N 的奇约数的个数减 1.如 30 的奇约数为 1,3,5,15 共四个,分拆组数为 3＝4－1.这位中学生提出的问题,虽然是数学上早已解决了的,但他能独立地通过观察、归纳做出猜想,这种思考是极为可贵的!此外,对丰富的文献资料用普遍联系的观点整体思索,把若干"点问题""点现象"联成一条"线",往往可以提出整体性猜想或方法论的课题.比如数学中的全息现象和规律的猜想[3],正是来源于用联系观点的整体思索得出的猜测.

4.源于实际需求,抽象形成问题.

初等数学与现实世界存在着密切的联系,人们日常生活、工作和各种实际需求中的数量关系,不少可以抽象形成初等数学问题或研究课题.脍炙人口的"七桥问题",实际上是生活中的趣味问题.然而欧拉抓住并解决了它,从而开辟了网络论几何的先河.张景中关于"洗衣服中的数学""叠砖问题"[4]的研究也都是源于对现实问题的抽象与数学的思考.关于"汽车转弯时左、右两个轮子的转角是不相等的"这个实际问题,已故初等几何专家梁绍鸿先生曾把它抽象成一个平面几何问题加以论证研究[5],把实际问题简化、概括、抽象为数学模型,是从"普通眼光看问题"转变为以"数学眼光"看问题的结果.一切非本质的因素都舍弃了,剩下的是纯粹的数量关系、空间形式和结构,这样就抽象为纯粹的数学问题供研究探讨.

中学数学教师在数学教学实践中遇到的疑难与困惑,不少可作为极有意义的研究课题.比如两个条件之间有必要不充分、充分不必要、充分必要、既不充分也不必要四类"条件关系".如何判定"条件关系"在教学中是个难点.有关一般"条件关系"的高考试题也曾引起过争议,能否找到一种行之有效的便于掌握的关于"条件关系"的判定方法,无疑是一个很有意义的探索课题.此外,对周期函数的研究、某些方程增减根规律的探讨,对中学数学教学都有重要的实际意义.

5.数学信息检索,分类确定课题:

从国内外初等数学期刊中,关于初等数学研究动态的分析归类可以筛选出研究课题.比如关于匹多不等式的各种推广证明的研究;关于外森比克不等式的推广证明的研究;关于绝对值方程、各种数列的研究都曾在国内形成热门的研究课题.

通过数学历史发展资料的分析可以搞清某个(类)问题的来龙去脉.何时由何人解决到什么程度,用的是什么方法,还遗留了什么问题需要解决,这样就可以在前人工作的基础上确定选题,少走弯路,避免重复的劳动.

对数学问题类型的梳理也可以提出有关数学思想与数学方法论方面的研究课题.如对"数学解题的构造思想与方法""极端性原则"的研究就是这样提出的.

总之"问题是数学的心脏",问题即是矛盾.在初等数学教学中、在学习初等数学理论以及实际应用中都会遇到矛盾.我们要善于发现矛盾,捕捉问题,会把问题"纯化"为数学问题.只要所提出的问题对中学数学教学、对初等数学本身发展有一定的价值,就都可以确立为研究课题.

(二)

问题确定了,要进行研究就有个方法问题,无疑地波利亚《怎样解题》的程序表[6] 对具体解题有着重要的指导意义.由于每个研究者的条件机遇各不相同,所以我们只能从一般原则上谈一些对初等数学研究的意见.

第一,要充分收集、占有资料,对所研究问题的历史及现状,要有尽可能充分的了解,通过分析、比较、综合、概括,确定探索的方向甚至找出问题的可能的"突破口".

第二,初等数学问题的研究过程是个"试错"的过程."错误尝试法"是最基本的探索规律的方法.形成一个想法,试着用它解决问题,失败了就总结分析调整方案,重新尝试直到成功!要经受住错误与失败的考验."天下没有数学家没算错过题的".[7] 在研究过程中,成功不是经常的,失败倒是经常的.聪明的研究者是善于吸取教训,及时调整方向少犯错误,争取成功的.

第三,进行初等数学研究,大体要经历以下四种境界:其一是照葫芦画瓢的模仿.实际上等于做习题,这是初学的起步状态.其二是利用成法解决几个新问题.如果能对成法进行一些修改来解决新的问题,就已经有些创新的科研味道了.其三是创造方法解决问题,这就更上了一层楼.创造方法是一个重要转折,是自己能力提高的重要表现.其四是开辟新的方向,这标志科研水平达到了更高的境界.以上四种境界是华罗庚教授的体会,[8] 对初等数学研究人员很有参考价值.

第四,初等数学研究攻坚的是一个个具体问题.但研究者除了对具体问题的解证推导、计算,更要注意从整体上进行普遍联系的思考、高观点下的思考以及汲取数学方法论的启示.事实上,初等数学个别问题解决的资料已经十分丰富.只要把某一类问题的"点"联成"线"来思索,把若干"线"织成"网络"来分析,就可能看到问题的脉络.从高观点俯视初等数学广阔的大地,视野开阔,会对各种联系和关系了如指掌,为解决问题提供观点、方法与工具.同时用纵向谱系联系的观点看问题,可以把对过去一个一个解决问题的方式,转化为"集装箱"式的一批一批的进行解决,比如对母不等式和控制不等式的研究,就是非

171

常有意义的工作.[9] 一般问题解决了,个别具体的问题就自然解决了.

　　第五,发展我国的初等数学研究是一项事业.需要广大的有志之士通力协作.除了每个成员个人努力之外,更需要群体的力量.其中包括组织上的联络,项目上的分工配合、信息上的及时交流.图书资料与一些学术会议的交流是沟通信息的重要形式.事实上,一个初等数学问题的解决往往是一批人'接力'的结果.我想举一个亲身经历的事例说明这个过程.在 1985 年我为五四青年智力竞赛,出了一道青蛙跳的问题:"地面上有 A,B,C 三点.一只青蛙恰位于地面上距 C 为 $0.27\ m$ 的点 p.青蛙第一步从 p 跳到关于点 A 的对称点 p_1,第二步从 p_1 跳到关于点 B 的对称点 p_2,第三步从 p_2 跳到关于点 C 的对称点 p_3,第四步从 p_3 跳到关于点 A 的对称点 p_4,……,按这种跳法一直跳下去,若青蛙第 1 985 步跳落在点 $p_{1\ 985}$.问 p 与 $p_{1\ 985}$ 的距离为多少厘米?"后来常庚哲、齐东旭在杭州开会时借休息之暇讨论此题,将青蛙"对称跳"推广到一定角度的"转角跳",最后形成了被第 27 届加拿大数学奥林匹克选用的试题"平面上给定 $\triangle A_1A_2A_3$ 及点 p_0,定义 $A_s=A_{s-3}$,$S\geqslant 4$.造点列 $p_0,p_1,p_2,\cdots$,使得 p_{K+1} 为绕中心 A_{K+1} 顺时针旋转 $120°$ 时 p_K 所到达的位置.$K=0,1,2,\cdots$ 若 $p_{1\ 986}=p_0$.证明:$\triangle A_1A_2A_3$ 为等边三角形".1986 年暑假在长春讲学期间,常庚哲教授将这个问题进一步推广并完成了"有周期现象的点列"[10] 一文,所使用的方法是复数证法.常先生希望我能给出这个问题的纯几何研究.这就是 1987 年 4 月发表"用变换乘法讨论'周期点列'"一文的背景.[11] 由此也许能体会到如何提出、发展、深化研究初等数学问题的具体过程.

参考文献

[1] 爱因斯坦、英费尔德. 物理学的进化[M]. 上海:上海科学技术出版社, 1960.

[2] 成之康. 关于一个等价定理的证明[J]. 湖南师院学报:自科版,1982,1

[3] 杨之. 数学中的全息现象[J]. 中等数学,1990,1.

[4] 张景中. 数学家的眼光[J]. 中国少年儿童出版社,1990,6.

[5] 梁绍鸿. 初等几何[M]. 北京:人民教育出版社,1981,1.

[6] 波利亚 G,怎样解题[M]. 北京:科学出版社,1982.

[7] 华罗庚. 科普著作选集[M]. 上海:上海教育出版社,1984.

[8] 华罗庚. 华罗庚科普著作选集[M]. 上海:上海教育出版社,1984.

[9] 杨世明. 三角形趣谈[M]. 上海:上海教育出版社,1989.

[10] 常庚,齐东旭. 中学数学竞赛专题辅导第一辑[M]. 长春:吉林教育出版社,1987.

[11] 中国数学学会和北京师范大学. 数学通报[M]. 北京:中国科学技术学会,

振兴祖国数学的圆梦之旅
——中国初等数学研究史话

1987,4.

[12] 毛礼锐.中国教育史简编[M].北京:教育科学出版社,1984.

（2）初等数学问题：

初等数学问题

—— 在"初等数学研究学术交流会"上的报告（1991 年 8 月 16 日）

杨 之

20 世纪只剩下最后十年了.

当我们回首一个世纪末数学的历史,特别是 20 世纪 80 年代以来数学发展的状况时,我们惊奇地发现:在各种专门数学迅速发展的同时,初等数学也在蓬勃地发展.这一事实本身就是向"初等数学的传统看法"提出的挑战.

按照传统看法,初等数学作为数学发展的初级阶段已经发展完毕.现在研究初等数学的人,不过是做一些编排、普及之类的工作.用处也只是作为教育、竞赛的材料或高深数学的基础.如果还有什么发现,那纯粹是偶然的、零星的结果.总之,作为发展中的科学的初等数学已不复存在.

然而这种根深蒂固的传统看法不仅同事实相悖,在理论上也是站不住脚的.

希尔伯特说[1]:"数学问题的宝藏是无穷无尽的,一个问题一旦解决,无数新的问题就会代之而起."杨之、劳格[2]通过大量的研究,阐述了同传统看法完全相反的观点：

初等数学作为现代数学的一个重要组成部分（根基）,正在大发展,还要大发展,现在至多是它的青年期,初等数学的资源是无穷无尽的.

用"能源枯竭"的理论去套初等数学是由于忽视了两者的本质差异:精神的东西,不是越"用"越少,而是在研究、交流、运用中增值、丰富和发展.

初等数学除了极高的教育价值以外,无论是狭义的"实用",还是广义的运用都是多方面的.比如作为思维、逻辑、方法论、心理学、美学、教育和哲学探索的素材自有其特点,是其他任何材料难以替代的.近年出现的许多事例表明,有些高等数学感到为难的问题,应用初等数学方法可以简洁、漂亮地予以处理.如光的折射定律符合光行最速原理的初等证明,拉格朗日插值公式（应用孙子原则）的简练推导,许多重要不等式和二次分式函数的"判别式处理"等.许多研究表明,初等数学停滞或发展迟缓,必然会影响专门数学的研究,从而影响整个数学的发展.反之,正如同根系发达、主干粗壮促进树木枝繁叶茂一样,初等数学研究的振兴,也必然促进整个数学的发展.

"问题对于一般数学进展的深远意义以及它们在研究者个人的工作中所起的重要作用是不可否认的.只要一门科学分支能提出大量的问题,它就充满生命力;而问题缺乏则预示着独立发展的衰亡或中止."希尔伯特这段名言和他的 23 个数学问题,对 20 世纪数学的发展起了巨大的推动作用.

近年来,初等数学提出了大量的问题.数学问题是从哪里来的?希尔伯特曾指出两条渠道:"那些最初、最古老的问题肯定起源于经验,是由外部现象世界所提出的",而数学的进一步发展也"借助于逻辑组合、推广、限定,巧妙地对概念进行分析综合",从内部提出新的、富有成果的问题.事实上,对于初等数学来说,两条渠道都没有关闭,不少有远见卓识的数学家、数学史家,从挖掘古算方面获得了丰富的问题和成果.华罗庚撰写了三个"谈起"[3],吴文俊等在"刘徽研究"中,发现了中国古算的无尽宝藏;海·德里在《100 个著名的初等数学问题——历史和解》[4]这本书中,一下子就搜集了 100 个初等数学问题,大多需要进一步探索;伊夫斯著的《数学史概论》[5]中,每章后都有"研究问题",全书 15 章,共列出 243 个,其中大多属于初等数学.

初等数学问题的另一个重要来源,是挖掘中小学数学教材,我们的"教材研究派"天天在做这件事.中小学数学是初等数学中最基本的部分,初等数学的许多部分,尚不完整,稍"不慎"就闯入未知的"禁区".为此中小学命题总要三思而后行,命题者"把自己难住"的事并不鲜见.我们的"数学奥林匹克派"除挖掘教材之外,还在努力开发高等与初等数学的"边区"(就是初等数学认为到高等数学中才能解决,高等数学则以为是初等数学已经解决了的),或进行专门数学(如图论、数论、线性规划、不等式)特殊化、初等化的工作,近年更通过数学不同分支间的综合(如把初等几何与组合数学交叉提出"组合几何")而源源不断地提供新的研究课题.

同样地,实践经验或"外部现象世界"向我们提供数学问题的过程并没有停止,而且由于社会的发展、科学的进步,人类生活越来越丰富多彩,实践领域越来越广阔,因此产生数学问题的"经验"和"现象世界"也就越来越丰富多样.

当然,有了"题源"并不等于有了问题.问题还要靠我们用"学识"和"见识"去鉴别和提取,华罗庚称这种"能提出问题"为数学研究的"第四种境界".欲达此境界,则需长时间的悉心"修炼",不仅要熟知初等数学发展的历史和现状,自己有数学研究的"经历"和基本功,而且需要通过研究数学哲学、数学方法论形成的素养和洞悉力."洞悉力"是在研究的过程中逐渐形成的,当我们翻阅若干资料,追踪某一问题的研究,弄清了它的来龙去脉,发现其中某些症结时,我们就有了一点洞悉力.写完一篇文章,对某一问题的研究有所推进,那么,指出遗留问题或对进一步研究的前景做出展望,我们就是在提出问题.水平不同,提出的问题自然会有所不同.那么,什么是好的(即有价值的)数学问题呢?希尔伯特给出的一般准则,一曰表述清楚,易于理解;二曰困难但可解.显然,这仅是必要条件,事实表明,"要想预先判断一个问题的价值是困难的,甚至往往是不可能的,因为最终的判断取决于科学从该问题获得的裨益".

　　至于"怎样选择自己的研究课题",这虽然是初履数学研究领域者常感到困惑而多次提出的问题,却难以回答.因为一个人研究的东西往往是偶然的"机遇"引起的,也许这偶然机遇背后有其深刻的必然的原因,如基础知识、思维特征、能力水平,甚至是孩童时期就种下的兴趣的种子等.有意思的是,一个人发现自己的兴趣和特长也不是一件容易的事.让我们时刻留心闯入自己脑海的问题,让我们尽快发现自己的所爱和所长,让我们经常数学地观察思考多种事物.

　　我们不但要努力为自己选择合适的研究课题,而且应当为提出具有深远意义的初等数学问题而尽力,有没有这样的思想准备,是大不一样的.

　　下面,我们试着提出一些初等数学问题,这是从近年发表的文献中筛选出来的.

　　1. 映射数列问题.设 $n \in \mathbf{N}$, $T = T(n)$ 表示 $N \to N$ 的一个映射,对 $n_1 \in \mathbf{N}$,记 $n_2 = T(n_1)$, $n_3 = T(n_2)$, $\cdots$, 则

$$n_1, n_2, n_3, \cdots, n_k, \cdots \tag{1}$$

就叫作 N 上一个映射数列或迭代数列,它是由映射的反复迭代而产生的.这种数列的性质既与初始自然数 n_1 有关,又与映射 T 有关,于是就产生了一种新的数论:研究数在特定的映射之下的性质,一种动态性质.

　　另外,$\mathbf{N}$ 到自身的映射 T,显然是 $\mathbf{N}$ 某一子集 N_1 上的二元关系;设映射 T 为 $N_1 \subseteq N$ 上一个二元关系,称 N_1 的元素为顶点,对任一 $n_1 \in \mathbf{N}$,如有 $n_2 = T(n_1) \in N_1$,就从 n_1 到 n_2 连一条有向边 (n_1, n_2),这样就形成一个图 (N_1, T),此图就是数列 (1) 的图论表示,那么数列 (1) 的种种性质,均可从图 (N_1, T) 中反映出来,反之亦然.

　　我们的问题是:应当探讨数列 (1) 的一般性质,以及相应的图 (N_1, T) 的性质.努力寻找(发现)多种具有独特性质的 T,有着十分重大的意义.下述的问题 5 是一些重要的例证.

　　2. $3n+1$—问题.汉堡大学的库拉兹于 1928 年 ～ 1933 年(他还在上大学),提出了如下问题[6] 及相应的图论表示:对任一自然数 n,若为偶数,就除以 2;若为奇数,就乘以 3 再加 1,对运算结果施行同样运算,反复进行,必在有限步内得到 1.就是,对 $n \in \mathbf{N}$,设

$$T(n) = \begin{cases} 3n+1, & n \text{ 为奇数} \\ \dfrac{n}{2}, & n \text{ 为偶数} \end{cases}$$

于是得到图 (N, T)(无限有向图).如果进行迭代,对 $n \in \mathbf{N}$,记

$$T_0(n) = T(n), \quad T_k(n) = T(T_{k-1}(n)), k = 1, 2, 3, \cdots$$

则库拉兹的猜想就是:

　　(a) 对任何 $n \in \mathbf{N}$,存在一个指标 $k(n)$,使得

$$T_{k(n)}(n)=1$$

(b) (N,T) 是连通图.

可以证明[8], a,b 是等价的.

有人对 7 亿以内的自然数进行验算,结果表明猜想都成立,但至今未找到严格的证明.

3. $3n+1$——问题的推广. 1990 年 5 月,安徽省一位初中数学教师张承宇[7],对 $3n+1$——问题做了令人信服的推广,使问题表现出更明显的规律性,特别显示出它同素数的不解之缘,从而开拓了思路,也揭示出问题的深刻意义. 如把 $3n+1$——问题叫作"猜想 1",做代换 $1\to3^k$,有:

猜想 $1'$($3n+3^k$——问题) 设 k 为给定的非负整数,对任一自然数 M,

(1) 若 M 为偶数,则用 2 除 M;

(2) 若 M 为奇数,则用 3 乘 M 再加 3^k;

上述运算结果再行上述运算,则经有限次后总为 3^k.

猜想 2($5n+1$——问题) 对任一自然数 M.

(1) 若 $2\mid M$ 或 $3\mid M$,则用 2 或 3 除 M;

(2) 若 $2\nmid M$ 且 $3\nmid M$,则用 5 乘 M 再加 1;

对上述运算结果再行上述运算,有限次后总为 1.

在 $(5n+1)$——问题中做代换 $1\to5^k$(k 是为非负整数),其他不变,得:

猜想 $2'$ $5n+5^k$——问题.

猜想 $3'$ ($7n+1$——问题) 对任一自然数 M,

(1) 若 $2\mid M$ 或 $3\mid M$ 或 $5\mid M$,则用 2,3 或 5 除 M;

(2) 若 2,3,5 均除不尽 M,则用 7 乘 M 再加 1.

对上述运算结果再行上述运算,有限次后总得 1.

在猜想 3 中做代换 $1\to7^k$($k\in\overline{\mathbf{Z^-}}$)得:

猜想 $3'$ $7n+7^k$——问题.

猜想 4($11n+1$——问题) 对任一自然数 M,

(1) 若 2,3,5,7 中至少有一个除尽 M,则用它去除 M;

(2) 若 2,3,5,7 均除不尽 M,则用 11 乘 M 再加 1.

对上述运算结果再行上述运算,则经有限次后,结果或为 1 或出现循环:

$17-47-37-17\cdots$

如果记 $\psi_1=\{1\}$,$\psi_2=\{17,47,37\}$,$\psi'_1=\{11^k\}$,$\psi'_2=\{17\times11^k,47\times11^k,37\times11^k\}$,则在猜想 4 中做代换

$$1\to11^k,\psi_1\to\psi'_1,\psi_2\to\psi'_2$$

则有

猜想 $4'$ $11+11^k$——问题 ($k\in\overline{\mathbf{Z^-}}$):

张承宇还证明了:若猜想 i 成立,则猜想 $i'(i=1,2,3,4)$ 成立,故可不再考虑 i'. 但有一般猜想:

猜想 5 设 $p_1=2,p_2=3,p_3,p_4,\cdots$ 为素数数列,n 为给定自然数,对任一自然数 M:

(1) 若 $p_1,p_2,\cdots,p_n$ 中至少有一个能整除 M,则用这数去除 M;

(2) 若 $P_i\nmid M(i=1,2,\cdots,n)$,则用 p_{n+1} 乘 M 再加 1,对运算结果再行上述运算,最后必形成有限个循环 $\psi_1,\psi_2,\cdots,\psi_m$,但其中必有 $\psi_1=\{1\}$.

问题在于:证明(或推翻)这些猜想,如猜想得到证明,对给定的 n,进而确定 m 及 $\psi_1,\psi_2,\cdots\psi_m$.

4.$3n+1$— 问题的再推广.1991 年 3 月,张焕明给出 $(3n+1)$ —问题的另一推广:

设 M 为自然数:

(1) 若 M 为 3 的倍数,则用 3 除 M;

(2) 若 $M=3p+1(p\in\mathbf{N})$,则用 4 乘 M 再减去 1;

(3) 若 $M=3p-1(p\in\mathbf{N})$,则用 4 乘 M 再加上 1;

对上述运算结果再行上述运算,反复进行,经有限次后,结果总为 1.

问题是:证明或否定这个猜想.另外,能否对张焕明的猜想做张承宇式的系列推广?

5.黑洞数问题[8].对任一个数字不全相同的三位数施行重排求差运算:把数字重排用所得数中最大的减去最小的;对差数再行同样运算.证明:有限次后必得 495.1986 年,我们把它推广为如下问题:

设 $\mathbf{N_m}$ 为由 m 个不尽相同的数码排成的数(包括 m 位数相像 $00\cdots01$,$025\cdots3$ 等假 m 位数)的集合,则 $\mathbf{N_m}$ 中共有 10^m-10(在 10 进制下)个元素.T 表示重排求差运算(对任一 $x\in\mathbf{N_m}$,把数码重排,用所得最大数减去最小数),则 T 是 $\mathbf{N_m}$ 上一个二元关系,于是可构造图 (N_m,T). 由于 $\mathbf{N_m}$ 为有限集,若 T 反复进行下去,则必然存在 $x_1,x_2,\cdots,x_n\in\mathbf{N_m}$ 使得 $T(x_i)=x_{i+1}$,$i=1,2,\cdots,n$(约定 $x_{n+1}=x_1$),于是 $\{x_1,x_2,\cdots,x_n\}$ 就形成 (N_m,T) 中一个圈,我们称之为黑洞,$x_1,x_2,\cdots,x_n$ 就称为一组 m 位黑洞数(n 称为周长).

按定义,N_1 是空集;图 (N_2,T) 有 90 个顶点,恰有一个周长为 5 的黑洞 $\{27,45,09,81,63\}$;(N_3,T) 中恰有一个单位周长的黑洞 $\{495\}$;(N_4,T) 中也恰有一个单位周长黑洞 $\{6\ 174\}$(据说,印度数学家曾证明了这一结果,称"陷阱数定理"),图 (N_5,T) 中已发现了两个周长为 4 的黑洞

$$\{63\ 954,61\ 974,82\ 962,75\ 933\}$$

$$\{62\ 964,71\ 973,83\ 952,74\ 943\}$$

问题是怎样判别一个数 $x\in\mathbf{N_m}$ 是黑洞数? 怎样计算 (N_m,T) 中黑洞个数

和各黑洞的周长？怎样找出所有黑洞？

还有两个相关的问题，一个是：由于 $056=56,012=0012=12$，等.可见若 $l<m$，由 $N_l \subset N_m$，则图 (N_l,T) 与 (N_m,T) 有一定关系，这是一种什么关系？

若采用其他进位制会出现怎样的情况？

6.绝对值方程问题.苏联多莫里亚特在其所著《数学博弈与游戏》一书中曾给出三个含有绝对值符号的二元一次方程

$$|2y-1|+|2y+1|+\frac{4}{\sqrt{3}}|x|=4$$

$$|x|+|y|+\frac{1}{\sqrt{2}}\{|x-y|+|x+y|\}=\sqrt{2}+1$$

$$||x|+||y|-3|-3|=1$$

它们的图像分别为正六边形、正八边形和"8"字形.

1985 年底,我们在杂志上[9]提出研究绝对值方程的问题.定义是在曲线方程 $F(x,y)=0$ 中,如果其表达式的某些含有变量的部分上带有绝对值符号,就称之为含有绝对值符号的曲线方程,简称绝对值方程.

一般说来,绝对值符号对曲线的作用,是"折出尖点",比如,在直线方程 $y=x$ 中,加绝对值符号：$y=|x|$,就成为折线方程,因此运用绝对值符号,就可以构造诸如折线、角、线段、多边形和许多其他的图形的方程.

我们知道,笛卡儿创立坐标几何的初衷在于通过建立几何图形的方程,应用代数方法来处理图形问题,可是传统解析几何学只在建立某些光滑曲线的方程中,取得了较为满意的结果,对于有"折点"的曲线,如多边形等,则没有"顾及到".

现在的想法是要建立这种带有折点的曲线的方程,并用于图形性质的研究.

近几年来,在建立多边形绝对值方程方面已经取得了不少成果.通过几种途径,找到了任意多边形方程的建立方法；在三角形、平行四边形方程的应用上,也做了一些初步的工作,问题在于：应进一步对三角形、四边形、正多边形以及一般多边形的方程,加以简化和规范化,并用于图形性质的研究.不难设想,把解析方法用于多边形的研究,必将发现传统综合法难于发现和研究的新的性质和关系.

7.二元一次绝对值方程的分类研究.现已求出的多边形方程、折线方程都是二元一次绝对值方程,但二元一次绝对值方程的图形绝不止这两种,它的图像还可能是：点、单双"8"字、四边形面、线段以及其他千奇百怪的图形.我们需要对二元一次绝对值方程进行分类研究,以揭开它到底能构成些什么样的图形

178

的奥妙!

8. 三元一次绝对值方程的分类研究. 二元一次绝对值方程的图像一般为二维图形,是绝对值符号使它"升了维";同样三元一次绝对值方程的图形,一般为三维的. 如 $|x|+|y|+|z|=1$ 的图形为正八面体表面,一般地,方程

$$\frac{|x|}{a}+\frac{|y|}{b}+\frac{|z|}{c}=1(a>0,b>0,c>0)$$

的图形,就是椭球面 $\frac{x^2}{a^2}+\frac{y^2}{b^2}+\frac{z^2}{c^2}=1$ 的内接八面体的表面.

三元一次绝对值方程的图形之奇妙多姿是毋庸置疑的,应对三元一次绝对值方程进行分类研究,以探索其图形之奥妙. 当然,也可以从另一方面,即通过建立多面体(表面)和其他空间图形(二面角、多面角、空间多边形……)的方程来研究它们.

研究多于三元的绝对值方程,则超出了初等数学范围.

9. 数阵研究. 1989 年,杨之和劳格在《数列研究概观》一文中首次提出(平面)数阵概念,从那以后,出现了若干文献.

作为"数列"概念的自然拓广、各种数表(杨辉三角、幻方、月历、九九表、函数表)的统一概括,以及多元函数 $F(x_1,x_2,\cdots,x_n)$ 的离散对应物,我们定义:由 n 指标数排成的阵

$$\{a_{i_1 i_2 \cdots i_n}\},i_k=1,2,3,\cdots(1\leqslant k\leqslant n)$$

称为 n 维数阵,特别,当 $n=1$ 时,为数列;$n=2$ 时,为平面数阵;$n=3$ 时,为立体或空间数阵.

对于平面和高维等差数阵、二维高阶等比数阵、杨辉数阵、二维斐波那契数阵、递归数阵等都有文献做了较为深入的探讨,获得了若干成果. 对于数阵主要的问题是:探讨各种特殊数阵的递归公式、通项公式、母函数、求和求积,对称性、周期性、收敛性等,还有子数列、子数阵的有关问题. 数阵的应用也是一个重要而有趣的问题.

对于一般数阵可类似于矩阵来定义它的运算和变换:加、数乘、子阵、初等变换等. 比如,不难证明若 A,B 为同维等差数阵,$\alpha,\beta\in C$,则 $\alpha A+\beta B$ 也是等差数阵. 问题是怎样的变换或运算是有用的? 怎样的变换可生成子列、子阵? 怎样的运算或变换可用于某种和或积的计算? 数阵整体特征的指标是什么?

首先应着重研究 $n=2,n=3$ 两种情形.

10. 四边形的系统研究. 平面几何对直边图形的研究,以三角形最为深入系统(但三角形也还需更深入地研究),四边形则仅对若干特殊情形(梯形、平行四边形、圆内接四边形)的明显性质研究较多. 近年,出现了研究任意四边形的若干文献,对中位线[10]、面积、牛顿线、双圆性[11] 等进行了探讨. 问题在于:应对一般四边形(以及多边形)或若干种类的特殊四边形(原有的或新发现的)进行

179

深入的系统的探讨.

11. 四面体的系统研究. 四面体是三角形在空间的正规推广. 近年来, 把三角形上部分定理类比推广到四面体上, 获得了部分的成功. 求得了十数种体积公式, 建立了直角四面体的勾股定理, 一般四面体的第一、第二余弦定理, 建立正弦定理的尝试也有一定的收获, 把三角形相关的不等式也推广到四面体上.

1987 年, 杨路[12] 一下提出了关于四面体的十个问题:

① 已知各棱计算各二面角;

② 六条线段满足什么条件可构成四面体;

③ 证明: 四条高线中如三条共点, 第四条也过这点;

④ 设体积为 V, 内切球与四面相切, 四切点构成的四面体体积为 V^*, 则 $V^* \leqslant \dfrac{1}{27}V$;

⑤ 棱切球存在的条件;

⑥ 体积 V, 四个面面积 f_1, f_2, f_3, f_4, 满足不等式 $V \leqslant 2\left(\dfrac{4}{37}\right)^{\frac{1}{4}} (f_1 f_2 f_3 f_4)^{\frac{3}{8}}$ (等式仅对正四面体成立);

⑦ 给定四面体, 是否存在新的四面体, 其每个二面角都小于已给四面体的对应二面角 (已弄清结论是否定的);

⑧ 设棱长和为 E, 其内一个四面体棱长和为 E^*, 则 $E^* \leqslant \dfrac{4}{3}E$;

⑨ 对棱距离称为宽, 试推导联系三宽四高的方程;

⑩ 已知一三面角, 决定其所对面可能形状.

其中 ② 可见[13], 应用该文定理 9 易证 ③, 文[14] 早已解决了 ⑤, 文[35], [36] 已解决了 ④, ⑤, 据说 ⑨ 早已有人解决了, 但 ⑩ 仅对特殊情形有些结果.

关于这些问题解决详情可见《中国初等数学研究文集》中林祖成和杨学枝的文章. 如果把四面体六条棱构成的架看作空间四边形及对角线, 文[15] 列举了 17 条性质.

应系统地研究四面体及其关联的空间四边形的性质.

12. 一般折线研究. 1951 年我国数学教育家傅种孙先生做过一次讲演[16], 开了一般折线研究的先河. 后来又出现了一些文献, 有的研究星形折线计数问题[17]; 有的研究平行多边形特性[18]; 有人则研究了折线的一般性质[19], 进行了初步分类并发现了封闭折线的特征性质: 封闭折线如果有双折边, 则双折边成对, 左右旋边各半且相间排列.

对折线研究, 可从几个方面进行. 从实际问题出发, 如光路、台球路线、封闭折线等周问题、圆或多边形的内接折线 (星形折线、平行多边形) 的研究, 或折线图中的网路、圈、迷宫路径、遍历折线 (如马步折线) 的研究等; 对特殊折线的研究,如直角折线(齿形、阶形、回形直角折线)、等角折线、等边折线的研究;还有就是折线整体性研究,如拓扑结构、组合计数问题、具有某种特征的折线的存在问题、多条折线的拼、拆问题等.

13. 组合几何问题. 初等几何本来就含有组合的因素,近年逐渐分离出若干类具有组合性质或须用组合工具解决的几何问题,这就是组合几何问题. 如希伯隆型问题:平面上给定 n 个点,每两点有一距离,最大与最小距离之比为 λ_n,求 λ_n 最小值(下确界). 猜测有 $\lambda_n \geqslant 2\sin\dfrac{(n-2)\pi}{2n}$,吴扳强证明并改进了这一结果[20].

又如希尔维斯特－卡莱问题:在欧氏平面上给定不共线 n 点,由这些点确定的直线中必有只过两点的直线(叫作卡莱线). 这又引出一个问题:平面上不共线 n 点,至少可确定几条直线? 容易猜想:是 n 条,这可归纳地证明. 进一步问:平面不共线 n 点至少可确定几条卡莱线? 狄拉克(Dirac)1951 年猜想:这数是 $\left[\dfrac{n}{2}\right]$. 1981 年汉森证明了 $n \neq 7,13$ 时,猜想成立,但证明过程长达 96 页(近3 万字),用了 27 个引理,41 个辅助图. 我们期待着简洁的证明.

1954 年 ～ 1973 年瑞士一个数学杂志刊登此类问题 56 个. 1972 年,D. Reidel 出版公司出版了组合几何杂志《几何奉献》;1986 年斯普林格－维拉格出版公司出版了《离散与计算几何杂志》,不少国家出现组合几何热. 组合几何大约包含计数、构造、覆盖、染色、优化、运动等几类问题. 我们应注意组合几何问题的筛选和研究. 下边的 14 ～ 18 可看作组合几何问题.

14. 几何点集问题. 满足一定几何条件的点集称为几何点集. 如在同一平面上,同正方形四条边构成等腰三角形的点的集合. 又如:平面上的 n 个点中,任两点连线的中垂线上均有其中的点,则此 n 点的集合称为祖冲之点集(按结构应叫作中垂点集). 若祖冲之点集中存在两点,其连线中垂线只过集中一点,则称为一阶,可类似定义二阶的、三阶的等. 文[21],[22] 讨论了这种点集的存在和构造问题.

可以考虑空间的中垂点集问题(存在、构造).

另一类型的中垂点集:若点 n 集合中,任何点均在某两点连线的中垂线上,称此集合为第二型中垂点集. 两种中垂点集有何关系?

在全国首届初等数学研究学术交流会期间(1991 年 8 月 15 ～ 18 日)周春荔副教授提出一个三角形中的几何点集问题:圆 O 为锐角 $\triangle ABC$ 外接圆,点 p 为 $\triangle ABC$ 内一点,联结 AP,BP,CP 并延长分别交圆 O 于点 A',B',C',$\triangle ABC$ 面积记作 $\triangle$;$\triangle A'BC,\triangle B'CA,\triangle C'AB$ 面积之和记作 $\triangle'$. 试分别求出使 $\triangle > \triangle'$,$\triangle = \triangle'$,$\triangle < \triangle'$ 的点 P 的集合 X,M,Y. 易知,$\triangle ABC$ 的外心 $O \in M$,垂心 $H \in M$,将三顶点分别与点 O,H 联结,延长形成三个角区域,三个区域交出

的一个四边形内的点属于 Y,同在三个角域之外的点必属于 X.应彻底弄清 X,M,Y 的构造.

15. 正多边形对角线交点计数问题. 1986 年,张忠辅教授提出:正 n 边形对角线在形内的交点有多少个? 设 $X(n) = \dfrac{n(n-3)}{2}$ 为对角线条数,$D(n)$ 为对角线交点个数,我们归纳地获得了如下资料(表 1):

表 1 正 n 多边形对角线及交点个数

n	3	4	5	6	7	8	9	10	11	12	13	14
$X(n)$	0	2	5	9	14	20	27	35	44	54	65	77
$D(n)$	0	1	5	13	35	49	126	161	330	301	715	757

把正 n 边形中心与各顶点联结,即得 n 个等腰三角形,以 a_n 表示其中一个等腰三角形内(包括左腰但不含顶点)交点个数,由于对称性

$$D(n) = na_n + \frac{1 + (-1)^n}{2} \quad (n \geqslant 3)$$

关于 a_n,我们归纳地得到表 2:

表 2 正 n 边形中 a_n 的归纳数值

n	3	4	5	6	7	8	9	10	11	12
a_n	0	0	1	2	5	6	14	16	30	25

归纳数据和图形启发我们猜想:当 n 为奇数时,正 n 边形没有三条或三条以上对角线在形内共点.如果猜想对,则

$$D(2k+1) = C_{2k+1}^4 \quad (k \in \mathbf{N}, k \geqslant 2)$$

问题在于:这猜想对不对? 数列 $\{a_n\}$ 有什么性质? 递推公式和通项公式是什么? 用 n 表示 $D(n)$ 的式子是否存在?

一个相关的问题是:任何多于两条对角线在形内不共点的凸 n 边形是否存在? 有什么特点?

16. $m \times n$ 格图圈的计数问题.[23] 将一个 $m \times n$ 矩形用平行于边的直线划分为 $m \times n$ 个小正方形,就构成 $m \times n$ 格图,这种图上一个不自相交的初级回路,就叫作一个圈,以 $f(m,n)$ 表示 $m \times n$ 格图上总圈数,我们得到

$$f(1,n) = C_{n+1}^2 = \frac{n(n+1)}{2}$$

如以 a_l 表示 $2 \times n$ 格图中横宽为 l 的圈数,则 a_l 满足方程

$$a_l + 2a_{l+1} = a_{l+2}$$

解此递归方程,并应用公式

$$f(2,n) = \sum_{l=1}^{n} a_l(n - l + 1)$$

即得

$$f(2,n)=\frac{1}{4}\left[(1+\sqrt{2})^{n+3}+(1-\sqrt{2})^{n+3}-2(4n+7)\right]$$

试问：$f(m,n)(m\geqslant 3)$ 的表达式是什么？它是否存在？经过多年的努力，$f(3,n)$ 已初步解决（表达式并不简练），对 $m>3$，则无进展.

17. 凸五边形铺砌平面问题[24]. 50 多年来，许多数学家一直在研究一个问题：用什么样的多边形及其全等形可以既不重叠又不留空隙地铺满整个平面（即铺砌平面）？

易证：任意三角形和四边形（凸的或凹的）均可铺砌平面，而多于六边的凸多边形，已被证明不能铺砌平面. 早在 1918 年，莱因哈特已证明平面凸六边形能铺砌平面的，只有三类（设凸六边形 $ABCDEF$ 的边 $FA=a,AB=b,BC=c$，$CD=d,DE=e,EF=f$）：

(1) $A+B+C=360°$ 且 $a=d$；

(2) $A+B+D=360°$ 且 $a=d,c=e$；

(3) $A=C=E=120°,a=b,c=d,e=f$.

于是只剩凸五边形了. 对凸五边形 $ABCDE$，记 $EA=a,AB=b,BC=c,CD=d$，$DE=e$，则共发现了 13 类可铺砌平面的情形：

(1) $A+B+C=360°$；

(2) $A+B+D=360°,a=d$；

(3) $A=C=D=120°,a=b,d=c+e$；

(4) $A=C=90°,a=b,c=d$；

(5) $A=60°,C=120°,a=b,c=d$；

(6) $A+B+D=360°,A=2C,a=b=e,c=d$；

(7) $2B+C=2D+A=360°,a=b=c=d$；

(8) $2A+B=2D+C=360°,a=b=c=d$；

(9) $A=90°,C+D=270°,2D+E=2C+B=360°,a=b=c+e$；

(10) $2E+B=2D+C=360°,a=b=c=d$；

(11) $D=90°,B+E=180°,2A+E=2C+B=360°,a=b,2e+c=d$；

(12) $D=90°,B+E=180°,2A+E=2C+B=360°,a+c=2e+b$；

(13) $B=E=90°,2A+D=2C+D=360°,a=e,a+e=d$，

还有没有可铺砌平面的其他类型的凸五边形？怎样把可铺砌的情形简明分类？

关于等边凸五边形，澳大利亚数学家们已证明，可铺砌平面的充要条件是：有两角之和为 $180°$ 或 $A+2B=C+2E=A+C+D=360°$.

问题是：一般凸五边形铺砌平面的充要条件是什么？

18. 图形折叠问题. 1990 年 4 月底，周春荔说：在一次数学竞赛命题中，出了

这样一道题:将三角形折叠起来,怎样使重叠部分面积达到最大? 可谁也解不出,就没拿给学生,并提出一个猜想:当重叠部分面积最大时,折痕必为三条角平分线之一,这对等腰三角形是对的.

设 $\triangle ABC$ 的边 $BC=a$, $CA=b$, $AB=c$, 当以 A, B, C 的角平分线为折叠时,重叠部分面积分别记为 $\triangle_a$, $\triangle_b$, $\triangle_c$, 设 $a \geqslant b \geqslant c$, 则当 $b^2 \geqslant ac$ 时, $\triangle_c \geqslant \triangle_b$, $\triangle_c \geqslant \triangle_a$; 当 $b^2 \leqslant ac$ 时, $\triangle_a \geqslant \triangle_b$, $\triangle_a \geqslant \triangle_c$, 但问题并未解决.

对任意平面图形呢? 这似乎同"作图形的最大内接轴对称图形"问题有关,它们是否等价?

另一问题为:给定两个封闭平面图形 G_1 和 G_2, 把一个移动(平移、旋转,不许翻折)重到另一个上去,怎样使重叠部分面积最大?

19. 三角方程的分类研究. 初等数学中的三角方程很多,中学数学教学中只涉及"最简单的",什么是"最简单的"? 并不明确. 对于三角方程缺乏明确的分类. 应当对三角方程进行系统的分类及其解的研究.

20. 在复数集内求解不等式问题. 由于虚数不能比较大小,使复数集 C 成了不等式的禁区. 但对于任何 $z \in C$, $|z|$, $z\bar{z}$ 为实数,人们的思路终于打开. 1990 年 3 月,俞和平[25] 提出在 C 内求解不等式的问题,并证明了形如 $f(z)>0$, $f(z)<0$($f(z)$ 为 C 上的多项式)的不等式解的存在性定理;1991 年 1 月,叶年新[26] 按"复数成为实数"的条件探讨了复数不等式的三个移项规则.

事实上,设 $f(z)$ 为复系数多项式,对任一正数 a, 据代数基本定理, $f(z)-a=0$ 必有根 z_a, 从而 $f(z_a)=a>0$, z_a 是不等式 $f(z)>0$ 的一个解.

我认为,在复数域 C 内求解不等式是一个值得研究的课题. 相应地,发现在复数域上恒成立的绝对不等式也是有价值的.

21. 关于不等式的综合研究问题. 近年对代数不等式与几何不等式的研究"发散"有余,综合不足. 一方面,确实发现了大量有价值的基本不等式和"成批生产"的方法;另一方面,许多"新"不等式通过"加强""推广""加权""加细"滚滚而来. 而事实上,其中绝大多数只不过是例题而已. 科学发展的规律也是"分久必合,合久必分",现在的形势是新的综合应当像当年欧几里得撰写《原本》,及波利亚、李特伍德和哈代撰写《不等式》一样,选择少数最基本的,作为基础或"母"不等式、某些规范方法作为基本法则、大量的其他不等式作为"定理"被推导出来. 当然,继续发现具有独特意义的新的不等式的工作,也还是要做. 最基本原则是简单、优美、多功能,一切繁琐的东西都将被历史淘汰.

22. 关于数列研究问题. 数列研究近年成果不少,但其中许多形式复杂,缺乏一般性、统一性. 应继续研究整式和分式递归数列的深刻性质,建立其简练的、一致的形式. 等差、等比、斐波那契数列等,其递归式十分简单,但性质深刻丰富,同自然和社会生活广泛联系. 这启示我们应在递归式简单的特殊数列上下功夫.

对独特的复数数列(如迭代数列)应开展研究,并注意它所导致的混沌现象. 对数列变形(并项、划分)和数列间的关系(结合数阵研究)的研究也有重大意义.

23. 关于数学方法论的若干发现或猜想. 本世纪在数学方法论研究方面有许多重大发现.

希尔伯特早在 1900 年就阐述了他的关于"问题是数学的心脏""简单与严格的统一性"的观点,对数学的发展有重要意义. 波利亚发现了数学的"双重逻辑结构":既是演绎的又是归纳的体系,他的《解题表》更是集一般解题方法之大成.[27],[28]

进入 20 世纪 80 年代,徐利治教授阐明了数学中一条普遍原则:关系映射反演原则(RMI),并提出数学抽象度概念及抽象度分析法.[29]

吴文俊先生等阐述了我国古代数学体系的归纳、开放、算法化、机械化特征(题 —— 答 —— 术 —— 注 —— 草).

史久一、朱梧槚[30] 论述了"化归是数学思维和解题的一般规律"的思想.

我们[31],[32] 则先后做出了"数学贯穿着组合思想"和"数学中的全息现象和全息律"的猜测.

还有人[33] 研究了易卦的数学结构,也有人对墨经、九章算术、刘徽[34] 和秦九韶的数学思想进行了深入研究.

对这些关于数学方法论的发现或猜想,应进行深入探索.

24. 关于数学符号和用语的研究. 初等数学的发展,必然伴随着用语和符号的发展,比如,随着绝对值方程的研究,单一形式的绝对值符号"$\|$"已不符合应用;而在复数域内方根符号 $\sqrt[n]{a}$ 虽有不少研究,但至今未能给出一致的、大家公认的含义. 现今数学用语、符号,大多是历史上自发形成且经过"自然选择"的结果,运用不免有些混乱. 综观现在数学文献,描述符号、术语往往要利用很大篇幅,能不能像语言文字和数学中的"$+,-,\times,\div,=$"一样,对数学中的概念创造特定的符号和用语,通过"词典"做出大家公认的合理的界说,并建立像语法一样的规则系统. 事实上,数学符号和术语也是有规律的.

数学命名(特别是用人名为数学对象命名),应有一个公认的原则.

易见,上面列举的问题,大多不过是一些例证,也有的是极为一般的问题,它们仅涉及初等数学的若干方面,挂一漏万是必然的. 但无论如何,我们由这 24 个问题不难看出,初等数学领域是何等广阔,初等数学问题几乎俯首即是. 也许,我们提的"初等数学问题"解起来不免要动用并不初等的工具或方法,那是无关紧要的.

让我们在这些问题上一试身手,让我们在 20 世纪最后 10 年和 21 世纪伊始,亲手创造奇迹吧!

参考文献

[1] 希尔伯特. 数学史译文集[M]. 上海：上海科技出版社，1989：11.

[2] 杨之，劳格. 初等数学研究问题刍议[J]. 中等数学，1985：1.

[3] 华罗庚. 华罗庚科普著作选集[M]. 上海：上海教育出版社，1984：10

[4] Heinrch Dörrie，《Triumph der Mathematik Hundert berühmte problem aus Zulei Jahrtausenden mathematischer Hultur》1940，中译本（罗保华等译），上海科技出版社，1982.8.

[5] 伊夫斯 H. 数学史概论[M]. 欧阳绛，译. 太原：山西人民出版社，1986：3.

[6] L. Collatz，About the Motivation of the $(3n+1)-$problem，译文（任志平译）刊《曲阜师大学报》1986.3.

[7] 张承宇. 角谷猜想的推广[J]. 自然杂志，1990：5.

[8] 杨之，张忠辅. 角谷猜想与黑洞数问题的图伦表示[J]. 自然杂志，1986：6.

[9] 杨之. 绝对值方程[J]. 中等数学，1985：6.

[10] 杨世明. 任意四边形中位线公式及应用[J]. 数学教师，1987：2.

[11] 沈文选. 双圆四边形的一些有趣结论[J]. 数学通报，1991：5.

[12] 杨路. 来自四面体的挑战[J]. 中学生数学，1987：1.

[13] 俞和平. 中国初等数学研究文集[M]. 上海：上海教育出版社，1986.

[14] 杨之. 四面体棱切球存在的一个充要条件[J]. 湖南数学通讯，1985：6.

[15] 沈文选. 空间四边形的一些有趣性质[J]. 中学数学，1990：3.

[16] 傅种孙. 从五角星谈起[J]. 中国数学杂志一卷三期，1952：2.

[17] 冯跃峰. 关于园内接正星形的计数问题[J]. 湖南数学通讯，1988：4.

[18] 邵黎康译. 平行多边形及其特性[J]. 福建中学数学，1989：5.

[19] 杨之. 折线的基本性质[J]. 中学数学，1991：2.

[20] 吴扳强. 关于 Heilbron 型问题的一个猜想[J]. 数学通报，1991：5.

[21] 岳建良. "祖冲之点集"的扇形解决[J]. 数学通讯，1991：4.

[22] 徐琳. 祖冲之点集初探[J]. 中学数学，1991：6.

[23] 杨之，张忠辅. 数圈问题[J]. 数学通讯，1986：11.

[24] 刘维翰. 平面凸五边形铺砌问题[J]. 自然杂志，1986：5.

[25] 俞和平. 试论一元 n 次不等式复数解[J]. 中国初等数学研究文集，1992.

[26] 叶年新. 复数不等式解法初探[J]. 中国初等数学研究文集，1992.

[27] 波利亚. 怎样解题[M]. 闫育苏，译. 北京：科学出版社，1982.

[28] 杨之. 波利亚的数学思想[J]. 自然杂志，1985：3.

[29] 徐利治. 数学方法论选讲（第二版）[M]. 北京：华中工学院出版社，1988.

[30] 史久一，朱梧槚. 化归与归纳、类比、联想[M]. 南京：江苏教育出版社，

1988.

[31] 杨之.组合思想与中学数学教学[J].中学数学,1988:7.

[32] 杨之.数学中的全息现象[J].中等数学,1990:1.

[33] 张功耀.六十四卦的数学特点[J].自然杂志,1989:4.

[34] 袁作兴.简论中国古代数学思想的特色,湖南数学通讯,1991:1,3.

[35] 杨学枝.关于四面体的两个不等式[J].安徽教育学院学报,1991:1.

[36] 杨学枝.关于四面体的几个不等式[J].湖南教育学院学报,1992:2.

筹备组(现在的协调组)从成立起就特别注意初等数学研究中的思想方法问题,重视对"初等数学研究"的研究,重视波利亚思想(核心是合情推理、一般解题方法和数学发现问题的研究)、数学方法论在数学研究实践中的应用,注意到两位数学大师希尔伯特关于"问题是数学的心脏""问题缺乏就意味着发展的中止或衰亡"的论述,和陈省身关于"中国数学研究要有自己的问题,即中国人在自己本土提出并加以研究解决的问题""不能老是跟着人家走"的主张.并下决心逐步研究、解决这两个问题.因此,专门安排了这两个报告,也许我们的水平并不高,提出的问题有的过于浅薄、一般化;有的也并非是"纯"中国人自己的问题,但毕竟反映了我们意识到初数研究中的这些关键事项并正在为解决它们而努力.

3.2 数学史上的一件大事

(1)召开初等数学研究的学术交流会,初等数学登上"大雅之堂",从此有了自己的学术会议.把六年以前人们认为"谈何容易"之事变成了现实,这当然是中国数学历史上的一件大事,将以"一个独特的、有深刻意义和开创意义的会议"列入数学史册.特别地,这次交流会初步明确了初等数学研究的目标,形成一种良好的会风,为初数研究事业开了个好局.

(2)会议除知名数学家吴大任教授、梅向明教授等到会祝贺之外,时任中国数学会理事长的王元教授和秘书长任南衡教授也来信祝贺.尔后,《天津日报》《今晚报》《天津电视台》《数学通讯》《中学数学》(湖北)《福建中学数学》《中学数学教学》《中学数学教学参考》《数学教学通讯》和《数理天地》《中学数学杂志》都对会议做了报道.对转变人们对初等数学、初等数学研究的看法,形成良好的影响.

(3)为了使这样的初等数学研究的学术会议能够延续下去,并随时处理与初等数学研究有关事项,经周国镇先生提出建议,然后大会全体代表一致通过成立"中国初等数学研究工作协调组",由周春荔、杨世明、庞宗昱、张国旺和杨学枝五人组成,具体工作是:

①与各地初数爱好者加强联系,推动一些省市初等数学研究组织的建立;

协调省市初数会的活动.

②编辑并印发不定期"中国初等数学研究简报".

③通过参与各省市相关学术会议,讲学、开设"初等数学研究"课程等形式,宣传初等数学研究.通过在一些杂志上开设专栏的形式,为初数研究论文开拓发表的途径.

④帮助各届交流会承办工作,开好每一届交流会.

⑤筹备建立全国性的初等数学研究组织,并向中国数学会申请"中国数学会初等数学分会"或"初等数学委员会".

为了适应情况的发展和工作的需要,"协调组"每届学术交流会期间可做适当调整.

(4)全国首届会的参会人员."全国首届初等数学研究学术交流会"是一个开创性的学术盛会,有幸参加这次盛会是一个历史性的机遇.既然我们是在自己写自己的历史,我们就要写得真实、清楚.下面是与会全体正式代表:

北京市:周春荔、周国镇、梅向明、郭璋、何乃忠.

天津市:杨世明、庞宗昱、王俊明、王延文、孙宝玮、陆克毅、陈俊雅、孙蕴、候国荣、杨亦君、李新暖、李忻、张克良、徐达、王江、李永茂、黄立民、李荫国、张廷瑞.

四川省:白梅莉、赵泰白、杜永忠、杨正义、段小龙、蒋明斌.

江苏省:徐沥泉、陈汉冶、孙国青、曾宪安、沈家书、潘正矩、肖秉林、蒋建华、李根水、张家瑞、章士藻、王荣明、冯建华、王伟贤、张必华、汪显林、杜震、于志洪、缪继高、周华生、熊自力.

安徽省:汪杰良、张承宇、丁京之、盛宏礼、杨世国、丁一鸣、苏化明、尚强、郎永发、王南林、郭世平.

山东省:吴振林、哈家宝、王道林、朱道勋、张荣堂、刘国林、李正银.

河南省:张国旺、阚武义、杨先锋、毕遂成.

湖北省:方义成、王浚岭、王大柱、侯作奎.

浙江省:马茂华、胡明星、邵祖德、俞和平、刘文虎、赵小云、马德尧、吴维荣、朱敬、李世杰、黄新民、张焕明、赵世寅、竹建华、俞小卫、朱丹非.

宁夏回族自治区:施勇、及万会.

云南省:高富德、张在明、田平.

湖南省:肖振纲、沈文选、申建春、李再湘、李迪淼、李忠旺、黄汉生、张志华、吴永中、孙明保、曾思江、刘海林、郑绍辉、蒋建华、熊跃农、贺功保、袁纠、杨克昌.

福建省:杨学枝、邱建置、林智生、滕用铨、林常、林诚皋、何履端、陈胜利、李友耕、周田金、孙建斌、黄德芳、黄拔萃.

江西省:熊曾润、刘国平、刘健、胡文生、谭国华、陶平生、管宇翔.

辽宁省:梁志更、易庆良、胡良海.

新疆维吾尔自治区:易南轩、金兆斌、海山.

河北省:王振海、赵建林、徐铁华、王晓琴.

内蒙古自治区:梁长山、温柏昌.

黑龙江省:刘孟虎、郭奕津、谷峰、娄伟光、周海楼.

吉林省:李运兴、王新平.

陕西省:王扬、赵临龙、安振平、王凯、曾丕刚、周桂馨.

甘肃省:王志周、刘林忠、伏奋强、赵大周.

贵州省:孙伟祚、徐德沛、蒋远辉、贺奎光、冯佑明.

广西壮族自治区:罗永定、黄世树.

上海市:戴丽萍、张雪霖.

山西省:刘应平、元金生.

广东省:李硕洪.

交流会总共约 180 人,在天津师范大学合影留念(图 5).

图 5　全国首届初等数学研究学术交流会全体人员合影

(5)学术上的大丰收.

大会共收到论文 440 篇,其中 168 篇在会议上进行交流.论文题材非常广泛,有传统内容的新近研究,如一次、二次、三次不定方程,方幂和问题、幻方构造、末位数问题、三角形、n 边形、四面体关联的几何不等式、一些代数不等式、各种数列及其方幂和.特殊高次方程,递归方程组、函数方程、一些特殊函数、三角形几何学新进展、四面体、多边形的研究等;也有新的、非传统题材的研究,如自然数在变换下的性质.角谷猜想($3n+1$ 问题)的推广、黑洞数问题、民间算术

189

一掌金、各种数阵、复数域中的不等式、点量、一般折线、绝对值方程. 四面体上十个新问题的探索,几何"母"不等式的探索发现等.

多方面的研究、探索,收获也是多方面的,特别令人欣喜的是:无论是传统的、还是创新的题材,我们都在研究、探索、开发、利用,并且学习着提出自己的问题.

3.3　促进了几部专著的问世

学术会议的召开促进了初等数学专题著作和论文集的出版. 如(1)《湖南初等数学研究文集》由湖南省数学会初等数学研究会主编,1991 年 8 月出版. 收入了 30 余位作者的 25 篇论文(有两篇文摘),多数为"旧枝新芽",传统课题研究,获得的新成果;但也有新兴课题(如数阵)的探索研究.

由杨学枝、林章衍主编《福建省初等数学研究文集》,福建教育出版社 1993 年出版. 文集收入 30 余篇论文,属于初等数学研究的新成果. 此外还收入了杨之在全国首届初等数学研究学术交流会上的报告"初等数学问题"(稿)和周春荔一篇数学史和数学思想方法的文章等.

这两本书的出版,开了为初等数学研究出"论文集"的先河,是我国初数研究的好兆头.

同全国首届会直接相关的是下面的两本书,讲讲它们出版的故事.

(1)第一本是《中国初等数学研究文集(1980~1991)》,文集"征订单"中对它做了"简介":

"文集"收入国内 100 多位作者近年来的 170 余篇优秀论文,反映了我国 20 世纪 80~90 年代初等数学研究领域的新成果、新思想、新方法、新水平. 文集题材广泛,几乎涉及初等数学的各个方面;富于创新,无论是对传统课题的探讨还是新课题的开拓,都有新颖独到的见解;文风质朴、文章深入浅出、可读性强、注意数学思想和方法的开掘. 文集不仅展示了丰富的成果,还为进一步研究提供了大量新课题,因而文集是中学数学教师、教研人员、高师院校数学系师生的必备读物,也是其他初等数学爱好者必备不可的一本好书.

从出版社的角度来看,把它说得好一点会吸引人,使书"好卖"一点. 但从主编(杨世明)和责任编辑(张国旺)的角度看,其中并无不实之词,作者们虽然都是"做数学的",但文笔就是好,有什么办法呢?

文稿大约有两个来源:一是为创刊《中国初等数学研究杂志》的约稿(后来由于河南教育出版社重大人事变动,拟议中的杂志,未能诞生),60 余篇高水平的论文;二是为"全国首届初等数学研究学术交流会",按"征文提纲"征集的论文,400 余篇.

面对这些中国数学工作者们用血汗和智慧铸就的、高水平的珍贵初数研究

190

成果,筹备组成员之一的张国旺先生跑断了腿、说破了嘴,上下游说,在新领导首肯的情况下以宏大的气魄,顶住压力,不惜赔本,决定把它们编辑出版,实践自己的千金承诺.至于编纂过程,有"编后"一则,记录了当时的情况.

编 后

怀着激动的心情编完了这个集子,丰硕的果实真是令人赏心悦目.但也想到有些事情需要向读者和作者交代一下,以期理解.

1.为了从近500篇稿件中选择这170篇稿件并加以处理.我用了半年业余时间,主要是晚上和节假日,中间还病了近两个月,时间之仓促是可想而知的.

2.稿件选择的标准自然是初等数学专题研究的新课题、新成果、新思想、新方法.但一个人的见闻狭小,判断力受到限制,致使选出的有些文章的成果并非新的;而有些新东西,反而未被收入;我不是有意的,爱中国人自己的新人、新作、新成果是本人的一癖,无意中的遗漏也是无可奈何!好在这不是唯一的机会,如有可能,还要继续出《中国初等数学研究文集Ⅱ》《中国初等数学研究文集Ⅲ》…….

3.稿件的处理贯彻了"简而明"这一数学方法论的基本原则.为了使72万字的篇幅不被少数几篇长文占领,为了尽可能多、尽可能快地使近年的新成果面世,我冒天下之大不韪:对许多文章进行了缩编或删节,这必然会触动作者之所爱,事实上,我也是忍痛割爱.但我应当申明:凡曲解原意而出现的差误,自当由我负责;而且如有机会,我们不反对而且尽力支持原文重新发表.

4.至于审稿.我可以告诉读者,真的动用了自己的"全身解数",但面对如此丰富多样的新成果,每一个都要弄清看懂、琢磨透,确实无能为力.500篇文章,100多万字,先要通读选择,然后精读审查处理,这么短的时间……我只好预先替自己开脱:成果、方法的正确性不能做完全的保证,读者研读时千万小心仔细.好在古人云:尽信书,不如无书.本书处处留有怀疑、讨论的余地.

5.为了编这个集子,我花去了大量心血.这里应当提及的是,来自全国二十几个省市自治区的数百封热情洋溢的信件给了我极大的支持.他们的支持、信任、鼓励使我清除了疑虑、困顿,使我战胜了病痛,完成了这件具有历史意义的工作.从内心里感激关怀、支持我的朋友们!

同志们,我更欢迎你们真诚的批评、指正!

编者
1991 年 2 月

(2)第二本就是《初等数学研究的问题与课题》.事情是这样的,1991 年 8 月 16 日上午,在我(杨世明)做完全国首届初数会的名为"初等数学问题"的大会发言之后,主持人杨学枝老师告诉我,湖南教育出版社的一位编辑郑绍辉先生在门口等我.我赶紧走过去,这位年青、文静的编辑告诉我:"您这个报告我听

191

了,感到非常好、非常重要.湖南教育出版社打算出一本书,进一步充实初数研究的课题."我说,这样做真是太好了,我这个报告稿没问题,相关的参考文献我尽量的搜集和提供.他说,不是的,不是把这个报告和它涉及的参考文献印成一个集子,而是在这个报告中的 24 个问题的基础上再进一步筛选、充实新的课题,达到 100 个~150 个左右.我听了很吃惊,感到眼前这位年青编辑能高瞻远瞩,预见到我国初等数学研究需要有价值、有开发前景的课题、问题、猜想,令人十分的钦佩;同时,又觉得此事难度太大,自己实在是力不从心又缺乏思想准备,所以当时吞吞吐吐,半天说不出话来.这时,郑绍辉先生看出了我的心态,便说,我也是和您商量,我以为这是一种意义重大,很值得去做的事情,您不妨再考虑一下,回去以后再检查一下手里的材料,如认为可以,写一个构想,我则向社里申报,一经批准,您就在一年中断绝一切杂事专门做这件事.对初等数学研究来说,此事的意义太重大了.所以我不顾个人能力,愿为此冒一次险.

回到宝坻之后,我翻箱倒柜找出了平时读杂志写的 20 余本"学数札记"(有百万言),和近几年为《初等数学研究文萃》撰写的三大本书稿(有五、六十万字),和自己发表的文章,还有近 20 种初数杂志,心里稍微有了点底儿,更冒着"违约受罚(不能按时拿出合乎要求的书稿)"的极大风险与出版社签了合同.同时,郑绍辉先生也为我这个他初次见面并不了解的作者担当着重大责任.我们通了多封书信,互相鼓励.同时,我经过两个月的准备,处理杂事,然后,按"半年写作,半年抄整"的规划,开始"战斗"终于如期完成.当我有一天终于接到郑绍辉先生"书稿总编已经批准出版"的电话时,悬在心头一年之久的大石头终于落地.

必须说明的是,现在出版的书稿是经过郑绍辉先生精细加工的;经过他的加工,书可以说至少提高了一个档次.

为了使读者了解该书的真实写作过程,请大家读一读如下的"序".

序

数学是一个有机体,要靠长久不断的进展,才能生存,进步一停止便会死亡.

——陈省身:《对中国数学的展望》

1

中国是数学的故乡.

但是,为什么在宋元以后没有得到进一步发展? 这叫作李约瑟难题.怎样解开这一难题? 科学史方面专家众说纷纭.

1981 年陈省身说:"我们的希望是在 21 世纪看见中国成为数学大国."

这是什么? 这是期望! 这是预见! 这是猜想! 这是嘱托! 要运用我们的智慧和双手,要依靠我们齐心协力振兴中国数学,恢复中国数学大国的地位!

这,又意味着什么? 陈省身告诉我们:

这意味着:"要有一支年青的队伍,成员要有抱负,有信心,肯牺牲,不求个人名誉和利益,要超过前人,青出于蓝而胜于蓝."

这意味着:"二十年后必然有大批的中国数学家成为数学各方面国际上学术带头人."

这意味着:"到了 21 世纪中国的科学能够平等和独立."

总而言之,这也就是说:一要人才;二要成果.水平要高、数量要多;三要基地,我们要建设自己的"巴黎、哥廷根、普林斯顿".

但归根结底是人才!

2

人才从哪里来?

一是发现、培养;二是创造条件,开展研究,从"实战"中练就.除此之外,别无佳途.

我们正在改革教育,以提高人的素质、培养"创造型"人才.

我们正在开展数学竞赛活动,活跃气氛、激发兴趣、早期发现和培养人才.

我们正在大力宣传倡导,在艰苦的条件下奋斗为"初等数学研究"的普遍开展而奔走呼号,建立学术团体、开展学术交流、拓宽成果发表的渠道.

但归根结底,是什么推动初等数学研究的开展?

希尔伯特说:只要一门科学分支能够提出大量问题,它就充满着生命力;而问题缺乏则预示着发展的衰亡或中止.

这就是说,大量的"问题"是开展初等数学研究的必要条件和激励因素;数学的发展迫切需要问题.

问题从哪里来?

开始(20 世纪 80 年代初)我们靠"进口",从国外移植;现在我们逐渐走向平等和独立,我们要自己动手筛选;我们已有足够能力自己提出问题!

在"全国首届初等数学研究学术交流会"(1981.8)期间,我曾做了"初等数学问题"的报告,24 个问题引起与会者浓厚的兴趣,但问题面窄量少,述评简略.大家期待着更全面、更丰富的初等数学问题.

这愿望能实现吗?

要从近年出现的数十本译著、数百篇文献中筛选问题和猜想,工程浩大,谈何容易! 是我们的水平和能力可以达到的吗? 有这样的机会吗?

3

机会来了:湖南教育出版社的编辑高瞻,提供了这样一个良机.在众多朋友的支持下,我终于决心做一次尝试,而敬呈于大家面前的 182 个初等数学问题,就是这一尝试的结果.

193

老实说,这确是一次艰难的尝试,累积了四十余年,分散在数十种书籍、几十家杂志上的数百篇初数研究文献.不说浩如烟海,也如艨艟巨舰摆在我的面前.搜寻、阅读、摘记已费尽了推移之力,从中识别、筛选有分量、耐推敲、值得研究的问题、猜想、课题更是历尽周折.为此,希尔伯特"好问题"的标准,经常回旋脑际;为了追索某一问题的来龙去脉,更要反复查阅文献,核查对比,并尽量把引用文献的时限推后,直到誊清稿放笔的日子(1992年8月底).

为了做这样一次尝试,我几乎用去了全部"业余"时间,书信往来压到最低限度,妻子和女儿承担了全部家务,女儿还帮助做了某些计算.没有她们的劳动是不会有这本书的.令人意外的是,连生病的时间都被挤掉了.

自然,艰苦的努力并不等于尝试的成功.在182个问题中,好问题大约会有的,但并不全是,其中浅薄无味者有之,无意义者有之,过于一般化者有之……甚至已被解决而为作者所不知者,也间或有之.相反,由于种种原因,很多有价值且未解决的问题却未能列入,遗憾之余,我再次声明,爱中国人的成果,乃本人一癖,遗漏决非有意.

4

这是一本问题和课题的书,但是我相信,中国广大初等数学工作者观之会赏心悦目的、会感到自豪的.因为其中引用了数百人的成果(当然没忘指出他们的大名),无论提出者、推进者、解决者凡见到的都一一记录在案.我希望本书能作为一座小小的初等数学研究的历史丰碑.

我一向钟爱青年人的成果,此癖在著述中得到了极大的满足.在中国初等数学研究的文献海洋中遨游,心情总难平静,我感到:

我国初等数学研究队伍确实了不起:人多、青年多,其中不乏立志献身者、雄心勃勃者、智力超群者、攻坚历险者、稳产高产者.这支队伍,虽有缺陷,但水平不断提高、数学方法论的素养在不断提高,经验越来越丰富——这是事实!一批善提问题和猜想的能手,涌现了出来;一批敢向新领域突进的人,脱颖而出;一批人密切注视着世界初数研究的动向;一批"学派"的雏形若隐若现…….

5

当然,在写作过程中我感到责任之重大.因此,对每个问题都颇费推敲,由于漏掉了某人某文献(或只不过是通信中)的一点推进而几易其稿的事,已属平常.虽然我并没有赋予自己综述研究成果的任务,但为了更准确地保留问题提出、进展、反复的本来面貌,在不少情形下除略易符号之外,直接引用了原文.我感到,没有这些作者、研究者的成果和智慧,我纵有三头六臂,也很难在短短一年内筛选出这么多的问题.当然,在相应的地方直述他们的大名,意思是荣誉之外,请他们替作者分担责任.这里,我向他们表示深深的谢意!

当然,从根本上来说,每篇文章、每项成果都是问题,都可从某个角度作为新课题加以研究. 这里的问题仍只不过是举例,仍只是提供了方向和线索,而作为本书不可分割的构成部分的主要参考文献(目录列在每章之后)构成了 whc (问题或猜想)的必要背景材料.

这本著作是不是一个成功的尝试,自然留待历史去评说,更有待有识之士的批评鉴定,但随着初数研究的迅速开展,其中的问题,会逐渐成为 Fwhc(被解决掉的问题或猜想),这种事也许在写作出版过程中已经发生. 当然,这无论如何,总是好事.

杨之壬申仲秋于天津宝坻.

(最后做两点说明:一是该书出版后不到一年,就已脱销,出版社在 1994 年的 8 月,又重印了一次,结果又很快售空. 要告知大家的是哈尔滨工业大学出版社"刘培杰数学工作室",2015 年将编辑出版该书的增订新版.)

第二、三届初等数学研究学术交流会

第6章

§1 首届会后的形势

1.1 协调组的活动

按全国首届初等数学研究学术交流会的决定,于 1991 年 8 月成立由周春荔、杨世明、庞宗昱、张国旺和杨学枝组成的五人"中国初等数学研究工作协调组".初衷是延续这个交流会,保持交流会的会风和学术传统,这样一届一届地开下去,不要中断,以促进初数人才的涌现,促进大量高水平研究成果的涌现.具体地说,就是实现"首届交流会纪要"中提出的目标:

在适当时机建立相应的学术团体.创办专门的杂志,为了逐步改变我国初等数学研究人员素质,必须创造更多的学习交流的机会.建议各省市自治区像湖南省和福建省那样积极创造条件,尽快成立初等数学研究组织,召开本地区初等数学研究学术交流会,出版文集和开展各种研究活动,努力使"我国初等数学研究走在世界前列".

今后每二至三年举行一次类似的学术会议;

交流会的指导思想是:坚持四项基本原则,坚持双百方针,坚持学术上一律平等,认真交流初等数学研究的成果和经验,促进数学教育的改革.首届交流会开得团结、民主、扎实、俭朴,是一个高水平的学术会议.希望这个传统能一直保持下去.

对这一目标,"协调组"开展了一系列的工作:

(1)尽快确立我国初等数学研究的总体目标,要促进我国初等数学研究的有意义的发展,就要冲破传统观念,坚定信心并确立一个明确的总体目标.早在1991年,协调组成员杨世明在为湖南省数学会初等数学研究会主编的《湖南初等数学研究》文集写的"序"中,就曾说:

"历史进入20世纪80年代,随着人类知识的'爆炸',数学科学也迅猛发展,这无疑是'将'了我们一'军',但也为'复兴中国数学'提供了一个机会."

"通过对大量事实的考查分析,终于得出了(同传统初等数学的'完美论''枯竭论''无用论')相反的看法:初等数学的发展,远未完成,也许还未到青年期,它不仅有着广泛的应用,而且有着巨大的教育训练价值,初等数学'资源'远未开发净尽,它还要大发展,它正在大发展".

"新的观点终于使人们逐渐冲破了传统数学观念的束缚,坚定了对初等数学的信念,继之而来的就是行动,就是创造力的大发挥:20世纪80年代与90年代之交,研究成果倍增,课题不断涌现;人们看到了中国初等数学发展的前景."

尔后,在他于1992年为即将在1993年出版的由杨学枝、林章衍主编的《福建初等数学研究文集》"前言"中,又说:

当我们看见,在奥运会上我国体育健儿获得金牌,五星红旗在雄壮的中国国歌声中冉冉升起的时候,我们的心情是激动的.中国人被羞辱为"东亚病夫"的时代,一去不复返了!

当我们得知中国小将在世界数学奥林匹克竞赛中,一连几届获总分第一的消息,我们的心情是激动的.中国人被抛弃在 IMO 之外的时代也已经一去不复返了:数学英才正在从我们的青少年中,涌现出来!

然而,这远不足以洗刷我国数学长期被抛摔在"主流圈"之外、"研究总是跟着人家走"的耻辱.自然感到这种耻辱者,人数要少得多;面对近代我国数学文献充塞外国人名的现象感到痛心者,也只限于看到文献而又有强烈民族自尊心的人.

陈省身感受到了这一点,他大声疾呼:"我们的希望是在21世纪看见中国成为数学大国".成千上万的数学工作者(数学家、教师、编辑、教研人员和广大数学爱好者)感受到了这一点,而陈省身的疾呼(有人称之为"陈省身猜想"),呼出了他们的心里话,使他们大受鼓舞,他们身体力行,投身于数学研究事业!

197

在《中国初等数学研究文集(1980～1991)》序中,他进一步提出:

中国数学的发展自秦汉到明以前,历时1 800多年,代表着世界研究的主流,明清之后日衰,主流西移,开始了外国人名充塞中国数学文献的时代:每个新(或只不过是重新)发现的定理、方法,每个新引进的概念、术语,几乎都冠上一个外国人的名字.面对此情此景,中华儿女的"忍耐"是有限度的……进入20世纪80年代,若干令人瞩目的初数问题"进口",立即引发我们的兴趣和智慧.短时间内,就出现了不少成果,但依赖"进口课题",终非长久之计,顺着人家的思路,创新已难,开拓更不易,我们需要"国产课题",但是由谁来提?初等数学中还会有新的课题吗?还能开拓新领域吗?

我们给予了肯定的回答:一是理论上反驳了初等数学"完美论""枯竭论""无用论";二是用事实.大量初数研究新成果,一批新的研究课题被提出,证实了它是"富矿",有着良好的开发前景.问题澄清、思维开启、重新跻身于世界初等数学研究之林的信心倍增,我们面前这本文集,就是对这一段历史挑战的回答.

到1993年撰写《初等数学研究的问题与课题》时,在"序"(这个序我们在第5章已全文列出)中,更是直截了当的提出.陈省身先生说的"我们的希望是在21世纪,看见中国成为数学大国",这是期望!是预见!是猜想!是嘱托!要运用我们的双手和智慧,要依靠我们的齐心协力,振兴中国数学,恢复中国数学大国的地位!

(2)在这一段时间,协调组成员杨学枝、周春荔、杨世明等总是抓住机会,宣讲初等数学研究,如杨世明先后应邀到福建省、江西省、贵州省、天津师范大学、首都师范大学、江苏省无锡市、南京市,山东师范大学、山西省长治、太原、离石、西北师范大学、陕西汉中师范学院、河北省保定市、邯郸市、张家口、秦皇岛、沧州、河南师范大学、新疆昌吉市、昌吉学院、新疆师范大学、湖北大学、甘肃天水市、天水师范学院、河南濮阳教育学院等讲学(内容是MM教育方式、初等数学研究问题与课题等),还与九江师范学院合作在庐山举办过两期初等数学研究讲习会,杨之还在天水师范学院先后给三届学生开设"初等数学研究讲座"(并自编"初等数学研究八讲"作为教材).

(3)续出"中国初等数学研究简报"在由杨学枝主持编印"中国初等数学研究简报"的"第三期"刊登"前言"如下:

前　言

按照全国首届初等数学研究会议的决定,于1991年8月成立了由周春荔、杨世明、庞宗昱、张国旺、杨学枝五人组成的"中国初等数学研究工作协调组".

协调组成立一年多来,除了给大家寄发"文集",协助筹备第二届"初等数学研究学术交流会(以下简称"初研")"以外,还通过书信往来,同广大初等数学爱好者经常联系,推动一些省市"初研"组织的建立.协调组的成员还在各种有关学术会议上和其他场合,宣讲"初研"有关问题,受到热烈欢迎.一年来,协调组成员收到各地"初研"爱好者寄来的大量信件、稿件、信息……

一年来,全国各地"初研"活动频繁、活跃,研究成果质高量多,不少课题的研究时有进展.为二届会议撰写论文十分踊跃,许多"初研"事业的热心人为建立本省市或地区的"初研"组织,积极奔走联络.不少出版社的热心编辑,为出版"初等数学"著述历经艰难……,真是形势喜人.

许多"初研"爱好者希望协调组,能真正起到协调、促进、推动的作用,能及时地为大家提供丰富的信息.为此,我们决定不定期地印发这个《初等数学研究简报》供大家使用.为此,哪一位了解到有关"动态"请提供给我们.

该期还报道了:全国第二届初数交流会各项筹备工作就绪;福建省初等数学学会成立;全国首届初等数学研究学术交流会报道情况;简讯(湖北省初数研究活动开展情况),初等数学研究文献出版情况;《初等数学研究的问题与课题》内容简介等.

这个《初等数学研究简报》至 1999 年 10 月,共出到第七期,报道了大量珍贵的初数研究信息,它本身也成为有价值的历史资料.

1.2　初等数学研究出现大好形势：

自 1991 年 8 月,全国首届初等数学研究学术交流会以来,我国初等数学研究形势很好,队伍日益壮大,研究成果与日俱增,人们对初等数学的兴趣越来越深厚.

△1992 年 11 月 1 日,福建省数学会正式做出决定,成立福建省初等数学学会(作为省数学会之下的二级学会).成立大会将于 1993 年 8 月与福建省第二届初等数学研究学术交流会合并在永春县举行.

△1992 年,浙江省、陕西省相继成立了省初等数学研究会筹备组.

△1992 年 11 月 21 日,湖北省及武汉市成立了初等数学研究会联络组.

为适应全国初等数学研究的形势,促进湖北省初等数学研究学术活动的开展.1992 年 11 月 21 日由武汉地区热心于此项事业的同志发起并召开了一次联络会.到会的同志就全国特别是湖北省初等数学研究的现状,交换了意见,一致认为成立"湖北省暨武汉市初等数学研究会联络组"是必要的、适时的.经过协商,推选刘楚炤、汪江松、王方汉(武汉市第二十三中学)、齐世荫(武昌文华中学)、陈皓(武汉关山中学)为小组成员.其中刘楚招(湖北省数学会理事、特级教师、武昌实验中学副校长,430060)为组长,汪江松(湖北省《中学数学》常务副主编、副编审)为副组长,王方汉同志为联络组秘书.

会议号召湖北省有志于初等数学研究的同志勤奋工作、加强联系,为成立我省初等数学研究会积极创造条件.同时希望有志于初等数学研究的同仁立即行动起来,为了明年召开的全国第二届初等数学学术交流会撰写高质量的论文.为缩短邮递时间,论文可直接寄湖南岳阳市师范专科学校肖振纲老师(邮编:414000),并请给我们来信告知您的论文标题,以便加强联系.

湖北省暨武汉市初等数学研究会联络组
1991 年 11 月 25 日

△1992 年 8 月和 11 月杨世明,先后应邀去贵州省(贵阳市、安顺市)和福州市参加学术会议和讲学,他所宣讲的初等数学研究及初等数学问题引起与会者极大兴趣,受到初数爱好者和教师的热烈欢迎.

△在初等数学研究方面,协调组不断收到各地寄来的研究成果.仅杨世明同志就收到论文五六十篇,其中,有组合几何方面的新成果,有对折线自交数研究的成果.对于"绝对值方程"四川杨正义和宋之宇用上了仿射变换这一工具.福州市林世保老师采用以直线围出再限定的方法(求出的是高次绝对值方程),贵州冯发泽则从棱锥截线的角度获得了较为系统的结果,可见思路是很广泛的.

△冯跃峰的"任意凸四边形的方程"刊于《数学通报》,这是继《中等数学》、《湖南数学通讯》以后,发表绝对值方程文章的第三个杂志.

△在数阵研究方面,肖振纲着重研究了二、三维等差数阵和它的应用.

△四面体的研究更加深入,如杨学枝、杨世国等最近又提出了关于四面体的一系列不等式.

△欧阳维诚先生研究《周易》中的数论问题,卓有成效.

△陈计主办的《数学通讯》的"问题解答"栏,实际上是初等数学研究与评论的专栏.《福建中学数学》准备办类似栏目,湖北大学的《中学数学》辟"初数研究"专栏历时两年多,刊发论文近 60 篇,大多属于新的成果.陕西师范大学的《中学数学教学参考》的"论文选登"栏也是这样栏目.以上两个栏目中,前者由杨之协同主编,处理稿件,后者由杨之提供一部分稿件.《福建中学数学》开辟"初数探讨"已一年多,所刊内容颇有新意,深受读者欢迎.协调组希望大家普遍订阅这五种杂志并大力宣传.

§2　全国第二届初等数学研究学术交流会

2.1　筹备工作(一)

曲折过程是第一阶段.在湖南省长沙市召开的全国第二届初等数学研究学

200

术交流会是一次承上启下的会议(如果它不能如期召开,则会议将面临中断的危险),最后,经湖南省数学会、湖南初数界的有识之士沈文选、杨林、肖振纲等的倾力操持,终于如期召开.然而好事多磨,此会筹备过程曲折生动,对人很有教益,现通过书信等第一手资料,简要地重现这个过程.

叶军、杨林分别为湖南省初数会的理事长和秘书长,但未能出席天津初数会,为通报情况,杨世明作为协调组成员,1991年9月15日写了如下的信:

叶军、杨林两位老弟:天津初数会已过去月余,从各方面反映看还好,但是在这次会期间,没能见到两位老弟总觉心里不是滋味.会议期间,以肖振纲、沈文选为首的湖南省代表团做了出色的工作,成为与会代表的楷模.肖振纲、沈文选两位在会上讲了湖南省初数会的成立过程,你们艰苦奋斗的经历为大家创造了不少经验.

但是,无论是全国还是湖南省初数研究事业的发展,总不会是一帆风顺的,一定会有许多艰难险阻,要团结更多的人共同奋斗;叶军是"一把手",担子很重,希望你能在各方面严于律己,为大家做表率,为大家做更多的工作,杨林是秘书长,更是辛苦.

全国会开了第一届,下一届的担子将落在你们肩上,无疑对你们是很大的压力,但这是与会代表众望所归,希望你们能勇敢地承担.咱们的工作是平凡的,但其意义并不平凡,它对祖国之振兴并不平凡.

待到1992年1月和2月,才分别收到杨林和叶军的复信:

先是杨林1月25日来信说:

"早想给您写信,无奈近数月大家都忙得很,直到最近才碰到一起初步商议了一下,大家虽认为1993年会议很重要,但面临不少困难,首先是经费无来源,这个问题不解决,其他事都不好办.不知天津会议的资金筹集及开支情况怎样,能否详细介绍一下.其次认为主办单位仍以全国初等数学研究会名义为好,我省初数会以协办单位的名义参与.因此,建议组织专门的筹备班子进行工作,为从长计议,这个班子最好由三部分人员组成:一是协调组成员(1人,主要负责).二是本届会议协办省负责人员(2~3人).三是下届会协办省(1人)及若干成员,统一安排,分头准备;最后一个具体问题是论文审查程序和安排."

然后是2月1日叶军的来信:

"在十月您的来信对我们鼓励和鞭策终身难忘,沉重的包袱使我未能及时给您回信.天津会议我因公未能出席是终身遗憾的.也正是由于天津会议给我们年轻的初数会带来了许多今后难解的问题,第一个突出的问题就是团结的问题……天津会议,为了名和利,首先使得沈文选、肖振纲两人产生了许多隔阂,导致回来以后对学会没有任何交代,仅通知我1993年的会议要在湖南省召开,就连天津会议一份完整的资料都没有带回.沈文选干脆说他仅代表个人参加这次会议,有关事情请问肖振纲,而肖振纲从天津回来后,也没有任何反应.……天津会议,又把肖振纲作为组委会领导人之一"抬"了出来,这就更激起了沈文选的不满.如果请沈文选代替当时肖振纲的位置,对我们今后的工作会有力些(其实,按我们学会正副理事长排序来看,沈文选也是排在肖振纲前面的).

关于1993年的会议,事先我们没有任何准备,开了几次会意见都不统一,我已做出了很大的努力,力争1993年按照各位前辈的意思在长沙举行,由我会承办,这次1992年中国数学奥林匹克,我领队去了北京见了周春荔老师,和他谈了一个小时,具体地他会和您说的.一个令人头痛的事,就是经费问题.周老师的意思是这次大会的主要经费需由我们来筹集,可能无外援,这个担子到最后全都推到我身上了."

对此,杨世明分别复信.1992年2月1日复信给杨林:

"1月25日信收到,我将你关于会议筹备问题的想法抄寄庞宗昱和周春荔老师,请他们考虑.我待开学后也去和他们商量一下,再最后回答.先谈一下个人的看法:

1.现在全国各种(民办或官办)学术会议都是这样的模式:委托一省、市、一个单位筹办,是全权的,这样便于决策,因为如果筹备人员分散,来往容易误事.

对于咱们的会来说,比如:是否可由湖南师范大学与湖南数学会主办,初数会组成筹备班子,全权负责各项筹备工作.

主办单位自然出一点经费,另一条路是由《通讯》发行复习资料,上届会议代表、协调组等大力协助发行,由所得中拿出一部分资助大会,但会议的基本精神是:谁参加会谁出钱,无非是多收一点会务费,即使无人资助,会也要开;无非是开节俭的会(三不:不请专家学者做报告、不买礼品、不旅游)方针是:

努力筹集,有多少算多少,没有也要开.当时筹备天津会,就是这样想的,结果筹到一点.

2.关于审稿:全国学术会要求严,但实际上都不细审,只要符合会议主旨的论文就可以了(不评奖、不改稿、自行打印),所以,主要是确定邀请人员,这一点还是你们全权确定为好.

我参加过七八次也筹备过两三次全国学术会,大体如此."

1992年2月17日他又给叶军回信:

"关于第二届初数会在湖南省召开是临时动议,提前没有料到,让肖振纲参加大会指导组,是协调组决定成立这个指导组时,大家提出说,有人建议下届会在湖南省召开,是不是让他们参加一个人,我说,那就让肖振纲参加吧(与肖振纲通过几封信,通过我手里的文章较多,沈文选不太熟,也没有想到湖南省初数会副理事长排序),大家就同意了.后来我想到没有提到与你和杨林打招呼,有些不妥,总是由于我把事情想得简单了,给你们造成的困难确实是我的责任.从

202

我们筹备工作看,本想'让下届参加一个人',办周到一点,结果还是出了漏洞,我想你们应该谅解,特别是沈文选老师,更应谅解.我认为他不应该有'代表个人'的想法,而且,从大会筹备组来看,对沈文选也是十分重视的,他是几个大组长之一.我记得,在大会上他还代表湖南省初数会发了言.

对于文选与肖振纲之间的关系,我想你应予以调节,现在冯跃峰到了长沙,我已给他去了信.你、杨林、沈文选、肖振纲、冯跃峰和杨克昌等在研究上有很大的互补性,应当努力合作,互相促进.大家都谈论过哥廷根数学学派,希尔伯特是领头人之一,但他对老师克莱因始终敬仰,更珍视他同闵科夫斯基的友谊.

我、周(春荔)与庞(宗昱)三人联名,给方惠中教授写信汇报了天津会的情况,希望他能对咱们的事业继续给予支持.

我国数学界高层也有不少令人遗憾的事情,我辈应避免之.随着事业的发展,人要"出名",处理各种事情,都要自重.我常拿秦九韶为鉴,秦九韶在数学上贡献大,但人品有缺,已被骂了数百年.人非草木,孰能无情.我相信,经过一段时间的努力,在老一辈的支持下,初数会的班子一定会团结起来的.

我非常珍惜你们的友谊,也钟爱你们的文章、成果,这次寄来的小文很有意义,定当尽力."

1992 年 2 月 20 日杨林复信:

"2 月 1 日来信收悉,马上找了叶军进行商量(沈文选、冷(岗松)尚未返长沙),并与我刊李主编初步商量,筹资方案尚未拿定,李主编方面还要做工作.另外,由省数学会出面主办的事恐怕很难如愿……,目前叶军和我都感到事情压头,但正如您所说的,这是我们的共同事业,是全国众多的初数爱好者、研究者的共同事业,不管有多大的困难,也一定要想办法克服.我们准备开学后即开展有关的准备工作,召集有关负责人进行协商,统一认识,分头准备,并就此出一期《通讯》做些宣传、发动工作,计划在 3,4 两月中,将有关组织分工落实,然后发一个"第二届全国初等数学研究交流会论文征集"通知,除在我刊刊发外,还将在全国几家影响较大的中数刊物登载,以扩大影响面,此事的考虑和联系刊物一应事项看来还得请你多费心."

1992 年 2 月 22 日叶军复信说:

"第二届会的问题,我和杨林是打算接的.不过目前难点很多,主要是经费问题,正在想办法.沈文选老师那边您可给他去一封信,请他全力支持,我已和他谈过,不是很积极.……我打算第二届会的筹备工作主要由沈文选、杨林两位老师来抓,肖振纲是没有办法依靠的,相隔太远,今后恐怕只能到长沙做客了.

原打算天津会议的那 200 本文集(即《湖南初等数学研究文集》)收成本费,可收到 600 多元.走之前我还和肖振纲、沈文选打招呼,一定要收成本费,可是两位同志到天津后办事不力,200 本文集无人主管,全部被人拿走.看来,要办一件事真不容易,集体的事关心的人太少了."

为了说明情况,杨世明又于 2 月 29 日复信叶军、杨林:

"叶军、杨林两位老弟,你们好!你们分别于 20 日和 22 日来信收到,先回答你们的问题:那 200 本杂志,是我们动员肖振纲、沈文选两人那样办的,他们也没有办法.但是,我同庞宗昱老师商量,如果这次稿费购买给作者的购书有余的话,将用一部分资助长沙会议.

第二届会建议的正式代表人数是 120 人(少于第一届)(当然,湖南省代表可多一些,一部分可列席),这样算来,有 7 000～8 000 元就差不多,仍是开俭朴的会.另外,在天津时大家商量由《湖南数学通讯》编发一本高考复习资料,代表们答应全力以赴发行.

筹备这样一个全国性的会议,确实会有许多意想不到的困难,当时我们五个人中的三个:周春荔、庞宗昱和我,第一次在天津会面决定开这样的会时,一切都还没有,不要说"经费",就连是否会有人响应,是否能征得文章,是否会遇到什么人反对……,一点眉目也没有,这样就发了提纲.等开到第二次筹备会时,文章收到 100 多篇,质量不算差,这才有了一点眉目,这时才去想"经费".现在的情况看来比那时要好,你们有个组织,全国也有个"协调组",征文不成问题.第一届会的大多数代表作为后盾,看样子"经费"也总会有法解决的,退一万步,就是一分未征到,会也要开,多收点会务费,紧缩开支."

由上述多次的书信往返中,不难得知湖南省筹备第二届会中确实出现了困难.表面上看,主要是经费问题;而深层的原因,则是"团结问题",据叶军反映,初数会内部出现了某种矛盾,本来作为"协调组"没有"协调"他们"内部矛盾"的任务,但事关第二届会的筹备,甚至能否召开和传承下去的大事,因此,周春荔、庞宗昱、杨世明多次协商,不惜笔墨,劝和促谈.希望能化解矛盾,保证第二届会能召开能开好."矛盾"不能总包着,于是按叶军的建议,于 1992 年 3 月 1 日给沈文选写了一封信,信中有云:

"当然随着'初数运动'的开展,包括你我在内的一部分人就'出了名',人怕出名猪怕壮.中国数学上层争利逐名的丑事略有所闻,我们协调组五人每次会都互相警告.我们五个人的精诚团结办了全国这件大事.因此,我希望湖南省初数会领导层是个好班子.你们都是我的朋友和知音,我希望这个班子不仅领着湖南省广大初数工作者大步前进,也为全国其他的省市做出表率,有机会,希望与叶军、杨林、肖振纲诸君谈谈我的个人意思.因为我接触过一些知情人士(上海教育出版社王文才、北京几位同学,天津参加 IMO 培训的几位)与我谈了不少,所以我说了上面这些话以共勉.

关于筹备的事,我们'协调组'的心情在天津说了不少,望抽时与初数会理事们传达一下,因为信上难以写清楚.

振兴祖国数学的圆梦之旅
——中国初等数学研究史话

因为是对自己的知心好友,说了上面的话,希望能得到你的理解,我们已近 60 岁的人别无他求,全国初数研究运动发展了,我们的愿望也就达到了."

"出名"云云本是话中有话,别有隐情,沈文选老师不会看不出,但他很厚道、稳重,在 3 月 21 日简短的复信中,并没有追问什么,只说:"您每次给杨林老师的信我都看了.关于召开第二届全国初数研究学术交流会之事,虽然各种困难阻碍着我们,我们将尽最大的努力商定有关事情,落实有关事情,结果将由杨林老师具体写信告诉您.您为了全国初数研究爱好者有交流的机会、有发表的园地操尽了心、绞尽了脑汁,我们尽可能不辜负您的期望."

倒是肖振纲这个"直肠子",1992 年 4 月 1 日的一封长信,使我们知道了事情的一些经过:

"自天津(参加 1991 年 8 月首届初数会——引用者)回家后不几天,我即去长沙与叶军会了一面,向他汇报了天津会议的一些情况及第二次会议准备到长沙开的有关事宜.但叶军大摆架子,大发雷霆,说是"没有给他磁杯(会议期间每个与会代表有一个),什么'介绍我们成立初数会的情况不应由沈文选(他)没有资格'"云云,问及'第二次会议打算怎么办',答曰:'我有什么办法?你们这些人只写了几篇臭文章,根本不会办事'.弄得我一脸写满了尴尬,怏怏而离.沈文选与他谈的时候也碰了钉子.既是这样一个结果,我也就不好给您写信了,后我给杨林写信,与冷岗松笔谈,觉得有必要在尽短的时间内开一个常务理事会,讨论一下此事.统一思想分头工作,也由于群龙无首(叶军不理此事),只好搁置下来……后来在长沙的杨林、沈文选、冷岗松等人的多次催促下,叶军才将思想转过来,最后终于统一了思想.

现在的主要问题是经费问题……另外,我的学生张志华寒假到北京出差,与周国镇、周春荔两先生谈过此事(他们也非常关心).周国镇先生提出:将明年的希望杯数学邀请赛交给我省初数会主办,以筹一笔会议经费,但现在尚未联系一些具体事宜,长沙的诸位还不知道这件事.我另外还有一个想法,是看能否与侯振廷教授接触一下,要求长沙铁道学院资助一笔.同时,让冷岗松到教育学院争取一些(我们学校不做指望,但还是要争取),一些地市县教研室也可争取.总之既然已经决定办,就须硬着头皮,去掉斯文,我想是会成功的.我已回信给杨林,收稿的事就由我来负责.尽管未成立筹备组,但事实上现在已经开始工作了,基本上也就是我们五个人(我、叶军、冷岗松、沈文选、杨林)."

杨林 1992 年 4 月 13 日给杨世明的信说:"关于明年会议的事,我会准备在本月 26 日集中(全部人员)落实一下筹备工作的各个方面,征稿通知已在第 2 期上排出,是否请您将"通知"联系全国几家有影响的刊物发出来,以扩大范围."

到 4 月 30 日杨世明给肖振纲复信云:"4 月 1 日信早已收到,肺腑之言令人感动.……现在"筹备组"已成立,我已把"征文通知"复写了十份,分别寄给了各家杂志,估计会有至少五六家刊登."

下面就是这个"征文通知"和筹备组人员名单:

第二届全国初等数学研究学术交流会论文征集通知

根据 1991 年 8 月在天津市召开的全国首届初等数学研究学术交流会的建议,第二届交流会由湖南省初等数学研究会负责筹备.经筹备组研究,交流会暂定于 1993 年 8 月在长沙或岳阳举行.

为了促进我国的初等数学研究,把第二届交流会开成一个高水平的会议,从现在起,正式开展论文征集和审理工作.

我们希望提交有创见的初等数学研究论文、初等数学某一专题的综述报告、数学竞赛方面的专题研究等未发表的新成果(不含教学研究方面的论文),体现新思想、新观点和新方法.5 000 字以上的论文,文前需有 100 字以内的内容提要,文末应列出主要参考文献.如系不易找到的文献(如各校学报、内刊、会议交流论文等),请附上复印件.

征文截止日期(以当地邮戳为准):1993 年 3 月 31 日.论文请寄湖南岳阳师范高等专科学校肖振纲老师,邮码 414000.

第二届全国初等数学研究学术交流会筹备组成立

1992 年 4 月 26 日

附 筹备组成员:

叶军、沈文选(湖南师范大学数学系,410006)、肖振纲(湖南岳阳师范高等专科学校,414000)、冷岗松(湖南教育学院,410012)、杨 林(长沙教育学院,410002).

来之不易的"筹备组"终于成立了,从而开始了具体的筹备工作.待到 1993 年 3 月,"征文"即将结束.筹备组召开了第三次会议,"中国初等数学研究简报"第三期报道了这次会议:

全国初数第二届学术交流会各项筹备工作就绪

全国第二届初数学术交流会,筹备小组第三次会议于 1993 年 3 月 13 日在湖南师范大学召开.湖南省初数会主要负责人及部分理事参加了会议.会议进一步确定了全国第二届初等数学术交流会拟定于 8 月 14～17 日在湖南省长沙市举行.并通过集体严格审查,从全国 345 位作者送交的 534 篇学术论文中挑选出 138 人,共计 133 篇学术论文作为参会交流论文.会议还讨论确定了大会规模、收费标准,邀请国内知名人士做学术报告等有关事项.会议以后将着手具体准备工作.会议邀请书和会议通知书不久将陆续寄给入选作者.

会议服务人员:叶军、沈文选、肖振纲、杨林、冷岗松、冯跃峰、刘海林、李再湘.

会议邀请书

_____同志：

全国第二届初等数学研究学术交流会将于 1993 年 8 月 14 日～17 日在湖南省长沙市召开（如有变动，则另行通知）．您的论文：_____
_____获大会筹备组论文评选组通过．特邀请您出席本届大会．

一、会议主要内容

1. 邀请全国知名学者、专家做初数研究专题报告；

2. 交流初数研究成果；

3. 其他有关事宜．

二、出席会议经费

1. 每位参会者需交纳会务费 150 元、资料费 50 元；出版社、中数期刊的代表每人须交纳会务费 300 元、资料费 50 元．

2. 差旅费、住宿费、会议伙食补贴等回单位报销．

3. 为保证大会顺利举行，每位参会者须交纳住宿预订金 20 元．另外，如需代订返程车票，请写明所乘车次及开车日期并预交车票金额（见预订单）．预交款及预订单请寄"湖南师范大学数学系沈文选老师，邮编 410006"．截止日期为 1993 年 5 月 25 日［两点说明：(1)因条件所限，凡未交纳预订金而参会者，会务组不能保证该项事宜的落实．(2)若交纳了预付款而未能赴会者，住宿预订金不再退还，返程车票退还 70%］．

三、出席会议手续办理

1. 参会者请于 1993 年 8 月 14 日 8：00～17：00 前往湖南师范大学招待所，办理出席会议登记手续（由长沙火车站搭乘立珊一线车，晚上搭乘 12 路车到荣湾镇再转 5 路车到湖南师范大学）

2. 获选论文请打印 250 份随身带来交大会会务组．

委托主办单位： 湖南省数学会初等数学研究会

湖南师范大学数学系

《湖南数学通讯》编辑部

1993 年 3 月 3 日

2.2　筹备工作(二)

曲折过程之第二阶段．筹备组成立，筹备工作就绪，论文征集工作形势不错，有的发了"邀请书"．杨林于 7 月 22 日信中也说："初数会筹资情况较好，看来这方面没什么大问题，征集稿件的工作进展也很顺利．"那么协调组和广大初数爱好者就可以乐观其成了．

然而事情并没有那样简单,在 1992 年 6 月 25 日杨林来信中,已有了一点端倪:"来信早已收到,只因您信中打听叶军近况,我因事务忙也很少与他见面,最近因编辑部有事,约他三次,直到昨天才见他身影,听说他最近与人一起在编一本地区的复习资料,正在忙于排版、校对工作."而"为了明年会筹资的《试卷辑》的发行工作正在进行."两者发行会不会"撞车"?

　　事隔数月,终于"东窗事发".1992 年 10 月 14 日,肖振纲信云:

　　"经费筹集情况原本是比较乐观的(杨林可能跟您讲了一些情况),《湖南数学通讯》主编答应以其名义编试卷,而且所得利润全归数字会.结果叶军理事长将其论文收集和审察的任务推给我以后,这里的事情他便事事不管,不仅如此,他还邀请几个人编写复习资料,买书号(打着"初数会"牌子出版与湖南省数学通讯争市场,搞得李宗铎主编火了,最后确定了一个上限:5 000 本,'下不为例'.我想叶军作为一个理事长,本来他应想尽一切办法为开好这次会出主意、筹集资金.结果他'办法'是想了,但钱往自己口袋里装.我们估计,他此举至少要往自己口袋里装五万,将初数会公章垄断在自己手里,以初数会名义向省内外到处为他自己发订单.我个人认为,如果他此举是为初数会,为开好全国的会议这还不愧为一个理事长;退一步说,要用钱来"武装"自己,待全国会议开过后,也不迟,可偏偏在筹集资金的时候顶着干,老实说,这个人实在不是一个家伙(还私下说道要解散初数会).本来湖南师范大学张校长已答应赞助会议3 000元,可叶军怕麻烦,以各种理由推托,将会议地点确定到湖南教育学院…….."

　　如果这些都是事实(以后事情的发展表明,这都是事实且不止这一些),不仅从几个方面断了为开全国第二届会筹集经费的"财路",而且随便更改会址,减少与会人员,最后把这届会断送掉,想到这里,肖振纲愤怒了.一向深沉、能隐忍的沈文选也忍耐不住了,他于 1993 年 1 月 14 日寄来一封信,说:

　　"下面把有关情况说明一下:

　　1.在天津我和肖振纲接受开会任务后,一直为这件事犯愁,一愁经费,二愁开会地点及返回车票……还愁我们初数会领导层意见不统一.现在,开会日期逐渐逼近,困难也越来越多、越来越大.经费问题上,我和杨林等努力争取到《湖南数学通讯》资助一点(可能有 4 000 元),此外,无一点资金.本来要叶军协助编辑部工作多发行点增刊,编辑部若收益较大,也会多资助一些的;可是他却背地里伙同他人推销他的复习资料,并打着初数会的牌子搞个人发财,这些情况我最近才搞清楚.

　　2.(略).

　　3.自从收到您的长信后,我一直纳闷,这中间一定有什么胡言乱语,当时想经过一段时间后会有点眉目的.现在看来,有点眉目了,虽说了这些困难,我们

208

还是千方百计,尽最大的努力,可能到了3月份后,有些事情才能定下来."

既然有了眉目,我们也就没有什么必要再隐瞒了.于是在1月6日复信沈文选,一方面实话实说,同时写信给叶军,继续劝谈促和,最后鼓励说"总而言之,湖南省有我包括阁下在内的一大批忘年好友,我无他求,只希望晚年为你们当好梯子,把初数研究交流会一届届开下去,为你们的研究成果交流发表提供更多的场合;别无他求,开好第二届初数会是全国初数爱好者的心愿,文选老弟,想到1996年或1997年的福州会,2000年北京会……初数研究事业兴旺发达的前景,你的心情不激动吗? 虽然两三年之内我要退休了,担子也要交给你们了,但我的心情是很兴奋的,想到这些,暂时的困难算得了什么?"

待到1993年4月6日,杨林才复信杨世明,说:

"3月13日,我们开了第三次筹备小组会(详细情况已给学枝去了信——就是前面"简报"中发的那一则报道,这里是它产生的背景).这次会主要是从近600篇稿件中,最后确定参会人员.另外,进一步落实了会议的地点和时间(8月14~17日,湖南师范大学)及有关其他准备工作.我最近已将参会人员邀请书、通知书印发,并已在上周六向作者们发出,国内各期刊编辑部、出版社邀请函后发出.我的想法是:一、两位专家学者来做专题报告,因经费比较紧张,现在还不能最后确定,这次除《湖南数学通讯》编辑部资助4 000元外,再没有其他来源.

叶军同志去年背着初数会其他几位负责同志利用初数会的名义编几本初、高中考试资料,大概有几万元收入,但没有拿一分钱给初数会.对此,大家都很有意见,早在第二次筹备小组会上都批评了他的那种做法,但他并没有接受意见的表示,因为这次大会即将举行,为顾全大局,暂还希望他出来工作,但他的态度仍是比较消极的."

对此,杨世明4月11日复信云:

"你信中提到的事,肖振纲和沈文选都来信说过,这真是湖南省初数研究运动的一个不幸,也给全国初数研究造成一定的困难.但是,你们大多数成员能顾全大局,在千难万难中把8月会筹备好,我感到欣慰,这种被钱、势迷了心窍的人我碰到的不多,但也有一两个,只好听之,好在他们都逐渐销声匿迹了."

4月17日,杨世明又把这些情况写信告诉杨学枝:

"湖南省初数会在(长沙)湖南师范大学召开是经过很大努力争取的.春节前,我分别给湖南省初数会的"头头"(叶军、杨林、沈文选、肖振纲)都去了长信,做些建议,近来,肖振纲、沈文选、杨林分别来信讲了叶军的事(打着初数会牌子编资料个人赚钱),湖南省初数会确实遇到了困难,但杨林、肖振纲、沈文选等顾全大局,争取把8月会开好,令人钦佩,从这里看,湖南省初数研究又是大有希望的."

5月12日,又致函学枝:"1993年5月8~9日我专程去北京,见到周春荔.

我把上海 P, M 会议(即全国第二届波利亚数学教育思想研讨会)及 8 月长沙会,还有福建的事,向他做了说明. 我们一起深入分析了当前全国初数研究的概况,认为形势很好,初数研究正在深入人心,关于初数的应用研究,我们谈了很多."

我把一些想法,对周春荔说了,他说:'初数研究'和'P, M'是我报的两项课题,我决不会退出的,你和学校近两年来做了大量工作,提高了协调组的威望,这是有目共睹的……初数研究是一项伟大的事业,困难很多,但也要做下去,我现在把各种关系维持好. 2000 年,无论如何,都要筹备好一次初数盛会!

我俩还谈到, 8 月长沙会还应坚持不请'名人'做报告. 因为最了解初数研究的还是咱们自己,请人做'报告'等于把他置于大会之上了. 我们召开的是学术交流会,与会人员一律平等,各方面都一样,咱们协调组成员,都应争取讲一讲,发挥咱们的'功能'.

还有,'会'不要太密集,长沙会后,就是福建省会(争取在 1996 年开),然后是 2000 年的北京会,中间不要再加补了,会太密集,每次展示的成果太少.

办杂志事都要大力争取.

5 月 17 日,杨之又寄书周春荔:"老周,你好! 回来奋斗几天,终于完成"应用研究"的第二稿,寄上请过目(当然,如有处可发,可删改发一发,许多地方需加工和简化),并请做"插话"的准备."

5 月 30 日,周春荔复信:"世明兄:你好! 才从四川返回,看到你两封来信,一为'谈谈初等数学的应用研究',一为写作提纲. 我想,老兄的发言会影响甚大. 因此要慎重,不宜以(批)'初等数学无用论'为靶子,还是正面论述为宜. 初数研究并不是、也不需要整体地向应用转移,而是要注意与实际(生活实际、工作实际)相结合,只是要注意的问题,谈过头了就会适得其反,以上意见请三思. 这支队伍中每个人都有自己的研究热点,此地有油源,打井出油就应该,不要造成大家都有偏于研究方向之感. 此外,"初数研究看社会效益"之谈未必妥当." 可见,杨世明将在第二届初数会上的发言"谈谈初等数学的应用研究",正在进行协调组内部的讨论、协调.

关于湖南省的初数会,1993 年 7 月 3 日,杨世明寄函向杨学枝通报情况:

"学枝弟:6 月 24 日信收到,现把情况向老弟通报如下:杨林来信评述了湖南省情况,湖南省数学会改组湖南省初数会,改为'初等数学委员会',由湖南师范大学附中特级教师朱石凡任主任,沈文选、杨林、肖振纲、冷岗松等为委员,叶军由于他本人问题未进入. 筹备工作已全面就绪,日程是:15 日上午开幕式,下午专题报告,16 日分组交流,17 日专题发言,18 日参观韶山一花明楼. 到会人员 120 人以上. 总之,筹备周到,由于"改组",湖南省初数会终于有了转机."

7 月 9 日,杨世明又以同样内容寄信,向周春荔汇报:

"杨林6月25日来信说了几件事:①湖南省数学会理事会决定对初数会进行改组,"初数会"改为"省数学会初等数学委员会"成为工作机构.朱石凡为主任,肖果能和沈文选为副主任,杨林、肖振纲为委员;叶军由于他个人问题未做安排(原理事会保存到全国交流会结束).这次改组使湖南省初数研究工作有了转机,真是天从人愿;②6月20日开筹备会,对第二届交流会做了安排."

杨林的信,是一个重要的历史文献,全文录在下面:

杨林来信

世明兄:

您好!

最近我省数学会进行了改选,产生了新一届理事会.理事长仍为侯振挺教授,其他人员有一些变动,但不太大.另外,这一届理事会做出决定,将原"湖南省数学会初等数学研究会"改为"湖南省数学会初等数学委员会",作为省数学会下的一个工作机构,由湖南师范大学附中特级教师朱石凡任主任,长沙铁道学院肖果能教授与湖南师范大学沈文选老师任副主任.我与肖振纲、冷岗松均为委员.由于叶军本人的问题,他未被任命,原属会员仍保留,并做了一个一个补充说明,愿"初数研究会"保存到开完这次全国初数研究交流会.

6月20日,我省初数会召开了第四次全国第二届初数交流会筹备会议,到会人员有:肖果能、沈文选、肖振纲、冷岗松、杨林、冯跃峰、李再湘、刘海林共八人(叶军因父病未能出席),商议了8月14~18日大会的各项具体准备工作.会议由沈文选主持,人员进行了分工.分秘书组(杨林、肖振纲、李再湘),会务组(沈文选、冯跃峰),后勤组(冷岗松、刘海林)讨论了会议开支的预算草案,确定了邀请省数学会、省教委、师范大学领导等有关人员名单;初步拟定日程安排为:

第一天(15日)上午:开幕式—照相—会餐.

下午:专题报告(一个是您的"初数研究与应用"(数学……),一个是肖果能的"高等数学指导下的初数研究")(名称暂定).

第二天(16日)上午:分组交流发言(小组划分待肖振纲回去拟定,大致分6~8组)各组推荐1~2人进行大会交流.

下午:各组推荐的人员进行大会交流.

第三天(17日)上午:专题发言.

暂定:①周士潘:组合数学与数学竞赛(待联系);

②匡继昌:不等式研究概况;

③肖振纲:初数研究的思想方法.

下午:闭幕式.

第四天(18日):参观韶山—花明楼.

211

这次筹备会目前共收到 90 多人的回执,我们估计到会人员会有 120 人以上.根据所收到的意见来看,有以下两点比较集中,故会上进行了讨论,并初步做出决议.

①大多数中学教师希望交流论文能评奖,并希望能有名次.我们认为可以考虑评三个等次的奖,并成立由全国协调组人员与湖南省初数会负责人员组成评审小组.届时评出一、二、三等奖,我们自己考虑时,严格控制一等奖,放宽三等奖.

②今年是毛主席诞辰 100 周年纪念日,很多老师特别是外地老师都提出去韶山参观.对此,我们决定最后一天安排去韶山参观,顺便去刘少奇故居花明楼参观,并做了相应的准备.

另外我们已决定将您最近出版的《初等数学研究的问题与课题》作为资料发给每位与会代表,有关事宜已与湖南教育出版社联系.

会议的大致情况即如此.特向您做汇报.我最近除花较多精力筹办会议有关事项外,编辑部工作,教学工作及暑假省、市夏令营培训工作都较多,有些考虑不周详之处,请您近期来信指教.

顺颂夏安!

杨林
1993 年 6 月 25 日

对此,协调组杨世明于 1993 年 7 月 3 日复信给杨林:

"省数学会对初数会的改组使湖南省初数研究又有了新的转机,这说明湖南省老一辈数学家在支持初数研究方面确实是高瞻远瞩的.请代我问候朱石凡、肖果能诸位老师及其他各位委员,对委员会的建立表示祝贺.据来信所述,我觉得你们对大会的安排周到、细致,相信会一定会圆满成功."

就这样,历时近两年的"拉锯战",以"制造麻烦者"被迫出局而告终.然而作为"螳臂当车"这成语的一个事例,它是非常典型的.为了个人的私欲和一点私利,不惜编造谎言、横生枝节干扰筹备工作,有意无意地破坏初等数学研究事业(试想,如果全国第二届初等数学研究学术交流会,因此而不能如期召开,那么系列会议就有中断的危险,……),使自己不齿于初数界,淡出初数界,而"会"还要开,初数事业还在发展.因此我们又想到唐诗里的两句名言:"沉舟侧畔千帆过,病树前头万木春".

2.3　开会过程

本以为第二届会议沿着首届会议蹚出的路筹备起来会容易些.然而却应了"好事多磨"的谚语,由于出现了不速之客的光顾,反而是使筹备过程异常地曲折,这样的事,也许以后还会发生,而其中透露出的哲理、反映出的历史规律,却

212

是我们宝贵的财富.

全国第二届初等数学研学术交流会,准时于 1993 年 8 月 15 日在湖南师范大学逸夫图书馆开幕. 湖南省数学会、初等数学委员会朱石凡特级教师致开幕词.

第二届全国初等数学研究学术交流会开幕词

朱石凡

各位领导、各位代表和来宾同志们:

经过各级领导的支持和各位代表同志的努力,第二届全国初等数学研究学术交流会,终于在这美丽的岳麓山下、富饶的湘江之滨的湖南师范大学正式开幕了. 我代表湖南省数学学会初数委员会向大会表示热烈祝贺! 向各位代表表示热烈欢迎!

两年前,在座的很多代表同志相逢在天津市,参加第一届全国初等数学研究学术交流会,对所谓初等数学研究的"完美论""枯渴论""无用论"进行了探讨,以丰硕的成果进行了有力的回答. 今天有全国 29 个省市,150 多位代表同志聚会在长沙,更说明了初等数学研究领域前景广阔,研究迈上了新的台阶.

初等数学是一个古老而又生机盎然的数学分支,初等数学研究的发展曾对许多数学分支的发展产生过积极的影响. 因此在它的周围吸引着许多优秀的学者、数学爱好者和中学数学教师,这是因为它的地位"基础",直观具体、数形并举、结合性强,具有普通教育价值,又与高等数学相互渗透等特点所决定的,初等数学研究的发展,除了形成以算术、几何、代数、三角为主要分支的庞大体系之外,还提出并研究了大批精巧问题.

特别是近十余年来,兴起了初等数学研究的热潮,这是一些有声望的数学家高瞻远瞩,他们为之奔走呼号的结果. 研究的热潮,由少数地区波及大江南北、内地边陲,对于提高初等数学研究的兴趣和能力,起了积极的作用,涌现出了一大批足智高产的数学家和数学爱好者,也促进了中学数学教育质量的提高.

展望未来,在科学技术上我国正在实现现代化,因而在初等数学研究方面,也有一个现代化的问题. 也就是说,初等数学研究的发展不仅是内容的扩充更新,而且伴随着现代数学科学先进的思想、观点、方法的渗透,借鉴和移植,伴随着方法探索上的刻意创新,使初等数学研究更上一层楼. 那么初等数学研究,就会进一步与现代数学研究和数学教育相呼应,为国家的未来培养多方面的优秀人才.

这次大会,我们将听取有关领导同志的指示,听取有关专家教授的专题报告,同时还要对我们的研究成果进行广泛的学术交流. 我们将本着"百花齐放、百家争鸣",互通信息、互相切磋、广交朋友的精神,集众家之长,汇流成河,促进我们今后的初等数学研究蓬勃发展,培养更多的我国现代化的人才.

祝大会开得圆满成功! 祝代表同志们身体健康,万事如意!

经过三天紧张的开会,讨论和会内外交流,大会完成了自己的任务,8 月 17 日举行闭幕式,通过了"纪要",然后由湖南省数学会初等数学委员会副主任、协调组新的成员沈文选致闭幕词.

全国第二届初等数学研究学术交流会
纪要
(1993 年 8 月 17 日·长沙)

全国第二届初等数学研究学术交流会,于 1993 年 8 月 15~17 日在湖南师范大学举行.出席这次会议的有来自全国 27 个省、市、自治区的代表、列席代表,特邀代表共 170 余人.

会议开幕式由湖南省数学会初等数学委员会副主任肖果能教授主持,初等数学委员会主任朱石凡致开幕词,湖南省数学会副理事长蔡海涛教授、杨向群教授、张垚教授出席了会议开幕式,蔡海涛教授代表湖南省数学会致词,湖南师范大学副校长陈钧、数学系主任杜雪堂、全国初等数学研究协调组成员杨世明、张国旺、杨学枝在开幕式上讲话.福建省初数研究会、浙江省初数研究会筹备组向大会致了贺词、山东省代表在会上发言.大会还收到了许多单位和个人的贺信.

在全体会议上,杨世明特级教师做了题为"论初等数学的应用研究";肖果能教授做了题为"初等数学研究与高等数学"的专题报告.代表们一致认为这两个报告既肯定了实践是初等数学研究和发展的源泉,面向实践,注重应用是初等数学研究必须坚持的方向;又肯定了实践和应用的需要及数学自身的内部矛盾运动,是初等数学发展的内在根据和动力,这对于指导我国初等数学研究的发展有一定的意义.

会议共收到初等数学专题论文 800 多篇,其中 150 多篇论文进行了小组交流,6 篇论文进行了大会交流,这些论文题材广泛,不少论文结论深刻,有一定的理论或应用价值.代表们还利用会外的时间广泛地进行接触、切磋和交流.

在专家报告会上,全体代表怀着浓厚的兴趣听取匡继昌教授等四人的专题发言.

湖南省、河南省、湖北省三家教育出版社及《湖南数学通讯》、湖北省《中学数学》、江苏省《中学数学》、山东省《中学数学杂志》、吉林省《现代中学生》、广西壮族自治区《中学理科参考资料》、浙江省《初等数学报》等杂志社的编辑人员参加了这次会议,与代表们进行了座谈,并广泛地交换了意见.

这次会议出席的人数大大地超过了预计数,论文的数量多、质量高,反映了 1991 年全国首届初等数学研究学术交流会以来,我国初等数学研究又取得了丰硕的成果,呈现一派繁荣景象.

会议认为,我国初等数学研究的发展需要全社会的支持.我们已经与出版界建立了很好的联系,得到了出版界的支持和帮助;我们还要与社会各界,其中包括经济界、实业界加强联系,这就要求我们面向实践,为国民经济的发展做出切实的贡献.

会议认为,为了促进初等数学研究的发展,各省、市,自治区成立初等数学研究一类的学术机构,是一个很好的形式.全国初等数学研究协调组在沟通信息、协调工作方面发挥了很好的作用,希望今后这些工作将有进一步的发展.

这次会议坚持了四项基本原则和"双百"方针,始终在团结、进取、奉献的新局面中进行,开得生动、活泼、卓有成效,是一次成功的会议.湖南省数学会,湖南省数学会初等数学委员会为本次会议的召开,做出了很大的贡献.《湖南数学通讯》在非常困难的情况下给会议提供了一定的资助,会议向他们表示感谢.

会议期间,全国初等数学研究协调组举行了第五次会议.会议决定扩大协调组成员,全国初等数学研究协调组成员是:周春荔、杨世明、庞宗昱、张国旺、杨学枝、汪江松、沈文选,会议还建议全国第三届初等数学研究学术交流会于1996年在福建省召开.

第二届全国初等数学研究学术交流会闭幕词

沈文选

各位代表、同志们、朋友们:

第二届全国初等数学研究学术交流会,经过与会全代表三天团结协作、共同努力,各项议程均已顺利完成.三天来,大会听取了两位专家的学术报告,四位专家的专题发言,交流了150余篇论文.代表们汇聚在长沙,切磋了学术、结识了朋友、找到了知音.我们的大会开得团结、民主、扎实、俭朴,我们的大会将以深远的意义载入我国的数学史册!

这次大会,准备了两年,征集到全国29省市(除西藏、台湾外)500余位作者的800余篇论文,最后我们共评审出140多篇作为大会交流,实现了首届全国初等数学研究学术交流会的意向.规模以130人左右为宜,要认真把好论文的质量关,使我们大会交流的论文能充分引起国内外的重视,提高我们会议的知名度、可信度,让社会承认"初等数学研究学术交流会"是个质量信得过的学术会议,达到只要是这个会议交流的论文,在评职和评奖时都会得到社会的承认的,高水平的送审论文.这次参与交流的论文,既有数学名家的巧思妙笔,又有大批数学新秀的潜心探索.这些渗透精妙教学思想显示数学无穷魅力,闪烁数学方法光辉的研究成果,给与会者们以智慧的启迪,美好的享受!这次会议是我国初等教学继往开来的一个里程碑.

现代数学的蓬勃发展和一个个新领域的开拓,显示着初等数学研究的巨大

215

威力、储量和价值.提高初等数学研究,不仅是提高中学数学教师、高等师范院校数学系(科)师生水平的切实可行途径,也是把陈氏预言:"21世纪中国将成为数学大国"变为现实的举措之一.为了使初等数学研究进一步与现代数学研究和数学教育相呼应;为提高中学数学教育质量做出更大的贡献,我们要注意到如下三个方面的问题:

1. 做初等数学研究,要坚持正确的方向.就数学研究来说,问题的提出和方法的意义是值得注意的.这是陈省身、华罗庚、严士健先生等数学大师们反复强调的.对初等数学研究也应该注意它的问题应如何提出,如何注意研究方法.从第二次世界大战以来数学应用有了很大发展,特别是计算机的出现,很多实际问题应用计算机可以得到解决的办法,而这些办法通常是将问题离散化而得到的.另一方面,一些高科技的研究也提出一些具有初等性质(例如组合、图论)的构造问题,优化问题(例如网络、布线、规划等).因此离散数学的重要性日益显现.这里有很多具有初等特点的研究问题,严士健先生等人就认为这里有些问题可作为初等数学研究的对象,它们有实际的背景,而且在数学上也是深刻的.如果能用初等方法解决,无论对初等数学的发展或发挥数学在我国现代化建设中的作用都是有意义的,这是值得注意的一个方向问题.这实际上也强调了应用对于数学分支发展的重要性.在进行初等数学研究中注意与生产、生活、文化教育等直接产生社会效益的各方面的应用,注意与初等数学的思想、理论、方法在发展初等数学自身以及向高等数学某些方面移植的应用;注意与有关初等数学及其思想方法的研究在培养人才,提高全民族文化素质方面的应用.从中学数学教育角度看,适应中学生的年龄特点和认知结构搜集(并且适当加工)在日常生活和各个行业的日常活动中出现的应用数学问题,供中学生思考和练习之用,对这些问题的研究也是很有意义的.

2. 进行初等数学研究要继续发扬"三点精神".在首届全国初等教学研究学术交流会的闭幕式上,周春荔先生归纳出了为振兴发展我国的初等数学研究,应发扬的"三点精神":

第一,树立事业观念,发扬奉献精神;

第二,树立群体意识,发扬团结精神;

第三,树立艰苦扎实的工作作风,发扬奋斗拼搏精神.

这三点精神是我们筹办第二届会议的支柱,也是今后要继续发扬的精神.为了开好这次大会,筹备组的同志牺牲了大量的休息时间评审论文;克服了重重困难,多方奔走、创造条件,为大会做准备.各位代表为了提交高水平、高质量的论文,反复推敲、反复修改、为了赴会,克服旅途中的种种困难,有的代表为解决经费困难,节衣缩食,自掏腰包赴会.事迹可歌可泣、精神感人肺腑,这都是为了一个共同的目标,为了发展我国的初数研究.

初等数学研究是一项事业,是一项光荣而艰巨的事业,绝不是靠一两个人的个人奋斗写一两篇文章,开一两次会议可以完成的,因此继续坚持发扬"三点精神"是极其重要的.

3. 进行初等数学研究,提高运用数学方法论水平.

杨世明先生在《初等数学研究问题三议》中曾指出:我们确有相当一批同志,他们兢兢业业,非常努力,但往往是重复别人已做过的工作,或虽辛辛苦苦,却难得做出有新意的内容,这除了功底之外,恐怕还有如下两个方面的原因:

一是视野不开阔,不大了解自己所研究课题的历史和现状,闭门造车,怎能有所作为? 怎能不重复? 另外当前有一种"推广"之风,这在不等式研究中尤为突出,无非是加权加细多元高维等. 其实,有一些这样的"推广"恐怕只具有例、习题的价值,还有的把某些竞赛题拿来"推广"一番,其实这类题目往往本来就是由一般性问题加以限定而来的,何劳再"推广"回去呢?

二是数学方法论素质有待提高. 例如,人们证题、命题应当遵守以少数真命题为依据的原则,而我们现在俯拾即是的,是这样一大批文章——某公式或某结果在解某类题目中的应用. 这类文章有一个共同模式:以某个题的结果或推广为依据,处理一批同类型的问题,这类文章究竟有多大的意义和价值? 当然某些文章作为训练学生是可以的,但有些作为训练学生也值得打问号.

在初数教学研究中,那些有成效的研究者都能体会到波利亚的合情推理、探索性演绎方法,还有抽象分析法、美学追求法等是帮助我们提出研究课题的有效方法、初等数学集具体性、基础性、悠久性、综合性、延伸性、育智性等于一体,其研究领域宽广、体系庞大. 数学方法论的指导作用是重大的,指导意义是深远的.

诸位代表,我们这次会议能够圆满完成是与湖南省数学会、湖南师范大学校系领导的关怀指导、《湖南数学通讯》编辑部的支持,全国初等数学研究协调组、湖南省数学会初等数学研究会的同志们及大会工作人员的辛勤努力分不开的. 让我们向这些领导,向这些志同道合的朋友们、向会议的服务人员们表示衷心感谢!

会议之后,与会的各杂志社、出版社的同志将为我们这次大会发消息,出报道,为大会造舆论、擂鼓助威. 对此,我代表大会向各出版社、杂志社的同志的关怀帮助表示感谢!

朋友们,在会议期间由于条件、人力、物力的限制,有些事情没能满足你们的要求,尚有不尽如人意之处,望得到你们的理解与谅解.

从现在起,第二届全国初等数学研究学术交流会筹备组的使命宣告结束,与此同时,湖南省数学会初等数学研究会的使命也宣告结束. 湖南省初数研究联系工作,将由湖南省数学会初等数学委员会行使职责. 会后大家将离开岳麓山,返回故里,在依依惜别之际,预祝大家一路平安.两三年之后,希望我们能重会于大海之滨的武夷山下.

现在,我宣布第二届全国初等数学研究学术交流会胜利闭幕!

2.4 参加本届交流会的全体代表如下(图1):

北京市:周春荔、王敬庚、郭璋.

天津市:杨世明、刘勋、王巧官.

上海市:戴丽萍.

新疆维吾尔自治区:李久宏、易南轩.

河北省:王友雨、赵建林、王慧敏、纪跃.

河南省:张国旺、牛秋宝、张付彬、魏显峰.

广东省:何继指.

山东省:姜晓强、卢玉成、孔凡哲、苗相军.

内蒙古自治区:孙井生、郭富喜.

宁夏回族自治区:王玉山、及万会.

陕西省:申祝平、安振平、曾丕刚、罗碎海、赵生筱、马彦勇、李建璋、田增伦.

甘肃省:王志亮、马统一、吴国胜、李永林、董彦敏.

江苏省:汪杰良、徐道、李同林、邹黎明、詹国梁、冯仁亮、汪显林、周士藩

湖南省:朱石凡、冯跃峰、杨林、李再湘、杨日武、沈文选、昌国良、肖振纲、冷岗松、鲁志勇、付杰、邓溯明、黄汉生、向本清、罗瑞光、肖果能、禹平君、刘国和、王建中、胡耀宗、唐立华、欧阳泽贤、谢定坤、黄军华、徐辉云、李超、刘跃进、张志华、刘伍济、谢峰、蒋小毛、李建辉、李剑明、陈钧、杨向群、杜雪堂、匡继昌、任远志、张垚.

湖北省:汪江松、曾登高、李德雄、田样宝、邱天绪、邱树华、王方汉、齐家晖、王浚岭、江丹、徐宁、周德丰、罗庆洲、甘大旺、杨贤其、胡新平、赵国福、叶国祥、刘楚焰、蔡海涛.

四川省:何廷模、熊福州、周定运、方延刚、沈春芳、周洪、张辉、杨仁椿、梁显定、叶洪、刘凯年.

贵州省:蒋远辉、游少华、徐德沛、冯发泽.

云南省:赵奎奇、田平、张庆颐.

广西壮族自治区:陈响中、钟威、戚少斌、黄庆清、王云葵.

海南省:袁毅.

浙江省:李世杰、胡绍培、张焕明、叶挺彪、陈根方、赵德均、刘文虎、余明英、黄新民、程时吉、王岳庭.

福建省:杨学枝、林世保、黄德芳、郑元魁、郑荣辉、孙建斌、黄家湘、苏昌墢、

振兴祖国数学的圆梦之旅
——中国初等数学研究史话

陈胜利、曹奋进、陈四川.

江西省:熊曾润、宋庆、曾书庆、白敏茹、郭宇红.

安徽省:盛宏礼、苏化明、杨世国、苏茂鸣、杨学美、李时超、许庆德.

黑龙江省:王庆、王多、刘毅.

吉林省:蒋宏祥、王恩权、商忠林、郭奕津.

辽宁省:孙国璋.

山西省、青海省、西藏自治区没有代表参会.

图1 全国第二届初等数学研究学术交流会全体人员合影

2.5 协调组织工作会议

中国初等数学研究工作协调组

第五次工作会议纪要

中国初等数学研究工作协调组第五次工作会议,于1993年8月16日下午在湖南师范大学举行.张国旺、杨学枝、周春荔、杨世明出席了会议,庞宗昱同志以书面方式表达了自己的意见.

大家回顾了最近两年来我国初数研究的状况,欣喜地看到自1991年协调组建立以来我国初数研究的队伍不断壮大,研究工作获得新的进展,又取得了一批新的成果.初数研究事业逐渐引起了人们的注意,社会各界有识之士、高师院校、出版社和中数杂志社、广大中学领导和老师越来越多地关注着初数研究的动向,更加热心地支持初数研究工作的开展.

两年来,我国初数研究事业陆续在艰难跋涉中奋力前进,在数列、不等式、特殊代数方程等传统课题研究中,不断获得新的进展;在若干新课题(如绝对值方程、数阵、映射数列、一般折线与组合几何)的研究中也取得了不少新的成果.

多家中数刊物、学报发表的初数研究论文不断增加,《中国初等数学研究文集》《湖南初等数学研究文集》《福建省初等数学研究文集》《初等数学研究的问题与课题》等初等数学术著作先后出版,初数成果发表的渠道逐渐拓宽.协调组认为,近年来兴起的群众性的初数研究的方向正确、形势喜人,以中青年为主体的这支研究队伍生机勃勃,后继队伍兵强马壮,这是初数研究事业今后几十年内走向兴旺的基本保证.我们应当坚持初数研究与教学相结合,为基础教育服务的方向,努力奋斗做出实绩,取得社会的广泛承认和支持.坚持进行理论研究,而且注意开展应用研究,也就是把初等数学应用于生产、建设、人民生活实践的研究和从实践中提取初等数学课题的研究.

协调组认为衡量初等数学研究的成绩,不能仅仅以攻克了几个难题为标准,更重要的是要看我们在众多一般课题研究中的进展和成果的水平,要看研究人员的数量发展和素质提高,要看初数研究对大面积提高我国数学教学的质量所做出的贡献.我们应注意把初等数学研究同数学教学、数学竞赛、数学方法论的研究结合起来,互相促进、相得益彰,要充分重视现代数学思想,在初等数学研究中的运用,还要重视对奥林匹克数学中反映出来的世界初数热点课题的研究.此外还应当进一步抓好初数基础工程的建设,提倡学习、研究、整理国内外初数研究资料和成果,特别是对一些新兴课题,可分专题撰写一些小册子明确问题、规范符号术语,以作为宣传普及的资料和继续研究的起点.

协调组对湖南省数学会初等数学工作委员会在困难条件下,能够按时成功地组织召开了全国第二届初等数学研究学术交流会给予充分肯定.

本次会议共收到 400 多位作者的论文 800 篇,会上交流 150 篇,学术水平较首届交流会有所提高.现已商定,全国第三届初数研究交流会 1996 年在福建省召开,并建议由北京筹办第四届(2000 年),湖北省筹办第五届(2003 年)初数研究学术交流会.协调组希望并相信我们的交流会学术水平会一届比一届高,初数研究工作定会为实现"陈省身猜想"做出自己的贡献.

会议对张国旺同志关于由河南教育出版社继续编辑出版《中国初等数学研究文集》(Ⅱ)的设想,表示热烈欢迎,并希望广大初数工作者努力提供高水平的论文,全力协助做好发行工作.

为了进一步做好全国初数研究协调工作,会议商定扩大协调组.扩大后的协调组由七人组成:周春荔、杨世明、庞宗昱、张国旺、杨学枝、汪江松、沈文选.此项已在第二届初数研究学术交流会闭幕式上宣布,得到与会代表的认同.

§3 三届初数会

3.1 会前形势

1993 年 8 月在长沙市召开了"全国第二届初等数学研究学术交流会"和"协调组第五次工作会议"之后,全国初等数学研究的形势真是一片大好.

(1)1994 年 3 月 1 日出版的《中国初等数学研究简报》的第四期刊出的"初研动态"和一则"短评",反映了这一形势.

初研动态

△1993 年南京市教研室组织了"南京市初数研究小组",挂在南京市数学会名下.宗旨是参与初数研究,了解全国初研动态.在条件成熟时,成立初数研究会(汪杰良).

△浙江省首届初等数学研究学术交流会和成立初数组织的筹备工作,正在抓紧进行(邵祖德).

△1993 年 10 月 7～9 日在山东省寿光召开了中美日三国数学教育会议.初数研究协调组成员张国旺、杨世明同志出席会议,并在会上做了"E. M"(初等数学研究)概况的发言,引起与会者重视(杨之).

△长沙会议后,我就写信给江苏省数学会秘书组及普及工作组,他们也很感兴趣,准备今后开展一些活动!南京市的代表已在南京市中数界做了传达,我也在苏州市数学会常务理事会上作了传达,并准备在今年年底召开的中学数学研究会上做些介绍(《中学数学》副主编周士藩).

△陕西省初数会首届年会 1993 年 5 月 2～5 日在陕西师范大学召开,并成立了陕西省初等数学研究会(安振平).

△1993 年 7 月为响应一些同行朋友的呼吁,我曾以个人名义致函江西省数学学会理事会,建议省数学会组建"江西省初等数学研究会",作为省数学学会的一个专业分会,以利于有组织地推动我省初数研究活动的开展.现经省数学会常务理事会 10 月 30 日开会研究,决定组建"江西省初等数学研究会".江西省初等数学研究会筹备组已于 10 月底建立(熊曾润).

△无锡市自 1989 年在全市开展"MM 数学教育方式"实验以来,数学教学质量不断提高;1993 年 8 月湖北省襄樊市数学会决定在全市开展 MM(贯彻数学方法论的教育方式,全面提高学生素质)教学实验,得到周春荔、杨世明两位老师的大力支持.据悉全国第三届 P. M 会议(波利亚数学教育思想与数学方法论研讨会)1995 年将在襄樊市举行(杨之).

△福建省初等数学学会已决定,于 1995 年 8 月在福建省福清市召开第三届学术交流会,现已发出了会议征文通知(杨学枝).

短评　迎接 1996 年

《中国初等数学研究简报》至今(1994 年 3 月 1 日)已出四期了(1990 年 10 月 1 日第一期、1991 年 4 月 20 日第二期、1993 年 3 月 20 日第三期),这一期出版正值新春之际,我们向全国初数界同仁问声:新年好!

长沙会议建议:全国第三届初等数学研究学术交流会,于 1996 年 8 月在福建省举行.这对初等数学工作者和初数爱好者,是一则好消息、是一声动员令.

在福建省新诞生的初等数学福建省数学学会当仁不让地担负起筹备工作且已经开始…….

在许多省市筹建本省市初数会的工作加紧进行.有的省市正抓紧 1994,1995 两个年头,争取召开本地区的交流会,迎接 1996 年全国交流会的召开.

广大初数爱好者抓紧选题、加速研究,一定要拿出高水平的新成果向 1996 年献礼.

有的初数爱好者还按照专题寻觅知音建立联系、通讯交流,…….

在这段时间,一篇篇宣传探讨初数研究的文章,初数研究的新成果飞向《中学数学》《数学通讯》《福建中学数学》《湖南数学通讯》《中等数学》…….《问题与课题》一书中的一个个 whc(问题或猜想),不断受到"攻击",有许多受到被解决的"威胁".

一批新课题的小册子,正在"悄悄地"收集素材,加紧撰写;《中国初等数学研究文集Ⅱ》也正在努力申报课题,细水长流地处理稿件.几部与初等数学研究和中学数学教学,有关的数学方法论著作,即将出版…….

初数研究形势大好、日益深入人心,越来越得到人们的理解和支持.

现在离第三届交流会召开,还有两年多的时间,我们希望第三届会能开出更高的学术水平,就要争取在这段时间里拿出高水平的新成果,拿出更多的新思想、新方法、新课题向 1996 年做出新的奉献.

(2)此前在 1993 年的 8 月 6~9 日,福建省召开了第二届初等数学研究学术交流会,宣布成立福建省数学会初等数学学会,选出了由品德高尚的人士组成的理事会,同时常务理事、副理事长中,包含一名全国协调组成员,这为顺利地筹备好 1996 年的全国第三届交流会打下了基础.

福建省第二届初等数学研究学术交流会

暨福建省数学会初等数学学会成立大会纪要(摘要)

福建省第二届初等数学研究学术交流会,暨福建省数学会初等数学学会成立大会,于 1993 年 8 月 6~9 日,在泉州市的永春县和石狮市隆重召开.来自全省各地的 98 名代表和来宾参加了这次会议.福建省数学会名誉理事长林辰教授、理事长谢晖春教授、副理事长赖万才教授、秘书长陈宗洵副教授等出席了会议.中国初等数学研究工作协调组成员杨世明先生应邀出席了会议,并在会上致词.永春县委、石狮市领导分别出席了大会.香港中华总商会永远名誉会长、香港成功贸易公司董事长余新河先生向大会赠送了"胸怀世界、放眼未来"的锦旗.

林辰教授、谢晕春教授、杨世明先生等专家、学者应邀在会上做有关学术报告.1993 年 8 月 8 日,在学会成立大会上采取无记名投票方式,选举了以下 13 位同志组成首届理事会,这 13 名理事是:林章衍、杨学枝、林常、李必成、张远南、吴大樑、陈友邦、陈文直、林群、林玉润、郑一平、郑远城、柯连平.随后理事会举行了第一次会议,推选林章衍、杨学枝、林常、李必成、张远南等五位同志为常务理事;林章衍任理事长,杨学枝、林常任副理事长,杨学枝兼任秘书长.大会还决定聘请池伯鼎、欧阳琦先生为省首届初等数学学会顾问.

会议分别通过了《福建省初等数学学会章程》,通过了《给全省初数研究工作者和爱好者的倡议书》.

大会还建议,1995 年 8 月在福清市召开我省第三届初等数学研究学术交流会.同时,我们还热烈欢迎全国第三届初等数学研究学术交流会于 1996 年 8 月在我省召开.

福建省初数会简讯

△福建省武夷山市将于 1994 年 5 月召开武夷山市首届初等数学研究学术交流会暨武夷山市初等数学学会成立大会.会议筹备组已成立,日前已发出征文通知.

△福建省初等数学学会组织该省有丰富初中数学教学经验的高、特级老师,按新教材要求和顺序编写初中一至三年级上下学期《单元测试》.一套六册,可直接作为初中各年级单元测试用卷,每册后面还附有解答.欢迎中学师生订阅,联系人:福建省福州市第二十四中学蒋中华老师,邮编:350015.

由杨学枝、林章衍主编的《福建省初等数学研究文集》,已于 1993 年 7 月由福建教育出版社出版,每本 5 元(含邮挂费).凡需购买者可直接汇款给福州市第二十四中学杨学枝老师(邮码 350015).

△福建省初等数学学会目前已发出通知(见《福建中学数学》1994 年第 1 期)征集福建省第三届初等数学研究学术交流会论文.同时成立了会议筹备组,组长由福清市教育局林学清局长担任,林民武(福清华侨中学校长)、陈简、颜明、林世田、薛守民等同志为副组长;王传铭老师(福清一中数学组组长)为秘书长,组员:藩开桢、郭成德、吴信昌、庄振基、林世清、林日丹、俞裕炽、陈华珠、陈金耶、郑昆兴、王江铭等.

(3)一些省市初数会和专题研究小组宣告成立.

贵州省初等数学研究会成立大会
纪要

贵州省初等数学研究会成立大会,于 1994 年 1 月 31 日,在贵阳市小河航空第二中学隆重召开,来自全省各地市的 68 名代表和来宾参加了这次会议.贵州省人大常委会教科委员会副主任任吉麟同志、贵州省科协副主任朱安国同志、贵州大学校长祝开成教授、贵州民族学院副院长林敬藩教授、贵州财经学院副院长令狐昌仁教授、贵州省数学学会理事长李长明教授、西南工具总厂人事教育副厂长王水松同志应邀出席了会议,并在会议上致词.贵州师范大学陈信传教授、贵州省教育出版社编辑陈天华同志也出席了会议.

李长明教授在会上介绍了省初等数学研究会任务和目的.他说:成立研究会的目的就是为了协调和加强我省初等数学的研究工作,促进我省中学数学教学的改革和教学质量的提高.在成立大会上,省数学会常委会建议林敬藩教授担任初等数学研究会会长,诸竞江、杨天明、李仁和、王一平、石文栋同志担任副会长,罗开隆同志任秘书长.秘书处设在贵阳市小河航空第二中学(贵阳市,小河,邮编:350015).与会代表希望省初等数学研究会今后每 1~2 年召开一次学术交流会,推动我省初等数学研究工作的开展.

简讯

江西省筹建"初等数学研究学会"

江西省数学学会常务理事会,于 1993 年 10 月 30 日做出决定:组建"江西省初等数学研究学会",并委托赣南师范学院数学系熊曾润副教授负责组织筹建工作.1994 年 1 月 15~16 日已在赣南师范学院召开了第一次筹备组会议,参加会议的有:赣南师范学院熊曾润、黄庭松、肖运鸿、江西师范大学李学平、省教委教研室戴佳农,九江师范高等专科学校赵龙山,宁冈中学左加林,永修第一中学宋庆,华东交通大学刘健等.会议拟定了有关文件,决定于 1995 年 8 月召开"江西省第一届初等数学研究学术交流会暨江西省初等数学研究学会成立大会".

中国不等式研究小组成立.

在全国初数研究的热潮中中国不等式研究小组于 1994 年 4 月正式成立了,杨学枝任组长,同时办有《研究通讯》(内刊),已出 5 期,这个小组现有成员 22 人,按加入组织的时间顺序排列其成员名单如下:

杨学枝(福建省)、陈计(浙江省)、刘健(江西省)、安振平(陕西省)、黄汉生(湖南省)、王友雨(河北省)、胡耀宗(湖南省)、徐达(天津市)、张志华(湖南省)、王振(湖北省)、宋庆(江西省)、杨世国(安徽省)、林祖成(湖北省)、马统一(甘肃省)、陈胜利(福建省)、冷岗松(湖南省)、唐立华(湖南省)、周才凯(湖南省)、孙建斌(福建省)、李同林(江苏省)、杨正义(四川省)、宋之宇(四川省).

简讯两则

△1995 年 1 月在初数研究这块土壤上诞生了"中国绝对值方程研究小组",小组现有成员 15 人,已出版《研究通讯》两期,联系人:林世保.

△1995 年 5 月 18 日段小龙、周定远、杨正义、宋之宇四位教师联名印发《倡议书》,说"我们四川省乃'天府之国',历来是教育发达之乡,人才荟萃之地".自 20 世纪 80 年代以来,在我省数学会和不少知名数学家的关怀下,从事数学研究的人才倍增,发表的初数研究论文数量多、水平高,令全国人刮目相看,但目前大多数人还处于'单兵作战'状态,缺乏交流、缺乏资料和信息,致使许多人才、许多好的思想成果自生自灭.为此我们倡议成立'四川省初等数学研究小组',筹办《研究简讯》,如有可能,筹备召开我省首届初数研究学术交流会,向省数学会提出申请,争取在'研究小组'基础上,早日建立四川省数学会初等数学学会"筹备组".

对此协调组在 1995 年 1 月出版的《中国初等数学研究简报》第五期上发表"短评".

短评: 支持、祝贺、期望

今年暑假期间,贵州、福建和江西三省的初等数学研究会、学会或筹备组陆续召开本省的初等数学研究学术交流会,出版文集.在此,我们表示热烈的祝贺,祝各省交流会圆满成功,祝贺江西省数学会初等数学研究会成立.

近一年来,为了迎接全国第三届初等数学研究学术交流会的召开,各省市广大初数工作者做了大量的工作.除三省召开学术会外,湖北省初等数学研究会筹备组要求全省初数工作者积极攻关撰稿,以实际行动支持大会召开;陕西省初数会于 1994 年召开了本省的交流会;中国不等式研究小组、中国绝对值方程研究小组相继成立,并印发研究通讯,开了建立数学研究组织(是形成学派的萌芽)的先例,现在,也有人在策划创建"组合几何""数阵""折线"等专题研究小组,我们认为这是大好事,并表示坚决支持.

然而,更加"实质性"的工作是为了把第三届会开得比前两届会成果更丰富、水平更高,广大初数工作者积极开展研究工作,为交流会撰写高水平的论文,提供一流的研究成果.

中华儿女多奇志,敢教数史换新篇! 我们作为数学故乡的中国教师、编辑、教研人员和所有初数工作者,立志改变外国人名充塞数学文献的现象,立志实现"陈省身猜想"、那么就要痛下决心,攻坚克难拿出高水平的成果,迎接闽江之滨,在 1996 年 8 月幸福之州的盛会!

中国初等数学研究协调组

1995 年

(4)"简报"对初等数学研究状况的报道.

初数研究概况

自 1993 年的第二届交流会以来,我国初等数学研究又有长足的发展,从如下几个方面可以看出:

《初等数学研究的问题与课题》中,182 个 whc,一半以上都受到"攻击",相当多已被攻克.

在"绝对值方程"研究方面,不仅在改进多边形方程,特别是三角形方程方面,做了大量工作;在"绝对值方程"的应用(用于研究图形性质)方面,有所进展,而且求得了包括四面体在内的多面体的方程;在应用解析法研究多面体的道路上,迈出了坚定的一步,而且,我们还找到了求"绝对值方程"的一般程序.

在不等式研究方面取得了很大进展,特别是关于几何不等式的研究,获得了一批可喜的新成果.有许多成果,远远居世界之先,对不等式证法的研究也取得了大的进展;更可喜的是我国涌现了一支强劲的不等式研究队伍,这支队伍已组织起来,成立了中国不等式研究小组,他们正在不断地向前迈进.

关于折线的研究,在星形折线的研究中进展很大;关于映射数列,我们在 P 一进制下黑洞数的衍生方面,在数码方幂和、等幂和方面都有进展;关于数阵研究,除了在(平面)递归数阵的继续探索外,还给出了周期数阵、(m,n) 阶等差数阵的定义和若干性质.解决了 (m,n) 阶等差数阵的 (p,z) 阶等差划分的问题,还把等差数阵用于余新河数学题的研究,证明了"余新河猜想是哥德巴赫猜想的一个充分条件",该文即将被整理成英文稿投有关杂志发表.

分圆多项式的研究,继续被推进;三面角截面形状问题已完全解决;关于幻方的研究收获很大;蝴蝶定理已大大推广;递归数列的研究正向纵深进军;圆锥曲线这株古树又萌新芽……

《中学数学》(湖北省)《福建中学数学》《湖南数学通讯》《中等数学》《数学通讯》等继续刊登初等数学研究专题论文(或短论),有的杂志(如陕西省《中学数学教学参考》)也即将开辟有关栏目.

我们已收到各地寄来的文章数百篇(已处理好百篇备用),现在还源源不断.文集Ⅱ,Ⅲ的出版,《中国初等数学研究》杂志创刊,正在争取之中.

步入初等数学研究队伍的与日增多,"初数研究"声望日高,陈省身教授专门为《中国初等数学研究》题词,第三届交流会正在顺利筹备.我国初数研究事业,日益兴旺发达.

(5)陈省身教授挥笔题词、初数工作者欢欣鼓舞.

本刊讯 1995 年 5 月 20 日应我协调组成员杨世明老师和我国知名图论专家张忠辅教授的要求,世界数学大师、美籍中国数学家陈省身教授为正在争取中的刊物挥笔题写了刊名《中国初等数学研究》,表明了大师对祖国初等数学

研究事业的深刻理解和热情支持,对广大初等数学工作者的愿望(题词如下):
对于我们正在为实现"'陈省身猜想'"而迎难历险、艰苦奋斗中的广大初数工作
者,无疑是极大鼓舞.题词如下(图2):
中国初等数学研究

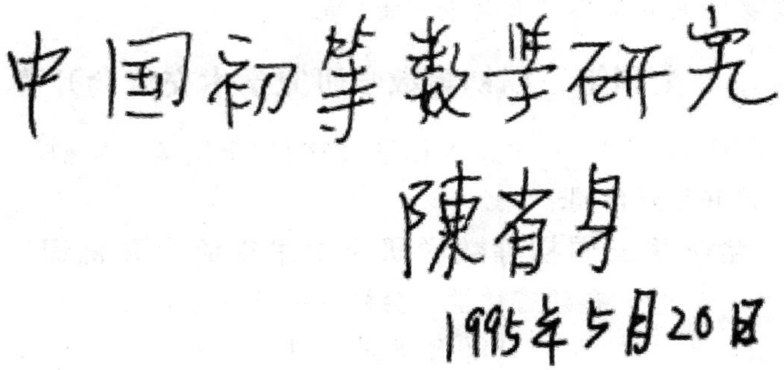

中国初筝数学研究
陳省身
1995年5月20日

图 2 陈省身教授的题词

3.2 会议的顺利筹备

(1)筹备工作.由于形势的变化和各种有利条件"全国第三届初等数学研究
学术交流会"的筹备工作进行得异常顺利.

筹备组 1996 年 3 月 11 日"全国第三届初等数学研究学术交流会"筹备组
成立,人员是:

组长:王兆贵(福州市马尾区副区长);

副组长:朱本江(区副秘书长)、李兴森(区教委主任)、郑义济(区科协副主
席)、林章衍(福建省数学会初数分会理事长)、杨学枝(协调组成员、福建省初数
分会副理事长兼秘书长).

组员 12 人,包括秘书组、会务组、后勤组负责人在内.

这是一个好强大的阵容,它反映了福州市马尾区人民政府、福建省数学会
对全国第三届初数会的倾力支持,有力地保证了会议的成功.

筹备组即日开始工作.

(2)论文处理及与会代表邀请.

到 1996 年 3 月 11 日为止,共收到论文 696 篇,计:

福建省 85,四川省 76,湖南省 56,江苏省 55,浙江省 40,湖北省 37,安徽省
37,山东省 25,黑龙江省 24,陕西省 24,内蒙古自治区 22,广东省 21,河北省
20,甘肃省 17,广西壮族自治区 17,吉林省 17,江西省 15,贵州省 13,云南省
13,山西省 11,天津市 10,河南省 10,辽宁省 8,上海市 7,西藏自治区 3,北京市
3,宁夏回族自治区 3,新疆维吾尔自治区 3,海南省 1,青海省 1,南斯拉夫 1.

邀请有论文的正式代表 121 人.

(3)3 月 15 日,陆续向论文入选者发出邀请信,向论文入选并自愿参加评选者发出通知,并向有论文入选并邀请与会者的单位寄出"喜报".

拟定"大会日程"和会议期间活动方案并印发给每位代表,每位代表还领有如下资料:《初等数学研究的问题与课题》《初等数学前沿》《数学中的直观方法》《福建省初等数学研究文集》《大会论文集》等.

3.3　全国第三届初等数学研究学术交流会开幕

1996 年 8 月 17 日上午,主持人杨学枝宣布"全国第三届初等数学研究学术交流会"开幕并致开幕词.

全国第三届初等数学研究学术交流会开幕词
福建省数学学会初等数学分会
(1996 年 8 月 17 日)

各位领导、各位来宾、各位代表:

我省数学会初等数学分会受中国初等数学研究工作协调组及全国第二届初数交流会的委托,于 1994 年 12 月组成会议筹备组,经过一年多紧张、细致的筹备,现在各项准备工作已基本就绪.我庄严地宣布全国第三届初等数学研究学术交流会,现在开幕!

近日来,来自全国各地的初数专家学者云集福州,召开如此重大的初等数学的学术盛会,我们感到十分荣幸!闽江多情,欢声笑语迎贵宾;福州好客,香茶美酒待亲人!我们福建省委省政府、福州市委市政府和全体人民热烈欢迎我国初数界的精英,预祝交流会圆满成功!

本届交流会共收到初等数学研究学术论文 696 篇.其中 130 位代表的 167 篇论文将在会议中进行交流,并已有 149 篇收入印工精致、装帧优雅的大会论文集.这次所收论文的特点是数量多、作者界别广泛、学术水平高、新成果多.这就为把本次交流会开成一个高水平的学术会议打下了坚实的基础!

本次会议除了宣读论文、交流学术以外,还有一项重要任务就是讨论切磋由中国初等数学研究工作协调组提出的"关于 1996 年~2000 年中国初等数学研究发展的十条建议",为我国初等数学研究事业的发展出谋划策!

会议的任务是十分光荣而艰巨的,我希望代表们发扬主人翁的精神,献智出力、努力工作,充分运用我们来之不易的大好时机,会内会外广泛交流、取经献宝、寻觅知音、切磋研讨、共入佳境,把我们的会议开成一个洋溢着浓厚的学术气氛,充满百花齐放、百家争鸣的科学精神的高水平的学术盛会!

最后,祝代表们心情愉快,满载而来,满意而归!谢谢大家!

开幕式后,是"专家报告";然后是大会论文交流,评奖:10 篇一等奖论文获得者:

陈胜利:关于三角形角平分线、中线与边长的几个不等式.

林　常:再论优美多边形.

郑荣辉:幻方的通式化简捷构造法.

王方汉:关于序号数列的通历性.

苏文龙:双圆 n 边形再探.

党庆寿:彭 - 常不等式的新推广.

吴晓红、王元、王彦斌、徐昌森:关于丢番图方程 $ax^n - by^n = C$ 研究的新结果.

马茂年、虞兆民:格点上的问题研究.

苏昌盛、苏昌为:μ_n 的再探讨.

张志华、肖振纲:n 个正数的 Stolersky 平均与 Heron 平均.

以下将会议代表分为六个小组,参加小组会议.这六个组是:函数与方程、数列与数阵、不等式、几何与三角、组合与数论、解析几何及其他.

第三届全国初等数学研究学术交流会会议代表

北京市:周春荔、金红梅、祁爱军、石焕南、张燕勤.

天津市:杨世明.

河南省:张国旺.

湖北省:汪江松、王方汉、袁银华、徐　宁.

湖南省:沈文选、肖振纲、胡圣团、黄汉生、周永国、孙文彩、禹平君.

上海市:梁开华、余应龙、叶中豪、周永良、俞祖新.

深圳市:周之夫.

浙江省:叶挺彪、赵德均.

江苏省:杨建明、周士藩、党庆寿、徐　道.

江西省:熊曾润、宋方钦、徐天贶、宋　庆.

山西省:祁福元、张汉清.

广西壮族自治区:王云葵、苏文龙.

山东省:孙巨江、李跃文.

陕西省:曾丕刚.

四川省:何廷模.

贵州省:刘槐、温耀华、游少华.

云南省:杨伟恒、付卓如.

安徽省:盛宏礼、凌齐水、孙大志.

辽宁省:刘锐.

甘肃省:张斌、马统一.

内蒙古自治区:孙井生、何满良.

西藏自治区:刘保乾.

福建省:杨学枝、林章衍、林常、蒋中华、林世保、冯声开、陈胜利、李友耕、林育培、黄家湘、陈四川、施嘉禾、黄德芳、肖施华、黄枝萃、王秀丽、刘贤强、刘杨树、詹友镜、刘佛明、郑荣辉、陈甬生、张远南

说明:1996 年的 8 月,不知发生了什么事,使得很多入选论文的作者(有的评了奖,收入了论文集)未能与会,如四川省入选作者人数为 12 人,可只到 1 人;山东省 8 人只到 2 人,很多后来研究卓有成就的作者,如纪跃(河北省)、李煜钟(山东省)、王凯成(陕西省)、杨正义、宋之宇(四川省)、汪杰良(南京市)等都没有与会.我查了当时的日记,"天气"并没有什么异常,只是火车票太难买了,简直是一票难求.我是反复地去北京、天津托亲靠友,才弄了一张票,年年 8 月车票紧,这是事实,各地还会有各种具体原因.

1996 年 8 月 19 日举行闭幕式,宣读"纪要";周春荔致闭幕词,最后杨世明发表讲话.(这些文稿如下):

全国第三届初等数学研究学术交流会纪要

全国第三届初等数学研究学术交流会,1996 年 8 月 17~20 日在福州市经济技术开发区举行.来自全国 30 个省市自治区的 130 位代表(图 3)出席了这次会议.

图 3　全国第三届初等数学研究学术交流会全体合影

8 月 17 日隆重举行开幕式.福建省和福州市党政及教委、科协领导马长冰、郑永钦、鄢茂炎和开发区党政领导林俊宪、徐铁骏、王兆贵、朱本江、李兴森、郑义济以及福州第二十四中学校长出席了开幕式.福建省数学会理事长杨信安教授致

开幕词. 中国初等数学研究工作协调组和本届会议筹备组共同主持了会议.

本届交流会共收到初等数学研究论文 696 篇,其中 167 篇在会上宣读并有 149 篇收入《中国第三届初等数学研究学术交流会论文集》.

在大会期间进行了论文评奖活动,有 10 篇被评为一等奖,28 篇被评为二等奖,80 篇被评为三等奖. 同前两届会议相比,本届会议所收论文的特点是数量多、水平高、成果新、作者面广,一批年轻作者脱颖而出,一批令人瞩目的问题被推进、被攻克,这反映了我国初等数学研究确实又登上了一个新的台阶.

代表们认为,在会议期间通过听取专题学术报告,和会内会外多种形式的交流获得了丰富的信息,学到了十分宝贵的初数研究的经验,心情舒畅、收获很大. 通过认真反复的切磋讨论,大会认为由中国初等数学研究工作协调组提出的“关于 1996 年~2000 年中国初等数学研究发展的十点建议”是中肯的、鼓舞人心的、可行的. 代表们希望我国广大初数工作者群策群力,把“十条建议”变为现实,以推动我国初数研究更加迅速地健康地发展,使得在 21 世纪有一个较高的发展起点.

代表们一致同意中国初等数学研究工作协调组关于第四届交流会的安排,建议全国第四届初等数学研究学术交流会 2000 年在北京市召开,并希望筹备好这次跨世纪的初等数学研究的学术盛会.

在会议期间,中国初等数学研究工作协调组举行了第六次工作会议,决定再次扩大协调组. 扩大后的协调组将由周春荔、杨世明、庞宗昱、张国旺、杨学枝、汪江松、沈文选以及江西省初数会和贵州省初数会各推举一人,共九人组成.

协调组决定,1998 年适当时候将在北京市或天津市举行第七次工作会议,进一步研究 2000 年第四届交流会的筹备工作,并决定开展一次初等数学研究论文的评奖活动(具体办法将另行通知).

在会议期间还研究了出版“中国初等数学研究文集”Ⅱ的有关事宜,已决定立即进行编辑工作.

本次会议开得非常好,非常成功,代表们对资助本次会议的福州市经济技术开发区管委会、区教委、区科协、快安建总、罗星街道办事处、马尾镇政府、三木物业有限公司、汇海建筑集团公司、福州第二十四中学、培英中学、福州第四十一中学、马尾区进修校、罗建村委、胐头村委、罗星村委、中洲村委、青洲村委、海外矿业公司、南平市数学会和福州第四十二中学表示衷心的感谢!

代表们特别对福建省数学会初等数学分会和福州第二十四中学的领导、广大教职工和学生表示衷心的感谢,他们艰苦的努力和卓越的工作保证了这次学术盛会的顺利召开和圆满成功!

全国第三届初等数学研究学术交流会

1996 年 8 月 20 日

全国第三届初等数学研究学术交流会
闭幕词

　　1996年盛夏,来自全国各地的百余名初等数学与中学数学教育专家,聚会在福州市马尾经济技术开发区的罗星塔下,切磋交流了近三年来在初数研究方面的百余篇成果,商议中国初等数学研究工作发展的设想,形成了"关于1996年～2000年中国初等数学研究工作发展的十点建议"(讨论稿),实事求是地肯定了成绩,认真具体地找到了差距,对初数研究工作中若干方面达成共识,增强了凝聚力,确认并一致通过全国第四届初等数学学术交流会在北京市举办的议案.全国第三届初等数学研究学术交流会的预定任务到今天已经胜利完成了.

　　全国第三届初等数学研究学术交流会,是受中国初等数学研究工作协调组和第二届全国初等数学研究学术交流会的委托,由福建省数学会初等数学分会筹办的,福建省的同志们为开好本次会议做了几年的筹备.协调组及与会同志对本次会议的筹备工作非常满意,让我代表大会向福建省福州市各级领导对会议的大力支持表示感谢,向福州市第二十四中学的领导及全体工作人员表示衷心感谢.

　　在我国数学界与数学教育界,有众多的朋友及数学同仁从不同的视角,以不同的方式从事着初等数学的研究.其中有一支以中学数学教育工作者为主体的在极为困难的物质条件下,在紧张繁忙的教学工作之余,仍孜孜不倦地从事初数研究的队伍,他们从20世纪90年代初形成了一个"初等数学研究共同体",这就是全国初等数学研究学术交流会及其协调组,这支队伍从事初数课题的开发与研究,直接效益,可提高教师的数学素养,培养造就出更多的高数学素养的学生,为我国跨入21世纪培育大量的合格人才,从而为基础教育服务;从长远而论,为实现在21世纪"中国应成为数学大国"的陈省身预言贡献我们的一份力量.数坛兴旺,教师有责,初数研究是中学数学教育工作者的一项事业.大家不远万里克服各种困难来开会,这本身就体现了同志们的事业心.交流的课题有难易大小之别,获奖成果有等级之分,但大家能够注重工作实质,淡化个人荣誉,充分表现出我们数学工作者的团结奉献精神.我们认为寄来大会或已发表的每篇初数论文,大家为协调组工作的每条批评或建议,都是在为我国初数事业的发展添砖加瓦.我们的事业与工作,正是由每位同志的点滴工作积累起来的,在我们的事业中浸透着每位代表的汗水,闪烁着每个同志的光辉.概括起来是为初数事业的奉献精神、艰苦拼搏的创业精神、容纳五湖四海的团结精神.这正是我们这支初数队伍具有凝聚力的精神支柱,也是我国初数事业能不断发展壮大的根本原因.

　　全国第三届初等数学研究学术交流会闭幕之后,受中国初等数学研究工作协调组和本届会议的委托,2000年将在首都北京举办全国第四届初等数学研

振兴祖国数学的圆梦之旅
　　——中国初等数学研究史话

究学术交流会.

四年以后,大家将带着丰硕的初数研究成果,继承着上面我们概括的三点精神,聚会北京.在玉渊潭边尝月、在玲珑塔下祝捷、在首都师范大学的科技中心共同展望 21 世纪我国初数的研究工作的辉煌的前景.

让我们共同努力,以实际的业绩迎接北京交流会,推进我国初等数学研究走向新的世纪!

现在我代表大会宣布,全国第三届初等数学研究学术交流会胜利闭幕.

预祝代表旅途愉快,身体健康! 谢谢!

周春荔
1996 年 8 月 19 日

在全国第三届初等数学研究学术交流会上的讲话(摘要)

杨世明

在这次初等数学研究的学术盛会上,我想就如下几个问题,谈谈自己的看法和大家共同探讨.

一、中国初等数学研究如何走向世界

1. 开拓中国人自己的课题.

一般来说,数学作为一种文化,同任何文学艺术一样,没有民族性就没有世界性;没有中国特色,就不能平等和独立;没有中国人独特的贡献,就不能走向世界.

1994 年 11 月,陈省身大师在上海市做了一个"如何发展中国的数学"的讲演.他语重心长地说:

"中国人应该做自己的数学,不要老是跟着人家走.前几年刚开放,请一些国际上最好的数学家来,了解人家的工作,欣赏他们的成果,那是很必要的.但是中国数学应该有自己的问题,即中国数学家在中国本土上提出,而且加以解决的问题.数学不像其他科学,几乎全世界都必须同时攻一两个大问题,而是有很大的选择自由,我们可以根据自己的情况,挑选自己研究的课题."

我们确实应当有自己的问题,选择自己的课题.自己提出问题,但有几件事,值得注意:

①如何提得、选得有意义,值得研究? 按希尔伯特设想的标准是:深刻、丰富、有一定背景;难而可解、深入浅出.

②要冲破旧观念,如有人至今不承认初等数学也是数学,不承认初数研究成果也是数学成果,有的杂志"拒发"新的中国人自己提出的问题的研究论文,近年有改变.

③要自信,要敢提、善提问题.

④要弄清:学外国的与自己的研究工作并不冲突,没有必要事事都要到外

233

国寻根. 如黑洞数问题本是中国人自己早在 1986 年底一般地提出来的. 有人一定要到印度去找一个特例, 20 世纪 90 年代的美国文献中找到类似的东西"证明"中国人的研究, 在美国"早已有之". 用外国人名乱为不等式命名的现象愈演愈烈.

⑤要学会尊重自己, 敢于承认中国人(哪怕是小人物、老百姓)的发明、创造, 可许多"中国人"对待自己的同胞很不公平, 他们在引用外国人哪怕普通文章作者, 都贯以"著名数学家""某某定理", 可对中国人的成果、却是只提杂志名, 甚至闭眼不看, 我们其实应该有一点民族气节, 要大胆承认、敢于树立中国人自己提出的问题的威望!

2. 学一点中国古代数学史. 不懂中国古典文学, 就很难成为文学家. 同样, 不懂一点中国古代数学, 也难于当一名真正的(中国)数学家. 华罗庚、吴文俊、傅种孙、陈省身都深知中国古代数学.

尤其是做初等数学的人. 中国是数学(主要是初等数学)的故乡, 《九章算术》《数书九章》是与《原本》媲美的伟大著作, 其数学成就、数学思想方法, 至今没有人吃透, 还不断发掘出新东西. 我们的悟性是中国的精神, 血管中流的是中国血, 即使研究的是数学, 也不能摆脱中国文化潜移默化的影响——这影响是财富、是力量、是精神、是帮助我们进取的动力.

当然, 学中国数学史了解中国并不等于排外. 说到底, 数学无国界. 我们也要学习外国数学史了解外国, 这也是学习数学方法论的需要.

3. 注意研究中国初等数学、研究发展的现状, 也要关心国外的研究动态. 应著文宣传和介绍.

4. 拿出有分量的新成果.

二、关于成果综述和问题筛选

做数学研究, 一要有适合自己的问题; 二要了解研究现状, 知其来龙去脉更好. 而问题丰富了, 才有挑选的余地. 因此, 除《问题与课题》提供的 182 个问题以外, 应当再筛选一批问题. 而要了解研究现状, 就要读综述文章. 问题是: 问题课题要谁筛选? 综述文章谁来写?

我认为, 大家都来动手筛选、动手来写, 靠少数人不行. 有条件的人都应努力去做.

三、做人与做数学

许多伟大的数学家都具有高尚的人品, 也许数学是让人正直的科学, 数学严格性的标准使得假冒伪劣在数学中无法生存.

但也有例外, 如卡尔丹背信弃义, 抢先发表塔塔利亚的公式, 而为后人所不齿(他毕竟还在《大术》一书中讲了公式来自塔塔利亚). 秦九韶(1202 年)是中国一位伟大的数学家, 但为人暴戾无信, 被骂了七百年. 不少数学人才, 由于某

"数学家"失职而未能顺利成长,甚至英年早逝(如我国陆家羲).在我们今天,初数研究中也有不少丑恶现象,如有人抄袭别人的文章到另一杂志去发表;有的不承认别人成果,又拿别人成果改头换面到国外发表;有人在"患难"时乞求别人帮助,一旦翅膀硬了,就表现很"大";有人拉"外国人名"做虎皮,吓唬中国人;有人十分关心自己文章发表,却不肯承担出版发表中的一些困难……

但这是极少数的,整个初数队伍是健康向上的,有的对自己和别人成果,光明磊落;有的编辑(如张国旺先生、郑绍辉先生、叶中豪先生)为初数文献出版呕心沥血;有的为开辟初数专栏(如汪江松先生、石生民先生)而历尽艰难.第一、二、三届初数会筹备组成员都做了很大的个人牺牲,有的为各省、市、自治区初数会的创建而奔走呼号;有的同志为出"简报"自己做、自己拿钱;有人自费每届会都争取参加;有人为中国数学走向世界默默地工作,这里既显示了中华儿女的豪情壮志,又表现了炎黄子孙的高尚情操!

总而言之,要做数学,先学会做人,做数学与做人是一致的.

说说自己的体会:我们协调组的每个人都在为广大初数爱好者、为中国初数事业的发展默默地工作着.作为协调组的一员,也不敢懈怠!

1. 在处理各地寄来的文稿时有这样的心情:新成果令人高兴,应千方百计推荐发表,千万不能埋没人才,汲取历史教训,有时为了一个小问题,要翻箱倒柜找资料,有的文稿字迹潦草,看不清让人着急;有的表述繁琐拖沓,只好"毁容保璞",进行摘编,可一则要冒出错担责的风险,二则不少奇思妙想搭出去了,但仍无怨无悔.十几年来也许有近千篇吧.

2. 千方百计为稿子找出路,搭人情不说,邮寄费要自己从退休金里"报销",而稿费则归作者.为此给家人做了不少工作,现在终于得到理解,省吃俭用支持这件事.

3. 自己的研究尽量避开大量来稿的热点,如绝对值方程、折线等也有些想法,为了区分,为了尊重别人的成果,自己就去弄别人研究较少的"数阵".

4. 既尊重外国人的成果,又大力弘扬民族精神,力争尽快改变外国人名充斥中国数学文献的现象.为此也得罪了不少人,自己写书著文,对中外古今名人与普通人一律平等看待.

5. 在朋友们的督促和支持下重印《初等数学研究的问题与课题》,不仅与出版社签字画押,还花钱购书 500 本,近 5 000 元垫进去了.为了发行,花了极大精力,也无怨无悔.

总之,我以为搞初数研究作为一种事业,不是攻一两个难题,写几篇文章了事的,而是要有一点精神,争一口气,但总是有失有得的.

§4 协调组工作会议及"十点建议"

4.1 协调组第六次工作会议

中国初等数学研究工作协调组第六次工作会议纪要

中国初等数学研究工作协调组第六次工作会议,于 1996 年 8 月 19 日在福州第二十四中学举行.周春荔、杨世明、张国旺、杨学枝、汪江松、沈文选出席了会议,庞宗昱书面表达了自己的意见.应协调组的邀请,熊曾润、温耀华列席了会议.

会议回顾了 1993 年 8 月以来,我国初数研究的状况,认为形势确实很好,"大有燎原之势".一方面,是研究队伍继续壮大,在这几年中,不仅陕西省、贵州省、江西省相继建立了初数会,湖北、四川、河北、江苏等省市也相继建立了初数小组、筹备组或联络组,研究人员的方法论素养也在不断提高.另一方面,新成果继续涌现,仅第三届交流会筹备组收到的论文,就有近 700 篇,其中不乏新成果.另外,协调组认为,经过自首届交流会以来近六年的努力,我国初等数学研究逐渐由重点研究"进口课题"转向研究自己提出来的问题,开始走上平等和独立发展的道路.

通过反复切磋和热烈的讨论,会议通过了"关于 1996 年~2000 年中国初等数学研究发展的十点建议"(讨论稿),并由第三届交流会讨论通过,形成了正式建议.协调组工作会议认为,在《建议十条》中,中肯地摆出的一系列亟待解决的问题,应当引起广大初数工作者的注意,其中提出的关于初等数学研究的目标、关于建立初等数学研究的学术团体、关于建立初等数学研究发展中心、关于办好初等数学专题研究小组、关于初等数学研究成果发表的问题、关于注意筛选和积累初等数学研究的课题、关于壮大队伍,做出新成果的问题,关于拓宽交流渠道以及关于宣传和史料积累问题等十点建议,广大初数工作者提出了今后五年的具体奋斗目标,希望大家献策出力,争取把它变为现实,以使我国初等数学研究在 21 世纪的发展有一个较高的起点.

会议认为,由福建省数学会初等数学分会负责筹备的,全国第三届初等数学研究学术交流会,由于得到福州市政府和开发区管委会党政领导的支持,由于多项筹备工作周到细致,使整个会议开得非常成功,确实体现了我们的交流会要一届比一届开得水平高,开得更好的精神,协调组感到十分满意.并对福州市党政领导表示衷心感谢.

协调组工作会议深入研究,将于 2000 年在北京市召开的"全国第四届初等数学研究学术交流会"的有关问题.为了开好这次跨世纪的数学学术盛会,一方面,广大初数工作者应按"建议十条"的精神,拿出新成果,做出新贡献;另一方面,也要做好周到细致的筹备工作.为此,协调组决定 1998 年适当时候在北京市或天津市举行第七次工作会议,并决定开展一次初等数学研究论文评奖活动(具体办法将另行通知).

会议还通过了表彰近年来克服各种困难,坚持出版初等数学研究学术著作的出版社和积极刊登初等数学研究论文的数学杂志的决定,受到表彰的出版社有:河南教育出版社、湖南教育出版社、上海教育出版社和福建教育出版社;受到表彰的杂志有:数学通报、数学通讯、中学数学、中学数学月刊(原江苏省《中学数学》)、中等数学、中学数学教学参考、中学教研(数学)、湖南数学通讯、福建中学数学、中学数学教学.

为了有效地发挥协调组的作用,会议决定再次扩大中国初等数学研究工作协调组,扩大后的协调组由周春荔、杨世明、庞宗昱、张国旺、杨学枝、汪江松、沈文选、李长明、熊曾润九人组成.此项决定已在全国第三届初等数学研究学术交流会上征求了意见,得到与会代表的认同.

4.2 十点建议

关于 1996～2000 年中国初等数学研究发展的十点建议

(全国第三届初等数学研究学术交流会讨论通过)

自 20 世纪 80 年代以来,我国初等数学研究事业由"文革"后振兴起到初步繁荣,大体经历了三个时期:

①自发兴起时期(20 世纪 80 年代初～1984 年)在此期间,由于数学期刊的复刊和发展,许多初等数学工作者将自己在工作实践(如教学、命题、著述或科研等)中发现的一些有价值的初等数学选题,进行了初步的研究,并在数学期刊上进行交流.这个时期的特点是:自发性、随意性、偶然性、分散性,没有明确的目标.其中若干研究工作是 20 世纪五六十年代某些研究的继续和延伸.

②达成共识时期(1985～1991 年).一些比较敏感的同志和有识之士注意到了前一时期初等数学研究兴起的可喜苗头,在广泛收集资料和认真思考的基础上,提出了初等数学研究的问题.《中等数学》杂志 1985 年第一期刊出《初等数学研究问题刍议》一文.该杂志 1988 年第一期和 1991 第一期,又相继刊出《初等数学研究问题再议》和《初等数学研究问题三议》.这三篇文章在造成初等数学研究舆论方面,起到了重要作用.文中还提出了召开初等数学研究学术会议,创办初等数学研究杂志和出版初等数学研究文集等设想.1989 年 5 月,初等数学研究学术交流会筹备组在北京成立,开始了我国首届初等数学研究学术交流会的筹备工作.在此期间,初等数学研究队伍在迅速扩大,成果不断涌现.

一些有名望的数学家出来支持初等数学研究,不少杂志也陆续加入到宣传报道初等数学研究的行列中来.种种迹象都预示着一个初等数学研究的活跃时期即将到来.

③初步发展时期(1991年以后),1991年8月,首届初等数学研究学术交流会在天津师范大学召开,这是我国初等数学研究事业的里程碑.这次会议的主要成果是:举起了"初等数学研究"旗帜,产生了"中国初等数学研究工作协调组",编辑出版了《中国初等数学研究文集》和《初等数学研究的问题与课题》等学术著作,确定了后面四届学术会议的时间地点.这次会议标志着我国初等数学研究事业进入了一个新阶段.

1993年8月,在湖南师范大学又成功地召开了全国第二届初等数学研究学术交流会.今天我们又在福州市举行第三届初等数学研究学术交流会.从1991年至今,已在湖南、福建、贵州、江西、陕西、浙江等十多个省召开了本省的初等数学研究学术交流会,并建立了隶属于省数学会的初等数学分会或筹备组,出版了数十种初等数学研究文集,还先后成立了"中国不等式研究小组"等三个专题研究组织.初等数学研究的声势日益壮大,影响所及已逐渐超出本专业领域,引起了一些高校和科研、出版机构的注意,并开始得到社会的关注和承认.

我国初等数学研究事业,从20世纪80年代至今走过了十几年曲折坎坷的道路.目前,我们虽然取得了很大进展,但需清醒地看到,摆在我们面前的困难还不少,还有一系列亟待解决的问题.这些问题主要有:

①还未能建立一个全国性的初等数学研究的组织领导机构,以便更有效地引导这项事业的发展;

②对初等数学研究的方向、课题缺乏统筹规划;

③还未能办起一个专门的学术刊物,以作为初等数学研究成果发表的阵地;

④与国际交流的局面尚未广泛打开;

⑤就研究本身讲,我们尚未取得有决定意义的突破性进展,还缺乏应用方面的研究,许多方法论有关问题的研究有待深化,比如,对"初等数学研究"相关的一系列问题,如方法论问题、规律性问题、应用问题,与数学教育、数学竞赛、高等数学、数学普及的关系问题还只有零星的研究.要克服前进道路上的困难,逐一解决我们所面临的问题,还是要靠我们自己,靠我们团结奋斗,齐心协力,当然我们也应该努力争取各方面的支持.

为了使初等数学研究事业在21世纪的发展有一个较高的起点,我们希望在20世纪最后的五年中,初等数学研究事业能有一个较大幅度的发展,为进入"规划发展时期"做好准备,特拟定"发展建议(10条)"作为今后五年初等数学

振兴祖国数学的圆梦之旅
——中国初等数学研究史话

研究发展的方向、希望和设想,供有志于这项事业的同志们参考.

1.关于初等数学研究的目标.

十几年来,初等数学研究事业发展的事实和成果雄辩地证明,作为整个数学大厦基石的初等数学资源丰富、前景广阔.初等数学研究事业的发展对我国整个数学事业的发展有着重要作用.因此,初等数学研究的长远目标是:为振兴祖国数学,实现"陈省身猜想"(即"我们的希望是在 21 世纪看见中国成为数学大国"),做出我们的一份贡献.近五年的目标则在如下的 2~10 中列出.

2.关于建立初等数学研究的学术团体的问题.

在这五年期间,建议条件成熟的省、市、自治区、特别行政区建立,在数学会隶属下的初等数学研究的学术团体(如初等数学学会、研究会、分会或初等数学委员会等),并沟通与台湾有关团体的交流渠道.积极创造条件,争取在本世纪末或下世纪初,建立起"中国数学会初等数学分会"(或"中国数学会初等数学委员会"),作为中国初等数学研究的全国性学术团体.

3.关于建立初等数学研究发展中心问题.

初等数学研究发展中心主要包括:学术研究和交流中心、人才培训中心、出版(杂志、著作)中心、资料信息中心、学术成果评价中心等.

建立发展中心,对初等数学研究事业无疑具有重要意义.但是中心的建立,需要多种必备的条件,其中最重要的有三条:一是人力,二是资金,三是有关领导的支持.说到底,中心建立的基础,还在于初等数学研究事业自身发展状况.中心的建立,应是这项事业发展到一定阶段、具备一定条件时水到渠成的事情.对这件事,我们既不能消极等待,也不可操之过急,要努力创造条件,积极做好推动工作.

4.办好初等数学专题研究小组.

1994 年 4 月、1995 年 1 月和 1996 年 8 月在福州市分别成立了"中国不等式研究小组""中国绝对值方程研究小组"和"中国折线研究小组".这三个小组的建立开了我国初等数学以"小组"形式开展专题研究的先例,这是一个创造.还有若干专题,也可采取这种形式.集中精兵强将、合力攻关,以尽快拿出更多成果.我们希望有志于同一专题研究的同志组织起来,共同切磋,把研究开发推向深入.今后五年间,我们设想这样的专题小组还可再建成十多个.

5.关于初等数学研究成果发表问题.

初等数学研究成果发表难是一个老问题了.近几年来,尽管一些中学数学教学杂志做出了努力,并设了专栏,但还远远不能满足需要,致使许多成果不能面世.这个问题,已经成为制约初等数学发展的"瓶颈".今后几年,我们必须花大力气设法解决这个问题.陈省身先生已经为《中国初等数学研究》杂志题写了刊名,我们首先要千方百计地把这个杂志办起来.另外,《初等数学译从》《数学史与数学方法论》等杂志的创办,也应在我们的视野之内.

办杂志难度很大,需要我们共同努力、集思广益、众志成城.《中国初等数学研究文集》还应继续出版,各省、市、自治区凡有条件的应当充分发挥各自的优势,编辑出版自己的文集.总之,我们要想方设法,使更多的成果尽快地发表出来.

6. 关于成果的评价与奖励问题.

在适当的时候应当对初等数学研究的成果,做出恰如其分的评价,对突出的成果应当给予奖励.这件事办好了,会对初等数学研究产生促进和推动作用.但操作起来,也并不简单.首先,要建立一个高水平的、有权威的评审队伍;其次,需要制订一个实事求是、切实可行的评审和奖励办法.第三,还必须有一定的经济基础.另外对已有的成果,还有个实践检验的问题,这需要时间.创造这些条件,需要做大量的工作.今后五年中,我们应当积极、慎重、扎实地做好准备工作.

近年来,一些杂志经常发表初等数学研究的文章,有的还辟了专栏;一些出版社克服种种困难出版初等数学学术著作,对我国初等数学研究做出了巨大贡献.对杂志社、出版社进行表彰,是比较易于操作的,应尽快实行.

7. 注意筛选和积累初等数学研究的课题.

希尔伯特有一段耐人寻味的名言:问题对于一般数学进展的深远意义以及它们在研究者个人的工作中所起的重要作用,是不可否认的.只要一门科学分支能提出大量问题,它就充满着生命力;而问题缺乏则预示着独立发展的衰亡或中止.

这说明,是否有丰富的问题和课题,是关系到初等数学研究兴衰的大事.在过去的几年间,我们在这方面做了一些工作,使得研究的课题比 20 世纪 80 年代末丰富多了.1994 年 11 月 6 日,陈省身先生在上海的一次讲演中有一段语重心长的话:"中国人应当研究中国自己的数学,不要老是跟着人家走.……中国数学应该有自己的问题,即中国数学家在中国本土上提出而且加以解决的问题."

在前一段时间,我国初等数学工作者筛选了一批有价值的课题,其中有一些不是做别人的后继工作,而正是我们在自己本土上提出并加以研究解决的问题,其中的四大类即:映射数列问题、绝对值方程问题、一般折线问题、数阵问题.经过几年的研究开发,发现这些问题内蕴丰富、前景广阔.我们希望能投入更多的力量,做出更深刻的结果.在未来的五年里,我们希望能提出更多更好的初等数学的问题与课题,以保持初等数学研究的活力.

8. 攻坚克难、壮大队伍,做出新成果.

初等数学的发展,初等数学研究事业的兴旺发达归根结底:一是壮大队伍、提高水平；二是做出丰富的、深刻的研究成果．因为"数学研究"说到底是单个人的行为，切磋讨论交流，只能是辅助的工作，因此，在未来的五年里，我们希望同志们能尽快选定课题（注意选择新兴课题、"冷门"课题），钻进去，舍得花力气，发挥自己的独创精神，争取拿出独到的、深刻的成果．

另外，我们将努力创造条件，争取编辑出版"初等数学新成果鉴赏丛书"，以介绍课题原委，规范术语符号，确立基础概念、性质和理论框架，提出进一步研究的课题作为新的探索开发的起点．

9. 拓宽交流渠道．

学术交流是促进学术研究的重要手段，为了促进初等数学研究，我们要努力拓宽国内、国际交流渠道．

在国内交流方面，我们要办好每 2～4 年一次的全国性的、综合性的初等数学研究学术交流会，使每次会都标志着我国初等数学研究跨上一个新的台阶．这样的学术交流会，应保持我们业已形成的充实、民主、俭朴、和谐的会风，学术水平要一届比一届高．各省市的交流会也希望越办越好，还可举办专题学术交流活动，如讲习班、研讨班、学术报告会等，有的大专院校对"初等数学研究"课进行了改革，建议有兴趣的学校可以借鉴学习．

在国内交流方面，我们还要努力沟通与香港、澳门、台湾的交流渠道．

在国际交流方面，我们应当抓住一切机会，沟通与南亚华语与非华语国家交流的渠道，逐渐开展与日本、美国、俄罗斯、澳大利亚、加拿大和欧洲各国的交流．

开拓国际交流渠道，这是一件新的工作，我们希望有条件的省市发挥自己的优势把这件事先做起来．

10. 关于宣传和史料积累问题

初等数学研究是千万人参加的一项伟大事业，需要社会各界的理解和支持．对于初数会议等活动，对于初数的研究成果的意义和价值要积极宣传和报道，要以愚公移山的精神感动"上帝"．形式有：在各种有关学术会议上演讲；在高师院校向师生宣讲；著文在报刊上发表；通信宣传，此外要继续办好《中国初等数学研究工作简报》，充实内容、扩大发行量，以满足广大初数爱好者的要求．

另外初等数学研究这项宏伟的事业是我国整个数学事业的一个有机组成部分，我们应当注意有关活动的纪录，有关资料的搜集、整理、保存和研究，如有机会，应当汇册、成书、出版．

以上可简称"建议十条"，望广大初数工作者和爱好者献策出力，争取把它变为现实．

中国初等数学研究工作协调组
1996 年 6 月 8 日于福州

4.3　又两个专题研究小组成立

（1）中国绝对值方程研究小组第一次工作会议在福州市举行.

中国绝对值方程研究小组第一次工作会议,于 1996 年 8 月 19 日在福州市第二十四中学举行.参加会议的有杨世明、林世保、孙大志、游少华、肖振纲、潘臻寿、党庆寿等同志.会议回顾了近十年来我国绝对值方程研究的状况,一致认为该课题的研究是十分成功的.从第一个三角形方程的出现到多面体方程的突破,为创造绝对值方程应用于研究图形的性质打下了坚实的基础.会议认为,对于一个新的研究课题,要在不断的提出问题和猜想中,创造适用的思想和方法,要解决它的基础理论和应用.要进一步把本小组的内刊《研究通讯》办得更好.会议设想在 1997 年～2000 年之间召开一次绝对值方程研究的专题会议.

（2）中国折线研究小组宣告成立.

1996 年 8 月 17 日,经简短的会议磋商中国折线研究小组在福州市宣告成立,并合影留念.成员有王方汉、熊曾润、宋方钦、肖运鸿、杨世明,大家推举王方汉老师和熊曾润教授为负责人.

小组的任务是协力攻关,以推动我国折线研究事业的迅速发展,欢迎有志于折线研究的同志入组.要求入组者可与江西赣南师范学院的熊曾润和湖北武汉第二十三中学的王方汉老师联系.

（3）中国绝对值研究小组成员（19 人）：

杨世明（天津省）、杨学枝（福建省）、林世保（福建省）、朱慕水（福建省）、邹黎明（江苏省）、牛秋宝（河南省）、刘瑞燕（河南省）、张付彬（河南省）、游少华（贵州省）、李煜钟（山东省）、刘伍济（湖南省）、杨正义（四川省）、宋之宇（四川省）、娄伟光（黑龙江省）、张世敏（山东省）、孙大志（安徽省）、肖振纲（湖南省）、潘臻寿（福建省）、党庆寿（江苏省）.

4.4　协调组在全国"三届"会议上表彰有关出版社、杂志社的决定

中国初等数学研究工作协调组,在全国第三届初等数学研究学术交流会上表彰了一批对全国初数研究工做出贡献的有关杂志社和出版社,它们是：

表彰的出版社：

河南教育出版社（《中国初等数学研究文集》）；

湖南教育出版社（《数学研究的问题与课题》）；

上海教育出版社（《初等数学研究论文选初等数学鉴赏丛书等》）；

福建教育出版社（《福建省初等数学研究文集》）.

表彰的杂志社：

数学通报、中等数学、中学数学（湖北）、中学数学月刊（苏州）；

数学通讯、中学数学教学参考、中学教研（数学）、湖南数学通讯；

福建中学数学、中学数学教学.

"协调组"险遭不测，
第四届初等数学研究交流会胜利召开

第

7

章

§1 申请成立"中国数学会初等数学分会"

1.1 提出申请，祸耶福耶？

第三届会议以后，"协调组"一方面关注形势的发展，一方面关注第四届会的筹备工作.同时也在寻找时机做好把"协调组"转化为中国数学会一个工作委员会或一个分会的工作.在当今的中国为了初数事业的顺利发展，这样一个"合法的"身份是必要的.

杨世明在1997年元旦的一则"日记"中写着："1997年预想的几件大事.△成立全国初数会，争取有个眉目."1月15的日记中又写着：

"又经过几天努力，不仅把'清理三角债问题的图论方法'一文弄完了，把'映射数列问题－初等数学研究的问题与课题之一'(繁体字)弄完了，还赶写了给中国数学会理事会的申请(成立中国数学会初等数学分会)报告.明天去京和忠辅一块商量，并请他拿到3月将举行的理事会上研究."

1 月 17 日日记中记着：

"昨天去京，很顺利地找到了中关村 906 楼 211 房间，忠辅的夫人也在. 交接了这样几件事……，4. 成立'初等数学委员会'事，我希望他为此 3 月尽量与会，他说尽量安排，并找吴文俊先生、秘书长任南衡等打个招呼（对了，请刘秀芳或自己去找一下严士健先生，让他支持一下，至少别反对）. 另外，如能请陈省身先生当顾问，别人更没话说，且为以后的活动打下基础"，……7. 在北京，给周春荔打了电话，他说成立专委会有眉目是好事；给刘秀芳打电话，她说 4 月份退休，我说让她给刘来福打个招呼，我不久给他写了信，我愿到师大，把"初数研究"帮助弄起来，她说行."

1997 年 1 月 17 日，中国初等数学研究工作协调组向中国数学会理事会，递交的"关于申请成立"中国数学会初等数学分会"的报告"，全文如下：

关于申请成立"中国数学会初等数学分会"的报告

中国数学会理事会：

20 世纪 80 年代以来，我国初等数学研究日益活跃，研究队伍不断壮大（除了中学教师、教研人员、大中学生以外，也有众多大专院校的教师和专业数学工作者，甚至知名数学教师投身其中），高水平的研究成果不断涌现，形势喜人.

1991 年 8 月，在天津师范大学隆重召开了"全国首届初等数学研究学术交流会"，我国知名数学家吴大任教授、梅向明教授出席开幕式并讲了话，中国数学会理事长王元托人到会祝贺，包括《中国数学会通讯》《自然杂志》在内的近 20 家杂志做了报道，从此，"初等数学研究"从茶余酒后变成了一项事业，登上了学术会议的大雅之堂. 在这次会上，经代表们广泛协商建立了"中国初等数学研究工作协调组". 1993 年 8 月、1996 年 8 月分别在长沙（湖南师范大学）和福州（由福建省数学会初等数学分会主办）成功地召开了第二、三届"全国初等数学研究学术交流会"，成果丰富，水平一届比一届高. 在福州第三届会期间，收到论文 600 多篇，录用 200 篇，现在，已着手筹备第四届交流会，这次跨世纪的盛会将于 2000 年在北京市召开.

自 1989 年以来，已有十几个省市建立了省市数学会所属的初等数学分会、研究会、工作委员会或筹备组，召开了本省市的"初等数学研究学术交流会"；在这一时期，出版了包括《中国初等数学研究文集》《中国初等数学研究（文摘）》《初等数学研究论文选》《初等数学研究的问题与课题》《初等数学前沿》在内的初数文集、专著十几部，通过各种形式发表的论文有数千篇之多，丰富的、高水平的初数研究新成果，大大改变了"初等数学"的面貌，也改变了人们对"初等数学"的看法（若干大专院校已改变了不承认初数研究成果也是数学研究成果的做法，对初数研究成果一视同仁），国内不少大专院校密切关注着初等数学研究的"事态发展"，不少科研机构、省市数学会、出版社"跟踪着初等数学研究的潮流". 由湖南师范大学、东北师范大学等十所高师院校编的《初等数学研究教程》,专章介绍我国初等数学研究的晚近发展,而且广泛吸收了我国初数研究的新成果,使之迅速走上了高等学府的课堂. 在这期间,我协调组成员曾先后应邀到天津师范大学、河南师范大学、福建教育学院、赣南师范学院、保定师范专科学校、陨阳师范专科学校等十几所大专院校宣讲初数研究,所到之处,受到师生们的热烈欢迎.

我国的初等数学研究,在不到十年的短短的时间里,不仅在三多(多项式、多边形、多面体)、数论、函数、数列、不等式(尤其是几何不等式)等传统课题和组合几何等新兴课题的研究中,做出了令人意想不到的一系列新成果,而且还提出了诸如"绝对值方程""映射数列""数阵"和"一般折线"等四大类新兴的中国人自己的问题、课题和猜想,并进行了大量卓越的奠基性的研究. 从而使初等数学成为我国数学研究最活跃、发展最快的部分之一,中国初等数学研究的丰硕成果也受到国外数学界的关注,十年来已经有近百篇论文在国外杂志上发表,有的研究成果被国际数学协会指定的权威杂志评论. 杨之先生的《初等数学研究的问题和课题》一书,将在国外出英文版.

在这一时期,我们还建立了若干全国性专题研究小组;不等式研究小组,绝对值方程研究小组,折线研究小组,在互相切磋交流、集中力量攻关方面,发挥了重要作用. 同时"中国初等数学研究工作协调组"也逐渐扩大,成为协调初等数学研究中各种关系、帮助和团结广大初数爱好者的一个小小的核心.

我国初等数学研究不仅以其丰硕的高水平的"硬"成果惠及整个数学研究事业,而且以其为基础和素材的"数学方法论"研究,极大地丰富了我们的数学思想,通过培养锻炼高水平的数学教师、教研人员、编著人员,创造广阔的背景,惠及中小学和高师院校的数学教育,这方面成绩是很大的.

由上可见,初等数学作为数学的一个重要组成部分,正在迅速发展,广大初数工作者、爱好者迫切希望建立自己的组织. 由于目前中国数学会下属的"普及工作委员会""数学教育委员会"等,并不能包含"初等数学研究"(正像他们包含不了"微分方程""组合数学"一样),因此,初等数学不能归属于它们. 另一方面,由于我们目前的"协调组"成员,全部都是中国数学会的会员,有的还是中国数学会的理事或省市数学会理事长或常务理事. 我国初等数学的晚近发展,也一直受到包括陈省身(陈先生听说我们打算创办《中国初等数学研究》杂志,还专门为之题写了刊名)、王梓坤、吴大任、徐利治、梅向明、严士健、王元在内的我国知名数学家和中国数学会及其下属的省市数学会的关怀和支持. 因此,我们希望名正言顺地建立"中国数学会初等数学工作委员会"或即"中国数学会初等数学分会"(最好事后者,因为要发展会员).

关于首届理事会成员,建议名单如下:

张忠辅(教授)兰州铁道学院、李长明(教授)贵州教育学院；

周春荔(教授)首都师范大学、庞宗昱(正编审)天津师范大学；

熊曾润(教授)赣南师范大学、张国旺(副编审)河南教育出版社；

汪江松(副编审)湖北大学、沈文选(副教授)湖南师范大学；

杨学枝(高级教师)福州第二十四中学、杨世明(特级教师)天津市宝坻教研室.

(其中后面九位是现任初等数学研究工作协调组成员).

以上诸项如无不妥,请予批准.

中国初等数学研究工作协调组

1997 年 1 月 16 日

1.2 "申请"招来的"危机"

一帮中国数学会的会员向"自己的"理事会申请成立一个"分会"或专业工作委员会,这本是章程规定的权利,是公对公的很正常的事,但"人乡随俗",我们还是托了很多人."申请"递上去以后,就抱着一线希望、盼望着、等待着,希望成功,也做了"不批准"的思想准备.

(1)传书报险,急谋对策.我们都是普通的百姓,以一颗善良的心等待着"自己的"理事会对我们申请的处置,无非是"批准"或"不批准"两种结果.因此缺乏受到伤害的思想准备,何况,一个学术组织阴谋策划分化瓦解,吞并另一个学术组织的龌龊事件,在中外数学的历史上是从未见过的,今天却落在我们这些从无害人之心(更无防人之意),一心只想为祖国数学事业发展出一点力的小人物的头上,真是匪夷所思.事件发生发展过程既暴露了一部分人的丑恶嘴脸,又展现了另一部分人的坦荡胸怀和高贵人品,特别地,它必定还显示了初等数学发展的某种规律性,必然会遭遇种种艰难险阻和克服的方法;因此还是异常"珍贵"的,如非亲身经历,是无法(即使是幻想小说家)体味或编造出来的.

因此我们将运用精心保存的书信资料来复现这个历史过程和中外数学史上的罕见现象.意在为后人研究这段历史,存留真实的第一手资料,而不在于暴露什么人(从本意讲,我们是连"遗臭万年"的机会,也是不想给他们的).

下面是协调组成员熊曾润教授 1997 年 12 月 27 日的来信:

世明兄:您好!

12 月 19 日来信收悉,现就几个问题谈点想法:

"协调组"工作会议必须开,并且宜早点开.因为有这么一件事值得"协调组"全体成员共同商议:全国部分高师院校的某些教师搞了一个所谓"教育数学研究会",正向中国数学会申报成立全国性的二级学会.据该会某负责人称:中国数学会要求我们"全国初等数学研究会"与该会(指"教育教学研究会")合并

246

为一个学会,方可审批成立,并请张景中教授出任理事长.该会这位负责人还称:他将与我们"协调组"各成员一一联系,仿佛他是未来学会的实际组织者,值得注意的是:此人甚至认为,全国已有教育学会和数学教育研究会"没有必要成立第三个学会"——初等数学研究会.我认为,这是一个值得我们注意的动向,应当研究对策.

我想,全国已有不少省市正式成立了业经审批的初等数学研究会或初等数学专业委员会,这是任何人都难以轻易否定的.我不想否定"教育数学研究会",但也反对否定"初等数学研究会".有人想用"常务理事"的桂冠收买我,我将不予理睬(下略).

继之,是收到 1998 年 1 月 8 日寄出的周春荔教授的来信:

老杨:

你好!

北京大学徐庆和老师来一电话,说他们也报了一个"现代数学与数学教育研究会",中国数学会建议与我们报的合为一个批.我觉得他们有吞并我们之意.徐庆和我不认识,他说是从申请报告上看到有我的名字,所以打来电话.我说这是个大事,得全面协商,不能谁吞并谁,我方要与杨之老师商量,由老杨你出面协商.因此请老兄于年前来京与徐庆和面谈一次,不平等、没前途的事不要联合.

据熊曾润来信,江西也有人做他的工作,并答应给他个常务理事,熊曾润拒绝了.

看来回避商谈是不行的,春节后中国数学会要讨论.请你与老庞(庞宗昱)也交换个见,顺便于本月到京找徐庆和谈一次.17 日上午徐庆和要来首都师范大学开文科高等数学的会,请杨学枝来京,咱们一起与他谈谈,摸摸底如何? 也到中国数学会了解下情况.徐庆和家电话:62647347.

请慎重对策.

周春荔

1998 年 1 月 8 日

对此,杨世明和熊曾润、周春荔一样迅速做出反应.1998 年 1 月 17 日,先给周春荔回信:

老周:

你好!

1 月 8 日信收到,信来得很及时.但由于我正手脚并用地在对版、画图,回复信迟了几天.大体想法是:

1.我认为"初等数学"与所谓"教育数学"是两码事,谈不上联合.

2.我认为"教育数学"这帮人很不正派,不与你协商就擅自把你的名字写进他们的"申请报告".拿"常务理事"收买熊曾润老师,对协调组进行分化瓦解,想当官想疯了,因此很难共事.

因此我想,为了咱们辛苦开创的事业,还是不去"联合".因此也无必要与那个徐庆和谈判什么.至于咱们的申请他们批不批,那是他们的事.闭眼不看现实,总不会永久下去,中国数学会又不是他家的!

为此,我将写信给张忠辅,请他尽快向数学会表明我们的态度:①要批准就批准,不批就算了,决不搞什么联合;②要指定理事长的话,可指定张忠辅或李长明或周春荔.否则,由我们自己协商确定,请他紧急处置此事,咱们的事业是干出来的,协调组成员都是知音,都是要好的朋友,是分化不了的.熊曾润老师光明磊落的态度、老弟的光明磊落的态度,就是明证.这伙人低估了您与我之间深厚的友谊,以为把你拉走,我就成了孤家寡人,他们的无耻行径肯定是要失败的.

我以为,老弟应追究他们擅自把老弟名字列入申请报告这件事,给他们曝光!

没有数学会这个牌子,八年来,虽有困难,咱们也做得不错,但是头上如加上一个不三不四"婆婆",那就难办了,所以坚决反对别人吞并.

我将再想办法向数学会表明态度,请老弟也想办法,特别要通知数学会,他们"申请报告"中盗用老弟的名字是非法的,是侵权行为,请他们停止对协调组的分化瓦解工作,不要干破坏中国初等研究事业的蠢事(你追究此事,就使他们处于被动地位.)

信看后如仍要我去京协商,可来电话,不要怕他们,协调组稳如泰山!

颂安! 给老弟拜个早年!

杨世明

1998 年 1 月 17 日

继之,又给熊曾润和张忠辅发信,1998 年 1 月 18 日给熊曾润的信说:

曾润:

你好!

写于 12 月 27 日的信早已拜读,此信来得非常及时,我正在审读"数学发现的艺术"一书稿样,由于我听说过"该张"的曲折经历,出于同情和尊重他的研究成果,在该书一章的开头引用了"教育数学"中一句话,并在书中作为一种思想方法加以介绍,但来信反映出"该张"品质欠佳.因此动笔删除了他的一切影响,我的夫人对此举拍手称快.

老弟反映的问题确实严重,严重在一个不三不四的人要给初数当"婆婆",但是老弟也不必惊慌.首先他们的小动作在老弟这里,在周春荔那里,遭到失败.一方面说明了两位的光明磊落;另一方面说明了协调组的凝聚力量是不一般的,这是事业的力量、友谊的力量,是在奋斗的风雨中形成和发展的.小丑们

振兴祖国数学的圆梦之旅
——中国初等数学研究史话

太低估这种力量了,他们跳梁选错了场所.

但事情的严重性又使我们必须重视和采取对策:一是我及时地给张忠辅老师去信,请他紧急处置,采用适当方式向数学会表态,反对把我们与不相干的"学会"捏合在一块,要批就批,不必这样做.二是我自己也要通过适当途径向数学会表明同样的意思并揭露小丑们的小动作(所以请把他们给阁下的信复印件给我——如果阁下认为可以的话),他们不让成立初等数学分会.在适当时候,我们设法成立全国一级学会(咱们也非无路可走,只是现在条件不成熟).老弟如有可能(通过江西省中国数学会理事、常务理事),也努力做工作,表明我们的立场.(下略).

(2)对策之———给张忠辅写信.同一天,给张忠辅教授的信说:

忠辅弟、弟媳、侄儿侄女都好!

有个紧急事,请老弟处置.

协调组成员之一江西熊曾润来信说:

"有这么一件事值得协调组全体成员商议,全国部分高师院校的某些教师搞了一个所谓'教育数学研究会',正向中国数学会申报成立全国性二级学会.据该会某负责人称:中国数学会要求我们"全国初等数学研究会"与该会合并成一个学会,方可审批成立.并请张景中教授出任理事长.……有人想用"常务理事"的桂冠收买我,我将不予理睬."

协调组成员之一周春荔教授来信称:

北京徐庆和老师打来电话,说他们也报了一个"现代数学与教育数学研究会".中国数学会建议与我们报的合为一个批,我觉得他们有吞并我们之意.徐庆和我不认识,他说是从申请报告上看到我的名字,所以打来电话……看来回避谈是不行的,春节后中国数学会要讨论."

什么是"教育数学"? 据我了解,有人把几何中的"面积证法"搞了个"公理系统"以代替欧氏公理体系,这已是妄想,进而又企图在中数教学中顶替,命名为"教育数学",其实不伦不类,因此并没有什么新东西,更不是一个数学分支,因此向"数学会"申报本毫无道理.至多它应属于教育学会.

因此,我的想法是:

①"教育数学"不属于初等数学,初等数学更不属于"教育数学".因此建议"合并"的事毫无道理(缺乏起码的形式逻辑常识,因而他可能从未学过数学!)所以谈不上合并.

②"初等数学分会"若是批准的话,就原原本本地批准;理事长如指定,则指定为张忠辅或李长明或周春荔;否则,由我们自己协商确定.

③如果他们至今不承认初等数学也是数学,而且是正在蓬勃发展中的数学,甚至把初等数学仅仅曲解为"中学数学"或"数学教育".那是他们个人的事.

因此,如据此而拒绝批准我们的申请,那也无关大局.中国数学会是中国人民的,不是谁家的.中国数学会总会有明白人,前面几届理事长都非常支持我们.他们批了,算是为中国数学事业做了一件好事,不批,只是没有做.但如果想用另一学会吞并我们,那可是干了一件大坏事,将为中国初数研究事业的发展设置障碍.

④中国初等数学研究事业,有今天这个蓬勃发展的大好局面,是做出来的,不是当官当出来的.老弟自然非常理解,我们协调组成员不仅完全义务地为大家办事、自费出席有关会议、印发简报等都是自己掏钱.没有中国数学会的牌子我们八年来也干得很好,但我们不容许上边有一个"太上皇",任何事不做,还要指挥和控制我们(从他们现在就在做无耻的小动作看,他们毫不正派!想当官想疯了),干扰我们.所以,如他们不批或坚持"合并",则就撤回申请.

⑤按现在情况看,中国的初等数学研究确实要出新成果,一部分要走向世界,将出现一个蓬勃发展的局面.因此,他们实在不批,抱门户之见,在适当的条件下,将申请成立全国性一级学会.

以上是我个人看法,请老弟尽快反映给中国数学会理事长、秘书长、副秘书长,千万要快一点,抢在数学会开会之前,不要让人把我们吞掉(写信、打电话等)!这件事无论如何,请老弟办妥帖(下略)!

张忠辅教授 1 月 26 日给杨世明的信

对此,张忠辅教授也做出快速反应.杨世明 1 月 18 日信寄到兰州时他正在陕西讲学,1 月 26 日见信立即给杨世明复信,说:

"来信收到,您信中所说的"初数会"与新报的'现一会'合并的问题,我完全同意您的看法.今我也给张恭庆教授(理事长)写了封信,说明了不能合的事."(下略)

同一天,接到熊曾润老师(1998 年 1 月 26 日)的复信,进一步说明了事情的原委:

世明兄:

新年好!

元月 18 日来信收悉.今就来信中谈到的几个问题简复于下:

关于把"初等数学研究会"与"教育数学研究会"合并为一个"学会"一事,是江西师范大学一位副教授宋某致信其老同学陈某谈及的,陈某系我的同事.信中要求陈某对我"做做工作",于是陈某便将原信给我看.我看过后,当即要求复印原信,但陈某不同意,认为未经宋某本人同意似有不妥,因此,复印原信难办.

江西师范大学数学教育教研室的个别头面人物,惯于在学术活动中使用政客或市侩手段,这已不是新闻.他们习惯于哗众取宠、不干实事、派性十足,这在我省已是众所周知的事情.我省初数会初建时不由他们牵头,就是省数学会对他们的一种反映,他们总想给我们初数会制造麻烦,现在又想"吞并"我们初数会,这只不过是白日做梦罢了.说实话,本人在江西省数学教育界的影响是他们无法比拟的.我深信,省数学学会绝不会向我提出"合并"的建议,本人将拒绝这样的建议,宋方钦老弟也是同样的态度(以下内容与些事无关,略).

对此,杨世明1998年2月5日复信说:

曾润老弟:

你好!

1月26日信收到,宋某致陈某的原信既无法复印,也只好作罢(老弟可据自己回忆,大体录一个"底",作为初数研究的历史资料).他们不敢让你复印,说明心中有鬼.此事的处理情况是:我已写信给张忠辅(咱们申请报告就是他代递的).他已致书张恭庆(理事长),表示"不同意合并".我同时给常务副秘书长任南衡、理事长和副理事长写信,由郭璋老师设法转到他的手中.同时,给周春荔老师写了信,表示不同意和徐庆和"会谈",……唐朝有个诗人叫虞世南的写了一首诗《蝉》说:"垂锐饮清露,流响出疏桐.居高声自远,非是藉秋风."初数研究的业绩和声誉是做出来的,而不是借什么"光",更不是窃取来的.因此,他们想把协调组"吃"掉,其效果只能是对初数事业的破坏,自然也是"吃"不掉的.我在给数学会领导的信中揭示了他们行为的破坏作用,他们是我国数学事业的败类、蛀虫(下略).

1988年2月11日,在写给杨学枝的信中,杨世明说:"有几件事说一下,……三是关于借我们申请成立'中国数学会分会'之机,企图把协调组吞掉之事,一言难尽,我正在设法处理之中,勿担心,有机会再详告.四是我已搬入新居,请抽时来小住畅谈.特别可能安排9月在我家召开协调组会,千万千万提前安排,与校长打招呼,争取参加,勿'因故'不参加,有重大事情要商量."

(3)对策之二:向中国数学会理事会申诉.

下边是杨世明分别写给中国数学会当时各位领导张恭庆(理事长)、常务副理事长任南衡和诸位副理事长的信:

————先生:

您好!

我叫杨世明,笔名杨之.1997年1月16日我曾代表"中国初等数学研究工作协调组"向中国数学会理事会递交了一份"关于申请成立'中国数学会初等数学分会'的报告",报告中,我首先阐述了如下几件事:

①自1991年8月在天津师范大学召开"全国首届初等数学研究学术交流会"之后,又于1993年8月在长沙召开第二届交流会,1996年8月在福州召开了第三届交流会,第四届交流会预计2000年8月在北京召开.事实充分表明,初等数学作为数学会的一个分支,确实是一个十分活跃的分支,完全证实了"初

等数学还要大发展,正在大发展"的预言;

②自1989年以来,已有湖南省、福建省、浙江省、陕西省、贵州省、江西省建立了隶属于省市数学会的初等数学分会、委员会或研究会,四川省、湖北省、江苏省、广西壮族自治区、河北省、黑龙江省建立了初数研究的小组、联络组或筹备组.召开了本省市的初数研究学术交流会.

③自20世纪80年代以来,我国相继出版了包括《中国初等数学研究文集》《中国初等数学研究》(文摘)《初等数学研究论文选》《初等数学研究的问题与课题》《初等数学前沿》在内的文集、专著十几部,通过各种形式发表的初数论文,有数千篇之多,丰富的、高水平的研究成果完全改变了"初等数学"的面貌,也改变了人们对"初等数学"的传统看法,许多大专院校密切关注着"事态"的发展.由湖南师范大学等十所院校合编的《初等数学研究教程》,不仅专章介绍了国内初数研究的晚近发展,而且广泛吸收了我国初数研究的新成果,加速了它登上高等学府课堂的步伐.

④陈省身先生说:"中国数学研究应当有自己的问题,即中国人在自己本土提出并加以研究解决的问题."我协调组成员杨之在首届交流会上所做"初等数学问题"的报告中提出的24个初等数学问题,引起与会代表的极大兴趣.在此基础上撰写的《初等数学研究的问题与课题》一书进一步提出了182个问题、课题或猜想,正逐渐成为我国初数研究的热点,该书已成为杂志上频繁引证的书,1993年出版后,很快脱销,1996年已复印一次.

该书在受到国内广大读者欢迎的同时,也受到国外同行的关注,并已译成英文,即将出版.在国外,由P. R. Halmos主编的《problem books in mathematics》(数学问题丛书)中有两本:《Unsolved Problems in Geometry》《Unsolved Problems in Number Theory》,拿《初等数学研究的问题与课题》与之对比,至少是毫无逊色的.特别地,182个问题的绝大部分是中国人在自己本土上提出并加以研究的.其中"绝对值方程""映射数列""一般折线"和"数阵",由杨之概括提出的这四个系列的研究课题,目前研究非常活跃,取得了不少深刻的结果,并进一步提出了许多问题或猜想.

5.我国初等数学研究在不到十年的短短的时间里,不仅在上述四个新课题,而且在多项式、多边形、多面体、数论、函数、数列、不等式(尤其是几何不等式)、组合几何等传统课题研究中做出了令人意想不到的一系列的新成果,使初等数学成为我国数学中研究最活跃、发展最快的部分之一.中国初数研究也受到国外数学界的关注,十年间,据很不完全的统计,已有近百篇论文在国外杂志上发表,有的研究成果被国际数学协会指定的权威杂志所评论.

6.中国初等数学研究一直受到我国老一代数学家和中国数学会及省市数学会的关注和支持,王梓坤、吴大任、徐利治、梅向明、严士健、王元、杨乐等知名数学家,通过亲自参加我们的交流会或其他形式对我们表示关怀和支持.陈省身先生还亲笔为拟议中的《中国初等数学研究》杂志题写了刊名.

7.凡此种种,我们认为,我们有理由申请建立"中国数学会初等数学分会",并得到理事会的顺利通过;我们协调组成员及千千万万的初数工作者都是中国数学会成员,我们有权要求自己的理事会批准我们的请求,无条件地批准!

然而,令人惊诧的是理事会中有的人却为我们提出了"必须与某会合并"的条件,这是一个非常奇怪的条件."现代数学与教育数学"根本不属于初数范围,反之,它也不能包含初等数学,用一定形式逻辑常识即可知,这是不能合并的,为什么要强行捏在一起?"初等数学"比较"微分方程""组合数学""图论"来均无逊色,为什么不可以成立一个分会? 如果有人不看事实也不听我们的申诉,硬要把"初等数学"与"中学数学""数学教育"捏在一块,那是他们的认识问题.如果以这种"无知"为据而不同意我们建立分会,那我们可以等待.我们的协调组建立十年了,没有"中国数学会"这块牌子,虽有难处,但也干得很好,也为中国的数学研究事业做出巨大的贡献! 不承认初等数学是数学,初等数学事实上还是数学,不承认它的发展,它仍然在大发展.因此,如果理事会批了,你们就为广大初数工作者做了一件好事,如果不批,也不要紧,只是这件好事没有做而已.但是,如果强行"合并"或让另一个"会"把我们"吞掉",那你们可就是做了一件坏事,为我们找一个不干事、不了解情况当官瞎指挥的"婆婆",就是对初数研究事业的干扰,就是做了一件坏事.

8.我们之所以有"被吞掉"的担心是有根据的:数学会理事会中某些人提出"合并"的要求,并不通知我们(非常奇怪),而另一个什么会却对我们协调组成员一个一个地做工作,以"常务理事"做诱饵来收买.另一位协调组成员的名字在没有通知、没有商量的情况下就写进了他们的申请报告.这是在对我们协调组进行分化瓦解,对这种不光彩的行为,我们感到极大地愤慨,我们希望理事会对此种错误行径加以追究,我们要求保护我们的正当权益!

然而这种想当官而不择手段的可耻行径被揭露了,失败了,小丑跳梁选错了地方,他低估了我们中国初等数学研究工作协调组凝聚力,低估了我们各位成员光明磊落的高贵品质.我们的事业是干出来的,我们协调组受到广大初数工作者、爱好者的信任,是我们踏实服务的结果,我们为他们义务处理稿件,自己掏钱印"简版",邮费、电话费自己掏,有的出席会议也是自费,我们懂得做数学先做人的道理.我们从来不求个人的什么,而为了实现""陈省身猜想""默默地奉献着."协调组"成员没有任何权利,谁干事,谁出钱,是我们挖山不止的精神感动了上帝,我们既无个人所求,这就决定了"收买者"必是可耻的失败!

9.最后再次表明我们的态度:

①希望原原本本地批准我们成立"初等数学分会"的请求.

②不与任何其他"分会"合并.

③反对对我协调组进行分化瓦解. 要求理事会尊重我们的权利,维护我们的正当权利!

中国初等数学研究工作协调组成员

杨世明

1998 年 1 月 23 日

1.3　弄清事情真相

另外 1998 年 2 月 13 日夜,杨世明给李长明教授写了一个短函,答谢他过年寄贺卡问候,并交代了一些杂事 2 月 28 日,他(李长明教授)复了一封长信,写道:

"……江西师范大学的孙熙椿很想拉出一个"山头". 1992 年鉴于江西师范大学数学系有我一位朋友,所以我在贵阳市为他们筹办了他们定名为'现代数学与初等数学'会议,然而孙熙椿和江西师范大学来的另一位,完全是以营利的目的来对待活动,或者说以学术活动为幌子而谋私利. 因此自那以后我再不与他们打交道. 去年年底,忽然接到孙熙椿的一封来信,又想把我拉入他们这一帮中,我毫无此意,故至今没有给他们回信. 他信中说,曾发生了争论,估计指的是您. 其实初数的研究有许多内容与中学数学联系紧密,但也有不少是独立成章且还有很多发展的前途怎能局限在某一个方面,而且机器证明并不能代替许多的珍思妙解. 所以初数确有单独发展的必要."

同时为了让我们彻底地弄清事情的原委,李长明教授干脆把孙熙春的长信寄给了我. 使得我们有机会弄清楚瓦解、吞并"初等数学研究工作协调组"阴谋产生的源头.

现在就请广大读者欣赏这篇奇文,它彻底地揭示(招认)了事情的真相.

孙熙春给李长明先生的信

李先生:

您好!

首先祝你新年快乐,身体健康!

周丁生老师已退休两年,他还充实搞了传销、炒炒股. 董荣森也去世多年,我们也至 1992 年后也没联系.

今有一事与你们商量一下,这也是中国数学会的意见. 你们初等数学研究会与我们(中国教育数学学会(筹)(今年在南京市会上成立的),同时申请作为中国数学会的分会,而任南衡秘书长希望我们共同申请作为中国数学会的二级学会就当然是件好事了,而初等数学研究会已有两个"会". 因高师数学教育研究会和中学数学研究会,它们都是中国教育学会的分会,再成立一个就是第三

254

个这方面的学会,没有必要.是不是我们共同成立一个叫作中国教育数学学会.一旦中国数学会批准成立,我请张景中院士任理事长,我想大家不会有意见.另外你也是我们当然的成员.我们第一届会议就是由你们举办的.到今年也开了四届,第二届、第四届中国数学会通讯 1995 年 4 期和今年 4 期分别做了报道.想必你也看到了.

上次我与杨世明老师(天津市)还发生了争论,看来我们观点,现在看来还有了道理.我讲他们研究如果不与中学教学联系起来,可能会使师生引入歧途.因为现在初等代数与初等几何范围的问题在机器上基本上已经实现了,而具有智能性的软件,由张景中院士他们也编出来了.当然我只是我个人的看法,不知正确与否,请指教.这次我们申请师范性一个项目——面向 21 世纪具有师范特色的新课程——几何定理机器证明"课"研究与实践.我的一篇文章发表在数学教育学报 1997 年十期上,望多指教.

我们希望您参加我们常务理事会,请将您的简介及系的推荐信寄给我.

祝

新年好!

孙熙椿

1997 年 10 月 24 日

另外王梓坤院士答应任我们学会顾问,你们学会领导成员是你、周春荔,熊曾润,我都与他们联系了,还有一位(这里几个字看不清).

为了说明情况,杨世明于 1998 年 3 月 8 日晚,给李长明写信:

长明兄:

您好! 2 月 28 日信收悉.

关于包括孙熙春在内的某些人打算分化瓦解"协调组"之事,熊曾润和周春荔早已告诉我,我已做了紧急处置:托张忠辅给理事长张恭庆写了信,我也亲自给张恭庆秘书长和副秘书长任南衡先生写了信:①不同意合并;②坚决反对他们对我"协调组"一个一个做工作,封官许愿进行分化瓦解的勾当;③初数会确实做了大量工作,已有七、八个省级成立了初数学会,希望他们批,不批,也是他们的"权",但不得强制与别人"合并",实际上是把我们"吃掉";④要是批准成立初数会,指定理事长的话,可指定张忠辅或李长明或周春荔,由我们自己商量也可以.这就是当时的意见,现在无消息.

因为没想到会有孙熙春给您写信,所以暂时还未与您和大家说这件事.我以为,这伙人头脑发热,想用卑鄙无耻的手段分化协调组,他低估了协调组的凝聚力,低估了您与我之间友谊的力量,低估了您、周春荔、熊曾润等崇高的人品."路遥知马力,日久见人心",我为自己有这些知音好友感到高兴、幸福.

熊曾润老师来信说:"江西师范大学数学教育研究室的个别头面人物,惯于

255

在学术活动中使用政客或市侩手段,这已不是新闻.他们习惯于哗众取宠、不干实事、派性实足,这在我省是众所周知的事.我省初数会初建时不由他们牵头,就是省数学会对他们的一种反应.他们总想给初数会制造麻烦,现在又想'吞并'我们初数会,这只不过是白日做梦罢了."老兄一开始就识破了孙熙春们的别有用心(虽然不了解他们在江西省的作为),实在是太好了.在那次贵阳市的"现代数学与初等数学"会议上,他们送我一本资料,说是"从现代数学看初等数学".我说:"你们的文章都在不断重述'现代数学'的一些众所周知的内容,并没有'看'初等数学,没有提出任何见解.因为文章在手,他们只好承认,后来的研究也不过如此.

这件事等听完中国数学理事会的情况再说,不过,他们"分化"的可耻行径是失败了.这是初数研究事业的一个胜利.

1.4　事情的结局

(1)置之不理,不了了之.中国数学会理事会中当时相关的负责人,从我们申请的一开始就采取了极不负责任(甚至有点荒唐可笑)的态度:申请成立初等数学分会是关乎我国数学事业发展,关乎千万初等数学爱好者的一件大事,也是千百位中国数学会的会员行使自己权利的大事.可是他们从未找我们谈及此事,并且毫无道理地随意要求"合并",并且提出"合并才审批".在做出这样的决定之后,又是根本不通知我们,而是把我们的申请书随意交给另一个正在申请中的学会,为他们提供了分化瓦解"协调组"的条件,使我们协调组几遭灭顶之灾.出了事之后,我们通过各种渠道向"理事会"提出申诉,可他们仍然是置之不理,既不表态承认他们处事不当的错误,也不找我"协调组"说明情况,更没有任何的处理举措,我们感到非常奇怪.堂堂的中国数学会,怎能让如此无视广大数学会会员的权益,如此不负责任的人,来担任理事会的领导?!

然而,这是事实,事情已经过去了,千秋功罪,只能留予后人评说.

(2)然而无论如何,由于协调组的紧密团结,打了一场有声有色的协调组保卫战,阴谋瓦解和吞并"协调组"的黑手被斩断.我国初等数学研究事业,得以延续和发展.

§2　第四届初等数学研究学术会的筹备工作

在1996年全国第三届初等数学研究学术交流会之后,第四届初等数学研究交流会的筹备工作就已经开始了.在1998年由于出现了数学历史上罕见的对数学研究事业的巨大干扰,"协调组"面临生死存亡的极大考验的严峻环境下,第四届初等数学研究交流会的筹备工作,紧锣密鼓地展开. 经过精心的准备,于 1998 年 10 月初,在首都师范大学召开了协调组第七次工作会议,并成立了第四届会议筹备组. 下面是这次会议的"纪要."

中国初等数学研究工作协调组
第七次工作会议纪要

中国初等数学研究工作协调组第七次工作会议,于 1998 年 10 月 1～2 日在首都师范大学举行. 周春荔、杨世明、熊曾润、沈文选出席会议,周国镇应邀列席了会议,庞宗星、张国旺、杨学枝、汪江松、李长明通过书信或电话发表了意见,并表示愿遵守和执行会议的有关决议.

一

工作会议首先研究了第四届交流会的有关事宜.

1. 关于"全国第四届初等数学研究学术交流会"的主题. 工作会议认为:鉴于这届交流会是一次跨世纪的学术会议,即在世纪之交召开,就有个回顾和展望的问题,就是要分专题对十年来我国初等数学研究的进展进行回顾,并提出新的课题、展望和规划 21 世纪的发展前景;同时,2000 年又是国际数学联盟(IMU)确定的世界数学年,其宗旨是:"使数学及其对世界的意义被社会所了解,特别是被普通大众所了解". 那么,改变数学在人们心目中的形象,特别是让社会理解初等数学研究的目标和形象,也是本届交流会的主题之一.

2. 为此工作会议建议"第四届交流会"安排如下专题报告(45 分钟的大会发言):

△不等式:杨学枝、刘保乾.

△绝对值方程:林世保、杨正义.

△一般折线:熊曾润、王方汉.

△数阵:肖振纲、杨林.

△计算机辅助初等数学研究:郭璋(及朝阳区计算机小组)

△初等数学未解决的问题:杨之.

△初数研究惠及数学教学:沈文选、周春荔.

这些专题报告的主要内容是回顾、总结与展望该专题的研究,各专题研究小组应协助做好报告的起草工作.

3. 为了把第四届交流会开成一个高水平的初等数学学术会议,近期将向全国发出"征文通知",广泛征集论文. 建议各省市初数会、筹备组或初等数学研究小组,做好第四届全国初数会的宣传与有关组织工作.

4. 全国第四届初等数学研究学术交流会,除专题发言和个人宣读论文之外,还将为代表们提供充分的发表见解、讨论交流的机会,共商我国 21 世纪初等数学研究发展的大计,探索初等数学研究与数学教学的关系,研究数学的大众化、通俗化、趣味化,即如何改变数学的形象,让普通群众喜闻乐见等问题.

工作会议还就第四届交流会的日程安排、筹措经费、会务费和其他有关事宜进行了磋商,取得了一致的意见.

二

初等数学研究和一切科学事业一样,是一项延续性的事业.我国系列的初等数学研究学术交流会的召开,各省市初数研究组织的建立并开展活动,初数研究的推动、成果的发表、"十点建议"以及新的初数研究构想的实现需要一个机构来考虑、协调、推动,十年来的经验,证实了这一点.但一个重要的情况是:协调组九位成员中四位已超过 60 岁,两位已接近 60 岁,三位"青年人"也在 50 岁上下,因此是"年龄老化".为了使我国初等数学研究事业不至中断,而且继续发展.协调组工作会议建议,考虑选拔年青人组成一个秘书班子作为协调组的后备力量.初步地想到的条件是:人品好,有较多的初等数学研究成果(从而在初数界有一定的威望),有一定的组织协调能力,热爱初数研究事业并愿为之献身.

希望大家都来关心这件事.

三

工作会议回顾了协调组提的"关于 1996 年～2000 年中国初等数学研究发展的十点建议".两年来的实现进展情况和初数研究的形势认为:我国初等数学研究,一直坚持为振兴祖国数学事业,实现"陈省身猜想"(21 世纪中国成为数学大国)这个长远目标,并于 1997 年向中国数学会理事会提交了建立"中国数学会初等数学分会"的申请.关于形成"初等数学研究发展中心"的问题,我们已向若干所高师院校提出了相关的建议,得到的反应是积极的.

关于"专题研究小组",两年来已建成的不等式、绝对值方程和一般折线三个小组都展开了活动,并分别出了"研究通讯",队伍日益壮大,小组成员的研究成果不断涌现.特别是"中国不等式研究小组"学术活动十分活跃,成果水平较高,且自行提出了一大批问题和猜想,受到国内外不等式专家的关注和好评,小组还决定于 1999 年 7 月在苏州市举行一次"不等式研究学术会议",现已开始征集论文."绝对值方程"研究小组也有召开专题研讨会的意向."折线研究小组"在取得丰硕的研究成果的同时,还开展了有关主攻方向(即折线的度量性质还是组合及拓扑性质)等方法论问题的热烈讨论,意义重大."映射数列"与"数阵"研究小组正在筹划之中.值得提出的是 1996 年 12 月,以杨定华同学为首的"重庆师范学院大学生初等数学研究小组"成立,已有成员近 30 名,并编印了《大学生数学通讯》,开了我国大学生有组织地进行初等数学研究的先河,我们期待着有更多的这样的小组的出现.

为了帮助初数研究成果尽快发表,"协调组"做了多方面的持续的努力.一

258

是充分利用现有中数杂志,开辟专栏发表初数成果;二是为了《中国初等数学研究》杂志的早日诞生,做了多方面的工作.现在,已有好几个单位愿意接受和承办这个杂志,而"争取刊号难"成了困难的焦点.我们希望,热心初数研究事业的人士,凡有途径拿到刊号的,助一臂之力.在 2000 年以前创办这个杂志,是我们共同的心愿.

两年来我们在不等式、绝对值方程、一般折线、数阵、平面几何、数论等方面又筛选出相当数量的问题和课题,我们还准备继续翻译和筛选国内外有关初数文献中的问题,这是很繁难,但又是很有意义的工作."十点建议"的其他诸点,也时有进展.我们特别希望,在未来的两年中建立省市级初数分会的工作以及建立专题研究小组的工作,能有较大进展.

四

协调组第七次工作会议认为,自 1996 年到现在的不到三年时间里,我国初数研究事业各方面都有很大发展,队伍进一步壮大,研究成果丰富且水平日益提高.特别令人鼓舞的是"初等数学研究"本身越来越深入人心.由于在对我国整个数学研究事业做出巨大贡献的同时,惠及数学教育的事实越来越明显,因此获得日益广泛的支持,形势确确实实是大好的.我们有能力、有信心克服前进道路上的各种困难.

协调组希望我们应乘着"世界数学年"和世界数学家大会,在我国召开的大好时机和有利氛围,抓紧世纪之交的两年,把各方面工作做好,争取"十点建议"的全面实现,健全初数研究队伍的发展建设,多出些高水平的新成果,以迎接我们这个跨世纪的初数研究盛会的召开!

经过细微的准备,"筹备组"于 1999 年 10 月 1 日向全国发出第四届初数研究学术交流会征集论文的通知:

全国第四届初数研究学术交流会征文通知

根据 1996 年在福州市召开的第三届交流会的建议,经初数研究学术会议协调组工作会议确定,全国第四届初等数学研究学术交流会将于 2000 年 8 月中旬在北京市举行.

2000 年是 21 世纪的开端,这一年是国际数学年.交流会上将总结近二十年来我国数学教育界在初数领域的研究成果,展望 21 世纪的发展前景.欢迎数学教育界的初数研究人员、中学数学教师、广大的初数爱好者踊跃向大会提交高水平的初数论文.现将有关事项通知如下:

1.提交的论文必须是初等数学研究的未发表的新成果(不含数学教学论文),一般以不超过 4 000 字为宜.

2.论文需用 400 字稿纸工整抄写或用 16 开纸打印,文前应有 200 字以内的论文提要,作者姓名、单位、邮编.

259

3. 征文截止日期：1999 年 12 月 31 日（以当地邮戳为准）.

4. 筹备组委托首都师范大学数学系张燕勤老师负责论文的登记及组织评审工作. 论文请用挂号信寄 100037 首都师范大学数学系张燕勤老师收. 每篇论文收审稿费人民币 30 元，请同时汇寄张燕勤处.

论文一经审查合格，将于 2000 年 5 月前向作者发出参加会议的邀请函.

全国第四届初等数学研究学术交流会筹备组
1999 年 10 月 1 日

周春荔教授于 2000 年 3 月 12 日，向协调组成员发出"内部通信"通报筹备情况.

第四届全国初等数学研究学术交流会
协 调 组 内 部 通 信

_____同志：

第四届全国初等数学学术交流会（倒计时）筹备工作于寒假全面展开. 由京津地区的协调组成员组织对 360 多篇论文进行了两轮筛选. 除少数未涉及数学内容的文章外，于 3 月 10 日发出了第一轮会议通知，约 350 份. 要求 4 月 20 日以前回执，以便大体确定与会人数后，于 6 月初发出正式会议通知.

协调组委托您撰写的大会主题报告（   ）进展如何？如未完成，敬请抓紧为盼. 完成后请用 A4 纸打印好，于 6 月 20 日前寄到周春荔处（用大信封，稿样勿折叠），以便会前安排速印. 第 1 页左上角要有统一题头标志：

> 第四节全国初等数学学术交流会
> 大 会 报 告

题目用 2 号宋体字打印

文章用 5 号宋体打印.

期间，对所收论文进行两轮严格筛选，对获通过的论文的作者提前 2 个多月，于 2000 年 6 月 1 日发出邀请函，通知开会时间（2000 年 8 月 10～13 日），地点（首都师范大学）和相关事项.

至此筹备工作已完全就绪.

260

§3 全国第四届初等数学研究学术交流会胜利召开

3.1 大会开幕

(1)由于协调组的团结奋战,排除了一些人肆意制造的严重干扰,第四届初等数学研究学术会筹备得十分顺利.8月9日,全国各地代表陆续来到向往已久的首都北京,筹备组给每位代表发放了相关文件,会议日常安排等(表1).

表1 会议日常安排

日期	上午 8：30～11：30	主持人	下午 2：30～5：30	主持人	晚 7：00
8 月 10 日	开幕式(音乐厅),会议照相.美国科学院院士、美国人文与艺术科学院院士威斯康森大学教授 Richard Askey 报告"1989～2000 年美国数学教育—仅有好愿望是不够的".	周春荔 庞宗昱	专家论坛:(音乐厅)常庚哲谈初等数学研究 大会报告:(音乐厅) 杨世明《初等数学问题》 林世保《绝对值方程研究的综述报告》	杨学枝 沈文选	
8 月 11 日	大会报告:(音乐厅)杨学枝"我国研究三角形中半角三角函数不等式情况综述"; 王方汉"国内平面折线研究综述"; 沈文选"初等数学研究与中学数学教育"; 徐献卿"数阵研究综述";	杨世明 熊曾润	分组论文交流	由指定小组负责人主持	电影(电影厅)
8 月 12 日	分组论文交流.	由指定小组负责人主持	(音乐厅) 大会发言(各组推代表) 闭幕式	湖北省 焦宝聪	聚餐
8 月 13 日	去慕田峪长城旅游.			柴连起	

(2)2000 年 8 月 10 日,第四届全国初等数学研究学术交流会隆重开幕,首先宣读交流会收到的贺词、贺信(如下):

第四届全国初等数学研究学术交流会收到的贺词、贺信集锦

80 岁高龄的著名数学家徐利治教授题写的贺词：

教、学、研互相促进是一个规律.要积极开展初数研究,以提高数学教育与教学的水平.

祝贺第四届全国初等数学学术交流会胜利召开！

徐利治

2000 年 8 月 8 日

83 岁高龄的著名数学家王寿仁教授题写的贺词：

做前人所未做之事,增进对数学的认识.

祝贺第四届初等数学学术研究交流会召开！

王寿仁致贺

2000 年 7 月

祝贺全国第四届初等数学研究学术交流会开幕：

初等数学是一切数学的基础；发展初等数学是提高数学研究水平和数学教育质量的重要环节.

王梓坤跋题

2000 年 7 月 15 日

全国政协常委、民进中央副主委梅向明教授题写的贺词：

祝贺第四届初等数学研究学术交流会的召开并预祝会议取得丰硕的成果.

初等数学是高等数学的基础,它为高等数学的发展提供思想方法,同时又为抽象的高等数学提供具体模型.

梅向明

2000 年 7 月 6 日

北京数学会理事长、北京大学数学科学学院李忠教授的题词：

不断学习,努力研究,提高数学素养,改进数学教学.

李忠

2000 年 7 月 23 日

《数学通报》主编、北京师范大学数学系刘绍学教授题写的贺词：

许多中学生怕数学,这绝不是中学数学本身的问题,应该说是我们一些中学老师没有讲好数学的结果.坚持学习数学、应用数学、研究数学而成为数学内行的中学老师是一定会使学生喜爱数学的.人们从中学老师研究初等数学的活动中,看到中学生不再怕数学的前景.

祝贺全国初等数学研究学术会议成功！

刘绍学

2000 年 7 月 15 日北京师范大学

中国科技大学数学系常庚哲教授题写的贺词：

初等数学,这里主要说的是属于中小学水平的数学,相对来说是很成熟的了,但这决不意味着其中没有发展的余地和创新的空间.相反,这里是一片广阔的天地,是大有可为的,需要的是我们的智慧和辛勤劳动.研究初等数学是每一位中学数学教师的本职工作,唯有如此,才能提高我们的教学水平,使学生受益,同时在自己的成果中享受到创造和成功的乐趣.

敬贺第四届全国初等数学研究学术交流会成功举行!

中国科学技术大学　常庚哲

2000 年 8 月

湖南师范大学张楚廷教授为第四届全国初数会的题词：

人类创造了数学,数学又支撑人类,数学教育的独特意义,在这种相关关系中充分显现.

张楚廷

2000 年 6 月

天津师范大学庹克平教授的贺词：

开展初等数学研究,面向 21 世纪的数学教育.

祝贺第四届全国初等数学学术交流会胜利召开!

庹克平

2000 年 8 月 5 日

《数理天地》杂志社周国镇社长为第四届全国初数会题写的贺词：

初等亦非初等　　研究大有研究

《数理天地》周国镇　贺

2000 年 8 月 1 日

《数学教育学报》为第四届全国初数会题写的贺词：

贺全国第四届初等数学研究学术交流会：

活跃初数研究,探索形数新境.

提高教师素质,推动教育改革.

《数学教育学报》编辑部

2000 年 6 月 30 日

《数学通报》为第四届全国初数会题写的贺词：

自 90 年代以来,"初数会"的召开对我国的初等数学的研究和发展起了推动和促进的作用.预祝初等数学研究取得更大的成绩! 并祝第四届初等数学研究会召开圆满成功!

数学通报编辑部敬上

2000 年 7 月 26 日

福建省数学学会初等数学分会致第四届全国初数会的贺信:

贺 信

第四届全国初等数学研究学术交流会:

正值世纪之交之际,第四届全国初等数学研究学术交流会在首都北京隆重召开,福建省数学学会初等数学分会向本届大会表示最热烈的祝贺! 并预祝大会取得圆满成功!

我们坚信,这次跨世纪的全国初等数学研究学术交流会的召开必将进一步推进全国初等数学研究工作向纵深发展,并取得更加辉煌的成绩.中国初等数学研究将以更矫健的步伐,跨进 21 世纪,走向世界,走向未来!

福建省数学学会初等数学分会

2000 年 7 月 10 日

然后,由首都师范大学数学系主任卢才辉教授致开幕词:

第四届全国初等数学研究学术交流会
开 幕 词
(2000 年 8 月 10 日)

各位代表:

经过近两年的酝酿和紧张筹备,第四届全国初等数学研究学术交流会今天开幕了! 大家从祖国的四面八方汇集首都北京,参加这次跨世纪的学术盛会,我代表东道主首都师范大学数学系、也代表协调组和第四届会议筹备组对大家表示热烈的欢迎和亲切的慰问!

我们这次盛会,既是喜逢 2 000 国际数学年的盛会,又是站在世纪之交展望新世纪的盛会.在这次会议上,大家将要宣读论文、切磋研究心得,展示近十年来我国初等数学研究的新收获、新进展.通过学术交流,期望能进一步明确重点和热点课题,形成合力,充分合理地利用信息资源,争取在新的世纪第一个十年中,将我们的初等数学研究水平推上一个新台阶,开创出初等数学研究的新局面!

回顾近十多年来,我国初等数学研究的发展历程,由自发到自觉,由个人研究到联合攻关,从个别人的业余兴趣,到教学研一体化.初等数学研究已经成为了数学教师不断追求的一项事业.

我们已经成功地召开了三届初等数学研究学术交流会;在全国的数学期刊上,发表了数千篇学术论文,出版了数十本文集、著作.大家的研究成果正在为我国数学事业添砖加瓦、做出奉献.并充实和丰富了中小学以及高师院校数学教育教学的素材,正在改变着大众心目中的"初等数学"的形象.

十几年来有一批年青人涌入了初数研究的队伍,这是我们这项事业朝气蓬勃具有可持续发展后劲的基础.他们当中的一些 30 岁左右的,已经以自己骄人

264

的成果成为中学数学的骨干教师或学科带头人.

如上所述的初数研究的可喜进展和丰硕成果正在从更深更广的意义上表明,初等数学仍是一个内涵极为丰富的蓬勃发展的研究领域,也正在昭示人们:"现代初等数学"这一全新的概念正在形成.

我们这项事业,一直得到陈省身等老一辈数学家的关怀和指导,也得到了天津师范大学、湖南师范大学、首都师范大学等一批高等师范院校的有力支持与实际的帮助.十几年来,大家确实已经取得了许多进展和成绩,但我们面前的困难还很多,未来的任务还很艰巨.在科学研究中,扎实刻苦的拼搏精神,实事求是的科学态度,"不为个人而为人民服务"的思想是应该永远坚持和发扬的.

同志们,我们这次学术交流会是一次承前启后的会议.有整装待发、面向新世纪的情境和感觉,可见本次交流会使命的重要.相信经过大家共同努力和辛勤工作,一定能顺利完成大会的预期目标.预祝会议取得圆满成功!

谢谢!

继之,刘绍学教授、王寿仁教授等发表热情洋溢的即席讲话,引发代表们的热烈反响,其中我们记录了两个讲话的要点:

应当给初等数学研究以有力的支持

——刘绍学教授在第四届全国初等数学研究学术交流会开幕式上的讲话(摘要)

咱们都是数学教师,搞初等数学研究的教师,在数学教师队伍中的作用、地位,这里试图刻画一下.

一般说来,教师有两类:一类是边教学、边学习的人;一类只教学不学习,后边这类人有一部分也教得非常好,但有一大缺陷,那就是教学中缺乏个人的体会,难于入情入理.

又教学、又学习的人,又分两种:

一种是在数学教学方面深入琢磨、思考、分析把教材进行对比研究,从历史背景、理论背景上分析思索.在讲课时,讲知识又注意能力培养,他们的课一定上得很好.

又一种是科研型教师,非常难能可贵的.

只教不学、不研究、不关心背景发展的情况和动态,会丧失对教学内容的新鲜感,也很难会让学生有所追求.我们在数学教学中,给学生的,除了知识、能力外,还要能感染学生,让学生感到学习的乐趣.教师对学生的感染力,只是某些教师有.让学生欣赏数学,才能提供乐趣,自己不研究,不受感染,也难得感染别人.数学教育界的人,都能回忆起来某个教师对自己的感染力,而这些有感染力的教师,多为科研型教师在这方面起了积极的作用.

初等数学研究成果的评价问题,我说说自己搞研究的体会.自己搞研究,研究什么课题,都会听到不同的议论.我当年搞理论,也曾受到很长时间的冷遇,但那时有决心、有很强的信心,理直气壮.有的说这说那,也许是好意,但对人的心情有影响.搞科研,有的内容也许无用,也许离核心很远,但对教学有好处.研究的经历很有用,很可贵,使教学有新鲜感,这种情调有好处,在教学上的反应,一定非常好,所以要搞下去.

但有些议论,也应该考虑,研究应当关注新鲜的东西.

最后一条,我建议,数学界、数学教育界、数学刊物应当关注初等数学研究,应给予有力的支持.

(杨之,根据记录整理)

初等数学新课题非常重要

——王寿仁教授在第四届全国初等数学研究学术交流会开幕式上的讲话(摘要)

会前问了一下,初等数学研究除了传统内容以外,又有四大新课题:映射数列问题、数阵问题、一般折线问题和绝对值方程问题,这些都非常重要.

我上学时就学微积分,现在这个界限要打破.因为微积分思想非常重要,可以在初等数学研究中运用,还有概率论、数理统计,也非常重要.

现在数学教学内容取消那么多,历史、地理也要取消,不知为什么?

对初等数学的范畴、内容,要加以研究,要用最少的时间,多学些今后有用的东西,在新的世纪里,公民的数学修养应当是很高的,所以初等数学范畴要弄清,不等式研究重要,因为它研究事物的数量界限……

(杨之,据笔记整理)

3.2 大会闭幕

经过几天紧张的会议、讨论,2000 年 8 月 13 日举行闭幕式.首先,宣读"会议纪要":

第四届全国初等数学研究学术交流会
纪 要
(2000 年 8 月,北京)

第四届全国初等数学研究学术交流会,于 2000 年 8 月 10～13 日在首都师范大学举行.出席会议的有来自全国 26 个省、市、自治区的代表 160 余人.

8 月 10 日大会在首都师范大学音乐厅隆重开幕.我国知名数学家王寿仁、刘绍学,首都师范大学校长杨学礼出席开幕式并讲话.中国科技大学常庚哲教授、首都师大数学系主任卢才辉、数学科学研究所所长殷慰萍、前系主任王德谋、《数理天地》杂志社社长周国镇先生,中国初等数学研究工作协调组成员与全体代表一起出席了开幕式.梅向明教授、王尚志教授出席了闭幕式并发表了热情的讲话.大会还收到知名数学家王寿仁教授、徐利治教授、王梓坤院士、梅向明教授、李忠教授、刘绍学教授、常庚哲教授、张楚廷教授、庹克平教授以及

266

《数理天地》《数学教育学报》《数学通报》和福建省初数会、陕西省初等数学研究会热情洋溢的贺词、贺信,这些讲话、贺词、贺信一致肯定了初等数学研究在数学基础研究和数学教育研究中的重要地位和作用,并祝贺这次跨世纪的学术盛会圆满成功.

大会邀请美国科学院院士、美国人文与艺术科学院院士、威斯康森大学教授 Richard Askey 做了"1989 年～2000 年美国教育——仅有好的愿望是不够的"报告.此外,中国科技大学常庚哲教授做了"认清本质,抓住要害——从一个联赛试题谈起"的学术报告.

本届交流会共收到初等数学研究论文 360 余篇,其中约有 160 篇在会上宣读.

我们这次盛会既是喜逢 2 000 国际数学年的盛会,又是站在世纪之交展望新世纪的盛会,意义重大.按照"中国初等数学研究工作协调组"第七次工作会议的建议,本届会议的主题是对十年来我国初等数学研究进行回顾,展望和规划 21 世纪前十年的发展前景.通过学术交流,进一步明确了研究重点和热点课题,形成合力,充分合理地利用信息资源,争取在新的世纪第一个十年中将我们的初等数学研究水平推上一个新台阶,开创出初等数学研究的新局面.

按此要求,大会安排了不等式、绝对值方程、数阵、一般折线、初等数学问题、初数研究与数学教学等综述及专题报告,受到代表们的热烈欢迎.我国初等数学研究十年来获得的新成果,提出来的新问题与课题,使代表了解情况,开阔了视野.代表们认为,自 1991 年我国召开首届初等数学研究学术交流会以来,初步取得了如下几个方面的进展:

①建立了中国初等数学研究工作协调组,有近十个省市建立了初数会或初数小组、筹备组,结束了我国初数研究单兵作战状态.由个人研究到联合攻关,我国初数研究开始由自发转向自觉,从个别人的业余兴趣向教学研一体化过渡,使初数研究成为人们追求并为之奋斗的一项事业.

②到现在为止我们已经成功地召开了四届初等数学研究学术交流会;在全国数学期刊上发表了数千篇学术论文,出版了数十本文集、著作.大家的研究成果正在为我国数学事业添砖加瓦、做出奉献.并充实和丰富了中小学以及高师院校数学教育教学的素材,正在改变着大众心目中的"初等数学"的形象.

③十几年来,有一批年青人涌入了初数研究的队伍,这是我们这项事业朝气蓬勃具有可持续发展后劲的基础.他们当中的一些 30 岁左右者已经以自己骄人的成果,成为中学数学的骨干教师或学科带头人.

代表们回顾了协调组 1996 年提出的"十点建议",认为这些建议虽然未能完全实现,但各方面都在向前努力推进.大家希望在新世纪我国初等数学研究,应继续为实现这些建议而努力.

大家认为,通过宣读论文和会内外的交流收获很大.开展初等数学学术研究是推进我国数学素质教育的一项基础建设,高师院校数学系、广大中学领导同志应给予重视与支持.这已经成为与会专家与代表的共识.

在交流会期间,协调组召开了第八次工作会议.协调组建议:

(1)为了使协调组逐渐年轻化,建立一个由中青年人组成的协调办事组是适宜的.协调办事组由如下人员组成:

吴康(华南师范大学数学系);

褚小光(江苏省苏州吴县对外贸易公司);

徐献卿(河南省濮阳教育学院数学系);

王光明(天津师范大学数学系、《数学教育学报》编辑部);

张燕勤(首都师范大学数学系);

朱元国(江西省赣南师范学院数学与计算机系).

(2)全国第五届交流会将于 2003 年在江西省举行,由江西省数学会初等数学专业委员会负责筹备.

(3)建议设立"青年初等数学研究奖".每次在不超过 40 岁的申请者撰写的论文中评选获奖者至多 5 名;提名奖至多 10 名.在会议召开前评审,在交流会上颁奖,并由承办会议单位组织专家评选并加盖承办单位公章.

代表们完全同意协调组的上述建议.

会议代表对于主办单位首都师范大学数学系,对于资助会议的《数理天地》杂志社、《中学生数学》杂志社等单位表示感谢.对于大会的工作人员表示感谢.他们辛勤卓越的工作,使会议获得了圆满成功.

第四届全国初等数学研究学术交流会
2000 年 8 月 13 日

然后,由熊曾润教授致闭幕词.

第四届全国初等数学研究学术交流会
闭幕词
(2000 年 8 月,北京)

各位代表:

经过四年的准备,全国第四届初等数学研究学术交流会于 2000 年 8 月 10 日在首都师范大学开幕.参加这次大会的代表来自全国 26 个省市自治区,有来自高等师范院校的专家学者,有来自中学数学教学第一线的教师,有来自其他战线的初等数学爱好者,也有来自刚跨入高等学府学习的青年学生.代表们怀着促进我国的初等数学研究事业,为初等数学的理论宝库增添新的财富.满腔热情、克服重重困难,有的甚至自费参加,从祖国的四面八方汇聚到了一起.会见老朋友、结识新朋友、切磋学术、交流思想、寻找知音、提高认识、开阔眼界.我们的大会开得团结、务实,是一个成功的大会、胜利的大会,是为我国的初等数学研究事业建立了一座丰碑的大会.

这次大会之所以能圆满召开、成功举行,这与东道主首都师范大学的校系领导的亲切关怀、大力资助,与首都师范大学的教职员工、青年学生的辛勤劳动、热情服务,与全国初等数学研究协调组的老师们呕心沥血,与全体代表的大力支持是分不开的.在此,我谨代表大会向首都师范大学的校系领导、教职员工、青年学生,向全国初等数学研究协调组的老师表示深深的敬意、深深的感谢.

各位代表,经过几天的欢聚,大家相互之间已产生了感情、获得了友谊,让我们的友谊像长城一样长久留存吧.

初等数学研究是一项事业,进行初数研究需要艰苦努力、拼搏进取的攀登精神,需要探索创新又实事求是的务实精神,更需要团结奋斗的团队精神.

大会即将结束了,在这依依不舍的时刻,祝代表们在各自的岗位上继续努力,进行新的长征,并在今后三年中取得新的初数研究成果.要心怀凌云志,再聚井冈山,在第五届初数会上再相聚.

现在宣布大会胜利闭幕.

大会闭幕以后,按惯例由杨之老师讲话,内容如下:

在全国第四届初等数学研究学术交流会上的讲话(提要)
2000 年 8 月 13 日北京
杨 之

第四届交流会即将胜利结束,大家即将回到自己的岗位上去.有几件事要和大家说一下,特别是我们这个 EM(初等数学研究)系列学术会议的来历.

一、我国初数研究十年概况

1.20 世纪 90 年代以前的情况:那时对"初等数学"的认识是很模糊的:它不过是中小学的教材,作为研究的内容,只是零星琐碎,供茶余酒后玩味鉴赏尚可,"正式"的研究开发已经停滞,因为资源枯竭,难有作为.站在"初等数学"的平台上仰望学术会议,如观"北斗";对 80 年代以来,初数研究的发展,参与者有苦有乐,局外人熟视无睹,研究者单兵作战,谈不上什么"事业".最为茫然的是高师院校搞中学"教材教法"的人.了解底里者,对比现在,无不感慨万千.

2.冒"大不韪"撰"三议",发表引起波澜.

3.从 P.M1 到首届 EM 的召开;坎坷的筹备过程——主要是论文"水平",与会者人数,成败难料(从首都师范大学的地下招待所到天津师范大学内召,再到宝坻的筹备会……).EM I 顺利召开,一块石头落地,注意力指向——规划未来.

希尔伯特说:问题充足使一个学科蓬勃发展;问题缺乏则导致其衰亡或中

止,两个关键人物张国旺想方设法出"文集",郑绍辉千方百计促《问与课》.

4.协调组建立的十年:

初衷:为了延续学术会议(五人,由周国振建议,创立)→第二届初数会(起了协调作用,发展到七人)→第三届初数会(起草"十条",关注21世纪,九人).

所做的工作:

(1)协调会议筹备,促进各省市初数会建立;

(2)支持初数研究,为初数论文发表尽心尽力(审稿,推荐、摘编);

(3)办"研讨班",到各地讲学,宣传初数研究;

(4)专题研究小组的建立及活动(非常富有成效);

(5)出"简报",传递信息;

(6)关注和规划未来的发展.

作用:

象征意义:EM是一项事业,是追求的目标,是一个学术共同体,有人在管,稳定初数爱好者的心,有所寄托和希望.

延续作用:保证学术会议的延续(定向),保证事业的发展.

凝聚作用:协调组成员的人格力量产生了巨大的凝聚力(有几次风险都安然渡过了).

5.前三届初数会会议概况:

首届初数会:1991年8月天津师范大学举行,是一个开创,象征EM登上学术会议的大雅之堂,促成"文集"出版,协调组建立,促进"问题"不断涌现.

第二届初数会:1993年8月湖南师范大学举行,承上启下,在艰难中做成.协调组扩大,推动省市初数会建立.

第三届初数会:1996年8月,福州市马尾区,成果丰富."十条建议"通过,推动专题研究小组建立及活动的开展.

6.变化.观念在变,队伍形成,目标确定,成果丰富,自提问题,奉献巨大.

二、关于"个人"及初数研究中的几个问题

由于数学的特点,研究的形式基本上是"各自为战".有些问题,值得一说:

1.做人与做数学.陈省身先生要求我们建立一支年青的队伍,成员要有抱负、有信心、肯牺牲,不求个人名誉和利益,要超过前人,青出于蓝而胜于蓝.十数年间,我们基本上形成了这样一支队伍,令人高兴,但美中有不足,就是在做人与做数学的关系上出了问题.古今多少数学大家,人品高尚,堪称楷模,但现在的"研究者"中:

(1)存在抄袭现象,有抄文的,有袭人成果的,有换个词儿转述的等,还有列举文献的"葡萄皮"现象.

(2)不承认自己同胞,特别是"布衣"的成果,乱用外国人名给数学成果命名,中国人的成果也难幸免.

(3)错了不肯承认,更不肯公开承认.

因此应提倡做数学先做人.要有科学态度,承认学术的继承性,要公开引用文献,要有民族气节,勇于而且甘心承认中国人(小人物、老百姓)的成果、问题、课题;不乱命名,数学使人正直,只有正直的人、会做人的人才能取得大的成就.

2. 关于选题:

(1)慎选名题,不要幻想(哪怕是隐约的幻想)一鸣惊人,要有自知之明,要对数学有起码了解(如要先研读初高中和大学初年级的数学课本).不要为一些诱惑所动.

(2)知己知彼,量力而行,吸收信息,开阔思路.选有价值的、力所能及的课题,避开过热课题,尽量选大冷门,注意四个系列的新课题:

数列才子可转向数阵;圆锥曲线则可转向绝对值方程;

初等几何爱好者——一般折线;数论家——映射数列.

不等式爱好者争取进入前沿;初等代数与几何转向组合几何或初数基础研究.

3. 研究与写作.应有个准备过程,参加交流会,查阅相关资料,了解研究现状,提高水平,发现点滴"破绽",作为研究起点,有所发现,再动手写;要有粗略综述,说明你的结果的地位;要附上你确实引用或参考过的文献.

三、要关心整个初数事业的发展

个人研究与全国初数事业密切相关.个人需要交流,成果要发表,要有人承认、要人帮助;整个初数事业又需要众人关心、支持,除"研究"外还有许多无名无利的事要人去做,要营造一个有利的环境.

1. 关心"十点建议"的实现,要八仙过海,众人拾柴.

2. 做一些综述文章,如关于"圆锥曲线""不等式研究"等.

3. 敢提问题,善做猜想.不仅要提新问题.而且要提新型的问题,开拓新的研究领域,关心初数基础研究,在初高数结合点上大有文章.

4. 宣传初等数学,为创办初数研究杂志出力献策,做已有的初数杂志的工作(开辟专栏,短文集锦之类).做有关数学会工作,做出版社的工作,做有关人士的工作,做大企业家工作(建立出版基金、奖励基金,设"陈省身数学奖"),写初数专著、初数科普读物、初数研究史料等.

5. 学习、研究数学方法论,对初等数学研究中各种问题进行哲学思考,关心当代科学哲学、数学方法论、新兴科学的发展,这对于我们更新观念,处理各种问题是必要的.

3.3　参会人员荣誉榜

全国第四届初等数学研究学术交流会在 20 世纪的最后一年召开,是个迎接新世纪的盛会,能出席这次会议很幸运,也很光荣,下面是参会人员名录.

江西省:熊曾润、吴跃生、吴望茂、蒋玉清、王荣花、黄庭松、朱元国、彭万生.

贵州省:米家鑫、游少华.

黑龙江省:王彦斌、田永海.

安徽省:盛宏礼、王安陶、朱庭香、杨富来、胡安礼、常庚哲.

湖北省:吴天兴、杨志明、甘大旺、周永良、袁银华、杜少华、项楷尧、祝有韬、甘超一、黄家礼、王方汉.

湖南省:沈文选、吴山青、王建中、雷动良、李剑明、胡如松、刘国和、唐立华、禹平君、张志华、吴沁、刘功波、胡圣团.

四川省:黄永龙、吴俊生、魏华、张继海、宿晓阳、熊福州、贺光灿、熊白山、林光隽.

广东省:吴康、冷德良、曾柄祥、欧木星、徐英玉、林敏燕、孙文彩.

福建省:杨学枝、黄德芳、林心如、黄成家、黄家湘、郑荣辉、孙建斌、陈四川、黄拔萃、林世保、吴善和、余丹田、潘臻寿、陈甬生.

内蒙古:卢宪文、郭富喜、范永湖、孙井生、郭强.

江苏省:殷伟康、汪显林、徐道、吴兆甲、洪修仁、江卫兵.

甘肃省:刘仲勋.

重庆市:刘仕汉、于小平、姚勇、刘凯年、陶兴模、张光年.

云南省:姚建勤、武学亮、任玉珍.

山东省:勇连琴、王开广、高玉强、秦荃田、杨守松、李永林.

上海市:叶中豪、席时星、姚建新、梁开华.

吉林省:高振山.

山西省:王中锋、张凤英、张汉清、范茜、冀文侃、李永林.

陕西省:王子文、李建章、吴福亮、王凯成、赵生筱、尚品山、曾丕刚.

北京市:周春荔、石焕南、徐百顺、周国镇、王寿仁、刘绍学、卢才辉、唐玉钰、梅向明、殷慰萍、李中凯、焦保聪、朱德朴、刘晓玫、王德谋、刘胜利、连四清、张燕琴、宁国然、张程、刘兴华.

辽宁省:宋之祁.

天津市:庞宗昱、杨世明、申铁、李首刚、云保奇.

河北省:赵建林、王慧敏、侯立宪、张金树、李向东、徐培明、王春润、张银明.

浙江省:叶政、阮晓明、叶挺彪、方均斌、张金良.

河南省:滕德欣、徐献卿、杨宪立.

广西壮族自治区:韦晔、方景成、蒙有骞.

第 3 篇　从今走向繁荣昌盛

协调组成长为理事会,第五、六、七届会相继召开

第 8 章

2000 年,我们在北京市召开"第四届全国初等数学研究学术交流会"的这一年,也正是国际数学联盟(ZMU)确定的"世界数学年".2002 年北京市又迎来世界数学家大会,要说兆头,这都是好兆头.此前,在协调组 1996 后拟订的"关于 1996 年～2000 年中国初等数学研究发展的十点建议"的推动下,全国初数研究事业在各方面都有很大进展,使得我们能从较高的起点进入 21 世纪.这除了学术水平之外,就是我们的学术组织的升格.

进入 21 世纪的首届初数盛会在江西省召开.

§1 21 世纪首届初数盛会

1.1 筹备工作

其实早在 2000 年 8 月第四届会闭幕之时,第五届会的筹备工作就开始了.不过到了 2003 年,离开会时间越近,则筹备的锣越紧、鼓越密,申请、协商、安排、通知,协调组成员间频繁通信,

熊曾润教授(第五届会承办单位——江西省初数会理事长)的团队,更是忙得"不亦乐呼".尽管大自然按它自己"好事多磨"的规则,"不失时机"地推出"非典"(一种叫作"非典型肺炎"的传染病)来考验我们的意志.全国各地,包括办会者、参会者在内的广大初数工作者,仍在有条不紊地做认真的准备.

为了弄清当时筹备工作的具体情况,包括一些细节,我们来阅读几封当时来往书信的原件(或摘要)(保存这些文献很不易,因此,十分珍贵):

世明兄:

您好!

谢谢您认真协助审理参会论文.

"哥德巴赫猜想"论文不少,只是小弟将它们列入了"另册",只同意参加交流,不准备收入会议论文集.

您的报告(提纲)及大会的其他专题报告,都将作为大会的重要文献,印发给参会代表,只是杨学枝、周春荔的报告稿尚未寄来,现在还不能统一开印.

评奖一事,看来大家的意见一致,开会前(或会议期间)由协调组评定即可,好在申报人数不太多,容易办.请您放心,会议通知将给您寄 30 份,若不够,再补加.

近来忙得"不亦乐乎,就不多谈了.

顺颂大安!

熊曾润敬上

2003 年 4 月 16 日

世明兄:

遗留一篇参会论文未审,请阁下审理,审后立即寄回我处.

谢谢!

熊曾润

2003 年 4 月 18 日

世明兄:

您好!

从电视中看到天津市"非典"似有发展趋势,令人揪心.诚望阁下注意保重,免受"非典"的侵扰!

目前我省尚未发现"非典"病人,真是万幸.我很担心 8 月全国初数交流会能否顺利举行,但愿三个月内"非典"疫情能在全国范围内得到控制!交流会的筹备工作仍在紧锣密鼓地进行,我们正在做好如期开会的准备.

杨学枝和周春荔两位仁兄的报告稿尚未寄来.待他们寄来之后,所有报告稿将立即付印.

4 月中旬王梓坤先生到井冈山大学参加有关仪式,我们乘机邀请王梓坤先生偕夫人到我院做客.王梓坤先生在我院向师生做了"科学家的成才之路"的报告,其夫人做了介绍俄罗斯文学的报告,在师生中产生了强烈反响.报告会由我院党委书记兼院长林多贤出面主持,隆重而热烈.毫无疑问,除有不可抗拒的原因,8月份王梓坤先生将重临我院出席全国初数交流会.

应该说,我院领导对开好全国初数会是高度重视的.

《论文集》的出版工作由数学系的领导负责.据悉,日前已签订出版合同,如无意外,《论文集》将在交流会上作为会议资料发给参会代表.

我已于数月前致信汪江松,转告阁下要求他8月到会的建议,但至今未见复函,也许他觉得不必复函吧.

王方汉老师将参加交流会,他的参会论文是讨论平面闭折线的锐角个数问题的,对问题做出了彻底解决,但篇幅颇长,似可精减.

我没有向本届交流会提交论文,因为《平面闭折线趣探》将作为会议资料发给参会代表.

《福建中学数学》2003年第4期又发表了曾建国老师撰写的"谈圆外切闭折线的奈格尔点的性质"一文.据悉,学生唐建南也有一篇折线研究的短文,将在近期由《中学数学》发表.我估计,今年在各地刊物上将会有10~15篇研究闭折线度量性质的论文面世.如果真能如阁下所言,形成一个所谓"赣南学派",那么这将是我国初数研究工作的一大进展.我相信,在阁下和协调组的支持下,这个学派是有望形成的,它不仅包含赣南人,还包含其他省市的学者,余言后叙,诚望保重身体.

熊曾润

2003年5月2日

世明兄:

您好!

得知天津已摘掉"非典疫区"的帽子,非常高兴,相信全国第五届初数会将能如期举行.

为了确定会期,我院孙弘安副院长打电话给王梓坤先生,征询其意见,不料王梓坤先生却因事不能出席会议,特表遗憾!

意外的事情还有:杨学枝校长的专题报告稿似乎也将"泡汤",并难以到会,现将他的来函呈上,请审阅.

真是"人怕出名猪怕壮",杨学枝校长的校外职务真多,忙得"不亦乐乎".这点我完全可以理解,但我院数学系主任却要我说服杨学枝校长到会做报告,我也觉得,不等式研究是我国初数研究的"重头戏",缺了杨学枝校长的这个报告,其他课题(如折线研究)的戏就不好唱了.怎么办?请阁下考虑,如果阁下能动员杨学枝到会做报告,那就好了(春荔兄的报告稿早已收到).

《论文集》的出版工作由数学系主任负责,由于涉及经费问题,我没有过问. 据他相告,进展顺利,会议期间将能发给参会代表和作者.

　　会议通知即将拟定并发出,我会交代曹新老师给您送发 20 份,够吗? 立等回复,祝健康.

熊曾润
2003 年 6 月 16 日

　　以上诸信,均用短札回复,未能存留底稿,直到 2003 年 7 月 19 日才有一封留存了底稿的信件:

曾润兄:

　　您好!

　　江西省初数会、赣南师范学院为筹备这次全国的交流会都做出了极大的努力. 当然之所以能如此,与老兄的为人、威望有关. 老兄自己也一定是竭尽全力的吧. 寄来的 30 份"通知",我均已寄出,并附信热情邀请,估计会有前来赴会的(大多为报刊编辑).

　　这一段时间天天看天气预报,安徽省、江苏省大水,广东省、江西省高温,好事多磨,刚战胜"非典",又怕这些干扰咱们的会. 从各方面来信的反映看,大家对这次会的期望值是很高的,估计会开一个高水平的学术会议. 我肯定按时与会,参与有关活动和会议:一是由于我"退休"之后一直是自由之身;二是盼望着与老兄相会,似乎有很多话要说,还要在会议期间会许多新老朋友. 自然,还有什么要我做的,望来信告知. 还有一件事,……想这次到江西省的机会附带宣传一下"MM 教育方式"……余不一一,祝老兄健康、愉快!

杨世明
2003 年 7 月 19 日

1.2　全国第五届初等数学研究学术交流会隆重召开

（1）下面就是这次会的相关文件:会议通知

第五届全国初等数学研究学术交流会

通　　　知

_____先生:

　　您好!

　　第五届全国初等数学研究学术交流会,定于 2003 年 8 月 10～13 日在江西省赣州市赣南师范学院举行,现将有关事宜通知如下:

　　会议将安排初等数学研究综述性专题学术报告;按研究方向分组开展学术交流;对未来初等数学学术研究的有关事宜进行必要的研讨;颁发青年初等数学研究奖.

278

与会者每人需交会务费 450 元. 食宿由会务组统一安排,费用自理.

您的与会论文请按以下要求准备:

①您的大作已录入《中国初等数学研究文集(二)》,请直接与会.

②把您向大会提交的论文做进一步的加工、修改,并请用 A4 纸打印,印刷 180 份带至会议交流. 论文打印格式如下:

第五届全国初等数学研究学术交流会
交流论文

题目用 2 号宋体字打印

(姓名　单位　邮编)

正文用 5 号宋体字打印.

---

③8 月 9 日全天接待会议报到. 报到地点:红环路口赣南师范学院培训中心—桃李园大厅. 至赣州站下车后,花 5 元打车至报到地点.

④请与会者报到时带好本人身份证及本通知,并按政府要求做好防治"非典"工作.

⑤若能赴会,请填写回执,并于 7 月 15 日之前将回执寄赣南师范学院,数学与计算机系曹新老师收;或电话告之您是否与会,联系电话:(0797)8267108(办);8267917(宅),13970787517. 以便会务组安排住宿.

⑥交流会期间将召开中国初等数学研究,工作协调组第九次工作会议,希望协调组及协调办事组成员到会,不另外通知.

(2)2003 年 8 月 10 日,第五届全国初等数学研究学术交流会在赣南师范学院隆重开幕,下面是开幕词

第五届全国初等数学研究学术交流会
开幕词

各位代表:

经过三年紧张的筹备,第五届全国初等数学研究学术交流会终于开幕了.

由于有首次参加这个系列学术会议的代表,所以我先说一下来历:1989 年在北京市召开的全国首届波利亚数学教育思想研讨会的建议,成立了由周春荔、杨世明、庞宗昱、杨学枝、张国旺组成的五人筹备组,做了大量工作;全国首届初等数学研究学术交流会,1991 年在天津师范大学胜利召开,会议决定成立由上述五人组成的"中国初等数学研究工作协调组";

第二届初数会 1993 年在湖南师范大学举行;会后协调组扩大到 7 人.

第三届初数会 1996 年在福州市召开;会后协调组扩大到 9 人.

第四届初数会 2000 年在北京市,首都师范大学召开,协调组决定成立由年富力强的人员组成的协调办事组,并决定设立青年初等数学研究奖,本届会将

首次颁发这个奖.

第五届全国初等数学研究学术交流会是我国初数界 21 世纪首届学术盛会,这次会议的任务是:

①检阅四届初数会闭幕以来我国初数研究的新成果.

②交流"学术",展望新世纪初数研究的前景,进一步推动全国初数研究事业的发展.

③评选并颁发首届"青年初等数学研究奖"和提名奖.

四天的会期很紧,希望大家抓紧时间进行会内会外交流、畅谈学术、广交朋友.圆满地完成各项任务.

(3)杨之的报告:

中国初等数学研究概况

——在全国第五届初等数学研究学术交流会的发言
(提纲,2003 年 8 月,赣南师范学院)

杨 之

本报告的目的,是把 20 世纪 80 年代以来,特别是进入 21 世纪以来,我国初等数学研究的状况,做一概括.

1. 新世纪、新动向

1.1 中国是数学的故乡.喜爱初等数学是中华民族一癖,"数核"往往形成中华文化的底蕴,茶余酒后、三五成聚、赌个题目、破个谜语,既是消遣娱乐,又是传经送宝,大量民间算题、算法,就这样产生、发展、流播,中国古算书的许多内容(特别是像孙子算经、程大位的《算法统宗》这些书中的算题算法)往往保留着来自民间的形式和韵味.中国数学的发展在宋元的鼎盛时期之后的明清之际,逐渐被挤出"主流"圈;尔后,"初等数学"又回到民间,以这种个人爱好、"茶余酒后"的形式默默地进行着,虽有"枯竭论""完善轮"和"无用论"的舆论高压,却仍然时不时地有成果出现.

1.2 20 世纪的五六十年代我国出了傅种孙、华罗庚,一边提出搞"初等数学研究"(既是大学一门课,也是一个课题),并以身作则;一边撰写小册子,介绍"数学教材之外"的初数知识,"文革"后众多杂志创刊,引起了新的兴趣.

1.3 20 世纪 80 年代出现一种新的观念,认为"初等数学还要大发展,正在大发展"观念促成行动.1991 年召开了"全国首届初等数学研究学术交流会",从此初等数学研究从乡村野店登上学术会议、高等学府的大雅之堂,由单

280

兵作战状态到有学会、有目标、有交流的群体活动."初数共同体"逐渐形成,茶余酒后变成一种事业,并且在促进整个数学研究,推动数学教育发展方面,找到了自己的位置,此举极大地冲击了传统观念.不少人由激烈抵触,而逐渐默认.再到拥护和参与,多少戏剧性的场面、多少感人肺腑的故事,几乎天天在发生.就这样,我们已逐渐形成的数学研究组织(学会、筹备组、专题研究小组、系列学术会),丰硕的成果和课题,初步形成的高水平的研究队伍,协调组的"十点建议",以及发展道路上的诸多困难、迷惑为基础,送走了 20 世纪和旧的千年;同时,我们又满怀着希望和信心,迈向新千年、新世纪.

1.4 在 2002 年 8 月在北京市召开第 24 届国际数学大会期间,美籍中国数学大师陈省身满怀激情地发表谈话,一方面为中国数学在 21 世纪的发展出谋划策,一方面是激励信心.他说:近些年来,中国的数学有大进展,怎样根据这个进展再向前推进一步呢? 策略之一是:不做主流也无妨,做数学的人,有可能找到现在并非主流,但很有意义,将来很有希望的方向(如他自己当年,1943 年搞微分几何时,一位美国有影响的数学家就说"It is dead—它已死了",但战后微分几何成为主流).我希望中国数学在某些方面能够生根,做得特别好,具有自己的特色.策略之二,是中国数学的根必须在中国,使中国数学在 21 世纪占有若干方面的优势,而办法很简单,就是选拔和培养人才,把中国变成一个输送数学家的工厂.

他说:中国已有条件产生第一流的数学家,大家要有信心.他还把自己提过的"21 世纪中国将成为数学大国",进一步提出"在本世纪中国要成为数学强国".这种提法对我国初等数学研究,有很强的针对性,因为"初等数学"现在并非主流;我们要坚持做下去,做出既有高水平又有中国特点的成果.

1.5 进入 21 世纪以来我国初等数学研究的"表现"正是在向陈省身先生提出的方向发展.归纳起来,21 世纪初这几年"初数研究"的发展,大约有这么几个特点:

第一,在思想上进行冷静反思的时期,对发展初期的一些浮躁、急于事功的想法,加以清理,使认识更扎实明确;

第二,组织上是个调整期,不少人被"研究"的口号卷了进来,这一段进行一些自我考核,一部分人停止研究,留下的则是实干的力量;

第三,研究上是个深入、扎实的时期,从而获得不少可观的成果.

2.若干专题研究的进展

2.1 不等式研究是中国初等数学研究发展最快、成果最多的领域,拿"论文"来说,除《不等式研究简报》到 2003 年的 8 月,可出到 37 期以外,还有《几何不等式在中国》和《不等式研究》两本专题文集.自 20 世纪 80 年代以来,我国出现了一大批高水平、高产的不等式专家,如杨学枝、匡继昌、冷岗松、张垚、杨世国、肖振纲、陈胜利、刘健、褚小光、张小明、刘保乾、唐立华、吴跃生、石焕南、宋庆、杨克昌、尹华焱、高家金、宿晓阳、孙健斌等数十位.

在几何不等式研究中所获成果,无论是数量之多、水平之高,在国际上都可以说是处于领先地位.杨路研究员开发的不等式型机器证明软件 BOTTEMA问世以来,已帮助我们发现或证明了上千个新的几何不等式,这项研究更处于世界领先地位.

2.2 关于折线研究,这也是我国初数研究一个相当活跃的领域,以熊曾润教授为首的赣南学派,着意开发折线的"度量性质",将三角形和凸多边形的重要性质推广到一般闭折线.熊曾润教授的闭折线研究专著《平面闭折线趣探》于2002 年 2 月出版,本书虽然仅概述了 15 篇论文的成果(占熊教授研究的极小部分),却得到王梓坤院士极高评价:"由于本书的内容几乎都是新的,因而本书有较高的学术价值""是关于初等数学的研究和教学的优秀著作".2002 年～2003 年,熊教授又发表相关论文 13 篇,该"学派"成员曾建国在 2002 年发表论文 5 篇.

同时,着重研究"拓扑与组合性质"的王方汉、姚勇、梁卷明也做了不少独创性工作,如梁卷明发现了一种美妙的图形变换、构作方法,处理自交数问题简明有效;杨世明和李首刚提出了闭折线可轴对称化和中心对称问题并获初步结果;姚勇证明了关于自交数的两个猜想.杨世明还提出折线复杂性的三项指标(双折数、环数和自交数)问题;王方汉提出序号数列的遍历性问题,还有正星形逐层交点构成星形问题,都有广阔的研究前景.

2.3 关于映射数列问题,虽然 $3n+1$ 问题(whc6,whc8)的研究无多大进展,但是其他的,如黑洞数问题、数码方幂的问题(whc3,whc4)研究,时有进展.如冯国平解决了"数码立方和问题",王爱生和王望解决了 m 次方后末 n 位数不变的自然数问题等,还提出了一些新的映射数列问题,我们期待着对 whc8和 whc9 的研究,有所推进.

2.4 关于数阵问题,又研究了一批新的数阵,如 (m,n,p) 阶等差数阵,$(m_1,m_2,\cdots,m_n)$ 阶等差数阵,高阶等差——等比数阵,几何数阵(杨宪立)、三堆物博弈数阵(即最小非元素数阵)(梁开华)、分班数阵(甘志国)等,它们都是有趣有益的问题关联的数阵,盼望后继的研究.

2.5 关于"绝对值方程"的研究,在 20 世纪 90 年代末,在推出了大量的多边形、多面体方程之后,"绝对值方程"研究似乎停滞,估计是应了希尔伯特预言的"问题缺乏则预示着独立发展的衰亡或中止".因此,杨世明和林世保在撰写的《"绝对值方程"研究综述》一文中,又概括出八个问题:

K1.怎样画绝对值方程的图形和依方程研究图形的性质?

K2.怎样构造图形（多边形、多面体、闭折线）的方程？

K3.怎样按图形将二元一次绝对值方程分类？

K4.对林世保概括的求绝对值方程的轨迹法、折叠法、对称法、弥合法、区域法、重叠法等理论与应用技巧做广泛深入研究，并加以综合拓展.

K5.怎样证明邹黎明提出的"二元构造法"的正确性？试研究把它运用于各种多边形、多面体方程探求的技术、技巧.

K6.怎样化简三角形方程？怎样判断不同方程的图形是同一个三角形？在一个三角形的众多方程中，哪一个是明显反映其基本性质的标准形式？

K7.多边形（如四边形）方程的"标准形式"是什么？不同形式间怎样互化？二元一次绝对值方程的曲线为多边形的条件是什么？

K8.三元一次绝对值方程成为柱、锥、台、正多面体的条件各是什么？怎样按图形进行分类？

2.6　关于张忠辅问题（whc56）的研究，我国图论专家张忠辅教授早在1986 年就提出："求正 n 边形对角线交点计数公式"的问题，同时杨之猜想："当 n 为奇数时，正 n 边形任何三条对角线在形内不共点". 国内外对它们的研究，十几年无进展，国内许多人宣布解决，也是屡战屡败，然而毫不气馁，屡败屡战.本世纪初，终于有了很大进展，2001 年周永良和姚勇差不多同时证明了杨之猜想，周永良求得了偶数 $n=6k\pm2$ 边形对角线交点的计数公式：

$$D(n)=nA(n)+1$$

$$=n\left\{\frac{n(n-2)(n-4)}{24}-5nk+30k^2+24k-2\left[\frac{n}{6}\right]-2\left[\frac{n}{10}\right]\right\}+1$$

其中，$n=12k+r(r=2,4,8,10)$. 至此，张忠辅问题 whc56，只剩下了 $n=6k$（$k\in\mathbf{N}$）这种情况有待解决，对此有

猜想（周永良）　若$2\mid n,3\mid n,5\mid n$，则除 6 条或 6 条以上主对角线共点于中心外，正 n 边形任何 6 条对角线不共点.

2.7　其他问题研究. 除 whc160（黄光前）、whc69（周云华、朱晓昀）、whc70（曾建国、杨青）、whc49（杨六省、张让梨）、whc144（ii）（褚小光）、whc80（陶楚国）等的结果和部分结果以外，还把 whc168 的解决大大向前推进；并提出和研究了三角形角格点问题（田永海）、界心问题（孙四周）、十五点共圆（吴家驷）和21 点共圆问题（康条义），准平行六边形问题（刘康宁）、等周等积问题、中国古环（九连环、歧中易）数学模型问题（杨之）、龙形折线问题等.

以上的归纳肯定是挂一漏万的，但从中已不难看出几年来初数研究的繁荣局面.

283

3. 难题情结

可能是处于为"中国在 21 世纪成为数学大国"尽力的夙愿也可能出于爱好或对"初等方法不能解决"的不服. 自 20 世纪 80 年代以来,随着初等数学研究热潮的兴起,用初等或自创方法"攻克"世界著名难题之风也兴旺起来,打算攻克者,除"四色猜想"属于图论之外,其他的如哥德巴赫猜想、孪生素数问题,素数公式的探求、费马猜想和 $3n+1$ 问题都属于数论,这些问题的特点是本身很容易懂,很富于挑战性,好像是唾手可得,比买彩票中大奖还要容易.

在这样形势下,如下的一些事情发生了:中科院的数学所、各大高校数学系、数学杂志的编辑部,甚至一些数学家个人,不时收到"良好的证明",有的还出了书、拍了电视剧,有的甚至走上门来"求教". 一些与数学有关的学术会议上,更是不乏他们的身影. 这些"证明"的基本特点是自创名词术语,关键之外扑朔迷离,真假难辨. 看文章. 三五千言过去,仍不知想说什么,听他们"讲述",一个小时也抓不住要领,这样一来,大多数的数学家,有关机构都难于抵挡. 抱着"不要埋没人才"的初衷而投入大量精力,十次中有十次都是无功而"返",出于无奈,只好(大多)采取"置之不理"的方法. 对登门造访者,则是好言劝阻,有的还在报刊撰文,说"难以用初等方法"解决云云,没想到,这反而成了一种激将法,不仅有更多的人投入,一些知名的(非数学工作的)学者,为了退休后"发挥余热"也加入到这个队伍中,他们一边拿出"成果",一边到处寻找("上访")人承认,多次碰壁之后,即抱怨"报国无门",甚至编印传单式小报,"集体"向有关单位施压. 我本人就承载过不少压力,许多人送审的稿子还压着,不少要求会面的人,还拖着.

仔细想想,还真不该这样来对待他们,但我想,我也要向这些要报效国家的数学爱好者们进一言:

第一,你们报效国家、执着追求的精神令人钦佩,做法也未尝不可. 但是,一要量力而行;二要从基础做起:首先扎扎实实地学好中小学的数学课程,起码的数学语言,数学逻辑推理,起码的图论或数论知识;三要了解你要"攻击"的问题的相关背景材料,以求对问题的正确理解和准确表述;

第二,研究撰写时,要用通用的数学语言. 你自己创新的东西,也要用已有的相关知识,加以界定. 推证要用规范的逻辑推理和合乎数学常规、习惯的方式,进行表述. 特别是关键之处,要每一句话、每步推理都有根据,要首先说服自己,自己尚且不懂的东西,不要拿出去;

第三,要理解可能为你审稿的人. 他们付出的时间和精力可能是完全白费的,他们也有自己的工作,大多很忙,他们将向谁抱怨? 因此,我们要尽量为他们的审察创造条件,尽量保证沙中有金.

振兴祖国数学的圆梦之旅
——中国初等数学研究史话

为了制约那种毫无把握的东西让别人去审理,在"商品"社会里,正如商品检验要有代价一样,知识检验也要付出代价.比如,这类稿件,每千字千元,最后果真是正确的,可退还,否则,就是应付的代价.后来想到,似有不妥,因为只有权威机构才能做,个人是不行的,但毫无代价似也不公平.但我认为,凡不符合第二条要求的(现在99%的这类稿件,不符合这要求)可以心安理得地置之不理,以保证我们珍贵的时间和精力,不被那些不负责任的研究(实际上是文字垃圾)所吞蚀.

这个主意,也许能打开难题情结,平息"报国无门""伯乐难求"之怨,这个主意,也为金子闪光开通渠道.

4. 效益日显

大力倡导初等数学研究,不过短短的十八年,可是各方面的"效益"已初步显示了出来,摘其要者,有如下几点:

4.1 首先,初数研究取得了丰硕的研究成果,攻克了一批令人瞩目的难题,而且又提出一大批问题和课题.从而不仅促进了数学本身的研究,并且以其丰富的"经验"和素材,促进了相关学科,如数学方法论、数学思维、数学哲学、数学文化、数学建模以及数学的研究.

4.2 初等数学研究已成为高水平数学科学与科技人才的摇篮,这是与学校主渠道相辅相成的.在职自我培训是一条很实惠的渠道,这里,有大批人才、年青的数学专家成长起来,一支高水平研究队伍,逐渐形成,形势喜人.

4.3 为数学教育立下汗马功劳.一是培养了一大批科研型的、受学生欢迎的新型的数学教师,成为我国数学教师的骨干和表率;二是丰富珍贵的研究经历,支持数学教育改革和研究;三是丰硕的研究成果,丰富着中小学及高师数学教学的背景和材源,丰富了"民族自豪感教育的内容(总是吃老祖宗的现象一去不返了);四是促进了教风、学风、研究之风的优化,促进了教学方式和学习方式的转变.

4.4 促进了人们数学观(特别是对初等数学的看法)的转变.从把初等数学看作手册、一潭死水,到把它看作(如实地认为)是正在蓬勃发展的学科;从把初等数学看作是简单容易低水平的"玩意",从而不承认它的科研成果的价值,到如实地承认它的众多的、高水平的研究成果也是有巨大价值,这不啻是一个翻天覆地的变化.现在初数研究已走向大雅之堂,初数会成了数学会的一部分.初数研究成为众多人热爱并为之奋斗的一项事业,这在18年前是不可想象的,可现在,已逐渐变为现实.

285

5. 展望与建议

在这个新的世纪里,我国初等数学研究事业还要大发展.对此,我提出如下的几点建议:

5.1 继续贯彻"协调组"1996年提出的"十点建议",即①坚持"振兴祖国数学,在21世纪把中国建成数学强国"的目标;②健全、发展各级、各初数研究组织,尽快建立"中国数学会初数分会",改变南北发展不平衡,四大直辖市初数研究落后的局面;③努力建设初等数学研究发展中心;④办好初等数学专题研究小组.现有的属"中国不等式研究小组"活动最好,折线和绝对值小组也进行有成效的活动;我们希望就不同的专题再组建一批(如数阵、映射数列、组合几何、圆锥曲线、欧氏几何、数论、数学方法论等,均可考虑);⑤解决"发表难"问题,最佳途径是创办"中国初等数学研究"杂志(主要是刊号),各省市均可考虑,其次是出文集,在现有杂志上办专栏;⑥解决评价与奖励问题;⑦积累和筛选初数研究课题.现在大家正在努力,建议大家在研究、著文时不妨在文末提出你研究未决和可能有价值的问题和猜想,这应当成为一种风气,良好的学风;⑧攻坚克难、壮大队伍、做出新成果,拿出高水平成果,这是冲破难关的最根本的措施;⑨拓宽交流渠道,一是坚持开好2~4年一届的综合性交流会,各省市专题交流会,讲习班、研讨班、学术报告也是好形式,走进高等学府的讲堂(如天水师范学院开设讲座),创造条件出版"初等数学成果鉴赏丛书",将会产生交流、宣传的最佳效果;⑩关于宣传和史料积累问题(不久,我们可能开始撰写《中国初等数学研究史话》一书,为初研各方面的有功之士建一座历史丰碑).

5.2 各省市初数会要活动起来,继续促进若干省市初数会的建立.特别地要努力推动四大直辖市初数会的建立和初数研究事业的发展.

5.3 多提出和普及适合于广大初数爱好者研究的问题与课题,重视这支巨大的力量,对他们的工作,努力给予适当评价;对他们的研究,加以引导和指导,使他们能在适合于自己的课题和领域中,为初数研究事业做出贡献.忽视和排斥这股力量是不对的.

5.4 开展数学科学方法论的学习、研究,提高见识,提升研究水平,特别注意数学文献学,数学评估学的发展动向,以努力解决初数研究中的宏观调控问题(如圆锥曲线、不等式研究过热——低水平、重复循环一问题,难题名题情结问题等).

5.5 大家都来关心办杂志(拿刊号)、拓宽发表渠道(争取每个初数杂志办个"初数专栏")问题,口号是:拓宽渠道,匹夫有责!

(4)会议纪要:

全国第五届初等数学研究学术交流会
纪　　要

　　全国第五届初等数学研究学术交流会,于 2003 年 8 月 10～13 日在江西赣南师范学院举行,出席会议的有来自全国 19 个省市的代表 84 人.

　　8 月 10 日,交流会在赣南师范学院学术会议厅隆重开幕.江西省数学学会理事长、中国数学学会理事欧阳崇珍教授、赣南师范学院副院长孙弘安教授、中国初等数学研究工作协调组成员周春荔教授、熊曾润教授、杨世明特级教师与全体代表一起出席了开幕式.大会收到全国数学科学方法论研究交流中心、《中学数学教学参考》编辑部和《中学数学》编辑部热情洋溢的贺信、贺电.欧阳崇珍教授和孙弘安副院长在开幕式上发表了讲话.全体代表合影留念之后,欧阳崇珍教授向大会做了题为"国际数学家大会(ICM,2002)简介"的报告,并观看了大会盛况的录像.

　　本届交流会共收到论文 158 篇,其中 68 篇在会上宣读,41 篇被收入《中国初等数学研究文集(二)》(中国科学文化出版社,2003,第 1 版,《中国初等数学研究文集(一)》,1991 年,河南教育出版社出版).

　　本次交流会是 21 世纪首次初等数学研究的学术盛会.美籍中国数学大师陈省身曾有"在本世纪中国要成为数学强国"的期望,并提出"中国数学的根必须在中国,使中国数学在 21 世纪占有若干方面的优势,而办法很简单,就是选拔和培养人才,把中国变成一个输送数学家的工厂".大会安排了系列的学术活动.

　　一是听取了杨世明所做的"中国初等数学研究概况"、熊曾润教授的"研究平面闭折线的几点体会"和周春荔教授的"数学方法论浅谈"的大会报告,代表们深受鼓舞.

　　二是宣读论文,几乎每篇论文宣读之后,都引起大家的共鸣和讨论,许多代表都反映收获大,"不虚此行",感到投身中国初等数学研究事业很值得,很光荣,也为我国初数研究的丰硕成果感到自豪.

　　三是通过"学术沙龙"形式和会外的交流,大家可以充分发表见解,交朋友、觅知音,学到自己想要的东西,代表们感到"过瘾""没白来".

　　会议期间,召开了中国初等数学研究工作协调组第九次工作会议,讨论了如下几个问题:

　　1.原协调组仍由如下九人组成:

　　周春荔、杨世明、熊曾润、汪江松、杨学枝、沈文选、庞宗昱、张国旺、李长明.

　　协调办事组做了个别人员调整,现由如下七人组成:

　　吴康(华南师范大学)、万新灿(湖北宜昌市教研中心)、徐献卿(河南濮阳职业技术学院).

曾建国（江西赣南师范学院数学与计算机系）、王光明（天津师范大学数学系、《数学教育学报》编辑部）.

张燕勤（首都师范大学数学系）、褚小光（浙江宁波奉化华源步云西裤有限公司）.

2.进一步审定了由本届会议承办单位、组织专家审定的首届"青年初等数学研究奖"和提名奖的如下获奖名单：

青年初等数学研究奖（4 名）：张志华、梁卷明、苏昌盛、夏建光.

青年初等数学研究奖提名奖（7 名）：杨志明、陶楚国、孙文彩、杨飞、夏云峰、多力肯.塔西、刘健.

本届初等数学研究奖由于是首次，申报和评审都有不完善之处，以后要逐步改进.协调组建议除坚持"每次在不超过 40 岁的申请者，撰写的论文中评选获奖者至多 5 名，提名奖至多 10 名.在会议召开前评审，在交流会上颁奖，由承办单位组织评选，并在获奖证书上加盖承办单位公章"之外，再做如下说明：

（1）仅在申报者中评选；

（2）申报者除提交反映自己所获研究成果的一篇论文之外，须如实说明自己的出生年月，简要介绍自己在初等数学研究中所获得的主要成果；

（3）会议的论文，只考虑第一作者；

（4）对获奖者由会议颁发获奖证书.

3.全国第六届初等数学研究学术交流会 2006 年在湖北省举行，由湖北大学《中学数学》编辑部和宜昌市教研中心负责筹备承办.

会议全体代表完全同意协调组上述建议.

与会代表对主办单位赣南师范学院和江西省数学学会初等数学专业委员会，对赞助单位赣南师范学院、南康中学、赣县中学、信丰中学、兴国平川中学、安远一中、南康蓉江中学、信丰二中、兴国一中表示衷心感谢.

代表们还对赣南师范学院数学与计算机系的师生和桃李园的服务人员表示衷心感谢，他们周到的工作和服务，保证了大会的圆满成功.

代表们认为这次会议虽然有"非典"和酷暑的干扰，但大家克服了各种困难，会议开得非常成功，在中国初等数学研究的史册上又记下了光辉的一页.

全国第五届初等数学研究学术交流会
2003 年 8 月 13 日

（5）周春荔的闭幕词：

闭 幕 词

周春荔

（2003 年 8 月 12 日）

各位代表：

全国第五届初等数学研究学术交流会,在与会代表的共同努力下已经圆满完成了预定的议程.交流了学术成果,展望了未来发展,评选、颁发了第一届"青年初等数学研究奖".这次大会是一次充满希望的务实的大会,因此也是一次成功的大会,胜利的大会.

本次大会是进入 21 世纪以后,第一次全国性的初等数学学术交流会议,具有承前启后的重要意义.21 世纪中叶中国要成为世界的数学强国.数学家陈省身先生指出,一个重要策略就是选拔和培养人才,把中国变成一个输送数学家的"工厂".这个策略的实现,对中国的数学教育提出了更高的要求,对中国数学教师与高师的数学教育也提出了新的标准,必须造就一支研究型的数学教师队伍,才能适应时代的发展.开展初数研究,使数学教师具有数学研究的亲身体验才能造就出具有研究性学习能力,勇于开拓创新的高素质的学生.因此,广大数学教师的初等数学研究,要有一个切合实际的定位,这就是说,初数研究要审时度势,准确定位.

其次初数研究要坚持百花齐放,与时俱进.时代在发展,人员在接替,现代科技手段也在飞速前进.因此初等数学的概念必然会有所拓展,初等数学研究的内容也必然会有所更新.事实上,高等数学中的基础部分很快会成为广大中学数学教师的研究课题,比如一元函数微积分、古典概率中的某些问题,也会成为初数研究的选题.包括计算机在初数研究探索和证明中的应用也可能成为某些同志研究的方向.

我们希望每个人根据自己的专长与爱好,切合自己实际地确定研究方向和选题.希望在下届会议上能有更为广泛的新的成果问世,能有更多的有志于初数研究的青年人参加我们的队伍,把"青年初等数学研究奖"推向一个更高的水平.

这次大会是在经过春夏之交的"非典"洗礼后的特殊情况下召开的,赣南师范学院的同志们作为东道主克服了许多困难为会议做了充分细致的准备工作.66 岁高龄的熊曾润教授为开好这次大会付出了辛勤的劳动,让我们向赣南师范学院的领导和同志们表示衷心的感谢,向江西省数学会对大会的支持表示衷心的感谢.

赣州相聚时间短暂,与老朋友交流叙旧,与新朋友讨论切磋,收获丰硕、难以忘怀.大家为振兴我国初数研究的事业心更是鼓舞斗志,振奋精神,催人奋进.友谊、事业与力量有如赣江之水,川流不息.祝愿大家今后身体健康,工作顺利,事业有成! 2006 年当在湖北宜昌相聚时,能看到诸位在初数研究领域新的英姿与风采.

现在我宣布全国第五届初等数学研究学术交流会胜利闭幕!

1.3　第五届会参会人员荣誉榜(图 1)

图 1　全国第五届初等数学研究学术交流会全体人员合照影

北京市:周春荔.

天津市:杨世明.

河南省:徐献卿、胡本江、闫奎迎.

广东省:吴康、孙文彩、杨占衡.

湖北省:万新灿、林敏燕、申祺晶、刘品德、王方汉、杨志明、周永良.

安徽省:盛宏礼、王安陶、凌贤良.

福建省:黄德芳、赖百奇、苏昌盛、刘炳南.

江西省：欧阳崇珍、熊曾润、陈明名、梅松茂、刘文蛟、王苏民、梁仁仰、沈正威、黄岩、程平孙、吴跃生、蒋玉清、黄瑞英、胡心敏、曹云文、卢川平、段惠民、杨李生、官运和、杨小平、钟金平、赖天洪、肖承华、郭华良、钟菊香、曾庆发、肖北斗、虞秀云、宗庆、孙宏安、洪平洲、郭三美、钟剑、曹新、曾建国、黄遵斌、曾东升、唐建南、廖旻、刘健.

河北省:张银明.

黑龙江省:朱文恺.

湖南省:肖振纲、唐立华、卢小宁、禹平君、刘国和、张志华.

江苏省:殷伟康、汪士中、陆玉英、卢钦和.

青海省:杨文龙.

山东省:田基良、杨冠夏.

山西省:张汉清、王爱生.

陕西省:夏云峰.

上海市:梁开华.

浙江省:汪卫兴、马志良.

重庆市:杨飞.

§2 第六届会召开,初研会(筹)成立

2.1 策划与筹备

1. 早在赣州会议期间,协调组成员对第六届会就有所考虑,特别市"协调组成员老化"问题应当予以解决. 这些考虑,杨世明在致协调组成员、负责主办第六届会的汪江松的一封信中,就做了通报.

江松老弟:

你好!

"第五届"过去好些日子了,才写这封信,因为我又去了一趟上海,呆了八天,这不,前天刚回家.

由于"非典"的干扰. 这次会才 84 人,是历届会中人数最少的了,但开得气氛很好,会内会外洋溢着学术气息,交流讨论很热烈. 在闭幕会上万新灿老师讲到"2006 年宜昌不见不散",引起大家一片掌声. 协调组知道了我、周春荔和熊曾润三人,加上办事组的徐献卿、吴康才五人. 万新灿老师和郭三美列席的情况下,第九次协调组工作会议开得很好,顺利地调整了"办事组",审定了"首届青年初等数学研究奖"和"提名奖"名单. 由于工作扎实,这名单没有引起什么异议. 但是筹备组拟订的少量奖金,引起大家异议,因为"正式奖每人 100 元,提名奖每人 50 元"太寒碜了,所以干脆不要,也有提出让"某大款"拿出 5 000 元发奖金的,但要用他的名字命名大家认为不妥.

下边我、周春荔、熊曾润三人商量,2006 年的宜昌会,依托在三峡边的优势,争取开盛大一点,一是人数要多一点,二是研究成果要丰富,水平要高一点,"奖"要评审颁发得像样一点;争取协调组,协调办事组成员都去(包括总不露面的张国旺、李长明,庞宗昱都动员他们参加),开个协调组全会,进行协调组的调整(我、庞宗昱、周春荔、张国旺、李长明、熊曾润这些大于 70 岁高龄的下去,补充办事组的到会人员)组成以汪江松、杨学枝、沈文选为首的新的协调组. 为做好这件事,需进行一系列的准备工作,包括对 2006 年第六届会的宣传.

另外,为了筹备 2006 会,我有个想法,就是运用"学术会议-专家效应",如能请

到知名数学家(王梓坤、徐利治、齐民友等)更好.否则,我们自己也可以在武汉市、宜昌市及其他我们影响所及的地方,组织一系列的报告会,自己挣一点经费,不去到处求人.在 2004,2005 年就发表若干文章,宣传系列的初数会等.不久我开始写"中国初等数学研究史话"一书,如能在 2005 年出版,就好了.

会议的几个文件和一个特级教师的材料,想王方汉已带到了,关于 2006 年初数会的有关情况,想万新灿老师已说过,情况大至如此,我一切均好,勿念,望老弟注意身体.

颂安!

愚兄　世明
2003 年 8 月 26 日

2.两轮会议通知.

2005 年 6 月,全国第六届初等数学研究学术交流会,筹备组发出(第一轮)征集论文通知.通知如下:

全国第六届初等数学研究学术交流会
(第一轮)会议通知

根据中国初等数学研究工作协调组第九次工作会议和全国第五届初等数学研究学术交流会的建议,全国第六届初等数学研究学术交流会,将于 2006 年 8 月在湖北省宜昌市举行,由湖北大学《中学教学》编辑部和宜昌市教研中心联合承办.

有关事项通知如下:

1.征集论文:本次会议征集的论文是:

(1)初等数学研究(未全文发表过)的新成果.

(2)初等数学研究某一专题的综述(不含数学教学研究的论文),比如:

①从数学教学中,中、高考及数学竞赛题中筛选提炼的课题的研究成果;

②映射数列、绝对值方程、一般折线、数阵等新兴课题的研究成果;

③其他新兴课题的研究、传统课题(如不等式、圆锥曲线、多边形)研究需有新的创意.

2.根据协调组第八次工作会议的决定,在本届交流会期间,将评选和颁发(第二次)"青年初等数学研究奖";在不超过 40 岁的申请者提交的论文(以及他已做出的初数研究成果)中,评选获奖者 5 名,提名奖 10 名,在会上颁奖,申请者除提交一篇反映自己所获新成果的论文外,还需附上身份证的复印件,并简要介绍自己已发表的初数研究所获得的主要成果.

3.为避免应征论文与其他稿件混淆,请在信封和稿件的右上角注明"学术交流论文"字样.在论文的结尾注明详细的通信地址及电话、邮箱等联系方式.

4.每篇"学术交流论文"交评审费 50 元.论文与评审费请一并邮至:

（430062）湖北大学《中学数学》编辑部余响兰收.

5.向大会提交论文的最后期限是 2006 年 4 月 30 日（以当地邮戳、电子邮件或传真发出日为准）.论文被录用后,将在 2006 年 5 月发第二轮通知.并通知与会的有关事项.

第六届初数会筹备组

在尔后的 2006 年 4 月,"筹备组"发出第二轮通知:

第六届全国初等数学研究学术交流会
（第二轮）会议通知

自本刊 2005 年第 6 期刊出第六届初等数学研究学术交流会（第一轮）会议通知以来,得到了广大初等数学研究爱好者的积极响应,不少同志还来信来电咨询、提出建议,并寄来交流论文.会议筹备组综合大家意见,就会议的有关事项特通知如下:

1.学术交流会定于 2006 年 8 月 8～13 日举行（8 月 7 日报到）,整个会议分两个阶段进行,8 月 8 日～10 日在湖北大学召开,由中学数学编辑部承办;8 月 11～13 日在宜昌市召开,由宜昌市教研中心承办.

2.会议的主题为初等数学专题研究,其中含数学教学、中考高考、数学竞赛中筛选提炼出来的相关专题.会议期间将邀请齐民友等著名教授做专题报告.

3.学术交流论文截止日期延至 2006 年 5 月 31 日止,请论文提交者及时将论文寄给:中学数学编辑部余响兰（430062）收,并在论文的左上角标注"学术交流论文"字样,同时将 50 元/篇评审费一并汇出.

4.由于今年暑假期间,湖北大学会议及培训任务较多,为保证与会代表的住宿,请有意向参加会议的同志将下表复印、填好以后寄给我们,以便我们于 6 月份寄出正式会议通知.

我们诚挚地欢迎全国广大初等数学研究爱好者及长期支持本刊的作者、读者来汉参加会议.

会议筹备组　中学数学编辑部

2.2　大会顺利召开

2006 年 8 月 8 日上午大会隆重开幕,并按如下日程,顺利完成了各项任务（表 1）:

293

表 1 全国第六届初等数学研究学术交流会
会议日程

时间	内容	地点	主持人
8月7日	报到	招待所	何华珍
8月8日 上午 8：00～11：30	(1)大会开幕(介绍来宾) (2)致开幕词(杨世明) (3)湖北大学领导致辞(闫书记) (4)宣读大会组委会名单 (5)全体代表合影 (6)著名数学家齐民友教授报告	数学楼 八 楼 会议室	汪江松
8月8日 下午 14：30～17：30	大会论文交流	数学楼 八 楼 会议室	杨学枝
8月9日 上午 8：00～11：30	游览东湖、磨山风景区		王 瑛 尤俊桥
8月9日 下午 14：30～17：30	分组交流	数学楼 八 楼 201室 203室 505室	杨学枝
8月9日 晚上 18：10～21：00	观两江四岸的夜景		尤俊桥 王 瑛
8月10日 上午 8：00～11：30	(1)大会交流 (2)关于论文评审的说明(杨学枝) (3)颁奖 (4)嘉宾讲话 (5)宣读大会纪要(杨学枝) (6)致闭幕词(吴康)	数学楼 八 楼 会议室	沈文选

2.3 中国初等数学研究走上新阶段

全国第六届初数会完成全部议程,8月13日胜利闭幕.由于当时开幕词和闭幕词都很简短,且未能留下底稿,然而会议的全部成果都在"纪要"之中,故把"纪要"保留在下面:

全国第六届初等数学研究学术交流会纪要

全国第六届初等数学研究学术交流会,于 2006 年 8 月 8 ～13 日在湖北大学——宜昌市召开,出席会议的代表来自全国 23 个省市自治区共 92 人.

294

8月8日,学术交流会在湖北大学,数学与计算机科学学院学术会议大厅隆重开幕.

我国知名数学家齐民友教授,湖北大学党委书记严学军,数计学院院长刘斌教授,党委书记游春林,中国初等数学研究工作协调组及协调办事组成员杨世明、杨学枝、汪江松、沈文选、吴康、徐献卿、曾建国与全体代表一起出席了开幕式.全体代表合影留念之后,齐民友教授做了一个热情洋溢、富于哲理的报告,引起与会代表的共鸣.

本届学术交流会共收到论文132篇,其中99篇被收入《全国第六届初等数学研究学术交流会论文集》,所有论文都在大会或分组会上进行了交流.本次会议论文内容广泛而深刻,涉及组合数学、数阵、分形几何、数论、不等式和不等式机器证明、绝对值方程、递归数列、平面几何、一般折线、立体几何、函数论、数学竞赛试题研究等,取得了很多成果,包括一些深刻的和创新性的成果.

本届学术交流会评选出"青年初等数学研究奖",获得者四名:

黄华松、杨志明、杨飞、苏昌盛.

"青年初等数学研究奖"提名奖八名:

多力肯·塔西、陈立强、李春雷、夏云峰、岳建良、魏清泉、林新建、刘南山.

在本届学术交流会期间,中国初等数学研究工作协调组举行了第十次工作会议,做出了如下重要决定:

成立"全国初等数学研究会(筹)理事会".并向中国数学会提出申请,待批准后成立"中国数学会初等数学分会".

解散"中国初等数学研究工作协调组".会议向原协调组组成人员中的老同志:

周春荔、杨世明、庞宗昱、张国旺、李长明、熊曾润等表示诚挚的感谢,协调组自1991年成立以来,16年艰苦卓绝地工作,为我国初等数学研究事业奠定了坚实的基础,各位老同志功不可没.

全国初等数学研究会(筹)理事会组成人员如下:

顾　问:周春荔、杨世明.

理事长:沈文选;

副理事长(5名):杨学枝、吴康、汪江松、王光明、黄邦德.

秘书长:吴康(兼);

副秘书长(5名):(按姓氏笔画为序)江嘉秋、孙文彩、杨志明、黄仁寿、曾建国.

常务理事:(按姓氏笔画为序)丁丰朝、王光明、江嘉秋、孙文彩、沈文选、汪江松、杨学枝、杨志明、杨明、吴康、吴跃生(杭州)、邱继勇、邹明、林世保、徐献卿、黄邦德、黄仁寿、黄华松、萧振纲、曹新、曾建国、裴光亚.

理事:(共 82 名,除常务理事 22 名外,尚有 60 名,排名不分先后):

郑绍辉、张留杰、胡兰田、陈立强、周志泉、吴跃生(华东交通大学)、吴国胜、黄德芳、陈丽英、苏昌盛、宋庆、冯小峰、刘南山、钟菊香、李明江、韩周兴、胡圣团、禹平君、王爱生、张汉清、张树胜、纪保存、闫奎迎、王振宝、白烁星、盛宏礼、王安陶、徐道、陆玉英、胡秀芝、刘锐、田华、江游、李德先、许鲔潮、黄金钿、薛展充、刘志豪、夏鸿鸣、张少华、王凯成、万新灿、杨先义、贺斌、叶国祥、陈万竹、党宇飞、项楷尧、向显元、谢加海、陈裕梅、熊昌奎、李强、杨弢、陶楚国、舒云水、李先铜、夏胜利、鲍同强、皮冬林.

理事会同时做出如下几项决定:

(1)在 2007 年适当时候,在湖南师范大学召开常务理事会(扩大)会议,讨论通过"章程",建立理事会专门委员会(如学术委员会、联络委员会等)等有关事宜.

(2)继续评选和颁发"青年初等数学研究奖",并逐步完善评选办法.

(3)建议"全国第七届初等数学研究学术交流会"2009 年 8 月在深圳市举行.由全国初等数学研究会(筹)主办,广东省深圳市邦德文化发展有限公司承办.

(4)创办会刊《中国初等数学研究》杂志,使用数学大师陈省身生前专为该杂志题写的刊名.由全国初等数学研究会(筹)理事会编辑,会员协作集资出版.

《中国初等数学研究》编辑委员会由下列人员组成:

名誉主编:杨世明、周春荔.

主编:沈文选.

副主编:杨学枝、(常务)吴康.

编委:(待定).

与会全体代表完全同意协调组第十次工作会议的决定和建议,完全支持全国初等数学研究会(筹)的成立和首届理事会的组成及相关决定,这意味着中国初等数学研究事业已进入发展的新阶段.

代表们对湖北大学和湖北大学数学与计算机科学学院,对《中学数学》编辑部,表示衷心的感谢!

全国第六届初等数学研究学术交流会

2006 年 8 月 13 日

同时,奉献一支歌供大家欣赏(图2):

振兴祖国数学的圆梦之旅
——中国初等数学研究史话

中国初等数学研究工作者之歌

周春荔词　吴康改词作曲

$1=G\ \frac{2}{4}$：

（歌曲图片）纵情地、稍慢：

闽山山花美，赣江江水清. 慕田峪下飘白云，津门聚群英. 爱晚亭上红枫林，三峡踏歌声. 啊！美在勾股弦，（啦啦啦）享受数和形.（啦啦啦）九章乐园抒豪情，我是一园丁.（嘿）九章乐园抒豪情，我是一园丁！（啊！）我是一园丁. 美在勾股弦，享受数和形. 九章乐园抒豪情，我是一园丁.（嘿）九章乐园抒豪情，我是一园丁！（一园丁！）

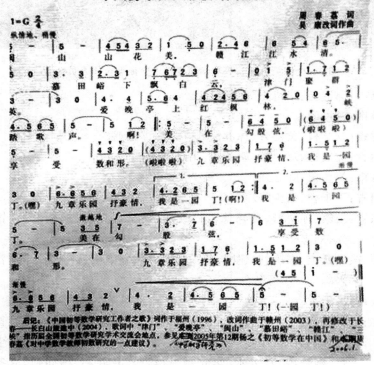

图 2　中国初等数学研究工作者之歌

后记：《中国初等数学研究工作者之歌》词作于福州市（1996），改词作曲于赣州（2003），再修改于长春——长白山旅途中（2004）. 歌词中"津门""爱晚亭""闽山""慕田峪""赣江""三峡"指历届全国初等数学研究学术交流会地点，参见《中学数学研究》2005 年第 12 期杨之《初等数学在中国》和 2006 年 1 月周春荔《对中学数学教师初数研究的一点建议》.

297

2.4　第六届初等数学研究学术交流会参会人员荣誉榜(图3)

图 3　全国第六届初等数学研究学术交流会全体人员合影

北京市：邱继勇、张留杰、何延凯.

天津市：杨世明.

福建省：杨学枝、黄德芳、林世保、陈丽英、苏昌盛.

湖南省：沈文选、郑绍辉、胡圣团、禹平君.

上海市：胡兰田、陈立强.

贵州省：丁丰朝、张少华.

广东省：吴康、孙文彩、黄邦德、田华、江游、李德先、许鲔潮、黄金钿、蔺展
　　　　光、刘志豪.

江西省：吴跃全、宋庆、曾建国、曹新、冯小峰、刘南山、钟菊香、李明江、周国
　　　　兴.

重庆市：国志泉.

湖北省：齐民发、汪江松、裴光亚、万新灿、杨志明、杨先义、贺斌、叶国祥、陈
　　　　万竹、党宇飞、项楷尧、向显元、谢加海、陈裕梅、熊昌奎、李强、杨
　　　　殁、陶楚国、舒云水、李先铜、黄华松、夏胜利、鲍同强、成冬林、刘
　　　　斌、游春林、曾祥勇、何华珍、尤俊桥、吕顺营、王英、曾姣华、陆伟、
　　　　陈琴、柳欣、冯会平、陈兰枝.

四川省：吴国胜.

山西省：王爱生、张汉清、张树胜.

河南省：徐献卿、纪保存、闫奎迎、王振宝.

河北省：白烁星.

298

安徽省:盛宏礼.王安陶.

江苏省:徐道、陆玉英.

黑龙江省:胡秀芝.

甘肃省:杨明、夏鸿鸣.

辽宁省:刘锐.

陕西省:王凯成.

2.5 第六届初等数学研究会二次常务理事会扩大会议

全国初等数学研究会第六届第二次常务理事会扩大会议
纪　要

全国初等数学研究会,第六届第二次常务理事会扩大会议,于 2007 年 11 月 9～11 日在长沙湖南师范大学召开,出席会议的代表,来自全国 13 个省市自治区共 30 多人.

11 月 10 日会议在湖南师范大学数学与计算机学院会议厅隆重开幕.

出席会议的代表和嘉宾有湖南师范大学副校长白解红教授;湖南师范大学数计学院院长董兴汉教授;全国初等数学研究会顾问杨世明特级教师;全国初等数学研究会理事长、湖南师范大学沈文选教授;全国初等数学研究会副理事长、杨学枝特级教师;天津师范大学数计学院副院长、教授、《数学教育学报》副主编王光明博士;全国高师数学教育研究会秘书长、北京师范大学博士生导师曹一鸣教授;全国初等数学研究会副理事长兼秘书长、《中学数学研究》主编、华南师范大学吴康副教授等.

全体代表合影留念之后,沈文选教授做了"认清特性、勇担重任、乐于探索、协力奋进",富有浓厚时代气息与哲理的学术报告.杨学枝特级教师做了"齐心协力办好初数研究会"的学会报告.杨世明特级教师对初数研究会的发展历程与未来提出了许多富有建设性的建议,吴康副教授对初数研究的内容、形式与方法等做了非常精彩的发言.在会上做报告的还有王光明博士、曹一鸣博士.

本次会议的代表对全国初等数学研究会章程进行了认真的讨论,并通过了这个章程.决定把"全国初等数学研究会(筹)"改为"全国初等数学研究会",积极鼓励各省市区成立初等数学研究会开展工作.

大会进行了论文交流,有 10 多位代表汇报了自己的研究成果.

在本届大会期间初等数学研究会代表经过充分讨论后,做出了如下重要决定:

1.经增补后,全国初等数学研究会理事会组成机构名单如下:

顾问:杨世明、周春荔.

理事长:沈文选.

副理事长:杨学枝、吴康、汪江松、王光明、黄邦德、曹一鸣、曾建国.

秘书长:吴康(兼).

副秘书长:江嘉秋、孙文彩、李德先、杨志明、黄仁寿.

常务理事(按姓氏笔画为序):

丁丰朝、王光明、王中峰、王卫华、龙开奋、叶中豪、江嘉秋、江游、孙文彩、刘培杰、田华、张志华、沈文选、汪江松、杨明、杨学枝、杨志明、林世保、吴康、吴跃生(杭州)、邱继勇、邹明、徐献卿、黄仁寿、黄邦德、黄华松、萧振纲、曹新、曹一鸣、曾建国、裴光亚.

理事(若干名).

2.设立七个专业委员会.

①代数专业委员会;

②几何专业委员会;

③不等式专业委员会;

④组合数学与数论专业委员会;

⑤竞赛数学专业委员会;

⑥测试数学专业委员会;

⑦教学专业委员会.

3.在原有"青年初等数学研究奖"(奖给个人)基础上增设"初等数学研究奖"(奖给论文)与"初等数学研究贡献奖"(奖给个人或团体).

4.决定与深圳市邦德文化发展有限公司合作创办"中国初等数学研究"杂志(季刊).成立编辑委员会,人选如下:

顾问:周春荔、杨世明.

主任:沈文选.

副主任:黄邦德、杨学枝、吴康.

编委(按姓氏笔画为序):丁丰朝、王光明、王中峰、叶中豪、江嘉秋、江游、孙文彩、刘培杰、杨志明、汪江松、李德先、曹一鸣、曾建国、黄人寿、萧振纲、裴光亚.

成立杂志社.

社长:黄邦德.

主编:杨学枝.

副主编:吴康、李德先.

编辑(待定).

5.成立中国初等数学研究暨邦德教研网(简称初等数学网).

网站主管:杨学枝.

成员:孙文彩、杨志明、李德先、江游.

振兴祖国数学的圆梦之旅
——中国初等数学研究史话

6.确定第七届全国初等数学研究、学术交流会于 2009 年 8 月上旬在深圳市举行,由全国初等数学研究会主办,深圳市邦德文化发展有限公司承办.

与会全体代表完全同意初等数学研究会第六届第二次理事会扩大会议所做出的决定和建议,一致认为中国初等数学研究既取得了许多好的成果;同时面临一些困难,研究课题面窄、研究人员少、发展渠道有限,为了克服困难,与会代表认为要认清形势、转变观念、扩大研究领域与交流途径、积极探索学会新的发展模式,以期达到发展中国初等数学研究事业的目的.

会议召开期间,适值湖南省高校数学教育研究会第九届年会召开,部分议程联合进行.

本次会议获得了深圳市邦德文化发展有限公司的赞助,在此表示衷心感谢.

代表对湖南师范大学、湖南师范大学数计学院、湖南师范大学出版社在会议期间所做的一切工作表示衷心感谢.

全国初等数学研究会理事会(长沙)
2007 年 11 月 11 日

这样就完成了"协调组"向全国初等数学研究会的过渡和理事会机构的搭建,中国初等数学的研究发展迈向一个新的阶段.

对我国初等数学研究事业发展的一些思考

(2007 年 11 月 10 日在"全国初等数学研究会第六届第二次
常务理事扩大会议"上的讲话(提纲))

杨　之

一、简单回顾

1989 年在首师范大学成立首届初数会筹备组,1991 年首届初数会(天津师范大学)期间成立协调组.先后召开了十次工作会议,开了六届全国初等数学研究学术交流会,"协调组"先后调整了 5 次;第十次协调组工作会议上决定成立"全国初等数学研究会(筹)理事会",同时解散"中国初等数学研究工作协调组".

1989 年~2007 年这 19 年来,我国初等数学研究事业得到了长足的发展.

但正如"协调组"1996 年起草的"中国初等数学研究发展的十点建议"(以下简称"建议")指出的"还有一系列待解决的问题",主要有:

①未建立全国性初数研究组织;

②对初数研究方向、课题,缺乏统筹规则;

③未能办起一个专门刊物;

④与国际交流局面尚未打开;

⑤初等数学研究尚无突破性进展,缺乏应用方面的研究,许多方法论问题、

规律性问题、应用问题与数学教育、竞赛、普及、高等数学研究的关系问题,有待深入研究.

二、"十点建议"

为了解决上述问题,使中国初等数学研究事业在 21 世纪发展有一个较高的起点,为进入"规划发展时期"做好准备,拟定了"十条建议":

1.关于初数研究目标:振兴祖国数学,实现"陈省身猜想"("数学大国"已实现,陈省身又提出"数学强国"的目标).

2.建立初数研究组织.各省市的推动,山东省已成立;安徽省正在筹备;沟通香港、澳门、台湾,无进展.全国的申请受挫,但面对被瓦解的危险,挺住了,保住了协调组.

3.关于建立初数研究发展中心问题(想在某大学、地区,未能成功).

4.办好初等数学专题研究小组(当时有三个,建议办"十来个",未能完成).

5.研究成果发表问题(未真正解决).

6.成果评价与奖励问题(只设立了一个青年初等数学研究奖).

7.注意筛选和积累初等数学研究的课题.

可以说明如下几点:

陈省身说:中国人应该研究中国自己的数学,不要老是跟着人家走……中国数学应该有自己的问题(1994 年 11 月 6 日讲演).在希尔伯特、陈省身两位大师名言的促使下,中国广大初数工作者始终注意筛选问题与课题.事实上,这一段积累不少(熊曾润依点研究折线;黄华松等和、等差点,吴康勘探和开采初数资源的新思路.郑绍辉先生关于出版"问与课"续集的设想——可以与若干人合作.

8.攻坚克难、壮大队伍,做出新成果.争取出版"初等数学新成果鉴赏丛书".

我所了解的:沈文选的《单形论导引》;一本平几专著(平面几何证明方法全书);熊曾润《平面闭折线趣探》;曾建国、熊曾润《平面闭折线 k 号心》;王方汉:"五角星、星形、闭折线"(即出);于新华:"数学世界漫游记"(待出,内有不少初数新课题、新内容);林世保、杨之:"绝对值方程"(初稿);杨之、王雪芹:"数阵及其应用"(初稿);刘保乾《我们看见了什么——三角形几何不等式研究的新理论、新方法和新结果》.撰写专题著述的势头,应当保持和促进.

9.拓宽交流渠道.

10.关于宣传和史料积累问题.

我搜集的史料较全(各省市交流活动的残缺),在适当时候将写一本"中国初等数学研究史话".

显然时间过去了十一年,许多重大"建议"并未实现,请新的理事会在拟订

振兴祖国数学的圆梦之旅
——中国初等数学研究史话

"规划"时,予以考虑.

三、一些想法

"三人会谈纪要"中提出了一系列重要问题和建议,大致可作为理事会讨论的导引.

1.关于3,如一时拿不到刊号,可否采用"不等式研究模式"? 另外,还需考虑《初等数学译丛》《数学史与数学方法论》两杂志.

2.关于8,可否与"建议3"结合.

包括:学术研究交流中心、人才培训中心、出版(杂志、著作)中心、资料信息中心、学术成果评价中心等.

条件:一是人力,二是资金,三是相关领导支持.

选择在哪里? 如需"水到渠成",也需大力做工作,宣传它的意义、价值、发展前景等.(地区? 大学? 企业集团?)

3.关于9需设立数学哲学与方法论、教育研究委员会与全国数学科学方法论研究交流中心合作.

4.可否制订一个中国初等数学五年、十年发展规划、纲要之类的东西?

5.保持初数专题研究或综述性、鉴赏性著作撰写、出版势头、如:不等式辞典,双圆四边形、三角形,四边折线,四个二次、四面体等均可成书.圆锥曲线(二次曲线)的初等性质(可总结归纳我国研究成果,参考科克肖特等的《圆锥曲线的几何性质》一书,手脚(综合法、解析法)并用.

6.关于5,8和9建议邀郑邵辉、申建春(湖南教育出版社)出席,商讨在中数杂志上开设"初等数学研究"专栏问题.

7.调查、综合整理1991年以来,我国初数研究的新成果(包括杂志、专著、各大学学报上发表的,以做到心中有数).另外对世界相关研究也做个调查,与中国进行对比,从而可做出适当的评价(成立个小组,2008或2009年会提出一个报告).

8.怎样做出创新的、突破性的成果?

树立"科学发展观";提高数学与科学方法论水平;读一些大师级数学家的传记(如希尔伯特、陈省身、华罗庚、艾尔多斯、哥德尔等的传记).着重发现培养造就一批华老说的"第三个境界"(提出问题给别人做)的数学家.

9.提倡建立吴康、罗海鹏、苏文龙式的研究小组,吴康先生特别善于与人合作,这是现代数学家的一个特征.

10.着重研究我国一些成就卓越的初数研究者的数学思想方法,如:吴康(善于提问题,近两年来,就提了数十个)、杨学枝、丁遵标(安徽省)、李耀文(山东省)、张赟(西安市)、沈文选、孙四周等(自然是挂一漏万).

研究方法:以自我研究和他人研究相结合的方法.

§3 第七届初等数学研究学术交流会胜利召开，选举产生第二届理事会

3.1 经过反复协商，第七届全国初等数学研究学术交流会召开

2007 年 11 月，在深圳市召开的全国初等数学研究会（筹）常务理事扩大会议上，副理事长杨学枝讲话：

齐心协力办好初数研究会

——2007 年 11 月 10 日在全国初等数学研究会（筹）常务理事扩大会议上讲话

副理事长 杨学枝

各位理事、各位代表：

1991 年在天津师范大学召开的第一届全国初等数学研究学术交流会，成立了"全国初等数学研究工作协调组"；2000 年在北京首都师范大学召开的第四届全国初等数学研究学术交流会上扩大了协调组，并成立了协调组下的办事组；2006 年在湖北大学召开第六届全国初等数学研究学术交流会并成立了"全国初等数学研究会（筹）"。至今已历经 17 个年头，初数研究工作蒸蒸日上，逐趋成熟，特别是成立了"全国初等数学研究会（筹）"之后，一个崭新的初等数学研究会已竖立在人们面前。同时随之又有更多的工作、更艰巨的任务也摆在了我们面前，希望大家齐心协力办好初数研究会。为此提出以下几点意见，供这次常务理事扩大会议讨论。

一、力促各省建立初等数学研究会

要使全国初等数学研究会去"筹"转正，必须力促各省建立初等数学研究会。

1. 初数研究工作遍及全国师范类大专院校，全国中学（专），面广人多。因此我们应该让更多的人积极参与初数研究工作，使初数研究工作有更加广泛的群众基础，各省成立初数研究会使之更有凝聚力。

2. 为使初数研究工作更有成效，避免研究工作的重复与浪费，广纳贤智、群策群力、取长补短，少走弯路，必须广泛开展初数研究成果交流与传播。初数研究会组织将为之提供各种平台，使初数工作者和爱好者能更好地展示自己的才华。

3. 初数研究会工作必须与兄弟组织、团体有广泛的交流和联系，也必须取得政府有关职能部门和社会各界人士的大力支持和协助，为初数研究工作创造更加广阔的活动空间，使之有更强劲的生机和活力，初数研究会组织就是最好

304

的媒介和纽带.

4.只有各省成立了初数研究会组织,互相加强交流与联系,形成全国性的初数研究网络,那么,到时全国初等数学研究会去"筹"转正就成了水到渠成之事.

二、力争办好初等数学研究杂志和全国初等数学研究网站

为了进一步畅通初等数学研究渠道,给广大初数工作者和爱好者提供良好的初数研究平台.更适时、更好地与国内外初数研究团体、组织和个人广泛交流初数研究成果,共同研讨、攻关某些初数研究问题(专题),使广大初数工作者、爱好者有个相聚"聊天"的场所.因此我们必须创办好初等数学研究杂志和网站.

1.关于办好杂志问题

早在十多年前,数学大师陈省身教授就为创办初等数学杂志题了刊名,"孩子"的名字都取好了,但一直没有孕育出来.这说明要想正式获得初等数学研究杂志刊号谈何容易,至少在今后短期内仍无法办到.因此在此之前,我们的杂志可以以两种方式存在.

(1)学习不等式研究小组创办的《不等式研究通讯》的办刊模式.《不等式研究通讯》创办于1985年,从开始的油印本到现在的进精装本,并不亚于"正式"刊物.它虽然没有名分,但靠小组成员自助(每年100元),却也办得有模有样,红红火火,至今已出版了14卷共55期,读者遍及全国各省、市、自治区、大专院校及中学广大教师、全国专家、学者、爱好者,其中不少内容常被有关正式刊物引用,它已成为全国性,人所供认的非正式的"正式"刊物.许多作者心安理得地在上面发表自己的研究成果,也很有成就感.这种办刊方式对于我们初数研究会办刊提供了一种可行的模式.当然,这种杂志官方还是不于承认的.

(2)买书号,以书代杂志.

有了书号的书就成了正式出版物.作者在上面发表文章可认为有"名分",似乎心里踏实,有成功感,但是,这种冒牌杂志,名不正,言不顺,而且经济负担较重,还要担心书号的"尾巴"长不了.

目前以上两种办刊方式,我个人认为还是第一种方式比较快捷,现实可行.同时我们还可以一边办下去,一边不懈努力,创造条件,力争早日转正.当然,若经济实力雄厚,出版社又有门路,第二种形式也是可行的.但不管哪种办刊形式都要面临着谁来办这个杂志的问题,特提出以下三种承办杂志的形式.

①研究会自己来办.也像现在《不等式研究通讯》一样模式.这样要办好刊物,必须有几个不计任何报酬、肯做无私奉献的同志(如不等式研究小组的张小明、张志华、田彦武等)在料理.稿件分给专人审理,审稿人以及负责排版、印刷、邮寄发行的同志也没有任何报酬,全为义务.这种办刊形式最大好处在于省费

305

用,但由于办刊人员是业余的、分散的,给编辑、印刷出版工作会带来诸多不便.编辑、发行周期也较长,有时也出现校对和印刷上的失误.

②出版社或某企业团体来承办.出版社来承办的刊物一般是正式刊物,似行不通.

③由某企业团体来承办似可行,但必须是企业或团体自愿,要给他们以自主权,初数会与他们可同时署名,共同协作办刊.这种办刊形式最大好处是中间环节少,规范、出版周期较稳定.因为专职人员审稿、校对,因此失误较少.但从审稿到发行,费用较高,研究会要与出版商沟通、协作.若有条件,这种办刊模式较理想.

杂志的稿源要靠广大初等研究工作者与爱好者提供.稿件内容要广开言路,可以是初数专题研究的内容,也可以是数学竞赛方面的内容,还可以是中学数学教育、教学方面的内容,只有稿量大,才能保证刊物质量.另外内容要适应尽量多的读者群(专家、学者、老师、学生等).

总之,要办好初数研究杂志不是一朝一夕的事,也不能单靠少数几个人去办刊,要靠全体初数研究会的理事,全体会员,全体初数工作者、爱好者的共同团结协作,极力支持,做出长期、不懈的努力,要靠初数研究会的管理人员,开拓进取,迎难而进,无私奉献.成事在人,谋事在天,心诚则灵,我们的努力和成就总有一天会感动上帝,相信明天会更好.

2.关于办好网站问题

这件事是容易办到的,只要有少量经济上的支撑即可,其关键在于要有一部分懂行、肯干、无私的管理操作人员,而且随着时间的推移、经济的积累、网友的增多、信息量的加大是会越办越红火、越办越好的.这一点我想不做详谈.

三、力求办好每一届全国性的初数会议,开展好初数会的各项活动

一个群众性组织要有生机和活力,最重要的是要开展好活动,我们研究会的最主要的活动应是开展论文评选、学术研究、交流等.

作为初等数学研究会拟每年召开一次理事会议,要更新和扩充理事人选.全体理事会议要带头开展论文交流、学术研究活动.初数会常务理事会议可因工作需要而定开会时间,也可以用通讯方式召开会议.全国性的初数会拟每2～3年召开一次.建议这个会议名称改为"全国数学教育教学暨初等数学研究学术研讨会".办会方式可沿袭前几届做法,并要不断总结经验、改革创新,使会议一届比一届办得更好.会议承办方可以多样化,如可由大专院校承办,可由中学承办,可由某文化教育团体或企业承办(如下届初数会将由深圳市邦德文化发展有限公司承办),也可以由初数会自己承办.

初数会要召开全国性会议或举办其他活动,都离不开"钱"字、初数会议承办方除收取与会人员会务费外,应设法筹措资金来弥补会议开支上的不足,不

能将会议作为盈利的手段和目的,但举办方可以利用会议恰当的包装和宣传自己,扩大影响.

初数会要广开"钱"路,在每次召开全国性会议期间可向理事、会员适当收取个人或团体(含各省初数会、大专院校等)会员费,会费拟分层次收取. 每届全国性会议的承办方都应尽量为全国初数研究会提供赞助,会议结余资金应归全国初数会所有. 要广泛宣传、努力做好工作,求得政府、企事业单位、私营企业、财团以及个人的资助,对于个人资助,学会可以考虑给予相关的荣誉称号. 我们希望初数会全体理事、全体会员,都能为全国初等数学研究会做出自己应有的贡献.

§4 七届会胜利召开

4.1 经过反复协商,第七届初等教学研究学术交流会召开有日

2009 年 2 月向全国发出第一轮通知:

全国第七届初等数学研究学术交流会第一轮通知

尊敬的_____先生/女士:

经全国初等数学研究会研究决定,全国第七届初等数学研究、学术交流会定于 2009 年 8 月 7 日至 9 日在深圳市举行. 本届学术交流会由全国初等数学研究会主办,深圳市邦德文化发展有限公司承办,深圳市数学会协办.

一、会议主题

中国初等数学研究前沿领域的新进展.

二、会议征集的论文内容

1.初等数学研究各领域中的新成果(主要成果没有发表过).

2.初等数学研究各领域中某一专题的综述研究(主要成果没有发表过).

3.竞赛数学研究方面的新成果(主要成果没有发表过).

4.中高考数学试题研究中创造性的新成果(主要成果没有发表过).

5.提高中学数学课堂教学效果的创造性研究(主要成果没有发表过).

三、本届会议评奖项目

1.评选并颁发首届中国"初等数学研究杰出贡献奖".

2.评选并颁发第三届全国"青年初等数学研究奖"(奖给作者,至多评选获奖者 5 名).

申报第三届全国"青年初等数学研究奖"的条件:年龄不超过 35 岁,除提交一篇反映自己所获新成果的论文(申报者单独署名或为第一作者,主要成果没

有发表过)外,还需附上身份证复印件、自我简介(含介绍自己已发表的初等数学研究方面的主要研究成果).

3.评选并颁发首届中国"初等数学研究奖"(奖给论文).申报条件:提交一篇初等数学研究论文(主要成果没有发表过),署名人数不限.

四、会议论文要求

1.论文格式要求:

①论文一律要求提供电子文稿,同时打印两份纸质文稿,按规定时间寄发.

②稿件如为电子文稿,必须使用 Word 录入,标题文字使用黑体小三号子,正文及其他文字使用宋体五号字,通过 Word 中的数学公式编辑器编辑公式符号,句号一律用". ".版面请选用 A4 纸张,左右边距 2.2 cm,上下边距 2.5 cm,单倍行距(每面约 1 700 字),一律通栏排版.稿件必须是定稿.论文提交后,不再接受修改稿.

③稿件按以下格式书写:标题、作者姓名、作者单位及邮编、内容摘要(一般不超过 200 字)、关键词、正文、参考文献、附录,文尾注明来稿日期以及作者的详细联系方式,有电子邮箱(E—mail)地址的作者请将其附在文尾,便于我们和您联系.有多个作者的请注明通讯作者.

④打印文稿中的图表、公式、标点、符号要清楚、准确,上、下角标要有明显区别,容易混淆的字母、符号最好在旁边用铅笔适当标注.

⑤文稿中如有引文,请务必注明出处和参考文献.来稿文责自负.如有抄袭现象我们将公开批评,作者应负相关责任.

⑥稿件请用订书器在左上角订好.同时邮寄多份稿件,请分别装订.

2.全国初等数学研究会理事会,将聘请专家组成"专家评审委员会"对论文进行评审和评奖,合格论文将择优发表在研究会会刊《初等数学研究》第二期或今后各期上.

3.向大会提交论文的最后期限是 2009 年 5 月 30 日(以当地邮戳或邮件发送时间为准).

4.会议论文打印稿两份,寄福建省福州市第二十四中学(350001)杨学枝收,电子文稿发电子邮箱(E—mail)到 yangxuezhi1121@126.com 或 jjq1963@yahoo.com. cn,同时将每篇论文审稿费 50 元寄到福州教育学院江嘉秋(350001)或电汇至中国建设银行,账号:4367421823210109448 江嘉秋.寄汇款后发短信给江嘉秋老师(手机:13705936996).

五、本届学术会议主要安排

1.拟邀请著名学者徐利治教授、张景中院士、张奠宙教授、单墫教授等做学术报告.

2.围绕初等数学的几个研究领域(代数、几何、不等式、组合数学、数论、竞赛与测试数学、数学教育等)进行分组主题学术交流.

3.颁发全国"初等数学研究杰出贡献奖""青年初等数学研究奖""初等数学研究奖".

4.审议理事会工作报告和有关事项,研究学会相关工作.召开全国初等数学研究会理事会议、常务理事会议(请全体常务理事务必到会).选举新一届理事会和常务理事会.

六、会议时间

2009年8月7日报到,8月8～9日开会,8月10日深圳一日游,8月11日返程.

七、会议地点与食宿安排

深圳商务酒店,标准间双床位约200～300元/天.请参会人员务必填写回执以便会务组预订房间.

八、其他事项

1.会务费:每位代表400元,住宿费及差旅费自理(或回单位报销).

2.参会者回执请于2009年5月30日前按照第九条中的联系方式寄达或传真至深圳邦德文化有限公司;最好通过点击全国初等数学研究会会网(http://www.cdmath.org)下载回执单后发送到会务组联系人,建议尽可能使用发电子邮件的形式.

3.大会在收到您的论文及会务组在收到您的回执后,再确定寄发第二轮正式会议通知.

九、联系方式

会务组联系人:张建军(0755－33007007－856,13510192234),传真:0755－33089029;

地址:深圳市福田区深南大道2008号中国凤凰大厦1栋13层;邮编:518026.

电子邮箱:jian385236911@163.com.

会务组联系人:孙文彩(0755－28833207);

电子邮箱:cems080415@163.com;

地址:深圳市平冈中学,邮编:518116.

有关会议详细内容请点击全国初等数学研究会会网:

http/www.cdmath.org.

全国初等数学研究会

2009年2月16日

这是由"全国初等数学研究会"理事会主办的首届学要交流会,各项活动都要正规"一些(见第7章).

4.2　各项安排

（1）全国第七届初等数学研究学术交流会大会主席团名单

沈文选、杨学枝、吴康、黄邦德、曹一鸣、王光明、曾建国、刘培杰、孙文彩、杨志明、江嘉秋、李明.

（2）全国第七届初等数学研究学术交流会论文评审专家委员名单：

主任：沈文选教授（理事长）；

副主任：杨学枝特级教师（副理事长）.

评审委员：

吴康副教授（副理事长兼秘书长）；

刘培杰主编（哈尔滨工业出版社副编审）；

萧振纲教授（常务理事）；

张小明副教授（常务理事）；

杨志明高级教师（常务理事兼副秘书长）；

孙文彩高级教师（常务理事兼副秘书长）；

江嘉秋高级教师（常务理事兼副秘书长）.

（3）全国初等数学研究会常务理事会议（深圳 2009 年 8 月 7 日 19：00～22：00）（表 2）：

表 2　全国初等数学研究会常务理事会议

时间	内容	主持人
8 月 7 日 20：00～22：00	1.通过大会各项议程和大会主席团名单； 2.审核并修改全国初等数学研究会章程； 3.讨论首届中国"初等数学研究杰出贡献奖"获奖名单； 4.讨论第三届全国"青年初等数学研究奖"获奖名单； 5.讨论首届中国"初等数学研究奖"获奖名单； 6.酝酿新一届理事会常务理事人选及正副理事长、正副秘书长名单； 7.关于"初等数学研究"杂志的有关事宜； 8.商议承办下一届（第八届）初等数学研究学术交流会有关事宜； 9.讨论全国初等数学研究会有关工作.	沈文选 教授 （理事长）

4.3　大会隆重召开

（1）全国第七届初等数学研究学术交流会开幕式（表 3）：

310

表3　第七届初数会开幕式

8月8日上午　开幕式地点：学苑宾馆会议室

08：00～09：00	参会代表入场（第一会议室）	会议主持人
09：00～09：55	1. 奏唱国歌； 2. 吴康秘书长介绍出席本次大会的领导与特邀嘉宾； 3. 深圳市邦德文化有限公司董事长、全国初等数学研究会副理事长黄邦德先生致欢迎词； 4. 全国初等数学研究会理事长沈文选教授致开幕词； 5. 深圳市政协副主席陈观光先生致欢迎词； 6. 深圳大学数学与计算机科学学院院长、深圳市数学会理事长张文俊教授致欢迎词； 7. 深圳市教育科学研究院代院长、深圳市数学会副理事长、特级教师尚强先生致欢迎词； 8. 全国初等数学研究会理事会工作报告； 9. 与会代表合影.	吴康副教授（全国初等数学研究会副理事长兼秘书长）

全国第七届初等数学研究学术交流会开幕词
全国初等数学研究会沈文选理事长

在数学界和数学教育界的前辈们的关怀下，在一批高校的积极参与下，在一些出版社、众多的数学报刊杂志社的支持下，我国的一批初等数学研究者和爱好者成立了自己的组织——全国初等数学研究会，并且我们的研究会逐渐成长起来了. 这次会议的召开便是成长道路上的一个里程碑. 在这个时刻，我们不仅要分享初等数学研究取得的丰硕成果，还要憧憬今后的前程美景，更要设计今后的奋斗方向！

在 20 世纪 80 年代末 90 年代初，由于一批执意发展我国初等数学研究事业的有心人（周春荔、杨世明、庞宗昱、张国旺、杨学枝等）的艰苦工作，逐步地将热爱初等数学研究事业的人组织起来，并成立了全国初等数学研究协调组. 在协调组的主持下，于 1991 年 8 月，在天津师范大学召开了全国第一届初等数学研究学术交流会；于 1993 年 8 月，在湖南师大开了第二届会；于 1996 年 8 月，在福州市经济技术开发区开了三届会；于 2000 年 8 月，在首都师大开了四届会；于 2003 年 8 月，在赣南师范学院开了五届会；于 2006 年 8 月，在湖北大学开了六届会. 在各次交流会上，我们看到了在我国初等数学研究的广阔领域里，来自专家、来自高校教师，更多的是来自于广大中学数学教师，来自业余爱好者，甚至来自于中学生、大学生、研究生之手的累累硕果，在我们祖国的大地上展现出了一幅绚丽多彩而又引人入胜的画面.

　　为了筹备办好这次大会,2007 年 11 月在湖南师范大学召开了全国初等数学研究会、第六届第二次常务理事扩大会议暨学术交流会,在 2008 年 12 月和 2009 年 9 月又召开了两次协商会.深圳市邦德文化有限公司的领导和员工做了大量的准备工作,并付出辛勤的汗水.

　　在这次大会上我们将聆听著名数学家、数学教育家的专题报告,将听取初数研究专家们的研究体会,将进行广泛的学术交流,将结识新朋友,会见老朋友;这次大会我们要讨论学会工作,进一步拓展初等数学研究的领域;要进行换届选举,并初议下一届学术交流会的有关事项;还欢迎大家对学会工作提出建议.

　　通过这次会议,经过我们大家齐心合力,希望初等数学研究的人气更旺一点,研究的氛围更浓厚一点,研究的领域更宽泛一点,研究的成果更深刻一点.

　　时代在前进,我们要与时俱进.仿造过去的行为,只能收获曾经的结果,要想取得和原来不一样的结果,就要打破原来的思维方式和行为模式.回顾昨天,观看今天,展望明天,我们满怀信心,热血沸腾!我们也看到了今后我们要去完成的大量艰巨任务.

　　最后,祝与会代表在短暂的会议期间生活愉快!祝会议圆满完成各项议程!

　　(2)开会过程(表 4、表 5、表 6、表 7):

全国第七届初等数学研究学术交流会学术报告日程

表 4　第七届初数会学术报告

(8 月 8 日上午:大学学术报告　　地点:学苑宾馆会议室(一))

时间	学术报告人	报告内容	会议主持人
10：15～11：00	中国数学家、数学教育家、计算机科学家、中共十五大代表、中国教育数学学会理事长、中国科学院张景中院士	"初等数学里的微积分"	曹一鸣教授(中国数学会基础教育工作委员会副主任、全国数学教育委员会秘书长、北京师范大学博士生导师、全国初等数学研究和副理事长)
11：00～11：45	中国数学会常务理事、中国数学会基础教育工作委员会主任、《数学通报》主编、北京师范大学博士生导师张英伯教授	"五点共圆问题与 Clifford 链定理"	

振兴祖国数学的圆梦之旅
——中国初等数学研究史话

表 5　第七届初数会大会学术报告

8 月 8 日下午：大学学术报告　地点：学苑宾馆会议室（二）

时间	学术报告人	报告内容	主持人
14：30～ 15：15	中共十四大代表、美国《数学评论》评论员、国务院学位办教育硕士点专家组成员、南京数学学会理事长、南京师范大学博士生导师、单墫教授	"奥林匹克数学"	杨学枝特级教师（《中国初等数学研究》杂志主编、福建省数学学会初等数学分会理事长、中国不等式研究小组组长、全国初等数学研究会副理事长）
15：15～ 15：30	全国初等数学研究会顾问、首都师范大学周春荔教授	"谈对几何教改的一点建议"	
15：30～ 15：45	天津市特级教师、全国初等数学研究会顾问杨世明老师	坚持做初数研究，努力拓展新方向新领域——撰写三部初等数学专题著作的体会	
15：45～ 16：00	会场休息	会场休息	
16：00～ 16：15	杨学枝特级教师	"二十二道不等式猜想"	
16：15～ 16：30	华南师范大学吴康副教授（副理事长兼秘书长）	"组合计数理论中的初等数学问题"	
16：30～ 16：45	《中学数学》主编、全国初等数学研究会副理事长、全国"希望杯"数学邀请赛组委会常务委员、湖北大学汪江松教授	"2009 年数学高考题采撷"	
16：45～ 17：00	曹一鸣教授	"加强师范院校初等数学研究课程建设的建议"	
17：00～ 17：15	全国初等数学研究会副理事长、赣南师范学院曾建国副教授	"闭折线 K 号心研究的进展"	
17：15～ 17：30	全国高等师范数学教育研究会常务理事、全国初等数学研究会理事长、《数学教育学报》编委、湖南师范大学沈文选教授	从数学测量到测量数学的研究	

表6 学术专题报告

8月9日上午 专题学术报告　地点:学苑宾馆会议室(三)

时间	报告人	题目	
08:30~ 08:45	深圳大学数学与计算机科学学院院长、深圳市数学会理事长张文俊教授	"数学开放题:特点、价值与应用"	
08:45~ 09:00	湖南理工学院肖振纲教授	"初等数学研究的一些体会"	杨学枝主持
09:00~ 09:15	休息		
09:15~ 09:30	中国不等式研究学会秘书长、浙江省海宁电大张小明副教授	"国内学者对凸函数理论的若干研究成果介绍"	
09:30~ 09:45	原《中学数学教学》副主编、安徽师范大学胡炳生教授	"关于初等数学研究的几个问题"	
09:45~ 10:00	美国"Mathematical Revlews"评论员、华南理工大学博士生导师杨启贵教授	"从等比数列谈起"	

8月9日上午,分组论文交流及讨论研究会工作　地点:学苑宾馆小会议室

表7 组别讨论

主持人:曾建国副教授(副理事长)(四)

组别	召集人	内容(论文交流及讨论研究会工作)	地点
不等式	杨志明	不等式	
代数	张小明	代数、组合、数论等	
几何	萧振纲	平面几何、立体几何、解析几何	
教学	江嘉秋	教学、中考、高考等	

振兴祖国数学的圆梦之旅
——中国初等数学研究史话

（3）全国第七届初等数学研究学术交流会闭幕式（表8）

表8　第七届初数会闭幕式

（8月9日下午　闭幕式　地点：学苑宾馆会议室）

时间	内容	主持人
14：30～18：00	1.各小组汇报小组论文交流和讨论学会工作情况 2.宣读首届"初等数学研究杰出贡献奖"获奖名单并颁奖 3.宣读第三届"青年初等数学研究奖"获奖名单并颁奖 4.宣读首届中国"初等数学研究奖"获奖名单并颁奖 5.通过全国初等数学研究会章程和会员管理办法 6.介绍新一届理事会常务理事人选情况 7.表决新一届理事会常务理事人选名单 8.新一届理事会常务理事会议，选举新一届理事会机构（会议期间其他代表休息） 9.宣布新一届理事会机构名单 10.新一届理事会理事长致闭幕词 11.新一届理事会秘书长宣读会议纪要 12.下届承办单位介绍 13.宣布大会胜利闭幕	沈文选教授（全国初等数学研究会理事长）

4.4　几个重要文件

（1）全国初等数学研究会章程

（全国初等数学研究会第六届第二次常务理事扩大会议讨论通过）

（2007年11月10日，湖南省长沙市）

第一章　总则

第一条　本会名称是全国初等数学研究会.

第二条　本会为群众性的从事初等数学学术研究的民间学术团体.

第三条　本会宗旨是：团结全国从事大、中、专学校热爱初等数学研究的人员,以及社会各界其他积极从事初等数学研究的人员.为提高全国的初等数学研究水平,推动学术交流,推进我国初等数学研究事业发展,为全国数学教育教学做出应有的贡献.

第二章　业务范围

第四条　本会的主要业务范围是:探讨初等数学教育教学及初等数学学术研究的理论应用问题,组织开展与初等数学教育教学及学术交流有关的活动,组织考察初等数学研究活动,总结、推广初等数学优秀研究成果等.

(一)根据国内外初等数学研究的需要,组织开展各种专题研究,包括高观点下的初等数学探析,传统初等数学内容的探究与推广;中学数学教材、教学的深入探讨;竞赛数学的研究;测试数学的研究;数学方法论(数学思想方法)方面的研究;初等数学应用的探索;数学文化的渗透研究等.

(二)召开学术年会,组织学术交流.学术年会每二至三年召开一次.

(三)不定期的委托有关会员单位,举办初等数学研究专题讲习班,讨论班和读书会;以多种形式举办中等数学教育教学改革研讨会;举办不同类型的数学竞赛培训讲座等有利于我国初等数学事业发展的活动.

(四)组织开展初等数学学术论文的评奖活动;推广初等数学研究的优秀成果;评选青年初等学研究奖.初等数学研究奖、初等数学研究贡献奖等.

第三章　会员

第五条　本会实行团体全员与个人会员相结合的会员制.

凡高等院校,省地市县各级教育科学研究院、所、教学研究室中从事初等数学研究的人员,中小学数学报刊杂志社,中小学数热爱初等数学研究的人员,积极从事初等数学教育教学及学术研究的各级各类学校或专门机构,以及热爱初等数学研究的其他人员或团体,承认本会章程,向本会提出申请,均可成为本会个人会员或团体会员.

第六条　会员享受如下权利:

(一)优先参加本会举办的各种学术活动.

(二)优先取得本会编印的各种资料.

(三)在本会内有选举权与被选举权.

(四)对本会工作有建议权和批评权.

第七条　会员应当履行如下义务

(一)遵守本会章程,执行本会决议

(二)积极参加本会组织的活动,完成本会委托的工作

(三)会员按期缴纳会费

第四章　组织

第八条　本会的组织原则是民主集中制.本会最高权力机构是全国会员代

表大会,其职权是:

(一)制订修改本会章程

(二)选举和罢免理事

(三)听取和审议理事会工作报告

(四)决定本会其他重大事宜

第九条　本会的会员代表大会二至三年举行一次.在会员代表大会闭会期间,理事会根据会员代表大会决议,行使会员代表的权利.

第十条　本会理事采取有组织分配名额的办法,人选由会员单位和各省市相关单位提名,经过民主协商后决定候选人建议名单,提交会员大会选举产生.

第十一条　本会理事会设理事长一名,副理事长若干名,秘书长一名,副秘书长若干名,常务理事若干名,设顾问若干名.理事长、副理事长,秘书长、副秘书长和常务理事由理事会选举产生,每届任期三年.顾问由各届退下的正负理事长、秘书长中产生,并由理事长提名,经常务理事会研究通过.

第十二条　常务理事会是理事会的常设办事机构.联络处设在理事长或秘书长的所在单位.理事会闭会期间,由理事长、秘书长主持工作并通过常务理事会执行,理事会负责.常务理事会每年召开一次会议,讨论和决定本会年度工作计划和其他重要事宜.

第十三条　理事会下设若干委员会,各委员会必须定期向常务理事会报告工作.常务理事会聘请学术委员若干名组成学术委员会,负责制订本会学术规划,重要学术活动和科研成果的评价、推荐、学术咨询和指导,促进学术协作和交流等工作.学术委员会设主任 1 名,副主任若干名.

第十四条　各省、市、自治区,可设立相应的分会,规划和协调本区域会员学术交流,并负责联系全国初等数学研究会理事会.

第五章　经费

第十五条　本会经费来源

(一)通过举办学术活动、科研服务和横向合作等方式筹集资金.

(二)接受捐赠;

(三)团体与个人会员缴纳的会员费;

(四)其他形式的经费来源.

第六章　附则

第十六条　本章程经本学会代表大会通过生效.

第十七条　本章程的解释权属于本学会理事会.

全国初等数学研究会

2007 年 11 月 10 日

(3)《全国初等数学研究》第一届编辑委员会名单:

317

顾　问:周春荔、杨世明.

主　任:沈文选.

副主任:杨学枝、吴康、刘培杰.

主　编:杨学枝.

副主编:刘培杰、吴康.

编辑部主任:刘培杰(兼).

编辑部副主任:江嘉秋.

编委(按姓氏笔画为序):

　　王中峰、王光明、田彦武、叶中豪、江嘉秋、孙文彩、刘培杰、沈文选、

　　吴康、汪江松、杨学枝、杨志明、张小明、曹一鸣、黄邦德、曾建国、

　　萧振纲、张志华.

(4)全国初等数学研究会网站简介及管理办法

(http://www.cdmath.org)

全国初等数学研究会网站创建于 2008 年 4 月 15 日,是全国初等数学研究会与各省市初等数学研究会重要信息发布与交流平台.本网站创建的宗旨是力所能及地为会员提供一些有价值的研究资讯与信息,提供一个学习与交流的平台,同时也为初等数学研究成果的评价与推广提供一个广阔的空间.全国初等数学研究网站开设如下栏目:

1.本站新闻:主要介绍本学会或国内外最近研究信息与重要学术新闻;

2.全国初等数学研究会与各省市研究会的学会事务性管理;

3.中国初等数学研究杂志:明年定期出版,主要刊登会员最新研究成果;

4.问题与猜想:主要刊登会员提供的数学问题,猜测与国内外最新数学问题;

5.数学专题研究分为五个方面:

①不等式研究:介绍国内外不等式方面重要研究资讯、研究成果与研究动态.

②初等代数研究:介绍国内外初等代数方面重要研究资讯、研究成果与研究动态.

③初等几何研究:介绍国内外初等几何方面重要研究资讯、研究成果与研究动态.

④组合图论与数论研究:介绍国内外组合图论数论研究方面重要研究资讯、研究成果与研究动态.

⑤教育教学理论研究:介绍国内外教育教学方面重要研究成果与先进的教学理论.

6.中高考研究:主要提供全国各地历届中高考试题、模拟试题等,提供会员

318

最新自创试题研究成果,刊登专家对中高考试题的评价与研究! 以及中高考备考经验与体会.

7.竞赛数学研究:主要提供世界与全国各地历届竞赛试题及其解答与分析,提供专家对试题的各种研究与评价分析.

8.数学文化与普及:主要设置了数学家故事、趣味数学、数学文化、数学普及、研究随想.

9.国内外研究动态:主要介绍本学会,国内外主要学术研究动态与重大数学研究进展!

网站是全国初等数学研究爱好者探索与交流的场所,热烈欢迎您光临中国初等数学研究会网站(http://www.mathelst.org).

注意事项:

1.本网站是全国初等数学研究会合法网站(备案序号:闽 ICP 备08105741),网站主要负责:杨学枝理事长,网站主管:孙文彩,副主管:张志华、李明,技术主管:胡中传.

2.网站设置了阅读权限:未审核会员、注册会员、全国初等数学研究会会员,凡全国初等数学研究会会员可阅读或下载本网站所有栏目文章与资料并可发表本人研究成果、研究随想与心得.网站邮箱:cems080415@163.com.

3.全国初等数学研究会建立了 3 个 QQ 交流群(高级群:63754937,高级群:62876369,高级群:63074787,仅限加入一个群),欢迎您加入交流!

中国初等数学研究会

(2008 年 7 月 14 日)

(5)会议纪要:

全国第七届初等数学研究学术交流会纪要

(2009 年 8 月 7～10 日　深圳市)

全国第七届初等数学研究学术交流会于 2009 年 8 月 7～10 日在深圳市市委党校隆重举行.出席会议的有来自全国 20 个省市的代表 152 人.

8 月 8 日上午,中国科学院张景中院士、中国数学会常务理事暨基础教育工作委员会主任、《数学通报》主编、北京师范大学博士生导师张英伯教授,数学教育家、国务院学位办教育硕士点专家组成员、南京师范大学博士生导师单墫教授出席了开幕式.深圳市政协副主席陈观光先生,承办单位代表、全国初等数学研究会副理事长、深圳市邦德文化发展有限公司董事长黄邦德先生,协办单位代表、深圳市数学会理事长、深圳大学数学与计算机科学学院院长张文俊教授,深圳市数学会副理事长、深圳市教育科学研究院代院长,尚强特级教师出席开幕式并致欢迎辞.全国初等数学研究会顾问和主要负责人周春荔、杨世明、沈文选、杨学枝、吴康、汪江松、曹一鸣、曾建国、孙文彩、江嘉秋等出席了开幕式.

319

沈文选理事长致开幕词;吴康副理事长兼秘书长主持开幕式,并做理事会工作报告,会上宣读了华东师范大学出版社的贺词.工作报告回顾了首届理事会三年来的工作,以及三年来会员在初等数学研究领域取得的新成果;总结了全国初等数学研究会网站和会刊《中国初等数学研究》所做的工作;拓展了新的宣传渠道,并获准在中国数学会网站上设立全国初等数学研究会的窗口,初等数学研究成果得到了广泛的交流与传播;报告还介绍了本次学术会议的筹备情况,随后全体代表合影留念.

开幕式后,全体代表听取了以下 3 场(45 分钟)和 12 场(15 分钟)学术报告:张景中"初等数学里的微积分";张英伯教授"五点共圆问题与 clifford 链定理",单墫教授"奥林匹克数学";以及周春荔教授"谈对几何的一点建议";杨世明特级教师"坚持做初数研究,努力拓展新方向新领域——撰写三部初等数学专题著作的体会";沈文选教授"从数学测量到测量数学的研究";杨学枝特级教师"二十二道不等式猜想";汪江松教授"2009 年数学高考题采撷";曹一鸣教授"加强师范院校初等数学研究课程建设的建议";曾建国副教授"闭折线 K 号心研究的进展",张小明副教授"国内学者对凸函数理论的若干研究成果介绍";张文俊教授"数学开放题:特点、价值与应用";胡炳生教授"关于初等数学研究的几个问题";吴康副教授"组合计数理论中的初等数学问题";萧振刚教授"初等数学研究的一些体会".

在这次会议上,由沈文选(主任)、杨学枝(副主任)、吴康、刘培杰、萧振纲、张小明、杨志明、孙文彩、江嘉秋等组成的论文评审专家委员会,对收到的 162 篇参评论文进行了认真的初评和复评,有 137 篇入选大会交流,90 篇获奖,其中 11 篇获一等奖,29 篇获二等奖,49 篇获三等奖.胡炳生的论文"略论初等数学研究的文化意义"获荣誉奖.会议论文涉及内容有不等式、几何(平面几何、立体几何、球面几何、解析几何、射影几何、组合几何)、折线、绝对值方程、单形、凸函数、组合计数、组合设计、方程、多项式、函数论、三角学、数阵、初等概率论、不定方程、素数分布、椭圆曲线、数学建模、数学应用、数学技术、测试数学、竞赛数学、数学解题论、数学方法论、数学教育、数学教学、数学思维、数学文化等,内容相当丰富而深刻,创新成果众多.

9 日上午代表分 4 个小组进行论文交流,并对研究会的建设与发展进行了热烈的讨论.下午,王方汉老师吟诵了贺诗和他的数学诗.随后,各小组主持人汇报了论文交流和讨论情况,袁智斌等做了自由发言.在欢乐的气氛中,张景中院士等为获奖代表颁奖并合影留念;周春荔、杨世明、杨学枝、沈文选荣获首届全国初等数学研究杰出贡献奖;林新建、李明、侯典峰荣获第三届全国中青年初等数学研究奖(经协商把"青年"改为"中青年");苏克义、黄元华、马乾凯、林亚庆获提名奖.

振兴祖国数学的圆梦之旅
——中国初等数学研究史话

会议期间,召开了全国初等数学研究会首届理事会第三次常务理事扩大会议,经充分讨论,表决通过了:

A. 第二届理事会组织机构(无记名投票表决):

顾　问:(以姓氏笔画为序)张英伯、李尚志、杨世明、汪江松、沈文选、单墫、周春荔、林群、韩云瑞.

理事长:杨学枝. 常务副理事长:吴康.

副理事长:王光明、黄邦德、曹一鸣、杨世国、刘培杰.

秘书长:孙文彩;常务副秘书长:江嘉秋.

副秘书长:(以姓氏笔画为序)于和平、马小为、王中峰、王孝宇、邹明、林文良、赵胤、萧振纲、曾建国.

常务理事:(以姓氏笔画为序)105 人:

丁丰朝、于和平、马小为、马统一、马乾凯、方祖耀、王卫华、王中峰、王方汉、王光明、王芝平、王孝宇、王明建、王林、王强芳、丘春锋、冯跃峰、叶中豪、甘志国、田彦武、石生民、龙开奋、任立顺、刘宇、刘守军、刘幸东、刘保乾、刘健、刘培杰、孙文彩、孙彦、安振平、师广智、曲安京、朱维宗、江嘉秋、纪保存、阳凌云、吴国胜、吴康、吴跃生、(杭州)吴堪锋、宋庆、张小明、张少华、张文俊、张汉清、张先龙、张志华、张承宇、张德波、李天舟、李世杰、李建泉、李明、李春雷、李祥立、杨文龙、杨世国、杨启贵、杨志明、杨学枝、杨明、杨德胜、汪玉生、沈自飞、苏文龙、邱继勇、邵东生、邹明、陆玉英、陈中峰、陈文远、陈清华、尚强、林文良、林世保、林新建、欧阳维诚、罗明、罗增儒、胡炳生、赵思林、赵胤、倪明、唐作明、徐庆和、徐献卿、郭璋、陶兴模、陶楚国、曹一鸣、曹新、萧振纲、黄仁寿、黄华.

理事(若干,略).

B.《中国初等数学研究》第二届编辑委员会:

顾　问:(以姓氏笔画为序)张英伯、张景中、李尚志、杨世明、汪江松、沈文选、单墫、周春荔、林群、韩云瑞.

主　任:杨学枝. 副主任:吴康、刘培杰.

主　编:杨学枝. 副主编:刘培杰、吴康、杨世国.

编　委(以姓氏笔画为序):

王中峰、王光明、冯跃峰、叶中豪、石生民、刘守军、刘培杰、孙文彩、师广智、江嘉秋、吴康、张小明、李建泉、杨世国、杨启贵、杨志明、杨学枝、陈清华、欧阳维诚、倪明、曹一鸣、萧振纲、曾建国.

编辑部主任:刘培杰(兼). 编辑部副主任:江嘉秋.

C. 全国初等数学研究网(www. mathelst. org)

主管:孙文彩;副主管:张志华、李明、胡中传.

经充分协商,全国第八、九、十届初等数学研究学术交流会的承办单位有:

第八届(2010年)由沈阳市科学技术协会、辽宁省数学会、沈阳市数学会、辽宁省初等数学研究会(筹)联合承办;第九届(2011年)陕西师范大学《中学数学教学参考》杂志社和陕西省初等数学研究会(筹)联合承办;第十届(2012年)由福建省数学学会初等数学分会和厦门市双十中学联合承办.湛江市数学会和湛江师范学院附中也表达了联合承办的意向.

9日下午举行了会议闭幕式.与会代表完全同意新一届理事会组织机构的组成及其他相关决定,对上届理事会的工作表示充分认可和感谢,一致认为中国初等数学研究事业已进入发展的新阶段! 全体代表对深圳市邦德文化发展有限公司、深圳市数学会以及会议工作人员表示衷心的感谢!

9日晚上,相继召开了会刊编委与网站主管会议和正副理事长、正副秘书长工作会议,决定组成九个工作委员会:1.申办委员会主任:杨学枝;2.学术委员会主任:吴康;3.筹备委员会主任:马乾凯;4.出版委员会主任:刘培杰;5.教育教学委员会主任:孙文彩;6.组织委员会主任:江嘉秋;7.竞赛委员主任:龙开奋;8.数学文化委员会主任:胡炳生;9.宣传委员会主任:李明.

全国初等数学研究会

(2009年8月10日)

第七届全国初等数学研究学术交流会闭幕词
第二届理事会理事长　杨学枝

尊敬的各位代表、各位来宾、各位同仁:

第七届全国初等数学研究学术交流会,在与会代表的共同努力下,圆满地完成了各项会议议程,即将落下帷幕.深圳市有关领导、深圳市数学会领导在开幕式上到会致词表示祝贺,深圳市邦德文化发展有限公司慷慨解囊,大力资助、支持这次会议,请允许我代表全体与会代表向深圳市邦德文化发展有限公司董事长黄邦德先生、深圳市数学会张文俊理事长表示诚挚的敬意和衷心的感谢!

在这次会议上,我们有幸聆听了张景中院士、张英伯教授和单墫教授所做的精彩的学术报告,给代表们留下了深刻的印象和珍贵的回忆.大会同时还听取了周春荔教授、杨世明特级教师、沈文选教授等十三位初数研究专家的学术报告,他们从不同侧面阐述了我国初等数学研究的情况和自身研究成果使代表们得到了很大的启发.会议期间,代表们对学会今后工作,提出了很多很好的意见,代表们还广泛交流了初数研究的成果及初等数学教育教学方面的经验与体会,大家相互学习、取长补短、共同提高.代表们一致认为,这次初数研究学术交流会给他们带来了生活上的温馨、精神上的鼓舞、学术上的收益.

在这次交流会上,经首届全国初等数学研究会常务理事会讨论决定,授予周春荔、杨世明、杨学枝、沈文选等四位同志为首届"初等数学研究突出贡献奖";本届会议还授予林新建、李明、侯典峰等三位中青年同志为第三届"中国中

322

青年初等数学研究奖";苏克义、马乾凯、林亚庆、黄元华等四位同志第三届"中国青年初等数学研究提名奖".本届会议还对获奖的论文的作者进行了表彰(见全国初等数学研究会文件《2009 年第七届全国初等数学研究学术交流会论文评选结果公布》).我们对以上受表彰的同志表示热烈祝贺.

会议期间还进行了理事会换届选举,代表们通过充分酝酿选举产生了第二届理事会.在此,请允许我代表新一届理事会对上一届理事会理事长沈文选教授以及各位常务理事、理事为学会做出卓有成效的工作和贡献,向他们表示深切的敬意和衷心的感谢!

我国初等数学研究自 1991 年 8 月在天津师范大学,召开全国首届初等数学研究交流会以来,全国初等数学研究事业如火如荼蓬勃发展,初等数学研究队伍日益壮大,初等数学研究成果大量涌现,尤其是筹建成立了全国初等数学研究会后,更进一步打开了我国初等数学研究的新局面,使得初等数学研究又一次掀起了新的浪潮.第二届理事会任重而道远,面临着新的挑战,我们必须齐心协力、发扬优良传统、开拓创新、努力进取,为我国初等数学研究事业做出新的贡献!

在当前以及今后,我们要着力做好以下几个方面的工作:

1. 要努力做好学会自身建设.在今后一段时间内,一方面我们要力争有更多省、市、自治区成立初等数学研究会,成为各省、市、自治区数学学会下的二级学会或其委员会;另一方面,全国初等数学研究会也要积极创造条件,向全国数学学会申报,力争成为其下属分会.

现在全国初等数学研究会还完全是个民间的群众性组织,但我们也必须建立健全学会的各项制度、加强学会组织建设、做好学会的管理工作,使学会得以健康发展,并且不断扩大学会的影响力,让学会真正成为我国初等数学研究中的核心.

2. 要继续努力办好学会杂志和网站.陈省身大师早在 1995 年 5 月 20 日就亲笔为未来初数杂志题写刊名:"中国初等数学研究",但由于种种原因,这本杂志至今还未诞生,后来在吴康副理事长和哈尔滨工业大学出版社刘培杰副编审以及有关同志的共同努力下,终于在 2009 年 4 月,由哈尔滨工业大学出版社正式出版《中国初等数学研究》(以书代刊).我国著名数学教育家徐利治教授、数学家单墫教授为首期书刊写了贺词,首期《中国初等数学研究》精选刊出了 33 篇初等数学初等数学专题研究文章.我们一定要竭尽全力办好《中国初等数学研究》,创造条件力争为《中国初等数学研究》杂志的早日诞生做出不懈的努力!

2008 年 4 月 15 日,全国初等数学研究会网站正式开通.由于网站开始建设,影响力还不大,我们要尽力扩大对网站的宣传,使得有更多的人浏览这个网站,让网站真正成为广大初等数学研究爱好者的交流园地.

323

杂志和网站为全国初等数学研究人员提供了一个初等数学教育教学和学术交流的平台,我们一定要把这个平台建设好、保护好、发挥好,使之成为初数研究者之家.

　　3. 要继续办好以后各届初等数学研究学术交流会,要使更多的地区和单位愿意承办全国初等数学研究学术交流会.要办好各届交流会必须广泛征集高质量的初等数学学术研究论文,要多渠道、想方设法筹集大会资金,使每届交流会办得起、办得好.要争取香港、澳门、台湾地区同仁们参会,力争有国外同仁也来参加我们的交流会,不断提升交流会的品位.

　　4. 要积极做好学会对内对外的交流活动.学会要与国内外兄弟学会取得沟通与联系,学习他们好的办会经验.全国初数研究会要加强与各省、市、自治区初等数学研究会的联系,上下沟通,相互支持,使得全国初数研究协调发展.全国初数会要利用各种正规渠道同香港、澳门、台湾以及其他国家和地区的初数研究的相关组织取得联系,互通信息、友好往来、相互促进,这样可以避免在初数研究中做一些不必要的重复的工作,让初数研究成果得到广泛的交流与传播.

　　学会还有其他工作需要各位理事去做.全体理事一定要真诚团结、齐心协力、无私奉献做好学会工作,我们有信心、有决心也有能力做好学会的工作.

　　最后,让我们再次用热烈掌声向会议的承办单位,深圳市邦德文化发展有限公司和会议的协办单位深圳市数学会表示感谢!

　　祝各位代表归程平安、身体健康、在初数研究中取得丰硕成果.让我们共同为我国初等数学研究事业做出更大的贡献!

2009 年 8 月 9 日深圳市

4.5　七届会参会人员荣誉榜(图 4)

图 4　全国第七届初等数学研究学术交流会全体人员合影

324

北京市:周春荔、张英伯、张景中、曹一鸣、王芝平、王坤、王贵军、陈国栋、李彭龄、张超月、赵胤、刘嵩.

天津市:杨世明.

安徽省:胡炳生、臧宏礼、钱照平.

福建省:杨学枝、林世保、黄德芳、江嘉秋、苏昌盛、胡鹏程、曹淑贞、林蓉、苏少卿、陈建虹、林淼、陈丽英、林敏、肖骁、邵东生、易积科、林新建、倪志铿、吴建山.

甘肃省:马统一、汤敬鹏、王仁宽.

广东省:吴康、王宽明、何沛康、黄燕水、胡中传、杨志明、左传波、黎海燕、余小兰、郑慧娟、周艳霞、熊跃农、管国文、陈镔、陈莉、李志刚、吴永中、钟进均、周峻民、黄浩活、张沛如、司徒凌波、张文俊、钟国雄、黄邦德、尚强、李志敏、孙文彩、王远征、林文良、王晓、王传利、张承宇、张君修、汪静、姚静、邹振明、丘文、黄广来、吴更芳、罗新、魏国良、吴堪锋、范思琪、许苏华、杨亚宏、巧任峰、杨贵武、高龙光、卢光、黄元华、王传利、陈元、林煜山、周逸、卢建川、廖远辛、程仕进、黄桂林、杨斗、张丽、石岩、杨小玉、袁智斌、王强芳、李信巧、潘怜、吴永中、丘春锋.

上海市:王方汉、刘守军、刘祖希.

贵州省:蒋远辉.

河南省:徐献卿、纪保存、王明建、王振宝.

黑龙江省:关春河.

湖北省:汪江松、贺斌、陶楚国、叶国祥.

湖南省:沈文选、萧振纲、阳陵云、鲁年珍、欧阳维诚、贺功保、赵优良.

江苏省:冯仕虎、吕爱生、单墫、陈玉英、徐道.

江西省:熊曾润、曾建国、谢文涛、冯小峰、刘建、邱礼明.

辽宁省:吴远宏、王孝宁、李明、马乾凯.

宁夏回族自治区:苏克义、田彦武.

山西省:王中峰.

陕西省:李护继、马小为.

浙江省:张小明、李世杰、李威.

四川省:张景中.

4.附录第一届～第七届初数会情况汇集(表9):

表 9　历届全国初等数学研究学术交流会情况统计表

届次	时间、地点、承办单位及主要筹办人	代表及论文数	学会领导机构成员
首届	1991 年 8 月 15～18 日 天津师范大学 （《中等数学》杂志社，数学系） 庞宗昱	28 省市区 180 人，440 篇	成立"中国初等数学研究工作协调组". 成员：周春荔、杨世明、庞宗昱、张国旺、杨学枝.
第二届	1993 年 8 月 15～17 日 湖南师范大学 （湖南省数学会初等数学专业委员会） 沈文选	27 省市区 151 人，534 篇	"协调组"成员：周春荔、杨世明、庞宗昱、张国旺、杨学枝、汪江松、沈文选.
第三届	1996 年 8 月 17～20 日 福州市经济技术开发区 （福建省数学会初等数学分会） 杨学枝	29 省市区 130 人，696 篇	"协调组"成员：周春荔、杨世明、庞宗昱、张国旺、杨学枝、汪江松、沈文选、熊曾润、李长明.
第四届	2000 年 8 月 10～13 日 首都师范大学 （数学系，数学教育研究所） 周春荔	26 省市区 160 人，360 篇	"协调组"成员：周春荔、杨世明、庞宗昱、张国旺、杨学枝、汪江松、沈文选、熊曾润、李长明.成立"协调办事组". 成员：吴康、褚小光、徐献卿、王光明、张燕勤、朱元国.
第五届	2003 年 8 月 10～13 日 江西赣南师范学院 （数学系、江西省数学会初等数学委员会） 熊曾润	19 省市区 84 人，158 篇	"协调组"成员：周春荔、杨世明、庞宗昱、张国旺、杨学枝、汪江松、沈文选、熊曾润、李长明. "协调办事组"成员：吴康、褚小光、徐献卿、王光明、张燕勤、万新灿、曾建国.

续表 1

第六届	2006 年 8 月 8～13 日 湖北大学 (《中学数学》编辑部、 宜昌市教研中心) 汪江松	23 省市区 92 人,132 篇	成立"全国初等数学研究会(筹)理事会" 顾问:周春荔、杨世明.理事长:沈文选. 副理事长:杨学枝、吴康、汪江松、王光明、黄邦德(2007 年 11 月 10 日常务理事会上增补曹一鸣、曾建国). 秘书长:吴康(兼). 副秘书长:丁丰朝、江嘉秋、孙文彩、杨志明、黄仁寿、曾建国、李德先.
第七届	2009 年 8 月 7～10 日 深圳学苑宾馆 (深圳邦德文化发展有限公司、 深圳市数学会) 吴康	20 省市区 150 人,162 篇	成立"第二届理事会"顾问:周春荔、杨世明、汪江松、沈文选等. 理事长:杨学枝.副理事长:吴康(常务)王光明、刘培杰等 7 人. 秘书长:孙文彩.副秘书长:江嘉秋(常务).曾建国等 10 人.

2000 年,我们在北京召开"第四届全国初等数学研究学术交流会"的这一年,也正是国际数学联盟(ZMU)确定的"世界数学年".2002 年北京又迎来世界数学大会,要说兆头,这都是好兆头.此前在协调组 1996 后拟定的"关于1996～2000 年中国初等数学研究发展的十点建议"的推动下,全国初数研究事业在各方面都有很大进展,使得我们能从较高的起点进入 21 世纪.这除了学术水平之外,就是我们的学术组织的升格.

下列为合影(图 5、图 6).

图 5　杨世明、杨学枝合影

图 6　颁发首届初全国初等数学研究奖

振兴祖国数学的圆梦之旅
——中国初等数学研究史话

第三届理事会继往开来，
第八届、九届初数会召开，展望未来

第 9 章

在第七届初数会期间召开的第二届理事会正副理事长、正副秘书长会议上，时任副理事长马乾凯先生和副秘书长马小为先生分别表示愿意承当第八、九届初数会，商议分别于 2010 年、2011 年在辽宁省、陕西省召开，这在七届初数会的纪要中已有明确表述："经充分协商，全国第八届、九届、十届初等数学研究学术交流会的承办单位有：第八届（2010 年）由沈阳市科学技术协会、辽宁省数学会、沈阳市数学会、辽宁省初等数学研究会（筹）联合承办；第九届（2011 年）陕西师范大学《中学数学教学参考》杂志社和陕西省初等数学研究会（筹）联合承办；第十届（2012 年）由福建省数学学会初等数学分会和厦门市双十中学联合承办.湛江市数学会和湛江师范学院附中也表达了联合承办的意向."但是，由于马乾凯先生一直到 2010 年 5 月，由于马乾凯先生还迟迟未启动会议的筹备工作，眼看 2010 年会议无法在辽宁省召开了，学会领导杨学枝与吴康两人又多次与陕西省同志协商，希望他们能尽早启动 2011 年第八届初数会的筹备工作，后又因种种原因也未果.在此十分为难境地，杨学枝与吴康紧急磋商决定第八届初数会由福建省数学会初等数学分会承当.紧接着，成立了第八届初数会筹备组，杨学枝任筹备组组长，并紧锣密鼓的展开了会议的筹备工作.

329

§1 第八届会议召开,推选第三届理事会

1.1 筹备工作

　　筹备组召开了三次专题讨论第八届会议事宜的筹备会议.在此期间,2012年2月24~26日在福州市召开了全国初等数学研究会第二届理事会正副理事长、正副秘书长扩大会议,会上深入的讨论了第八届会议事宜(见后面有关通知和纪要).

全国初等数学研究会第八届、福建省第九届中学数学
教育教学及初等数学研究研讨会筹备会首次会议纪要

　　全国初等数学研究会,第八届中学数学教育教学及初等数学研究研讨会筹备会首次会议于 2010 年 9 月 25 日在厦门市双十中学召开,会议由杨学枝老师主持.出席会议的有厦门市双十中学校长陈文强;教务处副主任李海北、数学组组长张瑞炳;福建省初数会副理事长陈智猛;全国初等数学研究秘书长江嘉秋、福州市六中学高善忠、福州市第二十四中学谢沅波.

　　杨学枝先生陈述了全国初等数学研究会第八届中学数学教育教学及初等数学研究研讨会筹备工作事宜,主要就会议的时间、地点、规模、经费收支、邀请的专家、论文征集评选、会议通知方式、筹备组成员、会议主要议程、论文专家评选委员会等事项进行了讨论,陈文强校长答应了杨学枝理事长提出的有关筹备事项,并承诺筹集会议经费,并提出了开好会议的几点要求与建议,会议高效地形成了如下决议:

　　1.会议时间:2012 年 7 月 31 日~8 月 3 日,7 月 31 日报到(一天).

　　2.会议地点:厦门市双十中学.

　　3.拟邀请全国著名学者:张景中院士、林群院士、张英伯教授.

　　拟邀请学会顾问:杨世明先生、周春荔教授、沈文选教授、汪江松教授.

　　以上人员开支由会议承担.

　　4.2010 年 11 月发论文征文通知,2011 年年底截稿.

　　2012 年 1~3 月评选.2012 年 5 月交会议承办方印制成册.

　　5.2012 年 4 月份发会议第一轮通知,收回执单;2012 年 6 月份发会议第二轮通知.

　　6.大会筹备组成员

　　顾　　问:赖菡(厦门市教育局局长)、任勇(厦门市教育局副局长).

　　组　　长:杨学枝.常务副组长:吴康;

副组长：陈文强、陈智猛、孙文彩、江嘉秋；

组　　员：陈木孙、谢沅波、高善忠、李康、蔡芝禾、朱文智、张瑞炳.

7. 拟定了论文评选专家委员会成员：

杨学枝、吴康、刘培杰、曹一鸣、王光明、萧振纲、孙文彩、江嘉秋、张小明、曾建国.

8. 会议规模控制在 180 人以内，承办方应筹集会议资金约 8 万元.

9. 会务费拟定 480 元，住宿费要控制在代表能够报销的范围之内.

福建省数学学会初等数学分会

2010 年 9 月 25 日

为了更好地开展学会工作，研究会决定在福州市召开研究会第二届理事会正副理事长、正副秘书长扩大会议：

全国初等数学研究会（筹）第二届理事会
正副理事长、正副秘书长扩大会议纪要

（2012 年 2 月 24～26 日　福州市）

全国初等数学研究会（筹）第二届理事会正副理事长、正副秘书长扩大会议于 2012 年 2 月 24 日～26 日在福建省福州市召开. 出席会议的共有 28 人.

2 月 25 日上午会议在福州梅峰宾馆隆重开幕.

出席会议的有全国初等数学研究会（筹）（以下简称全国初数会）理事长杨学枝；常务副理事长吴康；副理事长刘培杰；秘书长孙文彩；常务副秘书长江嘉秋、林文良、王中峰；常务理事萧振纲、曾建国；浙江师范大学向阳学院院长沈自飞教授；天津师范大学数学科学学院《中等数学》杂志常务副主编李建泉副教授；深圳市数学会理事长、深圳大学数学与计算机科学学院张文俊教授；曲阜师范大学《中学数学杂志》主编李吉宝教授；台湾奥林匹克文教事业集团总裁蔡坤龙董事长；台湾中华数学协会周稚芬理事长；台湾立人补习班施宪铭主任等.

会议由全国初等数学研究会（筹）理事长杨学枝主持. 主要议程有：

（1）讨论了正式申报中国初等数学研究会的相关事宜.

申报前期初数会（筹）秘书处准备了大量资料，开展了艰苦的工作，并在会上向与会代表做了汇报. 各位代表争先发言、献计献策，一致认为要做两手准备，一方面要充分准备申报材料，大家共同出谋划策力争申报成功，一方面仍要扎实开展好初等数学研究会（筹）的各项工作.

（2）讨论了筹备召开今年 7 月 31 日至 8 月 2 日在厦门召开的全国第八届中学数学教育教学暨初等数学研究学术交流会的相关事宜，为开好这次会议，与会代表提出了许多很好的意见和建议，会议讨论并决定了大会的一些有关事项. 与会代表对此次会议的承办方厦门市双十中学领导、厦门市教育局领导深表感谢.

（3）讨论了全国初等数学研究会会刊《中国初等数学研究》杂志的相关事

331

宜,全国初数会副理事长刘培杰副编审对今后杂志的出版、发展工作提出了建设性的意见.

（4）讨论了全国初等数学研究会网站建设与发展事宜.

代表们建议初数会网站重新建设,加强管理、办出特色.

（5）讨论研究了与台湾数学界开展数学交流事宜.台湾奥林匹克文教事业集团总裁、奥林匹克资优教育基金会蔡坤龙董事长对台湾中学教育的现状做了介绍,并提出了一些建议:两岸中小学可以合作开展一些有益的数学竞赛活动,共同举办两岸中小学夏令营,开展两岸出版物的交流,两岸初等数学界人士互访和进行初数学术交流等.

（6）讨论研究了与深圳市数学会共同开展"启智杯"中小学数学智力竞赛活动问题,深圳市数学会理事长张文俊教授对"启智杯"数学智力竞赛有关情况做了一些介绍,与会代表认为我会可以考虑与其合办"启智杯"数学智力竞赛.

（7）讨论研究了与广州远程教育中心合作事宜.

广州远程教育中心总监陈杰文对"ee 全国中小学数学能力提升网校"做了介绍,广州远程教育中心提出了合作模式,建议成立数字化数学教育专业委员会,学习中心连锁经营,创新数字化模式.副理事长吴康副教授对我会与广州远程教育中心的合作事宜做了说明并提出了一些意见,与会代表发表充分发表了自己的意见、看法,也提出了一些质疑,提出了若干合作的操作模式;与会代表同意与其合作并率先成立数字化数学教育专委会,由数字化数学教育专委会具体负责开展有关合作业务.对于委员会的组成人员有待初数会领导更进一步讨论决定,对合作中的决策性事项有待初数会常务理事会议或正副理事长、秘书长会议讨论决定.与会期间,广州远程教育中心总经理谢巍因飞机延误未能参会,他通过电话表达了合作的诚意.

最后论文评选专家委员会对第五届全国初等数学教育教学及初等数学专题研究学术论文进行了认真仔细的评选,待会后经终审后将予以公布.

与会全体代表完全同意初等数学研究会（筹）第二届理事会正副理事长、正副秘书长扩大会议所做出的有关决定.一致认为中国初等数学研究会第二届理事会（筹）在申报工作、会刊编辑出版工作、论文评选工作等方面做了大量卓有成效的工作,为我会的发展打下了良好的基础,但同时也要看到我会也面临一些困难,为了克服困难,与会代表认为要认清形势、转变观念、扩大研究领域、交流范围与交流途径,积极探索学会新的发展模式,以期达到发展中国初等数学研究事业的目的.

全体代表对福建省数学学会初等数学分会为这次大会所给予的支持以及在会议期间所做的一切工作表示衷心的感谢.

全国初等数学研究会（筹）

2012 年 2 月 26 日

全国初等数学研究会（筹）第八届、福建省第九届中学数学
教育教学及初等数学研究研讨会筹备会第二次会议纪要

全国初等数学研究会（筹）第八届、福建省第九届中学数学教育教学及初等数学研究研讨会筹备会第二次会议于 2012 年 4 月 1 日在厦门市教育局召开，到会的有厦门市教育局任勇副局长；厦门教育科学研究院副院长许宝健、教研员潘振华；厦门市双十中学副校长陈红珍、数学组组长张瑞炳；福建省数学学会初等数学分会理事长杨学枝、秘书长江嘉秋.

会议由厦门市教育局任勇副局长主持. 任勇副局长首先指出，我们要从福建省及厦门市数学教育发展的视野认识本次会议的重要性. 他说既然我们承接了这场全国会议，就要把办会的事情做好，有困难要摆出来，都是可以协商解决的；他还表示说，赖菡局长和他本人都非常关心和支持这次会议，希望厦门教育科学研究院、厦门市双十中学和省初数会要紧密配合、合理规划，不仅要把会议办好，而且要办得有特色. 接着理事长杨学枝陈述了历届全国初等数学研究会（筹）的工作及发展的状况，同时在上次筹备会的基础上，再次把会议的时间、地点、规模、经费收支、邀请的专家、论文汇编、会议通知方式、筹备组成员、会议主要议程等事项和大家进行了更具体的讨论和确定，副院长许宝健代表厦门教育科学研究院苏宜尹院长、厦门市双十中学副校长陈红珍代表陈文强校长做了积极的表态，表示回去后向领导汇报，并且召开专门会议落实这次筹备会议题精神. 经大家协商，形成了如下决议：

4. 会议时间：2012 年 7 月 31 日～8 月 3 日，7 月 31 日报到（一天）.

5. 会议地点：厦门市双十中学.

6. 确定邀请全国著名专家张景中院士、林群院士、张英伯教授、罗增儒教授、任勇教授参加；确定请学会顾问杨世明先生、周春荔教授、沈文选教授、汪江松教授参加会议，以上人员及杨学枝理事长的费用开支由会议承担.

4. 大会论文评选经专家委员会成员杨学枝、吴康、刘培杰等认真评选，已评出一等奖、二等奖、三等奖，论文将于 2012 年 5 月由省初研究会交付会议承办方印制成册.

5. 2012 年 4 月份发会议第一轮通知，收回执单；2012 年 6 月份发会议第二轮通知，通知名单由省初数会提供，有会议举办方负责邮寄.

6. 大会筹备组成员如下：

顾　问：赖　菡（厦门市教育局局长）、任勇（厦门市教育局副局长）.

组　长：杨学枝. 常务副组长：吴康；

副组长：陈文强、陈智猛、孙文彩、江嘉秋；

组　员：陈木孙、谢沅波、高善忠、李康、蔡芝禾、朱文智、张瑞炳.

决定，会议规模控制在 180 人以内，承办方拟筹集会议资金约 8 万元. 与会

人员的会务费定为每人 480 元,住宿费要控制在代表能够报销的范围之内.

厦门市双十中学要详尽考虑尽早做好会议前的各项准备工作以及会议的各项开支预算,确保筹备工作顺利进行,迎接全国初等数学研究会(筹)第八届、福建省第九届中学数学教育教学及初等数学研究研讨会的顺利召开.

全国初等数学研究会
理事长、常务副理事长和秘书长工作会议纪要

2012 年 5 月 6 日广州市

全国初等数学研究会理事长杨学枝、常务副理事长吴康和秘书长孙文彩于 2012 年 5 月 6 日(10∶00～16∶00)在广州市举行了工作会议,主要研究今年 7 月 31 日至 8 月 3 日在厦门召开的全国第八届中学数学教育教学暨初等数学研究学术交流会、福建省第九届中学数学教育教学暨初等数学研究学术交流会事项,并将学会的几项重要工作展开较为深入的讨论,提出了带有指导性的意见,请全体副理事长、副秘书长等审议.

1. 关于特邀参加大会并做大会报告的著名专家.

建议名单:张景中院士、林群院士、单墫教授、罗增儒教授. 我们与四位专家当天联系,他们都欣然接受了邀请.

2. 关于大会主席团.

建议名单:杨学枝、吴康、刘培杰、曹一鸣、王光明、沈自飞、李建泉、萧振纲、龙开奋、孙文彩.

江嘉秋、张小明、任勇(厦门市教育局副局长、中学数学特级教师)、陈文强(厦门市双十中学校长、中学数学高级教师)、陈智猛(厦门教育科学研究院数学教研员、中学数学高级教师、福建省初数会副理事长).

3. 关于会议日程.

建议日程安排:

(1)7 月 31 日 9∶00～22∶00,与会代表报到.

(2)7 月 31 日 19∶30～21∶30,常务理事会议. 主要议程:讨论并通过大会主席团名单;讨论并通过大会日程和议程安排;讨论并通过章程修改方案;讨论第三届理事会机构人选;讨论并通过"初等数学研究突出贡献奖""第四届中青年初等数学研究奖"和"初等数学研究论文奖"人选;商定第九届会议承办单位和承办地点等.

主持人:杨学枝、吴康.

(3)8 月 1 日上午议程:

①8∶00～9∶00,大会开幕式. 主要议程:宣读大会贺词,理事长致辞,厦门市有关领导致辞,厦门市双十中学校长致辞,理事会工作报告,关于申报中国初等数学研究会的报告,会议筹备工作报告.

主持人:吴康.

②9:00～9:30,照集体相.

主持人:江嘉秋、陈文强.

③9:30～12:00,大会学术报告.张景中院士、林群院士、单墫教授、罗增儒教授、任勇特级教师报告(每人30分钟).

主持人:曹一鸣.

(4)8月1日下午议程:

14:30～18:00,大会学术报告.周春荔教授、杨世明特级教师、沈文选教授、汪江松教授、胡炳生教授、熊曾润教授、杨学枝特级教师、吴康副教授、刘培杰副编审、曹一鸣教授、王光明教授、萧振纲教授、龙开奋教授、陈清华教授报告(每人15分钟).

主持人:王光明.

18:00～19:30,会餐.

(5)8月1日晚上议程:

19:30～21:30,数学沙龙.

主持人:孙文彩、张小明、杨德胜、王芝平、卢建川.

(6)8月2日上午议程:

①8:00～10:30,分组论文交流及对学会工作的讨论.

分组:(a)不等式研究组;(b)几何研究组;(c)代数数论组合数学研究组;(d)数学教育教学研究组.

主持人(组长):(a)曹一鸣、孙文彩;(b)萧振纲、曾建国;(c)吴康、李建泉;(d)王光明、沈自飞(每人发言一般不超过10分钟).

②10:30～12:00:大会论文交流(每篇论文5分钟).

主持人:江嘉秋.

(6)8月2日下午议程:

①14:30～16:00,大会论文交流(每篇论文5分钟).

主持人:刘培杰.

② 16:00～17:00,全国初等数学研究会换届选举.选出全国初等数学研究会第三届理事会领导机构.

主持人:杨学枝.

③17:00～18:00,大会闭幕式.主要议程:小组讨论情况汇报;宣布全国初等数学研究会第五届论文评选结果并颁奖;颁发第二届全国"初等数学研究突出贡献奖",颁发全国"中青年初等数学研究会奖"和"初等数学研究论文奖";关于章程修改的说明;宣布全国初等数学研究会第三届理事会领导机构;新一届理事长讲话;宣读会议纪要等.

335

主持人:吴康.

(7)8月2日晚上议程:

①19:00~21:30:数学论坛.

主持人:江嘉秋、王中锋、陈文远、李明、褚小光.

②21:30~23:00,召开新一届正副理事长、正副秘书长、各委员会正副主任、网站正副主管、会刊编委会议.讨论学会及各委员会日后工作,学会申报事宜,会刊和网站工作,会员联络工作等.

主持人:杨学枝、吴康.

(8)8月3日上午日程:8:00~14:00,考察.

组织者:陈智猛、张瑞炳、江嘉秋、张小明.

(9)8月3日下午14:00后代表可以离会.

4.关于研究会章程.

建议对原章程进行必要的修改,修改后的章程另附.

5.关于工作委员会.

在本研究会未获正式审批、登记之前,建议本届理事会设立以下工作委员会:

申报委员会(主任:杨学枝;副主任:孙文彩、江嘉秋).

学术委员会(主任:吴康;副主任:王光明、曾建国).

筹备委员会(主任:沈自飞;副主任:褚小光、林文良).

组织宣传委员会(主任:江嘉秋;副主任:张小明、王钦敏).

教育教学委员会(主任:王光明;副主任:曹一鸣、林文良).

出版委员会(主任:刘培杰;副主任:李吉宝、王中锋).

港澳台和国际交流委员会(主任:曹一鸣;副主任:王钦敏、李明).

竞赛数学委员会(主任:李建泉;副主任:卢建川、杨德胜).

数学文化与数学普及委员会(主任:萧振纲;副主任:王芝平).

对外联络委员会(主任:龙开奋;副主任:陈文远).

6.关于网站建设.

建议网站主管:孙文彩;副主管:江嘉秋、李明、王钦敏、王芝平.

方案一,由北京学而思培训机构出资建设全国初数会网站,建设好后无偿交全国初数研究会使用.

方案二,由福建省初等数学学会出资负责建设全国初数会和福建省初数会网站.

7.关于颁发"初等数学研究突出贡献奖".

建议第二届"初等数学研究突出贡献奖"推荐人选:张景中、单墫、汪江松、熊曾润.当场已与四人通了电话,他们都十分乐意接受此项大奖.

建议详细拟定"初等数学研究突出贡献奖"条件.主要条件为有较大影响的专著和论文,在全国初数界有较高威望,对全国初等数学研究事业做出突出贡献(具体条件另拟).

8.关于评选"中青年初等数学研究奖"和"初等数学研究论文奖".

建议进一步发动中青年数学教师、数学工作者、数学爱好者积极申报上述两个奖项,并认真组织评奖.

建议详细拟定"中青年初等数学研究奖"条件和"初等数学研究论文奖"条件,并尽早予以公布.

9.关于理事、常务理事资格.

建议:凡是参加全国中学数学教育教学暨初等数学研究学术交流会的正式会议代表均可参选理事.常务理事原则上应在上一届理事中推选产生,职称应是中学一级教师或相当于中学一级职称及以上的数学工作者,必须在正式 CN 刊物或在我会会刊上发表过论文,或在省级学会论文评选获一等奖及以上,或经我会论文评选获二等奖及以上.

10.关于今后论文评选工作.

建议论文评选如下进行:有的论文不予接受,若作者已交论文评审费的应予以退还;除上述这种情况外,凡向我会提交并被我会接受的要求参与论文评选的作者都必须提交论文评审费,每篇 50 元(暂定),不论论文是否得奖均不退还评审费.

11.关于《中国初等数学研究》会刊第三届编委会.

建议新一届编委会组成人员如下:

《中国初等数学研究》第三届编辑委员会:

顾　问:(以姓氏笔画为序)张英伯、张景中、李尚志、汪江松、沈文选、杨世明、杨世国、陈传理、林群、欧阳维诚、单墫、胡炳生、周春荔、韩云瑞、熊曾润.

主　任:杨学枝.副主任:吴康、刘培杰.

主　编:杨学枝.副主编:刘培杰、吴康.

编　委(以姓氏笔画为序):

王中峰、王光明、王芝平、王钦敏、叶中豪、石生民、龙开奋、卢建川、刘培杰、孙文彩、师广智、江嘉秋、吴康、沈自飞、林长好、林文良、张小明、张肇炽、李明、李建泉、李吉宝、杨志明、杨学枝、杨德胜、陈清华、陈文远、倪明、曹一鸣、萧振纲、曾建国、褚小光.

编辑部主任:刘培杰(兼).编辑部副主任:江嘉秋.

12.建议增补以下两位副秘书长:

王钦敏(福建教育学院数学科负责人、数学特级教师);褚小光(苏州恒天商贸有限公司,工程师).

全国第八届、福建省第九届初等数学教育教学
暨初等数学研究学术研讨会第三次筹备工作会议纪要

2012年6月4日下午3：30～5：10，在厦门市双十中学会议室召开了全国第八届、福建省第九届数学教育教学暨初等数学研究学术研讨会第三次筹备工作会议，会议参加人员有厦门市双十中学陈文强校长、办公室主任蔡芝禾、教务处主任李海北老师、数学组组长张瑞炳老师、全国初等数学研究会杨学枝理事长、江嘉秋常务副秘书长等．会议对以下问题进行了研究，并做出了决定．

1. 会议报到时间：2012年7月31日全天；报到地点（坐车路线）：近两天内确定；住宿安排指引：由厦门市双十中学制作指引牌；会务费每人480元（在读研究生每人300元），发票由旅行社开出（纳税问题需谈妥）；住宿问题：家属人数要控制，总人数不超过180员；代表报到册由江嘉秋负责制作，并与厦门市双十中学李海北老师联系．

2. 8月1日上午开幕式，地点：近两天内确定；会场布置（横幅内容由江嘉秋提供），由会议举办方邀请厦门市领导．

3. 8月1日上午开幕式主席台就座人员：

张景中院士、林群院士、单墫教授、罗增儒教授、厦门市领导、厦门市教育局领导、厦门市双十中学陈文强校长、杨学枝理事长、吴康常务副理事长、周春荔顾问、杨世明顾问、汪江松顾问、沈文选顾问．

4. 接待组、会务组已组成，主要联系人有：校长助理李康（0592—8869979）、办公室主任蔡芝禾（13600946836，0592—8721036）、李海北（13365905376）、张瑞炳（13959298775）．

5. 8月1日晚餐对有关专家进行招待，参加人员：张景中院士、林群院士、单墫教授、罗增儒教授、杨学枝理事长、吴康常务副理事长、周春荔顾问、杨世明顾问、汪江松顾问、沈文选顾问、副理事长刘培杰（哈尔滨工业大学出版社，副编审）、曹一鸣（北京师范大学，教授）、王光明（天津师范大学，教授）、沈自飞（浙江师范大学，教授）、李建泉（天津师范大学，副教授）、萧振纲（湖南理工学院，教授）、龙开奋（广西师范大学，教授）、孙文彩（广东深圳平冈中学，中学高级教师）、秘书长江嘉秋老师、常务副秘书长张小明教授，共20人，由厦门市双十中学或厦门教育科学研究院负责招待．

6. 到机场接送人员及车辆由厦门市双十中学负责，并派专人和初数会领导人一同去机场迎接张景中院士、林群院士、单墫教授、罗增儒教授、吴康常务副理事长、周春荔顾问、杨世明顾问、汪江松顾问、沈文选顾问，其他副理事长若车辆不冲突也可以去接．

7. 拟定会议报到须知，由江嘉秋和李海北两人负责起草、印制．

8. 代表返程票购买问题，尽量自己解决，或由所住酒店解决，或由票务公司

解决.

9. 由会务组统一安排住宿房间有林群院士、单墫教授等 2 人住五星宾馆每人各一间;周春荔顾问、杨世明顾问、汪江松顾问、沈文选顾问、杨学枝理事长就近安排宾馆,两人一间.费用由会议承办方支付.

10. 8 月 2 日晚上全体与会代表会餐.

会议还研究了其他一些事宜.

2012 年 6 月 4 日

1.2　会议征文通知

全国第八届中学数学教育教学
及初等数学研究研讨会征文通知

全国第八届中学数学教育教学及初等数学研究研讨会由福建省数学学会初等数学分会承办,并委托福建省厦门市双十中学举办,拟于 2012 年 7 月 31 日～8 月 3 日在厦门市举行.有关征文通知如下:

一、会议征集的论文(未经发表)内容

(一)初等数学专题研究的新成果或某一专题研究综述;

(二)中学数学教育教学研究;

(三)竞赛数学研究;

(四)中、高考试题研究及评价;

(五)数学文化.

二、本届会议评奖

(一)会议将评选和颁发第四届"中国中青年初等数学研究奖"(评选获奖者 5 名).申报第四届中国"中青年初等数学研究奖"条件:年龄不超过 45 周岁(第一作者),除提交一篇反映自己所获新成果的论文外,还需附上身份证复印件,并简要介绍自己已发表的初等数学研究方面的主要研究成果及本人简介等;

(二)会议将评选第二届中国"初等数学研究奖"(单指论文);

(三)会议将评选第二届中国"初等数学研究杰出贡献奖".

三、投稿要求

(一)来稿行文格式:

文章标题→作者姓名→作者单位→所在省市→邮政编码→文章摘要(100～200 字)→关键词(3～8 个)→正文→参考文献→作者简介→联系方式.

(二)具体要求:

1. 标题:一般不超过 20 个汉字(副标题除外).

2. 作者姓名、工作单位:按"作者姓名、(另起一行)工作单位全称、所在省城市邮政编码"格式;

3. 摘要：用第三人称写法（不以"本文""作者"等为主语，可用"文章"），一般不超过 200 字；

4. 论文评审费 50 元也可汇至中国农业银行卡号：95599 8006 13464 90313（汇款后请发短信息通知高善忠老师，联系电话：13178118343）；

5. 把作者的详细地址、邮政编码、联系电话（最好是手机号码）、电子邮箱写在文末，以便联系工作.

四、本届会议相关事宜

（一）优秀论文将安排在全国初等数学研究会会刊《中国初等数学研究》杂志上发表；

（二）会议详情与信息请关注全国初等数学研究会网站：http://www.cd-math.org

（三）向大会提交论文的最后期限是 2011 年 12 月 31 日（以当地邮戳或电子邮件发送时间为准）.

全国初等数学研究会

2010 年 11 月

1.3 全国第八届、福建省第九届中学数学 教育教学及初等数学研究研讨会在厦门召开

会议报到须知

一、报到时间：2012 年 7 月 31 日，全天报到.

二、报到地点：厦门市滕华酒店. 会务组在大厅设有接待组，先在会务组报到，交纳会务费 480 元/人，领取会务资料、领取餐票、领取论文集，进行住宿登记.

三、在学全日制研究生交会务费 300 元/人，与会代表随行家属每人交 300 元伙食费，住宿费自理.

四、用餐：早餐酒店用餐，午餐、晚餐在厦门市双十中学食堂用餐

五、会议作息时间与会议日程请参看（表 1）.

表 1　作息时间表

活动项目	时间范围
起床	6：30～7：00
早餐	7：20～7：50
会议	8：00～12：00
午餐	12：00～12：30
午休	12：30～14：30
会议	14：30～18：00
晚餐	18：30～19：00
交流	19：30～21：30
就寝	22：30

会议日程安排

(1)7 月 31 日 9：00～22：00：

与会代表报到.

(2)7 月 31 日 19：30～21：30：

常务理事会议.主要议程:讨论并通过大会主席团名单;讨论并通过大会日程和议程安排;讨论并通过章程修改方案;讨论第三届理事会机构推荐人选;讨论并通过"初等数学研究突出贡献奖""第四届中青年初等数学研究奖"和"初等数学研究论文奖"人选;商定第九届会议承办单位和承办地点等.

主持人:杨学枝、吴康.

(3)8 月 1 日上午议程:

①8：00～9：00,大会开幕式.

主要议程:宣读大会贺词、理事长致开幕词、厦门市有关领导致辞、厦门市双十中学校长致辞、理事会工作报告、关于申报中国初等数学研究会的报告、本次会议筹备工作报告.

主持人:吴康.

②9：00～9：30,照集体相.

主持人:江嘉秋、陈文强.

③9：30～12：00,大会学术报告.

张景中院士、林群院士、单墫教授、罗增儒教授、任勇特级教师报告(每人30 分钟).

主持人:曹一鸣.

(4)8 月 1 日下午议程:

14：30～18：00,大会学术报告.

周春荔教授、杨世明特级教师、沈文选教授、汪江松教授、胡炳生教授、熊曾润教授、杨学枝特级教师、吴康副教授、刘培杰副编审、曹一鸣教授、王光明教授、萧振纲教授、龙开奋教授、陈清华教授报告(每人 15 分钟).

主持人:刘培杰.

18:00～19:30,会餐.

(5)8月1日晚上议程:

19:30～21:30,数学沙龙.

主持人:孙文彩、张小明、杨德胜、王芝平、卢建川.

(6)8月2日上午议程:

①8:00～10:30,分组论文交流及对学会工作的讨论.

分组:(a)不等式研究组;(b)几何研究组;(c)代数数论组合数学研究组;(d)数学教育教学研究组.

主持人(组长):(a)曹一鸣、孙文彩;(b)萧振纲、曾建国;(c)吴康、李建泉;(d)王光明、沈自飞(每人发言一般不超过10分钟).

②10:30～12:00:大会论文交流(每篇论文5分钟).

主持人:江嘉秋.

(6)8月2日下午议程:

①14:30～16:00,大会论文交流(每篇论文5分钟).

主持人:刘培杰.

②16:00～17:00,全国初等数学研究会换届选举.

选出全国初等数学研究会第三届理事会领导机构.

主持人:杨学枝.

③17:00～18:00,大会闭幕式.

主要议程:小组讨论情况汇报;宣布全国初等数学研究会第五届论文评选结果并颁奖;;颁发第二届全国"初等数学研究突出贡献奖",颁发全国"中青年初等数学研究会奖"和"初等数学研究论文奖";关于章程修改的说明;宣布全国初等数学研究会第三届理事会领导机构;新一届理事长讲话;宣读会议纪要等.

主持人:吴康.

(7)8月2日晚上议程:

①19:00～21:30:数学论坛.

主持人:江嘉秋、王中锋、陈文远、李明、褚小光.

②21:30～23:00,召开新一届正副理事长、正副秘书长、各委员会正副主任、网站正副主管、会刊编委会议.讨论学会及各委员会日后工作、学会申报事宜、会刊和网站工作、会员联络工作等.

主持人:杨学枝、吴康.

(8)8月3日上午日程:8:00～14:00,考察.

组织者:陈智猛、张瑞炳、江嘉秋、张小明.

(9)8月3日下午14:00后代表可以离会.

振兴祖国数学的圆梦之旅
——中国初等数学研究史话

全国第八届福建省第九届初等数学研究暨中学数学教育教学学术交流会大会主席团名单

杨学枝	吴　康	任　勇	陈文强
刘培杰	曹一鸣	王光明	沈自飞
李建泉	萧振纲	孙文彩	龙开奋
江嘉秋	张小明	陈智猛	

注：任勇（厦门市教育局副局长、中学数学特级教师）；

陈文强（厦门市双十中学校长、中学数学高级教师）；

陈智猛（厦门教育科学研究院数学教研员、中学数学高级教师、福建省初数会副理事长）.

2012年7月31日晚常务理事扩大会议议程

主持人：杨学枝理事长.

一、通过主席团名单

杨学枝（特级教师、学会理事长）、吴康（华南师大副教授、学会常务副理事长）、刘培杰（哈尔滨工业大学出版社副编审、学会副理事长）、曹一鸣（北京师范大学教授、学会副理事长）、王光明（天津师范大学教授、学会副理事长）、沈自飞（浙江师范大学教授、学会常务理事）、李建泉（天津师范大学教授）、萧振纲（湖南师范大学教授、学会常务理事）、龙开奋（广西师范大学教授、学会常务理事）、孙文彩（高级教师、学会秘书长）、江嘉秋（高级教师、学会副秘书长）、张小明（海宁电大教授）、任勇（厦门市教育局副局长、中学数学特级教师）、陈文强（厦门市双十中学校长、中学数学高级教师）、陈智猛（厦门教育科学研究院数学教研员、中学数学高级教师、福建省初数会副理事长）.

二、通过大会议程

(1)7月31日9：00～22：00：

与会代表报到.

(2)7月31日19：30～21：30：

常务理事会议.主要议程：讨论并通过大会主席团名单；讨论并通过大会日程和议程安排；讨论并通过章程修改方案；讨论第三届理事会机构推荐人选；讨论并通过"初等数学研究突出贡献奖""第四届中青年初等数学研究奖"和"初等

343

数学研究论文奖"人选;商定第九届会议承办单位和承办地点等.

主持人:杨学枝、吴康.

(3)8月1日上午议程:

①8:00~9:00,大会开幕式.

主要议程:宣读大会贺词、理事长致开幕词、厦门市有关领导致辞、厦门市双十中学校长致辞、理事会工作报告、关于申报中国初等数学研究会的报告、本次会议筹备工作报告.

主持人:吴康.

②9:00~9:30,照集体相.

主持人:江嘉秋、陈文强.

③9:30~12:00,大会学术报告.

张景中院士、林群院士、单墫教授、罗增儒教授、任勇特级教师报告(每人30分钟).

主持人:曹一鸣.

(4)8月1日下午议程:

14:30~18:00,大会学术报告.

周春荔教授、杨世明特级教师、沈文选教授、汪江松教授、胡炳生教授、熊曾润教授、杨学枝特级教师、吴康副教授、刘培杰副编审、曹一鸣教授、王光明教授、萧振纲教授、龙开奋教授、陈清华教授报告(每人15分钟).

主持人:刘培杰.

18:00~19:30,会餐.

(5)8月1日晚上议程:

19:30~21:30,数学沙龙.

主持人:孙文彩、张小明、杨德胜、王芝平、卢建川.

(6)8月2日上午议程:

①8:00~10:30,分组论文交流及对学会工作的讨论.

分组:(a)不等式研究组;(b)几何研究组;(c)代数数论组合数学研究组;(d)数学教育教学研究组.

主持人(组长):(a)曹一鸣、孙文彩;(b)萧振纲、曾建国;(c)吴康、李建泉;(d)王光明、沈自飞(每人发言一般不超过10分钟).

②10:30~12:00:大会论文交流(每篇论文5分钟).

主持人:江嘉秋.

(6)8月2日下午议程:

①14:30~16:00,大会论文交流(每篇论文5分钟).

主持人:刘培杰.

②16:00~17:00,全国初等数学研究会换届选举.

选出全国初等数学研究会第三届理事会领导机构.

主持人：杨学枝.

③17：00～18：00，大会闭幕式.

主要议程：小组讨论情况汇报；宣布全国初等数学研究会第五届论文评选结果并颁奖；；颁发第二届全国"初等数学研究突出贡献奖"，颁发全国第三届"中青年初等数学研究会奖"和第二届"初等数学研究论文奖"；关于章程修改的说明；宣布全国初等数学研究会第三届理事会领导机构；新一届理事长讲话；宣读会议纪要等.

主持人：吴康.

(7)8月2日晚上议程：

① 19：00～21：30：数学论坛.

主持人：江嘉秋、王中锋、陈文远、李明、褚小光.

② 21：30～23：00，召开新一届正副理事长、正副秘书长、各委员会正副主任、网站正副主管、会刊编委会议.讨论学会及各委员会日后工作，学会申报事宜，会刊和网站工作，会员联络工作等.

主持人：杨学枝、吴康.

(8)8月3日上午日程：8：00～14：00，考察.

组织者：陈智猛、张瑞炳、江嘉秋、张小明.

(9)8月3日下午14：00后代表可以离会.

三、通过大会论文获奖名单（江嘉秋）

四、通过"三奖"推荐名单（吴康）

1. 第二届"初等数学研究突出贡献奖"推荐人选：张景中、单墫、汪江松、熊曾润；

2. 第四届"中青年初等数学研究奖"推荐人选；

3. 首届"初等数学研究论文奖"推荐人选.

五、讨论并通过"三奖"评选条件

1.申报"初等数学研究突出贡献奖"条件.

(1)在全国初数界有较高威望，对全国初等数学研究事业做出突出贡献；

(2)其论文或专著在国内有较大影响；

(3)人品高尚，是初数工作者和爱好者的楷模.

2.申报"中青年初等数学研究奖"条件.

(1)年龄在45周岁及以下；

(2)在省内外初数界有一定影响（提供相关材料和复印件）；

(3)初等数学研究成绩显著（提供复印材料），在正式刊物上发表过一定数量，有价值、有影响的初等数学研究论文（提供目录和复印材料）；

(4)在某一个领域或专题有创新（提供复印材料）；

(5)政治条件合格；

(6)中级以上职称（职称复印件）；

345

(7)提供一份详细的个人简介；

(8)提供身份证复印件.

3.申报"初等数学研究论文奖"条件：

(1)初等数学研究成绩显著(提供复印材料)；

(2)提供有高质量的初等数学研究论文(至少一篇)；

(3)在正式刊物上发表过一定数量,有价值、有影响的初等数学研究论文
(提供目录)；

(4)提供一份详细的个人简介；

(5)提供身份证复印件.

六、讨论并通过学会第二届理事会工作报告(孙文彩)

七、通报学会第二届理事会财物收支情况(江嘉秋)

八、关于理事、常务理事资格的意见

凡是参加全国中学数学教育教学暨初等数学研究学术交流会的正式会议
代表均可参选理事.常务理事原则上应在上一届理事中推选产生,职称应是中
学一级教师或相当于中学一级职称及以上的数学工作者,必须在正式 CN 刊物
或在我会会刊上发表过论文,或在省级学会论文评选获一等奖及以上,或经我
会论文评选获二等奖及以上.

九、关于今后论文评选工作

论文评选按如下进行:有的论文不予接受,若作者已交论文评审费的应予
以退还；除上述这种情况外,凡向我会提交并被我会接受的要求参与论文评选
的作者都必须提交论文评审费,每篇 50 元(暂定),不论论文是否得奖均不退还
评审费.

十、讨论关于第三届理事会机构推荐人选的建议案(吴康)

顾问：(以姓氏笔画为序)

张英伯、张景中、李尚志、杨世明、汪江松、沈文选、单墫、周春荔、林群、罗增儒.

理事长：杨学枝(全国初等数学研究会第二届理事会理事长、福建省初数会
理事长、中国不等式研究会顾问、中学特级教师,13609557381).

常务副理事长：吴康(全国初等数学研究会第二届理事会常务副理事长、华
南师范大学,副教授,13502416979).

副理事长：

刘培杰(全国初等数学研究会第二届理事会副理事长、哈尔滨工业大学出
版社,副编审,13904613167).

曹一鸣(全国初等数学研究会第二届理事会副理事长、北京师范大学,教
授,13522182478).

王光明(全国初等数学研究会第二届理事会副理事长、天津师范大学,教
授,13132211959).

杨世国(全国初等数学研究会第一届理事会副理事长、安徽师范学副校长,

教授,13856900919).

沈自飞(全国初等数学研究会第二届理事会常务理事、浙江师范大学,,教授,13957998969).

李建泉(全国初等数学研究会第二届理事会常务理事、天津师范大学,副教授,13512086963).

萧振纲(全国初等数学研究会第二届理事会副秘书长、湖南理工学院,教授,13507301348).

龙开奋(全国初等数学研究会第二届理事会常务理事、广西师范大学,教授,18978329019).

孙文彩(全国初等数学研究会第二届理事会秘书长、广东深圳平冈中学,中学高级教师,13715373918).

秘书长:江嘉秋(全国初等数学研究会第二届理事会常务副秘书长、福建福州教育学院,中学高级教师,13705936996).

常务副秘书长:张小明(浙江海宁电视大学,教授,13600566554).

副秘书长(按姓氏笔画排序):

王中峰(全国初等数学研究会第二届理事会副秘书长、山西《新作文》杂志社有限责任公司,副编审,13935109975).

王芝平(全国初等数学研究会第二届理事会常务理事、北京宏志中学,中学高级教师,13661070598).

王钦敏(福建教育学院,特级教师,13605950058).

卢建川(广州大学,副教授,13556048886).

李明(全国初等数学研究会第二届理事会常务理事、中国医科大学,讲师,18900910786).

李吉宝(曲阜师范大学《中学数学杂志》主编,编审,15005375646).

林文良(全国初等数学研究会第二届理事会常务理事、广东湛江师范学院附中,中学特级教师,13702881360).

陈文远(全国初等数学研究会第二届理事会常务理事、新疆教育科学研究所,中学特级教师,13999197875).

杨德胜(上海向明中学、中学特级教师,13817655103).

曾建国(全国初等数学研究会第二届理事会副秘书长、赣南师范学院,教授,13907977521).

褚小光(全国初等数学研究会第二届理事会常务理事、苏州,数学爱好者,13814895399).

十一、商议全国第九届初数会承办单位

十二、关于申报"中国初等数学研究会"申报工作情况的汇报(孙文彩)

十三、关于章程修改的说明(孙文彩)

十四、推荐常务理事

十五、会刊、网站工作

2012 年 7 月 31 日晚常务理事扩大会议纪要

2012 年 7 月 31 日晚,在厦门市双十中学召开了全国初等数学研究会常务理事扩大会议,共有 18 位常务理事参加了本次会议,杨学枝理事长和吴康常务副理事长主持会议.

一、通过第八届初等数学研究学术交流会主席团名单

杨学枝(特级教师、学会理事长)、吴康(华南师范大学副教授、学会常务副理事长)、刘培杰(哈尔滨工业大学出版社副编审、学会副理事长)、曹一鸣(北京师范大学教授、学会副理事长)、杨世国(合肥师范学院副院长、教授)、沈自飞(浙江师范大学教授、学会常务理事)、龙开奋(广西师范大学教授、学会常务理事)、孙文彩(高级教师、学会秘书长)、江嘉秋(高级教师、学会副秘书长)、张小明(海宁电大教授)、任勇(厦门市教育局副局长、中学数学特级教师)、陈文强(厦门市双十中学校长、中学数学高级教师)、陈智猛(厦门教育科学研究院数学教研员、中学数学高级教师、福建省初数会副理事长).

二、通过第八届初等数学研究学术交流会议程

三、讨论并通过学会章程修改方案

四、讨论学会第三届理事会机构推荐人选

顾问:(以姓氏笔画为序)

张英伯、张景中、李尚志、杨世明、汪江松、沈文选、单墫、周春荔、林群、罗增儒.

理事长:杨学枝(全国初等数学研究会第二届理事会理事长、福建省初数会理事长、中国不等式研究会顾问、中学特级教师,13609557381)

常务副理事长:吴康(全国初等数学研究会第二届理事会常务副理事长、华南师范大学、副教授,13502416979).

副理事长:

刘培杰(全国初等数学研究会第二届理事会副理事长、哈尔滨工业大学出版社,副编审,13904613167).

曹一鸣(全国初等数学研究会第二届理事会副理事长、北京师范大学,教授,13522182478).

王光明(全国初等数学研究会第二届理事会副理事长、天津师范大学,教授,13132211959).

杨世国(全国初等数学研究会第二届理事会副理事长、合肥师范学院副院长,教授).

沈自飞(全国初等数学研究会第二届理事会常务理事、浙江师范大学,,教授,13957998969).

李建泉(全国初等数学研究会第二届理事会常务理事、天津师范大学,副教授,13512086963).

萧振纲(全国初等数学研究会第二届理事会副秘书长、湖南理工学院,教

授,13507301348).

龙开奋(全国初等数学研究会第二届理事会常务理事、广西师范大学,教授,18978329019).

孙文彩(全国初等数学研究会第二届理事会秘书长、广东深圳平冈中学,中学高级教师,13715373918).

秘书长:江嘉秋(全国初等数学研究会第二届理事会常务副秘书长、福建福州教育学院、中学高级教师,13705936996).

常务副秘书长:张小明(浙江海宁电视大学,教授,13600566554).

副秘书长(按姓氏笔画排序):

王中峰(全国初等数学研究会第二届理事会副秘书长、山西《新作文》杂志社有限责任公司,副编审,13935109975).

王芝平(全国初等数学研究会第二届理事会常务理事、北京宏志中学,中学高级教师,13661070598).

王钦敏(福建教育学院,特级教师,13605950058).

卢建川(广州大学,副教授,13556048886).

李明(全国初等数学研究会第二届理事会常务理事、中国医科大学,讲师,18900910786).

李吉宝(曲阜师范大学《中学数学杂志》主编,编审,15005375646).

林文良(全国初等数学研究会第二届理事会常务理事、广东湛江师范学院附中,中学特级教师,13702881360).

陈文远(全国初等数学研究会第二届理事会常务理事、新疆教育科学研究所,中学特级教师,13999197875).

杨德胜(上海向明中学,中学特级教师,13817655103).

曾建国(全国初等数学研究会第二届理事会副秘书长、赣南师范学院,教授,13907977521).

褚小光(全国初等数学研究会第二届理事会常务理事、苏州,数学爱好者,13814895399).

五、讨论并通过第二届"初等数学研究突出贡献奖"

张景中、单墫、汪江松、熊曾润;"第四届中青年初等数学研究奖":黄元华、邹守文;首届"初等数学研究论文奖":孙世宝、苏克义.

六、商定第九届学术交流会承办单位和承办地点

安徽合肥师院、江苏省苏州市都有意承办

七、商定了学会向国家民政局正式申报有关事宜

全国第八届、福建省第九届初等数学研究暨中学数学教育教学学术交流会开幕词

全国初等数学研究会第二届理事会理事长 杨学枝

尊敬的各位领导、各位来宾、各位代表：

全国第八届、福建省第九届初等数学研究暨数学教育教学学术交流会今天在美丽的海滨城市——厦门经济特区召开了.这是我国初数界的又一盛事,来自全国各省市、自治区师范院校教师、中小学数学教师、数学教研员、初数爱好者的代表欢聚一堂,共同交流数学教育教学经验及初等数学研究的成果,探讨我国数学教育教学改革和初等数学研究工作,为促进我国初数事业的发展出谋划策,共展宏图.

为聚集我国初等数学研究力量,有序的开展初等数学研究工作,更快更好地促进我国初等数学研究事业的发展,赶超国际初等数学研究水平,20世纪80年代末,由周春荔(首都师范大学)、杨世明(天津市宝坻)、庞宗昱(天津师范大学)、张国旺(河南教育出版社)、杨学枝(福建省福州市)等五位开展了艰辛的筹备工作,于1991年在天津师范大学召开了首届全国初等数学研究学术交流会,并在会议期间成立了由上述五位成员组成的全国初等数学研究工作协调组.从此我国初等数学研究进入了一个历史发展的新时期,全国初等数学研究活动生机勃勃;初数研究成果层出不穷;湖南省、福建省、江西省、贵州省、山东省等全国有关省市相继正式成立了初等数学研究组织,并召开了初等数学研究学术交流会;我国至今已召开了八届初等数学研究学术交流会,学术论文的质量一年比一年提高;全国多数中数刊物都开辟了初数研究专栏,初等数学研究专著不断涌现.总之,全国初等数学研究事业走上了健康快速发展的轨道,我国初数研究的一些成果已赶上或超过了国际研究水平.但同时我们也要看到,我国初数研究事业在各地区的发展还很不平衡,在初数某些领域的研究与世界相比还存在着差距.我国初数研究事业还受到各种阻力和制约,如初数研究组织的正式审批极为艰难,从而也制约了初数研究事业的发展.尽管初数研究工作十分艰辛,即便初数研究事业发展十分曲折,但我们依然坚信,初数研究事业具有强大的生命力,它的发展壮大是任何力量都无法阻挡的!因为有全国广大初数研究工作者、爱好者坚定不移的大力支持和积极参与,我们的队伍一天比一天壮大.我相信,总有一天,我们总会有一个自己的"家":——全国初等数学研究会.全国初数会及初数研究事业一定会如日中天,走在世界的最前列!

350

本届大会我们十分高兴地请到了单墫教授、任勇特级教师等一批我国著名的数学教育家、初数研究专家到会做报告,他们的报告将使我们受益匪浅;与会期间代表们相聚老朋友、结识新朋友,相互交流自己的数学教育教学经验和初等数学研究成果、心得体会,取长补短,增进友谊;会议期间还将举办形式多样内容丰富的数学沙龙和数学论坛,大家畅所欲言、各抒己见、百花齐放、百家争鸣、增长见识;我们还要进行全国初数研究会的换届选举工作,选出全国初等数学研究会第三届理事会,进一步团结带领全国初数工作者、爱好者开拓进取,为我国的初数研究事业做出更大的贡献!

本届大会得到了厦门市教育局领导、厦门市教育科学研究院和厦门市双十中学领导的热情支持和帮助.厦门市双十中学为大会的顺利召开做了大量艰苦而细致的工作,在人力、物力、财力方面给予了极大的支持和帮助,在此请允许我代表全国初数会、福建省初数会以及全体与会代表向他们表示最崇高的敬意和最衷心的感谢!

最后,预祝大会圆满成功!祝与会各位领导、各位来宾、各位代表身体健康!工作顺利!龙年大吉!

2012 年 8 月 1 日

全国初等数学研究会第二届理事会工作报告

秘书长 孙文彩

各位代表:

现在我受全国初等数学研究会第二届理事会的委托,向大会做第二届理事会的工作报告,请各位代表审议.

三年来,我们研究会主要做了以下工作:

(一)学会工作

1. 积极开展初等数学学术研究与学术交流.

学术活动是学会最基本的活动. 三年来,我们坚持"百花齐放、百家争鸣"的方针,坚持学术民主和自由,努力营造一种宽松、宽容、宽厚的学术氛围,增强创新意识,提高学会会员的创新能力,组织学术研究小组或学术研究团队大力从事学术研究. 三年来在初等数学理论前沿问题和实践前沿问题等方向上取得了许多优秀的科研成果. 2009 年在全国第七届初等数学研究学术交流会上(深圳市),杨学枝老师提出了 22 道不等式猜想,在国内引起一阵研究热潮;著名的不等式研究专家杨必成教授组织一个学术研究团队,长期致力于希尔伯特型不等式的研究,发表论文 160 多篇,其中有近 30 篇被 SCI 收录;2010 年以石焕南教授为主体,李大茅、何灯、李明、杨志明、孙世宝等参与的一个以均值不等式测量为方向的研究小组,近几年来,已获得许多有价值的研究成果;会员们积极开展学术探讨与交流,利用网站交流、利用 QQ 群网络系统开展交流,一大批专家学者融入其中,许多年青数学工作者也加入其中,学术交流活动开展得有声有色、如火如茶,精彩感人.

2. 积极进行学术成果交流,出版与评定.

为了充分调动我会会员从事初等数学研究学术研究的积极性、主动性和创造性,繁荣我国初等数学研究事业,提升学术活动质量,促进学术成果转化,更好地为中国经济建设服务与中国教育教学事业发展服务. 本次学术交流会评定学术成果(论文)120 多篇,近三年来,出版了四期《中国初等数学研究》会刊,出版了大量初等数学研究或与之有关的学术专著

《不等式研究》(第二辑)	杨学枝
《数学奥林匹克不等式研究》	杨学枝
《初等数学研究》(上中下)	甘志国
《初等不等式的证明方法》	韩京俊

《绝对值方程——折边与组合图形的解析研究》	林世保　杨世明
《数阵及其应用》	杨世明、王雪芹
《解析不等式新论》	张小明
《受控理论与解析不等式》	石焕南

在这里我们特别要感谢哈尔滨工业大学出版社刘培杰数学工作室对初等数学研究事业的大力支持!

3. 完善学会的组织建设与管理工作.

自 2009 年成立以来,按照章程,学会多次召开理事会工作会议,2012 年 3 月福州市正副理事长正副秘书长扩大会议;2012 年 5 月广州市理事长、常务理事长、秘书长的工作会议;2010 年 9 月和 2012 年 4 月与厦门市承办全国第八届初数会的负责人召开了筹备会议. 商讨学会工作.

积极完善学会的组织建设,完善常务理事档案登记管理. 近三年来,常务理事已发展到 115 名,理事 226 人,初等数学研究会网上会员发展到千余人.

4. 大力加强学会宣传工作.

(1)充分利用网络平台进行学会宣传,开展网站联合机制,目前与我会网站合作的有 30 多个.

(2)充分利用媒体 QQ 群网络进行交流. 目前在群会员数量达 200 多人.

5. 积极进行正式学会的申报、材料准备.

三年来,我们按照中国科协主管单位与中国民政部关于社会性学术团体管理办法的要求系统的进行了申报前的材料准备工作,形成了长达 17 万字的学会申请筹备材料.

(二)我们面临的困难

1. 学会没有任何收入,经费十分困难.

2.《中国初等数学研究》以书代刊的学会杂志处境艰难,第一期是接受北京市赵胤老师一万元的资助与部分会员的资助,得以出版;第二期是利用第七届初等数学学术交流会务费得以出版;第三期是哈尔滨工业大学出版社赞助出版;第四期主要靠作者购书以及出版社支持维持出版费用,以后各期出版费用将如何筹集? 请大家想想办法.

3. 全国初等数学研究会网站,由于经费的原因一直是会员义务维护. 由于诸多原因造成网站外表美观程度欠佳,在网络媒体极其发达的今天,网站需要改进改观.

4. 20 年多年,我们学会一直是末给予登记的民间学术团体. 从 2010 年起,我们将申报之事提到日程,先按照中国科协主管单位与中国民政部关于社会性学术团体管理办法与要求,逐步完善资料,整理学会以自 1991 年以来所有学术活动资料,目前已形成了完整的资料文件. 在各位的共同努力与支持下,2012

年5月正式向中国科协提交了申请材料,并与中国科协学术学会管理处取得了联系,但前景堪忧,同时申报经费严重缺乏,难以找到申报的途径.

(三)学会今后的工作思路

1.完善学会组织管理一切按中国科协社会团体管理细则与中国民政部关于社会学术团体的管理要求,尽可能健全学会管理制度.例如,学会秘书处日常管理工作、学会会员申请登记制度、学会理事档案资料管理(简历)、学会财务制度、学会常务理会会议制度等.

2.继续加强学会学术研究与交流.学术研究是本学会成立的立会之本,特别是课题的选择.大力提倡合作交流与团队研究,努力作出世界性、独创性的前沿研究成果.

3.加强学会的宣传管理工作,完善学会网站管理工作与学会 QQ 群交流管理工作.充分利用网络平台,加强学会学术交流、扩大学会会员队伍与学会理事队伍,特别是引进大量热爱初等数学研究与教育教学研究的大学教授、副教授、讲师、博士、中学特级教师、骨干教师、学科带头人、名师等加入我们学会,将学会建设成全国范围内人才济济的初等数学研究与教育教学研究的人才宝库,为中国初等数学研究事业与中国数学教育事业的发展做出贡献.

4.继续致力于学会的正式申报工作.

5.努力办好会刊《中国初等数学研究》,力争办下去.

厦门是一座风景秀丽的海中城,在这时,屿环水绕、沙滩广阔、阳光明媚、青山绿水,我们相聚在这里,祝大家会议愉快,祝大会完满成功!

谢谢大家!

(福建省厦门市,2012 年 8 月 1 日在全国第八届初等数学研究会上)

团结一致、开拓进取、推进初数事业的发展

全国初等数学研究会第三届理事会理事长　　杨学枝

尊敬的各位代表、各位来宾、各位同仁：

全国第八届、福建省第九届初等数学研究暨中学数学教育教学学术交流会，在与会代表的共同努力下，圆满地完成了各项会议议程，即将落下帷幕。厦门市教育局领导、厦门市教育科学研究院领导在开幕式上到会致词表示祝贺。在大会筹备及会议期间，厦门市教育局领导、厦门市教育科学研究院领导、厦门市双十中学领导给予了大力支持和帮助。厦门市双十中学为大会的顺利召开做了大量艰苦、细致的工作，并大力资助、支持这次会议，在此，请允许我代表全体与会代表向他们表示诚挚的敬意和衷心的感谢！

这次会议由来自全国21个省市的153名代表参加，收到151篇会议论文。其中133篇参加大会论文交流，126篇入选大会论文集。经过专家评选，获得一等奖的有21篇，二等奖的有51篇，三等奖的有54篇。

在这次会议上，我们有幸聆听了张景中院士、单墫教授、罗增儒教授所做的精彩的学术报告，使代表们受益匪浅。大会还听取了周春荔教授、杨世明特级教师、汪江松教授、胡炳生教授、杨学枝特级教师、吴康副教授、刘培杰副编审、曹一鸣教授、杨世国教授、龙开奋教授、陈清华教授、褚小光工程师等十二位初数研究专家的学术报告，他们从不同侧面阐述了我国初等数学研究及中学数学教育教学的情况和自身研究成果，给代表们以很大的启发和帮助。会议期间，代表们还广泛交流了初数研究的成果及初等数学教育教学方面的经验与体会。大家畅所欲言、各抒己见，交流自身的研究成果和教学经验，既相互学习，取长补短，又广交朋友，增进友谊。代表们一致认为，这次初数研究学术交流会给他们带来了生活上的温馨、情感上的交流、精神上的鼓舞、业务上的收益，这是一次极其难忘的历程。

在这次交流会上，经全国初等数学研究会第二届理事会常务理事会议讨论决定授予张景中院士、单墫教授、汪江松教授、熊曾润教授等四位同志为第二届"初等数学研究突出贡献奖"；本届会议还授予邹守义、黄元华两位中青年数学教师为第四届"中国中青年数学研究奖"，授予孙世宝、苏克义两位数学教师的论文为"初等数学研究论文奖"。本届会议还对大会获奖的论文的作者进行了表彰(见全国初等数学研究会文件《2012年第八届全国初等数学研究学术交流会论文评选结果公布》)。我们对以上受表彰的同志表示热烈的祝贺。

会议期间还进行了理事会换届选举,代表们通过充分酝酿,选举产生了全国初等数学研究会第三届理事会.在此,请允许我代表新一届理事会对上一届理事会各位常务理事、理事为学会所做出的卓有成效的工作和贡献,表示深切的敬意和衷心的感谢!

我国初等数学研究自 1991 年 8 月在天津师范大学召开全国首届初等数学研究学术交流会以来,已历经 21 年,全国初等数学研究事业出现了新的发展局面.至今相继召开了八届全国初等数学研究暨中学数学教育教学学术交流会,已有多个省市相继正式登记成立了初数会,初等数学研究队伍日益壮大,初等数学研究成果大量涌现.尤其是筹建成立了全国初等数学研究会后,我国的初等数学研究活动有序的展开,初等数学研究事业更上了一层楼.第一、二届理事会为全国初数研究工作打下了良好的基础,第三届理事会任重而道远,面临着新的挑战,我们必须齐心协力,发扬优良传统,开拓创新,努力进取,进一步推进我国初等数学研究事业向前发展!

在当前以及日后,我们要着力做好以下几个方面的主要工作:

1. 要努力做好学会自身建设.在今后一段时间内,一方面我们要力争有更多省、市、自治区成立初等数学研究会,成为各省、市、自治区初等数学学会(研究会)或各级数学学会下的二级学会或其委员会;另一方面,正式申报全国初等数学研究会的工作仍不能放松,困难再大,也要积极创造条件,向国家民政部申报以获得正式注册登记,使得全国初等数学研究会有个正式名分,使广大初数工作者、爱好者有个安逸而又温馨的"家".

2. 要继续努力办好学会杂志(会刊).陈省身大师早在 1995 年 5 月 20 日就亲笔为未来初数杂志的封面题词:"中国初等数学研究",但由于种种原因,这本杂志至今还未诞生.2009 年 4 月由哈尔滨工业大学出版社刘培杰数学工作室为我会正式出版了《中国初等数学研究》(以书代刊),至今已出版四期.回顾这四期的编辑出版过程,我们感到既欣慰又为难,令我们欣慰的是,有广大初数工作者、爱好者对会刊的关心和支持,积极为会刊供稿、努力宣传会刊.我们的编委会成员不计报酬、无私奉献,为会刊审稿,哈尔滨工业大学出版社刘培杰数学工作室为会刊的出版发行工作给予了大力支持.但令我们为难的是,由于会刊不是正式发行的杂志,使得不论是征稿工作、编辑工作还是发行工作都使我们揪心,工作极其艰难,特别在编辑出版会刊的经费上更是困难重重.我们恳切希望与会代表并通过你们积极呼吁有关行政部门、广大初数工作者、爱好者能极力支持会刊,共同为我们创造会刊生存与发展的条件.我们一定会尽全力办好会刊《中国初等数学研究》,力争为《中国初等数学研究》杂志的早日诞生做出不懈的努力!

3. 2008 年 4 月 15 日,全国初等数学研究会网站正式开通以来,管理网站的同志义务为网站建设付出了他们大量的时间和精力,网站的影响力在逐步扩大,受到了我国数学界的关注.但由于各种原因,其中最主要的是网站的主人还没有正式名分.另外在经费上得不到最起码的保证,因此网站页面建设和内容建设都显得惨白无力.我们希望通过适当途径,大家共同想一些办法尽快解决好目前网站存在的问题,我们要尽力扩大对网站的宣传,使得有更多的人浏览、关心、支持这个网站.让网站真正成为广大初等数学研究者、爱好者的活动园地,把我们的网站办成一个极具活力和影响力的网站.

4.要继续办好以后各届初等数学研究暨中学数学教育教学学术交流会,要使更多的地区和单位乐意承办会议.要办好各届初等数学研究暨中学数学教育教学学术交流会,首先必须广泛征集高质量的初等数学教育教学及初等数学研究学术论文,做好论文评选工作.要继续做好"三奖"("初等数学研究突出贡献奖""中青年初等数学研究奖""初等数学研究论文奖",建议最后一个奖项改为"初等数学研究成果奖"),发现和表彰初数研究优秀人才,激励更多人为初数研究事业做贡献.要多渠道、想方设法筹集学会和各届交流会的资金,使每届交流会办得起、办得好,办出新特色.要争取香港、澳门、台湾地区同仁们参会,力争有国外同仁也来参加我们的交流会,扩大地区的代表性,不断提升交流会的品位.

5.要积极做好全国初等数学研究会与国内外初数研究团体和组织的交流活动.要经常与国内外兄弟学会取得沟通与联系,学习他人好的办会经验和广泛交流学术研究成果.全国初数研究会要加强与各省、市、自治区初数会的联系,上下沟通,相互支持,使得全国初数研究工作协调发展.全国初数会要利用各种正规渠道同香港、澳门、台湾以及其他国家和地区的初数研究的相关组织取得联系,互通信息、友好往来,相互促进,联合举办或开展形式多样、内容丰富的数学教育教学及初等数学研究活动,避免在初数研究中做那些不必要的重复工作,让初数研究成果得到更加广泛的交流与传播.

学会还有其他工作要去做.我希望新一届全体理事要真诚团结、齐心协力、克服困难、无私奉献地做好学会工作,即使我们暂时还得不到名分,但是,我们同样有信心、有决心也有能力做好学会的工作,为我国初等数学研究事业做出应有的贡献!

最后,让我们再次用热烈掌声向会议的承办单位厦门市双十中学表示衷心的感谢!

祝各位代表归程平安,身体健康,合家欢乐,万事如意!

2012 年 8 月 2 日·厦门

1.3 研讨会纪要

全国第八届、福建省第九届
初等数学研究暨数学教育教学学术交流会纪要
（2012 年 7 月 31 日～2012 年 8 月 2 日福建省厦门市）

全国第八届、福建省第九届初等数学研究暨数学教育教学学术交流会于 2012 年 7 月 31 日～8 月 2 日在福建省厦门市双十中学隆重举行，出席会议的有来自全国 21 个省市的代表 153 人.

8 月 1 日上午举行开幕式，著名数学家、数学教育家、计算机科学家、中国科学院张景中院士、数学教育家、国务院学位办教育硕士点专家组成员、南京师范大学博士生导师单墫教授，数学教育家、陕西师范大学博士生导师罗增儒教授、厦门市教育科学研究院院长苏宜尹，厦门市双十中学党委书记黄友供等出席了开幕式.厦门市教育局副局长、中学特级教师任勇和厦门市双十中学校长陈文强出席开幕式并致欢迎辞.全国初等数学研究会顾问和主要负责人周春荔、杨世明、杨学枝、吴康、汪江松、曹一鸣、杨世国、沈自飞、龙开奋、孙文彩、江嘉秋、张小明等出席了开幕式.吴康常务副理事长主持开幕式，杨学枝理事长致开幕词，孙文彩秘书长做理事会工作报告.会上宣读了中国数学会常务理事、原基础教育工作委员会主任、《数学通报》主编、北京师范大学博士生导师张英伯教授，江西省初等数学研究会和全国不等式研究会的贺词.工作报告回顾了第二届理事会三年来的主要工作，总结了三年来会员在初等数学研究领域所取得的一系列新的研究成果，阐述了所面临的一些困难以及学会今后的工作思路，报告还介绍了学会理事会申请筹备的一些情况.随后全体代表合影留念.

开幕式后，全体代表听取了以下 4 场 40 分钟和 12 场 15 分钟学术报告：张景中院士"避开无穷　返璞归真"、单墫教授"谈谈平面几何"、罗增儒教授"数学解题新概念"、任勇特级教师"期盼数学教学'气'象万千"以及周春荔教授"谈谈对奥林匹克竞赛的一些认识与感受"、杨世明特级教师"初数研究选题漫谈——关于不断创新"、杨学枝特级教师"二十二道不等式猜想证明综述"、汪江松教授"数阵中的合情推理问题"、曹一鸣教授"中英美小学初中数学课程标准中内容分布的比较研究"、吴康副教授"关于集组计数问题和切比雪夫多项式的若干研究"、刘培杰副编审"在困境坚守，在沙漠中耕耘"、胡炳生教授"数学文化与文化数学"、杨世国教授的"$H^n(-1)$ 和 $S^n(1)$ 中单形的正弦定理，顶点角不等式以及 Neuberg－Pedoe 型不等式"、龙开奋教授"代数教学的基本原则"、陈清华教授"高考数学命题：基础、方法与实施"、褚小光工程师的"一个三角形线性不等式及若干推论".专家报告内容深刻、意义深远，报告课题涉及数学教育与教育数学、数学文化与文化数学、数学竞赛、数学解题学、高考试题解题和命题、数学思想方法、初等数学研究的策略、不等式专题研究综述和不等式前沿、组合数学等领域的专题研究等许多研究方向.

2012年2月24日～26日在福州市召开了常务理事会及论文评审专家工作会议,由16位专家组成的评审委员会对收到的151篇参评大会论文进行了认真的初评和复评.在本次学术会议上,有133篇入选大会交流,126篇获奖,其中21篇获一等奖,51篇获二等奖,54篇获三等奖,7篇未评奖.会议论文内容涉及有不等式、几何(平面几何、立体几何、球面几何、解析几何、射影几何、组合几何)、折线、绝对值方程、单形、凸函数、组合计数、组合设计、方程、多项式、函数论、三角学、数阵、初等概率论、不定方程、素数分布、椭圆曲线、数学建模、数学应用、机器证明理论与技术、测试数学、竞赛数学、数学解题论、数学思维与方法论、数学教育、数学文化等,内容相当丰富深刻、创新成果众多.

在本次学术交流会上,出席第二届第三次常务理事会会议的代表于7月31日认真研究讨论了三个重要奖项申报者的条件与成果,决定授予张景中教授、单墫教授、汪江松教授、熊曾润教授第二届"初等数学研究突出贡献奖";授予黄元华、邹守文"第四届中青年初等数学研究奖";授予孙世宝(研究成果为"斯坦纳—莱莫斯定理的一般推广")、苏克义(研究成果为"对完全三部图 $K(n, n+4, n+k)$ 色唯一性判定条件的部分改进")首届"初等数学研究论文奖".

8月1日晚代表们参加了学术沙龙,对学术研究与交流、学会的建设与发展进行了热烈的讨论.

8月2日上午代表们分4个小组进行了小组论文交流,并有12位代表向大会汇报了研究成果.

由于台风"苏拉"和"达维"的影响,原定下午举行的闭幕式改在上午举行.在大会闭幕式上,新当选的理事长杨学枝做了题为"团结一致,开拓进取,推进初数事业的发展"的报告.与会代表一致同意新一届理事会组织机构的组成,赞同理事长的报告;同意并通过第二届理事会的工作报告,同意并通过章程修改草案以及其他有关决定.

8月2日下午举行了新当选的正副理事长、正副秘书长、各委员会正副主任、《中国初等数学研究》第三届编辑委员会正副主编、学会网址负责人会议,杨学枝理事长主持会议,会议研究了今后学会的工作,并对有关问题做出了决议:

1.所有当选的理事、常务理事有义务支持会刊《中国初等数学研究》的宣传发行工作:订阅会刊,每位理事每期2本(计70元),每位常务理事每期3本(计100元),直接向哈尔滨工业大学出版社刘培杰数学工作室汇款.

2.连续三次不参加全国初数会学术交流会和常务理事会议的常务理事将视为自动离职,不再担任常务理事.

3. 理事资格：参加全国初数会学术交流会的数学工作者和爱好者或同时具备以下条件的数学工作者和爱好者：(1)两名及以上常务理事推荐；(2)中教二级或相当职称以上；(3)在正式 CN 刊物或 ISBN 刊物或本会会刊发表的数学论文或获全国会议数学论文评选一等奖计 2 篇(次)；(4)积极订阅本学会会刊.

4. 决定编辑出版"中国初等数学研究论丛"，总主编：杨学枝；副总主编：吴康、刘培杰. 编委主要由全国初数研究会成员组成，各分册主编可以个人申报(需包销 500 本以上)，研究会理事有优先权.

5. 每届"初等数学研究突出贡献奖"原则上不超过 2 人，且必须有两名副理事长以上提名，推选我国初数界公认的初数研究成果丰富、对我国初数研究事业做出突出贡献的初数研究专家.

6. 从第九届初数会开始"初等数学研究论文奖"改为"初等数学研究成果奖"，条件另拟.

7. 第九届初等数学研究暨数学教育教学学术交流会初定在(安徽省)合肥师范学院召开.

8. 明年适当时候召开全国初等数学研究会第三届理事会常务理事会议，具体事宜另行通知.

全体与会代表对第二届理事会的工作表示充分肯定，并表示共同努力为中国初等数学研究事业做出更大的贡献！

在大会筹备及会议期间，厦门市教育局、厦门市教育科学研究院、厦门市双十中学给予了大力支持和帮助，特别是厦门市双十中学为大会的顺利召开做了大量艰苦、细致的工作，并大力资助、支持这次会议，全体与会代表向他们表示诚挚的敬意和衷心的感谢！对全体会议工作人员的辛勤劳动表示衷心的感谢！

附：(一)本届大会选举结果如下：

全国初等数学研究会第三届理事会组织机构

顾问：(以姓氏笔画为序)

沈文选、汪江松、杨世明、李尚志、张英伯、张景中、单墫、林群、罗增儒、周春荔.

理事长：杨学枝(福建省福州市第二十四中学，中学特级教师).

常务副理事长：吴康(华南师范大学，副教授).

副理事长：

刘培杰(哈尔滨工业大学出版社，副编审).

曹一鸣(北京师范大学，教授)、王光明(天津师范大学，教授)、杨世国(合肥师范学院副校长，教授)、沈自飞(浙江师范大学，教授)、李建泉(天津师范大学，副教授)、萧振纲(湖南理工学院，教授)、龙开奋(广西师范大学，教授)、孙文彩(广东省深圳平冈中学，中学高级教师)、秘书长：江嘉秋(福建福州教育学院，中学高级教师).

常务副秘书长:张小明(浙江省海宁电视大学,教授).

副秘书长(按姓氏笔画为序):王中峰(山西省《新作文》杂志社有限责任公司,副编审)、王芝平(北京市宏志中学,中学高级教师)、王钦敏(福建教育学院,中学特级教师)、卢建川(广州大学,副教授)、李明(全国初等数学研究会第二届理事会常务理事、中国医科大学,讲师)、李吉宝(曲阜师范大学《中学数学杂志》主编,编审)、林文良(广东省湛江师范学院附中,中学特级教师)、陈文远(新疆教育科学研究所,中学特级教师)、杨德胜(上海市向明中学,中学特级教师)、曾建国(赣南师范学院,教授)、褚小光(全国初等数学研究会第二届理事会常务理事、苏州德雷纳特教育培训中心,校长).

常务理事:(以姓氏笔画为序)130 人:

丁丰朝、马小为、马统一、方亚斌、方祖耀、王中峰、王方汉、王先东、王光明、王芝平、王远征、王凯成、王建荣、王明建、王钦敏、王强芳、丘春锋、冯跃峰、卢建川、叶中豪、甘大旺、甘志国、田开斌、田彦武、白烁星、石生民、龙开奋、任勇、关春河、刘守军、刘幸东、刘保乾、刘健、刘培杰、刘斌直、吕爱生、孙文彩、孙世宝、孙彦、安振平、师广智、曲安京、朱维宗、江泽、江嘉秋、纪保存、许康华、阳凌云、严文兰、吴伟朝、吴国胜、吴康、吴跃生、吴堪锋、宋庆、张小明、张少华、张文俊、张永芹、张汉清、张先龙、张志华、张承宇、张超月、李世杰、李吉宝、李建泉、李明、李春雷、李柔真、李祥立、杨文龙、杨世国、杨启贵、杨志明、杨学枝、杨明、杨德胜、汪长银、汪玉生、沈自飞、苏文龙、苏克义、邱继勇、邵东生、邹明、陆玉英、陈中峰、陈文远、陈文强、陈启远、陈清华、陈智猛、尚强、林文良、林风、林世保、林新建、欧阳维诚、罗明、侯典峰、胡炳生、赵思林、赵胤、倪明、徐庆和、徐献卿、袁智斌、郭璋、陶兴模、陶楚国、曹一鸣、曹新、符狄南、萧振纲、黄仁寿、黄元华、黄华松、傅晋玖、曾建国、舒云水、蒋远辉、鲁友祥、褚小光、熊跃农、熊曾润、裴光亚、潘成华、潘俭、濮安山.

理事(若干,略).

B.《中国初等数学研究》第三届编辑委员会、《中国初等数学研究》第三届编辑委员会:

顾 问:(以姓氏笔画为序)陈传理、沈文选、汪江松、杨世明、李尚志、张英伯、张景中、单墫、林群、欧阳维诚、罗增儒、周春荔、胡炳生、韩云瑞、熊曾润.

主 任:杨学枝. 副主任:吴康、刘培杰.

主 编:杨学枝. 副主编:刘培杰、吴康、杨世国.

编 委(以姓氏笔画为序):

王中峰、王光明、王芝平、王钦敏、卢建川、叶中豪、石生民、龙开奋、刘培杰、孙文彩、孙世宝、孙道椿、师广智、江嘉秋、严文兰、吴康、张小明、张肇炽、李吉宝、李建泉、杨世明、杨志明、杨学枝、杨德胜、沈自飞、陈文远、陈清华、林文良、林长好、胡炳生、倪明、曹一鸣、萧振纲、曾建国、谢彦麟、褚小光、潘成华.

编辑部主任:刘培杰(兼). 编辑部副主任:江嘉秋.

C.全国初等数学研究网(www.cdmath.org)

主管:孙文彩. 副主管:江嘉秋、李明、王钦敏、王芝平.

(二)本届理事会组成的十个工作委员会:

申报委员会(主任:杨学枝;副主任:孙文彩、江嘉秋、刘斌直、王芝平).

学术委员会(主任:吴康;副主任:王光明、沈自飞).

筹备委员会(主任:杨世国;副主任:褚小光、林文良).

组织宣传委员会(主任:江嘉秋;副主任:张小明、王钦敏).

教育教学委员会(主任:王光明;副主任:曹一鸣、林文良).

出版委员会(主任:刘培杰;副主任:李吉宝、王中锋).

港澳台和国际交流委员会(主任:曹一鸣;副主任:王钦敏、李明).

竞赛数学委员会(主任:李建泉;副主任:卢建川、杨德胜).

数学文化与数学普及委员会(主任:萧振纲;副主任:王芝平、曾建国).

对外联络委员会(主任:龙开奋;副主任:).

1.4　第八届全国初等数学研究学术交流会论文评奖结果

2012年第八届全国初等数学研究学术交流会
论文评选结果公布

全国第八届初等数学研究学术交流会论文评选结果已经揭晓.本次大会共收到全国各省(市)选送的参评论文151篇,经过全国第七届初等数学研究学术交流会论文评审专家委员会的初评和复评,共评出133篇论文入选大会交流,126篇获奖,其中一等奖21篇、二等奖51篇、三等奖54篇;7篇未评奖.现将评选结果予以公布.

入选论文、获奖论文题目及作者名单附后(表2),部分论文刊在第四期中国初等数学杂志.

全国初等数学研究会

(福建省数学学会初等数学分会代章)

2012年8月1日

362

表 2　2012 年第八届全国初等数学研究学术交流会入选、获奖论文名单

序号	论文题目	单位或地址	姓名
一等奖			
1	CIQ－163 问题的解决	安徽省太湖县大石第一中学	汪长银
2	函数凹凸性在几何动点 不等式中的一些应用	安徽省丹阳中学	孙世宝
3	对一个猜想不等式的拓展与证明	广东省河源市连平县忠信中学 福建省福州第二十四中学	严文兰 杨学枝
4	涉及三角形类似中线与 高线的一个不等式	华东交通大学	刘　健
5	一个三角形线性不等式及若干推论	苏州市恒天商贸有限公司	褚小光
6	完美六边形研究综述	安徽六安市金安区东桥希望小学	赵　勇
7	完全四边形九点圆及性质	东乌珠穆沁旗地方税务局	郭小全
8	有理倍角三角形三边关系探求	安徽省丹阳中学	孙世宝
9	伪旁切圆中的共点、共线问题	浙江省杭州市建国北路 333 号 河滨商务楼 3 楼 301 鼎辉教育	潘成华 田开斌
10	一组特殊组合数引起发现的 五个数学结论	湖北省潜江市江汉油田高级中学	舒云水
11	任意次等幂和数集的一个构造方式	江苏省苏州市第十中学	黄其华
12	对完全三部图 $K(n,n+4,n+k)$ 色唯一性判定条件的部分改进	宁夏银川市第六中学	苏克义
13	一类混合平均的 Schur 凸性	深圳市平冈中学	孙文彩
14	两个函数元不等式组的可微解	浙江省衢州高级中学	吴光耀
15	关于第二类切比雪夫多项式的若干研究	华南师范大学数学科学学院 汕头市聿怀中学	吴　康 李静洁
16	包链和真包链计数问题研究	华南师范大学数学科学学院	何重飞 吴　康
17	基于学生发展的初中数学 教学章节设计的实验研究	乌鲁木齐市第七十中学	王　瑶
18	平面四边形的解析研究	安徽省灵璧中学	赵　峰
19	完善习题设计系统，彰显习题教育功能	福建省松溪县中等职业技术学校	熊成华 陈清华
20	引导学生欣赏与发现数学美	上海市七宝中学	文卫星
21	易理中五行干支关系的数学表示	重庆南开中学	杨　飞
二等奖			
22	一类不等式的函数证明及推广	安溪圣洁日化有限公司 安溪第六中学	林亚庆 林宗佳
23	Nesbitt 不等式加强式的应用	安徽省南陵县春谷中学	邹守文
24	用 agl2010 程序研究一类条件不等式	西藏自治区组织编制 信息管理中心	刘保乾
25	几个三角形不等式结论的更新	安徽省太和县李兴小学	任迪慧

序号	论文题目	单位或地址	姓名
26	完美不等式初论	浙江省衢州市教育局教研室 浙江省衢州第一中学	李世杰 李 盛
27	一条欧拉不等式链	广东广雅中学	杨志明
28	一类二元加权 Gini 平均的 Schur 凸性及其应用	安徽省马鞍山市丹阳中学	孙世宝
29	参权平均不等式的方法与应用	广州学而思教育 华南师范大学数学科学学院	陈 栋 吴 康
30	关于三元四种平均值的一个不等式	苏州市恒天商贸有限公司	褚小光
31	解决第一种情形斯坦豪斯 (Steinhaus)遗留的问题	大连市沙河口区西安路 86 号 行政大厦 12 层中企动力	郭 颖
32	涉及周界中点三角形的几个有趣性质	山东省枣庄市第十八中学	李耀文
33	关于共圆的 n 边平面 闭折线的两个不等式	上海市浦东新区云山路 835 弄 7 号 202 室	王方汉
34	两道几何征解题的证明	广东省河源市连平县忠信中学	严文兰
35	关于三角形旁切圆的若干命题	浙江省杭州市建国北路 333 号 河滨商务楼 3 楼 301 鼎辉教育	田开斌 潘成华
36	对斯坦纳的平面分割空间问题的研究	浙江省舟山市普陀区芦花中学	李朝阳
37	整点数探秘	四川省夹江县梧凤中学	杨启忠
38	一道经典题目与一个经典恒等式的渊源	云南省玉溪师范学院	张在明
39	有关排列组合的几个美妙	甘肃省兰州市第五十七中学	陈鸿斌
40	求轮换对称式最值的简洁解题方法	广东省深圳市蛇口学校中学部	王远征
41	层行列式初探	河北省隆化县张三营中学	张国林
42	一个新发现的组合恒等式	陕西省小学教师培训中心	王凯成
43	一种扑克牌魔术操作次数的计算方法	山西省长治县第一中学	王爱生
44	杨辉三角中的奇数与偶数	湖北省武昌实验中学	王先东
45	本原同余数的推广	清华大学电机系 黑龙江省龙江县发达中学	关永刚 关春河
46	勾股数组与一个不定方程的解	江苏省苏州第十中学	黄其华
47	三角形闭域上的六点计数问题	浙江省宁波市李惠利中学	苏茂鸣
48	Fibonacci 数列的模数列 三个特征量的关系及性质	重庆市双碑中学校	张光年
49	一个新型多项式序列与 第二类切比雪夫多项式	广州市竞赛数学辅导教练	陈海兰 吴 康
50	n 维超长方体中图形函数的计数	华南师范大学数学科学学院	李 应 吴 康
51	第一类切比雪夫型和式方程的研究	华南师范大学数学科学学院	凌明灿 吴 康
52	一类切比雪夫型一元方程组的通解	华南师范大学数学科学学院	凌明灿 吴 康
53	利用配对法构造二次分式求和公式	广东省广州市第一一三中学	钟京京 郭伟松

续表2　2012年第八届全国初等数学研究学术交流会入选、获奖论文名单

序号	论文题目	单位或地址	姓名
54	管道问题的研究综述及新思考	江苏省建湖县近湖中学	吕爱生 金立春 孙喜泉
55	对一道高考解几题题设条件的探析	江西省都昌市第二中学	冯小峰
56	e^x 的幂级数展开式演绎高考题	广东省深圳市南头中学	方亚斌
57	新课程改革下初中数学 变式教学的认识与实践	福建省厦门市槟榔中学	林景通
58	2008年江西高考数学 （理科）压轴题一解答	浙江广播电视大学海宁学院	张小明
59	浅谈超级画板与数学课程的整合	福建师范大学附属中学	许丽丽 江泽
60	2011年广东高考数学 "数列大题"解法研究	湛江师范学院附属中学	林文良
61	有趣的数学哲理演绎论证——兼述 应用空间解析几何知识论证最值问题	上海市志丹路500弄2号1楼 13～14室	梁开华
62	无穷对于有限认知的冲击	上海市志丹路500弄2号1楼 13～14室	梁开华
63	二次曲线中的反演变换	安徽省青阳县教育局	钱照平
64	抛物线的一个性质	福建省南平第一中学	黄德芳
65	探求与椭圆共轭直径有关的 一组对偶元素	广西壮族自治区蒙山县第一中学	谢光亚
66	多道真题——一个源头 多种背景——一条思路	江苏省盱眙中学	周家忠
67	圆锥曲线的准线和焦点 与切线的相互关系	湖北省武昌市实验中学	王先东
68	对教科书《数学史选讲》中 有关三次方程内容的补遗和考究	浙江省宁波市北仑明港中学	甘大旺
69	从两数和为质数谈两个相邻质数的 间隔长度估计问题	河北省承德市平泉教师进修学校	夏建光
70	三维数阵的一种迭代	宁夏回族自治区银川市第六中学	苏克义
71	在经典游戏中学数学—— 以数列的递推公式为例	上海市市东中学	浦静滢
72	第二届陈省身杯数学竞赛第6题的推广	湖北省谷城县第三中学	贺　斌 贺　聪
三等奖			
73	一类分式不等式的研究	江苏省常熟市中学	查正开
74	几个三角形不等式结论的更新	安徽省太和县李兴小学	任迪慧 马　俊
75	也谈一个漂亮的几何不等式	西安交通大学阳光中学	张　赟
76	介绍几个有趣的逆向三角形不等式	安徽省太和县李兴小学	任迪慧

续表 3　2012 年第八届全国初等数学研究学术交流会入选、获奖论文名单

序号	论文题目	单位或地址	姓名
77	关于欧拉不等式的研究	安徽省太和县李兴小学	任迪慧
78	一个优美不等式的推广与变式	成都戴氏英语总校	数学组
79	幂指和的排序不等式的再证	成都戴氏英语高考中考学校	数学组
80	一个优美的几何不等式证明	广东省开平市苍江中学	区杰志
81	一类条件不等式的几何变换法	华南师范大学数学科学学院	陈泽桐 罗雪琴
82	三角形中线所在直线上 两个特别有意思的点	江苏省建湖县近湖中学	吕爱生
83	三角形 Nagel 点的一个新性质	山东省枣庄市第十八中学	李耀文
84	球面距离"最短性"的证明	北京市宏志中学 北京市昌平第一中学	王芝平 李彭龄 许 雪
85	关于 Brocard 点的一个新发现	西安交通大学阳光中学	张 赟
86	计算三角形九点圆圆心 与"心"的距离公式	湖南省株洲市九方中学	贺功保
87	莫莱定理中正三角形面积最大值	广东省开平市苍江中学	司徒 凌波
88	与圆锥曲线的极点和极线 有关的一个面积关系	黑龙江省汤原县高级中学	马利国
99	三角形内切椭圆的广义 Gergonne 点	华南师范大学数学科学学院	陈泽桐 罗雪琴
90	关于互质的一个定理及其证明	武穴市武穴街道新矶村细吴胜 58 号	吴天兴
91	《数学通报》1 433 号问题的简解	河南省南阳社旗县唐庄中学	李成丽 王振宝
92	互质的一个定理	武穴市武穴街道新矶村细吴胜 58 号	吴天兴
93	线性分式函数自身迭代周期性初探	重庆江津中学	冯 华
94	再谈广义卡普利加和的有趣性质	陕西省小学教师培训中心	王凯成
95	商高数猜想的最简证明	黑龙江省龙江县发达中学	关春河
96	埃及分数的一般分拆法则	黑龙江省龙江县发达中学	关永斌 关春河
97	浅谈基本三角不等式的应用	河南南阳社旗县唐庄中学	李成丽 王振宝
98	美国数学月刊 11 057 问题 简单初等解法及探讨	河南南阳社旗县唐庄中学	李成丽 王振宝
99	微积分与不等式初探	佛山市罗定邦中学　528300	龙 宇
100	n 维单形的一个向量恒等式及应用	华南师范大学数学科学学院	吴洁华 张 祥
101	用作差法求数列的通项公式	江西省赣州市第七中学	谢文涛
102	谈一谈"对数的运算性质"一课的教学	江苏省宿迁市致远中学	陈文进
103	巧用一题多变和多解培养学生的 发散思维	广东省番禺中学	周日桥

续表4   2012年第八届全国初等数学研究学术交流会入选、获奖论文名单

序号	论文题目	单位或地址	姓名
104	一道二次函数综合题赏析中再妙解	福建省莆田市第三中学	林运蓉
105	数学课堂必须彰显学生的"四敢"精神	广东省深圳市高级中学	黄元华
106	高一学生数学学习困难的原因与解决策略	山东省沂水县第三中学	蔡永明 周秋霞
107	教与学方式转变的尝试	北京市朝阳区教育研究中心	刘 力
108	浅谈中学数学教学中数学思维的培养	乌鲁木齐市第七十中学	李政彬
109	从整体角度进行数学教学的几点思考	云南省德宏州梁河县第一中学	董诗林
110	从"待定系数裂项求和"到"直接待定系数求和"	四川泸县第二中学	熊福州
111	变抽象为具体、化玄机为算法	深圳外国语学校	袁智斌
112	《超级画板》提高课堂教学有效性的策略探究	福州市时代中学 福建师范大学附属中学	连信榕 江泽
113	初中函数综合题的命制与思考	福州市马尾区教师进修学校	张秀财
114	图式理论在高三数学复习中的应用	广东仲元中学	马力仲
115	初中数学概念教学有效性研究	福州闽江学院附属中学	黄可美
116	对"$a_{n+2}=pa_{n+1}+qa_n+An^2+Bn+C+D\beta^n$, $\beta\neq1$"型通项公式的探究	华南师范大学数学科学学院	方金财
117	关于抛物线的内接正三角形中心的轨迹的问题	福建省南平第一中学	黄德芳
118	关于圆锥曲线的几个性质	甘肃省兰州市第五十七中学	陈鸿斌
119	凸多边形区域的绝对值方程	浙江省衢州第一中学	李 盛
120	关于广义正定矩阵的一些研究	湖北省巴东县第三高级中学	许贤永
121	初探公历年与农历年的互相转化	福建省泉州市东海湾实验学校 福建省晋江市梅溪中学	张舒莺 张孙秦
122	数学对中国古代文学的尝试解读	咸阳师范学院	刘再平 唐宜钟
123	数学游戏中的圆周率π	广东成德电路股份有限公司	程 静
124	文化哲学视野下数学的概念教学初探	南郑中学	何正民
125	巧用向量法 简证不等式	福建省永春第三中学	苏昌盛
126	一道竞赛题的推广	苏州市龙西路345号502信箱	张家瑞
鼓励奖			
127	Fagnano问题在四面体中的推广	陕西省潼关中学	夏云峰
128	相似三角形的性质和三角形相似的判定	辽宁省大连三洋压缩机有限公司 辽宁岫满族自治县教师进修学校	吴远宏 侯明辉
129	三面角的一个有趣性质	安徽省灵璧中学	赵 峰
130	论圆及其相关图形的最优性	温州大学数学与信息科学学院	黄忠裕
131	初探"幂平均三棱锥"的一条共性	江苏省赣榆高级中学	张进道 李 明 杨学枝
132	勾股组数的普遍表达式及其几何证明	山东临沂兰山区	张永成
133	例谈三角问题美在解法中	河南南阳社旗县唐庄中学	王振宝 王 丽

367

1.5　大会期间合影留念

1.大会合影留念(图1,图2,图3)及历届全等初等数学研究学术交流会基本情况(表3).

图1　全国第八届福建第九届初等数学研究会暨中学数学教育学术交流留念

图 2　张景中、张英伯、杨学枝、吴康会议期间合影

图 3　张景中与杨学枝在会议期间合影

369

表 3　历届全国初等数学研究学术交流会基本情况

届次	时间、地点、承办单位及主要筹办人	代表及论文数	学会领导机构成员
首届	1991 年 8 月 15~18 日 天津师范大学 （《中等数学》杂志社、数学系） 庞宗昱	28 省 180 人，440 篇	成立"中国初等数学研究工作协调组"。 成员：周春荔、杨世明、庞宗昱、张国旺、杨学枝.
第二届	1993 年 8 月 15~17 日 湖南师范大学（湖南省数学会初等数学专业委员会） 叶军	27 省 151 人，534 篇	"协调组"成员：周春荔、杨世明、庞宗昱、张国旺、杨学枝、汪江松、沈文选.
第三届	1996 年 8 月 17~20 日 福州市经济技术开发区 （福建省数学会初等数学分会） 杨学枝	29 省 130 人，696 篇	"协调组"成员：周春荔、杨世明、庞宗昱、张国旺、杨学枝、汪江松、沈文选、熊曾润、李长明.
第四届	2000 年 8 月 10~13 日 首都师范大学 （数学系、数学教育研究所） 周春荔	26 省 160 人，360 篇	"协调组"成员：周春荔、杨世明、庞宗昱、张国旺、杨学枝、汪江松、沈文选、熊曾润、李长明. 成立"协调办事组"成员：吴康、褚小光、徐献卿、王光明、张燕勤、朱元国.
第五届	2003 年 8 月 10~13 日 江西赣南师范学院 （数学系、江西省数学会初等数学委员会） 熊曾润	19 省 84 人，158 篇	"协调组"成员：周春荔、杨世明、庞宗昱、张国旺、杨学枝、汪江松、沈文选、熊曾润、李长明. "协调办事组"成员：吴康、褚小光、徐献卿、王光明、张燕勤、万新灿、曾建国.
第六届	2006 年 8 月 8~13 日 湖北大学 （《中学数学》编辑部、宜昌市教研中心） 汪江松	23 省 92 人，132 篇	成立"中国初等数学研究会（筹）理事会"。 顾问：周春荔、杨世明. 理事长：沈文选. 副理事长：杨学枝、吴康、汪江松、王光明、黄邦德、曹一鸣、曾建国. 秘书长：吴康（兼）. 副秘书长：丁丰朝、江嘉秋、孙文彩、杨志明、黄仁寿、曾建国、李德先.

续表1　历届全国初等数学研究学术交流会基本情况

届次	时间、地点、承办单位及主要筹办人	代表及论文数	学会领导机构成员
第七届	2009 年 8 月 7～10 日 深圳学苑宾馆 （深圳邦德文化发展有限公司、深圳市数学会） 吴康	19 省 152 人，162 篇	成立"中国初等数学研究会第二届理事会". 顾问：张英伯、张景中、李尚志、杨世明、汪江松、沈文选、单墫、周春荔、林群、韩云瑞. 理事长：杨学枝. 常务副理事长：吴康. 副理事长：王光明、黄邦德、曹一鸣、杨世国、刘培杰、马乾凯. 秘书长：孙文彩. 副秘书长：于和平、马小为、王中峰、王孝宇、邹明、林文良、赵胤、萧振纲、曾建国.
第八届	2012 年 7 月 31 日～8 月 2 日 厦门市双十中学 （福建省数学会初等数学分会） 杨学枝	21 个省市代表 153 人	成立"中国初等数学研究会第二届理事会". 顾问：（以姓氏笔画为序） 沈文选、汪江松、杨世明、李尚志、张英伯、张景中、单墫、林群、罗增儒、周春荔. 理事长：杨学枝. 常务副理事长：吴康. 副理长：刘培杰、曹一鸣、王光明、杨世国、沈自飞、李建泉、萧振纲、龙开奋、孙文彩. 秘书长：江嘉秋. 常务副秘书长：张小明. 副秘书长（按姓氏笔画为序）：王中峰、王芝平、王钦敏、卢建川、李明、李吉宝、林文良、陈文远、杨德胜、曾建国、褚小光.

2.全国初等数学研究学术交流会概况(表4),全国各省初数会(部分)(表5)、全国初等数学研究组织机构(表6).

表4 全国初等数学研究学术交流会概况

届	时间	地点	操办人	代表人数	论文情况
1	1991年8月14~18日	天津师范大学	庞宗昱	180人	440篇
2	1993年3月14~18日	湖南师范大学	沈文选	27个省151人	345位534篇
3	1996年8月16~20日	福州第二十四中学	杨学枝	29个省130人	558位696篇.一等奖12篇、二等奖28篇、三等奖80篇.
4	2000年8月9~13日	首都师范大学	周春荔	26个省160人	360篇,其中160篇在会上交流.
5	2003年8月9~13日	江西赣南师范学院	熊曾润	84人	158篇.其中68篇大会交流,41篇收入文集.
6	2006年8月7~13日	湖北大学	汪江松	23个省92人	132篇.其中99篇收入文集.
7	2009年8月7~10日	深圳市	吴康	20个省152人	162篇.137篇入选大会交流,一等奖11篇、二等奖29篇、三等奖49篇.
8	2012年7月31~8月3日(因台风至8月2日结束)	厦门市双十中学	杨学枝	22个省158人	133篇入选大会交流,一等奖21篇、二等奖51篇、三等奖54篇

注:第一天为报到时间.

表5 全国各省初数会(部分)

省份	学会名称	成立时间	领导机构
1	湖南省数学学会初等数学委员会	1991年1月3~4日	理事长:叶军;副理事长:沈文选、萧振纲、冷岗松;秘书长:杨林.
2	福建省数学学会初等数学分会	1992年11月1日(1993年8月8日)在石狮市华林饭店召开成立大会)	首届理事长:林章衍;副理事长:杨学枝、林常;秘书长:杨学枝(兼).第二届(2002年8月23~8月26日在福清市召开的第四届初数会上换届)理事长:杨学枝;副理事长:张鹏程、林常、陈希镇(后增补林群);秘书长:张鹏程(兼).
3	贵州省数学学会初等数学研究会	1994年1月31日	理事长:林敬藩;副理事长:诸竟江、杨天明、李仁和、王一平、石文栋;秘书长:罗开隆.

振兴祖国数学的圆梦之旅
——中国初等数学研究史话

续表 1　全国各省初数会（部分）

省份	学会名称	成立时间	领导机构
4	山东省数学学会初等数学研究会	2004 年 6 月 12 日	
5	福建省初等数学学会（省一级学会）	2013 年 7 月 16 日（2013 年 7 月 16 日在福州市召开成立大会）	首届理事长:杨学枝.副理事长:陈清华、陈中峰、傅晋玖、陈智猛.秘书长:江嘉秋;副秘书长:赵祥枝、王钦敏、谢沅波、谢振国.

表 6　全国初等数学研究组织机构

名称	会议时间、地点	主要内容	组织成员（参加人员）
全国首届初数会筹备组第二次会议	1990 年 7 月 26～27 日,北京师范学院	1.如何开好全国首届初数会;2.会议经费筹集问题;3.审理大会论文问题;4.会务准备工作.	周春荔、杨世明、庞宗昱、杨学枝(张国旺寄来书面意见).
全国首届初数会筹备组第三次会议	1991 年 2 月 25～2 月 26 日天津市宝坻县	如何开好全国首届初数会及筹备成立全国初等数学研究会协调组问题.	周春荔、杨世明、庞宗昱、张国旺(杨学枝寄来书面意见).
全国初等数学研究会协调组成立	1991 年 8 月 14～8 月 18 日,天津师范大学	全国首届初数会期间.	周春荔、杨世明、庞宗昱、张国旺、杨学枝(后增补汪江松、李长明、熊曾润、沈文选).
全国初等数学研究会协调组第三次会议	1996 年 8 月 19 日,福州市第二十四中学	讨论"关于 1996 年～2000 年中国初等数学研究发展的十点建议"及开好第三届全国初数会问题	周春荔、杨世明、张国旺、杨学枝、汪江松、沈文选(庞宗昱寄来书面意见)、熊曾润、温耀华列席.
全国初等数学研究会协调组第七次会议	1998 年 10 月 1～2 日,首都师范大学	研究初数研究工作及在首都师范大学召开第四届全国初数会事宜.	周春荔、杨世明、熊曾润、沈文选(庞宗昱、张国旺、杨学枝、汪江松、李长明电话或书面发表意见)、周国镇列席.

373

名称	会议时间、地点	主要内容	组织成员（参加人员）
全国初等数学研究会协调组第八次会议	2000 年 8 月 9～13 日，首都师范大学	决定成立协调组下的协调办事组，成员有吴康、褚小光、徐献卿、王光明、张燕勤、朱元国.	周春荔、杨世明、熊曾润、沈文选、庞宗昱、张国旺、杨学枝、汪江松.
全国初等数学研究会协调组第九次会议	2003 年 8 月 10～13 日，江西赣南师范学院	1.决定调整协调组下的协调办事组，成员有吴康、万新灿、徐献卿、王光明、张燕勤、褚小光、曾建国； 2.评出了首届青年初等数学研究奖：张志华、梁卷明、苏昌盛、夏建光； 提名奖：杨志明、陶楚国、孙文彩、杨飞、夏云峰、多力肯·塔西、刘健	协调组成员.
全国初等数学研究会协调组第十次会议	2006 年 8 月 8～13 日，湖北大学	1.评出了第二届青年初等数学研究奖：黄华松、杨志明、杨飞、苏昌盛；提名奖：多力肯·塔西、陈立张、李春雷、夏云峰、岳建良、魏清泉、林新建、刘南山； 2.成立"全国初等数学研究会（筹）理事会"，解散原协调组.研究会组成员，顾问：周春荔、杨世明；理事长：沈文选；副理事长：杨学枝、吴康、汪江松、王光明、黄邦德(后在 2007 年 11 月 9～11 日在湖南师范大学召开的常务理事会扩大会议上增补了：曹一鸣、曾建国为副理事长)；秘书长：吴康；副秘书长：丁丰朝、江嘉秋、孙文彩、李德先、杨志明、黄仁寿； 3.筹办《中国初等数学研究》杂志，成立编委会，顾问：周春荔、杨世明；主任：沈文选；副主任：杨学枝、吴康、黄邦德；主编：杨学枝；副主编：刘培杰、吴康； 4.成立全国数学研究会网站，主管：杨学枝；管理人员：孙文彩、胡中传.	协调组扩大会议人员.

振兴祖国数学的圆梦之旅
——中国初等数学研究史话

续表 2 全国初等数学研究组织机构

名称	会议时间、地点	主要内容	组织成员（参加人员）
全国第七届初数会	2009 年 8 月 7～10 日	无记名投票选举产生第二届理事会，顾问：张景中、林群、张英伯、李尚志、韩云瑞、周春荔、沈文选、单墫、杨世明、汪江松. 理事长：杨学枝. 常务副理事长：吴　康. 副理事长：王光明、黄邦德、曹一鸣、杨世国、刘培杰、马乾凯. 秘书长：孙文彩. 常务副秘书长：江嘉秋. 副秘书长：曾建国、林文良、马小为、萧振纲、王孝宇、王中峰、邹明、于和平、赵胤.	第二届理事会第一次常务理事会议无记名投票选举产生.
全国第八届初数会	2012 年 7 月 31～8 月 3 日（后因台风 8 月 2 日结束）	顾问：张英伯、张景中、李尚志、杨世明、汪江松、沈文选、单墫、周春荔、林群、罗增儒. 理事长：杨学枝. 常务副理事长：吴康. 副理事长： 刘培杰、曹一鸣、王光明、杨世国、沈自飞、李建泉、萧振纲、龙开奋、孙文彩. 秘书长：江嘉秋. 常务副秘书长：张小明. 副秘书长：王中峰、王芝平、王钦敏、卢建川、李明、李吉宝、林文良、陈文远、杨德胜、曾建国、褚小光. 注：2013 年 8 月 20～23 日在贵州黔西县召开的中国初等数学研究会第三届理事会第二次常务理事会议上做了以下增补： 副理事长：李吉宝（不再任副秘书长）、马小为；张小明为副秘书长（不再任常务副秘书长）；副秘书长：蒋远辉、张超月、陈启远.	第三届理事会第一次常务理事会议举手表决选举产生.

§2　第九届初数会在安徽省合肥市召开

2.1　筹备工作

合肥师范学院数计学院王家正院长对筹备的工作意见

杨理事长您好！

对于您的来信,我们经过认真的研究,现答复如下:

1.关于会期,我们建议:开会时间放在 7 月中旬,因为 8 月初是合肥市最热的时节(答复:会议时间可否定在:2014 年 7 月 14 日(周一)报到,7 月 15～16日上午开会);

2.关于会议议程,我们建议正式会议安排一天半时间,因为:两整天的会议会使与会人员感到疲劳,效果不佳;可以利用最后半天时间开展一些活动,让与会人员参观一下合肥市一些景区.如果有代表参观安徽省其他景区,如黄山、天柱山等,我们联系旅行社,费用自理(答复:可以这样安排);

3.关于会务费,当前正是中央落实八项规定,要求越来越高时期.我们经研究和讨论收费建议为 400 元/人,会务费由酒店收取并开具发票,会议通讯录与大会合影一并发送电子版至每位代表.会务费及我校资助(注:我校规定,承办全国性会议资助 2 万元左右),我们认为主要用于代表用餐、有关专家接待、有关用车、水、专家报告费用、会议材料、宾馆会场使用费等(经过我们预算有一定的差距,论文集的印刷费有很大难度)(答复:会务费还是收 480 元,以便向与会代表提供资料《中国初等数学研究》第 4,5 集每本 30 元成本费,共 200 本,以及论文集;其他方面按你们所述办理);

4.会议地点:会议地点设在合肥师范学院锦绣校区学术报告厅,全国初等数学研究会(筹)顾问及常务理事扩大会议地点在珍滨大酒店会议室(答复:好的);

5.住宿地点:珍滨大酒店(合肥师范学院(锦绣校区)外西北角)(答复:好的);

6.关于专家接待,我们建议:因飞机场远离市区,加上登记检查时间较长,而院士及专家所在城市大都高铁比较发达,可以选择乘坐高铁或动车更为便捷.(做报告的院士及有关专家由研究会负责邀请)(答复:可以,凡有高铁的坐高铁,若没有高铁,个别是否允许坐飞机？坐高铁(个别飞机)的专家是自己到会议报到地点,还是你们派车去接? 专家由我们研究会请).

7.我们负责会议接待,会议材料(资料袋、笔、笔记本,装袋)、会场布置,通知发放、照相、通讯录等有关会务工作(答复:好的);

8.研究会秘书处负责确定会期、会议议程、邀请专家、决定参会人员、确定会务费数额、撰写会议纪要(答复:好的).

还有以下几点,研究结果如何,也望回复:

1.大会规模:是否与上一届相同,180 人以内(王主任答:可以);

2.拟请专家:3 人(含张景中院士),可否(王主任答:可以)?

3.路费、住宿费、伙食费等拟有大会负责的人员有:3 个专家、学会已退休的顾问和理事长 5 人,总共 8 人.可否(王主任答:可以)?

注:括号内的"答复"是杨学枝理事长的答复.

2.2 征文通知

第九届全国初等数学研究及
中学数学教育教学研讨会征文通知

第九届全国初等数学研究及中学数学教育教学研讨会由全国初等数学研究会举办,合肥师范学院承办,拟于 2014 年 7 月 31 日～8 月 3 日在安徽省合肥市举行(具体会议时间以正式会议通知为准).有关征文通知如下:

一、征集论文(未经发表)内容

1.初等数学专题研究的新成果或某一专题研究综述.

2.中学数学教育教学研究.

3.数学自主招生、数学竞赛与竞赛数学研究.

4.中、高考试题研究.

5.数学文化.

二、有关奖项

1.评选和颁发第五届"中国中青年初等数学研究奖"(名额 5 人).申报条件:年龄不超过 45 周岁,中级职称以上,提交一篇反映自己在初等数学研究及中学数学教育教学研究所获新成果的论文(第一作者),附上身份证复印件,另文简介自己已发表的初等数学研究及中学数学教育研究的主要成果并做本人详细介绍,提供详细通讯地址、邮政编码、联系电话(最好是手机号码)等.参评者请联系杨学枝理事长(手机:13609557381),将以上材料的 Word 电子文稿最迟在 2014 年 3 月 31 日发送杨学枝理事长(邮箱:yangxuezhi1121@126.com).

2.评选第三届中国"初等数学研究成果奖".申报条件:至少提交一篇未发表的高质量初等数学研究及中学数学教育教学论文(第一作者),附上身份证复印件,另文简介自己已发表的初等数学研究或中学数学教育教学研究的其他主要成果并做本人详细介绍,提供详细通讯地址、邮政编码、联系电话(最好是手机号码)等.参评者请联系杨学枝理事长联系(电话13609557381),将以上材料的 Word 电子文稿在 2014 年 3 月 31 日前发送杨学枝理事长(邮箱:yangxuezhi1121@126.com).

3.会议将评选第三届中国"初等数学研究杰出贡献奖"(原则上不超过二名).

三、投稿要求

1.论文一律用中文打印,数学公式需用公式编辑器输入,用几何画板作图.来稿具体行文格式、要求详见全国初等数学研究会网站:http://www.cdmath.org.论文必须在正文前附上内容摘要、关键词,不需再附英文内容摘要、关键词.

2.发送论文时,请另附一份作者简介,作者的详细通讯地址、邮政编码、联系电话(最好是手机号码)、电子邮箱等 Word 电子文稿.

3.稿件请用 Word 电子文件发送电子邮箱(E-mail)至 cgcs1314@yeah.net,同时将论文评审费 50 元汇至中国建设银行:江嘉秋 4367 4218 2321 0109 448,汇款时一定要注明作者姓名、工作单位和相关事项.另汇款后务请发短信至江嘉秋(手机:13705936996),否则不予评审.

四、相关事宜

1.邀请部分优秀论文作者参加本届会议.

2.部分优秀论文将安排在全国初等数学研究会会刊《中国初等数学研究》杂志上发表.

3.会议详情与信息请关注全国初等数学研究会网站.

4.向大会提交论文的最后期限是在 2014 年 3 月 31 日前收到其电子文稿,逾期不予受理.

全国初等数学研究会

2013 年 3 月 1 日

2.3 会议通知

全国第九届初等数学研究暨中学数学教育教学学术交流会
通 知(第一轮)

尊敬的_____先生/女士:

第九届全国初等数学研究及中学数学教育教学学术交流会定于 2014 年 7 月 15 日至 7 月 16 日在安徽合肥市合肥师范学院召开,这是全国初等数学研究爱好者与数学教育教学工作者的盛会.本届学术交流会由全国初等数学研究会主办,合肥师范学院承办.大会将邀请著名数学家、教育家等知名人士做学术报告.

鉴于您在初等数学研究暨数学教育教学研究方面所做的努力与贡献,现诚挚邀请您参加本次学术交流大会.

一、会议报到时间

2014 年 7 月 14 日全天报到(7 月 14 日晚餐至 7：30 止).第三届理事会常务理事务必要在 7 月 14 日 18：00 前到达会议地点,参加当天晚上召开的第三届理事会第三次常务理事会议.

二、住宿及报到地点

珍滨大酒店(合肥师范学院(锦绣校区)外西北角)

三、费用

1.会务费：每位代表 480 元,由住宿酒店代开会务费发票；

2.所有与会人员的住宿费及差旅费回原单位报销,随行家属每人需交 300 元伙食费.

四、会议日程安排(以参会当日会议日程为准)(表 7)

表 7　会议日程安排

7 月 14 日晚	19：30～21：30:第三届理事会第三次常务理事会议.
7 月 15 日上午	① 8：00～9：00:大会开幕式；② 9：00～9：30,集体留影；③ 9：30～12：00:三位著名专家做大会学术报告.
7 月 15 日下午	14：30～16：00:专家做大会学术报告；16：00～18：30:分组论文交流与有关问题讨论.
7 月 15 日晚上	19：30～21：30:召开正副理事长、顾问及正副秘书长扩大会议.
7 月 16 日上午	8：00～10：30:大会论文交流；10：30～12：00:大会闭幕式(小组讨论情况汇报、宣布全国初等数学研究会第七届论文评选结果即颁奖,宣布第三届"初等数学研究突出贡献奖""第五届中青年初等数学研究奖"第三届"初等数学研究论文奖"名单并颁奖).
7 月 16 日下午	14：00～18：00:学习考察交流.
7 月 17 日	上午 12：00 前离会.

五、回执

凡要求参加会议的人员都必须完整填写回执(电子稿),并一定要在 2014 年 5 月 31 日前发到以下邮箱：qgcdsxyjh@126.com,否则第二轮正式的会议邀请函将不予以寄发.第二轮正式的会议邀请函将于 2014 年 6 月上旬寄发.

六、会务组联系人

会务组联系人:肖云,电话:13865928028.

江嘉秋,电话:13705936996,地址:福州教育学院,邮编:350001；

电子邮箱：jjq1963@yeah.net.

中国安徽会议代表群群号：233636992.

请关注全国初等数学研究会网站：http://www.cdmath.org(表8).

全国初等数学研究会

2014 年 4 月 10 日

表 8　全国第九届初等数学研究暨数学教育教学学术交流会回执

全国第九届初等数学研究暨数学教育教学学术交流会回执 (内容较多时请自行放大)						
姓名		性别		职称		职务
单位			联系电话			
通讯地址				邮编		
E—mail			是否参加旅游			
房间要求			是否带家属（人数）			
特殊要求			到会时间		离会时间	
论文题目						
备注						

全国第九届初等数学研究暨中学数学教育教学学术交流会
邀　请　函

尊敬的_____先生/女士：

　　第九届全国初等数学研究及中学数学教育教学学术交流会定于 2014 年 7 月 15 日至 7 月 16 日在安徽合肥市合肥师范学院召开,这是全国初等数学研究爱好者与数学教育教学工作者的盛会.本届学术交流会由全国初等数学研究会主办,合肥师范学院承办.大会将邀请全国著名数学专家做学术报告.

　　鉴于您在初等数学研究暨数学教育教学研究方面所做的努力与贡献,现诚挚邀请您参加本次学术交流大会.

　　一、会议报到时间

　　2014 年 7 月 14 日全天报到(7 月 14 日晚餐至 7：30 止).第三届理事会常务理事务必要在 7 月 14 日 18：00 前到达会议地点,参加当天晚上召开的第三届理事会第三次常务理事会议.

　　二、住宿及报到地点

　　1.珍滨大酒店(合肥师范学院(锦绣校区)外西北角);珍滨大酒店联系电话:0551—68110666.

　　2.到报到地点的乘车路线

　　(1)火车站路线:乘 149 路或 226 路到柏树郢下;乘 1 路到科大站下,换成 148 路到经开区停保场站下;从火车站打车到经开区与天门路交口即到,票价大约 45 元.

380

(2)机场路线:合肥市新桥机场乘 3 号线机场大巴在南二环下,票价 25 元,再换乘出租车大约 15 元到经开区与天门路交口即到;机场打车到经开区与天门路交口即到,票价大约 100 元.

三、费用

1. 会务费:每位代表 480 元,由住宿酒店代开会务费发票;

2. 所有与会人员的住宿费及差旅费回原单位报销,随行家属每人需交 300 元伙食费.

四、会议日程安排(以参会当日会议日程为准)(表 9)

表 9   会议日程安排

7 月 14 日晚上	19:30～21:30:第三届理事会第三次常务理事会议.
7 月 15 日上午	8:00～9:00:大会开幕式;9:00～9:30,集体留影;9:30～11:00:全国著名专家涂荣豹做学术报告:教学生学会思考(解题教学);11:00～12:30:专家做大会学术报告.
7 月 15 日下午	14:30～16:00:全国著名专家宋乃庆做学术报告:新中国成立以来我国基础教育中若干争鸣问题(数学教育);16:00～18:30:分组论文交流与有关问题讨论.
7 月 15 日晚上	19:30～21:30:召开正副理事长、顾问及正副秘书长扩大会议.
7 月 16 日上午	8:00～10:30:大会论文交流;10:30～12:00:大会闭幕式(含颁奖).
7 月 16 日下午	14:00～18:00:学习考察交流.
7 月 17 日上午	离会.

五、会务组联系人

会务组联系人:

肖   云,电话:13865928028;合肥师范学院   邮编:230061;

江嘉秋,电话:13705936996;地址:福州教育研究院鼓楼区光禄坊 103 号

邮编:350001   电子邮箱:jjq1963@yeah.net.

中国安徽会议代表群群号:233636992.

全国初等数学研究会网站:http://www.cdmath.org;

邮箱:qgcdsxyjh@126.com.

全国初等数学研究会

合肥师范学院(安徽省)

2014 年 6 月 8 日

2.4 会议召开

全国第九届初等数学研究
暨中学数学教育教学学术交流会
大会主席团名单

杨学枝　吴　康　杨世国　刘培杰　曹一鸣　王光明　沈自飞
李建泉　李吉宝　萧振纲　孙文彩　龙开奋　江嘉秋　王家正

全国第九届初等数学研究
暨中学数学教育教学学术交流会
开幕词

全国初等数学研究会第三届理事会理事长　杨学枝

尊敬的各位领导、各位来宾、各位代表：

全国第九届初等数学研究暨中学数学教育教学学术交流会今天在美丽的合肥师范学院校园召开了,这是我国初数界的一件盛事,来自全国各省市、自治区师范院校教师、中小学数学教师、数学教研员、初数爱好者的代表欢聚一堂,共同交流数学教育教学经验及初等数学研究的成果,探讨我国初等数学教育教学改革和初等数学研究工作的美好的明天.

初等数学是数学的重要组成部分,为振兴我国初等数学研究事业,早在20世纪80年代末90年代初,由周春荔(首都师范大学)、杨世明(天津市宝坻)、庞宗昱(天津师范大学)、张国旺(河南教育出版社)、杨学枝(福建省福州)等我国一批有识之士就为之而努力奋斗.从1991年在天津师范大学召开了全国第一届初等数学研究学术交流会,到今天在安徽合肥师范学院召开的全国第九届初等数学研究暨中学数学教育教学研究学术交流会,从1991年成立的"中国初等数学研究工作协调组"(自发民间组织)到2006年成立"中国初等数学研究会",至今历经三届理事会,从全国各省、市(自治区)自发成立民间的初等数学研究组织——"初等数学学会(研究会、研究小组)"到2013年11月和2014年6月相继经政府部门正式审批成立的福建省初等数学学会和广东省初等数学学会——省一级学会,"初等数学学会"在这些省终于有了正式名分.从此,这两个省的"初等数学学会"也登上了大雅之堂.期间历经了二十多年艰辛而又漫长的磨难.福建省和广东省成立初等数学学会这是全国初等数学研究事业形势发展的必然,是全国初等数学研究巨大浪潮冲击的结果.如今,"万绿丛中一点红",展望"星星之火可以燎原",势不可挡.福建、广东两省能够成立省一级初等数学学会,全国其他省市难道能熟视无睹！我们希望在不久的将来,全国各省市都能相继成立省市级初等数学学会,形成"农村包围城市"之势,届时,我们大家会有一个共同的"家"——"中国初等数学研究会",不管谁想阻挡也挡不住!"待到山花烂漫时,它在丛中笑"! 让我们高高地举起双手,信心百倍的去迎接光辉灿烂的明天吧!

近年来,我国初等数学研究事业步入了健康快速发展的轨道,初数研究的一些成果已接近或达到了国际先进水平.但同时我们也要看到,我国初数研究事业在各地区的发展还很不平衡,在初数某些领域的研究与世界相比还存在着一定差距.初数研究事业还常常受到各种各样的阻力和制约,锁链靠我们努力自己去解脱,束缚靠我们用团结的力量去冲破."从来就没有什么救世主,也不靠神仙皇帝.要创造人类的幸福,全靠我们自己!"使命光荣而又艰巨,道路曲折而由漫长,前途无限光明! 初数研究事业具有强大的生命力,有全国广大初数研究工作者、爱好者的积极参与和奋力拼搏,我们的队伍在一天天地壮大,事业在一天天地发展,中国的初数研究事业一定会走在世界的前列!

本届大会得到了合肥师范学院领导和各方面人士的大力支持和热情帮助,合肥师范学院会议筹备组为大会的顺利召开做了大量艰苦而细致的工作,在此,请允许我代表全国初等数学学会以及全体与会代表向他们表示最崇高的敬意和最衷心的感谢!

最后,预祝大会圆满成功! 祝与会各位领导、各位来宾、各位代表身体健康! 工作顺利! 马到成功!

2014 年 7 月 15 日

全国初等数学研究会第三届理事会工作报告
(2012 年 8 月~2014 年 7 月)

秘书长江嘉秋

尊敬的各位来宾、各位代表:

大家好!

"初数"的情结,又把我们从海西鹭岛带到了徽山皖水,在合肥师范学院召开全国第九届初等数学研究暨中学数学教育教学学术交流会.受全国初等数学研究会第三届理事会的委托,我向大会做第三届理事会近两年来的工作报告,请各位代表审议.

两年来,我们研究会主要做了以下工作:

(一)学会工作

1.形式多样的初等数学学术研究与学术交流.

我们始终坚持"百花齐放、百家争鸣"的方针,坚持学术民主和自由,努力营造宽松的学术氛围,组织学术研究小组或学术研究团队大力从事学术研究.两年来,在初等数学理论前沿问题和实践前沿问题等方向上,我们取得了许多优秀的科研成果.如 2013 年 7 月第六届全国不等式学术年会在内蒙古民族大学顺利召开.2013 年 8 月,我们在中国革命的宝地黔西市洒下"初数"的种子,今天又在"江南唇齿,淮右襟喉"之地畅谈"初数"的情怀,数说"初数"的成果.同时,在本次交流会上,我们还将开展第五届"中国中青年初等数学研究奖"、第三届中国"初等数学研究成果奖"、第三届中国"初等数学研究杰出贡献奖"评选和颁奖工作.

我们的队伍人才辈出,我们的队伍日益壮大.我们有如林群院士、张景中院士、张英伯教授、杨世明先生、沈文选先生、杨学枝先生、胡炳生教授、汪江松先生、周春励先生、罗增儒先生、熊曾润教授等德高望重的老前辈的鼎力支持与参与.还有如吴康教授、刘培杰教授、曹一鸣教授、王光明教授、萧振纲教授、沈自飞教授、李吉宝教授、杨世国教授、李建泉教授、龙开奋教授等许多德才兼备的专家学者,他们带领各自的团队,在相应的初数领域研究中走在了全国的前列.特别指出的是刘培杰先生的工作室为我们打扫战场、开军功会,出版了许多初数专集,为初数研究鸣锣开道,扩大了"初数"的传播空间,更有如孙文彩、江嘉秋、诸小光、刘健、刘保乾、李明、潘成华、严文兰等一大批年富力强的后辈军,他们成立各自的工作室,利用网站进行零距离的交流,让更多的年青数学工作者以及许许多多志同道合的老朋友也参与其中.正是如此,我们的学会充满着生命力,我们的学术交流活动有声有色、如火如荼.

2.内容丰富的学术成果出版与评定.

为了充分调动我会会员从事初等数学学术研究的积极性、主动性和创造性,繁荣我国初等数学研究事业,提升学术活动质量,促进学术成果转化,促使初等数学研究走向专业化、国际化发展的道路,更好地为数学教育教学事业发展服务.我会的会刊《中国初等数学研究》已出版了五期,第六期已开始征稿,有部分第九届全国初等数学研究暨中学数学教育教学研讨会论文奖被刊用.近两年来,在哈尔滨工业大学出版社刘培杰数学工作室支持下,出版了大量初等数学研究或与之有关的学术专著

《不等式研究》第一、二辑	杨学枝	
《转化与化归》	杨世明	
《切比雪夫逼进问题》	佩 捷	林 常
《原则与策略》	杨世明	
《差分方程的拉格朗日方法》	曹珍富	刘培杰
《绝对值方程》	林世保	杨世明

振兴祖国数学的圆梦之旅
——中国初等数学研究史话

《三角形中的角格点问题》	田永海
《教材边上的数学》	王钦敏
《立体几何的技巧与方法》	何万程　孙文彩
《数学与生活动》	杨　飞　陈　荣

等.

3.完善学会的组织建设与管理工作.

2012 年在厦门市召开的全国第八届初等数学研究暨中学数学教育教学学术交流会上我们进行了换届选举工作,表决通过了第三届理事会理事、常务理事、理事会组织机构.2013 年 8 月在黔西市成功召开了第三届理事会理事第二次常务理事会议,完善了常务理事档案登记管理工作,完善学会各委员会的分工工作.目前学会常务理事已发展到 115 名,理事 226 人,初等数学研究会网上会员发展到千余人.

在全国初等数学研究的浪潮推动下,省市一级初等数学学会相继成立,如福建省初等数学学会于 2013 年 7 月 16 日召开了成立大会;广东省初等数学学会于 2014 年 3 月 30 日也召开了成立大会;深圳市初等数学研究会于 2012 年 11 月 25 日召开了成立大会.还有一些省市也正在筹备成立初等数学学会.我们相信,不久将来,初等数学学会必将在全国遍地开花,到时候,中国初等数学学会必将诞生!

4.学会宣传工作有条不紊地开展.

(1)充分利用网络平台进行学会宣传、开展网站联合机制.目前与我会网站合作的有 30 多个团(群)体、网站.

(2)充分利用媒体 QQ 群网络,进行交流,目前在群会员数量达数百人.

5.积极进行正式学会申报的材料准备.

两年来,我们按照中国科协主管单位与中国民政部关于社会性学术团体管理办法的要求,继续系统的进行了申报前的材料准备工作,学会申报筹备成立的材料初步形成.杨学枝理事长、吴康常务副理事长、孙文彩副理事长、江嘉秋秘书长等为申报工作可谓不遗余力,不间断地与各方人士密切联系,希望我们的努力能不负有心人.

(二)我们面临的困难依旧

1.学会没有什么收入,经费十分困难.

2.《中国初等数学研究》以书代刊的学会杂志出版处境依然艰难,目前主要是以作者购书的形式支付部分的经费,余下由刘培杰工作室的鼎力支持.

3.全国初等数学研究会网站,外表有待改观,内容需要进一步丰富、即时更新.特别是功能需要加强,如利用网站进行学会会员申请登记工作、杂志审稿工作等.

4.目前我们学会一直是未正式注册登记的民间学术团体,申报前景依然堪忧,特别如申报经费的缺乏,申报的途径难寻等.

5.学会的组织管理有相当大的困难.

(三)学会今后的工作思路

1. 进一步丰富学会的学术活动,拓展一些赢利性的项目(可参考福建省初等数学学会的方式).在此基础上,聘请专家,开展一些影响大的、高级别的、体现初数研究的公益性的学术交流活动.

2. 完善学会组织管理,一切按中国科协社会团体管理细则与中国民政部关于社会学术团体的管理要求,尽可能健全学会管理制度.例如,学会秘书处日常管理工作、学会会员申请登记制度、学会理事档案资料管理(简历)、学会财务制度、学会常务理事会会议制度、各委员会工作的开展等.

3. 健全学会杂志的审稿工作制度,对初数专题研究严格把关,其他栏目可适度放宽审稿要求.

没有原则性错误,应帮忙扶正.鼓励本学会的专家投稿,发表前沿研究成果,提升杂志的质量.

4. 继续致力于学会的正式申报工作,借鉴福建省初等数学学会的申报工作思路,上下一起抓.

上,梳通申报途径;下,合理发展会员及成立各地初等数学学会.

5. 致力于初等数学研究成果应用于中学数学教学实践的研究.我们的研究需要"阳春白雪",体现数学的美与理;也需要"下里巴人",体现数学文化的普及性.

6. 尽早着手筹备全国第十届初等数学研究暨中学数学教育教学学术交流会和第三届理事会第五次常务理事会议;

7. 做好全国初等数学研究会第四届理事会换届准备工作.

最后我相信在全国初等数学研究会全体会员的共同努力下,我国初等数学研究将更上一个新的台阶.我们坚信,有那么一天,我们的队伍像盛开的映山红,山花浪漫;有这么一天,我们一起在花丛中欢笑.

祝愿大家会议期间心情愉快,身体健康.

预祝这次会议取得圆满成功!

谢谢大家!

2014 年 7 月 15 日于安徽省合肥市

振兴祖国数学的圆梦之旅
——中国初等数学研究史话

全国第九届初等数学研究暨中学数学教育教学学术交流会纪要

（2014 年 7 月 14 日～2012 年 7 月 16 日安徽·合肥,图 4）

全国第九届初等数学研究暨中学数学教育教学学术交流会于 2014 年 7 月 14 日～7 月 16 日在合肥师范学院隆重召开,出席会议的有来自全国 21 个省市的代表 98 人.

7 月 14 日晚 19：30 召开了全国初等数学研究会第三届理事会第四次常务理事会议,会议讨论通过了大会主席团名单;讨论通过了代表大会日程与议程安排;讨论通过了第九届初等数学研究暨中学数学教育教学学术交流会论文获奖名单;讨论并通过了杨路教授、吴康教授、刘培杰教授、萧振纲教授授予第三届"初等数学研究突出贡献奖"荣誉称号;讨论并通过了王钦敏老师、秦庆雄老师、苏克义老师、黄丽生老师授予"第五届中青年初等数学研究奖"荣誉称号.

7 月 15 日上午举行开幕式,西南大学博士生导师宋乃庆教授,南京师范大学博士生导师涂荣豹教授,合肥师范大学汤增产纪委书记出席了开幕式.全国初等数学研究会顾问和主要负责人杨世明、杨学枝、吴康、刘培杰、萧振纲、杨世国、孙文彩、江嘉秋等出席了开幕式.杨学枝理事长主持开幕式并致开幕词,汤增产书记致欢迎辞,江嘉秋秘书长做了理事会工作报告.工作报告回顾了第三届理事会近两年来的主要工作,总结了两年来会员在初等数学研究领域所取得的一系列新的研究成果,阐述了所面临的一些困难以及学会今后的工作思路,报告还介绍了学会理事会申请筹备的一些情况.随后全体代表合影留念(图 4).

开幕式后,全体代表听取了 2 场高质量学术报告:涂荣豹教授为大会做了"教学生学会思考(新课程教学)"专题讲座,内容既朴实又深刻,指出数学教育的最大目标是发展学生的认识力、教学生学会思考,整个过程条理清晰,论证严谨,案例极具说服力,可操作性强,代表们受益匪浅;宋乃庆教授为大会做了"新中国成立以来我国基础教育若干争鸣问题"专题讲座,以争鸣为主题,广征博引,指出了新中国成立以来我国基础教育中的若干争鸣问题,开拓了我们进行数学教育教学研究的思路.

7 月 15 日下午进行了 8 场 10 分钟学术报告:杨世明特级教师"初等数学杂谈";沈文选教授"对教育数学的一些看法";杨世国教授"三维欧氏空间中广义正弦定理与余弦定理";吴康副教授"正整数有序分拆积和式计算问题";刘培杰编审"一道保送生试题的深度解读";萧振纲教授"数列的广义差分";台湾蔡坤龙董事长"台湾数学竞赛与初等数学研究";杨学枝特级教师"浅谈点量".学会专家的报告内容深刻,意义深远,报告的内容涉及了数学教育、教育数学、初等数学相关领域的许多研究专题,杨学枝和吴康先生的成果都是经历数十年的持续研究,令人感动.紧接着,大会分代数研究小组、几何研究小组、数学教育教学研究小组进行了更加广泛的学术交流.

7月15日晚,吴康常务副理事长主持召开了正副理事长、正副秘书长扩大会议,大家恳谈了学会申报工作;初步商定了2015年暑期在深圳市召开第三届第五次理事会议;广东省初等数学学会乐意接受2016年暑期在广州市召开全国第十届初数会;会上还讨论了下一届理事会改选问题;与会人员一致推荐增补郭伟松、唐作明、李世杰、张永芹、杨文龙担任学会副秘书长职务,推荐增补林全文、郑建新、钟进均、郭要红、贺斌、石焕南、张新全、郭小全、杨飞、任迪惠、蔡坤龙、徐胜林担任理事会常务理事职务.还增补了部分理事;会议经研究决定,成立全国初等数学研究会"初等数学研究小丛书"编辑部,由杨学枝理事长任主编,刘培杰副理事长、吴康常务副理事长任副主编,我们欢迎广大初数研究工作者、爱好者积极撰写初等数学研究内容的小本专著.

7月16日上午8:30～10:30,刘培杰副理事长主持大会论文交流,共有16名代表在会上交流了他们的论文成果,他们分别是:杨飞、李常青、郑志宏、童其林、徐胜林、石焕南、王方汉、杨文龙、田开斌、任迪惠、杨世明、白烁星、舒云水、严文兰、何重飞、张永芹.上午10:30～12:00吴康主持大会闭幕式.首先进行自由发言,共有十几个代表在大会发言,有的简要介绍了自己在初数研究方面所取得的成果,有的就学会工作发表了自己的意见;会上宣布了全国第九届初等数学研究学术交流会论文评选结果并颁奖,本次大会共收到全国各省(市)选送的参评论文115篇,经过全国初等数学研究会学术委员会专家评审委员会的初评和复评,共评出87篇论文入选大会交流,75篇获奖,其中一等奖9篇、二等奖16篇、三等奖50篇;宣布颁发了第三届全国"初等数学研究贡献奖"和"第五届中青年初等数学研究奖";全国初等数学研究会秘书长江嘉秋宣读了本次大会纪要.

在大会筹备及会议期间合肥师范大学给予了大力支持和帮助,特别是合肥师范大学师生为大会的顺利召开做了大量艰苦、细致的工作,常务副理事长吴康再次代表与会代表向他们表示诚挚的敬意和衷心的感谢!对全体会议工作人员的辛勤劳动表示衷心的感谢!最后,杨学枝理事长宣布全国第九届初等数学研究暨中学数学教育教学学术交流会圆满闭幕.

图 4　全国第九届初等数学研究暨中学数学教育教学学术交流会全体人员合影

全国初等数学研究会

2014 年第九届全国初等数学研究
暨中学数学教育教学学术交流会
论文评选结果公布

全国第九届初等数学研究学术交流会论文评选结果已经揭晓. 本次大会共收到全国各省(市)选送的参评论文 115 篇,经过全国初等数学研究会学术委员会专家评审委员会的初评和复评,共评出 87 篇论文入选大会交流,75 篇获奖,其中一等奖 9 篇、二等奖 16 篇、三等奖 50 篇. 现将评选结果予以公布.

入选论文、获奖论文题目及作者名单(表 10),部分论文将刊在第六期《中国初等数学研究》杂志上.

全国初等数学研究会

2014 年 7 月 10 日

表 10　2014 年第九届全国初等数学研术暨中学数学
教育教学学术交流会获奖论文名单

序号	姓名	论文题目	奖次
1	朱世杰	褚小光的三个猜想的证明	一等奖
2	褚小光、田开斌、潘成华	涉及三角形动点的三个比值型不等式	一等奖
3	刘健	Erdos－Mördell 不等式、Barrow 不等式 与 Oppenheim 不等式的加细	一等奖
4	田开斌、潘成华、褚小光	关于沢山定理的若干命题	一等奖
5	杨之、王雪芹	平行六边形及其推广	一等奖
6	杨学枝	一个平面四边形面积公式的证明	一等奖
7	杨之、刘连富	卢米斯构图发隐与毕氏"珍品"的证明	一等奖
8	潘成华、田开斌、褚小光	关于旁心三角形的若干问题	一等奖
9	李世杰、李盛	不等式是刻画自然形态的重要模型	一等奖
10	杨志明	关于 W. Janous 猜想的变式的注记	二等奖
11	吴光耀、李世杰	两个函数元不等式的解析解	二等奖
12	杨文龙	厄克特(Urquhart)定理的一般推广	二等奖
13	杨之	纸带打结得正多边形的严格证明	二等奖
14	郭小全	论三个基本圆共点的一些性质	二等奖
15	白烁星、韩江燕	三元数函数与解析——从复平面到数空间	二等奖
16	苏克义	一类多指标递推关系的求解	二等奖
17	舒云水	金风玉露一相逢,便胜却人间无数—— 一个经历了十三年的探究故事	二等奖
18	陶楚国	一元四次函数图像判别定理	二等奖
19	杨之	"时钟数列"的构造与证明	二等奖
20	汪长银	关于一道美国数学月刊征解问题拓展的研究	二等奖
21	邱继勇	分裂角平分线　编写新平面几何题	二等奖
22	李常青	用母函数法探究一类不定方程的 有序解的个数问题	二等奖
23	舒云水	形数中的平方数	二等奖
24	杨志明	基于 SOLO 分类理论的有效变式 教学的评价标准划分	二等奖
25	陈林	基于电子双板与 PGP 环境下的数学课堂教学	二等奖
26	邹守文	再谈 Nesbitt 不等式加强式的运用	三等奖
27	李明	一个连根式不等式的加强和加强式的推广	三等奖
28	严文兰	关于两段自然数的幂平均比值之单调性证明	三等奖
29	严文兰	用微积分证明一个组合不等式问题	三等奖
30	任迪慧	一个三角形不等式猜想的证明及联想	三等奖
31	梁开华	关联 $\sum a^2 b$ 与 $\sum ab^2$ 的不等	三等奖

390

续表1　2014年第九届全国初等数学研术暨中学数学

教育教学学术交流会获奖论文名单

序号	姓名	论文题目	奖次
32	冯玉花	爱可尔斯(Echois)定理和格雷贝(Grebe)作图法的推广	三等奖
33	苏昌盛	三角形内心有关难题的简证	三等奖
34	郭小全	关于三角形九点圆、欧拉线、曼海姆和纳格尔点的推广及性质	三等奖
35	吕爱生、祁超	比值的一些漂亮结果发自三角形内心	三等奖
36	关永斌、关春河	埃及分数的一般分拆法则	三等奖
37	王凯成	依据数的大小位置快速制作三阶幻方	三等奖
38	李盛	几个 N 维函数元不等式组的可微解	三等奖
39	张光年、李宗良	用两个特殊不定方程研究不变数	三等奖
40	李娜	不定方程 $w3+x3+y3+z3=w+x+y+z=4$ 及 $xyz+wyz+wxz+wxy=w+x+y+z=4$ 的整数解	三等奖
41	杨之	对两个数阵中几个猜想的证明	三等奖
42	梁开华	方幂和平方数的一些结论	三等奖
43	张树胜	连续自然数的数字和问题	三等奖
44	张永成	奇合数的一般表达式及质数的求解	三等奖
45	饶晓星	一道经典例题的思考	三等奖
46	李云杰、何灯	一道伊朗国家选拔不等式试题推广的改进	三等奖
47	秦庆雄	对 2013 年新课标 II 卷理科第 17 题的深入探究	三等奖
48	黄丽生	两道 2014 北约自主招生试题的背景及推广	三等奖
49	孙文彩、李明	数学问题 360 再探	三等奖
50	陈鸿斌	对一道诊断试题的研究	三等奖
51	邹黎明	一个公式的变式——直角三角形勾股型命题的研究	三等奖
52	童其林	活用等差数列的等价定义解高考题	三等奖
53	邵琼	极点与极线背景下高考圆锥曲线试题研究	三等奖
54	谢华、张光年	数形结合解决数学中的某些最值问题	三等奖
55	陈荣强	褪尽繁华、回归数学本真	三等奖
56	柏庆昆	"动"中寻"静"——例谈立体几何动态问题的解决策略	三等奖
57	梁文威	巧妙"放缩"　其乐无穷——对一道高考数列题的探究及推广	三等奖
58	林运蓉	感知三垂足一线模型寻找解题入口	三等奖
59	周日桥	换个角度、别样洞天	三等奖
60	方亚斌	用数学高考题编拟新高考题的方法探究	三等奖

序号	姓名	论文题目	奖次
61	程璐	实行"学生导师"制的实证研究	三等奖
62	何志强	宣"小组合作学习"模式 扬"数学课程改革"风帆	三等奖
63	李家善	有效落实识记教学,掌握数学基础知识	三等奖
64	翁之英	关于新课程课堂教学评价的思考	三等奖
65	张正华	浅谈数学教学中的常见数学思想方法	三等奖
66	袁丽英	抛物线焦点弦的实验研究	三等奖
67	钟进均	基于需求层次理论的"说数学"案例探究	三等奖
68	常洪波	"揭示"问题中的数学本质	三等奖
69	何正民	高中数学课堂有效教学案例研究	三等奖
70	李友兵	"误"中有道,"悟"中明理	三等奖
71	王丽芳	重视高三数学复习课教学设计提高复习效率	三等奖
72	袁丽英	数学经典课堂教学评价与反思	三等奖
73	袁丽英	探究式教学法在高中数学课堂的实践研究	三等奖
74	甘大旺	从七成多网友赞成"数学滚出高考" 谈起数学的实用性问题	三等奖
75	肖松林	结合高中数学思考模式对极限式 $\lim\limits_{n \to \infty}\left(1+\dfrac{1}{n}\right)^{n}=e(e=2.718\ 28\cdots)$的一种证明	三等奖

全国初等数学研究会

2014 年 7 月 10 日

筹备成立全国初等数学研究会，
部分省市正式成立初数会

§1　筹备成立全国初等数学研究会(表1)

编号:kx01

筹备成立全国学会
申请表

申请筹备学会名称：　中国初等数学研究会

通讯地址：福建省福州市第二十四中学

联系人：　　杨学枝

电　话：　13609557381

传　真：

电子信箱：yangxuezhi1121@163.com

申请日期：　2012 年 3 月

中国科协学会学术部　制

第 10 章

表 1　筹备申请全国学会申请表

申请筹备学会名称	中国初等数学研究会	
英文及其缩写	Chinese Elementary Mathematical Research Society 简称(CEMRS)	
学会名称解释	本学会是中国科学技术协会领导下的全国性、群众性、社会公益性的从事初等数学学术研究与教育教学研究的非营利性学术团体.	
住所地址及邮编	福建省福州教育学院(邮编:350001)	
活动资金(万元)	10万元	活动资金来源　自筹与捐赠
办事机构挂靠单位	福建省数学学会初等数学分会	

成立的背景
(指拟筹备成立全国学会涉及的学科、专业或工作的开展现状及前景)

　　本学会主要涉及中小学数学教育教学研究及初等数学学术研究,传统的初等数学内容的推广与探究(如初等数论、初等代数、初等几何、不等式、组合数学),中学数学教材、教育教学的深入探讨与研究,数学奥林匹克与测试数学的研究,初等数学的应用研究等.研究会主要群体是中小学数学教师、师范大学、大专数学教师、数学教研员、数学工作者、数学爱好等初数研究的人们.

　　随着现代数学的蓬勃发展和新的研究领域的开拓,20世纪70年代以来,人们对初等数学研究的兴趣越来越浓,我国涌现出了一大批基础雄厚、队伍庞大的初等数学研究工作者、研究小组,他们在数学的某些深层次的课题研究方面,作出了可喜的成绩.开拓了目前方兴未艾的初等数学研究新局面,初等数学研究新的成果大量涌现,如在高观点下的初等数学研究如导数的初等应用、矩阵的初等应用、不定方程的矩阵解法研究、不等式研究、变换数列、数码方幂和问题、角谷猜想、数阵等方向上取得了一批有价值的成果,在中小学数学教育教学方面出现了大量的课题研究人员,取得了可喜成果,初等数学研究领域不断扩大与拓展.目前已形成中小学数学教育教学研究方向、初等代数研究方向、初等几何研究方向、组合数学研究方向、不等式研究方向、数学方法论研究方向、数学竞赛与测试数学研究方向、初等数学应用研究方向等,初等数学研究队伍日益强大.目前已成立了湖南、福建、江西、湖北、山东、贵州、沈阳等许多省、市初等数学研究会(学会)中国不等式研究会、折线研究小组等,成果交流成绩显著.近二十多年来,以召开了七次全国性初等数学教育教学研究及学术研究会议.上海教育出版社、科学文献出版社、湖南教育出版社、福建教育出版社、哈尔滨工业大学出版社、江苏教育出版社等相继出版了数十种初等数学研究专著,各种中学数学杂志都开设了初等数学研究专栏,因此初等数学研究的繁荣局面及其发展前景十分喜人.

　　初等数学研究的迅猛发展显示了初等数学题材巨大储量、内容丰富、方法新颖、理论系统完整,初等数学研究弥补了高等数学研究忽略的学科及其领域,具有承上启下的功能,同时初等数学又是中小学数学教育的基石,研究成果极大地丰富了中学数学教育教学的内容和背景,是走向现代数学的不可跨越的阶梯.随着数学教育教学水平的不断提高,新课程教育改革的不断深化,数学竞赛培训的健康开展,人们对初等数学研究工作和理论价值有了进一步认识,研究初等数学已成为许多数学家关心的一大课题,也引起了教育行政部门与高等师范院校数学专业人才培养的高度重视,所以成立全国初等数学研究学会有着十分引人注目的发展前景.对推动中国中小学数学教育教学事业有着重大的现实意义和深远的历史意义.

振兴祖国数学的圆梦之旅
——中国初等数学研究史话

续表 1　筹备全国学会申请表

主 要 宗 旨

　　本学会严格遵守中华人民共和国宪法、法律、法规和政策,遵守社会道德风尚.认真贯彻"百花齐放,百家争鸣"的学术方针,大力弘扬"尊重知识、尊重人才"的良好风尚,积极倡导创新、求实、协作的科学研究精神,推动我国科教兴国战略、人才强国战略和可持续发展战略的实施,努力为广大初等数学研究与教育教学工作者提供优质高效的服务.团结全国广大初等数学研究与教育教学工作者,积极开展初等数学研究与学术交流,促进初等数学科学研究人才的成长和提高,为全国初等数学研究与教育事业做出应有的贡献.

业 务 内 容

本学会的主要业务范围是:

　　(一)探讨初等数学学术研究与初等数学教育教学有关的理论和应用问题,定期举办全国性初等数学研究学术交流会,组织开展相关的学术交流活动,推动学术成果知识产权化,活跃学术思想,促进初等数学学科的持续发展;

　　(二)根据国内外初等数学研究的需要,组织开展各种专题研究,包括中小学数学教育教学研究、高观点下的初等数学探析、传统初等数学内容的探究与推广;初等代数研究、初等几何研究;不等式;中小学数学教材深入探讨;竞赛数学的研究;测试数学的研究;数学方法论(数学思想方法)的研究;初等数学应用的探索;数学文化的渗透研究等;

　　(三)组织编辑出版初等数学研究学术刊物、专著、初等数学普及性读物等;

　　(四)根据初等数学研究所取得的新成果、新方法、新经验,结合中小学数学教育教学的实际需要,积极开展学术经验交流,学术沙龙等活动,提高我国中等数学教育教学水平;

　　(五)开展丰富多彩的初等数学科学普及活动,传播科学精神和数学思想方法,提高人们的人文科学素养;

　　(六)不定期的举办不同类型、不同层次的初等数学竞赛培训讲座,积极协助其他数学部门开展全国数学竞赛活动与国际数学奥林匹克竞赛活动;

　　(七)定期评选中国"青年初等数学研究奖""初等数学研究奖""初等数学研究特殊贡献奖"等,提高初等数学研究会会员的学术水平,推动我国初等数学研究事业的蓬勃发展;

　　(八)积极开展港澳台与国际初等数学研究的合作与交流.

成立的必要性及可行性

(已有的筹备工作基础,如已组织过的活动、筹备的历史情况等)

　　1978 年,随着全国科学大会的召开,提出了"科学技术是生产力""要尊重知识,尊重人才"等一系列观点,迎来了科学发展的春天.科学研究的学术氛围日渐浓厚,人们开始对初等数学的研究兴趣又浓厚起来,自 1978 年～1990 年间,一大批初等数学研究工作者在自己喜爱的研究方向上取得了显著的成绩;1991 年,由一批执意发展我国初等数学研究事业的有心人、热心人(周春荔、杨世明、庞宗昱、张国旺、杨学枝、沈文选、汪江松等),将一批热爱初等数学研究事业的人组织起来,进行学术交流与专题探讨,并于 1991 年 8 月在天津市召开首届初数会并成立了中国初等数学研究工作协调组.协调组成立后,相继在全国成功举办了七次全国初等数学教育教学及学术研讨会,直接参会人数达一千余人,与会人员来自全国各个省、市、自治区,以及 2 个特别行政区,收到大会论文达 2 481 篇,取得了丰硕的研究成果.全国已有许多省市正式注册成立了初数组织,现有会员达 10 余万人.以下是历次学术交流会举办情况.

历届全国初等数学研究学术交流会情况			
届次	时间、地点、承办单位及主要筹办人	代表及论文数	学会领导机构成员
首届	1991 年 8 月 15～18 日天津师范大学数学系《中等数学》杂志社庞宗昱	28 省180 人440 篇	成立"中国初等数学研究工作协调组".成员：周春荔、杨世明、庞宗昱、张国旺、杨学枝
第二届	1993 年 8 月 15～17 日湖南师范大学数学系（湖南省数学会初等数学专业委员会）沈文选	27 省151 人534 篇	"协调组"成员：周春荔、杨世明、庞宗昱、张国旺、杨学枝、汪江松、沈文选
第三届	1996 年 8 月 17～20 日福州市经济技术开发区（福建省数学会初等数学分会）杨学枝	29 省130 人696 篇	"协调组"成员：周春荔、杨世明、庞宗昱、张国旺、杨学枝、汪江松、沈文选、熊曾润、李长明
第四届	2000 年 8 月 10～13 日首都师范大学数学系（数学教育研究所）周春荔	26 省160 人360 篇	"协调组"成员：周春荔、杨世明、庞宗昱、张国旺、杨学枝、汪江松、沈文选、熊曾润、李长明.成立"协调办事组"成员：吴康、褚小光、徐献卿、王光明、张燕勤、朱元国.
第五届	2003 年 8 月 10～13 日江西赣南师院数学系（江西省数学会初等数学委员）熊曾润	19 省84 人158 篇	"协调组"成员：周春荔、杨世明、庞宗昱、张国旺、杨学枝、汪江松、沈文选、熊曾润、李长明."协调办事组"成员：吴康、褚小光、徐献卿、王光明、张燕勤、万新灿、曾建国.

振兴祖国数学的圆梦之旅
——中国初等数学研究史话

续表 3　筹备学会申请表

第六届	2006 年 8 月 8～13 日 湖北大学 (《中学数学》编辑部) 汪江松	23 省 92 人 132 篇	成立"中国初等数学研究会(筹)理事会". 顾问:周春荔、杨世明.理事长:沈文选. 副理事长:杨学枝、吴康、汪江松、王光明、黄邦德、曹一鸣、曾建国.秘书长:吴康(兼). 副秘书长:丁丰朝、江嘉秋、孙文彩、杨志明、黄仁寿、曾建国、李德先.
第七届	2009 年 8 月 7～10 日 深圳学苑宾馆 (深圳邦德文化发展有限公司) (深圳市数学会) 吴康	20 省 152 人 162 篇	成立"中国初等数学研究会第二届理事会". 顾问:张英伯、李尚志、杨世明、汪江松、沈文选、单墫、周春荔、林群、韩云瑞. 理事长:杨学枝.常务副理事长:吴康. 副理事长:王光明、黄邦德、曹一鸣、杨世国、刘培杰. 秘书长:孙文彩.副秘书长:于和平、马小为、王中峰、王孝宇、邹明、林文良、赵胤、萧振纲、曾建国.

　　由于全国初等数学研究活动的蓬勃发展,造就了目前方兴未艾的初等数学研究新局面,新的研究成果不断涌现,研究领域不断扩大与拓展;研究队伍越来越庞大,各种研究小组在许多研究方向上取得了举世瞩目的成绩(如不等研究小组、折线研究小组、绝对值研究小组等),许多省级初等数学研究会相继成立(目前已成立了湖南、福建、江西、湖北、山东、贵州、沈阳等省级初等数学研究会(学会)),交流平台不断扩大,全国学术交流会每隔 2～3 年召开一次.近几年来,上海教育出版社、科学文献出版社、湖南教育出版社、福建教育出版社、哈尔滨工业大学出版社、江苏教育出版社相继出版了数十种专著,各种中学数学杂志都开设了初等数学研究专栏.初等数学研究,不仅为初等数学的理论宝库增添新的财富,也为现代中小学数学的发展提供了深刻的素材背景,对提高中小学数学教师及高等师范院校师生水平提供了一条切实可行的途径.初等数学研究的深入开展,极大地推动了我国数学研究与中小学数学教育教学工作的深入开展,加强了初等数学、数学思想方法在教育教学中的应用,推动了全国竞赛数学与测试数学的研究,对提高我国中小学数学教师业务水平,提高我国数学教育的质量水平有着极其重大意义,但我们一直是以民间学术团体形式和其他的学术团体合作开展活动,这给我们初等数学研究与学术交流带来了极大的不便,所以申请筹备成立中国初等数学研究会是十分必要的.

常设办事机构和专职人员情况

中国初等数学研究理事会办公地址:福建省福州教育学院(邮编:350001);杨学枝.

中国初等数学研究理事会常务理事会办公地址:华南师范大学数学科学学院(邮编:510631);吴康.

中国初等数学研究理事会秘书处地址:深圳市平冈中学(邮编:518116);孙文彩.

中国初等数学研究理事会常务副秘书处地址:福建省福州教育学院(邮编:350001);江嘉秋.

《中国初等数学研究》编辑部地址:福建省福州教育学院(邮编:350001);江嘉秋.

会员群体的分布及相关科研、教学或生产经营单位简况

自 1991 年成立中国初等数学研究协调组以来,已成功举办了七次初等数学研究学术交流活动,参会人数已达 969 人,交流论文达 2 481 篇,现有常务理事已达到 105 人,理事 226 人,初等数学研究会会员已发展到数千人,遍及全国 23 个省,5 个自治区,4 个直辖市,2 个特别行政区.

省区	姓名	性别	职务职称	地址	邮编
安徽	胡炳生	男	教授	安徽师范大学数计学院	241000
安徽	盛宏礼	男	高级教师	明光市涧溪中学	239461
安徽	钱照平	男	校长、特级教师	池州市木镇中学	242803
北京	王坤	男	一级教师	北京第八十中学	100020
北京	王贵军	男	特级教师	北京第八十中学	100020
北京	陈国栋	男	特级教师	北京第八十中学	100020
北京	李彭龄	男	特级教师	北京昌平第一中学	102200
北京	王芝平	男	高级教师	北京宏志中学	100013
北京	张英伯	女	博导、中国数学会常务理事	北京师范大学数学科学学院	100875
北京	曹一鸣	男	教授、中国数学会理事	北京师范大学数学科学学院	100875
北京	张超月	男	院长、一级教师	北京学而思培训学院	100089
北京	赵胤	男	高级教师	北京市海淀区北注路甲三号正豪大厦 A188 室	100089
北京	周春荔	男	教授	首都师范大学数学系	100037
北京	刘蒿	男	二级教师	北京国子监中学	100007
福建	苏昌盛	男	教研室副主任、高级教师	福建永春第三中学	362609
福建	林世保	男	高级教师	福州市第二十四中学	350001
福建	杨学枝	男	特级教师、理事长	福州市第二十四中学	350015
福建	江嘉秋	男	高级教师	福州教育学院	350001
福建	胡鹏程	男	数学组长、一级教师	福州市劳动路 18 号福州第十一中学	350001
福建	黄德芳	男	高级教师	南平第一中学	353000
福建	曹淑贞	女	副教授	三明学院	365004
福建	林蓉	女	副教授	三明学院	365004
福建	苏少卿	女	讲师	三明学院数计系	365004

续表 5　筹备学会申请表

福建	陈建虹	女	一级教师	福建福州第二十四中学	350015
福建	林森	男	一级教师	福建福州第二十四中学	350015
福建	陈丽英	女	一级教师	福建福州第二十四中学	350015
福建	林敏	男	中学高级	福建福州第二十中学	350011
甘肃	汤敬鹏	男	高级教师	兰州市第五十七中学	730070
甘肃	杨明	男	系主任、教授	天水师范学院数学与统计学院 （天水市秦州区籍河南路）	741001
甘肃	马统一	男	系主任、教授	张掖市河西学院数学系	734000
广东	王宽明	男	讲师	潮州市韩山师范学院数学与信息技术系	521041
广东	何沛康	男	一级教师	东莞市石龙第三中学	523323
广东	黄燕永	男	一级教师	东莞市石龙第三中学	523323
广东	胡中传	男	研究员	佛山市禅城区汾江南路 38 号 东建大厦 15K	528000
广东	杨志明	男	高级教师	广雅中学	510160
广东	左传波	男	工程师	广州大学计算机教育软件研究所	510405
广东	马力仲	男	高级教师	广州市番禺区广东仲元中学	511400
广东	丘春锋	男	校长、高级教师	广州市芳村区培真路 60 号 培英中学	510380
广东	张升添	男	高级教师	广州市花都区花东镇 大塘中学	510890
广东	黎海燕	女	在读研究生	广州市华南师范大学 （石牌校区研究生公寓 C619）	510631
广东	余小兰	女	在读研究生	广州市华南师范大学 （石牌校区研究生公寓 C619）	510631
广东	郑慧娟	女	在读研究生	广州市华南师范大学 （石牌校区研究生公寓 C619）	510631
广东	周艳霞	女	在读研究生	广州市华南师范大学 （石牌校区研究生公寓 C619）	510631
广东	贺育林	男	二级教师	广州市真光中学 （广州市荔湾区芳村培真路 17 号）	510380
广东	熊跃农	男	教研员	广州市萝岗区教育科研与发展中心	510000
广东	管国文	男	教研员	广州市萝岗区教育科研与发展中心	510000
广东	陈镔	男	教研员	广州市萝岗区教育科研与发展中心	510000
广东	陈莉	男	教研员	广州市萝岗区教育科研与发展中心	510000
广东	李志刚	男	教研员	广州市萝岗区教育科研与发展中心	510000
广东	吴永中	男	高级教师	广州市培英中学	510380
广东	钟进均	男	高级教师	白云中学 （广州市水荫二横路 12 号）	510075

广东	周峻民	男	在读研究生	广州市天河区华南师范大学(研究生宿舍)	510631
广东	吴康	男	副教授、 常务副理事长	华南师范大学数学科学学院	510631
广东	黄浩活	男	一级教师	开平市苍江中学	529300
广东	司徒凌波	男	高级教师	开平市苍江中学	529300
广东	张沛和	男	副教授	梅州嘉应学院(南区 14 栋 706)	514015
广东	林煜山	男	二级教师	广东汕头市中山路 97 号 2 座 105	515041
广东	张文俊	男	院长、博导、 教授、市数学 会理事长	深圳大学数学计学院	518060
广东	钟国雄	男	高级教师	深圳前海中学	51800
广东	黄邦德	男	董事长	深圳市邦德文化有限公司	518100
广东	尚强	男	党总支书记兼副院长	深圳市教育科学研究院	518100
广东	李志敏	男	数学组长、 特级教师	深圳市教苑中学	518100
广东	孙文彩	男	高级教师	深圳市平冈中学	518116
广东	王远征	男	高级教师	深圳市蛇口中学	518067
广东	周永良	男	副校长、高级教师	深圳前海中学 (深圳市四季花城紫荆 M—1003)	518040
广东	林文良	男	校长、高级教师、 湛江市数学会理事长	湛江师范学院附属中学 (湛江市赤坎区寸金路 27 号)	524048
广东	王晓	男	数学组长、高级教师	湛江市赤坎湛江师院附属中学	524048
广东	王传利	男	讲师	肇庆学院数学与信息科学学院	526061
广东	付增德	男	一级教师	中山市古镇高级中学	528421
浙江	李世杰	男	高级教师	衢州市教育局教研室	324002
浙江	李盛	男	本科学生	浙江教育学院理工学院	310012
重庆	沈毅	男	二级教师	重庆市合川太和中学	401555
重庆	袁安全	男	高级教师	重庆市合川太和中学	401555
广东	邓凯	男	一级教师	中山市坦洲实验中学	528467
广西	龙开奋	男	副教授、桂林市 数学会秘书长	广西师范大学数学科学学院	541004
广西	彭刚	男	讲师	广西师范大学数学科学学院	541004
贵州	蒋远辉	男	校长、高级教师	毕节地区第二实验高中 (原黔西师范学院)	551500
贵州	丁丰朝	男	系主任、教授、 贵州省初数会会长	贵阳市友谊路 120 号 12 栋 1 单元 5 楼 10 号	550001
贵州	张少华	男	教授	遵义师范学院数学系	563002
河南	纪保存	男	教研室主任、副教授	濮阳职业技术学院数学与信息工程系	457000

续表 7　筹备全国学会申请表

河南	徐献卿	男	数学教研室主任、副教授	濮阳职业技术学院数学系	457000
河南	李青阳	男	副教授	郑州师范高等专科学校数学系（英才街6号）	450044
河南	王明建	男	教授	郑州师范高等专科学校数学系（英才街6号）	450044
河南	袁合才	男	教授	郑州市华北水利水电学院数学系	450011
黑龙江	关春河	男	一级教师	龙江县发达中学	161102
黑龙江	刘培杰	男	副社长兼副总编辑、副编审、编辑室主任	哈尔滨工业大学出版社（哈尔滨市南岗区复华四道街10号）	150006
湖北	黄华松	男	高级教师	鄂州市第二中学	436001
湖北	杨先义	男	高级教师	公安县第一中学	434300
湖北	周祖英	女	一级教师	公安县梅园中学	434300
湖北	贺斌	男	高级教师	谷城县第三中学	441700
湖北	魏烈斌	男	高级教师	荆州中学	434020
湖北	裴光亚	男	特级教师	武汉市教科院教学研究室	430030
湖北	汪江松	男	教授、全国数会副理事长	湖北大学数计学院（武汉市武昌区学院路11号）	430062
湖北	陶楚国	男	高级教师	襄樊市长虹北路地矿所学校	441057
湖北	黄道军	男	高级教师	宣恩县第一中学	445500
浙江	吴跃生	男	教授	杭州市下沙高教园区中国计量学院数学系	310018
湖南	阳凌云	男	系主任、教授	湖南工业大学理学院师院校区数计系	412007
湖南	萧振纲	男	系副主任、教授	湖南理工学院期刊社	414006
湖南	沈文选	男	教授、全国初数会理事长	湖南师范大学数计学院	410082
湖南	鲁年珍	女		小学高级澧县第一完全小学	415500
湖南	唐作明	男	市教研员、高级教师	永州市教育科学研究中心	425100
湖南	张志华	男	校长、高级教师	资兴市立中学	423400
江苏	冯仕虎	男	高级教师	江浦高级中学	211800
江苏	吕爱生	男	高级教师	建湖县近湖中学	224700
江苏	孙四周	男	高级教师	南京龙江小区蓝天园23号	210038
江苏	单博	男	博导、教授	南京师范大学数学科学学院	210097
江苏	陆玉英	女	高级教师	南通中学	226001
江苏	褚小光	男	研究员	苏州恒天商贸有限公司	215128
江苏	张玉明	男	校长、高级教师	苏州市相城实验中学	215131
江苏	王卫华	男	《数学竞赛之窗》主编	《数学竞赛之窗》编辑部（苏州市新区金山路8号）	215011
江西	熊曾润	男	教授	赣南师范学院	341000
江西	曹新	男	副教授、赣州数学会秘书长	赣南师范学院数计学院	341000
江西	刘福来	男	院长、教授、赣州数学会副理事长	赣南师范学院数计学院	341000

江西	曾建国	男	副教授	赣南师范学院数计学院	341000
江西	谢文涛	男	一级教师	赣州第一中学 （赣州南河路 25 号南河花园）	341000
江西	冯小峰	男	高级教师	九江都昌第二中学	332600
江西	刘健	男	教授	南昌市华东交通大学初等数学研究所	330013
辽宁	吴远宏	男	技师	大连压缩机有限公司工人 （大连市中山区虎滩路 102 号楼 2—2—1）	116015
辽宁	马乾凯	男	校长、省数学会副理事长、 沈阳市数学会秘书长	沈阳飞跃教育培训学校	110031
辽宁	孟祥赫	男	主任	沈阳飞跃教育培训学校数学教研部初中	110031
辽宁	王大伟	男	二级教练	沈阳飞跃教育培训学校数学教研部高中	110031
辽宁	张德波	男	校长兼党支部书记、 特级教师	沈阳市第八十三中学	110121
辽宁	刘宇	男	校长、高级教师	沈阳市第二中学	110016
辽宁	王新宇	男	校长、高级教师	沈阳市第一中学	110042
辽宁	李天舟	男	主任、特级教师	沈阳市教育研究室义务教育部	110001
辽宁	王孝宇	男	教研组长、高级教师	沈阳市教育研究院数学教研组	110001
辽宁	李明	男	讲师	中国医科大学数学教研室	110001
内蒙古	张长梅	女	高级教师	包头市第九中学	014010
宁夏	苏克义	男	二级教师	宁夏银川市第六中学	750011
山东	魏清泉	男	一级教师	聊城县第二中学 （聊城市陈庄路 6 号）	252000
山东	邹明	男	高级教师、山东省 初数会副会长兼秘书长	青岛第二中学 （青岛市太平路 2 号）	266003
山西	王爱生	男	高级教师	长治县第一中学	O47100
山西	张汉清	男	副教授	山西财税高等专科学校基础部	030024
山西	王中峰	女	《学习报》副主编	新闻出版大厦 12 层 （太原市建设南路 21 号）	O30012
陕西	王凯成	男	副主任、副教授	西安美术学院临潼校区 （西安市临潼区秦陵南路 53 号）	710600
上海	王方汉	男	数学组长、高级教师	上海市浦东新区云山路 835 弄 7 号 202 室	200136
四川	陈福强	男		四川乐至县永胜乡 6 村 8 组	641507
天津	杨世明	男	特级教师	天津市宝坻华苑 1—2—102	301800
天津	王光明	男	系主任、教授 全国初数会副理事长	天津师范大学八里台校区 129#	300074
西藏	刘保乾	男	研究员	西藏自治区人事厅信息中心	850000
新疆	张国治	男	高级教师	乌鲁木齐兵团二中高中数学组或 （新疆新源县第八中学）	830002
浙江	张小明	男	科研督导处主任、教授	浙江省海宁电视大学	314400

402

振兴祖国数学的圆梦之旅
——中国初等数学研究史话

续表 9　筹备全国学会申请表

主要筹备发起人情况（至少应填写 5 位）			
姓名	联系方式	简述在相关业务领域的地位和影响 （百字内）	本人 签字
杨学枝	福建省福州市第二十四中学；邮编：350015.	中学特级教师，原中学副校长、福州市校际教研员、市中学数学骨干教师指导老师、市新课改数学科指导老师、数学奥林匹克高级练练员、《中国初等数学研究》编委会主任、主编、全国不等式研究会顾问、福建省数学学会初等数学分会理事长；组织召开了全国第三届初等数学研究学术会议；1991 年筹建了福建省数学学会初等数学分会，组织召开了八届研讨会；组织并主持召开了三届全国不等式研究学术会议，长期从事初等数学教育、教学和学术研究工作；在全国各级刊物发表了 300 余篇教育教学及初数研究论文；主编《福建省初等数学研究文集》、《不等式研究》（1，2辑），出版专著《数学奥林匹克不等式研究》，2009 年获全国初等数学研究杰出贡献奖.	
吴康	华南师范大学数学科学学院；邮编：510631.	副教授，《数学教育学报》编委，数学教育指导组（硕士和教育硕士）组长，丘成桐中学数学奖南部赛区组织委员会主任，原《中学数学研究》主编，首批中国数学奥林匹克高级教练员，首批 IMO 国家集训队教练，"五羊杯"竞赛创始者之一，（香港）"希望杯"国际数学竞赛命题委员会主任，"南方杯"数学奥林匹克邀请赛主试委员会副主任. 2004 年获广东省高校教学成果一等奖，主要从事组合数学和图论、竞赛数学、初等数学、数学教育研究工作与科普工作，参加多项国家和省部级科研项目，在国内外 80 多家刊物发表文章 200多篇，出版图书十多种，参加"图论 Ramsey 数下界研究"项目，获 2001 年和 2007 年广西壮族自治区科技进步奖一等奖和二等奖，该项目成果现居世界领先水平.	

刘培杰	哈尔滨工业出版社第一编辑室（哈尔滨市南岗区复华四道街 10 号）；邮编：150006.	哈尔滨工业大学出版社副社长兼副总编辑、第一编辑室主任、副编审,长期从事数学奥林匹克培训、命题及研究工作,黑龙江省初高中及哈尔滨市竞赛命题组成员,多次获奖,其中获 IMO 金牌两块,在《科学》《自然杂志》《山东师范大学学报》《数学通讯》等刊物发表论文 60 余篇,多篇论文被国际著名出版机构出版的文集收录,在上海教育出版社、上海科技教育出版社、哈尔滨工业大学出版社等出版社出版研究专著 20 余部;其中《数学奥林匹克试题背景研究》(80 万字)是我国第一部研究数学奥林匹克高等背景的著作,填补了空白,受到了专家的好评;《组合问题》是一部以命题者角度阐述组合理论的著作,受到竞赛选手们的喜爱,并参加了国家重点图书《数学辞海》第三卷初等数论和第六卷数学竞赛的部分条目的撰写工作.	
曹一鸣	北京师范大学数学科学学院；邮编：100875.	教授、教育学博士、博士生导师,兼任中国数学会基础教育委员会副主任,全国高等师范院校数学教育研究会秘书长,中国数学会理事,中国数学会数学史分会常务理事,《数学教育学报》编委,教育部教师教育课程资源建设专家委员会专家等职;2007 年 1 月至 4 月应邀赴墨尔本大学国际课堂教学研究中心进行合作研究,多次应邀赴澳门、香港、美国等地访问、交流.一直致力数学课堂教学研究,2008 年应邀在第 11 届国际数学教育大会上做报告;2009 年应邀出席美国教育学会第 90 届年会;第 14 届亚洲数学技术会议大会主席;近年来在教育研究、中国教育学刊、课程教材教法、数学教育学报等学术期刊发表论文 70 余篇;出版《中国数学课堂教学模式及其发展研究》《数学课堂教学系列实证研究》等学术专著 3 部,主编《数学教学论》等多本大学教材;担任中等职业教育课程改革国家规划新教材数学主编;主持国际合作项目、国家(省部)级课题研究 10 多项.	

振兴祖国数学的圆梦之旅
——中国初等数学研究史话

续表 11　筹备全国学会申请表

李建泉	天津师范大学 数学科学学院； 邮编：300387.	天津师范大学数学科学学院原副院长、副教授、研究生导师，数学教育科学与数学奥林匹克研究所所长，中国数学奥林匹克高级教练，国际数学奥林匹克中国国家队教练，天津市数学会第九届、第十届副理事长，第四届、第五届天津市中学数学教学专业委员会副理事长；中国教育学会中学数学教学专业委员会理事；原《数学教育学报》董事会秘书长，《中等数学》杂志常务副主编，《中国初等数学研究》编委，在《中等数学》《中学教研》《数学教育学报》《天津师范大学学报》《中国科学技术大学学报》等刊物上发表论文及译文 100 余篇.	
王光明	天津师范大学 教师教育学院.	天津师范大学教授、博士、博士生导师；"数学教育学报"副主编兼编辑部主任. 主要从事数学教学效率研究，承担全国教育科学"十五""十一五"的课题研究工作，出版《数学教育研究方法与论文写作》等著作 5 部，在《数学教育学报》《课程教材教法》等学术期刊发表论文 100 多篇.	
沈自飞	浙江师范大学 初阳学院院长 （浙江金华 师大街 288 号）； 邮编：321004.	浙江师范大学初阳学院院长、教授、博士、博士生导师，浙江师范大学基础数学硕士点负责人，浙江省高校中青年学科带头人，核心期刊《数学教育学报》董事会副董事长；曾任师范大学数学系副主任、师范大学数理与信息科学学院副院长、浙江师范大学学术期刊社副社长、浙江师范大学学报（自然科学）副主编、中学教研杂志主编，华东师范大学、北京大学、中科院数学所、香港中文大学数学科学研究院访问学者；2004 年、2007 年主持完成浙江省自然科学基金项目，2005 年、2008 年参与完成国家自然科学基金项目，2010 年主持国家自然科学基金项目，2002 年获浙江省高校科研成果二等奖一项，2006 年获浙江省高校科研成果一等奖一项，2007 年获浙江省高校科研成果二等奖一项. 在《J. Math. Anal. Appl.》《Nonlinear Analysis》《数学学报》《数学年刊》《数学进展》等国内外期刊上发表学术论文 50 余篇. 编著出版《理科大学生毕业论文写作指导》一部（浙江大学出版社）.	

续表 12　筹备全国学会申请表

萧振纲	湖南理工学院期刊社；邮编：414006.	湖南理工学院教授，全国高等学校数学教育研究会理事，湖南省高等学校数学教育研究会副理长，全国不等式研究学会副理事长.长期从事初等数学方面的研究，主要研究领域为数列、不等式、平面几何.并且自 1985 年开始，在国内外数学期刊上发表论文 160 余篇（其中有多篇不等式论文被 SCI 收录），出版了《初等数论》（海南出版社，1992）教材一部，平面几何著作两部：《几何变换与几何证题》（湖南科学技术出版社，2003）及《几何变换》（华东师范大学出版社，2005）.并于 2010 年 5 月由哈尔滨工业大学出版社出版了 86 万字的《几何变换与几何证题》修订版.	
龙开奋	广西师范大学数学科学学院；邮编：541004.	广西师范大学教授、硕士生导师；兼任西南大学研究生导师，全国中小学骨干教师国家级培训指导教师，中国优选法统筹法与经济数学研究会理事暨数学教育委员会副主任，中国教育数学学会常务理事，广西高等教育学会教学专业委员会主任；参与教育部重大项目《高中数学课程标准》的研制，负责"探究性课题"的研究，主持广西教育科学规划重点课题多项；在《数学的实践与认识》《数学教育学报》《教育理论与实践》《数学通报》等多种刊物上发表文章 60 余篇；出版图书十余种，普通高等院校"十五"国家级规划教材"《中学代数研究》《中学几何研究》与高等学校教材《竞赛数学教程》《竞赛数学解题研究》（高等教育出版社）的作者之一.	

振兴祖国数学的圆梦之旅
——中国初等数学研究史话

续表 13　筹备全国学会申请表

孙文彩	深圳市平冈中学； 邮编：518116.	中学数学高级教师,中国教育学会教育数学委员会理事,《中国初等数学研究》编委,《中学数学教学参考》杂志社特约编辑,中国不等式研究学会理事,龙岗区中心教研组成员,区在编新教师的学科指导老师,龙岗区百名教育学科带头人首批培育对象,龙岗区"名师工作室"指导教师,主持和参与多个国家级、省市级、区级教育教学课题的研究,合作参与北京市教育委员会科技发展计划面上项目(KM200611417009)的研究,长期从事中学数学教育教学研究、几何不等式与代数不等式的研究,2003 年获中国"青年初等数学研究奖提名奖",目前已在《数学通报》《中学数学》《中学数学月刊》《中学数学教学参考》等国内外杂志上发表论文 70 多篇.
江嘉秋	福建省福州 教育学院； 邮编：350001.	福州教育学院数学科专职教研员,福建省数学会初等数学分会秘书长,《中国初等数学研究》杂志编委兼编辑部副主任,福建教育学院外聘副教授,福建省第四期学科教学领头人培养对象;曾获福建省第三届数学教育教学及初等数学学术论文评选一等奖,承担全国教育科学"十一五"规划重点课题《基础教育高效教学行为研究》分课题的研究工作,曾担任福建省教育学院《中学生周报》等多家出版社、报刊杂志数学栏目的主编;首期福建师范大学网络教育学院省级继续教育基地特聘主讲教师;首届福建省初中数学教学研讨会主讲教师之一;福建省教育厅主办、福建省教育学院承办的 2009 年 6 月福建省农村初中数学教育教学能力提升工程省级培训班授课教师,多期福州市数学骨干教师培训特聘主讲教师.

407

续表14　筹备全国学会申请表

主要筹备发起单位情况（至少填写3个）		
筹备发起单位名称	简述在相关业务领域的地位和影响（百字内）	单位盖章
福建省数学学会初等数学分会	福建省数学学会初等数学分会是福建省数学学会于1992年11月1日同意由福建省民政厅正式注册登记的学会,成立至今已将有20年历史,现挂靠单位为福州教育研究院,会员遍及全省九地市,已召开了八届全省中学数学教育教学即初等数学学术研讨会.	
哈尔滨工业大学出版社	哈尔滨工业大学出版社于1983年8月23日经中华人民共和国文化部批准正式成立,主管部门为国防科学技术工业委员会.哈尔滨工业大学出版社是以出版大学教材、专著为主的学术性出版社;现已形成了以机械设计制造及自动化、材料科学与工程、航天科学、通信工程、控制等学科为主,自然科学基础、外语教学、计算机科学、素质教育、科普读物为辅的出版格局和学科覆盖较广、教材比例较大的特色.有2 000多个品种的图书相继面世,形成了10余个具有品牌效应的系列图书,年出版新书稳定在140种左右,重印书在150种以上.	
天津师范大学数学科学学院	天津师范大学数学科学学院创建于1958年,目前拥有2个本科专业;2个研究所,1个数学实验室,1个图书资料室;1个全国性数学教育类的重要期刊《数学教育学报》,4个学科具有硕士学位授予权,学院师资力量雄厚,现有博士生导师1人,教授8人,副教授17人,博士12人;享受国务院特殊津贴2人,获霍英东教育基金会青年教师教学奖1人,曾宪梓教育基金会教师奖1人,省中青年骨干教师1人.近十年来,在国内外重要学术期刊上发表学术论文200余篇,其中被《SCI》《EI》收录24篇以上;出版学术专著和教材55部,获国家优秀图书荣誉奖1项,省级优秀图书一等奖6项;承担国家自然科学基金项目12项,主持教育部、天津市"十五"教育规划项目14项,主持天津市高校科技发展基金项目8项;近年来,先后有多位教师到国内外著名大学做访问学者、参加国际学术会议、出国讲学和短期合作研究,多次主办国际、全国性学术会议.	

振兴祖国数学的圆梦之旅
——中国初等数学研究史话

续表 15　筹备全国学会申请表

学会学术部初审意见
单位盖章 年　　月　　日
中国科协审查意见
单位盖章 年　　月　　日
备注：

§2 深圳市初等数学研究会成立(图1)

深 圳 市 民 政 局

深民函〔2012〕1078号

关于准予筹备深圳市初等数学研究会的批复

张承宇等发起人：

你们申请筹备深圳市初等数学研究会的有关材料收悉。经审查，符合《社会团体登记管理条例》的有关规定，现批准筹备。

请你们接到本通知之日起6个月内召开会员大会，通过团体章程，产生执行机构、负责人和法定代表人，并按条例有关规定申请成立登记。筹备期间不得开展筹备以外的活动。

二〇一二年十月二十九日

图1 关于准予筹备深圳市初等数学研究会的批复

深圳市初等数学研究会筹备工作报告

报告人：张承宇（深圳市深圳中学）

尊敬的各位领导、各位会员：

在深圳市民政局的关心和支持下，经过半年多的紧张筹备，"深圳市初等数学研究会"今天在这里召开了第一次会员大会，我受学会筹备组的委托，向大会做学会筹备工作报告，欢迎大家对我们的工作提出宝贵的意见和建议.

一、成立"深圳市初等数学研究会"的背景

我国初等数学研究事业于 20 世纪 80 年代末开始得到蓬勃发展，至今方兴未艾. 1991 年在天津师范大学召开了全国首届初等数学研究学术交流会，至今已走过二十多年历程，期间民间自发成立了全国"初等数学研究工作协调组"；2006 年又自发成立了"中国初等数学研究会"，组织召开了八届全国初等数学教育教学及初等数学学术研究交流会，现有会员遍及全国所有省、市、自治区、直辖市，会员人数达 10 余万人. 湖南、福建、江西、湖北、山东、四川、贵州、辽宁等多个省、市都已正式注册登记成立了初等数学学会（研究会），全国所有中、小学数学杂志都开辟了初等数学研究专栏，多家出版社已相继出版了初等数学研究专著. 初等数学教育教学及初等数学学术研究工作在全国红红火火展开.

深圳是全国改革开放前沿阵地，教育事业走在了全国的前列. 全市现有高等院校 5 所，中学 295 所，小学 340 所，1 000 多名高等院校数学教师，5 000 多名中学数学教师，7 000 多名小学数学教师，350 多名从事数学科研工作人员，这些人数占全市教育工作者近四分之一，显然是深圳市教育事业的一支极为重要的主力军.

因此成立深圳市初等数学研究会的大环境已经形成，时机已经成熟，条件已经具备，势在必行. 深圳市初等数学研究会的成立，将成为全市数学教师、数学工作者、数学爱好者的温馨之家，为他们提供学习、交流、服务的平台. 深圳市初等数学研究会成立必将对深圳市数学教育事业乃至全市教育事业起到强有力的推动作用，具有深刻的现实意义和深远的历史意义. 为此，特向深圳市民政局申请筹备"深圳市初等数学研究会".

经过半年多的调研走访，听取深圳市中小学广大数学教师的强烈诉求和一致呼声. 2012 年年初，由深圳中学张承宇等 50 多名教师和若干个中小学联合发起，开始为筹建深圳市初等数学研究会做大量的工作；2012 年 6 月 18 日，正式向深圳市民政局递交了"深圳市初等数学研究会"成立的可行性报告，随后提交了筹备的申请资料.

在市民政局有关领导的大力支持下,市民政局在很短的时间内按规定程序完成了初审工作和相关审批工作,印发了深民函[2012]1078号文件,"关于准予筹备深圳市初等数学研究会的批复",至此深圳市初等数学研究会筹备工作正式开始.

二、"深圳市初等数学研究会"的具体筹备工作

(一)依照法定程序,做好学会筹备申请的各项工作

3月中旬开始,筹备组分别走访了多所深圳市中小学,听取广大中小学数学教师对筹备成立学会的意见和建议,起草了系列的学会申请文件,并多次召开了筹备会议,会议讨论并通过了《深圳市初等数学研究会章程》(草案)以及对学会的组织架构、学会筹备组负责人、拟任人选、办公场地、启动资金等有关问题进行了讨论拟报送市民政局.

(二)广泛征集学会发起会员

2012年5月,学会筹备组在全市中小学及数学教师中征集单位会员和个人会员,立即得到深圳市中小学及广大数学教师的积极响应和参与.短短一个月时间就征集了单位会员3家,个人会员52人.

(三)推荐学会组织机构人选

按照市民政局的有关规定,筹备组根据学会发起人的代表性及工作需要等原则推荐学会主要负责人选,其中包括理事长、副理事长、秘书长人选、理事人选、常务理事人选等提交会员大会表决通过.

(四)关于学会经费的落实

根据国家社团组织对社团经费的有关规定,社团组织的经费来源于"会费、捐赠、政府资助、在核准的业务范围内开展活动或服务的收入"组成.今后学会将走"以会养会"的发展道路,在学会会员单位和广大个人会员的大力支持下,自筹经费,自主会务.

(五)建立学会网站

在互联网迅速发展的今天,建立学会网站,可以加强会员信息沟通,更好地服务会员.目前学会网站已建成,有待进一步完善.学会网站可在深圳市民政局正式批准成立深圳市初等数学研究会之日起开通.

三、对今后工作的意见

深圳市初等数学研究会的诞生是深圳市广大中小学数学教师的一件大喜事,它为深圳市中小学教师提供了一个学习、展示、交流的平台,它是深圳市广大中小学数学教师温馨之家.我们第一届理事会要真诚团结深圳市广大中小学数学教师热情地为大家服务.展望未来,学会工作任重而道远,第一届理事会面临着新的挑战.在本届理事会期间,我们要着力做好以下几件工作.

1.要做好学会的组织建设,努力发展个人会员,增强深圳市初等数学研究会队伍,在扩大了会员人数之后,还要增补理事和组成常务理事机构;要做好会员登记和发放会员证书的工作.

2.要进一步扩大团体会员单位数量,颁发团体会员单位牌匾,我们希望各会员单位能一如既往的支持学会工作.

3.要开好每年一次理事或常务理事会议,讨论学会的工作;要开好每两年一届的全市"中学数学教育教学及初等数学研究研讨会"暨会员大会,同时做好论文评奖工作.

4.要根据章程,组织开展中小学数学教育教学研讨会,促进中小学数学教育教学改革,组织我市中小学数学教师开展数学教学活动和数学竞赛活动,促进数学教师专业成长.

5.要加强同兄弟省、市初数会的联系,交流学会以及中学数学教育教学及初等数学研究的经验,广泛开展学术交流,共同促进我国初等数学研究事业的发展.

6.要做好学会一年一度的年审工作,严格财务开支,增源节流,我们希望全体理事、理事单位能共同尽力为学会多筹集资金,以便为学会开展各项活动在经济上给予强有力的支持,从而进一步增强学会的活力.

第一届理事会还有许多事情要做,我们将尽心尽力,不辜负全市会员对我们的期望.

"深圳市初等数学研究会"即将成立,我相信有深圳市民政局和深圳市人民政府相关职能部门的业务指导以及监督管理,有各中小学及广大数学教师的大力支持和配合.在第一届理事会的领导下,一定能带领广大会员积极主动的开展各项活动,促进我市数学教育事业的发展.让我们共同为全国数学教育事业和初等数学研究事业的发展做出应有的贡献!

我们要感谢市民政局、市教育局领导以及会员单位领导,感谢深圳市广大中小学数学教师给我们的大力支持和帮助.让我们共同以最热烈的掌声对他们表示衷心的感谢!

最后,预祝大会取得圆满成功,谢谢大家.

2012 年 11 月 25 日

深圳市初等数学研究会创会会员情况说明

报告人：李德雄 （深圳第二外国语学校）

深圳市初等数学研究会的主要发起单位有 3 家（表 2），创会个人会员有 52 人（表 3），会员人数遍及深圳市多数中小学，绝大多数是中高级教师．这充分体现了初等数学研究会的代表性和群众性．在召开此次大会之前，还有不少学校和中小学数学老师要求加入初等数学研究会．有这些会员的热情参与，在深圳市民政局和深圳市科协的大力支持下，我们有信心也有能力把深圳市初等数学研究会的工作做好．

表 2 深圳市初等数学研究会创会团体会员名单（排名不分先后）

序号	学校名称	成立时间	注册资金（万元）	负责人
1	深圳第二外国语学校			衷敬高
2	深圳市红桂小学	1929 年 3 月	15 200	薛端斌
3	深圳市福田区新洲中学	1995 年 7 月	1 333	叶连翔

表 3 深圳市初等数学研究会创会个人会员名单（排名不分先后）

序号	姓名	性别	出生日期	工作单位	职务/职称
1	张承宇	男	1967 年 3 月	深圳中学	中学高级教师
2	唐锐光	男	1963 年 2 月	深圳外国语学校	高级、特级教师
3	冯大学	男	1967 年 11 月	深圳市高级中学	中学高级教师
4	田祚鹏	男	1972 年 12 月	深圳实验学校	中学高级教师
5	孙文彩	男	1964 年 12 月	深圳市龙岗区平冈中学	中学高级教师
6	李德雄	男	1962 年 11 月	深圳第二外国语学校	中学高级教师
7	刘斌直	男	1960 年 2 月	深圳中学	中学高级教师
8	周峻民	男	1986 年 6 月	深圳中学	中学二级教师
9	薛端斌	男	1971 年 9 月	深圳市锦田小学	中学高级教师
10	陈柳	女	1967 年 2 月	深圳市荔园外国语小学	小学高级教师
11	黄元华	男	1969 年 10 月	深圳市高级中学	中学高级教师
12	方亚斌	男	1964 年 7 月	深圳市南头中学	中学高级、特级
13	周升武	男	1963 年 10 月	深圳市福田区华富小学	小学高级教师
14	鄢志俊	男	1975 年 4 月	深圳中学	中学高级教师
15	沈平	男	1963 年 6 月	深圳市福田区梅园小学	小学高级教师
16	张春桃	女	1967 年 1 月	深圳市福田区外国语高级中学	中学高级教师
17	柯菲	女	1975 年 11 月	深圳市水库小学	小学高级教师

续表 1　深圳市初等数学研究会创会个人会员名单(排名不分先后)

序号	姓名	性别	出生日期	工作单位	职务/职称
18	区肇英	女	1980 年 2 月	深圳市水库小学	小学高级教师
19	莫连芳	女	1967 年 3 月	深圳市桂园小学	小学高级教师
20	陈神男	男	1975 年 10 月	深圳市坪山高级中学	中教一级
21	欧阳爱小	男	1964 年 10 月	深圳外国语学校	中学高级教师
22	骆魁敏	男	1963 年 11 月	深圳外国语学校	中学高级教师
23	谢增生	男	1955 年 10 月	深圳外国语学校	中学高级教师
24	袁扬	男	1978 年 12 月	深圳市外国语学校高中部	中学一级教师
25	许书华	男	1965 年 9 月	深圳外国语学校	中学高级教师
26	高敏	男	1979 年 7 月	深圳市福田区荔园小学	小学高级教师
27	杨玉慧	女	1973 年 12 月	深圳外国语学校初中部数学组	中学高级教师
28	杨贵武	男	1962 年 2 月	深圳市高级中学	中学高级教师
29	王剑	男	1969 年 8 月	深圳市高级中学初中部	中学高级教师
30	张宏伟	男	1979 年 2 月	深圳市高级中学	中教一级
31	杜晓亮	男	1985 年 4 月	深圳市龙华新区新华中学	中学二级教师
32	向伟	男	1983 年 8 月	深圳市龙华新区新华中学	中学二级教师
33	陈玉叶	男	1963 年 12 月	深圳市万蝶教育培训中心	中教一级
34	田彦武	男	1976 年 12 月	深圳市南头中学	中学中级教师
35	张正华	男	1965 年 12 月	深圳市翠园中学东晓分校	中学高级教师
36	饶晓星	男	1971 年 9 月	深圳中学	中学高级教师
37	曾劲松	男	1974 年 9 月	深圳中学	中学高级教师
38	隋丽华	女	1968 年 7 月	深圳外国语学校	中学高级教师
39	马海侠	女	1980 年 9 月	深圳外国语学校	中学一级教师
40	喻秋生	男	1963 年 11 月	深圳实验学校	中学高级教师
41	陈启远	男	1982 年 9 月	深圳思考乐文化发展有限公司	中学一级教师
42	吴生春	男	1972 年 9 月	深圳市高级中学	中学高级教师
43	陈巧荣	女	1976 年 9 月	深圳市龙岗区平冈中学	中学一级教师
44	胡宇娟	女	1981 年 9 月	深圳市龙岗区龙城中学	中学一级教师
45	魏显峰	男	1963 年 3 月	深圳市教育科学研究院	中学高级教师
46	马立友	男	1968 年 6 月	深圳市园岭小学	小学高级教师
47	周后来	男	1968 年 10 月	深圳大学师范学院附属中学	中学一级教师
48	杨章清	男	1968 年 1 月	深圳市宝安区第一外国语学校	中学高级教师
49	陈红明	男	1971 年 2 月	深圳市第二高级中学	中学高级教师
50	黄云	男	1964 年 10 月	深圳市第二实验学校	中学高级、特级
51	宋绍鹏	男	1970 年 8 月	深圳中学、深圳第六高级中学	中学高级教师
52	汪岸	男	1963 年 3 月	深圳市红岭中学	中学高级教师

深圳市初等数学研究会章程(草案)说明

冯大学（深圳高级中学）

各位会员:

《深圳市初等数学研究会章程》(草案)(以下简称章程)是由学会筹备组根据民政局提供的章程示范文本要求,结合我们的实际草拟的,共分八章四十八条,分别对研究会的性质、宗旨、业务范围、组织机构、成员组成、资产管理以及经费来源等问题做出了规定.受筹备组委托,我现就章程的有关问题简要说明如下:

一、学会性质

章程第一条和第二条分别说明了协会的名称及其性质.深圳市初等数学研究会是由从事初等数学教育教学及学术研究的单位、个人以及数学爱好者组成的地方性、专业性、非盈利性组织.

二、学会宗旨和业务范围

依照章程第三条的规定,学会的宗旨是:本会遵守宪法、法律、法规和国家政策,遵守社会道德风尚,团结从事初等数学教育教学及学术研究的单位、个人以及数学爱好者,努力促进我市初等数学教育教学及学术研究工作的开展,为提高我市数学教育教学和初数研究水平,提高我市数学教育教学质量做出应有的贡献.

章程第六条规定了学会的业务范围,主要包括以下六个方面:

(一)开展初等数学教育教学及学术研究;组织与市内外有关组织广泛开展数学教育教学及学术交流.

(二)举办初等数学教育教学及学术讲座,开展会员培训、开展课题研究及数学竞赛活动.

(三)编印有关初等数学教育教学及初等数学研究的资料、书籍.

(四)组织开展初等数学教育教学及学术论文的评选活动;推广初等数学教育教学及学术研究的优秀成果;向会员所在的单位或向上级有关部门举荐优秀数学工作人才.

(五)维护会员的合法权益,向有关单位或部门反映广大初数工作者的意见和要求.

(六)承办政府或行政部门委托的符合本会宗旨的其他事项.

三、会费标准

本会经费来源由团体会费、个人会费、社会捐赠、政府资助及在核准的业务

范围内开展活动或服务的收入等方式,经过筹备组走访会员后,现达成以下会费收费标准:

(一)团体会员单位每年缴纳会费 6 000 元;

(二)个人会员每年缴纳会费 200 元;

本届将不收取团体会费和个人会费.

四、协会的组织机构

依照章程第四章第二十六条规定:本团体理事长、副理事长、秘书长任期五年.理事长、副理事长、秘书长任期最长不得超过两届,如因特殊情况需延长任期的,需经会员大会(或会员代表大会)三分之二以上会员(或会员代表)表决通过,并经社团登记管理机关批准同意后方可任职.

本会设理事会是会员大会的常设机构,在闭会期间领导本团体开展日常工作,对会员大会(或会员代表大会)负责.理事会设理事长 1 名,副理事长若干名,秘书长 1 名,副秘书长若干名,顾问若干名.秘书长由理事长提名,正副理事长、秘书长由理事会(需全体理事的三分之二及以上人员到会方有效)经无记名投票或举手表决,经半数以上通过当选.必要时可设常务副理事长一名.副秘书长由秘书长提名,经理事会半数以上通过(也可用举手表决)则当选.顾问由各届退下来的正副理事长、秘书长中产生,并由新一届理事会理事长提名,经理事会讨论通过,第一届理事会顾问由理事长提名.理事会根据工作需要可下设若干委员会或办事机构,各委员会或办事机构设主任 1 名,副主任 1~2 名,委员若干名,正副主任由理事长提名,常务理事会聘任,各委员会或办事机构要定时向常务理事会报告工作.

本团体设立常务理事会(因会议人数限制,第一次会议大会只选举产生理事会).常务理事会由理事会选举产生,在理事会闭会期间行使章程第十八条第一、三、五、六、七、八、九项的职权,对理事会负责.常务理事会每半年召开一次会议;情况特殊的也可采用通讯形式召开.

会员代表大会结合学会召开的初等数学教育教学研究及学术交流会一并举办,一般每二至三年召开一次,必要时可由常务理事会讨论决定,延期或提前举行.理事会每年召开一次会议;情况特殊的,也可采取通讯形式召开.

2012 年 11 月 25 日

序号	姓名	学校名称	职务、职称
1	张承宇	深圳中学	中学高级教师
2	唐锐光	深圳外国语学校	高级、特级教师
3	冯大学	深圳市高级中学	中学高级教师
4	田祚鹏	深圳实验学校	中学高级教师
5	孙文彩	龙岗区平冈中学	中学高级教师
6	李德雄	第二外国语学校	中学高级教师
7	刘斌直	深圳中学	中学高级教师
8	周峻民	深圳中学	中学二级教师
9	薛端斌	深圳市锦田小学	中学高级教师
10	陈柳	荔园外国语小学	小学高级教师
11	黄元华	深圳市高级中学	中学高级教师
12	方亚斌	深圳市南头中学	中学高级、特级
13	周升武	福田区华富小学	小学高级教师
14	鄢志俊	深圳中学	中学高级教师
15	沈平	深圳市福田区梅园小学	小学高级教师
16	张春桃	深圳市福田区外国语高中	中学高级教师
17	柯菲	深圳市水库小学	小学高级教师
18	区肇英	深圳市水库小学	小学高级教师
19	莫连芳	深圳市水库小学	小学高级教师
20	陈神男	坪山高级中学	中教一级
21	欧阳爱小	深圳外国语学校	中学高级教师
22	骆魁敏	深圳外国语学校	中学高级教师
23	谢增生	深圳外国语学校	中学高级教师
24	袁扬	深圳外国语学校高中部	中学一级教师
25	许书华	深圳国语学校	中学高级教师
26	高敏	深圳市福田区荔园小学	小学高级教师
27	杨玉慧	深圳外国语学校初中部数学组	中学高级教师
28	杨贵武	深圳市高级中学	中学高级教师
29	王剑	深圳市高级中学初中部	中学高级教师
30	张宏伟	深圳市高级中学	中教一级
31	杜晓亮	龙华区新华中学	中学二级教师
32	向伟	龙华区新华中学	中学二级教师

418

续表1 第一次大会会员名单

序号	姓名	学校名称	职务、职称
33	陈玉叶	深圳市万蝶 教育培训中心	中教一级
34	田彦武	深圳市南头中学	中学中级教师
35	张正华	深圳市翠园中学 东晓分校	中学高级教师
36	饶晓星	深圳中学	中学高级教师
37	曾劲松	深圳中学	中学高级教师
38	隋丽华	深圳外国语学校	中学高级教师
39	马海侠	深圳外国语学校	中学一级教师
40	喻秋生	深圳实验学校	中学高级教师
41	陈启远	深圳思考乐教育	中学一级教师
42	吴生春	深圳市高级中学	中学高级教师
43	陈巧荣	龙岗区平冈中学	中学一级教师
44	胡宇娟	龙岗区龙城中学	中学一级教师
45	魏显峰	深圳市教科院	中学高级教师
46	马立友	深圳市园岭小学	小学高级教师
47	周后来	深圳大学附属中学	中学一级教师
48	杨章清	宝安区一外学校	中学高级教师
49	陈红明	深圳市第二中学	中学高级教师
50	黄云	第二实验学校	中学高级、特级
51	宋绍鹏	深圳市科学高中	中学高级教师
52	汪岸	深圳市红岭中学	中学高级教师
53	郭胜宏	深圳中学	中学高级教师
54	雷元志	深圳市云顶学校	中学高级教师
55	陈雪梅	深圳市福田区华富小学	小学高级
56	王文辉	深圳市第二中学	中学一级
57	黄佩华	深圳中学	中学一级
58	柳芳	深圳中学	中学高级
59	陈洁莹	深圳小学	小学高级
60	刘锋	深圳中学	中学二级
61	张文涛	深圳中学	中学二级

理事候选数量 20 名;选举产生 20 名(排名不分先后).

序号	姓名	学校名称	职务、职称
1	张承宇	深圳中学	中学高级教师
2	唐锐光	深圳外国语学校	高级、特级教师
3	冯大学	深圳市高级中学	中学高级教师
4	田祚鹏	深圳实验学校	中学高级教师
5	孙文彩	龙岗区平冈中学	中学高级教师
6	李德雄	第二外国语学校	中学高级教师
7	刘斌直	深圳中学	中学高级教师
8	薛端斌	深圳市锦田小学	小学高级教师
9	陈柳	深圳市荔园外国语小学	小学高级教师
10	黄元华	深圳市高级中学	中学高级教师
11	方亚斌	深圳市南头中学	中学高级、特级
12	周升武	深圳市福田区华富小学	小学高级教师
13	沈平	深圳市福田区梅园小学	小学高级教师
14	陈玉叶	深圳市万蝶教育培训中心	中教一级教师
15	喻秋生	深圳实验学校	中学高级教师
16	陈启远	深圳思考乐文化发展有限公司	中学一级教师
17	魏显峰	深圳市教科院	中学高级教师
18	马立友	深圳市园岭小学	小学高级教师
19	宋绍鹏	深圳市科学高中	中学高级教师
20	莫连芳	深圳市桂园小学	小学高级教师

附表 3　第一届理事长候选名单

理事长候选人数量 1 名:选举产生 1 名.

序号	姓名	学校	职务、职称
1	张承宇	深圳中学	高级教师

振兴祖国数学的圆梦之旅
——中国初等数学研究史话

附表 4　第一届副理事长候选名单

副理事长候选人 6 名,选举产生副理事长 6 名(排名不分先后).

序号	姓名	学校	职务、职称
1	李德雄	深圳市第二外国语学校	高级教师、副校长
2	唐锐光	深圳外国语学校	特级教师
3	田祚鹏	深圳实验学校	高级教师、教务处副主任
4	冯大学	深圳高级中学	高级教师、副校长
5	孙文彩	龙岗区平冈中学	高级教师
6	薛端斌	锦田小学	小高、校长

附表 5　第一届秘书长候选名单

秘书长候选人数量 1 名:选举产生 1 名.

序号	姓名	学校	职务、职称
1	刘斌直	深圳中学	高级教师、主任

附表 6　第一届副秘书长候选名单

副秘书长候选人数量 3:选举产生 3(排名不分先后).

序号	姓名	学校	职务、职称
1	魏显峰	深圳市教科院	中学高级教师
2	宋绍鹏	深圳科学高中	中学高级教师、教学处主任
3	陈柳	深圳市荔园外国语小学	小学高级教师

附表 7　第一届理事会顾问名单

排名不分先后.

序号	姓名	单位	职务、职称
1	胡炳生	安徽师范大学	教授
2	杨学枝	福州市第二十四中学	全国初等数学研究会理事长、特级教师
3	尚强	深圳市教育局	深圳市教科院院长、特级教师

深圳市初等数学研究会第一届理事会工作要点

刘斌直(深圳市深圳中学)

1.要进一步做好学会的组织建设,努力发展个人会员,做好会员登记和发放会员证书工作;

2.要进一步扩大团体会员单位数量,颁发团体会员单位牌匾,我们希望各会员单位能一如既往的支持学会工作;

3.要开好每年一次理事或常务理事会议,讨论学会的工作,要开好每两年一届的全市"中学数学教育教学及初等数学研究研讨会";

4.要根据章程开展初等数学教育教学及学术研究;组织与市内外有关组织广泛开展数学教育教学及学术交流;要举办初等数学教育教学及学术讲座,开展会员培训、开展课题研究及数学竞赛活动;编印有关初等数学教育教学及初等数学研究的资料、书籍;要组织开展初等数学教育教学及学术论文的评选活动;推广初等数学教育教学及学术研究的优秀成果;我们要积极向会员所在的单位或向上级有关部门举荐优秀数学工作人才;要做好维护会员的合法权益工作,向有关单位或部门反映广大初数工作者的意见和要求.我们开展的一切工作都要有利于促进中小学数学教育教学改革,促进数学教师专业成长,有利于增强教师队伍素质,提高我市的教育教学质量.

5.要同社会上致力于发展数学教育事业和初数研究事业的单位与个人紧密合作,开展各项有益活动;

6.要做好学会一年一度的年审工作,严格财务开支,增源节流.我们希望全体理事、理事单位能共同尽力为学会多筹集资金,以便为学会开展各项活动在经济上给予强有力的支持,从而进一步增强学会的活力.

第一届理事会还有许多事情要做,我们要团结协作,尽心尽力做好工作,不辜负全市会员对我们的期望.

2012 年 11 月 25 日

振兴祖国数学的圆梦之旅
——中国初等数学研究史话

深圳市初等数学研究会
第一次会员大会会议纪要

2012 年 11 月 25 日下午 3：30，"深圳市初等数学研究会第一次会员大会"在深圳市罗湖区东门中路维景酒店胜利召开，会议由初等数学研究会筹备组副组长深圳中学刘斌直老师主持，出席此次会议的领导来宾有：深圳市市委社会工作委员会赵洪宝副主任、深圳市民政局李文海处长、深圳市教育科学研究院尚强院长、深圳市市委组织部徐坤调研员、深圳市第二实验学校赵立校长、全国初等数学研究会杨学枝理事长、全国初等数学研究会吴康常务副理事长等. 出席此次会议的有深圳市第二实验学校、深圳市红桂小学等团体会员代表以及个人会员 50 人占应到会员总数（应到会员 61 人）的 82%.

一、会议听取了"深圳市初等数学研究会筹备工作报告"

筹备组组长深圳中学张承宇老师为大会做"深圳市初等数学研究会筹备工作报告"，报告总结了学会筹备组在民政局领导的支持下所做的前期工作，阐述了学会成立后我国初等数学研究事业于 80 年代末开始得到蓬勃发展，至今方兴未艾. 1991 年在天津师范大学召开了全国首届初等数学研究学术交流会，至今已走过二十多年历程，期间民间自发成立了全国"初等数学研究工作协调组"；2006 年又自发成立了"中国初等数学研究会"，组织召开了八届全国初等数学教育教学及初等数学学术研究交流会，现有会员遍及全国所有省、市、自治区、直辖市，会员人数达 10 余万人. 湖南、福建、江西、湖北、山东、四川、贵州、辽宁等多个省、市都已正式注册登记成立了初等数学学会（研究会），全国所有中、小学数学杂志都开辟了初等数学研究专栏，多家出版社已相继出版了初等数学研究专著. 初等数学教育教学及初等数学学术研究工作在全国红红火火展开.

深圳市是全国改革开放前沿阵地，教育事业走在了全国的前列. 全市共有一万余名大、中、小学数学教师及从事数学科研工作人员，为促进我市数学教育及教育事业的发展，促进我市数学教师专业成长和素质的提高. 2012 年 5 月，决定向深圳市民政局申请筹备"深圳市初等数学研究会". 得到市民政局有关领导的大力支持，并经深圳市民政局审核后通过开展了各项筹备工作. 2012 年 5 月，学会筹备组在全市中小学及数学教师中征集单位会员和个人会员，立即得到了深圳市中小学及广大数学教师的积极响应和参与. 短短一个月时间就征集了单位会员 3 家，个人会员 52 人. 在市民政局有关领导的大力支持下，市民政局在很短的时间内按规定程序完成了初审工作和相关审批工作，印发了深民函〔2012〕078 号文件，"关于准予筹备深圳市初等数学研究会的批复"，至此深圳市初等数学研究会筹备工作正式开始.

筹备组按照市民政局的有关规定,根据学会发起人、发起单位的代表性、工作需要等原则推荐了学会主要负责人选,其中包括理事、理事长、副理事长、秘书长、副秘书长、顾问,提交给第一次会员代表大会表决通过后进行选举.

报告还对学会今后工作提出了六条建议,得到了与会人员的积极响应.

二、审议通过了"深圳市初等数学研究会章程"草案

会员大会审议通过了"深圳市初等数学研究会章程"草案(以下简称章程),章程是由学会筹备组根据民政局提供的广东省行业协会章程示范文本要求,结合我们教育的实际草拟的,共分八章四十八条,分别对学会的性质、宗旨、业务范围、组织机构、成员组成、资产管理以及经费来源等问题做出了明确的规定.

三、学会的会费标准

根据深圳市初等数学研究会第一次会员大会表决通过的会员收费标准,学会会员的收费标准分别是:

(一)团体会员单位每年缴纳会费 6 000 元;

(二)个人会员每年缴纳会费 200 元;

第一届理事会决定,第一届团体会员和个人会员不收取会费.

四、选举产生深圳市初等数学研究会第一届理事会领导机构

会员大会审议通过了筹备组提交的"深圳市初等数学研究会第一次会员大会选举办法",选举办法是根据"深圳市初等数学研究会章程"(草案)的有关规定制订的.会员大会按规定的程序公开、公平、民主、监督的选举出第一届理事会理事、理事长、副理事长、秘书长、副秘书长、顾问等领导成员.

根据大会提交的候选人资料,深圳市初等数学研究会第一届候选理事共20 名,等额选举产生了理事 20 名;理事长候选人 1 名,副理事长候选人 6 名,秘书长 1 名,副秘书长 3 名.根据大会选举办法现场投票表决同意,学会第一届理事会理事的选举以等额无记名投票选举的方式产生,学会领导班子的选举同样采取无记名投票的民主方式选举产生.为了保证本次选举公平、民主、监督、公正,大会选举设总监票 1 名,监票员 1 名,计票人 2 名.总监票和监票人对选举的全过程包括发票、投票、计票工作进行监督,有效地保证了所选出的结果合法、真实、有效.

获选的第一届理事会领导机构人员名单如下:

1. 理事长:

张承宇(深圳中学,中学高级教师).

2.副理事长:

李德雄(深圳第二外国语学校,副校长、中学高级教师).

薛端斌(深圳市锦田小学,校长、中学高级教师).

424

冯大学（深圳高级中学，副校长、中学高级教师）.

唐锐光（深圳外国语学校，中学高级、特级教师）.

田祚鹏（深圳实验学校，教务处副主任、中学高级教师）.

孙文彩（龙岗区平冈中学，中学高级教师）.

3. 秘书长：

刘斌直（深圳中学，社会教育服务中心负责人、中学高级教师）.

4. 副秘书长：

魏显峰（深圳市教育科学研究院，中学教研员、中学高级教师）.

宋绍鹏（深圳市科学高中，教务处主任、中学高级教师）.

陈柳（深圳市荔园外国语学校，小学高级教师）.

5. 顾问：

胡炳生（安徽师范大学，教授）.

杨学枝（福州第二十四中学，全国初等数学研究会理事长中学高级、特级教师）.

尚强（深圳市研究科学研究院，院长中学高级、特级教师）.

大会选举结果产生后，到会有关领导和嘉宾纷纷表示祝贺！当选的第一届理事会理事长张承宇老师发表了热情洋溢的讲话，他祝贺大会顺利召开，并表示将尽心尽力做好学会工作，服务于深圳市广大中小学数学教师，致力于为深圳市数学教育做出应有的贡献. 同时他还对学会今后工作提出了的很好的意见. 秘书长刘斌直老师代表第一届理事会做了"深圳市初等数学研究会第一届理事会工作要点"的讲话. 理事长和秘书长的讲话，与会人员用热烈的掌声表示赞同和支持.

本次会员大会对深圳市初等数学研究会的顺利成立意义重大，我们相信有深圳市民政局和深圳市人民政府相关职能部门的业务指导以及监督管理，有各中小学及广大数学教师的大力支持和配合，在第一届理事会的领导下，一定能带领广大会员积极主动的开展各项活动，促进我市数学教育事业的发展. 让我们共同为全国数学教育事业和初等数学研究事业的发展做出应有的贡献！

深圳市初等数学研究会筹备组

拟任法定代表人签字：

2012 年 11 月 25 日

深圳市初等数学研究会(附表 8)

深初数会[2012]01 号

经深圳市初等数学研究会第一次会员代表大会选举,并报深圳市民政局备案,现将深圳市初等数学研究会第一届理事会组织机构名单公布如下:

附表 8   深圳市初等数学研究会第一届理事会机构名单

序号	姓名	协会职务	工作单位	职务、职称
1	张承宇	理事长	深圳中学	中学高级教师
2	李德雄	副理事长	深圳市第二外国语学校	中学高级教师、副校长
3	唐锐光	副理事长	深圳市外国语学校	中学高级、特级教师
4	田作鹏	副理事长	深圳市实验学校	中学高级教师、教务副主任
5	冯大学	副理事长	深圳市高级中学	中学高级教师、副校长
6	孙文彩	副理事长	深圳市龙岗区平冈中学	中学高级教师
7	薛端斌	副理事长	深圳市锦田小学	小学高级教师、校长
8	刘斌直	秘书长	深圳市中学	中学高级教师、社会教育中心主任
9	魏显峰	副秘书长	深圳市教育科学研究院	中学高级教师
10	周峻民	副秘书长	深圳市中学	中学初级教师
11	陈柳	副秘书长	深圳外国语小学	小学高级教师
12	胡炳生	顾问	安徽师范大学	教授
13	杨学枝	顾问	福州市第二十四中学	副校长、全国初等数学研究会理事长、福建省初等数学学会理事长、特级教师
14	尚强	顾问	深圳市教科院	院长、特级教师

深圳市初等数学研究会

2012 年 12 月 27 日

振兴祖国数学的圆梦之旅
——中国初等数学研究史话

§3 福建省初等数学学会成立

3.1 福建省初等数学学会第一次会员代表大会召开

福建省初等数学学会第一次会员代表大会(成立大会)材料

议　　程

时间:2013 年 7 月 16 日(周六)下午 15:00;地点:福州市黄金大酒店(火车北站).

会议主持人:杨学枝

一、主持人宣布大会开始,介绍与会领导和嘉宾

二、省民政厅宣读"福建省民政厅关于福建省初等数学学会筹备成立的批复"

三、省科学技术协会宣读"关于同意筹备成立福建省初等数学学会的初审意见"

四、福建省初等数学学会筹备组组长杨学枝先生做学会筹备工作报告

五、宣布创会会员名单,并做简要说明(筹备组成员王钦敏)

六、福建省初等数学学会章程(草案)说明(筹备组成员江嘉秋)

七、会员代表大会审议通过"福建省初等数学学会章程"(草案)

八、会员代表大会审议通过"福建省初等数学学会财务制度"(草案)

九、表决通过缴纳个人会费和团体会费标准

十、请到会领导及嘉宾讲话

十一、照集体相

十二、会员代表大会选举第一届理事会机构

(一)会员代表大会审议通过选举办法;

(二)会员大会审议通过总监票人、监票人、计票人;

(三)会员代表大会审议通过理事会理事、理事长、副理事长候选人名单;

(四)会员代表大会选举:

1.全体与会会员代表选举理事(计票人计票);

2.会员代表大会休会三十分钟,全体理事选举常务理事(计票人计票);

427

3. 全体常务理事选举理事长、副理事长(计票人计票);

4. 理事长提名秘书长名单,全体常务理事投票表决;

5. 秘书长提议副秘书长名单,全体常务理事投票表决.

十三、总监票人宣布选举结果

十四、当选第一届理事会理事长代表第一届理事会讲话

十五、当选第一届理事会常务副理事长报告本届理事会工作计划要点

十六、主持人宣布"福建省初等数学学会第一次会员代表大会胜利闭幕".

福建省民政厅文件

闽民管〔2013〕187号

福建省民政厅关于福建省初等数学学会
筹备成立的批复

福建省初等数学学会发起人：

经审查，你们申请筹备成立福建省初等数学学会的条件符合《社会团体登记管理条例》有关规定，同意筹备成立。请按照《社会团体登记管理条例》第十四条的有关规定，自准予筹备之日起6个月内召开成立大会，通过章程，产生执行机构、负责人和法定代表人，完成筹备工作后向我厅申请成立登记。

福建省民政厅

2013年5月8日

（此件主动公开）

图2　福建省民政厅福建省初等数学学会筹备成立的批复

福建省科学技术协会文件

闽科协发学〔2013〕24 号

关于同意筹备成立
福建省初等数学学会的初审意见

福建教育学院等单位:

你们报送的《关于筹备成立"福建省初等数学学会"的申请》及相关资料收悉。经审查,成立条件基本具备,同意你们筹备成立福建省初等数学学会。请按《社会团体登记管理条例》规定,向民政部门申请筹备。

福建省科学技术协会

2013 年 3 月 28 日

抄送:省民政厅。

福建省科学技术协会   2013 年 3 月 28 日印发

图 3　关于同意筹备、成立福建省初等数学学会的初审意见

振兴祖国数学的圆梦之旅
——中国初等数学研究史话

福建省初等数学学会章程(草案)

（第一次会员代表大会通过）

第一章 总 则

第一条 团体名称:福建省初等数学学会,英文名称:Fujian Association of Elementary Mathematics,缩写:FAEM.

第二条 社团性质:本会是由从事初等、高等数学教育教学及初等数学研究的单位、个人(含高等师范院校、中等教育学校、小学)以及其他企事业单位、社会团体及其数学爱好者组成的地方性、专业性、非盈利性组织.

第三条 社团宗旨:本会遵守宪法、法律、法规和国家政策,遵守社会道德风尚,团结从事数学教育教学及初等数学研究的单位、个人以及数学爱好者,努力促进我省数学教育教学及初等数学研究工作的开展,为提高我省数学教育教学和初等数学研究水平,提高我省数学教育教学质量做出应有的贡献.

第四条 本团体接受福建省社团登记管理机关福建省民政厅和业务主管部门福建省科学技术协会的业务指导以及监督管理.

第五条 本社团住所设在福建省福州市鼓楼区梦山路 73 号科学楼 2 层 201 室(邮编:350025).

第二章 业务范围

第六条 本会的业务范围:

(一)开展数学教育教学及初等数学研究;与省内外有关组织广泛开展数学教育教学及初等数学研究学术交流.

(二)举办数学教育教学及初等数学研究学术讲座,开展会员培训,开展课题研究,开展数学竞赛及数学竞赛自主招生培训活动.

(三)编印有关数学教育教学及初等数学研究的资料、书籍.

(四)组织开展数学教育教学及初等数学研究学术论文的评选活动;推广数学教育教学及初等数学研究的优秀成果;向会员所在的单位或向上级有关部门举荐优秀数学工作人才;要同社会上致力于发展数学教育事业和初数研究事业的单位与个人紧密合作,开展各项有益活动.

(五)在政策允许的范围内,并经政府有关部门审批开办好学会实体,以补充学会开展各项活动的经费的不足,由此大力推动学会开展公益活动.

431

（六）要创办学会 CN 杂志——《初等数学研究》，并办好学会杂志，服务于数学教育，服务于广大师生.

（七）维护会员的合法权益，向有关单位或部门反映广大初数工作者的意见和要求.

（八）承办政府或行政部门委托的符合本会宗旨的有关事项.

第三章　会　员

第七条　本会正式会员分个人会员、团体会员和荣誉会员三种.

（一）凡承认并接受本会章程，符合下列条件之一者，均可申请入会成为个人会员：

1. 凡高等师范院校、中等教育学校、小学数学教师；教育科学研究院（所）、普通教育教学研究室以及从事数学教育教学及初等数学研究的人员；

2. 热心数学教育教学及初等数学研究，并积极支持本会工作的初数爱好者及相关部门人士.

（二）凡积极支持本会工作的有关教科研部门、学校、有关的企事业单位、社会团体等单位，均可向本会提出申请成为团体会员.

（三）凡对我会工作做出突出贡献者可成为本会荣誉会员.

第八条　申请加入本团体的会员，必须具备以下条件

（一）拥护本团体的章程；

（二）有加入本团体的意愿；

（三）在数学教育教学和初等数学研究方面成绩显著，有一定的社会影响力.

第九条　会员入会程序

（一）个人会员入会需由本人自愿申请，由本会一名会员介绍（首届会员可由相关单位推荐），经本会理事会审查批准后，即为福建省初等数学学会会员. 理事会闭会期间，理事会委托学会秘书长审查，并在下一次理事会开会时予以确认.

（二）团体会员入会. 由申请团体会员所在的单位向本会直接申请，经本会常务理事会审核通过，即可成为福建省初等数学学会团体会员.

（三）荣誉会员由本届理事会理事长会议讨论通过，即可成为福建省初等数学学会荣誉会员.

（四）由理事会或理事会授权的机构发给会员证书.

第十条　会员的权利

（一）有选举权、被选举权和表决权；

（二）对本会工作有建议、批评权；

（三）优先参加本会组织的各种学术活动及其他数学活动；

（四）优先获得本会编制、印发的有关资料；

（五）有入会和退会自由.

第十一条 会员履行下列义务

（一）遵守本会章程,执行本会决议；

（二）维护本团体利益；

（三）积极参加本会组织的活动,按时、按要求完成本会所委托的工作；

（四）关心本会工作,经常向本会提出积极意见和建议,向本团体反应相关情况,提供有关资料,推动本会工作；

（五）按时缴纳会费.

第十二条 会员退会应书面通知本研究会,并交回会员证. 会员若不愿缴纳会费,不愿参加本会组织的有关会议或活动,则视为自动退出本会.

第十三条 会员有退会自由. 会员若有明显损害本会声誉的行为,经本会理事会讨论通过,可予以除名,秘书处备案；会员也可以根据本人意愿提出退会申请,秘书处备案.

第四章 组织机构和负责人产生、罢免

第十四条 本会的最高权力机构是会员代表大会. 会员代表大会的主要职权：

（一）制订修改本会章程；

（二）选举和罢免理事；

（三）审查理事会的工作报告和财务报告；

（四）决定本学会终止事宜；

（五）决定本会其他重大事件.

会员代表大会须经到会会员半数以上通过才能生效.

第十五条 会员代表大会须由福建省初等数学学会会员中产生,其决议须经到会会员半数以上表决通过方能生效.

第十六条 会员代表大会结合学会召开的数学教育教学暨初等数学研究学术交流会一并举办,一般每二至三年召开一次,必要时可由常务理事会讨论决定,延期或提前举行. 理事会每届任期五年,若因特殊情况需提前或延期换届的,须由理事会表决通过,报业务主管单位审查并经社团登记管理机关批准同意. 但延期换届最长不超过 1 年.

第十七条 理事会是会员代表大会的执行机构,在闭会期间领导本团体开展日常工作,对会员代表大会负责. 理事会根据工作需要可下设若干委员会或办事机构,各委员会或办事机构设主任一名,副主任若干名,委员若干名,正副

主任由理事长提名,常务理事会聘任,各委员会或办事机构要定时向常务理事会报告工作.

第十八条 理事会的职权:

(一)制订本会工作计划,执行会员代表大会的决议;

(二)选举和罢免理事长、副理事长、秘书长;

(三)筹备召开会员代表大会;

(四)向会员代表大会报告工作和财务状况;

(五)决定会员的吸收和除名;

(六)决定设立办事机构、分支机构、代表机构和实体机构;

(七)决定副秘书长、各机构主要负责人的聘任;

(八)领导本团体各机构开展工作;

(九)制订内部管理制度;

(十)筹备召开下一届学会会员代表大会.

(十一)决定其他重大事项.

第十九条 理事会需有三分之二以上理事出席方能召开,其决议需经到会理事三分之二以上表决通过方能生效.

第二十条 理事会每年召开一次会议;情况特殊的,也可采取通讯形式召开.

第二十一条 本团体设立常务理事会.常务理事会由理事会选举产生(常务理事人数不超过理事会理事人数的三分之一),在理事会闭会期间行使第十八条第一、三、五、六、七、八、九项的职权,对理事会负责.

第二十二条 常务理事会须有三分之二以上常务理事出席方能召开,其决议须经到会常务理事三分之二以上表决通过方能生效.

第二十三条 常务理事会每半年或一年召开一次会议;情况特殊的也可采用通讯形式召开.

第二十四条 本团体的理事长、副理事长、秘书长、顾问必须具备下列条件:

(一)坚持党的路线、方针、政策,政治素质好;

(二)在本团体业务领域内有较大影响;

(三)理事长、副理事长、秘书长最高任职年龄不超过 70 周岁,秘书长为专职;

(四)身体健康能坚持正常工作;

(五)未受过剥夺政治权利的刑事处罚的;

(六)具有完全民事行为能力;

(七)常务理事会是理事会的常设办事机构,联络处设在理事长或正副秘书

434

长所在单位;

（八）理事会设理事长一名，副理事长若干名，秘书长一名，副秘书长若干名，顾问若干名. 秘书长由理事长提名. 必要时可设常务副理事长一名. 副秘书长由秘书长提名，经常务理事会半数以上通过则当选. 顾问由各届退下来的正副理事长、秘书长中产生，并由新一届理事会理事长提名（第一届理事会顾问由第一届理事会理事长提名），经常务理事会讨论通过.

（九）常务理事会在理事会闭会期间由理事长、秘书长主持，行使理事会的职责和日常会务的领导工作.

第二十五条 本团体理事长、副理事长、秘书长如超过最高任职年龄的，须经理事会表决通过，并经社团登记管理机关批准同意后，方可任职.

第二十六条 本团体理事长、副理事长、秘书长任期五年. 理事长、副理事长、秘书长任期最长不得超过两届，如因特殊情况需延长任期的，须经会员代表大会半数以上会员代表表决通过，报业务主管单位审查并经社团登记管理机关批准同意后方可任职.

第二十七条 本团体理事长为本团体法定代表人. 本团体法定代表人不兼任其他团体的法定代表人.

第二十八条 本团体理事长行使下列职权：

（一）召集和主持理事会和常务理事会议，提名本届理事会秘书长，提名各委员会或办事机构的正副主任人选；

（二）检查会员代表大会、理事会或常务理事会决议的落实情况；

（三）代表本团体签署有关重要文件；

（四）处理理事会授权的其他事宜.

第二十九条 本团体秘书长行使下列职权：

（一）主持办事机构开展日常工作，组织实施年度工作计划；

（二）协调各分支机构、代表机构、实体机构开展工作；

（三）提名副秘书长以及各办事机构、分支机构、代表机构和实体机构其他负责人，交理事会或常务理事会决定；

（四）决定办事机构、代表机构、实体机构专职工作人员的聘用；

（五）处理理事会授权的其他事宜.

第五章 资产管理、使用原则

第三十条 本团体经费来源：

（一）团体或个人会费；2013 年 4 月 26 日，由福建省数学学会初等数学分会投入注册资金叁万元整.

（二）捐赠；

（三）政府资助；

（四）在核准的业务范围内开展活动或服务的收入；

（五）利息；

（六）其他合法收入.

第三十一条　本团体按照国家有关规定收取个人会员和团体会员会费.

第三十二条　本团体经费必须用于本章程规定的业务范围和事业的发展，不得在会员中分配.

第三十三条　本团体建立严格的财务管理制度，保证会计资料合法、真实、准确、完整.

第三十四条　本团体配备具有专业资格的会计人员.会计不得兼任出纳.会计人员必须进行会计核算，实行会计监督.会计人员调动工作或离职时，必须与接管人员办清交接手续.

第三十五条　本团体的资产管理必须执行国家规定的财务管理制度，接受会员大会（或会员代表大会）和财政部门的监督.资产来源属于国家拨款或者社会捐赠、资助的，必须接受审计机关的监督，并将有关情况以适当方式向社会公布.

第三十六条　本团体换届或更换法定代表人之前必须接受社团登记管理机关和业务主管单位组织的财务审计.

第三十七条　本团体的资产，任何单位、个人不得侵占、私分和挪用.

第三十八条　本团体专职工作人员的工资和保险、福利待遇，参照国家对事业单位的有关规定执行.

第六章　章程的修改程序

第三十九条　对本团体章程的修改，需经理事会表决后报会员代表大会审议.

第四十条　本团体修改的章程，需在会员代表大会通过后 15 日内，经业务主管单位审查同意，并报社团登记管理机关核准后生效.

第七章　终止程序及终止后的财产处理

第四十一条　本团体完成宗旨或自行解散或由于分立、合并等原因需要注销的，由理事会或常务理事会提出终止动议.

第四十二条　本团体终止动议需经会员代表大会表决通过，并报业务主管单位审查同意.

第四十三条　本团体终止前，需在业务主管单位及有关机关指导下成立清算组织，清理债权债务，处理善后事宜.清算期间，不开展清算以外的活动.

第四十四条　本团体经社团登记管理机关办理注销登记手续后即为终止.

第四十五条　本团体终止后的剩余财产,在业务主管单位和社团登记管理机关的监督下,按照国家有关规定,用于发展与本团体宗旨相关的事业.

第八章　附　则

第四十六条　本章程经 2013 年 7 月 13 日首届会员代表大会表决通过.

第四十七条　本章程的解释权属本团体的理事会.

第四十八条　本章程自社团登记管理机关核准之日起生效.

福建省初等数学学会筹备工作报告

杨学枝

尊敬的各位领导、各位会员代表：

在福建省民政厅和福建省科学技术协会的关心和支持下，"福建省初等数学学会"今天在这里召开了第一次会员大会，我受福建省初等数学学会筹备组的委托，向大会做学会筹备工作报告，欢迎大家对我们的工作提出宝贵的意见和建议．

我国初等数学研究事业于 20 世纪 80 年代末开始得到蓬勃发展，至今方兴未艾．1991 年在天津师范大学召开了全国首届初等数学研究学术交流会，至今已走过二十多年历程，期间民间自发成立了全国"初等数学研究工作协调组"；2006 年又自发成立了"中国初等数学研究会"，组织召开了八届全国初等数学教育教学及初等数学研究学术交流会，现有会员遍及全国所有省、市、自治区、直辖市．湖南、福建、江西、湖北、山东、四川、贵州、辽宁等多个省、市都已相继正式注册登记成立了初等数学学会（研究会、委员会），全国所有中、小学数学杂志都开辟了初等数学研究专栏，多家出版社已出版了大量初等数学研究专著．初等数学教育教学及初等数学学术研究工作在全国红红火火地展开．

我省是最早申请成立初等数学学会的省份．早在 1989 年，由杨学枝、林章衍等人就曾多次向省民政厅有关部门提出成立福建省初等数学学会的申请．1991 年由他们组织发起在福州市马尾区召开了我省首届初等数学教育教学及初等数学学术研究交流会．会上广大数学教师和数学教育工作者都强烈要求成立"福建省初等数学学会"，但由于当时有些条件还不成熟，省民政厅领导建议我们先作为福建省数学学会下面的二级学会开展活动，待条件成熟后再提出申请．于是我们向福建省数学学会提出了申请，在省数学学会领导的支持下，1992 年 11 月 1 日，福建省数学学会正式批文成立福建省数学学会初等数学分会，这是全国率先成立省初数会的省份之一，它自成立之日起一步一步艰难而又卓有成效地走过了二十多年历程．学会在不断发展壮大，我省初数事业蒸蒸日上．二十多年来，学会做了富有成效的组织发展工作．现在我们的会员已遍及八闽大地．二十多年来，学会每年都召开了常务理事会议或理事会议，讨论研究学会的工作．通过了每一年的年审和登记工作．除这些日常工作之外，二十多年来，学会共组织召开了九届全省"初等数学教育教学及初等数学研究学术交流会"，举办了五届数学教育教学及学术论文评选活动．另外我会还分别于 1996 年和 2012 年两次成功的承办了第三届、第八届两届全国中学数学教育教学暨初等

振兴祖国数学的圆梦之旅
——中国初等数学研究史话

数学研究学术交流会.2011 年我会申报了全国教育科学"十一五"规划重点课题"基础教育高效教学行为研究"、福建省分课题"网络环境下数学课堂高效教学研究",在全省开展了课题研究活动,全省有一百多所学校参加,一千多名数学教师参与了课题研究活动,取得了丰硕成果.2012 年我会还与福建省教育学院联合举办了"福建省首届中学数学教师教育教学成果联展"活动,面向福建省全体中学数学教师征集精彩的教育教学作品(实物),经评选产生的获奖作品将在成果联展网络平台与教育教学论坛上展播并共享.二十多年来,我们还与兄弟省、市初数会以及台湾中华数学联合会等初数界开展了一系列交流活动.总之二十多年来,我会工作已走上了科学化、规范化的轨道.我们认为,现在申请成立福建省初等数学学会的条件已完全成熟.成立福建省初等数学学会也是我省数学教育事业发展的需要,是我省广大师范院校、中小学数学教师业务知识、教学水平的提高以及自身发展的需要,是推动福建省师范院校、中小学数学教育教学的需要,它使我省师范院校、中小学数学教师以及全省初数研究爱好者有个温馨之家,因此福建省初等数学学会的成立是非常必要和非常及时的.于是在 2011 年 9 月,我们又次向省民政厅有关部门提出了成立福建省初等数学学会的申请.这次立即得到了福建省民政厅民管局领导的热情支持.根据申报材料要求和申报程序,我们就开始了筹备工作,尤其是材料方面的准备.2013年 1 月,我们正式向省科协递交了关于成立福建省初等数学学会的申请报告,2月递交了相关材料.2013 年 3 月 28 日福建省科学技术协会下达批文,同意筹备成立福建省初等数学学会.紧接着我们便向省民政厅递交了成立福建省初等数学学会的申请报告和相关材料.2013 年 5 月 8 日,福建省民政厅正式下达了闽民[2013]187 号文件:"关于福建省初等数学学会筹备成立的批复",终于我们可以正式开展成立福建省初等数学学会的筹备工作.今天根据省民政厅文件要求,我们在这里召开了福建省初等数学学会第一次会员代表大会,即福建省初等数学学会成立大会.在此让我代表筹备组以及原福建省数学学会初等数学分会全体会员向福建省民政厅领导、福建省科学技术协会领导以及关心、支持我们工作的所有领导、数学界同仁、朋友,原福建省数学学会初等数学分会全体会员全体理事说句:谢谢! 再谢谢!

按照省民政厅要求,依照法定程序,我们要继续做好成立福建省初等数学学会的各项工作.在今天的会议上,我们将选举产生福建省初等数学学会第一届理事会、选举产生福建省初等数学学会第一届理事会领导机构.第一届理事会应该是一个团结向上、开拓进取、无私奉献的集体.

福建省初等数学学会成立以后,我们将肩负着光荣而又艰巨的历史使命,万事开头难,我们要不辜负全体会员对我们的期望,继承和发扬原福建省数学学会初等数学分会的优良传统和工作作风,以坚强的毅力,不图名、不图利,勤奋工作、无私奉献,开拓学会工作的新局面.我们希望福建省初等数学学会的全体会员们能一如既往的热情关心、积极支持学会的各项工作,我们也希望我会首届理事会全体理事共同为学会工作开好局,带好头,做好样,多为学会工作出谋划策,把学会建设成全省广大数学教育工作者和初数爱好者的温馨之家,共同努力创建一个会员信得过的文明优秀的学会.我相信有福建省民政局领导和大力支持,有福建省科学技术协会的悉心指导和热情帮助,有我会全体会员以及全省数学教育工作者和初数爱好者的积极参与,努力配合,我们一定能团结和带领全省广大会员积极主动的开展好各项活动,共同努力为促进我省广大师范院校、中小学数学教师的素质的提高,促进我省的数学教育的改革与发展,促进我省乃至全国初等数学研究事业的繁荣与发展,提高我省数学教育教学质量而做出应有的贡献!

最后预祝大会取得圆满成功,谢谢大家!

2013 年 7 月 16 日

振兴祖国数学的圆梦之旅
——中国初等数学研究史话

福建省初等数学学会创会会员情况说明

福建省教育学院　王钦敏

福建省初等数学学会的主要发起单位有 7 家（表 4），创会个人会员有 70 人（表 5），会员人数遍及福建省九地市师范院校、教研部门、中小学中的教授、中小学特级教师、中小高级教师，这充分体现了福建省初等数学学会的代表性和群众性. 在召开此次大会之前，还有不少学校和中小学数学老师要求加入初等数学研究会. 有这些会员的热情参与，在福建省民政厅和福建省科协的大力支持下，我们有信心也有能力把福建省初等数学学会的工作做好.

表 4　福建省初等数学学会创会团体会员名单

（排名不分先后）

序号	学校名称	成立时间	注　册 资金万元	负责人
1	福建省数学学会 初等数学分会	1992 年 11 月		杨学枝
2	福建教育学院	1942 年		余建辉
3	福建师范大学数学与 计算机科学学院	2002 年 12 月		李永青
4	福州教育学院	1903 年		许荔萌
5	福建省福州第三中学	1952 年 6 月		邵东生
6	福州第十六中学	1859 年		丁耀星
7	福州市鼓楼第一中心小学	1906 年		金其先

表 5　福建省初等数学学会创会个人会员名单

（排名不分先后）

姓名	学校	职称	职务
林章衍	福建师范大学数学系	副教授	
杨学枝	福州第二十四中学	特级教师	副校长
张鹏程	福建师范大学数学系	副教授	
林　常	省教育学院	副教授	
陈中锋	省普通教育教学研究室	特级教师	教研员
陈清华	师范大学数学与 计算机科学学院	教　授	院　长 助　理
江　泽	福建师范大学附属中学	高　级	组　长
张　弘	省普通教育教学研究室	中学高级	教研员

续表 1 福建省初等数学学会创会个人会员名单

姓名	学校	职称	职务
柯跃海	师范大学数学与计算机科学学院	副教授	组 长
丘远青	福州市第一中学	中学高级	组 长
黄 勇	福建教育学院理科研修部	讲 师	负责人
傅晋玖	福州教育学院	中学高级	主 任
邵东生	福州第三中学	特级教师	校 长
江嘉秋	福州教育学院	中学高级	教研员
谢元波	福州第二十四中学	中学一级	副主任
谢金鸿	长乐市教师进修学校	中学高级	校 长
陈树康	罗源第一中学	中学高级	校 长
林 风	福州第三中学	特级教师	组 长
高善忠	福州建筑工程职业中专学校	中学高级	主 任
王钦敏	福建教育学院理科研修部	特级教师	主 任
倪志铿	福州第二十五中学	中学高级	副校长
郑 璋	福州高级中学	中学高级	副校长
谢振国	晋安区教育局	中学一级	主 任
林碧云	福州屏东中学	中学高级	教 师
丁耀星	福州第十六中学	中学高级	书 记
陈智猛	厦门市教科院	中学高级	教研员
陈文强	厦门市双十中学	中学高级	校 长
吴志强	厦门市第二外国语学校	中学高级	校 长
肖学平	厦门海沧附属实验中学	博 士	校 长
蔡良灏	厦门松柏中学	中学高级	教 师
钟燕辉	厦门集美教师进修学校	中学高级	教研员
黎 强	厦门市第一中学	中学高级	教 师
李 明	厦门市湖滨中学	中学高级	副主任
祝国华	厦门市第二中学	中学高级	副主任
杨建强	厦门同安教师进修校	中学高级	教研员
张瑞炳	厦门市双十中学	中学高级	组 长
张白翎	泉州市教科所	中学高级	教研员
吴泽民	泉州师范学院	教 授	
林思奇	泉州丰泽教师进修学校	中学高级	教研员
张荣辉	泉州师范学院	副教授	

442

续表 2　福建省初等数学学会创会个人会员名单

姓名	学校	职称	职务
杨　帆	泉州培元中学	中学高级	副校长
王宏卿	泉州市惠安县惠南中学	中学高级	校　长
许耀德	漳州普教室	中学高级	教研员
周仕荣	漳州师范学院	副教授	主　任
吴建山	龙海第二中学	中学高级	校　长
林新建	漳州第一中学	中学高级	主　任
林　群	龙岩第一中学	特级教师	校　长
陈木孙	龙岩第一中学	中学高级	主　任
林元武	龙岩市新罗区 教师进修学校	中学高级	主　任
刘　瑛	福建上杭第二中学	中学高级	副校长
黄　椿	福建省连城第一中学	中学高级	副校长
严桂光	南平普教室	中学高级	主　任
蒋惠芳	南平新光学校	中学高级	教　师
张佩琦	南平剑津中学	中学高级	副校长
林奕生	南平市高级中学	中学高级	副校长
池新回	三明教科所	中学高级	教研员
周荣铨	福建永安第三中学	中学高级	书　记
林鸿熙	莆田学院数学系	副教授	书　记
梁宏晖	莆田第五中学	中学高级	主　任
蔡德清	莆田教育学院数学科	中学高级	主　任
郑一平	宁德民族中学	特级教师	副校长
黄益寿	福鼎第一中学	中学高级	校　长
陈坤其	宁德市柘荣第一中学	中学高级	副校长
张绍英	宁德市第一中学	中学高级	校　长
施晓剑	宁德市教师进修学院	中学高级	教研员
周少椿	宁德市周宁第一中学	中学高级	校　长
赵祥枝	厦门市双十中学	中学特级	组　长
金其先	福州市鼓楼 第一中学小学	小学特级	校　长
郭力丹	福州市钱塘屏北分校	小学高级	校　长

443

福建省初等数学学会章程(草案)说明

福州教育学院　　江嘉秋

各位会员代表:

"福建省初等数学学会章程"(草案)(以下简称章程)是由福建省初等数学学会筹备组根据民政厅提供的章程示范文本要求,结合我们的实际草拟的,共分八章四十八条,分别对学会的性质、宗旨、业务范围、组织机构、成员组成、资产管理以及经费来源等问题做出了规定.受福建省初等数学学会筹备组委托,我现就章程的有关问题简要说明.

一、学会性质

章程第一条和第二条分别说明了学会的名称及其性质.福建省初等数学学会是由从事初等数学教育教学及学术研究的单位、个人以及数学爱好者组成的地方性、专业性、非盈利性组织.

二、学会宗旨和业务范围

遵守宪法、法律、法规和国家政策,遵守社会道德风尚,团结从事数学教育教学及初等数学研究的单位、个人以及数学爱好者,努力促进我省数学教育教学及初等数学研究工作的开展,为提高我省数学教育教学和初等数学研究水平,提高我省数学教育教学质量做出应有的贡献.

章程第六条规定了学会的业务范围,主要包括以下八个方面:

(一)开展数学教育教学及初等数学研究;与省内外有关组织广泛开展数学教育教学及初等数学研究学术交流.

(二)举办数学教育教学及初等数学研究学术讲座,开展会员培训,开展课题研究,开展数学竞赛及自主招生培训活动.

(三)编印有关数学教育教学及初等数学研究的资料、书籍.

(四)组织开展数学教育教学及初等数学研究学术论文的评选活动;推广数学教育教学及初等数学研究的优秀成果;向会员所在的单位或向上级有关部门举荐优秀数学工作人才;要同社会上致力于发展数学教育事业和初数研究事业的单位与个人紧密合作,开展各项有益活动.

(五)在政策允许的范围内,并经政府有关部门审批开办好学会实体,以补充学会开展各项活动的经费的不足,由此大力推动学会开展公益活动.

(六)要创办学会 CN 杂志——《初等数学研究》,并办好学会杂志,服务于数学教育,服务于广大师生.

(七)维护会员的合法权益,向有关单位或部门反映广大初数工作者的意见和要求.

(八)承办政府或行政部门委托的符合本会宗旨的有关事项.

三、会费标准

本会经费来源由团体会费、个人会费、社会捐赠、政府资助及在核准的业务范围内开展活动或服务的收入等方式.会费收费标准如下：

(一)团体会员单位每年缴纳会费 2 000 元以上；

(二)个人会员每年缴纳会费 100 元以上.

四、学会的组织机构

依照章程第四章第二十六条规定：本团体理事长、副理事长、秘书长任期五年.理事长、副理事长、秘书长任期最长不得超过两届,如因特殊情况需延长任期的,须经会员代表大会三分之二以上会员代表表决通过,并经社团登记管理机关批准同意后方可任职.

本会设立理事会,它是会员代表大会的常设机构,在闭会期间领导本团体开展日常工作,对会员代表大会负责.本届理事会设理事长 1 名,常务副理事长 1 名,副理事长若干名,秘书长 1 名,副秘书长若干名,顾问若干名.秘书长由理事长提名,正副理事长、秘书长由理事会(须全体理事的三分之二及以上人员到会方有效)经无记名投票表决,经半数以上通过当选.副秘书长由秘书长提名,经理事会半数以上通过则当选.顾问由各届退下来的正副理事长、秘书长中产生,并由新一届理事会理事长提名,经理事会讨论通过；第一届理事会顾问由第一届理事会理事长提名.理事会根据工作需要可下设若干委员会或办事机构,各委员会或办事机构设主任一名,副主任 1~2 名,委员若干名,正副主任由理事长提名,常务理事会聘任,各委员会或办事机构要定时向常务理事会报告工作.理事会每一年召开一次会议,情况特殊的也可采用通讯形式召开.

本团体设立常务理事会.常务理事会由理事会选举产生,在理事会闭会期间行使章程第十八条第一、三、五、六、七、八、九项的职权,对理事会负责.常务理事会每半年或一年召开一次会议,情况特殊的也可采用通讯形式召开.

会员代表大会结合学会召开的初等数学教育教学研究及学术交流会一并举办,一般每二至三年召开一次,必要时可由常务理事会讨论决定,延期或提前举行.

2013 年 7 月 16 日

福建省初等数学学会第一次
会员代表大会选举办法

1. 根据"福建省初等数学学会章程"（草案）的有关规定制订本次选举办法.

2. 本次会员代表大会选举产生福建省初等数学学会第一届理事会理事、常务理事、理事长、副理事长、秘书长、副秘书长以及顾问.

3. 选举时,参加选举的会员代表必须超过本届理事会理事的人数方有效;选举办法采用无记名投票表决的方法.理事、常务理事、理事长、副理事长、秘书长、副秘书长都采用等额选举,都必须超过选举人数的半数以上通过,选举有效.得票不超过半数的,不再补选.

4. 本次选举采取分类选举.具体办法如下:

(1)理事由全体与会会员代表经无记名投票,半数以上通过当选;常务理事由理事会全体理事的三分之二到会,经无记名投票,半数以上通过当选;正副理事长由全体常务理事的三分之二到会,经无记名投票,半数以上通过当选;第一届理事会顾问由第一届理事会理事长提名,经常务理事会讨论通过.秘书长由理事长提名,副秘书长由秘书长提名,由全体常务理事的三分之二到会,经无记名投票,半数以上通过当选.

(2)第一届理事会理事人数设定为 148 个名额,其中省属 14 名,福州市 23 名、厦门市 22 名、泉州市 17 名、漳州市 11 名、龙岩地区 15 名、南平市 11 名、莆田市 9 名、宁德市 15 名、三明市 11 名.

第一届理事会常务理事设定为 48 名.

(3)第一届理事会设定理事长 1 名,常务副理事长 1 名,副理事长 4 名,秘书长 1 名,副秘书长 4 名.

(4)第一届理事会设顾问 1 名.

5. 大会设总监票 1 名,监票员 1 名,计票人 2 名.总监票、监票人必须是本次大会的会员代表,筹备组推荐的参加理事选举的候选人不能担任本次选举的总监票人、监票人和计票人.总监票和监票人对选举的全过程进行监督.

6. 本届选举办法,经会员大会审议通过后施行.

福建省初等数学学会（筹）

2013 年 7 月 16 日

福建省初等数学学会第一届理事会工作要点

福州第三中学　邵东生

各位会员代表：

我受福建省初等数学学会筹备组的委托,就学会成立后的主要工作提出几点意见.

1.要进一步做好学会的组织建设,努力发展个人会员,做好会员登记工作和发放会员证、理事证书工作;

2.要进一步扩大团体会员单位数量,颁发团体会员单位牌匾,我们希望各会员单位能一如既往的支持学会工作;

3.各地市应积极筹备成立地市级初等数学学会或成立福建省初等数学学会地市级初等数学分会;

4.要开好每年一次理事或常务理事会议,讨论学会的工作.要开好每二年或三年一届的全省"中学数学教育教学及初等数学研究学术交流会".2014年我们要召开福建省第十届"中学数学教育教学及初等数学研究学术交流会",现在开始就要抓紧做好筹备工作,希望有条件的学校或单位踊跃承办第十届以及今后各届年会,而且本着节俭、高效、优质的精神开好每一次会议.

5.要根据章程开展初等数学教育教学及学术研究,可以组织不同专题的学术研讨会(或数学沙龙);组织与省内外有关组织广泛开展数学教育教学及初等数学研究学术交流活动;要不定期的举办初等数学教育教学及学术讲座,开展会员培训、开展课题研究;要继续开展有关数学竞赛活动,要在已经成功举办了四届(2011年10月,2012年6月,2012年10月,2013年6月)全省高中数学联赛、数学竞赛、高校自主招生考前数学培训活动的基础上,继续办好这些培训班,也要开办初中数学联赛考前培训班,希望我会全体会员全力支持学会办好以上数学培训班;要编印有关初等数学教育教学及初等数学研究的资料、书籍;要组织开展初等数学教育教学及初等数学研究学术论文的评选活动;要努力推广初等数学教育教学及初等数学研究的优秀成果;我们要积极向会员所在单位或向上级有关部门举荐优秀数学工作人才;要做好维护会员的合法权益工作,向有关单位或部门反映广大初数工作者的意见和要求.我们所开展的一切工作都要有利于促进中小学数学教育教学改革,促进数学教师专业成长,有利于增强教师队伍素质,提高我省的数学教育教学质量.

6.要立即着手筹办"福建省初等数学学会网站"并努力建设好和维护好这个提供广大会员学习和交流以及对外相互交流的平台.

7.要同社会上致力于发展数学教育事业和初数研究事业的单位与个人紧密合作,开展各项有益活动.

8. 在政策允许的范围内,并经政府有关部门审批开办好学会实体,以补充学会开展各项活动的经费的不足,由此大力推动学会开展公益活动;

9. 我们要在已经办了多年会刊的基础上,更进一步积极创造条件,努力争取,尽快向政府有关部门提出申请,创办学会 CN 杂志——《初等数学研究》。

10. 要积极努力创造条件承接政府或政府有关部门赋予的职能工作和相关项目,当好政府有关部门的助手和纽带,服务于社会,服务于我省广大数学教师和初数工作者和爱好者.

11. 要做好学会一年一度的年审工作,严格财务开支,增源节流.我们希望全体理事、理事单位能共同尽力为学会多筹集资金,以便为学会开展各项活动在经济上给予强有力的支持,从而进一步增强学会的活力.

第一届理事会还有许多事情要做,我们要团结协作,尽心尽力做好工作,不辜负全省会员对我们的期望.

2013 年 7 月 16 日

福建省初等数学学会成立大会纪要

福建省初等数学学会第一次会员代表大会即福建省初等数学学会成立大会,于 2013 年 7 月 16 日(原定 7 月 13 日召开,因遇今年第七号台风"苏力"而改期)在福州黄金大酒店(火车北站)隆重召开,来自全省九地市的师范院校、中小学数学教师、初数工作者和爱好者共 153 名会员代表参加了会议.福建省民政厅民间组织管理局汪洁生局长、福建省民政厅民间组织管理局吴珍副处长、福建省科学技术协会游建胜副主席、福建省科学技术协会丁红萍副部长、福州市科学技术协会陈玲玲副主席、福建省特级教师协会张大展会长、福建省数学学会常安秘书长、福建省教育科学研究所林斯坦副所长等领导和嘉宾出席会议.

会议由福建省初等数学学会筹备组负责人原福建省数学学会初等数学分会杨学枝理事长主持.会议分两部分进行,在前半部分的会议上,福建省民政厅民间组织管理局汪洁生局长宣读了福建省民政厅闽民[2013]187 号文件:"关于福建省初等数学学会筹备成立的批复",他对福建省初等数学学会的成立表示热烈祝贺!并对学会工作提出了期望与要求.杨学枝先生做了"福建省初等数学学会筹备工作报告",简要的回顾了福建省数学学会初等数学分会于 1992 年成立以来所走过的二十多年不平凡的历程,召开了九届全省初等数学教育教学及初等数学研究学术交流会,承办了二届全国初等数学教育教学及初等数学研究学术交流会,开展了五届中学数学教育教学论文评选活动,开展了全国"十一五"规划重点课题"基础教育高效教学行为研究"的分课题"网络环境下数学课堂高效教学研究"的课题研究活动,与福建省教育学院联合成功举办了"福建省首届中学数学教师教育教学成果联展",举办了四届"高中数学联赛及自主招生数学培训班",与省内外相关学会进行了广泛的学术交流活动,等.学会为我省数学教育教学做出了应有的贡献.同时,他还介绍了福建省初等数学学会筹备过程.福建省初等数学学会历经一年多的积极筹备,2013 年 3 月 28 日福建省科学技术协会下达了闽科协发学[2013]24 号文件:"关于同意筹备成立福建省初等数学学会的初审意见".2013 年 5 月 8 日,福建省民政厅下达了闽民[2013]187 号文件:"关于福建省初等数学学会筹备成立的批复",终于实现了我省广大师范院校、中小学数学教师及初等数学研究工作者和爱好者的多年愿望.另外在会上,筹备组成员福建教育学院王钦敏先生做了"福建省初等数学学会创会会员情况说明",原福建省数学学会初等数学分会江嘉秋秘书长做了"福建省初等数学学会章程(草案说明)".大会审议并表决通过了"福建省初等数学学会章程(草案)",审议并表决通过了"福建省初等数学学会财务制度",表决通过了个人会费和团体会费缴纳标准.会上福建省科学技术协会游建胜副主席做

了重要讲话,他首先代表福建省科学技术协会对本次会议的召开表示热烈的祝贺!在讲话中,他对学会工作提出了以下几点意见:

1.学会工作要紧紧围绕政府的中心工作开展.要着重在贯彻党的教育方针、培养学生的创新意识和指导学生的科学实践方面多做工作,应在推进学校的教学和科研进步方面多做贡献,为福建省的社会经济发展多做贡献;

2.建立完善学会的基本职能,加强学术交流、科学普及、对外交流等工作.要充分发挥学会民间组织的优势,加强与国际及港澳台的交流合作,尤其要发挥福建地处台湾海峡西岸的区位优势,要建立和加强与台湾相关团体的联系、交流与合作;

3.重视学会自身建设,要建立起符合时代潮流的学会组织体制和运行机制.把学会建设成全省广大数学教育工作者和初等数学爱好者的温馨之家.

最后,他希望"在全体会员们的积极参与下,团结全省与数学学科相关联的科技工作者,为繁荣我省的教育事业,提高我省科学文化素质,为我省经济建设和科学事业发展多做贡献.

福建省特级教师协会张大展会长、福建省数学学会常安秘书长、福建省教育科学研究所林斯坦副所长等来宾对福建省初等数学学会的成立表示热烈祝贺!并分别在会上做了激情发言,他们的发言发自肺腑,真诚感人.台湾代表也在会上就两岸数学合作与交流问题发表了意见.

在后半部分的会议上,会员代表大会审议通过了"福建省初等数学学会章程"(草案),审议通过"福建省初等数学学会财务制度"(草案).全体与会代表无记名投票表决通过了缴纳个人会费和团体会费标准,一致同意,个人会员每年缴纳会费100元以上,团体会员每年缴纳团体会费2 000元以上.大会表决通过了"福建省初等数学学会第一次会员代表大会选举办法",审议通过了总监票人、监票人、计票人.大会通过无记名方式选举产生了福建省初等数学学会第一届理事会,选举产生了148名理事,48名常务理事,同时选举产生了理事会领导机构,其成员如下:

理事长:杨学枝.

常务副理事长:邵东生.

副理事长:陈清华、陈中峰、傅晋玖、陈智猛.

秘书长:江嘉秋.

副秘书长:赵祥枝、王钦敏、谢沅波、谢振国.

选举结束后,新当选的理事长杨学枝先生发表讲话.他首先代表全体与会代表及福建省初等数学学会首届理事会向福建省科学技术协会领导、福建省民政厅领导表示衷心的感谢!向来参加大会的各位领导、来宾表示热烈的欢迎和衷心的感谢!他说:"我得到了与会代表的信任,大家选举我担任福建省初等数学学会第一届理事会理事长. 在此我向全体与会代表及全体理事也表示衷心的感谢! 我知道,大家推我为第一届理事会理事长既是对我的信任,更是对我寄予厚望. 因此我深感自己肩负的责任重大,绝不辜负我会全体会员的重托,将尽心尽力的做好学会的工作,真诚地为我会会员服务,全心全意地为我省的师范教育、中小学教育以及初等数学研究事业做出应有的贡献! 我也希望全体理事能一如既往的支持我们的工作,团结一致,开拓进取,开创福建省初等数学学会工作的新局面,共同为我省的教育事业和初等数学研究事业的发展做出应有的贡献!

新当选的副理事长陈智猛先生代表首届理事会做本届理事会工作要点的报告,报告就学会今后的工作提出了以下几点意见:

1. 要进一步做好学会的组织建设,努力发展个人会员,做好会员登记工作和发放会员证、理事证书工作;

2. 要进一步扩大团体会员单位数量,颁发团体会员单位牌匾,我们希望各会员单位能一如既往的支持学会工作;

3. 各地市应积极筹备成立地市级初等数学学会或成立福建省初等数学学会地市级初等数学分会;

4. 要开好每年一次理事或常务理事会议,讨论学会的工作. 要开好每二年或三年一届的全省"中学数学教育教学及初等数学研究学术交流会". 2014 年我们要召开福建省第十届"中学数学教育教学及初等数学研究学术交流会",现在开始就要抓紧做好筹备工作,希望有条件的学校或单位踊跃承办第十届以及今后各届年会,而且,本着节俭、高效、优质的精神开好每一次会议.

5. 要根据章程开展初等数学教育教学及学术研究,可以组织不同专题的学术研讨会(或数学沙龙);组织与省内外、港澳台有关组织广泛开展数学教育教学及初等数学研究学术交流活动;要不定期的举办初等数学教育教学及学术讲座,开展会员培训,开展课题研究;要继续开展有关数学竞赛活动,要在已经成功举办了四届(2011 年 10 月,2012 年 6 月,2012 年 10 月,2013 年 6 月)全省高中数学联赛、数学竞赛、高校自主招生考前数学培训活动的基础上,继续办好这些培训班,也要开办初中数学联赛考前培训班,希望我会全体会员全力支持学会办好以上数学培训班;要编印有关初等数学教育教学及初等数学研究的资料、书籍;要组织开展初等数学教育教学及初等数学研究学术论文的评选活动;要努力推广初等数学教育教学及初等数学研究的优秀成果;我们要积极向会员所在的单位或向上级有关部门举荐优秀数学工作人才;要做好维护会员的合法权益工作,向有关单位或部门反映广大初数工作者的意见和要求. 我们所开展的一切工作都要有利于促进中小学数学教育教学改革,促进数学教师专业成长,有利于增强教师队伍素质,提高我省的数学教育教学质量.

6. 要立即着手筹办"福建省初等数学学会网站",并努力建设好和维护好这个提供广大会员学习和交流以及对外相互交流的平台.

7. 要同社会上致力于发展数学教育事业和初数研究事业的单位与个人紧密合作,开展各项有益活动.

8. 在政策允许的范围内,并经政府有关部门审批开办好学会实体,以补充学会开展各项活动的经费的不足,由此大力推动学会开展公益活动;

9. 我们要在已经办了多年的会刊的基础上,更进一步积极创造条件,努力争取,尽快向政府有关部门提出申请,创办学会 CN 杂志——《初等数学研究》.

10. 要积极努力创造条件承接政府或政府有关部门赋予的职能工作和相关项目,当好政府有关部门的助手和纽带,服务于社会,服务于我省广大数学教师和初数工作者和爱好者.

11. 要做好学会一年一度的年审工作,严格财务开支,增源节流,我们希望全体理事、理事单位能共同尽力为学会多筹集资金,以便为学会开展各项活动在经济上给予强有力的支持,从而进一步增强学会的活力.

第一届理事会还有许多事情要做,我们要团结协作,尽心尽力做好工作,不辜负全省会员对我们的期望.

与会代表一致表示,将全力支持首届理事会的工作,团结一致,开拓进取,共同努力做好学会的工作,全心全意为我省数学教育工作者和初等数学研究爱好者服务,为我省的教育事业、初等数学研究事业以及数学教育教学工作做出应有的贡献!

附件:福建省初等数学学会理事会名单:(排名不分先后)及福建省初等数学学会成立大会全体人员合影(图 5).

(理事人数 148 人)

杨学枝	陈中峰	陈清华	江 泽	王钦敏	丘远青	蔡坤龙	曾有栋
柯跃海	黄 勇	李 祎	张 弘	张燕莺	彭晓玫	邵东生	傅晋玖
江嘉秋	林 风	丁耀星	谢金鸿	陈树康	林大华	金其先	谢沅波
谢振国	廖秀梅	高善忠	郑 璋	林碧云	倪志铿	张 英	张国清
朱振荣	郑 锋	张武生	郭力丹	陈孔发	陈智猛	陈文强	肖学平
吴志强	赵祥枝	郑辉龙	张世钦	黎 强	祝国华	李 明	叶志娟
钟燕辉	杨建强	朱丹红	邱宗如	廖丽红	张瑞炳	刘 伟	曲道强
陈坚集	郭志坚	林 庄	叶青柏	陈木孙	李文旺	赖世华	童远铭
张海材	谢建宝	陈英敏	兰美华	黄秋祥	张 亮	刘 瑛	黄 椿
罗朝荣	谢洁琼	严桂光	林奕生	谢良毅	何 龙	欧光宇	陈 萍

李建清	郁飞雄	郭胜光	刘忠明	郑伙亮	周荣铨	池新回	林再生
邱正根	廖海成	赖国强	韩　莹	杨震辉	邓凤山	魏有莲	姜志茂
陈少毅	郑一平	张绍英	陈坤其	黄益寿	周少春	郭星波	张徐生
叶洪康	张帮荣	曹齐平	郑树锋	周应有	张小峰	吴春富	蔡德清
余启西	彭志强	林金沂	朱庆云	许国平	郑宇敏	陈智敏	卓文达
张白翎	王宏卿	吴泽民	林少安	徐明杰	张荣辉	邱文娟	林思奇
杨　帆	汤向明	黄种生	杨建益	陈荣桂	蔡振树	徐建新	林日红
黄耿跃	沈永谦	赖平民	周仕荣	吴建山	沈玉川	朱金海	罗广生
蒋建德	余胜利	汤炜国	钟宜福				

（常务理事 48 人）

杨学枝	陈中峰	陈清华	江　泽	王钦敏	丘远青	蔡坤龙	邵东生
傅晋玖	江嘉秋	林　风	丁耀星	谢金鸿	陈树康	林大华	金其先
陈智猛	陈文强	肖学平	吴志强	赵祥枝	郑辉龙	张世钦	叶青柏
陈木孙	李文旺	赖世华	严桂光	林奕生	谢良毅	周荣铨	池新回
陈少毅	郑一平	张绍英	陈坤其	黄益寿	周少春	蔡德清	张白翎
王宏卿	吴泽民	林少安	徐明杰	沈永谦	赖平民	周仕荣	吴建山

图 5　福建省初等数学学会成立大会全体人员合影

453

3.2 福建省第十届初等数学研究暨中小学数学教育教学学术交流会召开

福建省第十届中小学数学教育教学
暨初等数学研究研讨会征文通知

福建省初等数学学会第十届中小学数学教育教学暨初等数学研究研讨会拟于 2014 年 7 月 20 日～7 月 23 日在福建教育学院举行. 会议有关征文通知如下：

一、会议征集的论文是未经发表且属于以下几个专题的内容

1.初等数学专题研究的新成果或某一专题研究综述；

2.中小学数学教育教学研究；

3.数学自主招生及数学竞赛与竞赛数学研究；

4.中、高考试题研究或试卷评价；

5.数学美学、数学文化的研究.

二、论文评选

论文征集后,福建省初等数学学会与福建省教育学院将联合开展我省第五届中小学数学教育教学及初等数学研究论文评奖活动,凡获奖论文的作者将由福建省初等数学学会和福建省教育学院联合颁发论文获奖证书.

三、论文要求

1.所有论文稿件一律用 Word 文档编辑,A4 纸张打印,页边距：上下 2.54 cm、左右 2 cm,正文为宋体 5 号字单倍间距,数学符号为斜体、标题为黑体小二号.排版要工整,所有公式以公式编辑器输入,作图准确,具体行文格式、要求可参照中数杂志上文章的行文格式；

2. 论文标题行下写作者单位、姓名.表述为深圳市(××区)××学校×××(姓名)以及邮编,排版楷体小 4 号字.内容摘要与关键词在正文上方,用 5 号楷体.

3. 正文中的一级标题为一、二、三、…,二级标题为(一)、(二)、(三)、…,三级标题为 1. ,2. ,3. ,…,四级为(1),(2),(3),…,(可不用二级标题),详细请参考中数杂志的文章格式；文末参考文献用 5 号楷体,并注明作者、出版物或杂志刊名、发表期号及时间,所有图形必须清晰、准确.

4.正文之前须有中文摘要(300 字以内)和关键词,并在文章之后附上作者的简介(如性别、工作单位、职务、职称、各种获奖情况、教育教学研究与初等数学研究成果等)、通讯地址、邮政编码、手机号码或 QQ 号以及电子邮箱地址.

5.稿件请用 Word 电子文件发送电子邮箱(E－mail)至 fjscdsxxh2013@ 163.com,请同时将论文评审费 100 元汇至中国建设银行福州西洪储蓄所：

6217 0018 2001 4816 528,户名陈孔发.为避免差错,汇款时一定要注明作者姓名和工作单位,另发短信息告知陈老师(电话:13178033080;邮箱:*fzckf@163.com*).凡没有汇评审费,其论文将不予以评审.

四、相关事宜

1.邀请部分获奖论文作者参加 2014 年在福州市福建教育学院举办的福建省初等数学学会第十届中小学数学教育教学暨初等数学研究研讨会,会议正式通知另发;

2.推荐部分优秀论文发给全国初等数学研究会会刊《中国初等数学研究》杂志;

3.论文征集截止于 2014 年 6 月 15 日.

福建省初等数学学会

福建教育学院

2013 年 12 月 1 日

福建省第十届初等数学研究
暨中小学数学教育教学学术交流会
开幕词

福建省初等数学学会第一届理事会理事长　杨学枝

尊敬的各位领导、各位来宾、各位代表:

福建省第十届初等数学研究暨中小学数学教育教学学术交流会今天在福建教育学院校园内召开了,这是我省初数界的一件盛事.来自全省各地市师范院校教师、中小学数学教师、数学教研员、初数爱好者的代表们欢聚一堂,共同交流数学教育教学经验及初等数学研究的成果,探讨我省初等数学教育教学改革和初等数学研究工作.

初等数学是数学的重要组成部分,为振兴我国初等数学研究事业,早在 20 世纪 80 年代末 90 年代初,我国一批有识之士就已不懈的为之而努力奋斗.从 1991 年在天津师范大学召开了全国第一届初等数学研究学术交流会到今天,在安徽合肥师范学院召开的全国第九届初等数学研究暨数学教育教学研究学术交流会;从 1991 年成立的"中国初等数学研究协调组"(自发民间组织)到 2006 年成立"中国初等数学研究会"(自发民间组织),至今历经三届理事会,从全国各省、市(自治区)自发成立民间的初等数学研究组织——"初等数学学会(研究会、研究小组)"到 2013 年 11 月和 2014 年 6 月相继经省民政厅正式审批成立的福建省初等数学学会和广东省初等数学学会——省一级学会."初等数学学会"在福建省和广东省终于有了正式名分.期间历经了二十多年艰辛而又漫长的磨难.我省初等数学学会的成立,开创了我省初数研究的新纪元,从此展开了我省初数研究崭新的局面.

我省初等数学研究虽然起步早,涌现了一批初等数学研究骨干,也取得了一些优秀成果,尤其在数学教育教学研究方面由较强大的研究队伍,正在影响和促进我省中小学的数学教育教学的发展;还有在初等数学研究领域中的不等式研究和折线方程的研究方面也较为突出,走在了全国的前列;但是从总体上看,我省还缺乏一支强有力的初等数学研究的队伍,还缺乏各路领军人物.初等数学研究领域也比较狭窄,领先成果和创新成果很少,初等数学研究的整体气氛不浓(从这次大会所征集的论文就可以看出这些方面问题),在这方面我们与兄弟省相比还有一定的差距.因此今天我省初等数学学会的成立只不过是万里长征的第一步,我们的事业任重而道远,需要我会全体理事们偕同我省初数界同仁共同努力、开拓进取,为我省的初数研究事业和数学教育做出应有的贡献!

最后预祝大会圆满成功!祝与会各位领导、各位来宾、各位代表身体健康!工作顺利!马到成功!

(2014 年 7 月 15 日)

振兴祖国数学的圆梦之旅
——中国初等数学研究史话

关于学会工作的几点意见

杨学枝

（2014 年 7 月 21 日）

各位理事、各位会员：

我想利用今天在这里召开的福建省第十届初等数学研究暨中小学数学教育教学学术交流会的机会，谈一谈今后学会的工作.

1. 做好学会新会员的发展工作. 各地学会负责人应在本地区发展一批学会新会员（团体会员和个人会员）. 要做好新老会员的登记造册工作，由学会秘书处统一发放会员登记表，希望能在 2014 年年底，此项工作全部结束. 新发展的会员，按照学会章程要求，需缴交 100 元会员费. 2015 年年初发放会员证.

2. 各地区可以增补若干理事，由各地区学会负责人或常务理事推荐，上报学会秘书处，经学会秘书处同意后，填写理事表格，待第一届理事会第三次常务理事会议上确认.

3. 各地市应积极筹备成立地市级初等数学学会或成立福建省初等数学学会地市级初等数学分会.

4. 要继续开展有关数学竞赛活动，做好每一届"希望杯"全国数学邀请赛的报名和组织竞赛工作；筹办"海峡杯"世界华人数学邀请赛，本赛事已经福建省科学技术协会同意，力争 2015 年开赛；讨论是否参加由美国数学奥林匹克协会与台湾数学协会联合发起举办的世界 WMI 奥林匹克数学邀请赛和 OLPC 数学奥林匹克等级鉴定；讨论是否承办华杯赛福建省赛事.

5. 要在已经成功举办了六届（2011 年 10 月、2012 年 6 月、2012 年 10 月、2013 年 6 月、2013 年 10 月、2014 年 6 月）全省高中数学联赛、数学竞赛、高校自主招生考前数学培训班的基础上，继续办好今年 8 月 20 日～26 日（7 天）分别在厦门市和福州市举办全国高中数学联赛考前培训班和 2015 年高校自主招生考前培训班，通知已发到各位理事的邮箱，希望我会全体理事和会员能全力支持学会办好以上培训班.

6. 要组织编写有关初等数学教育教学及初等数学研究的资料、书籍，争取2015 年由哈尔滨工业大学出版社出版.

7. 2014 年下半年和 2015 年上半年利用我会人才优势，组织我会强有力的专家队伍与地市教研部门合作免费开展各项有助于数学教育教学的送教下乡、下校活动（优先下到我会团体会员学校），希望各理事支持并协助联系这项工作的开展.

8. 要继续组织开展初等数学教育教学及初等数学研究学术论文的评选活动，将高质量的论文汇编成册，并推荐在"中国初等数学研究"（全国初等数学研究会会刊,以书代刊,由哈尔滨工业大学出版社出版)上发表.

9. 在 2014 年年初我们曾组队赴台湾地区开展数学教育教学和初等数学研究考察活动;在此基础上,筹备 2015 年我会组队赴香港、澳门地区开展数学教育教学和初等数学研究考察活动.

10. 积极参与省科协开展的相关学术活动,及各项学术评比活动,向科协推荐我会人才,扩大我会的社会影响力.

11. 要积极努力创造条件承接政府或政府有关部门赋予的职能工作和相关项目,当好政府有关部门的助手和纽带,服务于社会,服务于我省广大数学教师和初数工作者和爱好者.

12. 要立即着手筹办"福建省初等数学学会网站",并努力建设好和维护好这个提供广大会员学习和交流以及对外相互交流的平台.

13. 要继续创造条件,向省出版局申请刊号,创办学会杂志.

第一届理事会还有大量的事情要做,我们一定要团结协作,尽心尽力做好学会工作,决不辜负全省会员对我们的期望.

(注:以上是在福建省第十届初等数学研究暨中小学数学教育教学学术交流会开幕式上的讲话)

振兴祖国数学的圆梦之旅
——中国初等数学研究史话

福建省初等数学学会
第一届理事会工作报告

（2013 年 7 月～2014 年 7 月）

秘书长江嘉秋

尊敬的各位来宾、各位代表：

大家好！

盛夏之季，我们又相聚在省会福州市，召开福建省第十届初等数学研究暨中小学数学教育教学学术交流会．受福建省初等数学学会第一届理事会的委托，我向大会做第一届理事会近一年来的工作报告，请各位代表审议．

一年来，我们研究会主要做了以下工作：

（一）学会工作

1. 形式多样的学术交流

我们坚持"百花齐放、百家争鸣"的方针，坚持学术民主和自由，努力营造宽松的学术氛围，组织学术研究小组或学术研究团队大力从事学术研究，举办学术交流活动．如 2014 年 1 月，受台湾数学协会的邀请我们走访了台湾，与台湾的初数界和数学教育教学界有关人士进行了广泛的学术交流，台湾的校外课堂以及台中市二中学的"初等数学研究课"给我们留下了深刻的印象；今天我们在美丽的西湖旁我们畅谈"初数"的情怀，数说"数学教育教学"的成果．我会与福建教育学院联合开展了福建省第五届初等数学研究暨中小学数学教育教学研究论文评选活动．在本次交流会上，我们将对征集到的一百多篇论文进行评选，并在会上颁发获奖证书．学会课题"网络环境下的高效数学课堂"研究于 2013 年 12 月顺利结题，共为 39 个子课题颁发了结题证书．

我们的队伍人才辈出．有林章衍先生、杨学枝先生、张鹏程先生、林常先生等德高望重的老前辈的鼎力支持与参与，他们都是我国或我省初等数学研究相关领域的领军人物，还有邵东生校长、陈中峰教研员、陈清华教授、陈智猛教研员、傅晋玖教研员、江嘉秋教研员、林风正高教师、郑一平校长、周荣铨特级教师、林少安特级教师等许多德才兼备的专家学者，他们带领各自的团队或成立工作室，在相应领域的研究中走在了全国、全省的前列；更有如江泽名师、赵祥枝名师、李祎教授、王钦敏特级教师等许多年富力强的后辈军，他们活跃于我省教育界，辛勤地耕耘着；还有许多各地市教研员、数学同仁在默默地奉献着．正是如此，我们的学会充满着生命力，我们的学术交流活动有声有色、如火如荼．这些活动一定程度上推动了我省数学教育教学改革，提高了我省初等数学研究水平和中学数学教育教学水平，使得我省的初等数学研究工作继续走在全国的前列，繁荣了我国的初等数学研究事业，为我国教育事业做出了应有贡献．

2. 内容丰富的学术成果.

为了充分调动我会会员从事初等数学研究学术研究和数学教育研究的积极性、主动性和创造性,提升学术活动质量,促进学术成果转化,更好地为我省数学教育教学事业发展服务.由我会汇编的《福建省初等数学研究暨中小学数学教育教学学术交流会》论文集已出版了五期.近一年来,有许多老同志指导青年教师在全国、全省的各项比赛中获奖,有许多老师的文章在全国核心刊物上发表,也出版了一些高质量的初等数学研究和数学教育教学相关的学术专著

《数学奥林匹克不等式研究》	杨学枝
《不等式研究》第一、二辑	杨学枝
《切比雪夫逼进问题》	佩　捷　林　常
《图解数学》	林　风　黄秉锋
《教材边上的数学》	王钦敏

等.

3. 突出实效的比赛培训.

2013年、2014年我会独立成功举行了全国"希望杯"数学邀请赛,成功举办了六期(2011年10月、2012年6月、2012年10月、2013年6月、2013年10、2014年6月)全省高中数学联赛、高校自主招生考前数学培训班,培养了一大批尖子生,也给学会带来了一些创收,为学会的工作能够正常开展、拓展提供了保障.

4. 逐步完善的组织建设.

2013年7月16日在福州市首届福建省初等数学学会会员代表大会上,进行了理事会的选举工作,表决通过了第三届理事会理事、常务理事、理事会组织机构.推举了各地市理事负责人.所有的材料都通过省科协、省民政局批准、留档和网上公示.目前学会理事有148名,常务理事48名,团体会员22个.为了更好地工作,本次大会我们将正式给团体会员颁发牌匾,我们将讨论通过成立四个专业委员会.

5. 有条不紊的宣传工作.

(1)充分利用网络平台进行学会宣传.

(2)充分利用QQ群(实名制),进行交流,目前在群会员不断增加.

6. 严格遵守的财务制度.

2013年7月16日,代表大会正式通过学会的相关财务制度;2013年11月,福建省初等数学学会账户正式起用.此后不再从福建省数学学会初等数学分会支出现金,以备相关部门检查后撤销分会户头,并将所有的现金转到福建省初等数学学会账户.2014年5月,学会正式申报并进注了网上年检系统.2014年5月,将所有年检材料交付省科协、省民政局审核,并获得通过.本次会

振兴祖国数学的圆梦之旅
——中国初等数学研究史话

议我们还将规定关于培训管理、讲课金等相关财务细则,更加规范地执行财务制度.

7.积极进取的事业发展

我会积极参与省科协、省民政局开展的有关学会发展和建设的活动,向省科协、省民政局递交了我会社会职能调查问卷,递交了我会承接政府转移职能的申请,努力推广初等数学教育教学及初等数学研究的优秀成果,我们积极地向会员所在的单位或向上级有关部门和省科协举荐优秀数学工作人才,做好维护会员的合法权益工作,向有关单位或部门反映会员(一线教师)的意见和要求.

(二)我们还面临的许多困难

1.学会大型会议的开展依然需要各相关单位的有力支持.希望有条件的学校或单位踊跃承办第十届以及今后各届年会.

2.学会杂志创办困难重重.请会员们出谋划策,使得由我们学会主办的正式杂志尽早问世.

3.福建省初等数学研究会网站急需专业人才.

4.学会的组织管理亟待加强.

(三)学会今后的工作思路

1.8月份着手筹建"福建省初等数学学会网站",并努力维护好这个学习和交流的平台.动员吸收大量的教师加入福建省初等数学学会QQ群.

2.要进一步做好学会的组织建设,努力发展个人会员,做好会员登记工作和发放会员证;一切按照福建省科协社会团体管理细则与福建省民政部关于社会学术团体的管理要求,健全学会管理制度.例如学会秘书处日常管理工作、学会会员申请登记制度、学会理事档案资料管理(简历)、学会财务制度、学会常务理会会议制度、各委员会工作的开展等.

3.进一步丰富学会的学术活动,拓展一些非赢利性的项目,开展一些影响大的、高级别的、公益性的学术交流活动,如开展中考、高考专题研讨会,开展教育教学及初等数学研究专题研讨会,开展公益讲座,开展送教下乡、下校活动等.

4.健全学会各项活动的评审制度.

5.继续办好一赛两培训("希望杯"全国数学邀请赛、全国高中数学联赛考前培训班、全国高校自主招生考前培训班)工作,并拓展"海峡杯"数学邀请赛工作.

6.致力于初等数学研究成果应用于中学数学教学实践的研究.我们的研究需要"阳春白雪",体现数学的美与理;也需要"下里巴人",体现数学文化的普及性.我省有厚实的初等数学研究的历史,这方面的工作有待加强,特别关注年青教师的兴趣与培养.

7.尽早着手筹备第十一届初等数学研究暨中学数学教育教学学术交流会和第三届理事会第三次常务理事会议;

8.按科协学会工作的要求,继续同港澳台学术团体进行学术交流活动.

9.要搞好学会一年一度的年审工作,严格财务开支,增源节流,我们希望全体理事、理事单位能共同尽力为学会多筹集资金以便为学会开展各项活动在经济上给予强有力的支持,从而进一步增强学会的活力.

最后我相信在我会全体会员的共同努力下,我省初等数学研究和数学教育教学研究将更上一个新的台阶,取得更加丰硕的成果.

祝愿大家会议期间心情愉快,身体健康.

预祝这次会议取得圆满成功!

谢谢大家!

2014 年 7 月 20 日于福州市

振兴祖国数学的圆梦之旅
——中国初等数学研究史话

福建省第十届初等数学研究暨中小学数学教育
教学学术交流会纪要

（2014 年 7 月 20 日～2012 年 7 月 22 日福州）

福建省第十届初等数学研究暨中小学数学教育教学学术交流会于 2014 年 7 月 20 日～7 月 22 日在福州市福建教育学院隆重召开，来自全省的 78 名代表出席了会议，会议由福建省初等数学和福建教育学院联合主办．

7 月 20 日晚 19：30，理事长杨学枝主持召开了福建省第一届理事会第二次常务理事会议，会议讨论通过了大会主席团名单；讨论通过了代表大会日程与议程安排；讨论通过了福建省第十届初等数学研究暨中小学数学教育教学学术交流会论文获奖名单；商议了成立学会委员会事宜．

7 月 21 日上午理事长杨学枝主持大会开幕式，南京师范大学博士生导师涂荣豹教授，福建教育学院郭春芳副院长、福建教育学院理科研修部陈光明主任出席了开幕式．福建省初等数学学会顾问和主要负责人林章衍、杨学枝、邵东生、陈中峰、陈清华、傅晋玖、陈智猛、江嘉秋、王钦敏等出席了开幕式．开幕式上，理事长杨学枝致开幕词，郭春芳副院长致欢迎辞，江嘉秋秘书长做了理事会工作报告．工作报告回顾了第一届理事会一年来的主要工作，总结了我会会员在初等数学研究领域所取得的一系列新的研究成果，阐述了所面临的一些困难以及学会今后的工作思路．随后全体代表合影留念．

开幕式后，陈清华副理事长主持了大会学术报告，涂荣豹教授为大会做了"教学生学会思考（解题教学）"专题讲座，内容既朴实又深刻，指出数学教育的最大目标是发展学生的认识力以及如何教学生学会思考．整个报告条理清晰，论证严谨，案例极具说服力，可操作性强，代表们受益匪浅．

7 月 21 日下午，先由华南师范大学吴康教授做"关于差商方程组与范德蒙方程组的若干研究"为主题的学术报告，与代表们交流了他所带领的研究团队在这方面的研究成果，拓展了中学数学教师进行初等数学研究的新思路．紧接着傅晋玖副理事长主持了学会专家的专题报告，每人 15 分钟，主题分别是：杨学枝特级教师——"浅谈点量"；陈清华教授——"初等数学论文写作的选题与规范化"；陈中峰特级教师——"高中数学'六大主干'的核心内容及教育价值"；傅晋玖教研员——"漫谈求简意识"；陈智猛教研员——"三角形中的一类最值问题"；江嘉秋教研员——"基于数学文化的中学数学课堂教学实践研究"；王钦敏特级教师——"我们需要什么样的数学教育"；赵祥枝名师——"数学教师应成为思维的典范"．由于时间关系，后两场报告留到第二天进行．

7 月 21 日晚，杨学枝理事长主持人召开了正副理事长、正副秘书长扩大会议，会议达成如下共识：继续开展竞赛、自主招生培训工作，并通过了培训工作的津贴标准;继续商议举办"海峡杯"全球华人数学邀请赛事宜;筹备与地市教研室和学校联合开展送教下乡教育教学活动;筹备赴香港、澳门考察教育学习事宜;决定成立四个专业委员会,分别是组织宣传委员会、事业发展委员会、学术委员会(中学数学教育、小学数学教育)、对外联络委员会,要求各地市负责人推荐参与各委员会工作的委员候选人名单,以便在下一次有关会议上予以讨论决定.

7月22日上午8:30,大会继续进行专题报告,八场报告内容丰富,涉及课题、初等数学、数学教育教学相关领域的研究专题,为广大一线教师进行数学教育教学研究提供了借鉴.紧接着秘书长江嘉秋主持了大会自由发言,李明、陈木孙、彭自强、张瑞炳、赖世华等老师对学会工作谈了许多建设性的意见,林建森、许美珠等老师在大会上交流了各自的论文成果,他们的发言得到与会代表普遍认可.

7月22日上午11:00,常务副理事长邵东生主持了闭幕式,宣布了福建省初等数学学会第一届理事会团体会员名单并颁发了牌匾;大会为王钦敏老师颁发了由全国初等数学研究会授予的"第五届中青年初等数学研究奖";大会宣读了福建省第五届初等数学研究暨中小学数学教育教学学术交流会论文评选结果并颁奖.本次大会共收到全省各地市的参评论文142篇,经过本届论文评选委员会的初评和复评,共评出136篇论文入选大会交流,106篇获奖,其中一等奖6篇、二等奖35篇、三等奖65篇.

最后秘书长江嘉秋宣读了本次大会纪要.

在大会筹备及会议期间福建教育学院给予了大力支持和帮助,为大会的顺利召开做了大量艰苦、细致的工作.为此常务副理事长邵东生代表与会代表向他们表示诚挚的敬意和衷心的感谢!并对全体会议工作人员的辛勤劳动表示衷心的感谢!最后,邵东生常务副理事长宣布福建省第十届初等数学研究暨中小学数学教育教学学术交流会圆满闭幕.

§4 广东省初等数学学会成立(图6)

广东省社会组织管理局文件

粤社管〔2013〕342号

广东省社会团体名称核准通知书

华南师范大学附属中学等八家申请单位及个人:

报来申请广东省初等数学学会名称核准的材料收悉。经审查,符合国务院《社会团体登记管理条例》,同意该名称核准。该名称自核准之日起6个月内有效。在有效期内,召开发起人会议,明确发起人相关责任和义务,向登记管理机关提交由会计师事务所出具的验资报告;召开会员大会或者会员代表大会,通过章程,产生执行机构、负责人和法定代表人,完成发起筹备成立工作,并向省民政厅申请成立登记。名称核准有效期内,不得从事发起筹备成立以外的活动。

广东省社会组织管理局

2013年12月17日

图6 广东省社会团体名称核准通知书

广东省初等数学学会筹备委员会第一次会议纪要

(2012 年 12 月 17 日)

广东省初等数学学会筹备委员会第一次会议于 2012 年 12 月 16～17 日在广州市华南师范大学粤海酒店召开,参加会议的有吴康(华南师范大学)、孙道椿(华南师范大学)、郭伟松(华南师范大学)、刘仕森(广州执信中学)、吴新华(中山纪念中学)、谭国华(广州市教育局教研室)、李宪高(华南师范大学)和特邀嘉宾杨学枝先生(福建省福州第二十四中学).会议在吴康的主持下,讨论了学会各项筹备事宜,达成较多的共识,取得良好的阶段性成果.会议初步拟定如下项目和名单:

一、顾问候选人

杨学枝(常务顾问)、单墫、张景中、沈文淮、张英伯、刘佳佩、凌靖波、陈强、宋乃庆、张奠宙、何崇军、丁时进、郝志峰、刘时东(?)、周春荔、胡炳生、彭建启、黎稳、徐远通(?)、杨必成、曹广福、柳柏濂、

吴敏、苏式冬、郭鸿、朱熹平、姚正安.

二、会长、副会长候选人

吴康(会长候选人)、孙道椿、吴新华、郭伟松、曾峥、张承宇、李兴怀、谭国华、林文良、李明、刘仕森、卢镇豪(?)、李夏萍、张先龙、曾令鹏.

三、秘书长、副秘书长候选人

郭伟松(秘书长候选人)、孙文彩、杨志明、李宪高、郝保国、何智、吴有昌、许世红.

四、经费预算

每个地级市、副省级市只安排一个民办赞助单位.每个公办赞助单位 2 000元(?)每个民办单位赞助 20 000 元(?)

东莞东华中学(?)、惠州一中实验学校(?)、北京清北学堂(?)、北京学而思20 000 元(?)、广州卓越教育 50 000～100 000 元(?)、中山市丽景学校 20 000元(?)、深圳市思考乐文化发展有限公司(?).

会长 5 000 元　　　副会长 2 000 元

五、发起人与发起单位

华南师范大学数学学院(?);

广州市中学数学教研会;

深圳市初等数学研究会;

湛江市数学会;

韶关学院(?);

韶关市数学会;

466

中山纪念中学（?）；

华南师范大学附属中学（?）；

广州市第二中学（?）；

中山市丽景学校（民办）；

广州卓越教育（民办）；

深圳市思考乐文化发展有限公司（民办）；

六、办公地点：华南师范大学科教楼三楼

七、其他事项

贺　信

广东省初等数学学会(筹)：

　　春天来了,今天的羊城春意浓浓,喜气洋洋,广东省初等数学学会第一次会员代表大会隆重召开了.这是广东省数学界的一件大事,同时也是全国数学界的一件大喜事,在此请允许我代表全国初等数学研究会和福建省初等数学学会,并以我个人的名义向广东省初等数学学会筹委会向在座的与会代表表示最热烈的祝贺!

　　广东省初等数学学会是继去年 7 月成立的福建省初等数学学会之后相继成立的全国第二个省一级学会——广东省初等数学学会.从此广东省广大初数工作者和爱好者有了自己温馨的家,有了自家的乐园,我祝福你们,祝福广东省今后的初数研究蒸蒸日上,如日中天.

　　"初等数学学会"——一个多么亲切熟悉而又新鲜动人的名字,早在 20 世纪 80 年代末至 90 年代初,就有一群初数事业的痴情人,在为中国的初等数学研究事业摇旗呐喊,从 1991 年在天津市召开的全国第一届初等数学研究学术交流会到今年 7 月,将在安徽省合肥市召开的全国第九届初等数学研究暨数学教育教学研究学术交流会;从 1991 年成立的"中国初等数学研究协调组"(自发民间组织)到 2006 年成立"中国初等数学研究会",至今历经三届理事会,从全国各省、市(自治区)自发成立民间的自发组织"初等数学学会(研究会、研究小组)"到今天经政府部门正式审批成立的省一级初等数学学会."初等数学学会"终于有了名分.从此"初等数学学会"也登上了大雅之堂.历经二十多年磨难,一个多么艰辛而又漫长的历程!"忽如一夜春风来,千树万树梨花开","初等数学学会"终修正果,这是全国初等数学研究事业形势发展的必然,是全国初等数学研究巨大浪潮冲击的天生结果、"星星之火可以燎原"早已势不可挡.展望未来"待到山花烂漫时,它在丛中笑"! 让我们高高地举起双手,去迎接不久将来全国性的组织——"中国初等数学学会"的诞生吧!

　　"初等数学学会"的成立只是万里长征的第一步,初等数学研究事业的历史使命光荣而又艰巨,需要初等数学学会搞好自身建设,组织和带领广大师范院校、中小学数学教师,广大初等数学教育教学及研究的工作者、爱好者昂首挺胸,自立、自爱、自强,团结一致、齐心协力、艰苦奋斗、开拓进取,同时还要与兄弟学会加强沟通与交流,团结各界人士,携手并进,为我国教育事业做出应有的贡献!

全国初等数学研究会理事长

福建省初等数学学会理事长

杨学枝

2014 年 3 月 30 日

广东省初等数学学会成立大会暨首届学术研讨会纪要

（2014 年 3 月 30 日广东省广州市）

广东省初等数学学会成立大会,暨首届学术研讨会于 2014 年 3 月 30 日上午在广东省广州市华南师范大学附属中学隆重举行,出席会议的大部分是来自广东省各地的专家学者、中小学数学教师、高校硕士、博士研究生以及数学爱好者等共 231 人.

会议于上午 9 时准时召开,常务副会长兼秘书长郭伟松主持本次成立大会.与会的特邀顾问嘉宾有全国初等数学研究会理事长、全国不等式研究会顾问、福建省初等数学学会理事长杨学枝特级教师,中国数学学会教育工作委员会和普及委员会委员、中国教育学会数学教育研究会和中学计算机研究会常务理事、中国高等教育学会教师教育分会理事苏式冬教授,原华南师范大学数学系数学教育教研室主任、国家高中课程标准研制组核心组成员王林全教授,广州大学计算机教育软件研究所所长、中国教育数学学会常务副理事长、国际数学奥林匹克中国国家队教练朱华伟教授以及陈宗煊、汪国强、胡炳生、孙道椿、叶思源、杨兴隆、李季、李吉桂、陈孝秋、许兴业、田长生、罗华、李淦林、陈持、黄志达等一批专家学者.广东省初等数学学会副会长及主要负责人黄文毓、刘仕森、吴新华、李兴怀、牛应林、朱仲庆、林文良、周伟锋、李晓培、郑杰钊、郝保国、钟进均、郑建新等也出席此次会议.

首先,会长吴康副教授隆重介绍来宾.广东省民政厅领导发表讲话,并宣布广东省初等数学学会正式成立.接着由华南师范大学附属中学吴青副校长致辞,他对广东省初等数学学会的成立表示祝贺,并欢迎各位专家、教师到华南师范大学附属中学交流.广东省初等数学学会顾问委员会副主任杨学枝先生代表全国初等数学研究会和福建省初等数学学会致贺词.之后,吴康会长讲话,首先介绍了广东省初等数学学会的主要职能,主要是做好初等数学研究和数学教育研究两个方面,出版初等数学研究论文集,面向广大群体做好数学的普及性工作.接着会长谈及了学会未来的建设构想——广东省初等数学学会下设各个职能部门,并将在省内各地设立分会.学会将会提供一个宽厚的平台,让广大的初等数学研究专家、爱好者参与其中,让初等数学学会发展壮大.随后常务副会长兼秘书长郭伟松代表筹备委员对省初数会的组织建设等问题谈了几点建设性意见,并主持会议表决,结果全票通过了广东省初等数学学会章程及管理制度;吴康担任会长,郭伟松担任常务副会长兼秘书长,曾峥等人任副会长;吴新华任监事长以及其他常务理事、理事人选;学会会费收取标准及使用管理办法.最后全体与会人员合影留念(图 7).

上午 10 时,首届学术研讨会准时开始,由学会筹委会副主任、会长助理、广州市白云中学教导主任钟进均主持,全体人员听取了以下 7 个 15 分钟学术报告:曾峥教授的"利玛窦与中国近现代数学的发展",尚强院长、胡炳生教授的"初等数学研究与文化数学的构建",王林全教授的"研究初等数学,促进课程发展",杨学枝特级教师的"关于四面体的一些不等式的初等证明",吴康副教授的"集组计数问题研究综述",罗碎海高级教师的"不等式求极值与包络",牛应林校长的"扎实推进数学实验,切实提高课堂效率".专家报告内容深刻,意义深远,报告课题涉及数学教育、数学课程、数学文化与文化数学、数学思想方法、初等数学研究的策略、组合数学等许多研究方向.

会议最后是本次学术论文评选的颁奖仪式,由钟进均主持,常务副会长兼秘书长常务理事郭伟松宣读一等奖获奖名单,吴康会长等与会专家颁发了奖状.

广东省初等数学学会成立大会暨首届学术研讨会至此圆满结束.

振兴祖国数学的圆梦之旅
——中国初等数学研究史话

图 7 广东省初等数学会成立大会暨首届学术研讨会合影

广东省初等数学学会第一届理事会领导机构

一、常务理事名单

张先龙、朱仲庆、尚强、谭国华、周伟锋、陈传钟、张承宇、李晓培、黄灿明、吴新华(中山)、黄文毓、林文良、牛应林、郑杰钊、郝保国、钟进均、郑建新、郭伟松、吴康、李明、曾峥、刘仕森、刘国栋、李兴怀、谭海、张国龙、殷切问、方贵平、李承善、朱燕平、操明刚、曹亮敏、陈安水、陈彪、陈镔、陈光捷、陈恒曦、陈建伟、陈梅蓉、陈那党、陈升平、陈镇民、陈智浩、邓登、邓军民、邓志云、杜向阳、方亚斌、冯大学、傅乐新、古碧卡、管国文、韩涛、何智、何忠贤、贺启君、胡晓瑜、黄桂林、黄毅文、黄元华、黄宗明、纪锡和、江玉军、江云富、蒋昌金、柯希舜、孔宪君、李发财、李海媚、李红龙、李家善、李伟文、李卫华、李夏萍、李晓波、李玉发、李志丰、梁宏鑫、梁晓、廖志坚、林才贤、林观有、林敏燕、林沛玉、刘斌直、刘护灵、刘景亮、刘启平、刘秀湘、刘燕萍、刘峥嵘、刘仲雄、柳芳、卢良彦、罗交晚、罗树淼、罗碎海、潘慧斌、潘庆年、庞新军、彭上观、丘春锋、邱建霞、璩斌、容汝佳、沈惠珍、沈建海、苏洪雨、孙文彩、谭绍锋、唐锐光、王百昌、王彪、王朝兴、王守亮、温晖、吴聪、吴国威、吴小绒、吴新华(广州)、吴永中、吴忠伟、吴周伟、肖凌懋、谢增生、熊跃农、徐广华、杨超、杨必成、杨贵武、杨加林、杨琼洲、叶巧卡、袁伟忠、袁智斌、翟民、张朝胜、张君敏、张平、张文俊、张永东、张占亮、赵亮堂、赵银仓、郑英伟、钟革辉、钟族威、周波、周建锋、庄晓琼、王骏、周秋华、李小燕、林俊贤、张颖、王景忠、詹荣海、李聪睿、方建波、邱志江、符延武、胡定奇、殷志宏、刘永东、曾令鹏、简国明、郭志勇、白玉宝、谢明初、钟京京、李增慧、马腾冰、朱少先、陈民、刘玉、李裕青、李文辉、何军健、黄来胜、林伟、罗晓斌、孟永刚、唐庆华、谢永福、徐才岳、姚志、殷切文、阎刚、於发广、俞科、袁宏、张改河、张育奇、郑俊盛、苏国东、昌岚峰、陈汉邦、陈世明、陈伟庆、陈永耀、何小情、黄嫦芸、黄继彬、柯厚宝、李祖斌、梁剑宇、翁之英、郭键、余应邦、桂鹏、范思琪、陈雄辉、郑商平、林天飞、李如昌、官运和、叶远灵、姚静、何广春、何杨坤、莫少勇、吕进智、谢彦麟、何历程、陈静安、黄寿生、林全文、刘喆、冯伟贞、李样明、孙立民、翟江帆、王向东、林艺全、方德兰(235 人).

二、学会领导班子成员名单及基本情况

会 长、法定代表人		
姓名	工作单位、职务	职称、学位
吴 康	华南师范大学数学科学学院,全国初等数学研究会常务副理事长暨学术委员会主任,《中国初等数学研究》副主编,原《中学数学研究》主编	副教授,硕导,硕士
常务副会长、秘书长		

472

姓名	工作单位、职务	职称、学位
郭伟松	华南师大资产经营管理有限公司副总经理，原华南师范大学教育发展集团副总经理	高级经济师，硕士

副会长 19 人

姓名	工作单位、职务	职称、学位
曾 峥	佛山科学技术学院党委书记 原韶关学院党委书记，全国数学教育研究会常务理事，广东省数学教育研究会副理事长，韶关数学会理事长	教授，硕导
刘仕森	原广州执信中学校长 原广东广雅中学校长 原广州市中学数学教研会会长	中学高级教师， 中学特级教师，硕导
刘国栋	惠州学院副校长	教授，博士，硕导
李兴怀	华南师大附中学术委员	正高级中学教师， 中学特级教师，硕导
张先龙	广州二中校长 广州市中学数学教研会会长	正高级中学教师， 中学特级教师，硕士，硕导
尚 强	深圳市科学技术学校校长	正高级中学教师， 中学特级教师，硕导
谭国华	广州市教育局教研院院长	正高级中学教师， 中学特级教师，硕士，硕导
周伟锋	广州铁一中学校长 原广州市教育局基础教育处处长	中学高级教师，硕导
陈传钟	海南师范大学数学与统计学院院长，中国运筹学会理事，全国数学史学会理事，原海南师大科研处处长	教授，博士，硕导
张承宇	深圳中学奥数教练组长 深圳市初等数学研究会理事长	中学高级教师，硕导
李晓培	湛江师范学院数学与计算科学学院院长，湛江数学会名誉理事长	教授，博士，硕导
黄灿明	东莞中学校长	中学高级教师
吴新华	中山纪念中学副校长	中学高级教师，中学特级教师
李 明	佛山市教育局教研室主任	中学高级教师，中学特级教师
刘 玉	肇庆科技职业技术学院教务处长 韩山师院数学学院原院长 汕头数学会常务副理事长	教授
黄文毓	茂名市教育局教研室主任	正高级中学教师， 中学特级教师

473

林文良	湛江师院附中校长 湛江数学会理事长	中学高级教师, 中学特级教师,硕士
牛应林	广州景中实验中学校长 广州市海珠区中学数学教研会会长	中学高级教师,硕导
郑杰钊	澳门劳工子弟学校校长,澳门中华教育会 副理事长,澳门电脑学会监事长,澳门职 工教育协进会副会长	(澳门)中学一级教师
胡彬彬	明师教育集团副总裁	

监事长

姓名	工作单位、职务	职称、学位
吴新华	广东广雅中学副校长	中学高级教师

副监事长

姓名	工作单位、职务	职称、学位
陈 民	广州执信中学副校长	中学高级教师

会长助理、常务理事

姓名	工作单位、职务	职称、学位
郝保国	华南师大附中数学科组长	中学高级教师
钟进均	广铁一中	中学高级教师,硕士
郑建新	华南师大资产经营管理公司	高级工程师
张朝胜	华南师大附中	办公室主任

常务副秘书长、常务理事

姓名	工作单位、职务	职称、学位
郑建新	华南师大资产经营管理有限公司	高级工程师
何超林	华南师范大学数学科学学院	在读硕士研究生

副监事长

姓名	工作单位、职务	职称、学位
王守亮	广州大学附中教导主任	中学高级教师 中学特级教师
陈民	广州执信中学副校长	中学高级教师

三、顾问委员会名单及基本情况

姓名	工作单位、职务	职称、学位
	主 任	
吴颖民	中国教育学会副会长,华南师大附中总顾问,华南师大教育培训院院长,广东省中小学校长联合会会长,广东省教育督导协会会长,中学特级教师,原华南师大副校长,原华南师大附中校长.《数学教育学报》董事会副董事长.	教授,博导

474

	副主任	
姓名	工作单位、职务	职称、学位
张景中	中国科学院院士,中国科普作家协会会长,中国教育数学学会名誉理事长	教授,博导
林 群	中国科学院院士	教授,博导
古华民	原国家侨联副主席,原广东省侨办主任,原华南师大数学系教授	教授
宋乃庆	原西南师大校长,原西南大学常务副校长	教授,博士,博导
柳柏濂	原华南师大数学系主任,原广东技术师范学院院长,原广东省数学会副理事长	教授,博士,博导
易 忠	广西数学会理事长,桂林航天学院校长,原广西师大副校长,原广西民族师范学院校长	校长
扈中平	华南师范大学教科院原院长,全国教育基础理论专业委员会主任,全国教育学研究会副理事长,广东省教育学会副会长	教授,博导
吴 青	华南师范大学附属中学副校长	
徐 枢	著名企业家,达力集团董事长,北京大学广州校友会执行会长	研究员
李 朱	启德集团董事长,著名民办教育家	教育家
涂荣豹	全国数学教育研究会理事长,南京师大教授	教授
李尚志	国家教学名师,中国教育数学研究会理事长,原中科大数学系主任,原北京航天航空大学理学院院长	博导,教授
杨学枝	全国初等数学研究会理事长,《中国初等数学研究》主编,原全国不等式研究会理事长,现顾问,原《不等式研究通讯》主编,福建省初等数学学会理事长,原福建省福州 24 中副校长	特级教师
单 墫	原南京师大数学系主任,原中国数学奥林匹克代表队主教练	教授,博士,博导
乌兰哈斯	汕头大学副校长,广东省数学会副理事长,原汕头数学会理事长	博导,教授
郝志峰	广东工业大学副校长,广东省数学会副理事长	教授,博士,博导

顾 沛	国家教学名师,教育部高校教学指导委员会委员,数学与统计学教学指导委员会副主任,南开大学博导	博导、教授
周春荔	著名数学教育家,首都师范大学教授,全国初等数学研究会原主要负责人,原北京市数学会秘书长	教授
杨世明	著名数学教育家,著名初等数学研究专家,全国初等数学研究会原主要负责人,中学特级教师,原天津市宝坻区教研员	中学特级教师
苏式冬(女)	原广东教育学院副院长,原广东数学奥林匹克业余学校校长	教授
王尚志	著名数学教育家,首都师大博导	博导
罗海鹏	原广西科学院副院长,《计算机研究通讯》主编	教授
罗增儒	著名数学教育家,原陕西师大教务处长,西南大学博导	教授、博导
何玉章	民办教育家,企业家,中山大学教育集团副董事长,原湛江师院图书馆馆长,数学系副主任	副教授
吴惟粤	原广东省教育厅教研室主任,中学特级教师,广东第二师范学院客座教授	中学特级教师
王林全	著名数学教育家,华南师大数学科学学院原数学教育研究室主任,原数学教育指导组组长	教授
丁时进	华南师大数学学院院长	教授、博导

顾问委员会委员		
姓名	工作单位、职务	职称、学位
莫 雷	中国心理学会理事长,《华南师范大学学报》主编,原华南师大副校长	教授,博士,博导
郑毓信	数学哲学大师,南京大学教授	教授
吕传汉	著名数学教育家,原贵州师大副校长	教授
杨世国	原合肥师范学院副院长,原《中学数学教学》主编	
保继光	北京师大数学学院院长,《数学通报》主编,中国数学会基础教育委员会主任	
朱华伟	广州市教研院院长(候任),原广州大学计算机与教育软件学院党委书记,教育软件研究所所长	

罗宇恒	明师集团总裁	教育家
陈发来	中国科技大学数学学院院长	
孙名符	西北师大研究生院常务副院长,研究生处处长	教授、博导
胡　森	中科大数学系博导,丘成桐中学数学奖组委会副主任,丘成桐大学生数学竞赛组委会副主任	教授、博导
苏　淳	著名竞赛数学专家,中科大概率与统计系教授	教授、博士
沈自飞	浙江师大初阳学院院长,《浙江师范大学学报》副主编,《数学教育学报》副董事长,原《中学数学教学》主编,全国初等数学研究会副理事长	教授、博导
董新汉	湖南师大数学学院院长	
杨健夫	江西师大数学学院院长	
吴佃华	广西师大数学学院院长	
王　涛	云南师大数学学院院长	教授
谭　忠	厦门大学数学学院党委书记	
杨启贵	华南理工大学理学院副院长	博导
韩云端	清华大学教授、中国教育数学学会副理事长	
徐庆和	北京大学数学学院教授	
王世坤	中科院数学与系统科学研究院研究员,全国"华罗庚金杯"少年数学邀请赛主试委员会主任	
周国镇	《数理天地》主编,希望杯数学竞赛创始者和领导者	特级教师
李建泉	《中等数学》执行主编,原天津师大数学学院副院长	
王光明	天津师大塘沽学院副院长,《数学教育学报》副主编兼编辑部主任,全国初等数学研究会副理事长	
曹一鸣	中国数学教育研究会秘书长,中国数学会基础教育委员会副主任,全国初等数学研究会副理事长	教授,北师大博导
单志龙	华南师大计算机学院副院长	教授

沈文选	原全国初等数学研究会理事长,湖南省初等数学研究会理事长,湖南省高师数学教学研究会理事长,湖南师大教授	教授
熊金城	原华南师大应用数学研究所所长、原中科大数学系副主任	教授,博导
陈宗煊	华南师大数学科学学院博导,原江西师大数学学院院长,原江西省数学会理事长	教授,博导
樊锁海	暨南大学教授,原暨南大学数学系主任	教授、博士
李祥立	原澳门培正中学校长,原澳门大学教务长	
张肇炽	《高等数学研究》主编,西北工业大学教授	教授
喻 平	南京师大 211 办主任	教授,博导
刘来福	北京市数学会理事长、原北京师范大学数学系主任、全国大学生数学建模比赛组委会副主任	教授,博导
倪 明	著名出版家,华东师大出版社教辅分社社长	编审
马小为	陕西师大出版总社副社长,《中学数学教学参考》杂志社社长,陕西师大教授	教授
李吉宝	《中学数学杂志》主编,全国初等数学研究会副理事长曲阜师大教授	
章建跃	著名数学教育专家、人民教育出版社中学数学编辑室主任	编审
陈清华	《福建中学数学》主编,福建师大教授	教授
师广智	《中学生数理化》高中版主编	编审
欧阳维诚	原湖南教育出版社社长	编审
汪江松	湖北大学数学学院教授、原《中学数学》主编、原全国初等数学研究会副理事长	教授
叶中豪	初等数学研究著名学者,原上海教育出版社副编审	副编审
刘培杰	著名出版家,哈尔滨工业大学出版社副社长、编审,全国初等数学研究会副理事长,《中国初等数学研究》副主编	副编审
汪国强	原华南理工大学数学系主任,原广东省数学会副理事长	教授,硕导
胡炳生	中国数学史学会常务理事,著名数学教育和数学文化专家,原安徽师范大学数学教育研究室主任,深圳市教研院特聘教授	教授,硕导

478

振兴祖国数学的圆梦之旅
——中国初等数学研究史话

孙道椿	原华南师大应用数学研究所所长,《中学数学研究》编委	教授,博导
朱维宗	著名数学教育专家,云南师大数学学院数学教育研究室主任	教授
叶思源	中山大学数学学院教授	教授
陈传理	华中师大教授,《数学通讯》执行主编	教授
夏兴国	原河南师大教务处长,原中国数学会普委会副主任	教授
任　勇	厦门市教育局副局长,原厦门一中校长	特级教师
葛　军	南京师大教师教育学院副院长,原南京师大二附中校长,江苏省中学数学教研会副理事长	教授
李　炘	《中等数学》副主编,《天津中学生数学》主编,天津师大编审	编审
马　复	南京师大数学学院博导,著名数学教育专家	教授,博导
李　季	广东第二师范学院德育研究中心主任、广东省中小学德育研究与指导中心首席专家	教授
苏文龙	著名组合数学专家,原梧州学院科研处处长	教授
张沛和	原梅州市人大副主任,政协副主席,嘉应学院副教授	副教授
陈孝秋	原汕头大学数学系副主任,原汕头数学会副理事长兼秘书长	教授
李吉桂	原华南师大计算机系主任	教授
许兴业	原广东第二师范学院数学系主任	教授,硕导
曹汝成	原《中学数学研究》主编,原华南师大数学系副主任	教授
萧振纲	《湖南文理学院学报》主编、全国初等数学研究会副理事长	教授
张志平	河南大学博导,河南省数学教学指导委员会数学与应用数学专业分委会主任	教授,博导
田长生	原广东技术师范学院资产管理处处长、原数学系副主任	教授
李　迅	教授级中学教师,福州一中校长	教授
刘诗雄	华南师大中山附属中学特级教师	特级教师

杨德胜	海市向明中学首席数学教师、中学数学特级教师、原茂名一中教导主任	特级教师
王芝平	清华同方教育技术研究院学术委员,教育部主管《高中数理化》特邀编委,《考试》杂志学术顾问及数学审稿教师,《中国考试》特约撰稿人,《中学数学教学参考》杂志社特约编辑与试题研究中心研究员,全国初等数学研究会常务理事兼副秘书长	
陈文远	原新疆实验中学教导主任、中学数学特级教师、苏步青数学教育奖获得者、新疆数学会副秘书长、新疆中学数学教研会副理事长	特级教师
李淦林	原华南师大附中学术委员,数学科组长,中学数学特级教师	特级教师
谢国生	原广州市现代教育科学研究所所长,原广州市特级教师协会会长,原《广州教育研究》主编,《广州师训》主编	特级教师
梁开华	原上海晋元高级中学数学高级教师,2012年"双百人物"评选活动中,被评为"中华传统文化标杆人物",在"感动中国"大型主题系列活动中,获2012年最具社会影响力人物荣誉称号;2013年初被聘为英国皇家艺术研究院名誉院士及客座教授	高级教师
王方汉	武汉市第二十三中学退休教师.曾任《中学数学》杂志(湖北大学)、《数学通讯》杂志(华中师范大学)编委.现任中国初等数学研究会第三届常务委员	中学高级教师
罗华(女)	原华南师大附中数学科组长,正高级中学教师,中学特级教师	硕导
张 莉	日本算术奥林匹克事务局北京事务所所长,中国中日关系史学会会员	
汪立民	华南师范大学数学系主任	教授、博导
张 雄	陕西学前师范学院(原陕西教育学院)数学系主任.中国教育家协会理事、中国高等教育学会教育数学专业委员会常务理事兼副秘书长、全国数学教育研究会常务理事、陕西省数学教育研究会副理事长	教授

振兴祖国数学的圆梦之旅
——中国初等数学研究史话

林国泰	华南师范大学数学系副教授,原《中学数学研究》副主编	副教授
林钰源	华南师范大学美术学院首任院长,广东高校美术与设计教育专业委员会常务理事,广东省美术家协会理事,广东省中小学教材审查委员会委员,赖少其艺术研究中心理事,广东美学学会理事,中国工艺美术学会雕塑专业委员会会员,广东省人文艺术研究会会员,《文艺争鸣》杂志艺术指导	教授,博士生导师
曾文才	华南农业大学副教授,九三学社支部主委	副教授
陈 持	香港多元智能教育中心任顾问和教材总监,原广州市荔湾区教师进修学校校长,荔湾区教育局局长,中专数学高级讲师,义务教育沿海版教材小学数学教材编委、常务副主编	
张占亮	肇庆学院教授,数学学院院长	教授
安振平	陕西数学会普及工作委员会副主任,陕西省教育学会学术委员会委员,陕西省中学数学教学研究会常务理事,咸阳市中学数学教学研究会理事长、咸阳市高考数学研究专家组成员,《中学数学教学参考》高考试题研究组核心成员	
冯跃峰	中国数学奥林匹克高级教练,深圳市中学数学学科带头人,先后获得长沙市十佳中青年教师、湖南省英才导师一等奖、中国教育基金会孺子牛金球奖及南粤优秀教师奖	特级教师
邵挺杰	广州律师学院副院长、广州仲裁委员会仲裁员	
艾尔肯·吾买尔	新疆大学数学系	教授
刘幸东	肇庆学院继续教育学院院长,广东省工业与应用数学会常务理事、广东省现场统计研究会常务理事,广东省中小学教师继续教育专家委员会数学组成员,全国初等数学研究会常务理事,曾担任广东省计算机教育研究会副理事长	教授

481

黄志达	曾任华南师范大学数学系系主任,广东省数学学会副理事长,广东省工业与应用数学学会副理事长,中国数学会理事,当选天河区人大代表十年	
杨兴隆	原暨南大学数学系主任	教授
龙开奋	广西师大数学学院教授,全国初等数学研究会副理事长,广西高等教育学会基础学科教学专业委员会理事长	教授
徐伟宣	原中科院科技政策与管理科学研究所所长,中国优选法统筹法与经济数学研究会理事长	研究员

四、广东省初等数学学会　各部门负责人名单及基本情况

部门	主任	工作单位	副主任	工作单位
顾问委员会	吴颖民	华南师大附中总顾问,原华南师大附中校长,原华南师范大学副校长	叶巧卡 (副秘书长)	华南师大附中
学术委员会	吴　康	华南师范大学数学科学学院	李兴怀	华南师大附中
			杨必成	广东第二师范学院数学研究所所长
			周波	华南师大数学科学学院博导
监事委员会	监事长 吴新华	广雅中学副校长,广州中学数学教研会副会长	副监事长 陈民	广州执信中学副校长
数学教学研究专家委员会	朱仲庆	广东省教育研究院副院长	尚强	深圳市教育研究院院长
			谭国华	广州市教育局教研室副主任
			李明	佛山市教育局教研室主任
			黄文毓	茂名市教育局教研室主任
			郭志勇	肇庆市教育局教研室主任
初等数学和竞赛数学专家委员会	孙文彩	华中师范大学龙岗附属中学	罗碎海	华南师大附中数学科组长
			杨志明	广东广雅中学

部门	主任	工作单位		
数学教育强省促进委员会	郭伟松	华南师大资产经营管理有限公司副总经理	龙益民	广州市白云区民政局干部
			白玉宝	中山职业学院继续教育处处长
			陈雄辉	华南师大信息光电子科技学院党委书记
			吴小绒	华南师大机关党委副书记
			刘仕森	原广州执信中学校长
			李夏萍	广东实验中学党委书记
			孔宪君	清远职业技术学院院长助理
			郑英伟	湛江市广播电视大学副校长
			黄雯	任命广州市华颖外国语学校党总支书记、中学语文高级教师、原广州市第113中学副校长

部门	主任	工作单位	副主任	工作单位
高校数学教育专家委员会	曾峥	佛山科学技术学院党委书记,原韶关学院党委书记	简国明（常务副主任）	韶关学院数学学院院长
			刘国栋	惠州学院副校长
			李晓培	湛江师院数学与计算科学学院院长,湛江数学会名誉理事长
			陈传钟	海南师大数学与统计学院院长
			刘玉	原韩山师院数学与统计学系主任,汕头数学会副理事长,肇庆科技职业技术学院教务处长

			冯伟贞	华南师大数学学院副院长
高校数学教育专家委员会	曾峥	佛山科学技术学院党委书记,原韶关学院党委书记	刘秀湘	华南师大数学学院副院长
			张文俊	深圳大学数学学院原院长,深圳数学会理事长
			李样明	广东第二师范学院数学系主任
			孙立民	茂名石油化工学院理学院院长
			林全文	茂名石油化工学院理学院副院长
			潘庆年	惠州学院数学系主任
			王向东	佛山科学技术学院研究生处、科研处处长,佛山数学会理事长
			张君敏	韩山师院数学与统计学副系主任,汕头数学会副理事长
			张占亮	肇庆学院数学学院院长
			罗交晚	广州大学科技处处长,博导
职校数学教育专家委员会	刘玉	肇庆科技职业技术学院教务处长,韩山师院数学学院原院长,汕头数学会副理事长	胡定奇	深圳龙岗区第二职业技术学校副校长
民校数学教育专家委员会				

部门	主任	工作单位	副主任	工作单位
高中数学教育专家委员会	张先龙	广州二中校长,广州市中学数学教研会会长	周伟锋	广州铁一中学校长,原广州市教育局基础教育处处长
			黄灿明	东莞中学校长
			林文良	湛江师院附中校长,湛江数学会理事长
			郑杰钊	澳门劳工子弟学校校长,澳门中华教育会副理事长,澳门电脑学会监事长,澳门职工教育协进会副会长
			郝保国	华南师大附中数学科组长
			钟进均	广州白云中学教导主任
初中数学教育专家委员会	牛应林	广州景中实验学校校长	梁 晓	华南师大附中黄埔初级中学校长
小学数学教育专家委员会	曾令鹏	广东省教育研究院办公室主任		
办公室（秘书处）	郑建新	华南师大资产经营管理有限公司企管部经理	钟京京	广州113中学
			蓝瑛	广东省初等数学学会
			吴阳杰	华师资产管理有限公司干事
联络办	何超林	华南师大在读研究生		
编辑部	庄晓琼	华南师范大学学报编辑部	古碧卡	暨南大学出版社科技事业部主任
			钟进均	广州白云中学教导主任
事业发展部	凌明灿	广东实验中学	殷志宏	
			朱少先	
			袁智斌	深圳外国语学校
			刘 桦	中学高级教师
宣传部	何重飞	广铁一中	王珊珊	华师附中

				唐　刚	立尚教育总校长
社会服务部	郭伟松	华南师大资产经营管理有限公司副总经理		殷志宏	原华师宏达教育教务处主任
				李湖南	华南师范大学数学科学学院
网络中心	赵广胜	北明软件高级经理			
资源中心	黄毅文	华南师大附中			
资源库	马腾冰	华南师大附中			
秘书处	秘书长:郭伟松		副秘书长	唐　刚	立尚教育总校长
	会长助理:钟进均			马腾冰	华南师大附中
	会长助理:郝保国			赵广胜	北明软件高级经理
	会长助理:郑建新			李增慧	广州 113 中学
	会长助理:张朝胜			叶巧卡	华南师大附中
	常务副秘书长:郑建新			胡定奇	深圳龙岗区第二职业技术学校副校长
	常务副秘书长:何超林			殷志宏	
				刘护灵	广州五中
				刘永东	广州天河区教研室
				袁智斌	深圳外国语学校
				胡晓瑜	华南师大附中
				王守亮	广州大学附中教导主任
				龙益民	广州市白云区民政局干部

486

二十春秋风雨艰辛路，
初研结实硬软双丰收（一）

中国现代初等数学研究，如果从 20 世纪 50 年代算起已经走过 60 余年，如果从"登上大雅之堂"的 1991 年算起，有交流、有目标、有初步的组织（中国初等数学研究工作协调组）的研究，也已走过五分之一个世纪.

20 年的历程是艰辛的，成就也是很大的，对前者"协调组"自始至终有清醒的认识，至于后者，则远远超出了我们的预料.

§1　对"初等数学研究"的研究

如果我们把"初等数学研究"只作为茶余酒后用来玩赏，即一般说来，不会有什么问题. 可把"初数研究"作为一项事业，来加以提倡、推动，那就大不一样了. 首先要冲破"初等数学不会再发展"的传统观念，其次要破解初等数学发展停滞之谜，弄清楚发展的规律和途径，然后才谈得上如何去推动. 这可是数学哲学研究中的一个全新课题. "中国初等数学研究工作协调组"成员一开始就抓住了这项工作.

1.1　向关于初等数学的传统观念挑战

这项"工作"是从"三议"开始的,在"刍议"中不仅阐明了"初等数学"的概念和基本特征,而且从理论和实践两个方面,令人信服地论述了:初等数学的资源、问题是不会枯竭的,发展最多到了青年期,初等数学的问题宝藏无穷无尽,提出初等数学问题渠道有很多很多,特别是希尔伯特提出的"一个问题一旦解决,无数新的问题就会代之而起"的原理,更加使我们确信"初等数学还要大发展,正在大发展"(详细的可见本书第4章的论述).如果说我国初等数学研究获得了丰硕成果的话,那么冲破传统观念,初等数学资源枯竭论,发展行滞论,而树立一些新的初等数学的发展观(初等数学还要大发展,正在大发展),这是最重要、最根本的成果,因为有了它:

(1)才能树立研究、发现的信心,因为确信有宝才能找到宝,知道矿脉才谈得上开矿,确信初等数学的问题资源无穷无尽,我们才会设法去寻找问题,提出问题、课题和猜想;确信"初等数学"还要大发展,我们才能满怀希望地投身其中;

(2)才能大力倡导初等数学研究,这项充满希望的事业;同时大力宣传,创造有力的舆论环境,提出召开学术会议,创办专门杂志,出版文集和专著,成立学术组织(包括申请成立中国初等数学学会,各省市初等数学研究会)等.

舍此,这一切都将成为无源之水,无本之木,成为毫无意义的行为.

1.2　破解"初等数学发展滞行之谜"

认识到"初等数学资源丰富""还要发展",并不等于就能促其实际上的发展,因为这项规律不是今天才诞生的,它早已有之.然而在数学的发展史中,还是出现了"初数发展停滞"的现象,必须破解这个谜,弄清初数发展停滞的根本原因,推动初等数学研究事业的强劲发展.为此,我们"协调组"成员做了持续的努力:研读了大量相关的数学哲学著作(包括希尔伯特"数学问题"的报告),中外数学史文献,观察分析我国20世纪50年代～80年代初等数学发展出现的种种新迹象,和对初等数学本身的研究,初步地弄清如下的几点:

(1)一般认为,19世纪中期到20世纪中期这段时间,随着以微积分为标志的"现代数学"的迅猛发展,初等数学就被淡出了主流圈,停滞发展,而且逐渐变成一种奇特的"共识",反过来又阻挡初等数学的研究和发展.实际上由我们在本书第3章的叙述可知这种"共识"不仅奇特,而且是大大的偏见,真实的历史情况是,在国外这一个时期,初等数学在自然而扎实地发展,与现代的、高等的变量数学的迅猛发展比较起来,它很缓慢、不起眼,但并没有停下来,它沐浴和汲取着高等、变量数学发展带来的新思想、新观念、新方法(如变换、集合、群论

振兴祖国数学的圆梦之旅
——中国初等数学研究史话

等),不断地反思自己,把研究引向深入,引向自身的完善,许多人致力于创建体系,开拓新方向的工作,其中许多重要的工作都是与"高等数学"相辅相成、协调发展的;另一方面,初等数学被淡出主流,"升格"为许多数学爱好者的茶余酒后、竞技谈资,也不完全是坏事,它从担当社会重大责任的"岗位"退下来,但退而不休,发挥了它可赏、可赛、好玩的本性,提出了大量新颖、别致的问题、谜题、课题,使数学这参天巨木老干添新枝,奇花异果把它装点得更加美轮美奂.

在中国这一时期,由于遭受外国侵略和社会动荡,中国古代数学的转轨形成一个漫长的过渡期.直到 20 世纪中叶,才大抵完成;到 20 世纪的 20 年代,才出现了一些零星、但十分重要的工作.

(2)数学是一个有机体,而"问题是数学的心脏",数学大师希尔伯特(图 1)和陈省身(图 2),高瞻远瞩,深刻的揭示了这条关乎数学兴衰存亡的、严酷的历史规律.陈省身在"对中国数学的展望"的讲演中说:"数学是一个有机体,要靠长久不断的进展,才能生存,进步一停止便会死亡",希尔伯特在"数学问题"的报告中,则指出:"只要一门科学分支能够提出大量问题,它就充满着生命力;而问题缺乏则预示着独立发展的衰亡或中止."1994 年陈省身又告诉我们:"中国人应该做中国自己的数学,不要老是跟着人家走……,中国数学应该有自己的问题,即中国数学家在中国本土上提出,而且加以解决的问题."对此,协调组是非常在意的,早在"三议"中就讨论过这个问题.在每届交流会的筹备中都发一个"征文提纲",实际上也都是提出一些值得研究的问题与课题.在 1991 年的首届交流会上,我们就安排了一个"初等数学问题"的报告,所提的 24 个问题中,大部分属于"中国人自己的问题",协调组成员周春荔教授在"谈论中学教师的初等数学研究"一文中,一下子就归纳出六种具体筛选问题的方法:

一、分析实际需要,抽象形成问题

二、观察归纳猜想,综合发现问题

三、深入挖掘教材,联想提出问题

四、研究竞赛题目,推广寻求问题

五、研读消化文献,概括提取问题

六、更新数史研究,开发传统问题

图 1   希尔伯特肖像   图 2   陈省身像

1.3   大力开展数学方法论的研究、宣传、普及工作

数学哲学、数学方法论按其本来的主旨应是"辅佐"数学的,应在数学的发生、发展、延革(结合数学史研究)方面,在数学的研究(发明、发现)、传授、应用、教学方面多做工作;然而在它诞生伊始就一头扎进了"数学基础"这本体论和认识论的深潭,而忽视了方法论的研究,三大基础学派(逻辑主义、形式主义和直觉主义)论战中,虽说成果很多,但是从一定意义上讲,它远离实践,罔顾主旨也是不应该的.

我国初等数学研究希望有一个较为扎实的思想基础、有明确的目标,研究者掌握基本研究方法,处理研究中一些棘手问题.因此协调组一开始就特别关注数学方法论的研究、普及、宣传工作,取得了实效,也取得了不少的理论成果.

(1)继承和发扬用哲学、方法论"指导"数学研究的传统,在汲取国内外数学哲学、方法论、数理逻辑研究的现代成果的同时,也对其中积极的(也是非常重要的)因素加以辨析,如对于《周易》中的哲学和方法论思想(关于数学研究的对象、数学的应用不限于实用),老子的《道德经》中的辩证思想,公理化思想(数学教育家傅种孙率先注意到《道德经》中开头第一句:道可道,非常道;名可名,非常名,具有这样的含义),本书第 1 章中对此说得很详细;

(2)研究和宣传傅种孙、波利亚的探索发现的思想,波利亚的合情推理思想,华罗庚的读书经(薄—厚—薄读书法),傅种孙和波利亚的一般解题思想.为此杨世明还与王雪芹合著了一本书《数学发现的艺术——数学探索中的合情推理》,并发表了大量研究论文.还发起、筹备并主持召开了"波利亚数学教育思想

490

研讨会(后来发展成先由联络组,后由全国数学科学方法论研究交流中心主持的系列"数学方法论与数学教育改革"学术研讨会).

(3)对数学方法论中"希尔伯特问题"的开发. 希尔伯特作为举世公认的数学大师之一,不仅在"硬数学"方面贡献多多,而且对"软数学"(数学哲学、方法论、数学思想方法)的贡献也是少有人可比的. 为了解决初等数学研究中许多方法论问题,协调组成员对他的名著《数学问题》中,一直被人忽视的"数学方法论"问题进行了深入发掘. 在周春荔与杨世明合著的"对数学方法论的杰出贡献——希尔伯特和他的'数学问题'"和杨世明与袁桂珍合著的"数学方法论中的希尔伯特问题"两文中,从"数学问题"总论中,发掘出的问题有三大类 17 个问题:

第一,关于"问题"的问题

① 问题是数学的心脏. 为什么问题是数学的心脏? 它推动数学发展的机制是怎样的?

② "好的数学问题的鉴别准则". 清晰而易懂;困难而非不可解;属于那种特殊的难题. 这些准则是正确合理的吗? 是完善的吗? 在具体应用中须注意什么?

③ 关于数学问题的来源. 一是经验,来自外部世界;二是来自数学内部,借助于逻辑组合、一般化、特殊化、巧妙的概念分析,从数学自身提出. 希氏的分析是正确的吗? 怎样更加深入、具体地认识数学问题的来源? 有无第三条途径?

④ 对数学问题解答的一般要求. 严格化、简单化. 怎样理解这两个要求? 还有其他必不可少的要求吗?

⑤ 关于问题的反面解决. 为什么"反面解决"往往对数学发展有巨大意义?

⑥ 关于"信心公理"问题. 即认为每个明确提出的数学问题都可以正面或反面解决. 怎样认识它同哥德尔"不完全性定理"的相抵触? 有的文献称:科学之所以成为可能,恰恰在于某些事物是不可能的.

⑦ 关于"数学问题无穷无尽". 希尔伯特提出:"数学问题的宝藏是无穷无尽的,一个问题一旦解决,无数新的问题就会代之而起."这是为什么? 能证明吗? 它在什么前提下成立? 这对于数学的发展、个人的研究,对数学的教学有什么意义?

第二,一批"带根本性"的问题

① 关于"存在性"问题. 什么是"数学中的存在?"希尔伯特认为,有限步推理并不会导致矛盾的,就是存在的. 到底怎样确切理解"存在性"?

② 关于"构造性"问题. 怎样认识希氏同直觉主义派的果尔丹等这场大论战?

③ 关于"无限性"问题. 在数学中,怎样确切地理解"有限""无限"?

④ 关于符号化.

⑤ 关于形式化和元数学问题.

⑥ 关于算术、几何公理绝对相容性问题.

⑦ 关于一般科学公理化问题. 数学方法论本身是否也要公理化呢?

第三,几个其他问题

① 关于数学中的合情推理问题. 波利亚是提出"合情推理"概念的第一人,且在他的三部著作:《怎样解题》《数学发现》《数学与合情推理》中,进行了深入、系统地研究,希尔伯特先于波利亚为此做了多方面论述,但波利亚对此只字未提,这是为什么呢? 怎样进一步地、数学地研究合情推理?

② 关于数学的分、合进展规律问题.

③ 关于数学旅行、数学散步促进数学人才成长的问题.

(4)树立正确的数学观. 数学观就是对数学的概括认识. 众多的事实表明,数学观对一个人学习、研究、应用数学,都会产生重大的影响. 比如一个人笃信数学具有三性(抽象性、严谨性和应用的广泛性——亚历山大洛夫的观点),而不相信它具有演绎和归纳的双重逻辑结构. 他在研究中,就不可能心悦诚服地应用实验、观察、归纳、猜想等合情的推理方法;反之如果一个人认为数学不过是经验的、归纳的科学(如我们"义务教育新课标"的制订者),那么他在研究中就会轻信归纳、猜想的结论,认为剪拼或测量都可以证明三角形内角和定理.

为此我们协调组成员和大多数的初数工作者(真正地学懂过一些数学的人),都特别重视对数学中一些重大问题的认识,重视数学观的问题. 协调组成员之一周春荔,特别撰写了《数学观与方法论》一书,来宣扬和解释正确的数学观,为了使广大初等数学爱好者,对数学中的重大问题有一个正确的看法,我们对"数学观"做了一个粗略的分解:

①数学真理观. 数学是绝对真理、多种科学理论的典范,还是相对真理,有可误性?

比如:$3+2=5$,三角形内角和等于 $180°$,整体大于部分,是不是永远正确的"绝对真理"?

②数学逻辑观. 数学是纯演绎的科学、还是归纳的科学? 抑或是归纳—演绎的科学,具有双重逻辑结构? 或进一步地,它是由归纳、演绎、辩证三重逻辑推理贯穿的科学?

③数学"成分"观. 数学是由系统定义的概念和其命题(即知识、结论、方法)构成的,还是由思维活动过程构成的(后一派人的典型说法是:根本的是过程,结论无所谓)? 抑或是两者的有机结合、辩证统一?

④数学应用观. "大哉数学之为用",这个"为用"是单纯的实用(即数学的工具性或它的科学技术功能),还是广义的应用(即兼有工具性和文化性,具有文

化功能,对人有文而化之的作用)? 承不承认"数学是思维的体操",赏玩也是一种非常重要的应用?

⑤数学发展观.数学新知识新方法是发现的还是发明的? 数学的发展是单纯的知识积累还是伴随着不断的更新改造? 用"科学发展观"来分析数学的发展,我们能得到什么样的认识(通过不断的更新改造,克服各种不和谐因素,而达到和谐发展;以人为本的发展:整个数学及其各部分都在由实用向兼顾赏玩的方向发展,以适合人的本性等)?

⑥数学无穷观.如果你认为"无穷大""无穷小"总是不能达到,无穷(限)过程永远不能完结,极限值不能取得(例如,$0.\dot{9}\approx 1$,$\lim\limits_{n\to\infty}\dfrac{1}{n}=0$ 只是个近似等式),集合 $N=\{1,2,3,\cdots,n,\cdots\}$ 并不真正存在等,那你就是"潜无穷观";反之,认为 $0.\dot{9}=1$,$\lim\limits_{n\to\infty}\dfrac{1}{n}=0$ 是真等式等,你就是实无穷论者.那么到底哪种无穷观"正确"呢? 要看具体情况,一般说来,在数学分析领域应采用实无穷观(否则如采用潜无穷观,"极限"达不到.那么所有带有极限的公式、等式就都成了近似等式,从而与实践形成对立,那就矛盾了!)而在数论中,则应采用潜无穷观,因为数的性质,确实无法穷尽.就是说对于不同的情况,要具体分析,即使同一个对象,从不同的角度看也有不同的情况,就采用不同的解释,这叫作辩证的无穷观.因为万物无穷性本来就有不同,但同生共处犹如光的波粒二相性一样,故建议叫作"双相无穷观",也无不可.

⑦初等数学观:你怎样看初等数学呢? 它是不是数学的重要组成部分? 它是不是仍在迅速发展? 它是不是起"数学之根"的作用? 它是不是有多方面的、无可替代的应用和巨大的价值? 有没有大力开展研究的必要?

一般说来,真正的、正直的数学家都会依据大量的事实做出正面的回答.因为"初等数学研究"并没有招谁惹谁,而且天天为国为民做着好事、善事,怎么会有人忌恨!

1.4 实践探索

理论研究的终极目标是实践.数学方法论研究的成果应当用于指导初数研究的实践.

(1)明确研究目标,拓展生存空间.一项活动、一个研究课题如果没有应用,那是不可能发展起来的,因为"有为才有位".因此倡导初等数学研究伊始,我们就明确了它的目标,那就是实现陈省身先生的梦想,以其研究的丰硕成果,以其培养造就的数学人才惠及我国数学研究事业,为把中国打造成一个数学大国、数学强国而尽心尽力.

另一方面除了初等数学的基础研究和新课题的开发能够优化数学教育的

材源和背景之外,初等数学研究又被誉为"高水平数学教师的摇篮".研究发现的经历是数学教师难以或缺的宝贵财富,同时也是与数学教育相关的学科(如数学哲学、方法论、数学思维、数学史与数学思想史、数学文化、数学教学)的研究人士,数学工作者(杂志与课本编辑,数学读物的著者、数学教研人员)难以或缺的.因此初等数学研究惠及数学教育是巨大的、多方面的,我们协调组同仁中多数为数学教师,兼做数学与数学教育的研究,周春荔、杨世明两位不仅倡议召开了系列的 P.M 学术会议(即"波利亚数学教育思想学术研讨会",后改称"数学方法论与数学教育改革学术研讨会",现交由"全国数学科学方法论研究交流中心"主持),而且在 20 余年的时间里,持续参与了"MM 教育方式"的实验研究,成为全国 MM 课题组的基本成员.通过实验为各地打造了一批批既能教学,又能参与初等数学研究、数学教育教学研究的数学教师.而且把参与初数研究作为"MM 型"数学教师的最高境界.

(2)一届接着一届地召开全国性、综合性的初等数学研究学术交流会.这样的会给我们已经开过了九届;同时湖南省、福建省、江西省、贵州省、山东省、浙江省、陕西省的初等数学研究会(初数分会或专业委员会),各自召开了省级交流会(少则三、四届,多的六七届),有的专题研究小组,如"中国不等式研究小组"还召开了多届专题研讨会.这些初等数学研究的学术交流会对研究活动起到了实实在在的助推作用,这样的学术交流活动,在数学史上、在国外似乎是不多见的.

(3)为推动初等数学工作"协调组"所做的实际工作还有:积极申请成立"中国数学会初等数学分会(或专业委员会)",推动各省市自治区成立省数学会辖下的初数研究会;努力寻找机会,创办初数研究杂志;作为临时为初数成果发表的举措,在一些杂志开辟初数研究专栏由专人主持,先后开过的专栏有:《中等数学》"短论集锦",《中学数学》"初等数学研究",《中学数学教学参考》"初数新探(成果集锦)",《中学数学月刊》《数学通讯》《中学数学研究》等相关栏目,《数学通报》也开办了"初等数学研究"专栏,还有我协调组成员杨学枝、周春荔、杨之抓住外出讲学的机会,宣讲初等数学研究,宣讲研究的意义与课题,而杨之老师应邀去讲学的有:

天津师范大学、北京师范大学、山东师范大学、山东教育学院、河南师范大学、湖北大学、西北师范大学、新疆师范大学、首都师范大学、贵州教育学院、濮阳教育学院、天水师范学院(一个月的讲座课)、福州市教育学院、福建省教育学院(一周讲座,每天 6 节)、新疆昌吉学院、张家口教育学院、沧州师范学院(两次)、保定师范学院、汉中师范学院、山东枣庄学院、河北师范大学等多处,还与九江师范学院合作,在庐山举办过两期初等数学研讨班.

通过将"初等数学研究"搬上高等学府的神圣讲台,大大地改善了初等数学研究的舆论环境，而能应邀去讲授"初等数学研究"本身，实际上也就是它的实践成果了.

§2 传承交流，开阔眼界

初等数学研究需要传承交流，研究的结果要形成一个物化的东西，也意味着得到数学共同体、得到社会的认可，那就是发表、出版. 在中国初等数学研究的征程中，确实有一大批高瞻远瞩的编辑以对初数事业高度的责任感，顶住各种压力坚持出版初数著作，应当实事求是地说，没有他们这些人勇敢的工作，就不会有初数事业今天的局面.

2.1　这些令人敬佩的编辑，我国初等数学研究的历史上不能忘记他们，否则这段历史就是不完整的.

(1)王文才先生，在他任职于上海教育出版社期间，早在 1980 年就开始出版《初等数学论丛》(第 1 辑)(以书代刊)，顶住各种压力，默默地工作，咬紧牙关，直到 1986 年出到第 9 辑，被迫停刊. 在这 9 辑中，刊发了百余篇具有创见的数学研究文献，其中有我国在这一时期初等数学研究的部分成果. 内容包括：

①初等数学的基础研究. 如公理方法的几何意义(张锦文)、什么是长度(莫由)、基本初等函数的公理化定义(刘文)、论相切(蒋声)、递归数列的通项与求和(刘文)、对称多项式基本定理的初数证明(陈瑞琛)、论函数的奇偶性(朱匀华)、关于代数运算的逆运算(孔宗文、席德茗)、圆的对称性(常庚哲、彭家贵)、关于初等函数的解析表达式(刘文、刘致祥)等；

②新方法与新课题简介. 如质点几何学简介(莫绍揆)、复数与正多边形(单墫)、几何迭代趣引(杜锡录)、多边形的有向面积公式(周颂良等)、悖论漫谈(王元等)、破译密码游戏与数学推理(张铃)、复数的指数式在三角中的应用(程龙)、谈谈重心坐标(杨路)、基本初等函数的公理化定义(刘文)等；

③有创新成果的论文. 内角和定理(蒋声)、封闭折线射影和(何裕新)、黄友谭与谢平民合著的"加速序列收敛"的四篇文章(加速序列收敛的外推算法、关于开平方的快速收敛算法、开立方和开 n 次方的快速收敛算法、高斯的算术——几何平均数列). 定值方法与费马问题(杨之)、单色三角形(李炯生、黄国勋)、从三角形到四面体(杨之)、数列下降比值的估计(俞文魮)；

④一组几何不等式的文章.

由于该丛书收集了一批重要论文受到数学界的重视，成为初等数学的经典文献. 后来(在第 9 辑出版，全套丛书停版的 5 年之后)，在 1991 年(也就是全国首届初数会召开的这一年)，经过叶中豪先生的努力，上海教育出版社出版了一本《初等数学研究论文选》,算是为这套丛书的纪念.下面是该书的"编后记".

编 后 记

初等数学研究目前在国内方兴未艾,随着数学教学水平的不断提高.数学竞赛的蓬勃兴起,以及数学教育改革的逐步深化,人们对初等数学的理论价值,有了进一步的认识.近十几年来国内涌现了一批基础雄厚、队伍庞大的初等数学研究工作者,他们在某些深层次的课题研究方面,作出了可喜的成绩.为此我们编辑了这本《初等数学研究论文选》.

本书共搜集文章四十余篇,大部分选自我社以前出版的《初等数学论丛》(第1辑至第9辑),也有一部分是新近组织而以前没有发表过的.这些文章选题面较广,有的向读者介绍某些现代数学分支,有的对初等数学的某一课题做了深入探讨,也有的解决了一些具体的数学问题,不少文章出自著名数学家之手,大都深入浅出,生动而严肃,基本能反映近十几年来,我国在初等数学研究方面的部分现状和成果.

书中的文章涉及初等数学较多的领域,内容丰富,现在大致按方法论和现代数学介绍代数和分析、几何、数论和组合数学等四部分编排.有的文章综合性较强,也只能按某一侧重点归类,可能尚有不周之处,在编辑过程中曾征询一些行家的意见,原《初等数学论丛》的编辑王文才同志为本书提供了有益的建议,使本书的质量得以较大提高,在此向他们致以由衷的感谢.

1991 年 8 月

(2)庞宗昱教授作为《中等数学》的主编,他十分关心初等数学的研究和发展.在《中等数学》上开辟"短论集锦"栏目,刊登"有新意"的初等数学短篇创作或新成果摘编,他还以"劳格"的笔名同杨之一起推出"初等数学研究问题刍议""二议""三议",为初数研究宣传造势,在近 20 年的"协调组"工作中一直起着"军师吴用"的关键性作用.他策划主编的《初等数学文粹》丛书把 1949～1989 年以来,发表的初等数学有所创新的文献,进行摘编、提要,实质性的:包括其创新成果和证明推导,提供研究的参考资料经过两三年的努力已经做好了四集《中国初等数学研究文粹》,第一集"三角形研究",第二集"数列研究",第三集"二次式研究",第四集"不等式研究",约百万言,万事俱备,只欠东风,可就是东风不至,到现在也未能出版,十分可惜.

(3)张国旺先生,原河南教育出版社理科编辑室副主任,原是一位十分受学生欢迎的数学教师,由于喜爱初等数学研究,为破解初数研究成果发表难、出版难的问题,而"打入"出版社,做了两件大事:

一是策划、编辑出版《中学数学专题丛书》五十本,这是初等数学基础建设的一项宏伟工程,须用十年的时间来完成.请看王岳庭老师的"评价".

496

振兴祖国数学的圆梦之旅
——中国初等数学研究史话

初等数学基础建设的一项宏伟工程

——《中学数学专题丛书》评价

王岳庭

当前我国中学数学教学基本上是一个以应考为特征的封闭体系,它难以适应"提高全民族文化素质"的需要.这样一个体系的形成,原因是复杂的、多方面的,而其中的重要原因之一就是脱离现代数学科学的发展,从而使它内容古老、观点陈旧、脱离现实、自给自足,对现代初等数学发展的丰硕成果视而不见、听而不闻.

然而科学在发展,时代在前进,现代数学思想方法和丰硕研究成果不仅以越来越快的速度渗入国内外数学竞赛的题目之中,而且日益强烈地冲击直通考试命题的大门.这就迫使我们的数学教学,很快要面临这样一种尴尬的局面,自任"应考"的中学数学教学,不仅(像当前这样)应付不了数学竞赛考试,而且也适应不了普通考试.

为了紧跟时代,为了真正使数学教学由应试教育转变为素质教育,就要把中学数学变成一个开放体系,更新教学内容,更新数学思想,更新教师的知识结构.为此就要为教材编写、教师备课、进修、研究提供一套全面的系统的,既反映现代初等数学研究成果,又具有权威性的工具书和参考资料.而出版这样一套资料不仅是一项艰巨的初等数学基础建设工程,是我国中数教学的燃眉之需,是惠及子孙后代的一件大好事.然而,谈何容易!

令人欣喜的是河南教育出版社正在筹建,这一项巨大的工程.出版"中学数学专题丛书",其编辑构想:"丛书是一套大型的中学数学教学资料性工具书,按中学数学专题分册,每个专题自成系统详尽撰述,形成独有的全、深、透特色.每个专题囊括的资料要全,理论探索达到当代应有的深度,实际应用要广泛,涉及的知识要纵横联系,例题要典型、全面,要注意吸收当代初等数学研究的新思想、新方法、新战果."根据中学数学综合性强的特点,确定从知识、方法和思维能力各方面选设专题,50个专题大致为:知识方面24个、方法方面18个,思维能力方面8个.凡教材重点和难点之处均可选设,最终概括中学数学全貌,50本须十年全部出齐.

现已出版的五本:

《活跃在数学中的参数》,它将数学各领域中应用的参数和参数方法从大量书刊中搜集起来,对其神出鬼没的性能进行深刻分析,对引参、用参、消参等的方法、规律和技巧进行归纳整理,形成较为完整的"参数理论和应用大全".

《数列·递推·递归》,它作为一本系统研究数列的书,不仅论述基本的常见数列,而且系统探讨了递归数列及相关的解题方法、技巧,以内容丰富、生动

497

为其特征.

《怎样寻求 $P(k+1)$ 的证明》,它以运用数学归纳法的关键和难点为主线,全面、系统地介绍数学归纳法,在数学各科的应用通过对大量典型例题的分析、透彻地介绍了第一、第二和变形归纳法.

《截面·折叠·展平》,它从空间—平面图形转换的角度,展开对立体几何的基本思想方法和解题思路、技巧的讨论,生动活泼、深刻而系统.

《选排·取并·填格》抓住了排列组合解题的一般过程和实质,使天花乱坠的组合计数问题泾渭分明,归于一统,显出鲜明的思路.

即将出版的第二批五部著作:

《函数·思想·方法》,它全面阐述函数概念及其初等函数,系统介绍函数思想及其解题思路,函数方程和二次函数研究.

《不等式·理论·方法》,它系统阐述不等式的概念、理论和方法.

《二项展开·定理·应用》,以二项式定理为中心内容,介绍了它的各种证法及推广,全面阐述了它在各方面的应用.

《极值漫笔》,它从理论和方法上对各类极值问题进行详细探讨.

《漫话定值》,分章介绍平面几何、三角和代数、立体几何和解析几何中的各类定值问题的求解方法.

麻雀虽小,五脏俱全,这十本书各自虽只抓一个专题、一个侧面,却涉及广泛的方面,50 本书的编纂构想,可见一斑.

该丛书的编辑意图是紧紧扣住我国初等数学研究和教学的迫切需要(当前的急需和长远的需要).在组稿方式上也做了大胆的改革,"不成立编委会,不分题约稿,不限时间篇幅",而只把编辑方针和撰稿要求公之于众,善此者、乐此者均可依自己之特长,资料积累之情况选题撰述,宁缺毋滥,不怕重复选题.善者可发扬自己的风格,进行真正的创作;编者则有针对性地聘请专家精推细审,成熟一本出一本,充分保证质量.

第一批五本已摆在我们的面前,它装帧优雅、印工精细,堪称真正的艺术杰作,每一位热爱数学的人、每一位倾心数学教育的人,谁不想早日一饱眼福! 谁不感到技痒! 为建设这项宏伟的初等数学基础工程,为振兴我国数学研究和教育事业,奉献出您的聪明才智! 祝君成功!

二是创刊《中国初等数学研究》杂志,先以书号代刊号,随后申请刊号,可谓万事俱备,只欠东风,而等待东风等来的却是一阵凛冽的西风,出版社领导大换血,杂志办不成只好退而求其次:先出一本"文集",再经过百般的周折,一本《中国初等数学研究文集(1980～1991)》终于在 1992 年 6 月出版,继而策划出"第二集"……的设想,未能变成现实.

(4)郑绍辉先生,他是湖南教育出版社的数学编辑,一直关注着初数研究事业的发展.1991 年 8 月,在天津市召开全国首届初等数学研究学术交流会期间,当他听完杨之做的"初等数学问题"的报告后,由于深谙"问题是数学的心脏"的道理,感到这是一个有价值的选题,立即找杨之老师商量,可否在这个报告的基础上,再增问题,再次研究,把它扩展成一本书.当杨之壮着胆子接下这个"任务"时深感力不从心,可他崇奉"君子一言,驷马难追"的信条,只好硬着头皮做.当郑绍辉先生回社里申报选题时,总编欧阳维诚先生非常看好这个选题,编辑室的同仁也有同样看法,但都认为选题太大胆、太冒险,没有信心.在这样的情况下,两人都在走钢丝,但过了半年,书的初稿出来以后,两人的心就回到了肚子里.

1993 年 5 月,当他们捏着一把汗,闯过"发行订数关"之后,书终于出版了.出版后颇受好评,短短两年多,即已脱销,应各方要求,只好重印.下面是"重印前言".

重 印 前 言

本书自 2003 年出版以来,初数界以极大热情对其中的 whc 进行研究探索,仅两年多的时间就使若干问题得以解决,若干问题被推进,若干问题受到反面解决的启发又在追索其正面的结果,这由"附录"中列出的 40 余项已初见端倪.

两年中我国初数研究队伍日益壮大,水平更高.已有 10 余个省建立了初数研究组织."中国不等式研究小组""中国绝对值方程研究小组"相继建立,高水平的研究成果源源不断,对本书的需求量日增,这反映出我国初等数学研究事业正大踏步走向一个新的阶段.

为了大家引用的方便,也出于历史的原因,本书这次只是"重印",对其中的内容,不做任何修改,即使已被解决了的问题,也仍保留其编号不变.这样一直保持下去,如果对这期间所出现的最新的问题还要做筛选的话,也只是把编号往后续,不再重新编号.

长江后浪推前浪,世上新人催旧人.我国初数研究事业,青年才子辈出.如果本书能在他们成长的道路上,起到一颗铺路石子的作用,我就心满意足了.

杨之

1995 年 12 月 24 日于宝坻陋室

前几年,我国知名图论专家张忠辅教授曾找人把该书译成了英文.杨之已用了 20 多天时间对译稿进行核对,说希望在斯普林格出版社出英文版,后由于张忠辅、杨之都很忙,此事未曾联系,现在不知情况如何.

现已决定,本书在 2015 年或 2016 年期间由哈尔滨工业大学出版社出增订新版.

（5）石生民先生是陕西师范大学《中学数学教学参考》的主编，一贯支持初等数学研究事业，杂志上不断有初数研究成果发表.1994年杨之编的中等数学《短论集锦》栏被人取代，变了味之后，初数研究这一小小路径被断；1995年便与石先生商量开辟"成果集锦"栏目，但阻力很大，经反复协商，石先生终于力排众议，决定下来.1995年11月28日，杨之在"日记"中写道：

"今天接陕西省《中学数学教学参考》编辑部，石生民先生电话云：

①从明年1月份开始刊登'初等数学研究成果集锦'，每期3 000字左右，3～4篇短文；②每期增刊物一本；但稿费直寄给作者本人；③增1995年合订本一本.已寄摘编稿9篇，仅够明年1,2月之用，年前还要摘若干篇寄去."

于是从1996年开始，设立"成果集锦"栏目，中间风风雨雨，大多数读者非常欢迎，个别人说"读不懂".石生民先生回应说："杂志载文，须有层次，'成果集锦'栏代表了初数研究的较高层次，对读者是一种引领."并一直坚持下来.石生民先生退休以后，更名'初数新探'栏，每两期刊出一次，文章少了，但一直坚持不辍，说明编辑部除石民生先生之外，还有高人.算起来栏目坚持了十六年，估算起来大约有700余篇短文刊出，加之编稿'以人为本'，特别关注年青人、新作者、西部作者.因此除对"初数研究"做出贡献之外，在培养数学教师方面亦成就显著，但愿这项善事，杂志能坚持做下去.

（6）另外汪江松（坚持在《中学数学》上开设"初等数学研究"专栏十余年）王建军（江苏教育出版社编辑，出版《几何不等式在中国》）、王巧林（江苏教育出版社编辑出版《初等数学前沿》）、潘淑琴（北京师范大学出版社，编辑出版《初等数学研究》）、范秋炎（福建教育出版社，编辑出版《福建省初等数学研究文集》）、孟实华（湖南教育出版社，编辑出版《数学·我们·数学》丛书），李海平（西藏人民出版社，编辑出版《不等式研究》）等知名编辑，他们对初等数学研究做出的贡献，历史是不会忘记的.

2.2　叶中豪与《通俗数学名著译丛》

叶中豪先生是上海教育出版社数学编辑室的一名编辑，同王文才先生一样，对初等数学研究事业是十分支持的.1997年8月17日上海《解放日报》的一则"人物故事"，可以帮我们了解一些他的身世.

书香满屋乐融融

——藏书家叶中豪和他的家庭

周劲草

获"上海市十大藏书家"称号的叶中豪说，他唯一的爱好和特长就是买书、藏书.据统计，经过他近十年的"苦心经营"，他的个人藏书量已达10 000多册，不同版本的《红楼梦》就有 380 多本.

1977 年初,那年他才 11 岁,到书店买的第一本书就是《十万个为什么》,从此与书籍结下了不解之缘.

叶中豪喜爱数学.他省吃俭用,买了许多数理化自学丛书等书籍.想买而买不起的书,就向别人借来抄.凭着这样一股执着劲头,当年他获得了上海市中学生,数学竞赛优胜奖和红领巾读书奖.到中学毕业时已经有藏书几百本了.

他的大学生活是在复旦大学度过的.他是大学校园图书馆的常客,时常是第一个进馆,最后一个离席.大学毕业分配时他主动与上海教育出版社联系,找到了自己所中意的工作岗位,当上了一名数学图书编辑,从此更加密切地与书打交道了.

他的家庭经济条件并不宽裕,但买书却不惜代价.双休日跑书店,常常是一个面包当作午饭,傍晚却是满载而归.到外地出差时最爱做的事就是逛当地的书店、书摊.他完成出差任务后第一件要做的事,就是买书淘书.对于买书、藏书,他有很强的"责任心".有时为了搜求一本好书会跑遍大街小巷.

说起来还真是"书缘"连着"姻缘"呢.叶中豪的妻子周晓宇与他谈恋爱时,深知他没有多大积蓄,连如今上海市民家庭都已普及的彩电、冰箱、洗衣机三大件都不见踪影.可是周晓宇深知叶中豪酷爱读书,他追求知识、事业心强,是难得的好青年.结婚以后他们夫妇相敬如宾,也一同实现买书、爱书的理想.妻子在上海曙光医院小儿科工作,她在婚后不仅自己爱书,还帮着丈夫买书、理书、藏书.

如今他们有了一个 3 岁的"小宝宝",取名叶励晶.从娘胎里出来的小励晶,睁眼首先看到的就是满屋子的书.因此到孩子会玩的时候,床头、桌子、沙发上的各种书便成了孩子手中"玩具".翻弄、摆布,父母也从不呵斥,让她任性地"玩".说来也怪,大凡书到了小孩手中都会撕扯,然而通书性的小励晶决不会去撕扯任何一本书.因此父母便开始买《幼儿古诗一百首》《幼儿故事一百篇》等幼儿读物,让他从小遨游在书的海洋中.

叶中豪给儿子读诗、讲故事,教他翻书、爱书,"大书迷"的爸爸让 3 岁的儿子也成了个"小书迷".满屋的书香给叶中豪的家庭生活带来了不尽的欢乐.

也是在 1997 年,因得知 2000 年被定为"世界数学年",且 2002 年将在中国召开"世界数学家大会".他有感而发,写了一篇声情并茂的长文,分析了出版界在当前市场经济大潮中,经济效益和社会效益难于两全的情况下,不屑于以粗俗的"辅导书",追求前者而罔顾后者的不当做法,主张放眼长远,以"重视科普,开发精品"的策略,兼顾两者.而"作为一名数学编辑,我们应该主动出击,去寻求时代脉搏,将自己的眼光放得更宽广一些……不断地发现新的市场热点,有针对性地去发掘读者的积极阅读面,为他们奉献更多更好的精神食粮,这才是新时代数学编辑的职责".然而当他们真的去履行这种"职责"的时候,由于一时难获"大的"(与学辅类相比)经济效益等原因,往往遭领导白眼,遭扣奖金,甚至工资,使这个本来就是"为他人作嫁衣"的职业更加难做.

1997年,得知"世界数学年"和将在北京市举办国际数学家大会的消息释放的好形势,他先把眼光投放到"创办《通俗数学》杂志"的宣传造势的活动之中,先提出"倡议",然后通过大量与友人的通信,阐释自己的主张,真是费尽了笔墨,"倡议"写得确实好,也是一篇十分重要的历史文献,很值得一读.

关于创办《通俗数学》杂志的倡议

随着世纪之交的临近,图书市场面临着新的挑战.一些具有社会责任感的编辑逐步摆脱陈旧的模式,正在经受新思想的洗礼.提高全民的科技文化素质,向读者提供有益的精神食粮已成为一种极为迫切的使命,等待着人们去思考、去努力.

2000 年已被国际数学联盟(IMU)规定为"世界数学年",其主要宗旨便是:"使数学及其对世界的意义被社会所了解,特别是被普通大众所了解."

国际著名数学家陈省身先生一再指出,"中国将成为 21 世纪的数学大国."目前我国已成功申办并将在首都北京召开新世纪的首届国际数学家大会.到时预计会在全民中形成一股学数学、爱数学、用数学的高潮.

但与此形势不相称的是我国目前还没有一份像样的通俗数学杂志,除了供数学研究人员阅读的专业数学杂志之外,只有大量中等层次的、围绕数学教学以及数学解题转的期刊远远不能满足广大读者,尤其是数学爱好者的需求.而在国外,科普大师马丁·加德纳在大众科学杂志《科学美国人》月刊上,主持了一个"数学游戏"专栏,从 20 世纪 50 年代至 80 年代,在长达二十多年的时间里对现代数学的一些最新成果做了通俗介绍,在改善数学的可接受性方面迈出了巨大的步伐.在广大公众中有能力理解并欣赏数学美的人,极难真正有机会满足他们的愿望,而由于马丁·加德纳的忘我工作与妙笔生花,已经把一门历来人们认为枯燥乏味的学科变成了生动活泼有血有肉的"艺术",吸引了大批青少年投身于数学之门、从而实质上起到了"招兵买马"的作用,为数学立下了汗马功劳.他同读者之间的广泛通信联系,使他远不仅是个报道者或普及工作者,而成了一位名副其实的"数学园丁".

而《数学信使》(Mathematical Intelligencer)更是一本从文化的角度来传播数学的高档次的季刊,其内容包括了不同的种类:有的深入浅出介绍当代数学的重大成就与应用;有的循循善诱启迪数学思维与发现技巧;有的富于哲理阐释数学与自然或其他科学的联系;……试图为人们提供全新的观察视角,以窥探现代数学的发展概貌,领略数学文化的丰富多彩.

除了上述两类数学传播杂志之外,还曾有过专门的《数学娱乐月刊》(Journal of Recreational Mathernatics)及《数学娱乐杂志》(Recreational Mathematics Magazine),在更为广泛的层面上为数学爱好者提供了娱乐园地,在智力游戏、智力玩具方面,即使是业余爱好者,也有机会发挥他们一技之所长;《数学教师》(Mathematical Teacher)杂志上也经常有大量通俗数学、娱乐数学的题材.而在深层次探讨数学问题、发掘数学背景方面,有《Scripta Mathematica》《American Mathematical Monthly》《Mathematics Magazine》《Mathematical Ga-

503

zette》《Eureka》《Crux》等众多阵地,并相应形成了一支多层次的数学研究梯队.

为迎接 2000 年世界数学年的到来,我们倡议借鉴国外这些先进杂志的经验,结合中国自己的特色,创办一份属于我们自己的《通俗数学》杂志,向读者奉献一份有益的"精神快餐",以作为对"世界数学年"以及"国际数学家大会"的献礼,这应该说是一项既迫切而又及时的举措.

希望更多的热心人来关心、支持并投身到这一富有意义的事业中来.

我们的详细设想请参见以下附件.

然而,这么多的"应该"并没有变成现实,梦想并未成真.对此我们回顾几个相关的"现实",各种原因就可以分析出来了.

大家知道,在当前的中国一个阿拉伯数字的"刊号"是非常珍稀的.尽管翻开每年邮局征订报刊的"目录"册,五花八门的刊物,目不暇接,然而对于我们数学来说,想申请一个刊号,真是难于上青天.自 1991 年"协调组"成立以来,就想方设法地想为《中国初等数学研究》弄个刊号,且当时若有此刊号,北京师范大学、首都师范大学、天津师范大学都愿意接办这个杂志,然而就是"门路"难寻.

事实上,就在此期间张国旺与杨世明协商由河南教育出版社创刊《中国初等数学研究》杂志.一切就绪,前若干期的稿子都以审毕待发,然而到关键时刻"煮熟的鸭子"还是飞了,化成了一本书《中国初等数学研究文集(1980~1991)》;不仅如此,继王文才先生的《初等数学论丛》1986 年出了第 9 辑停办之后,就是 1991 年前后数学杂志的关停并转."刊号"流失严重,先后有湖南数学会与长沙教师进修学院主办的《湖南数学通讯》,因内部财务问题,停刊;哈尔滨师范大学的《中学数学教育》,正在发行量逐年大增之时,被以"发行不畅"为由,勒令把刊号交给了另一杂志;河南教育出版社的《数学教师》因故停刊;《厦门数学通讯》被转化为《学报》,因而使本已十分狭小的初数研究成果发表渠道更为狭小(当然,一点亮光是《数学通报》等杂志,开始设立"初等数学研究"栏目).

然而叶中豪先生的心思并没有白费,他的宣传打动了很多人,没有获得"鱼"(《通俗数学》杂志),却获得了"熊掌"(国家自然科学基金委员会、数学天元基金资助)即 21 世纪天元基金项目.《通俗数学名著译丛》的出版,陈省身先生还为《通俗数学名著译丛》题词:"迎接 2 000 数学年"."译丛序言"如下,它本身就是一篇杰作,值得一读.

译 丛 序 言

数学,这门古老而又常新的科学正阔步迈向 21 世纪.

回顾即将过去的世纪,数学科学的巨大发展比以往任何时代都更牢固地确立了,它作为整个科学技术的基础地位,数学正突破传统的应用范围向几乎所

振兴祖国数学的圆梦之旅
——中国初等数学研究史话

有的人类知识领域渗透,并越来越直接地为人类物质生产与日常生活做出贡献.同时数学作为一种文化,已成为人类文明进步的标志.因此对于当今社会每一个有文化的人士而言,不论他从事何种职业都需要学习数学、了解数学和运用数学.现代社会对数学的这种需要,在未来的世纪中无疑将更加与日俱增.

另一方面,20世纪数学思想的深刻变革已将这门科学的核心部分引向高度抽象化的道路.面对各种深奥的数学理论和复杂的数学方法,门外汉往往只好望而却步.这样提高数学的可接受度就成为一种当务之急,尤其是当世纪转折之际,世界各国都十分重视并大力加强数学的普及工作,国际数学联盟(IMU)还专门将2000年定为"世界数学年",其主要宗旨就是"使数学及其对世界的意义被社会所了解,特别是被普通公众所了解".

一般说来,一个国家数学普及的程度与该国数学发展的水平相应,并且是数学水平提高的基础,随着中国现代数学研究与教育的长期进步,数学普及工作在我国也受到重视.早在20世纪60年代,华罗庚、吴文俊等一批数学家亲自动手撰写的数学通俗读物激发了一代青少年学习数学的兴趣,影响绵延至今.改革开放以来,我国数学界对传播现代数学又做出了新的努力,但总体来说我国的数学普及工作与发达国家相比尚有差距,我国数学要在下世纪初率先赶超世界先进水平.数学普及与传播方面的赶超,乃是一个重要的环节和迫切的任务.为此借鉴外国的先进经验是必不可少的.

《通俗数学名著译丛》的编辑出版,正是要通过翻译引进国外优秀数学科普读物,推动国内的数学普及与传播工作,为我国数学赶超世界先进水平的跨世纪工程贡献力量.丛书的选题计划是出版社与编委会在对国外数学科普读物,广泛调研的基础上讨论确定的.所选著述基本上都是在国外已广为流传、受到公众好评的佳作,它们在内容上包括了不同的种类,有的深入浅出介绍当代数学的重大成就与应用;有的循循善诱启迪数学思维与发现技巧;有的富于哲理阐释数学与自然或其他科学的联系;…….试图为人们提供全新的观察视角以窥探现代数学的发展概貌,领略数学文化的丰富多彩.

丛书的读者对象力求定位于尽可能广泛的范围,为此丛书中适当纳入了不同层次的作品,以使包括大、中学生,大、中学教师,研究生,一般科技工作者等在内的广大读者都能开卷受益.即使是对于专业数学工作者,本丛书的部分作品也是值得一读.现代数学是一株分支众多的大树,一个数学家对于他所研究的专业以外的领域,也往往深有隔行如隔山之感,也需要涉猎其他分支的进展,了解数学不同分支的联系.

需要指出的是由于种种原因,近年来国内科技译著,尤其是科普译著的出版并不景气,有关选题逐年减少,品种数量不断下降.在这样的情况下,上海教育出版社以迎接2 000世界数学年为契机,按照国际版权公约,不惜耗资购买版权,组织翻译出版这套《通俗数学名著译丛》,这无疑是值得称道和支持的举措.参加本丛书翻译的专家学者们,自愿抽出宝贵的时间来进行这类通常不被算作成果,但却能帮助公众了解和欣赏数学成果的有益工作,同样也是值得肯定与提倡的.

像这样集中地翻译、引进数学科普读物,在国内还不多见.我们热切希望广大数学工作者和科普工作者来关心、扶植这项工作,使《通俗数学名著译丛》出版成功.让我们举手迎接 2 000 世界数学年,让公众了解、喜爱数学,让数学走进千家万户!

《通俗数学名著译丛》编委会
1997 年 8 月

《通俗数学名著译丛》是叶中豪先生、上海教育出版社对中国广大数学爱好者,事实上是对中国数学事业的一项特殊贡献.目前我们搜集到的有 29 本(27 种),还有两本手头无书是从网上查到的,现逐步简介如下:

(1)《数学加德纳》:戴维·克拉纳(David Klaner)策编,谈祥柏、唐方译. 1992.6 第 1 版.

这是一本数学文集,是马丁·加德纳(Martin Gardner)的"粉丝",多未晤过面的心仪朋友、知名数学家们撰写的 30 篇文章构成的.马丁·加德纳是享誉世界的数学讲解员与普及大师,这些文章都新颖别致、意趣盎然,富有"加德纳风格".

(2)《数论妙趣——数学女王的盛情款待》:[美]阿尔伯特·H·贝勒(Albert H Beiler)著,谈祥柏译. 1998.1. 第一版.

这是一本"趣味数论"书,把很多重大数论问题趣味化了,如它的标题宫廷亮相、除数好散心、完美无缺、亲如手足、记数法乱弹琴…….

(3)《数学娱乐问题》:[美]H. 亨特、S. 玛达其(J. A. Hunter, Jlseph, S. Madachy)著,张远南、张昶译. 1998.4.

本书由兴味浓郁的"高级"的新老数学游戏构成,可动手操作、可动脑研究、可动心体味、其乐无穷.

(4)《数学:新的黄金时代》:[英]K. 德夫林(Keith Devlin)著,李文林等译. 1997.12.

本书的目的在于向那些对数学有兴趣的门外汉,介绍最近发生的一些重大进展,如素数与密码、集合无限与不可判定、系数与类数问题、混沌之美、有限单群…….

(5)《数学趣闻集锦》上下:[美]T. 帕帕斯(Theoni Pappas)著,张远南、张昶译. 1998.12.

本书著者 T·帕帕斯是一位多才多艺的数学女教师,加利福尼亚大学文学士和斯坦福大学文学硕士学位.本书中 330 则数学趣闻都来自"你的"身边.

(6)《数学与联想》:[英]戴维·韦尔斯(David Wells)著,李志尧译,单墫校.1999.3.

这本书写的是用"看"的方法去猜数学谜语,有的是用眼看,有的则用心"看",大多是用脑子"看".按照难以言传的方式头脑下意识地"见微知著,类比、联想、引申……,使结果令人(包括自己)吃惊!"

(7)《当代数学:为了人类心智的荣耀》:让·迪厄多内(Tean Dieudonne)著.沈永欢译.1989.7.

本书作者是著名的"布尔巴基"学派创始人之一,被哈尔莫斯赞为"当代最伟大的数学家".让·迪厄多内,他一直在现代数学主流中搏击,对其发展和全貌有完整深刻的了解.他的功力和水平使本书非同凡响.本书是为受过教育而又热爱数学的人写的,但具有高中数学水平的人,即可读懂,搞初数研究的人欲摆脱井底之蛙状态,不妨借力此书.

(8)《近代欧氏几何学》:[美]R. A.约翰逊(Roget A Johnson)著,单墫译.1999.8.

编者云:"数学与服装一样,讲究时尚且往往重复出现."19 世纪下半叶,本书内容以"近世几何"名义出现,引起广泛兴趣,很多优美定理获证.但 20 世纪末兴趣变淡,本书似显示这种兴趣的复活.本书收集了书刊上零星的资料,通常难得见到的.因此本书十分珍贵.

(9)《计算出人意料——从开普勒到托姆的时间图景》:[法]伊法尔·埃克朗(Ivar Ekeland)著,史树中、白继祖译.1999.4.

近年来,新的观念冲毁了暗淡无光的经典决定论,改变了我们的观念,打乱了可计算(预测)和不可预测、决定性和随机性、有序与无序的界限,通过令人惊奇的实验和突如其来的悖论的解释将新观念向外传播.本书试图担当此任.

(10)《站在巨人的肩膀上》:L. A.斯蒂恩(Lgnn Arthur Steen)编,胡作玄等译.2000.7.

本书通过对"模式""维数""数量""不确定性""形状""变化"等概念,从更高、更广的境界进行的分析,重新认识数学和数学教育.对我们思考当前和新时期应有的数学教育大有裨益.

(11)《无穷之旅——关于无穷大的文化史》:[以色列]伊来·马奥尔(Eli Maor)著,王前等译.2000.8.

一个普通人也好,数学家也好,文学家、艺术家也好,都要天天和"无穷大"打交道,但是利用它的是文艺家,深入思考和描述它的是数学家.本书使我们有机会跟随一位数学家进行"无穷之旅".

(12)《20 世纪数学的五大指导理论》:[美]L. 卡斯蒂(John L Casti)著,叶其孝、刘宝光译.2000.12.

数学中确有最吸引人的问题,最精致的成就,20世纪就可以选出五个,想知道吗? 它们是对策论中的极小极大定理、拓扑学中的不动点定理、奇点理论中的莫尔斯定理、计算理论中的停机定理和规划论中的单纯形法.本书对它们进行了别具一格的"拷问".

(13)《数:科学的语言》:[美]T. 丹齐克(Tobias Dantzig)著,苏仲湘译.2000.12.

数学有自己独特的语言,而它的主要研究对象数又是科学的语言.本书对它进行了详细的介绍.

(14)《数学游戏与欣赏》:[英]劳斯·鲍尔、[加]考克斯特(W. W. Rouse Ball, H. S. M. Coxeter),杨应辰等译 2001.4.

"游戏"天天有,只是各不同.本书中的数学游戏数学味浓,不少可作为初等数学研究的题材,值得初数爱好者研究.

(15)《数学旅行家:漫游数王国》:[美]卡尔文. C. 克劳森(Calvin C. Clawson)著,袁向东、袁钧译.2001.12.

"数王国"在哪里? 就在本书中.本书讲述"正经八百"的数学,并进而深入谈论数的方方面面,触及大量人类本性中非常神秘的东西,除数学内容外,还涉及生物学、心理学、解剖学、历史和哲学.

(16)《蚁迹寻踪——及其他数学探索》:[美]戴维·盖尔(David Gale)编著,朱惠霖译.2001.12.

"蚂蚁走过的路"会有什么? 里边隐藏着数学.本书中有"蚂蚁学进修教程"和大量意外发现的资料,杨之和梁开华老师就从中选材研究了"小非元"(或"绝数")数阵,本书每章每节都有介绍.

(17)《拓扑实验》:[美]斯蒂芬·巴尔(Stephen Barr)著,许明译.2002.2.

在本书中,一位趣味拓扑大师请大家通过克莱因瓶和莫比乌斯带大胆进入像连续性和连通性这样引人入胜的拓扑王国,然后再动手做,来鉴赏其他专题奇景.

(18)《圆锥曲线的几何性质》:[英]A. 科克肖特著,F. B. 沃尔特斯(A. Cockshott and F. B. Walters)著蒋声译.2002.2.

笛卡儿发明坐标几何之后,"综合法"哪儿去了? "退休"了吗? 本书译者蒋声先生告诉我们:"本书却用综合法,从图形到图形,以平面几何知识为主,立体几何知识为辅,轻车快马,直截了当导出圆锥曲线的大批几何性质,包括许多通常资料中没有见过的性质".

近十余年来,我国圆锥曲线研究呈现出恼人的"过热"现象,大批重复的"发现"和平凡的事实被"发现"出来,令编辑们头疼.因此望研究者读此书,清醒清醒,作为欣赏,书后附有 480 个剑桥问题及蝴蝶定理综述文章供大家研究.

(19)《数学无国界——国际数学联盟的历史》:[美]奥利·莱赫托(Olli Lehto)著,王善平译,张奠富校.2002.8.

本书书名清楚地表现了它的内容,何须多言.喜爱这段历史的"诸君",自己阅读和思考其中值得深入思考的东西,须指出,本书封条上印的是:Felix Klein,仿马克思题写的口号:"Mathematicians of the world,unite!"(全世界数学家,联合起来!)

(20)《意料之外的绞刑和其他数学娱乐》:[美]马丁·加德纳(Martin Gardner)著,胡乐士译,齐民友校.2003.3.

该书作者是大家熟知的,书名却是怪怪的,但知怪不怪,本书是他为《科学美国人》月刊撰写的"数学游戏"专栏文章的第五本结集,而书名不过是一个悖论的名称,选作了第 1 章的标题而已.

(21)《稳操胜券(上、下)》:埃尔温·伯莱坎普·约翰·康威、理查德·盖伊(Elwynr. Berlekamp,John Conway,Richard Guy)著,谈祥柏译 2003.12.

这是一部从简单的拣石子(伐木)游戏出发,一直把大家带到组合博弈理论前沿的书.它很有艺术性、有笑料、有严肃的理论和问题,有故意安排的 163 处错误,有垃圾、有金银财宝……它虽不是百科全书,但有博弈百科全书的性质,有 1 000 页:好大"一棵树"!

(22)《现代世界中的数学》:莫尔斯·克莱因(Morris Kline)主编,齐民友等译.2004.12.

这是一本由知名数学家撰写的能帮助我们认识"数学"的稀世珍文(其他资料中难以寻觅,少而妙!)的集子,分为"数学的本性""传记""几个数学分支""数学基础""数学的意义"等五组,每组都有主编克莱因的引言,全书加了序,但"引言"和序与各文作者观点可能不同,译者们也可能有不同的观点:放在一起,像个万花筒.

(23)《游戏——自然规律支配偶然性》:[德]曼·艾根、乌·文克勒(Manfred Eigen,Rufild Winkler)著,惠昌常、董书萍译.2005.1.

在我们这个世界上所发生的一切,就相当于一个大的游戏,而偶然和规律性是它的本质,它的结果是偶然的,但偶然结果后面受一定规律的支配,可通过统计规律加以控制,而这些规律就是游戏规则抽象的结果,本书揭示的就是此中的规律.

(24)《东西数学物语》:[日]平山谛著,代钦译,李迪审校.2005.3.

本书集数学历史典故、故事、游戏、趣味图形和计算题于一身,以从古代中国、西方、印度和日本等国家文献中,精选的 300 多道经典问题为载体而写成,值得赏析.

(25)《解决问题的策略》:［德］A.恩格尔著(Arth ur Engel)著舒五昌、冯志刚译,张明尧校.2005.1.

本书由数百个从世界数学竞赛中精选的"高水平"问题及其解答构成.按其求解要用到的"原理"(如"不变量原理""极端原理"等)来"分章",每道题"含金率"都很高,用合情推理方法"开发"的前景.正像数学一颗颗怦怦跳动着的心.

(26)《奇妙而有趣的几何》:［英］戴维·韦尔斯(David Wells)著,余应龙译.2006.5.

本书由图形和图形"隐含"的定理构成,但无证明.定理按其名称英文词字母顺序排列,它是企鹅词典中《奇妙而有趣的数》的姊妹篇.

(27)《黎曼博士的零点》:［英］卡尔·萨巴(Karl Sabbagh)著,汪晓勤等译.2006.5.

本书是写黎曼假设.数学家黎曼1859年的一篇论文中首次提出,如果它正确的话,将揭示素数的秘密.然而150余年来,只动了它几根"毫毛".你想试试吗?心动技痒了吗?那要先弄懂本书,而读懂本书不难,书的最后有系列"拐棍":配套知识.

(28)《虚数的故事》:［美］保罗·纳欣著,朱惠霖译.2008.12

本书大部分先讲一段历史,内容有"虚数之谜".$\sqrt{-1}$几何意义初探,迷雾渐开,使用和进一步使用等.

(29)《悭悭宇宙:自然界里的形态和造型》:［美］斯特凡·希尔特布兰特、安东尼·特隆巴(Stefan Hildebrandt、Anthony Tromba)著,沈施译.2004.4.

该书引导读者参与探讨自然界里的各种造型、形态的数学基础.从古代演说到原子核时代,为物质世界附着于方法的经济原理寻找几百个证据,说明大自然凭借能耗悭吝的手段而获得有效的成果……但"悭吝"宇宙并不小气.

到现在为止,我们见到的《通俗数学名著译丛》出的书只有这29种31本.从中不难看出这确实是一次规模宏大的"引进":包含有美国(17)、英国(6)、法国(2)、德国(2)、以色列(1)、日本(1)等数学发达国家的作品.当然这里缺少的是数学强国俄罗斯、匈牙利、波兰、意大利等,特别是俄罗斯数学家们的著作,实属遗憾.当然从年代上看,最后一本出于2008年12月,我们估计(希望)这个引进过程,还将继续.

这也是一次内容丰富的"引进".作为"通俗"数学,它以"游戏""娱乐""欣赏"为主线,但数学味很浓,且不乏初高等数学的新(我国读者以往未知的)知识、方法、思想等.数学作为一种非物质的文化,必须有交流、有传承、有研讨,特别是中外交流,引进吸收.感谢叶中豪先生的高瞻远瞩,感谢上海教育出版社的勇于承担,感谢天元基金的资助,感谢主编、译校者的辛勤劳动成就了这样一件史无前例的盛事!

振兴祖国数学的圆梦之旅
——中国初等数学研究史话

《通俗数学名著译丛》对我们做初等数学研究的,人无异于丰盛的午餐,无论是对开阔眼界、增加见识、转变观念,甚至提供研究的课题,启迪思路都有重大作用.根据我们切身浏览研读的体会,觉得读每一本书都犹如作者(有的本是大师级的数学家)亲临我们面前,耐心地讲述他们的课题、他们的思路……这么多的数学家教师齐聚我们眼前,真是难能可贵.我们建议每位初数爱好者能够拥有全部,浏览大部,选读几部.

2.3 刘培杰和他的数学工作室

(1)初等数学研究的瓶颈.大家知道一个数学成果的生产流程是:问题→研究求解→写成论文→评审→刊登在杂志上发表→被大家(数学共同体)认可→……或:选题→综合创意→撰著成书→评审→出版印刷成书→被大家(数学共同体)认可→…….很多人以为,"评审→发表(出版)"环节只不过是个"技术"环节,研究、著述才是事情的关键.

然而实践证明事情并不是这样的,正如"水利"不单纯是天有雨雪,地有江河,还要开河渠、修堤防,才能变"水"为"水利"一样;个人研究的结果,撰写的书文,只有通过发表"出版"才有机会获得"数学共同体"的认可(当然"评审"是一个必要环节,这也是"正式"发表、出版,同微博发表、购号自印的区别),即使将来变成数学出版物,也不能改变这个本质.

对于"初等数学研究"来说,这个"发表——出版"环节的"反作用",实在是太重要了.我国20世纪70年代至90年代,出现一个初数研究的小高潮,不能说与二十多家中国数学杂志的复刊、创刊无关,而初数研究的进一步发展,就出现了"发表难""出版难"的问题,这个环节成为初数研究的"瓶颈".我们协调组深刻地感受到了这一点,一直把创办杂志、解决出版问题放在议事日程上.张国旺先生投笔从戎,放弃个人研究而置身出版行业,叶中豪先生被誉为"几何专家"(事实上的确如此,他对古老的平面几何有很多新见解、新发现),也顶住压力,甘心低收入,全身心地投入《通俗数学名著译丛》的编辑出版,甘为他人作嫁衣.正是他们给我们送来了源头活水,是他们圆了我们的书文"出版""发表"之梦.除了以上所举数位之外,还有一位就是我们这里要说的刘培杰先生,他是真正的幕后英雄,以往的数学历史上很少有他们的只言片语,但是如果我们中国初等数学研究的历史上没有他们的身影,那将是残缺不全的历史.因此我们必须破例.

(2)刘培杰数学工作室是哈尔滨工业大学出版社的第一编辑部,以出版数学书(包括数论、平面几何、奥数、数学文化和数学史译著,兼顾中学数学、辅导用书、少儿科普、应用数学等)为己任.刘培杰数学工作室成立于2005年5月,现有专职编辑29名,其中包括策划编辑1名,执行策划编辑1名,版权编辑1

名,文字加工编辑 26 名,另聘兼职文字加工编辑近 30 名.

这是一个温馨、和谐、积极向上进取由学者组成的大家庭,每个人都有自己的人生格言.例如:

王勇钢的格言是:若不给自己设限,则人生没有限制你发挥的藩篱.

李慧的格言则是:宛宛深山阶空处,杳杳海阔波影绝.

刘家琳的格言是:你若要喜爱你自己的价值,你就得给社会创造价值.

王慧声称:想要改变世界,先要改变自己.

钱辰琛则谆谆告诫自己:生活就像海洋,只有努力勤奋的人,才能到达彼岸.

杨万鑫也是一样:希望总在前方,路就在脚下.

这里没有豪言壮语、没有铭心警句,但在朴实的话语中透露出每个人的追求和实现理想的方法,显示出各人的高尚的价值观,充满着哲理.

事实证明这个集体战斗力很强.他们出版的图书可谓内容、装帧俱优,很受读者欢迎.刘培杰数学工作室自 2005 年成立到现在(2015 年)在十年时间里,已出版各层次图书 400 余种,生产码洋近千万元.他们的出版方针是:出精品图书让读者中意,即使是学辅类也决不粗制滥造.以优质树口碑、创品牌;注重数学图书的"基础建设"(如对传统的数学名著,脱销已久者重新出版或出(补充、修订的)新版,以满足读者急需;亦不避亏本之虞,兼顾创新著述的出版;低档次、高档次兼顾,学辅类学术类并举,以一养一,以一带一;在当前我国的出版界,这确实是生存发展的高明策略.

(3)十年生存、发展的事实表明,刘培杰数学工作室的目标和策略都是正确的,除了已出版了大量初等数学的精品学术译著之外,还承担了《中国初等数学研究》(以书代刊)杂志出版的任务,圆了两代初数研究人之梦,实属不易.我们希望能早日拿到刊号,不辜负大师陈省身先生题写刊名("中国初等数学研究")的良苦用心,要出版"正式"的杂志.

§3   软硬成果,双双丰收

3.1   培养人才,建设队伍

一个国家成为数学大国、数学强国,以什么为标志呢? 大家的共识(也是数学史上形成的一致认识)是出了多少"大师级"的人才或即能影响(振动)世界数学发展的数学家.

(1)什么是"数学家"呢?

有史以来,恐怕任何人、任何国家,任何一个时期都没有人制订一项标准,依此来评定"数学家". 那么成为"数学教授""数学的博士生导师""博士后"或"博士后导师"就可叫作"数学家"吗? 似乎也不是. 国际数学联盟编辑出版系列的"世界数学家名录",其评定的标准是"有至少三篇论文在指定的数学杂志上被评论",那么名家载入《世界数学家名枭》者,是不是就可称为"数学家"呢? 对此中国人习惯上是很严格的,"数学家"这名称,在我们的心目中又十分的神圣,有的人在某数学领域做了不少创造性的、有价值的工作,人们宁肯称他人"×××专家",也不肯直呼"数学家". 当然这是对中国当代的老百姓来说的,对古人、名人、外国人,特别是外国人,则有当别论. 比如对外国人,只要读到他的一篇有些"分量"的文章或一本书或仅仅见到他的一个成果(一个公式,一个不等式,一条定理、法则),就直呼"××数学家"或"著名数学家×××",甚至用他的名字,给这个成果命名. 为什么对中国人如此吝啬,而对外国人却是那样的大加称赞呢? 想来这可能与外国人同"我"没有"可比性"有关.

但无论如何,这是好事. 否则如同现在遍地都是的"大学生""硕士生""博士生"一样达不到一定的水平,没有做出重大贡献是每个人都成为"数学家",岂不是毁了"数学家"这个名字!

事实上,中国"数学家"的命名是一个自然的过程. 一个人对数学研究做出了贡献,有创造性工作,逐渐为大家所知,被大家认可,在人们的心目中,他就成为"数学家"了. 无论何时何地,由何人以何种形式,首次把他称为"数学家",从而被普遍承认,可能有一定的偶然性,但由于他的贡献,而最终成为"数学家"则是必然的. 所以我们当下不刻意去追求这样的命名,还是顺其自然吧!

(2)数学人才涌现、成长的过程. "学习和研究数学的一些体会"是数学大师华罗庚为我们留下的研究和阐释数学家成长过程和规律的一篇重要文献. 这是华罗庚先生对中国科技大学研究生的讲话,这篇讲话实在是太重要了,作为一篇富有历史意义的经典文献,征引在下面供大家共享.

学习和研究数学的一些体会

华罗庚

人贵有自知之明. 我知道,我对科学研究的了解是不全面的. 也知道研究科学极其重要的是独立思考,每个人应依照自己的特点找出最适合的道路,听了别人的学习、研究方法就以为我也会学习研究了,这个就无异于吃颗金丹就会成仙,而无需经过勤修苦练了.

今天把我五十年来的经验教训,所见所闻、所体会的向你们一一介绍,目的在于尽可能把我的经验作为你们的借鉴. 具体问题具体分析、具体的每个人应当想出最适合自己的有效方法来.

一 我准备和同志们谈的问题是速度、是效率

速度是实现社会主义现代化的保证.例如说像我这样又老又拐的人,我在前头走你们追我不费劲,一追就追上,而我要追你们,除非你们躺下来睡大觉;否则我无论如何是追不上的.现在世界上科学发展速度特别快,我们如果没有超过美国的速度和效率,就不可能赶上美国;我们没有超过日本的速度和效率,我们就不可能赶上日本.如果我们的速度仅仅和美国、日本等国一样,那么也只能是等时差的追,超就是一句空话,所以说我们应当首先在速度和效率上超过他们.

但要用我们的速度和效率超过他们有没有可能呢?这似乎是一个大问题,其实不然,我在美国生活过,在英国生活过,也在苏联生活过.我看到他们的速度不是神话般地快不可及.我们是追得上并超得过的!我们许多美籍华人,如果他们的速度不能赶过一般的美国人的话,也就不会成为现代著名的科学家了.所以事实证明,只要我们努力下功夫,赶超是完全可以的.就以我自己来说,我是1936年到英国的,在那里生活了两年,回国后在昆明乡下住了两年.1940年就完成了"堆垒素数论"的工作.1950年回国,在1958年之前我们的数论、代数、多复变函数论等都达到了世界上的良好的水平.所以经验告诉我们,纯数学这一门学科有四五年就能在世界上崭露头角了.你们现在时代更好了,中央粉碎了"四人帮",带来了科学的春天.在这样的条件下,我敢断言,只要肯下功夫,努力钻研,只要不浪费一分一秒的时间,我们是能够追上世界先进水平的.特别是我们数学,前有熊庆来、陈建功、苏步青等老前辈的榜样,现在又有许多后起之秀,更多的后起之秀也一定会接踵而来.

二 消化

抢速度不是越级乱跳,不是一本书没有消化好就又看一本,一个专业没有爬到高处就又另爬一座山峰.我们学习必须先从踏踏实实地读书讲起,古时候总说这个人"博闻强记""学富五车".实际上古人的这许多话到现在已是不足为训了,五车的书从前是那种大字的书,我想一个指甲大小的集成电路就可以装它五本十本,学富五车,也不过十几块几十块集成电路而已.现在也有相似的看法,说某人念了多少书,某人对世界上的文献记得多熟,当然这不是不必要的,而这只能说走了开始的第一步.如果不经过消化,实际抵不上一个图书馆,抵不上一个电子计算机的记忆系统.人之所以可贵就在于会创造,在于善于吸收过去文献的精华,能够经过消化创造出前人所没有的东西.不然人云亦云世界就没有发展了,懒汉思想是科学的敌人,当然也是社会发展的敌人.

什么是消化?检验消化的最好的方法就是"用",会不会用,不是说空话,而是在实际中考验,碰到这个问题束手无策,碰到那个问题又是一筹莫展;即使他能写几篇模仿性的文章,写几本抄译著作,这同社会的发展又有什么关系呢?

振兴祖国数学的圆梦之旅
——中国初等数学研究史话

当然我不排斥初学的人写几篇模仿性的文章,但决不能局限于此,须发皆白还是如此.

只有消化后,我们才会灵活运用.如果社会主义建设需要我们,我们就会为社会主义建设服务、解决问题、贡献力量.客观的问题上面不会贴上标签的,告诉你这需要用数论,那个是要用泛函,而社会主义建设所提出来的问题是各种各样无穷无尽的,想用一个方法套上所有的实际问题,那就是形而上学的做法.只有经过独立思考和认真消化的学者,才能因时因地根据不同的问题,运用不同的方法真正解决问题.

当然刚才说消化不消化只有在实际中进行检验.但是同学们不一定就有那么多的实践机会,在校学习的时候有没有检查我们消化了没有的方法呢?我以前讲过学习有一个由薄到厚再由厚到薄的过程.你初学一本书,加上许多注解,又看了许多参考书,于是书就由薄变厚了.自己以为这就是懂了,那是自欺欺人,实际上这还不能算懂,而真正懂还有一个由厚到薄的过程,也就是全书经过分析、扬弃枝节、抓住要点,甚至于来龙去脉都一目了然,这样才能说是开始懂了.想一想在没有这条定理前,别人是怎样想出来的,这也是一个检验自己是否消化的方法.当然这个方法不如前面那种更踏实.总之一句话,检验我们消化没有、弄通没有的最后的标准是实践.是能否灵活运用解决问题.也许有人会说这样念书太慢了.我的体会不是慢了,而是快了.因为我们消化了我们以前念过的书,再看另一本书时,我们脑子里的记忆系统就会排除那些过去弄懂了的知识.而只注意新书中自己还没有碰到过的新知识.所以说,这样脚踏实地,不是慢了而是快了.不然的话囫囵吞枣地学了一阵,忘掉一阵,再学再忘,白费时光是小,使自己"于国于家无望"事大.更可怕的是好高骛远.例如中学数学没学懂,他已读到大学三、四年级的课程,遇到困难,但又不屑于回去复习,再去弄通中学的东西,这样前进,就愈进愈糊涂,陷入泥坑,难于自拔.有时候阅读同一水平的书,如果我们以往的书弄懂了、消化了,那么在同一水平书里,找找以往书上没有的知识就可以过去了,找不到很快送上书架,找到一点两点,就只要把这一两点弄通就可以了,这样读书就快了,不是慢了.

读书得到方法了,然后看参考文献.实际上参考文献和看书没有什么不同,也是要消化.不过书上是比较成熟的东西,去粗取精,则精多粗少.而文献是刚发展出来的,往往精少而粗多.当然也不排除有些文章一出版就变成经典著作的情况,但这毕竟是少数的少数.不过多数文章通过不多时间就被人们遗忘了.有了吸取文献的基础就可以做研究工作.

这里我还要强调一下独立思考.独立思考是做科学研究的根本.在历史上重大的发明没有一个是不通过独立思考就能做出来的.当然这并不等于说不接受前人的成就而"独立""思考".例如有许多人,研究哥德巴赫猜想,对前人的工作一无所知,这样做,成功的可能性是很小的.独立思考也并不是说不要攻书,不要参考文献,不要听老师的讲述了.书本、文献、老师都是要的,但如果拘泥于这些,就会失去创造力,使学生变成教师的一部分,这样就会愈缩愈小,数学上出现了收敛的现象.只有独立思考才能够跳出这个框框,创造出新的方法,创造出新的领域,推动科学的进步.独立思考不是说一个人独自在那里冥思苦想,不与他人交流.独立思考也要借助别人的结果,也要依靠群众和集体的智慧.独立思考也可以补救我们现在导师的不足.导师经验较差,导师太忙顾不过来,这都需要独立思考来补救.甚至于像我们过去在昆明被封锁的时候,外国杂志没引进,我们还是独立思考,想出新的想法来,而想出来的想法和外国人并没重复.即使有,也不要害怕.例如说,我青年时在家里发表过几篇文章,而退稿的很多,原因是别人说你的这篇文章在那本书里已有此定理了,那篇文章在某书里也已有证明了等,面对这种情况是继续做呢? 还是就泄气呢? 觉得上不起学,老是白费时间研究前人所研究过的东西.当时,我并没有这样想.在收到退稿时反而高兴,这使我明白,原来某大科学家研究过的东西,我在小店里也能研究出来.因此我还是加倍继续坚持研究下去了.我这里并不是说过去的文献不要看,而是说即使重复了人家的工作也不要泄气,要对比一下自己研究出来的同已有的有什么区别,是不是他们的想法比我们的好,这样就学习了人家的长处,就有进步.如果相比之下我们还有长处就增强了信心.

我们有了独立思考,没有导师或文献不全,就都不会成为我们的阻力.相反,有导师我们也还要考虑讲的内容对不对,文献是否完整了…….总之科学事业是善于独立思考的人所创造出来的,而不是像我前面所说的,等于几块集成电路的那种人创造出来的,因为这种人没有创造性.毛主席指出研究问题要去粗取精,去伪存真,由此及彼,由表及里,做到这四点,就非靠独立思考不可,不独立思考就只能得其表,取其粗,只能够伪善杂存,无法明辨是非.

三 做研究工作的几种境界

1. 照葫芦画瓢地模仿.模仿性的工作实际上就等于做一道习题.当然做习题是必要的,但是一辈子做习题而无创新又有什么意思呢?

2. 利用成法解决几个新问题.这个比前面就进了一步,但是我们在这个问题上也应区别一下,直接利用成法也和做习题差不多,而利用成法,又通过一些修改,这就走上科学研究的道路了.

3. 创造方法,解决问题,这就更进了一步.创造方法是一个重要的转折,是自己能力的提高的重要表现.

4. 开辟方向.这就更高了,开辟了一个方向,可以让后人做上几十年,成百年.这对科学的发展来讲就是有贡献.

我是粗略地分为以上这四种,实际上数学还有许多特殊性的问题.像著名问题你怎样改进它,怎样解决它,这在数学方面一般也是受到称赞的. 在 20 世纪初希尔伯特提出了二十三个问题. 这许多问题,有些是会对数学的本质产生巨大的影响. 费马问题我想这是大家都知道的. 这个问题如用初等数论方法解决了,那没有发展前途,当然这样他可以获得"十万马克". 但对数学的发展是没有多大意义的. 而库麦尔虽没有解决费尔马问题,但他为研究费尔马却创造了理想数,开辟了方向. 现在无论在代数、几何、分析等方面都用上了这个概念,所以它的贡献远比解决一个费马问题大. 所以我觉得这种贡献就超过了解决个别难题.

我对同志们提一个建议,取法乎上得其中,取法乎中得其下. 研究工作还有一条值得注意的是要攻得进去,还要打得出来. 攻进去需要理论,真正深入到所研究专题的核心需要理论,这是众所共知的. 可是要打得出来,并不比钻进去容易. 世界上有不少数学家攻是攻进去了,但是进了死胡同就出不来了,这种情况往往使其局限在一个小问题里,而失去了整个时间. 这种研究也许可以自娱,而对科学的发展和社会主义的建设是不会有作用的.

四 我还想跟同学们讲一个字——"漫"字

我们从一个分支转到另一个分支,是把原来所研究分支丢掉,跳到另一分支吗? 如果这样就会丢掉原来的,而"漫"就是在你研究熟弄通的分支附近,扩大眼界,在这个过程中逐渐转到另一分支. 这样原来的知识在新的领域就能有用,选择的范围就会越来越大. 我赞成有些同志钻一个问题,钻许多年才研究出成果,我也赞成取得成果后,用"漫"的方法逐步转到其他领域.

鉴别一个学问家或个人一定要同广、同深联系起来看. 单是深,固然能成为一个不坏的专家,但对推动整个科学的发展所起的作用,是微不足道的. 单是广,这儿懂一点,那儿懂一点,这只能欺欺外行,表现出他自己博学多才,而对人民不可能做出实质性的成果来.

数学各个分支之间,数学与其他学科之间,实际上没有不可逾越的鸿沟. 以往我们看到过细分割、各做一行的现象,结果呢? 哪行也没做好. 所以在钻研一科的同时,把与自己学科或分支相近的书和文献浏览,也是大有好处的.

五 我再讲一个"严"字

不单是科学研究需要严,就是练兵也都要从难,从严. 至于说相互之间说好听的话,听了谁都高兴. 在三国的时候就有两个人,一个叫孔融,一个叫弥衡. 弥衡捧孔融是仲尼复生. 孔融捧弥衡是颜回再世. 他们虽然相互捧得上了九霄云外,而实际上却是两个"饭桶",其下场都是被曹操直接或间接地杀死了. 当然听好话很高兴,而说好话的人也有他的理论,说我是在鼓励年青人. 但是这样的鼓励,有的时候不仅不能把年青人鼓励上去,反而会使年青人自高自大,不再上进. 特别是若干年来,我知道有许多对学生要求从严的教师受到冲击. 而一些分

517

数给得宽,所谓关系处得好的,结果反而得到一些学生的欢迎,这种风气只会拉社会主义的后腿.以至于现在我们要一个老师对我们要求严格些,而老师都不敢真正对大家严格要求.所以我希望同学们主动要求老师严格要求自己,对不肯严格要求的老师,我们要给他们做一些思想工作,解除他们的顾虑.同样一张嘴,说几句好听的话同说几句严格要求的话,实在是一样的,而且说好听话大家都欢迎,这有何不好呢? 并且还有许多人认为这样是团结好的表现.若一听到批评,就认为不团结了,需要给他们做思想工作.实际上这是多余的,师生之间的严格要求只会加强团结.即使有一时想不开的地方,在长远的学习、研究过程中,学生是会感到严师的好处.同时对自己的要求也要严格.大庆三老四严的作风,我们应随时随地、人前人后地执行.

我上面谈到过的消化,就是严字的体现,就是自我严格要求的体现.一本书马马虎虎地念,这在学校里还可以对付,但是就这样毕了业,将来在工作中间要用起来就不行了.我对严还有一个教训,在 1964 年,我刚走向实践,想做一点东西的时候,在"乌蒙磅礴走泥丸"的地方,有一位工程师出于珍惜国家财产的心情,就对我说:雷管现在成品率很低,你能不能降低一些标准,使多一些的雷管验收下来.我当时认为这个事情好办.我只要略略降低一些标准,验收率就上去了.但后来在梅花山受到了十分深刻的教训,使我认识到降低标准 1%,实际就等于要牺牲我们四位可爱的战士的生命,这是我们后来研究优选法的起点.因为已经造成了的产品,质量不好,我们把住关,把废品卡住,但并不能消除由于废品多而造成的损失.如果产品质量提高了、废品少了,那么给国家造成的损失也就自然而然地小了.我这并不是说质量评估不重要,我在 1969 年就提倡,不过我们研究优选法的重点就在预防.这就和治病、防病一样,以防为主,研究优选法就是防止次品出现.而治就是出了废品进行返工,但这往往无法返工,成为不治之症.老实说,以前我对学生的要求是习题上数据错一点没有管,但是自从那次血的教训使我得到深刻的教育.我们在办公室里错一个 1%,好像不要紧,可是拿到生产、建设的实践中去,就会造成极大的损失.所以总的一句话,包括我在内,对严格要求我们的人应该是感激不尽的.对给我们戴高帽子的人,我也感谢他,不过他这个帽子我还是退还回去,请他自己戴上.同学们,求学如逆水行舟,不进则退.只要哪一天不严格要求自己,就会出问题.当然,数学工作者从来没有不算错过题的.我可以这样说一句,天下只有哑巴没有说过错话;天下只有白痴没想错过问题;天下没有数学家没算错过题的.错误是难免要发生的,但不能因此而降低我们的要求.我们要求是没有错误,但既然出现了错误,就应该引以为戒.不负责任的吹嘘,虽然可能会使你高兴,但我们要善于分析,对这种好说恭维话的人要敬而远之;自古以来有一句话,就是:什么事情都可以传帮,只有戴高帽子不能传帮.不负责任地恭维人,是旧社会遗留下来的恶习,我们要

振兴祖国数学的圆梦之旅
——中国初等数学研究史话

尽快地把它洗刷掉.当然别人说我们好话,我们不能顶回去,但我们的头脑要冷静、要清醒,要认识到这是顶一文钱不值的高帽子,对我的进步毫无益处.

实事求是,是科学的根本.如果研究科学的人不实事求是,那就研究不了科学,或就不适于研究科学.党一再提倡实事求是的作风,不实事求是地说话、办事的人就背离了党的要求.科学是来不得半点虚假的.我们要正确估价好的成果,就是一时得不到表扬,也不要灰心,因为实践会证明是好的.而不太好的成果,就是一时得到大吹大擂,不会多久也就会烟消云散了,我们要有毅力,要善于坚持.但是在发现是死胡同的时候,我们也得善于转移,不过发现死胡同是不容易的,不下功夫是不会发现的,就是退出死胡同时,也得搞清楚它死在何处.经过若干年后,发现难点解决了,死处复活了,我就又可以打进去.失败是经常的事,成功是偶然的.所有发表出的成果都是成功的经验,同志们都看到了,而同志们哪里知道,这是总结了无数失败的经验教训才换来的.跟老师学习就有这样一个好处,好老师可以指导我们减少失败的机会,更快吸收成功的经验,在这个基础上又创造出更好的东西,还可以看到他失败的经验和山重水复疑无路,柳暗花明又一村,怎样从失败又转到成功的经验,切不可有不愿下苦功侥幸成功的想法.天才实际上在他很漂亮解决问题之前是有一个无数次失败的艰难过程.所以同学们千万别怕失败,千万别以为我写了一百张纸了,但还是失败了.我研究一个问题已两年了,而还没有结果等就丧失信心.我们应总结经验,发现我们失败的原因,不再重复我们失败的道路.总的一句话,失败是成功之母.

似懂非懂,不懂装懂比不懂还坏.这种人在科学研究上是无前途的,在科学管理上是瞎指挥的.如果自己真的知己和承认不懂,则容易听取群众的意见,分析群众的意见,尊重专家的意见,然后和大家一起做出决定来,…….特别对你们年青人,没有经过战火的考验(战火的考验是最好的考验,错误的判断就打败仗,甚至于被敌人消灭),也没有深入钻研的经验,就不知道旁人的甘苦.如果没有组织群众性的科学研究的锻炼和能力,就必然陷入瞎指挥的陷阱.虽然他(或她)有雄心想办好科学,实际上会造成拆台的后果.所以我要求你们年青人有两条:(1)有对科学钻深钻懂一行两行的锻炼.(2)能有研究科学实验运动,组织群众、发动群众,把科学知识普及给群众的本领.不然,对四个现代化来说就会起拉后腿的作用.对个人来说一事无成,而两鬓已斑.

当前在两条不可得兼的时候,择其一也可,总之没有农民不下田就有大丰收的事情,没有不在机器边而能生产出产品的工人,脑力劳动也是如此,养得肠肥脑满、消消闲闲、饱食终日无所用心的科学家或科学工作组织者是没有的.单凭天才的科学家也是没有的,只有勤奋,才能勤能补拙,才能把天才真正发挥出来.天资差的通过勤奋努力就可以追上和超过有天才而不努力的人.古人说,人一能之己十之,人十能之己百之,这是大有参考价值的名言.

六 要善于暴露自己

不懂装懂好不好? 不好! 因为不懂装懂就永远不会懂. 要敢于把自己的缺点和不懂的地方暴露出来,不要怕难为情. 暴露出来顶多受老师的几句责备,说你"连这个也不懂",但是受了责备后不就懂了吗? 可是不想受责备,不懂装懂,这就一辈子也不懂. 科学是实事求是的学问,越是有学问的人,就越是敢暴露自己,说自己这点不清楚,不清楚经过讨论就清楚了. 在大的方面,百家争鸣也就是如此,每家都敢于暴露自己的想法,每家都敢批评别人的想法,每家都接受别人的优点和长处,科学就可以达到繁荣、昌盛. "四人帮"弄得大家对问题表态不好,不表态也不好,明知不对也不敢暴露. 这样就自然产生僵化,僵化是科学的死敌,科学就不能发展. 不怕低,就怕不知底,能暴露出来,让老师知道你的底在哪里,就可以因材施教. 同时懂也不要装着不懂,老师知道你懂了很多东西,就可以更快地带着你前进. 也就是一句话,懂就说懂,不懂就说不懂,会就说会,不会就说不会,这是科学的态度.

好表现,这似乎是一个坏事,实际也该分析一下. 如果自己不了解或半知半解而就卖弄他的渊博,这是真正的好表现,这不好. 而把自己懂的东西交流给旁人,使别人以更短的时间来掌握我们的长处,这种表现是我们欢迎的,这不是好(hào)表现,这是好(hǎo)表现. 科学有赖于相互接触,互相交流彼此的长处,这样我们就可以兴旺发达.

我上面所讲的有片面性,更重要的是为人民服务的问题. 大家政治理论学习比我好,同时我们这里也没有时间了,就不在这里多讲了,我用一句话结束我的发言:

不为个人,而为人民服务.

当然我这篇讲话就是这个主题,但没能充分发挥,不过人贵有自知之明,我对这方面的认识更弱于我对数学的认识,而政治干部比我研究业务的人就知道的更多了,我也就不想在这里超出我的范围多说了.

(原载 1979 年 1 期《数学通报》)

这里我们着重说一下"三、做研究工作的几种境界". 我们看出,境界一,就是老师、学生在做习题. 在我们初等数学研究的队伍中,绝大多数是进入了境界二的后半部分. 杂志上发表的文章,大多属于这种"改进旧法,解决新题"这一水平. 通过对杂志的浏览,对投稿情况(本书两位作者都做过"主编"和编辑工作)的审视,对历届会议(初等数学研究学术交流会)论文情况的反思等,估计全国达到. 境界三在 100 人左右. 其中,有一部分人能够提出问题,供别人研究,从而使中国初等数学研究总是"有题可做". 至于境界四,要求实在太高了,整个中国数学界能达到这个水平的人,从《中国现代数学家传》的前五卷(我们见到的)看

振兴祖国数学的圆梦之旅
——中国初等数学研究史话

不足百人. 至于在初等数学研究队伍中,如果有的话,也不会超过 10 人. 但十分可喜的事,无论是初等数学还是整个数学研究的队伍中,向这个境界迈进的人,确实大有人在. 这就是中国数学的希望.

这里特别重要的一点是去掉妄自菲薄之心,树立自强不息之气,提出中国人自己的问题,做中国自己的数学.

3.2　对数学教育的巨大贡献

(1)初数研究是高水平数学教师的摇篮. 我国开展初等数学研究,产生了深远而广泛的影响,我们的大力宣传、许多数学教师通过参与研究提高水平;改进教学,提高教学质量的大量事实;研究的丰硕成果,在社会上、特别是在数学教育界,形成了一种氛围,一种风气,浓厚而持久;逐渐形成一种认识,一种共识:参与初数研究确实有利于提高教师. 这是为什么呢?

1997 年,刘绍学教授在全国第四届数学方法论与数学教育改革学术研讨会(湖北省武汉市)上,曾做过一个耐人寻味的即席发言,生动而深刻地揭示了其中的奥秘. 他说:"对大多数人来说,科研的效果主要表现在教学上,这事似乎很奇怪,好像在情理之外,但又在情理之中.""数学发现,讲自己和讲别人大不一样,提倡做初等数学研究,这非常好". 因为"数学发现的经历"是想象不出来的,也是从书本上读不到的. 生动、具体、真实的感受只能从做中获得,而正是这种真实的经历,能支撑我们深入地理解教材,做出符合真实的发明、发现. 实际情况的教学设计把发明发现过程讲得生动、具体、感人,因为"只有被感动过,才能感动别人."数学研究发现的经历真是教师之宝,而进一步分析、参与初等研究,还有如下"功效":

①促进教师养成反思、学习、研究的习惯(现在许多地方教师提出争做"新三型",即反思型、学习型、研究型教师的口号),以适应新时期数学教学的要求;

②促进数学教师观念(数学观、教学观、人才观)的转变;

③促进教师"头脑"的开放. 通过研究课题、撰写和发表论文,必然会与"数学共同体"内人士交流. 特别地,如有机会参与一些学术会议,更能使一个人由封闭状态走向开放状态.

这样"初数研究"成为"高水平数学教师的摇篮",就一点也不奇怪了. 事实上,在初等数学研究的队伍里,一批又一批的特级教师、数学教学能手、国务院津贴获得者、苏步青数学教育奖得主涌现出来,说明我们的认识不假.

(2)初等数学基础研究,果实累累. 我们在本书第 3 章曾列举了数学教育家傅种孙先生,在初等数学基础研究中、在奠定其逻辑基础方面所做的十六项卓越的工作. 其目的在于"修根固本,正源清流",已加固中小学数学的"豆腐渣"基础,截断流传谬种,防止对后学的贻误;把一个谐和稳固、干净顺畅的初等数学

521

传给后人. 尔后赵慈庚先生、王世强先生、梅向明先生以及钟集、孙梅生、李继闵、董克诚、马明、王树茗等也做了许多重要工作. 这是一项无论对数学研究、数学应用、数学教学都是十分重要,但一向被"数学哲学"忽视的. 由我们的傅先生独具慧眼,特别地发现,并大力开展研究的一个课题是一个历久弥新的课题,是一个具有中国特色的课题.

事实上,我们在近二十多年的研究中,在继续进行中小学数学基础研究的同时也提出和解决了数量不菲的、贴近中小学数学或从中衍生的问题,获得创新成果.

①中小学数学基础方面,如推导圆锥曲线方程的消参数方法;垂足与对称点坐标公式;从三角形到四面体;反三角函数的应用;复合二次函数的极值. 任意四边形中位线公式;二次函数的初等性质;初等数学中的关系;对现行数学教材中的"等式""不等式"概念的辨析(发现其定义的外延为空集);球幂定理与圆锥截线;一般截割定理;凸多边形的构形定理;函数奇偶性的开发应用;立几中平行、垂直关系揭秘;象称函数的研究;对数学中习惯用语的反思;蝶形与筝形的研究;球体积公式的自然推导;集合的联想;认识无限;正弦定理的简单证法;线面垂直定理的别证. 多边形的分类. 难以逾越的两道坎——对半个世纪来"极限"教学的反思;几何中的四大概念;平行四边形面积公式严格推证的几种方法;数学理解的层次性及其教学意义;数学语言与数学教学;"性质"无力解方程;三角形更多的心和优美性质的发现;一元二次不等式配方解法等,几乎每一篇都有新见解或指出了现行教材之龃龉或补其不足. 这对于其修根固本,大有裨益. 实际上,也是对"初等数学"本身的完善和发展.

②贴近中小数学或其衍生问题的研究,如四面体相关问题的研究(如棱切球存在的充要条件问题的解决);圆锥曲线;数列众多优美性质的发现;三项高次代数方程的研究成果;"双法""线性规划"的研究和应用(逐渐将文化溶入了"中小学数学");高阶等差数列、组合恒等式的研究成果;等差数列方幂和、乘积和;关于复合函数、周期函数定义的探讨;初等函数凹凸性和二次分式函数性质的研究;方程 $x^n + px + q = 0$ 的根的研究;与初等对称多项式有关的代数恒等式的研究;圆锥曲线切线的基本定理;圆内接凸 n 边形正弦定理与圆外切多边形的余切定理;"好直线"研究;三角形重心的特征性质;真线与三角形外接圆相切的条件;正五边形规尺作图法 6 种;平行六面体中的七平方定理;基本四面体的性质;三面角的正余弦定理;椭圆内接正多边形;牛顿椭圆问题的纯几何解;二次曲线形状的简易辨别;四面体中十个问题的探讨;公理法的科学意义;20世纪化圆为方问题;复数与正多边形;初等函数的解析式;圆的对称性;密克多边形;解排列问题的方法;浅谈积和式;几何迭代趣引;解函数方程的代换法;绝对值函数 $f(x) = \sum |a_i x - b_i|$ 的研究;数论方程 $x^n - [x] = k$ 的初等解法;二

次曲线定长弦中点轨迹的研究;托勒玫定理的推广命题研究等.

这些问题的研究和发现,一方面说明初等数学基础研究还有大量的工作要做;另一方面也说明"中小学数学"依然是初等数学知识方法的生长源且有愈开采愈丰富之势.

3.3　一些创造性课题的研究成果

1.出版的论文集.这一个时期,我国初等数学研究,可谓大丰收.光出版的论文集,就有十部:

(1)《湖南初等数学研究文集》:沈文选责编,1991.8,共收入初等数学研究论文24篇.

(2)《中国初等数学研究文集》(1980~1991):杨世明主编,张国旺责编,1992.6,共收入初等数学研究论文164篇.

(3)《初等数学研究论文选》,叶中豪责编,1992.10,共收入初等数学研究论文44篇.

(4)《福建初等数学研究文集》:杨学枝、林章衍主编,范秋炎责编,1993.7,共收入初等数学研究论文37篇,"数学问题"两篇.

(5)《初等数学前沿》:陈计、叶中豪主编,王巧林、毛永生责编,1996.4,共收入初等数学研究论文55篇,译文2篇.

(6)《全国第三届初等数学研究学术交流会论文集》:杨学枝主编,1996.8,共收入初等数学研究论文149篇.

(7)《中国初等数学研究文集》(二):孙宏安、郭三美、熊曾润主编,周民责编,2003.6,共收入初等数学研究论文41篇.

(8)《江西省初等数学研究论文集》:熊曾润、郭三美主编,2003.6,共收入初等数学研究论文32篇.

(9)《全国第六届初等数学研究学术交流会论文集》:汪江松主编2006.8,共收入初等数学研究论文82篇.

(10)《全国第七届初等数学研究学术交流会论文集》:吴康主编2009.8,共收入初等数学研究论文约90篇.

关于不等式研究的论文集、专著,见第13章.

2.创造性论文举要,在上述论文集和一些杂志上发表的论文中不乏具有新成果的论文,先列举如下:

(1)定值方法与费马问题(杨之,1983);

(2)垂足与对称点坐标公式及其应用(杨之,1984);

(3) 最大边一定的整边三角形的个数(杨之,1984);

(4)n—四面体网络中的基本计数问题(杨之,1985);

(5)四面体棱切球存在的一个充要条件(杨之,1985);

(6)绝对值方程(杨之,1986);

(7)不定方程 $x^2 - y^2 = c$ 的研究(赵大周,1986);

(8)关于一类倒齐次不定方程整解问题(李世杰,1980);

(9)角谷猜想的进一步推广(张承宇,1988);

(10)乘方幂等和问题(蒋远辉,1985);

(11)一类超级幻方的构造公式(元金生,1986);

(12)"一掌金"算法研究(张廷瑞,1990);

(13)调和级数的增减性问题—Adamouic－Toskovic 问题的彻底解决(叶军、杨林,1989);

(14)用二次型理论研究一个初等不等式(冷岗松,1988);

(15)关于 $A^n = \pm E$ 的充要条件及其在线性递归数列研究中的应用(张志华,1989);

(16)一个向量不等式及其应用(杨学枝,1985);

(17)n 维等差数阵(肖振纲,1996);

(18)斐波那契数阵的通项公式(胡国振、杨林,1991);

(19)斐波那契数列与余切三角(胡良海,1990);

(20)二次分式递归数列通项可求的情形(蒋明斌,1990);

(21)k 阶拟线性递归方程的一个性质及其应用(林智卫、朱忠智,1990);

(22)直线上的往返追及问题(丁一鸣、滕德贵,1991);

(23)线性递归方程组(冯跃峰,1990);

(24)复数不等式解法探讨(叶年新,1990);

(25)论一元 n 次不等式的复数解(俞和平,1990);

(26)论一、二、三维欧式空间几何学的统一解析模型(刘孟虎,1986);

(27)与初等对称多项式有关的一个代数恒等式(杨学枝,1990);

(28)单峰函数及其应用(杨之,1984);

(29)三角形几何学的新方法与新成果(过伯祥,1985);

(30)"点量"初探(杨学枝,1990);

(31)欧氏空间的"焦距关系式"及其应用(陈胜利,1990);

(32)关于圆内接多边形的一个新定理(于志洪,1990);

(33)双心四边形的性质(管宇翔,1990);

(34)论优美多边形(林常,1990);

(35)整点等边多边形存在性问题(黄新民,1987);

(36)从三平方定理到十二平方定理(丁京之,1990);

(37)凸多边形对角线长度之和的估计(王道林,1990);

(38)平行四边形的方程(冯跃峰,1990);

(39)三角形绝对值方程的一般形式(杨正义,1989);

(40)四边形绝对值方程的一般形式(杨正义,1990);

(41)一类凸多边形的方程(叶年新,1990);

(42)线段、折线与多边形的方程(罗增儒,1990);

(43)关于四面体中十个问题的探讨(林祖成,1991);

(44)折线基本性质及其应用(杨之,1990);

(45)方程 $x^n+px+q=0$ 根的探讨(熊曾润,1990);

(46)无序分拆的递归公式(杨之,1991);

(47)三角形不等式的一个证题系统(陶平生,1990);

(48)研究 $n(n\geqslant 3)$ 边形的一个"母"不等式(叶军,1991);

(49)一个重要的三角形"母"不等式(安振平,1990);

(50)从三角形到四面体(杨之,1986);

(51)平面格图圈的计数(杨之,1986);

(52)西姆逊定理的推广及解析证明(杨之,1986);

(53)莫比乌斯定理(杨之,1987);

(54)空间射影公式及 Simson 定理的三维推广(杨之,1988);

(55)角谷猜想与黑洞数问题的图论表示(杨之、张忠辅,1988);

(56)球幂定理与圆锥截线(杨之,1989);

(57)数学中的全息现象(杨之,1990);

(58)等差数阵的性质及应用(杨之,1990);

(59)一个覆盖问题(冯磊,1993);

(60)关于四面体的一个三角不等式及其应用(杨学枝,1993);

(61)一般二元(齐次)线性递归数阵的通项公式及各种和的公式(杨林,1991);

(62)关于由分式线性递推式确定的数列的存在性(张志华,1991);

(63)对称平均数及其基本定理(彭秀平,1991);

(64)祖冲之点集(黄拔萃,1993);

(65)最初几个 Heilbronn 数的计算(陈计、王振,1993);

(66)祖冲之点集再探(徐琳,1993);

(67)凸五面体和部分凸六面体顶点共球的一个判定定理(陈四川,1993);

(68)关于二次曲面切面的一个定理及应用(杨学枝,1993);

(69)正整数集上的 Kuratowski 问题(单墫,1996);

(70)Apery 数的同余性质(曾登高,1996);

(71)三元四次对称不等式(陈胜利,1993);

(72)两个几何题的推广(叶中豪,1993);

(73)双心四边形中十点不共线及其他(黄汉生、刘素莲,1993);

(74)两类星形及其自交数(王方汉,1993);

(75)凸五边形内一点问题(王振,1993);

(76)圆盘上七点的 Heilbronn 分布(曾炳权、周大军,1993);

(77)平面八点的一个极值问题(田庭彦、熊斌,1993);

(78)正 n 边形问题的解法(李文志,1993);

(79)子数列继承等差(比)性质的充要条件及应用(左文魁、冷德良,1991);

(80)关于二阶等差数列(肖果能,1993);

(81)不定方程 $X^3 + Y^4 = Z^4$ 和 $X^4 + Y^3 = Z^3$(曾登高,1993);

(82)一个相似三角形问题(黄德芳,1993);

(83)凸 n 边形的顶点三角形问题(许康华,1993);

(84)取整函数、组合数与三角函数(余应龙,1993);

(85)一般截割定理(杨之,1992);

(86)Shapiro 循环不等式(盛立人、严振军,1993);

(87)圆内接四边形的一组性质(肖振纲,1993);

(88)梁定祥猜想与哥德巴赫猜想(高宏,1993);

(89)完全的 m 元 n 次多项式的项数(杨之,1994);

(90)凸多边形的构形定理(王雪芹、杨之,1995);

(91)周期数阵(杨之,1995);

(92)于新河猜想是哥德巴赫猜想的一个充分条件(杨之,1995);

(93)(1,2)阶等差数阵的若干性质(杨之,1995);

(94)(m,n)阶等差数阵(杨之,1997);

(95)曲线对称性的解析研究(杨之、张国旺,1996);

(96)高阶等差数阵的划分(杨之,1997);

(97)方螺旋数阵的若干性质(杨之,1997);

(98)Whc69 的部分解决(杨之,1999);

(99)m-扰排问题计数公式简证(杨之,1999);

(100)关于闭折线可对称化问题(杨之,1999);

(101)双折线、自交数与环数—封闭折线复杂性的三项指标(杨之,1999);

(102)三角债问题的图论模型(杨之,2000);

(103)(m,n,p)阶等差数阵(杨之,2000);

(104)妙趣横生的歧中易数列—数学建模一例(杨之,2000);

(105)认识无限—恭迎无限五招(杨之,2001);

(106)卡诺定理的一个证明(杨之,2000);

振兴祖国数学的圆梦之旅
——中国初等数学研究史话

(107)闭折线"可中心对称化"问题初探(杨之,2001);

(108)循环悖论(杨之,2001);

(109)"线面垂直判定定理"别证一则(杨之,2002);

(110)Whc136 的证明(袁明生,1999);

(111)九连环序列赏析——中国古环拆装的数学模型(杨之、宋健,2001);

(112)多边形的分类(杨之,2003);

(113)最小非元素引发的一个美妙数阵(杨之,2003);

(114)平面上六线三角问题(杨学枝,2003);

(115)Whc137 的证明(黄拔萃,1996);

(116)平面 n 边形折线自交数问题新探(梁卷明,2003);

(117)再论优美多边形(林常,1996);

(118)Whc64 再一次探讨(苏昌盛、邱进南,2003);

(119)Whc70 的思考(段惠民,2003);

(120)自然数 n 的三角形分拆数问题(黄德芳,2003);

(121)正多边形上的最大点(杨之,2005);

(122)黑洞数的必要条件与黑洞族(肖北斗、张龙群,2003);

(123)平面闭折线 k 号心及其性质(熊曾润,2002);

(124)分段等差数列(杨之,2005);

(125)定理 5~11 与 Whc31 的探讨(段惠民,2003);

(126)"梯子问题"的逆问题(杨之,2005);

(127)两种基本数列的美妙交织——高阶等差、等比数阵初探(杨之,2002);

(128)诺尔曼—埃尔德什整数距离定理的一个初等证明(杨之,2004);

(129)凸数列的几个封闭性质与权和性质(萧振纲,2003);

(130)自然数 n 的 H_3 分拆的三个问题(黄德芳,2003);

(131)等和点初探(黄华松,2006);

(132)闭折线的一个基本性质(杨之,2006);

(133)一种变号数列的构造(杨之、王雪琴,2006);

(134)$(m_1,m_2,\cdots,m_n)$ 阶等差数阵(汪江松、杨之,2006);

(135)平面闭折线有向面积及其应用(熊曾润,2002);

(136)二元一次绝对值方程构图的两个关键定理(林世保、杨世明,2006);

(137)Whc116 之解决(陈兆明,2006);

(138)凸四边形的绝对值方程(孙加荣,2006);

(139)Whc136 全部解之求法(陶楚国,2006);

(140)闭函数初探(谢绍义,2006);

(141)空间闭折线重心性质初探(段慧民,2001);

(142)巴基球类体(张远南,1996);

(143)双圆四边形方程及其应用(林世保,1996);

(144)Whc57 的肯定解决(何阡模,1996);

(145)黑洞数再探(刘杨柯、林世保,1996);

(146)关于自然数分拆的几个问题(黄德芳,1996);

(147)关于角平分线的一组不等式(杨学枝,1996);

(148)行列式的扩宽定义及性质(王秀丽、宁正元,1996);

(149)空间分割数阵的若干性质(王东南,1996);

(150)幻方通式化简捷构造法(郑荣辉,1996);

(151)关于回形闭折线同侧点的一组不等式(曾建国、杨李生,2003);

(152)四面体的解析研究(宋之宇、杨正义,1996);

(153)单位多项式初探(梁开华,1996);

(154)一道几何题引起的思考——兼谈六边形及其三线共点(梁开华,1996);

(155)构造单位黑洞数的一些法则(詹友镜,1996);

(156)Whc134～136 的解答(刘毅,1996);

(157)凸五面体方程的统一形式(李清河、李烜钟,1996);

(158)任意凸五边形的方程(李清河、李烜钟,1996);

(159)梯形网络与排列(杨之、王雪芹,2007);

(160)一元 n 次不等式的复数解再探(孙大志,1996);

(161)自然数的等比分拆(李建章,1996);

(162)方程 $x^5+px^3+\dfrac{p^2}{5}x+q=0$ 求根公式(党庆寿,1996);

(163)居加猜想研究及其新发展(王云葵,1996);

(164)谈谈三角形不等式的加强(刘保乾,1996);

(165)关于超祖冲之图形的存在问题(王永贵、王仁基,1996);

(166)关于丢番图方程 $ax^m-by^n=c$ 研究的新结果(王彦斌、徐昌森,1996);

(167)有关直角四面体的 39 条结论(易南轩,1996);

(168)类杨辉数阵(杨之、王雪芹,2008);

(169)单位常数列与等比数列的巧妙编织(杨之、王雪芹,2007);

(170)一个由自然数生成的奇妙数阵(杨之、王雪芹,2007);

(171)系数绝对值之和最大的多项式(杨之、杨学枝,2007);

(172)与二次三项式有关的一个极值问题(杨之、王雪芹,2004);

(173)在闭区间上有界且系数绝对值之和最大的多项式(吴康,龙开奋, 2009);

(174)三点共线的等价命题类(王雪芹、杨之,2007);

(175)半正多边形(杨之、王雪芹,2009);

(176)内涵多边形周长的一个不等式的推广(熊曾润,1996);

(177)汤璪真"扩大几何"五条"原则"的初等证明(杨之、王雪芹,1999);

(178)平方筛选数阵(杨之、王雪芹,2009);

(179)关于"绝数表"的几个注记(梁开华,2006);

(180)不缺点对称结构遍和牌的唯一性(杨之、王雪芹,1999);

(181)一类有趣的组合恒等式(杨志明,2006);

(182)介绍几何不等式的一种证法(杨学枝,2006);

(183)超越复数的三元数——从复平面到三维空间(白烁星 韩江燕, 2006);

(184)一类奇数等和数表的构造(张树胜,2006);

(185)偶阶幻方别作新法(陈渣荒,2003);

(186)幻方构作新法——广义马步法(阿渣荒,2006);

(187)一类三元不等式的发现原理及机器实现(刘保乾,2006);

(188)利用 Maple 10 软件进行平面几何命题的验证源程序及其应用(杨志明,2006);

(189)用 PC 机对整数进行素性测试和因数分解(张为民、白炽贵,2006);

(190)Fibonacci 数、Lucas 数的整除性及周期性(蒋远辉,2006);

(191)圆内接四边形一个有趣性质(吴波,2006);

(192)四面体外接球半径的求法(吴平生,2006);

(193)模不同的二元一次同余式组的求解(康盛,2006);

(194)方程 $x^x = y^y (x \neq y)$ 的一组有理数解(舒云水,2005);

(195)盒维数的不确定性与选代分形维数的算法(杨飞,2006);

(196)双曲线外部到直线和双曲线的距离问题(黄德芳,2006);

(197)对一类三元 n 次不等式的证解(杨学枝,2009);

(198)四面体的奈格尔点与斯俾克球面(熊曾润,2009);

(199)$n(n \geqslant 5)$ 边形最大面积的计算(李明,2009);

(200)四边形的顶点式方程(林世保,2009);

(201)双圆闭折线与双圆多边形(陶楚国,2009);

(202)棱线数及其应用举例(梁开华,2009);

(203)切比雪夫多项式的周期轨的相关研究(周峻民、吴康,2009);

(204)关于广义切比雪夫多项式的一些研究(吴康,2006);

(205)用差分代换法证明锐角三角形不等式(刘保乾,2009);

(206)几类具有特殊结构的函数元不等式(李世杰,2009);

(207)半内切圆及其性质(李平龙,1995);

(208)斯坦纳－莱默斯定理的推广(孙世保,2009);

(209)欧拉定理的推广(蒋远辉,2009);

(210)三聚圆的相关性质研究(张丽丽、石岩、吴康,2009);

(211)二维数阵的一类迭代与杨辉三角(苏克义,2009);

(212)关于广义切比雪夫多项式的一些研究(周逸、曾春燕、丁瑜、吴康,2009);

(213)$n(n \geqslant 2)$个正整数三种平均同时取整问题探究(万世保、李明、何灯,2009);

(214)两类闭折线的奇妙构图(梁卷明,2009);

(215)三角形特殊点的一种变换(林世保,2009);

(216)两道经典几何题与 Fiboncci 数列有关的再推广(徐道,2009);

(217)关于平面图的完全着色(张忠辅、王维凡,1992);

(218)关于圈图 C_n 的连 k 距离着色计数(吴康、薛展亮,2006);

(219)限位环串染色计数问题(黄桂林,2009);

(220)圆的三点式方程(冯仕虎,2009);

(221)一道经典几何题的两种再推广(徐道,2009);

(222)三角形"等差点"初探(黄华松,2009);

(223)三角形半内切圆的若干计算公式(肖振纲,2002);

(224)三角形半内切圆性质再探(李跃文,刘尊国,2009);

(225)正多面体 M 级连心线及其性质(周永国,2009);

(226)新发现的一条欧拉线(林世保,2000);

(227)推广的 Fibonacci 数,Lucas 数的若干性质(蒋远辉,2009);

(228)三角形 1 号心的几何性质(林世保,2007);

(229)圆内接蝶形一个有趣性质(吴波,2009);

(230)Euclid 空间 E^n 中关于体积的一个新等式(王建明、李青阳,2009);

(231)破解 Erdös 猜想(关永斌、关存河,2009);

(232)凸多边形区域参数方程及应用(李盛,2009);

(233)关于交并混合型集组计数问题的探究(郭丹洵、吴康,2009);

(234)限定条件下有限集组计数(I,II)(吴康、苏文龙、罗海鹏、许晓东,2007,2009);

(235)两个三元不等式及其应用(杨学枝,2009);

(236)多边形的一种分类方法(李明,2010);

530

(237)一类优美的自然数方幂和不等式(杨志明,2009);

(238)四面体等距共轭点性质初探(曾建国,2009);

(239)与两圆根轴有关的两个几何定理(萧振纲,2009);

(240)两类圆内接五边形的面积公式及一个猜测(何万程、李明、何灯,2009);

(241)一个三角形线性不等式及若干推论(褚小光,2010);

(242)四面体普鲁海球面及其性质(熊曾润,2010);

(243)椭圆曲线及其在密码学中的应用(刘培杰数学工作室,2010);

(244)最值单调定理及其应用(张小明、褚玉明,2009);

(245)"两边夹半角"全等与相似命题的发现与证明(杨高龙,2009);

(246)不缺点对称结构遍和牌的唯一性——"齐民友问题"的部分解决与推广(王雪芹、杨之,2009);

(247)"遍和牌唯一性问题"的解决(党国强、梁卷明、杨之,2010);

(248)两个常见不等式串的解数(杨世明,2010);

(249)"时钟数列"的构造与证明(杨世明,2010);

(250)纸带打结获得正多边形的严格证明(杨之,2010);

(251)平行六边形及其推广(杨之,2010);

(252)二次、三次方程根的方幂和计算若干结果和启示(杨之,2010).

既为举要本打算举出 100 篇即可,然而一动手选,才知不行,一"举"就举出 252 篇,才勉强收住,想来也许只是什一,也只好如此了.

二十春秋风雨艰辛路,
初研结实硬软双丰收(二)

第

12

章

§1　典型课题的研究成果(1)

1.1　"提问题"获得大丰收

　　"问题是数学的心脏",由于"协调组"自始至终"关注初数"问题与课题的筛选,关注按陈省身先生"中国数学要研究中国人自己的问题"的呼吁,培养"提问题的意识".在首届会上就安排了"初等数学问题"的报告,传播提问题的方法.提倡在写书著文时,不忘提问题并在郑绍辉先生的大力推动下,湖南教育出版社于 1993 年 5 月出版杨之编著的《初等数学研究的问题与课题》一书,且在 1993 年 8 月,在长沙市召开的"全国第二届初等数学研究学术交流会上,就发到了与会者的手中.

振兴祖国数学的圆梦之旅
——中国初等数学研究史话

该书初 0 章"话说问题"之外,提问题的共有 12 章 68 节,共提出 182 个问题、课题或猜想(Whc). 按章分为 12 类:

1. 映射数列问题;

2. 绝对值方程问题;

3. 数阵问题;

4. 一般折线问题;

5. 多边形的深入研究;

6. 多面体的广泛研究;

7. 组合几何问题;

8. 多项式相关问题;

9. 数列研究;

10. 关于不等式研究;

11. 数论、几何及其他;

12. 数学方法论的研究.

每个问题都写明来龙去脉,当前进展情况;每章最后一节是意义与前景,点明该类课题研究的意义、价值和对前景的分析、展望.

该书中的"问题"确实是"中国人自己的问题". 因为大多筛选自中国人自己撰写的中文文献(该书引用文献 270 篇(部),只有 20 篇外国文献),其中主要是摘编于中文杂志的《中国初等数学研究文萃》和《中国初等数学研究文集(1980 ~ 1991)》,还有应用了张忠辅教授、周春荔教授和陈计先生提出的或提供的问题. 因此它是中国人提出的并在中国本土加以研究解决的问题.

另外我国数学界提问题的意识确实在增强,提问题的能力在不断提高,达到了华罗庚提出的 4 个"境界"中的第"3.5 境界"即三个半境界:提出有价值、有研究前景的问题,供别人研究,例如:

(1)匡继昌先生早在 1989 年出版的《常用不等式》中,就提出 21 个未解决的不等式问题;第 2 版(1993 年)增至 100 个;

(2)陈计于 1993 年提出 47 个"初等数学问题"(刊于《福建省初等数学研究文集》);

(3)刘健先生 1995 年提出"100 个待解决的三角形不等式问题"(刊于《几何不等式在中国》);

(4)杨仕椿先生 1996 年提出"30 个尚待解决的初等数论新问题"(刊载于《全国第三届初等数学研究学术交流会论文集》).

(5)宋庆、宋光先生 2000 年得出"3 个待解决的不等式问题"(载入杨学枝主编的《不等式研究》一书).

(6)尹华焱先生 2000 年提出"100 个涉及三角形 Ceva 线、傍切圆半径的不等式猜想"(载入杨学枝主编的《不等式研究》一书).

(7) 刘保乾先生 2000 年提出"110 个有趣的不等式问题"(载入杨学枝主编的《不等式研究》一书),更有趣的是在他著的"我们看见了什么"一书中,收入了借助于 Battema 软件发现的三角形不等式竟有 748 个(其中"规范几何量的 154 个,非对称的 245 个,轮换对称的 180 个,完全对称的 169 个)之多,另有 22 个代数不等式.这种对几何不等式的"规模化生产"(发现),真是不可思议.

(8) 张小明、褚玉明两位在他们 2009 年出版的《解析不等式新论》中,附有 "16 个待解决的公开问题".

(9) 杨学枝先生在他 2009 年出版的《数学奥林匹克不等式研究》中(该书的第十章),提出"二十二个不等式猜想";在 2010 年出版的《中国初等数学研究》的第 2 卷上,对它们做了深入的分析.

(10) 孙文彩先生 2009 年提出了"6 个代数不等式猜想",载入《中国初等数学研究》2009 年出的 2009 卷(第 1 辑)上.

(11) 刘保乾,1999 年又提出"100 个优美的三角形几何不等式".(载入《中国初等数学研究》2009 年出的 2009 卷(第 1 辑)上.

(12) 杨之,他提出"初等数学问题与课题"的过程似在继续,将在《中国初等数学研究》诸卷上,陆续刊出.

事实上,在中国初数研究的队伍中,善提问题者大有人在,除上面列举的诸位之外,还有:

周春荔、熊曾润、沈文选、李长明、张国旺、肖振纲、杨世国、林世保、王方汉、吴康、汪江松、诸小光、蒋明斌、梁开华、杨志明、曾建国、黄德芳、黄拔萃、李明、张赟、刘培杰、李耀文、孙世宝、吴勤文、冯跃峰、杨正义、孙四周、郭璋、曹珍福、李世杰等,难以尽举.

这是我们初数研究队伍中的核心,它还不断的增长壮大.

1.2　不等式研究由起步到大发展

2007 年《不等式研究》两位作者写过一篇综述文章,概述了我国不等式研究发展的情况.

初等不等式在中国

撰写综述文章除了对内容的理解之外,就是要有比较丰富、完整的素材.我国初等不等式研究大约起源于 20 世纪 50 年代,至今 50 年有余.然而没有办法,我们只好努力去浏览、领会半个世纪积累下来的初等不等式研究的主要文献(以我们见到的为限,见文后的参考文献).而这样的浏览给我们的印象却是:吃惊、感慨,对心灵的震撼! 这不啻是一座巨大的"初等不等式工厂",又像一家收藏丰富的艺术博物馆,精美的展品琳琅满目,件件巧夺天工.我国仅仅 50 年,如果从 20 世纪 80 年代算起,不过短短的 20 年,研究成果就如此丰富,研究人员如此众多,实在难能可贵,值得我们做一个较为系统的回顾.

一、中国初等不等式研究、发展的背景

1. 不等式"原本". 我们知道在欧几里得以前,几何知识大致是一些分散的素材,为了教学的需要欧几里得构造公理系统把它们组织起来,才形成《原本》. 不等式有类似的情况:在 20 世纪 30 年代以前,像不等式这样一个科目,它在数学各方面皆要用到,但又还没有得到系统的发展,它的内容分散在数学的各个分支,甚至是物理、力学等学科. 为了使不等式从分散的知识"点"形成一个学科,得到系统的发展,哈代、李特伍德和波利亚三人合作,于 1929 年开始撰写(Inequalities)(不等式)一书,1934 年完成(1934 年出第一版,1965 年越民义据 1952 年的第二版译成中文,由科学出版社出版). 该书的出版不仅方便了应用,而且使不等式由"工具"升华为研究的对象,促进了"系统"的发展. 该书在数学史上首开不等式系统研究的先河,我们有理由称它为不等式"原本",理由至少有如下三点:

(1) 从不同侧面考虑了不等式的"分类"问题(如有限、无限的方面,初等、高等的方面,代数、几何的方面等);

(2) 考虑了"代数不等式的公理基础",选定了不定义的原始概念和公理. 首先推证平均不等式、Holder 不等式和 Minkowski 不等式,再从这三个不等式出发,通过推广、类比和演绎推证其他不等式.

(3) 考虑到不等式的本质,不过是各种函数解析式,因结构差异和参数的变化而有不同的大小,通过建立幂平均和加权幂平均函数(及其递增性)统一了各种平均值和相应的不等式. 按照这样的思想线索,他们把当时通过繁重的对历史问题的处理和文献工作而搜集到的不等式编排成了严整的体系,由此而体现出来的高水平,以至后无来者.

2. 后续的研究. 有下列几项:一是 1951 年,波利亚和赛格(G. Szeg)所著《数学物理中的等周不等式》,通过一系列的大小等周不等式预言了同电容、抗阻强度、等积膜主频率、表面张力等有关的物理定律(大多被尔后的实验所证实),凸显出不等式的价值. 二是由于大量新不等式的涌现,使许多有趣的、有前途的不等式,难以找到自己的位置. 别肯巴赫和贝尔曼追随哈代、李特伍德、波利亚三人也写出了《不等式》一书,1961 年在柏林出版,书中收入了 1935 年以来新发现的不等式. 出于在综合研究上缺少创新,只是 1965 年由巴萨等人译成俄文出版,而未产生多大的影响. 三是 20 世纪 60 年代,南斯拉夫形成了以 D. Mitrinouic 为首的不等式小组,他们搜集新出现的几何不等式 400 余个,与荷兰的 O. Bottema 合编成《几何不等式》一书,1969 年出版;继之,又将 1969～1986 年期间产生的包括高维图形在内的 3 000 个成果汇成《几何不等式的新进展》一书,1988年出版.该书还系统地阐述了几何不等式的证明和构造方法.著名几何学家 Dan Pedoe 在为该书所写的热情洋溢的评论中指出该书的特点和成就.1991年陈计与 D. Mitrinouic 等写的《补遗》又增添了 1987～1990 年出现的 147 个不等式.这形成了中国初等不等式研究的浓重的国际学术背景.

二、普及、奠基三十年

在国际学术背景的强烈推动下,也出于教学和应用的需要,中国初等不等式研究终于起步,从 20 世纪 50 年代初,进入普及和奠基阶段.

1. 翻译了一部分不等式著作.如,1951年科罗夫琴(TT. Kopo Bкин)所著《不等式》小册子,由许糅译成中文,中国青年出版社 1954 年出版.该书从求数的整数部分 $\left[\sum_{k=1}^{n} \frac{1}{\sqrt{k}}\right]$ 出发,讲述了算术、几何、调和、平方各平均,统一于幂平均 $C_\alpha = \left(\frac{1}{n}\sum a_i^\alpha\right)^{\frac{1}{\alpha}}, C_\alpha \leqslant C_\beta (\alpha < \beta)$. 很明显,是参考了哈代等三人《不等式》一书.又有纳汤松所著《简单的极大值和极小值问题》一书,经潘德松译出,1962年由上海教育出版社出版.

这时(20 世纪 60 年代初),哈代、李特伍德、波利亚三人的《不等式》一书的英文原版和俄文译本早已传入我国,大学的资料室都可以找到.当时杨世明和几位同学一起打算译出,已译了有一章多,由于 1962 年面临毕业各奔东西而终止.到 1965 年,越民义的译本由科学出版社出版.这对于中国初等不等式研究,意义是非同寻常的.

2. 我们自己的普及性著作.五六十年代,中国数学家和教育工作者也动手为青少年学生撰写有关不等式,特别是初等不等式的普及读物.最早的是陈振宣的《极大与极小》,上海科技出版社,1958 年出版.继之,中国青年出版社于 1962 年出版了史济怀的《平均》,讲了幂平均、加权平均及其大量的应用.上海教育出版社 1964 年出版张驰的《不等式》,讲了初等不等式的 11 条基本性质及其在解、证不等式中的应用.同年,人民教育出版社又出版了蔡宗熹的《等周问题》和范会国的《几种类型的极值问题》,突出地讲解了初等不等式的基础知识和它在解决代数、几何、三角等极值问题中的应用.

这个势头本应持续下去,但由于历史原因,不幸被打断.直到 1980 年,大家才盼来单墫的《几何不等式》一书,不仅为几何不等式研究"煽风点火",而且从根子上,把几何不等式(两点间线段最短,大角大边相对,圆中大角、大弧、大弦相应,斜线长对应射影长等)、代数不等式($a^2 \geqslant 0$)、基本原理细致剖析、通过精彩杂例、示范了等高线法、局部调整法、费马问题与施瓦茨问题、平均不等式与等周定理方法的应用.不仅普及了基础知识、基本思想方法,而且激发了研究兴趣.今天初等不等式研究中的许多骨干都曾从该书获益.单墫《几何不等式》一

536

书,无疑是这一阶段的标志性的著作.

3. 继之而来的著作. 1984 年上海教育出版社出版的《三角不等式及其应用》,比较集中地介绍了三角函数不等式. 1985 年和 1986 年北京大学出版社作为"美国新数学丛书"中的两种,先后出版了别肯巴赫与贝尔曼的《不等式入门》(文丽译)和卡扎里诺夫的《几何不等式》(刘西垣译)的中文版,虽非全新的内容,也有一些新的思想和精神值得汲取. 1989 年杨世明著《三角形趣谈》由上海教育出版社出版,通过四、五两章专门介绍了由三角形的元素构成的初等不等式与恒等式,介绍了索勒丹－米德曼方法和"控制不等式",包括等式和不等式各 200 余个,特别是尝试建立 $\triangle ABC$ 的符号系统:角 A,B,C 对边分别为 a, b,c,面积 $\triangle$. 半周长 $p,p_a=p-a,a$ 边上的高 h_a,中线 m_a,内角平分线 r_a,外接圆、内切圆、边 a 外旁切圆圆心分别为 O,I,Oa,半径分别为 R,r,r_a,重心为 G,垂心为 H,$\sum a=a+b+c$ 表循环和等,除了个别的以外都沿用至今,大大简化了新成果的表述.

三十年的普及和打基础的工作成绩显著,在这些著作的辅佐下研究初等不等式的兴趣被激发,一批人才正在成长.

三、自发研究的十年

1.《初等数学论丛》等功不可没. 20 世纪八九十年代中期的十余年间,我国初等不等式研究参与的人员多,兴趣浓、热情高,这与一批与初等数学相关的杂志是密切相关的. 如《数学通报》《数学通讯》《中学数学》(湖北)《湖南数学通讯》《厦门数学通讯》《福埌建中学数学》《数学教学研究》《中学教研(数学)》《中学数学教学参考》《自然杂志》等都不断刊登出初等不等式的研究成果. 特别是上海教育出版社王文才编辑的《初等数学论丛》,办刊时间虽只有短短的六年(1980～1986),只出了 9 辑,却刊出多篇高水平的初等不等式论文. 常庚哲与彭家贵介绍 Pedoe 不等式并加以推广,张景中、杨路研究高维空间不等式,史济怀关于排序不等式,李炯生、黄国勋的外森比克不等式的改进,还有单墫、杨学枝、陈计等相关论文都陆续出现在《初等数学论丛》上. 它推动我国初等步等式研究走向高潮,可谓功不可没.《初等数学论丛》上的部分文章,后来收入上海教育出版社出版的《初等数学论文选》.

2. 几本重要著作. 在这一段时间里,除了在各种初等数学杂志上有大量初等不等式研究的论文发表以外,还出版了几本重要著作.

(1)1990 年辽宁教育出版社出版李文荣和徐本顺的《凸函数－不等式－平均值》和 1991 年上海教育出版社出版的黄宣国《凸函数与琴生不等式》,是两本专论凸函数集上的不等式,特别是琴生(V. Jensen)不等式

$$\frac{1}{\sum p_1}\sum p_i f(x_i) \geqslant \frac{\sum p_i x_i}{\sum p_i}$$

的专题研究著作.

(2)1990 年北京师范大学出版社出版了王伯英论述《控制不等式》的专著.

(3)1996 年上海教育出版社出版南山专门论述排序不等式的著作《柯西不等式与排序不等式》,搜集了由排序不等式推导柯西不等式、平均不等式和切比雪夫不等式

$$\frac{1}{n}\sum ab \geqslant \left(\frac{1}{n}\sum a\right)\left(\frac{1}{n}\sum b\right)$$

的过程及在数学竞赛题中的广泛应用,说明排序不等式是一个地道的"母不等式".

(4)1992 年李炯生和黄国勋主编的《中国初等数学研究》(1978 ～ 1988),全书共 116 页,却以其中 64 页的篇幅评述由各杂志上搜集的 140 篇初等不等式研究文献. 从平均不等式、其他代数不等式、几类几何三角不等式和纽堡－匹多不等式,四个方面展现了研究的丰硕成果. 其评价较深刻、全面、公正,主编下了很大工夫. 另外 20 世纪 80 年代,杨世明曾与天津师范大学几位老师合作,摘编"中国初等数学研究文粹",其中第四集是"不等式研究"(1949 ～ 1990),摘编文献 208 篇. 可惜该书未能出版.

(5)1992 年 6 月,《中国初等数学研究文集》(1980 ～ 1991)出版,这是从全国首届初等数学研究学术交流会收集到的 440 篇论文中选出的 170 余篇编辑而成的,其中涉及初等不等式的有 49 篇. 但 1993 年在长沙市召开的全国第二届初等数学研究学术交流会的论文中,我们搜集到的部分有 50 余篇,不等式研究的只有 5 篇,其中杨路先生的两篇都是与不等式的机器证明和验证有关.

另外,湖南省和福建省分别在 1991 年和 1993 年出了各自的文集,分别收入了 13 篇和 9 篇初等不等式研究论文.

(6)1993 年,在湖南教育出版社郑绍辉的积极参与下,杨之编著的《初等数学研究的问题与课题》一书出版,对包括初等不等式研究在内的我国初等数学研究起了推波助澜的作用. 书中分平均不等式、均值概念综合推广、循环平均与循环不等式研究、三角形不等式四类,提出了 37 个初等不等式问题和猜想(whc123 ～ whc159),并对背景和研究状况做了评述. 这里有三件事值得一提:

一是在筛选这些问题的过程中,得到了陈计的大力支持,他的一封长信提供了不少的问题和猜想.

二是 297 ～ 299 页的一则轶事:1988 年 12 月出版的《现代数学进展》一书中,载有洪加威"能用举例法证明几何定理吗?"一文其中提到,在 1987 年用计算机给出证明的一个几何题时写道:"下面提到的一个定理是从来没有人证明出来的,因为关于这个定理,无论是分析的证明还是几何的证明都太复杂了 ……". 定理是一个不等式:

假定点 P,Q,R 是 $\triangle ABC$ 的三边 BC,CA,AB 上三点,且满足

$$AQ + AR = BR + BP = CP + CQ = \frac{1}{3}$$

则 $PQ + QR + RP \geqslant \frac{1}{2}$.

1989 年 8 月初,当杨世明读到这一段时,便把它抄下来寄给好友杨学枝.过了几天,即接到杨学枝 8 月 15 日来信,云:今晨忽来灵感,所提问题已获得简证,见另一纸.另一纸即是证明(下略).2000 年 4 月,杨路在为《不等式研究》写的序中,开篇就说:"1983 年夏,我在北京参加一个层次较高的国际学术会议,即第四届双微会议,简称 DD_4. 会间休息时几位中外学者在一起闲聊,谈及几何不等式,美国的 M. Shud 说,他知道一个著名的难题是一个不等式,在国际同行中广为流传,但无人给出证明:'设有三个点 P,Q,R 分别位于 $\triangle ABC$ 的三边上,并将 $\triangle ABC$ 的周长分为二分之一 ……'(即上面说的'定理'—— 引者).后来我们听说过一些证明,但要么太复杂,要么是错的.张景中等用一个计算机程序给出了证明,文章投到一个级别很高的刊物并很快被接受.不幸的是稿件在处理过程中遗失.正当编辑部要求作者补寄文稿之际,我们获悉一位中学教师杨学枝先生给出了一个十分简单而漂亮的初等证明.这个证明现今在国内大约是广为人知.这件令人振奋的事使我们注意到国内包括一批中学教师在内的初等不等式研究群体 ……".

三是书中率先使用的符号"=1". 如对 $a,b \in \mathbf{R}_+$, $\frac{a+b}{2} \geqslant \sqrt{ab}\,(=1. a=b)$ 成立.读作"其中等式成立的充要条件是 $a=b$". 好处不仅在于表述简练,而且把"等式成立的条件"融入到初等不等式中,成为有机组成部分.现已被很多人接受.

(7)1994 年,作为张国旺主编的大型工具丛书"中学数学专题丛书"的一种 —— 王向东等编著的《不等式·理论·方法》出版.该书除细致的叙述不等式基本理论、解证方法技巧、经典不等式并全面反映了 1991 年为止我国初等不等式的研究成果之外,还首次在为数学对象(如不等式)以人名(发现者的名字)命名,将中国人与外国人平等对待.在这个平等对待的原则指导下,该书对一批十分珍贵和重要的初等不等式加以命名,如苏(化明)—杨(林)不等式、李世杰不等式、杨克昌不等式、肖振纲不等式、王志雄不等式、杨学枝不等式、陈计不等式等.虽然我们不主张随意用人名为数学对象命名,但是认为贯彻平等原则是理所当然的.

1988 年起,湖南教育出版社出版了《数学竞赛》丛书,共 20 多期,直到最后一期改由《湖南数学年刊》出版.作为"国际奥林匹克数学专辑",丛书中刊载有相当数量的初等不等式文章.

四、进入自觉的、有组织的研究阶段

1. 三项标志. 我国初等不等式研究经过了 30 年普及奠基和十余年自发研究,研究队伍初步形成. 一批达到了华罗庚所说的数学研究. 第三境界以上人物的涌现,中国初等数学研究工作协调组的建立和两届全国初等数学研究学术交流会以及一些省市初等数学研究学术交流会的召开,大量论文的发表和一批文集、专著的出版把初等不等式研究推向新的高潮. 到 20 世纪 90 年代中期,已呈现"山雨欲来风满楼"之势. 终于在 1994 年发生了中国初等不等式研究历史上的三件大事:一是 1994 年 12 月由中国科学院成都分院与南京师范大学等单位联合在南京师范大学举办了首届全国几何不等式会议;二是《不等式研究通讯》1994 年 5 月 1 日创刊;三是中国不等式研究小组 1994 年宣告成立. 这是三件具有标志性的事件,它标志着中国不等式研究由自发走向自觉,由单兵作战走向有组织的研究,由表层的开发走向深层次的探索,是一种质的变化.

2. 《不等式研究通讯》——构筑了初等不等式研究的平台. 1994 年 5 月以杨学枝为主编,陈计等人为编委的内部刊物"不等式研究通讯"创刊,不仅是一个标志,而且是一个平台,为不等式研究者的相互交流提供了一个快捷、方便的渠道. 大家知道在我国目前刊号申请很不容易成功,想创办一个初等数学研究性质的公开发行的杂志暂时难以实现,因而"发表难"成为制约初等数学研究、初等不等式研究的瓶颈.《不等式研究通讯》的创刊,正是破解了这个问题. 从印刷上看,1 ~ 8 期为油印,页数很少;从第 9 期起,开始电子排版印刷,且最多达到 98 页;从第 14 期开始,已俨然成为"正式"杂志,编排、印刷俱佳. 从内容上看,开始只有"问题和猜想""研究信息""小组成员论文目录"等第 9 期开设"短文之窗"、第 10 期设立"编委会""短文"成为基本内容. 不等式研究小组成员也由最初的十一人发展到现在的近二百人. 小组成员的论文在"短文之窗"源源不断地刊登出来,成为初等不等式研究的源头活水. 不等式研究小组还设立了自己的网站,作为同仁们交流心得、发表研究成果的又一个得力的平台.《不等式研究通讯》至今已发行了 52 期.

《不等式研究通讯》发表的研究成果是非常丰富的,且不乏高水平的创新成果. 湖北大学办的《中学数学》杂志,从 1999 年第 10 期起刊登杨学枝摘编自《不等式研究通讯》的"不等式研究成果集锦". 隔月一次,先后持续 4 年,18 次刊出 220 个初等不等式新成果,除个别复杂难解者外大部分简练优美.《不等式研究通讯》虽仍是"内刊",但已受到了中外不少数学家的赞许和高度评价且发行量在逐步扩大.

3. 学术会议硕果累累. 在这一时期,中国不等式研究小组先后于 1999 年在苏州市,2001 年在四川省安岳,2005 年在广东省三次召开了不等式研究学术会议. 交流成果非常丰富,在这些会议上除提出数百个问题和猜想以及围绕它们

振兴祖国数学的圆梦之旅
——中国初等数学研究史话

的研究探索之外,还提出一些新颖的研究方向,如刘保乾的"非负对称量"及量级概念(仍与哈代等人的"正函数"有关),陈胜利的多项式不等式,张小明的几何凸函数概念,刘健、褚小光的动点不等式,杨学枝、尹华焱的三角形中半角三角函数不等式,杨路的不等式机器证明(有的是在《不等式研究通讯》中提出来的). 1991 年至 2006 年期间,还召开了六届"全国初等数学研究学术交流会". 每届会议都有丰富的初等不等式研究成果交流,如 1986 年 8 月在福州市召开的第三届会议,收到论文近千篇,有 149 篇在会上交流并编入"论文集",其中初等不等式方面有 42 篇,占 28%;2000 年 8 月在首都师范大学召开了第四届会议,收到论文 360 篇,初等不等式方面有 30 篇,占 8%;2003 年 8 月在江西赣南师范学院召开的第五届会议有 10 篇,占 24%;2006 年 8 月在湖北大学召开的第六届会议上收到 120 篇,其中 99 篇收入文集,初等不等式方面有 14 篇,占 14%.

4. 一批"不等式"专著出版. 在这一时期据我们所知,又出版了一批文集或专著.

(1)1993 年匡继昌著《常用不等式》出第二版. 该书 1989 年的第一版中只收录不等式 1 600 多条. 本版则收录 3 600 多条,新增的 2 000 个有相当部分来自中国数学家的研究成果. 本书收集了不等式证法 42 种和 100 个未解决的不等式问题,大部分是初等不等式.

(2)1996 年出版的文集有两本. 一是单墫主编的《几何不等式在中国》,这是 1994 年在南京市召开的几何不等式会议的论文选集. 书中分两类收入论文61 篇,书后附论文目录 144 篇. 另一本是陈计和叶中豪主编的《初等数学前沿》. 其中有初等不等式论文 18 篇. 在《几何不等式在中国》一书中有刘健的"100 个待解决的三角形不等式"问题,由《不等式研究通讯》得知至今大部分已被解决.

(3)2000 年出版了杨学枝主编的《不等式研究》,共收入论文 55 篇,其中有"证法"文章 5 篇,有尹华焱的"100 个涉及三角形 Ceva 线、旁切圆半径的不等式猜想"和刘保乾的"110 个有趣的不等式问题",这是他在《不等式研究通讯》1999 年第 2 期中提出的"182 个三角形几何不等式问题"以外的新问题.

(4)2003 年出版了刘宝乾的专著《我们看见了什么——三角形几何不等式研究的新理论、新方法和新结果》. 书中主要讲述如何运用,中国数学家和计算机科学家杨路研制的软件"BOTTEMA"来验证和发现几何不等式. 在第 5 章中作者列举了他用该软件发现的数千个初等不等式中的 770 个,真是让人叹为观止!

5. 对研究成果的综述. 对于不等式研究的丰硕成果,研究者们没有忘记给以适当的总结回顾. 如:

(1)1992 年,适值 J. Neuberg 提供,后来被称为 Pedoe 不等式,一个涉及两个三角形的不等式 100 周年. 肖振纲和叶军发表了"Pedoe 不等式在中国的研究综观"一文,从多种证法、推广、加强诸方面回顾中国数学家们研究的成就,并对研究前景进行了展望(后附文献目录 33 条).

(2) 在 2000 年全国第四届初等数学研究学术交流会上,杨学枝和尹华焱宣读了他们的论文"我国研究三角形中半角三角函数不等式情况综述",文中大量的不等式链和首次出现的不等式"树"(网络)精美绝伦,展示了他们在这方面研究的新成果.让人大开眼界(后附参考文献 51 篇的目录).

(3) 在《不等式研究》一书中,用了 139 页的篇幅刊载了由刘健和吴跃生编写的长篇综述文章"Shc 问题研究",详尽地叙述了刘健提出的"100 个待解决的三角形不等式问题"的解决状况并给出了简证,为以后的研究带来了极大方便(后附 50 篇文献目录).

(4) 在《几何不等式在中国》一书中,载有毛其吉《n 维空间有限点集几何不等式研究综述》,综述了 1979～1994 的十五年间,这方面的研究状况和成果(后附 67 篇文献的目录).

(5) 孙文彩和杨学枝在全国第六届初等数学研究学术交流会上,宣读了论文"关于三角形角平分线长之和的不等式研究综述".该文叙述了对 $\sum w_a$ 的精细研究,用优美异常的不等式链、树、林、网络,给出了 $\sum w_a$ 的百余个下界和上界(后附 75 篇文献目录).

看了这些综述文章,就一目了然地知道相关领域的研究状况.自然这是一件十分繁重的工作,作者须有较高的水平,又肯花时间和力气.但这是个功莫大焉的工作.

五、展望

1. 客观分析. 如前所述半个世纪以来,特别是自 20 世纪 80 年代以来,我国初等不等式研究已经取得了令世人瞩目的成就,这从许多综述文章和一些著作的序言中,亦可见一斑.但是给人的感觉是在浩如烟海的不等式成果中,"突破性"的成果不多.其中也有我们自己的原创课题,但似乎并没有强劲地发展起来.特别地,与当年哈代、李特伍德、波利亚三人的《不等式》一书比起来,我们的相关著作、文集、综述文章似乎都在排列我们的研究成果,似乎都在进行"砖瓦灰砂"的备料,一座初等不等式"大厦"还远未建造,甚至连设计图都还没有.而这应当是我们努力的方向.

2. 关于问题. "问题是数学的心脏",由于问题缺乏,初等数学曾数百年停滞不前.由于提出了大量的问题和课题,自 20 世纪 80 年代以来我国包括初等不等式研究在内的初等数学研究发展势头强劲.在初等不等式研究中,由于全国涌现出了一批(可能有数十个之多)能够提出问题的人才,至今已提出了上千个问题和猜想,甚至可以人工和电脑并用,成批生产.初等不等式的研究、发展似乎可以高枕无忧了.但是冷静思考,我们动辄就是数十上百个的问题、猜想,由于其难度、切中本质、原创性等方面的欠缺,似乎仍旧是表层的问题,像数论难题等够得上"课题"的还是很少;另外对那么多的问题(不少也许只有练习题的价值)是不是可以选择、综合、精化呢? 总之提出具有更大难度、切中本质、水平更高的初等不等式问题应当是我们追求的目标.

3.殷切展望.现在对于我国初等不等式研究,大家都在设想、展望,我们也不妄自菲薄,提出自己的看法,那就是:精化已有,规划未来,关注背景,开拓创新.具体地说:

(1)按徐利治先生的意见,尽快建立不等式研究文献学、评价学.我们还建议,尽快编纂"不等式辞典",至少是"初等不等式辞典".

(2)根据种种迹象,对不等式已有分支的发展,做一定的规划,对相关问题的研究做一些预测.

(3)像波利亚那样关注初等不等式乃至整个不等式在几何、力学、声学、电学、经济学、规划论等方面的应用.特别的大力提倡不等式的背景化.如某个图形中的不等式,对图形来说意味着什么等.

(4)根据发展趋势,提出初等不等式的若干新概念、新思想、新方法以及新的研究方向,要注意原创性的研究工作.比如刘保乾先生的创新研究,许多人构造"不等式串、网"的工作都值得关注.

最后,如下三本专著:

刘保乾,《BOTTEMA,我们看见了什么 —— 三角形几何不等式研究的新理论、新方法、新结果》,西藏人民出版社,2003(拉萨).

张小明、褚玉明,《解析不等式新论》,哈尔滨工业大学出版社,2009.6.

杨学枝,《数学奥利匹克不等式研究》,哈尔滨工业大学出版社,2009.8.

值得注意,书中均有很多的创新工作.

§2   典型课题的研究成果(2)

2.1   中国数列研究的成就

我们以1989年杨之与庞宗昱(即劳格)先生合作的一篇概述文章来描述:

数 列 研 究 概 观

在中国初等数学研究领域中"数列"这个专题近几年成为热门课题之一.事实上对这一专题的探讨,早在五六十年代就已经开始了. 我们对四十年来有

关数列研究的文献,做了一个初步统计(如表 1):

表 1　近年来研究的参考文献

年代	五十年代	六十年代	七十年代	八十年代
	1950～1959	1960～1965	1975～1979	80 81 82 83 84 85 86 87 88
篇数	18	8	4	15 30 20 20 10 40 50 70 70
				325

　　这个统计或许不甚精确,但从中也可以看到一个明显的事实:数列专题的研究 80 年代以来便大大发展了.下面仅据我们所掌握的资料就此做一概略分析,以向关注这一专题的读者提供一个大致的脉络.

一

　　关于数列的研究在 20 世纪五六十年代已做了开创性、奠基性的工作.

　　20 世纪 50 年代以前,我国有关数列研究的文献甚少.为了提高学生的学习兴趣,一些著名数学家在 20 世纪五六十年代陆续撰写了一批小册子,汇成青年《数学小丛书》出版.其中有关数列方面的有:《从杨辉三角谈起》(华罗庚,1956年,1962 年再版时收入青年《数学小丛书》),《从祖冲之的圆周率谈起》(华罗庚,中国青年出版社,1962),《从刘徽割圆谈起》(龚升,中国青年出版社,1962),《数学归纳法》(华罗庚,上海教育出版社,1963),《平均》(史济怀,中国青年出版社,1962),《归纳与递推》(段学复,中国青年出版社,1962),《π 和 e》(夏道行,上海教育出版社,1964).与此同时在 1955 年～1956 年,我国还翻译出版了苏联数学家撰写的《循环级数》(马库希维奇著,朱美琨译,中国青年出版社,1957);《斐波那契数》(伏洛别也夫著,高彻译,中国青年出版社,1957).

　　这些著译较全面地阐述了那时数列研究的成果(请读者注意:当时习惯于用"级数"的语言."级数"是数列各项的形式和).如《从杨辉三角谈起》等着重论述了等差等比数列、混合数列、高阶等差数列及其推广 —— 常系数线性递归数列的基本理论和方法.《从杨辉三角谈起》一书实际上是开我国数列研究先河的一部专著.《从祖冲之的圆周率谈起》《从刘徽割圆谈起》《π 和 e》,则以祖冲之缀术、刘徽割圆术为线索较全面地论述了收敛数列的几何应用,华罗庚还提出了求祖率 $\left(\dfrac{355}{113}\right)$ 的"连分数说".在上述著作中编者们把我国古算宝藏:贾宪开方作法本源图、祖氏缀术、垛积术、刘徽割圆术同连分数、无穷级数结合起来、开发利润,取得了一系列成果.同时还把数学史的研究在推向数学理论和数学思想的探索这一新层次上,迈出了第一步.

　　从这些文献中我们还可以看到一个明显的特点,即高等数学有关内容的初等化、通俗化.如差分方法、递归函数、级数理论初步等内容"下嫁",不仅充实了研究内容,更重要的是为初等数学中数列研究的现代化从思想、方法和工具等方面开拓了新的研究课题.

20 世纪五六十年代,数列研究中这些开创性、奠基性的工作不仅对当时的人才培养具有重要意义,而且为以后初等数学研究、崭新局面的出现做了思想上、舆论上的准备. 然而由于众所周知的原因,初等数学研究繁荣局面的出现被推迟到了 20 世纪 80 年代.

20 世纪 80 年代以来截止到 1988 年,已发表的数列研究文献有 300 余篇. 这些文献从内容看,一部分仍是结合中学数学探索传统课题(如等差、等比数列求通项、求和等);另一部分则力图向纵深开掘一些新的题材和课题. 同时我们还可以看到 20 世纪 80 年代以来数列研究中的某些新的动向和特点,这里着重指出两点:一是数列研究中加强了与组合数学、函数、几何等初等数学分支的横向联系;二是研究的思想和方法有了更新,数学方法论的观点进入了研究领域,从而推动了数列研究的进展. 种种迹象预示着数列研究将迈入一个新的时期.

二

我们以若干类型数列为例,具体说明一下四十年来数列研究的进展概况.

1. 两种基本数列的研究

等差、等比数列的研究是两个传统课题,也是数列家族中最基本、应用最广泛的两个成员. 它们被列入中学教材,渗入小学教材. 这两类数列已有上千年的历史,但仍能不断发掘出新的内容.

设 S_k 为数列 $\{a_n\}$ 前 k 项的和. 若 $\{a_n\}$ 为等差数列,则

$$a_{m+n} = \frac{ma_m - na_n}{m-n}(m \neq n) \tag{1}$$

$$nS_m = mS_n + \frac{mn(m-n)}{2}d \tag{2}$$

$$S_{m+n} = S_m + S_n + mnd \tag{3}$$

$$a_1 - C_n^1 a_2 + C_n^2 a_3 - \cdots + (-1)^n C_n^n a_{n+1} = 0 \tag{4}$$

$$a_1 C_n^0 + a_2 C_n^1 + \cdots + a_{n+1} C_n^n = (a_1 + a_{n-1}) 2^{n-1} \tag{5}$$

$$a_1 C_n^1 + 2a_2 C_n^2 + \cdots + na_n C_n^n = 2^{n-1} S_n \tag{6}$$

若 $\{a_n\}$ 为等比数列,则

$$S_{m+n} = S_n + q^n S_m = S_m + q^m S_n \tag{7}$$

$$a_1 + a_2 C_n^1 + \cdots + a_{n+1} C_n^n = a_1 (1+q)^n \tag{8}$$

$$a_1 + 2a_2 C_n^2 + \cdots + na_n C_n^n = na_1 (1+q)^{n-1} \tag{9}$$

1987 年,单建新在《等差数列、等比数列与组合数的关系》一文(《国内外中学数学》1987,4) 中把 ④、⑥、⑧、⑨ 综合为等式

$$a_1 b_1 C_n^0 + a_2 b_2 C_n^1 + \cdots + a_{n+1} b_{n+1} C_n^n = a_1 b_1 (1+q)^n + nb_1 dq (1+q)^{n-1} \tag{10}$$

其中 $\{a_n\}$ 和 $\{b_n\}$ 分别为等差和等比数列. 它揭示了等差、等比数列与组合数间的内在联系.

对于等差、等比混合数列 $\{a_n q^{n-1}\}$ 求和的研究,还发现了等差数列方幂、累

进及倒数数列的求和公式(d 为公差,$a_0 = a_1 - d$)

$$a_1^2 + \cdots + a_n^2 = \frac{1}{6d}[a_n a_{n+1}(a_n + a_{n+1}) - a_0 a_1(a_0 + a_1)] \qquad (11)$$

$$a_1^3 + \cdots + a_n^3 = \frac{1}{4d}[a_n^2 a_{n+1}^2 - a_0^2 a_1^2] \qquad (12)$$

$$\sum_{k=1}^n a_k \cdots a_{k+r} = a_1 \cdots a_r + \frac{1}{(r+2)d} \cdot (a_n \cdots a_{n+r+1} - a_1 \cdots a_{r+2}) \qquad (13)$$

$$\sum_{k=1}^n (a_k \cdots a_{k+r})^{-1} = \frac{1}{rd}[(a_1 \cdots a_r)^{-1} - (a_{n+1} \cdots a_{n+r})^{-1}] \qquad (14)$$

对于自然数方幂和已见到二十余种计算程序,体现了各自的数学思想. 其中有恒等式法(中学课本)、表格法(甘彬,《数学通报》,1962,12)、数阵方法(李源和,《福建中学数学》,1987,4)、待定系数法(徐炯沛,《数学通报》,1980,4)、矩阵方法(王国炳,《数学通报》,1985,7)、组合方法(尼都格其,《数学通报》,1985,7)、方程方法(林国柱,《中学数学》,1988,5)、求和通式(刘孟德,《数学教学研究》,1986,3).

日本笹部贞市郎编《代数学辞典》(下册,蒋声. 张明梁等译,上海教育出版社,1982) 中,引进了"群数列"的概念,我国有许多文章做了介绍(有的叫"数列分组""数列划分"). 1985 年冯跃峰在证明了命题"等差数列的一阶等差划分形成三阶等差数列" 后提出一个反问题:任何三阶等差数列是否一定为某一等差数列的一阶等差划分?(《数学通讯》,1985,10)卢元生于 1987 年 11 月举出反例:三阶等差数列 $4,7,12,26,56,\cdots$ 就不是任何等差数列的一阶等差划分,并提出了三阶等差数列 $\{b_n\}$ 为等差数列一阶等差划分的充要条件

$$\frac{b_3 - 2b_2 + b_1}{b_4 - 3b_3 + 3b_2 - b_1}$$

为大于 1 的有理数(《数学通讯》,1987,11). 1988 年 6 月潘欣生又得到另一充要条件:对 $a_n = An^3 + Bn^2 + Cn + D(A \neq 0)$,$\{a_n\}$ 为等差数列一阶等差划分的充要条件是 $2B^3 - 9ABC + 27A^2D = 0$,且 $(\frac{B}{A} - 3)$ 为正有理数,并找到了构造等差数列及划分数列的公式(《湖南数学通讯》,1988,3). 值得指出的是,1986 年 4 月肖果能得到用"筛选数列" 巧妙证明的重要成果:r 阶等差数列的 s 阶等差划分为 $(rs + r + s)$ 阶等差数列(《湖南数学通讯》,1986,2).

对于调和数列,早在 20 世纪 50 年代郑竹生就找到了一个求和公式

$$\sum_{k=0}^{n-1} \frac{1}{x+kd} = \frac{nx^{n-1} + (n-1)A_1 x^{n-2}d + \cdots + A_{n-1}d^{n-1}}{x^n + A_1 x^{n-1}d + \cdots + A_{n-1}xd^{n-1}}$$

(数学通报,1957,11). 到 1964 年梁宗巨用导数解释了这个公式并找到了计算系数的递归程序(《数学通报》,1964,1).

对高阶等差数列自华罗庚的《从杨辉三角谈起》以来,很多人进行了深入

振兴祖国数学的圆梦之旅
——中国初等数学研究史话

研究,有的改进了"垛积术"的计算公式(湖北新中数学组、数学的实践与认识,1975,4;黄茂林,《数学通报》,1980,11).1988 年作为数列概念的推广,杨之提出了"数阵"(纵横排列的一个数表$\{a_{ij}\}$)概念证明了"等差数阵(即每行每列都是等差数列的数阵)中包含高阶等差数列"等性质.

2. 简单递归数列.

关于一般递归数列的研究目前尚未见到.而对于常系数线性递归数列的通项与 n 项和求法已做了不少工作.有的改进了特征根法的证明,张启锡在《循环级数一般求和法》(《数学通讯》,1954,8)一文中,介绍了一个漂亮命题,刘文于 1982 年改进了叙述和证明:

若 k 阶递归数列$\{a_n\}$满足 $a_{n+k}=p_k a_{n+k-1}+p_{k-1}a_{n+k-2}+\cdots+p_1 a_n$,则 $S_n=a_1+\cdots+a_n$ 为 $k+1$ 阶梯归数列,且满足

$$S_{n+k+1}=(1+p_k)S_{n+k}+(p_{k-1}-p_k)\cdot S_{n+k-1}+\cdots+(p_1-p_2)S_{n+1}-p_1 S_n$$

(《初等数学论丛》,第 4 辑)从而把递归数列的求和与求通项统一起来.

对于二阶和一阶递归数列不少人进行了广泛的探讨,发现了很多新颖的方法.如裴波那契数列除对原有通项公式从多种角度进行证明探索外,又从波利亚(《数学的发现》,第一卷,科学出版社,1982)引来一个组合形公式

$$f_n=C_n^0+C_{n-1}^1+C_{n-2}^2+\cdots$$

还发现了一个行列式形公式(高明哲,《数学通讯》,1988,7)

$$f_n=\begin{vmatrix} 1 & -1 & 0 & 0 & \cdots & 0 & 0 \\ 1 & 1 & -1 & 0 & \cdots & 0 & 0 \\ 0 & 1 & 1 & -1 & \cdots & 0 & 0 \\ \vdots & \vdots & \vdots & \vdots & \cdots & \vdots & \vdots \\ 0 & 0 & 0 & 0 & \cdots & 0 & 1 \end{vmatrix}$$

对于分式线性递归数列 $a_{n+1}=\dfrac{aa_n+b}{ca_n+d}(c\neq 0)$,通过代换 $x_n=\dfrac{a_n+p}{a_n+q}$,适当选择 p,q 使$\{x_n\}$成等比数列,发现 p,q 恰是特征方程

$$cx^2+(a-d)x-b=0$$

的相异根,从而求得通项

$$x_n=\frac{a_1+p}{a_1+q}\left(\frac{a+pc}{a+qc}\right)^{n-1}$$

问题在于:满足 $a_1=a,a_{n+1}=\dfrac{aa_n+b}{ca_n+d}(c\neq 0)$ 的数列$\{a_n\}$不一定是无穷数列(张文忠,《数学通讯》,1987,11).1988 年陈定昌找到了分式线性递归数列,为无穷数列的充要条件:

①$\lambda_1=\lambda_2\neq a$ 时,$\dfrac{\lambda_1}{\lambda_1-a-\dfrac{d}{c}}$ 为非自然数;

②$\lambda_1 \neq \lambda_2$ 时，$\left(\dfrac{\lambda_2}{\lambda_1}\right)^x = \dfrac{a + \dfrac{d}{c} - \lambda_2}{a + \dfrac{d}{c} - \lambda_1}$ 无自然数解（其中 λ_1, λ_2 为方程 $x^2 =$

$\dfrac{a+d}{c}x + \dfrac{bc-ad}{c}$ 两根，$bc \neq ad$）（《数学通讯》,1988,12）.

冯跃峰用不动点方法证明了：如 x_1, x_2 是方程 $\dfrac{ax+b}{cx+d} = x$ 两根，则当 $x_1 \neq$ x_2 时，$\left\{\dfrac{a_n + x_1}{a_n - x_2}\right\}$ 为等比数列；$x_1 = x_a = x_0$ 时，$\left\{\dfrac{1}{a_n - x_0}\right\}$ 为等差数列（中学数学,1988,5）.潘康伯证明了：当 $b^2 - 4ac - 2b = 0$ 时，二次递归数列 $a_{n+1} = aa_n^2 + ba_n + c(a \neq 0)$，通项公式为 $a_n = a^{2^{n-1}-1}\left(a_1 + \dfrac{b}{2a}\right)^{2^{n-1}} - \dfrac{b}{2a}$（《数学通讯》,1988,9）.

受高考试题的启示，人们研究了数列 $a_{n+1} = \dfrac{ca_n^2 + d}{aa_n + b}(ac \neq 0)$，证明了当 $\dfrac{b^2}{a^2} = -\dfrac{d}{c}$ 时，可化成线性递归数列 $a_{n+1} = \dfrac{c}{a\left(a_n - \dfrac{b}{a}\right)}$.

3.周期数列

周期数列是一种特殊的递归数列，在探索周期数列通项公式方面已做了不少工作.如数列 $1,2,3,1,2,3,\cdots$ 的通项公式求出了五种

$$a_n = 2 + \dfrac{2}{\sqrt{3}}\sin\dfrac{2(n-2)\pi}{3}$$

$$= 2 + \dfrac{1}{\sqrt{3}}\tan\dfrac{n-2}{3}\pi$$

$$= n - 3\left[\dfrac{n-1}{3}\right]$$

$$= 2 + \dfrac{3}{\pi}\arctan\left(\tan\dfrac{n+1}{3}\pi\right)$$

$$= \dfrac{1}{3}(1 + \omega^{n-1} + \omega^{2(n-1)}) + \dfrac{2}{3}(1 + \omega^{n+1} + \omega^{2(n+1)}) + (1 + \omega^n + \omega^{2n})$$

其中两种方法具有一般性.即求得了纯周期数列 $a_1,\cdots,a_m,a_1,\cdots,a_m,\cdots$ 的通项公式的"取整形式"和"单位根形式"

$$a_n = \sum_{k=1}^{m}\left(\left[\dfrac{n-k}{m}\right] - \left[\dfrac{n-k-1}{m}\right]\right) \cdot a_k$$

$$a_n = \sum_{j=1}^{m} a_j p_{m+n-j}\left(p_t = \dfrac{1}{m}\sum_{k=1}^{m} e^{\frac{2\pi kti}{m}}, t = 1,2,\cdots\right)$$

在推导时用"孙子－华原则"（华罗庚《从孙子的神奇妙算谈起》）是非常简

便的.

在数学中存在着大量周期现象,其中"离散型"的通过数列研究最为方便. 如末位数问题:对任一自然数 m,当 $n=1,2,\cdots$ 时,m^n 末位数 $\langle m^n \rangle$ 形成怎样的数列? 末两位数 $\langle\langle m^n \rangle\rangle$ 形成怎样的数列? $\langle 1^m + 2^m + \cdots + n^m \rangle$ 呢? 近年研究取得了可喜的成果. 1986 年赵龙山发现,如记 $a_n = \langle 1^m + 2^m + \cdots + n^m \rangle$,则 $\{a_n\}$ 的周期 T 和周期节为:

$m=4k+1,T=20$,周期节:1 360,5 186,5 568,1 506,3 100.

$m=4k+2,T=20$,周期节:1 540,5 104,5 560,9 506,5 900.

$m=4k+3,T=20$,周期节:1 940,5 146,5 564,1 506,9 100.

$m=4k+4,T=100$,周期节:1 784,9 562,3 340,$\cdots$,3 900.

(《数学通报》,1986,9). 这是一个值得称道的结果.

映射数列是一种非常有趣的特殊数列. 自然数形成的映射数列,在很多情形下呈周期数列,寻求其周期、周期节,往往是重要的数论课题.

对 $n_1 \in \mathbf{N}$,设 $n_2 = T(n_1),\cdots,n_{k+1} = T(n_k),\cdots$,则 $n_1,n_2,\cdots,n_k,\cdots$ 称为映射数列. 如"黑洞数问题"(杨之,《自然杂志》,1988,6):设 $T(n)$ 表示将 n 的数字重排所得最大数减去最小数的差,$\mathbf{N}_m$ 表示 m 个不全相同的数码排成的数的集合. 若 $T(n_k) = n_{k+1}$,n_k 到 n_{k+1} 有弧联结,则在图 (N_m,T) 中的圈称为黑洞. 已证明了 (N_2,T) 中有唯一黑洞 $(09,45,27,63,81)$. 寻求 (N_m,T) 中黑洞是困难而有趣的问题.

又如,设 $T(n)$ 表示 n 的最小非因素,表示 n 的各位数字的和、平方和或和的平方,均已获得了有趣的结果. 例如,设

$$n = a_m \cdot 10^m + a_{m-1} \cdot 10^{m-1} + \cdots + a_1 \cdot 10 + a_0 \quad (a_k \text{ 为数码})$$

$$T(n) = (a_0 + a_1 + \cdots + a_m)^2$$

则已证得 (N,T) 中恰有三个黑洞:$(1),(81),(169,256)$.

"映射数列"这一课题有广阔的天地,把它作为图论与数论间的一座桥梁,则更能拓宽它的研究领域和思路.

4. 一些计数数列.

所谓"平面划分问题"是说:两两相交三三不共点的 n 条直线划分平面为几部分(或说:平面上 n 条直线最多把平面分成多少部分)? 设这数为 D_n,不难求出 D_n 的公式. 假定 n 个点分直线最多为 C_n 个部分,n 个平面分空间最多为 E_n 个部分,n 个空间 $\cdots$,那么有系统的结果

$$C_{n+1} - C_n = 1, C_n = n+1$$

$$D_{n+1} - D_n = C_n, D_n = \frac{1}{2}(n^2 + n + 2)$$

$$E_{n+1} - E_n = D_n, E_n = \frac{1}{6}(n^3 + 5n + 6)$$

$$\vdots$$

还得到组合数形式的表达式

$$C_n = \mathrm{C}_n^0 + \mathrm{C}_n^1, D_n = \mathrm{C}_n^0 + \mathrm{C}_n^1 + \mathrm{C}_n^2$$

$$E_n = \mathrm{C}_n^0 + \mathrm{C}_n^1 + \mathrm{C}_n^2 + \mathrm{C}_n^3, \cdots$$

对于 n 个点划分圆周所得最多部分数 t_n,n 个圆划分球面的最多部分数 u_n,n 个球面划分空间最多的部分数 v_n,得到了类似结果.

1985 年杨延龄探讨了这种划分的可能性(即最大划分的存在性)问题,他用的线性代数理论得到了肯定结果:在 m 维欧氏空间 R^m 中 n 个超平面(R^{m-1})最多可将空间 R^m 分为 $P(m,n) = \sum\limits_{r=0}^{m} \mathrm{C}_n^r$ 部分(《数学通报》,1985,5).

1985~1987 年,杨之先后发表了四篇文章:"$m \times n$ 格图计数问题""三维格点图基本计数问题"(《中学数学教学》,1986,4)、"三角形网络中的计数问题"(《中等数学》,1987,6)、"n — 四面体网络中的若干计数问题"(《数学通讯》,1985,8) 公布了所获得的这类网络中基本图形的计数公式,也提出了一些值得探索的课题.

5. 著名收敛数列.

对数列 $\sum\limits_{K=1}^{n} \dfrac{1}{k^2}$ 欧拉先用合情推理的方法猜想它收敛于 $\dfrac{\pi^2}{6}$,后来用微分法证明了这一结果. 华罗庚讨论了它的渐进值,反复五次得 1.644 93. 龚昇《从刘徽割圆谈起》的附录中,给出一个初等的证明且同时证明了

$$\sum_{K=1}^{\infty} \frac{1}{k^4} = \frac{\pi^4}{90}, \sum_{k=1}^{\infty} \frac{1}{k^6} = \frac{\pi^6}{945} \text{ 等}$$

1935 年,赵显曾通过证明公式

$$1 + \left(\frac{-1}{k-1}\right)^p + \left(\frac{1}{k+1}\right)^p + \left(\frac{-1}{2k-1}\right)^p + \left(\frac{1}{2k+1}\right)^p + \cdots = \left(\frac{\pi}{k}\right)^p z_p(k)$$

$$(Z_1(k) = \cot\frac{\pi}{k}, Z_2(k) = \cot^2\frac{\pi}{k} + 1, Z_{2q+1}(k), Z_{2q+2}(k) \text{ 由递归方程定义}),$$

导出了包括 $\sum\limits_{k=1}^{\infty} \dfrac{1}{k^2} = \dfrac{\pi^2}{6}$ 在内的一大批公式,这无疑是个重要成果(《初等数学论丛》,第 8 辑).

1981 年黄友谦和谢平民(《初等数学论丛》,第 3 辑)通过 $\sin x$ 的幂级数展开式找到了加速刘徽割圆数列收敛的方法. 黄友谦在 1983 年推广高斯算术 — 几何平均数列,还找到了像 $x_{n+1} = x_n + \dfrac{1}{N}\left(\dfrac{a}{x_n^{N-1}} - x_n\right) (a > 0)$ 等一批收敛于 $\sqrt[n]{a}$ 的数列. 宁波市一位中学生奚李峰在金才华老师指导下,于 1986 年发现了两个快速逼近于 $\sqrt[n]{m}$ 的开方数列

$$f_p = \frac{1}{n}\left[(n-1)f_{p-1} + \frac{m}{f_{p-1}^{n-1}}\right]$$

$$f'_p = \frac{n}{\left(\dfrac{n-1}{f'_{p-1}} + \dfrac{f'^{n-1}_{p-1}}{m}\right)}$$

由于文献不全又因篇幅所限,于是我们所掌握的资料也不可能逐一引述,但我们仍不难看出,四十年来我国在数列研究方面确实取得了可喜的成果,从而开阔了视野.然而数列研究中尚待挖掘、探讨的课题还很多如递归数列我们仅研究了几个特例.周期数列、变换数列研究则刚刚起步,数列的变换(如分组)及其应用研究尚无多少成果."数阵"是新近被提出的一个课题.有实用或理论价值的收敛数列还有待开发,典型的思想和方法尚需进一步归纳总结等.

在我们的实际工作中也还有大量的重复劳动,表现为许多雷同的文章出现.这也许是难以完全避免的.然而加强信息交流,出版一些必要的资料性、工具性书籍,可能会对减少重复有所帮助.我们相信在已有的基础上,通过艰苦努力,数列研究在 20 世纪 90 年代会有新的突破,新的局面将被开拓出来.

几点补充.

《数列研究概观》撰写于 20 世纪 80 年,至今二十余载.我国数列研究又有很大进展.现依《初等数学研究的问题与课题》第 9 章和其他文献做几点必要的补充.

6. 关于数列的一般概念.

由于发现一个确定的数列,递归关系并不唯一;反之一个确定的递归关系欲获唯一确定的数列,也须附加初始条件,因此提出两个问题:

whc93 怎样严格定义"递归数列"? 是否存在非递归数列(例如,π 的不足近似值数列是非递归数列吗)? 怎样判别一个数列是否递归数列? 递归数列的一般性质是什么?

whc94 怎样对数列进行完全的、科学的分类?

7. 关于高阶差等比数列.

如果数列 $\{a_n\}$ 的 $k-1$ 阶差分数列不是等比数列,而 k 阶差分数列为等比数列,则 $\{a_n\}$ 就叫 k 阶差等比数列,而零阶差等比数列就是等比数列.徐铁华在"k 阶差等比数列"文中对此进行了研究,获得了通项与前 n 项和公式.提出的问题是 whc95 k 阶差等比数列具有哪些性质? 有什么用途?

8. 等差数列中的子数列.

邵品琮证明了在等差数列 $\{4n+3\}$ 中素数个数无穷,这方面提出 6 个 whc($96 \sim 101$),还有等差数列中等比子列问题肖韧吾证得:任一整数无穷等差数列中必包含无穷等比数列.

9. 数列划分问题.

有了更多的具体成果并提出了 whc105:m 阶等差数列能作为等 $n(m > n)$ 阶等差数列的 k 阶等差划分的条件是什么?

10. 自然数、等差数列方幂和问题.

甘彬、李源和褚学璞设计了"数列划分"方法,能大松用累进数列方法,张志德用组合数公式,余炯沛用待定系数法,丁崇武用三项式幂按累进项展开式,尼都格其用他发现的组合表达式,王国柄设计了一种矩阵,李志成用递推式,李有耕用李善兰数求"自然数方幂和". 发现的方法很可贵使"自然数方幂和问题"(这个已解决的问题)成为数学发现的源泉."等差数列方幂和"作为推广,很有研究价值.冯跃峰率先解决了平方和、立方和问题,尔后汪杰良、盛宏礼、蒋远辉都投入研究并推广到"等差数列(k 个)乘积和"研究,他们的成果收入到《中国初等数学研究文集(1980 ~ 1991)》中.

11. 常系数及特殊线性递归数列研究.

继刘文的结果之后对递归数列进行两个方向推广,吴永中研究拟线性递归数列,冯跃峰研究递归数列组均获重要结果.冯跃峰还研究二元线性递归数列组的性质,对某些特例研究获重要成果,由此提出:

whc110——k 阶 m 元常系数线性递归数列组的一般性质是什么?

对特殊线性递归数列进行研究的有朱道勋、戴永、张志华、黄闻宇、李世杰等,均获有价值的成果.

12. 几类非线性递归数列的研究.

甘超一研究了一次分式数列求出了通项;后张文忠发现它未必是无穷数列;陈定昌找到了它成为无穷数列的充要条件,但不够简练;肖振纲获得它为周期数列的充要条件;蒋明斌获得最为漂亮的结果,通过引进特征值,同时获得了无穷性条件、周期性条件、通项公式和收敛性条件.张光华和陈天雄探讨了一阶 m 次分式递归数列、潘康伯研究了一阶二次递归数列、蒋明斌研究了一阶三次递归数列,均获初步结果.

2.2　王能超教授破解"缀术"之谜

华中理工大学教授王能超,在 20 世纪 90 年代致力于刘徽"割圆术"的钻研,终于领悟了它的奥妙,一举破解了祖冲之的"缀术"之谜,写成了《千古绝技"割圆术"——探究数学史上一桩千年疑案》一书(华中理工大学出版社,2000 年10 月出版).我们反复研究他的著作,确信王能超先生真正地破解了"缀术"之谜.杨之写成如下这一则短文,可以初步地告诉我们"理由"是什么:

率的奇迹

—— 祖冲之"缀术"之谜早在十年前已被王能超教授破解

1."缀术"之谜.

祖冲之(429－500)是我国南北朝时期杰出的数学家.《隋书·律历志》载:

"祖冲之更造密法,以圆径一亿为丈,圆周盈数三丈一尺四寸一分五厘九毫二秒七忽,朒(nǜ)数三丈一尺四寸一分五厘九毫二秒六忽.正数在盈朒之间.密率圆径一百一十三,圆周三百五十五,约率圆径七,圆周二十二……""正数"就是圆率 π 的准确值.则上述文字包含了三个结果

$$3.141\ 592\ 6 < \pi < 3.141\ 592\ 7$$

$$密率: \pi \approx \frac{355}{133}, 约率: \pi \approx \frac{22}{7}$$

这些结果,不仅当时是世界之冠且这个冠军保持了千余年.

可惜的是祖氏父子用以研究和计算 π 的《缀术》,尽管"时人称之精妙"却因"学官莫能究其深奥"而失传,成为千古疑谜.

祖冲之是怎样计算的? 如径用"割圆术"须算至 $24\ 576 = 6 \times 2^{12}$ 边形,这在用"筹算"的南北朝时期是难以办到的.所以历代学者倾心破解"缀术"之谜. 20 世纪 60 年代华罗庚提出"连分数"说,又有人提出"调日法"等,但只不过指出了密率、约率之由来,似与求得 π 上下限的"缀术"无瓜葛.

2. 王能超的出色工作.

令人欣喜的是华中理工大学的王能超教授在"缀术"研究中取得了突破性进展.在 2000 年出版的精致小书(一本了不起的专著)《千古绝技"割圆术"——研究数学史上一桩千年疑案》中,叙述了由于自己的一项绝妙发现,识破刘徽《割圆术》,术文中"以十二觚之幂为率消息"这句话的奥妙,找到珍贵修正常数"4".一举破解了"缀术"这千古疑迷,不能不说"攻莫大焉"!

刘徽是中国古代伟大数学家,他于陈留王景元四年(公元 263 年)注《九章》,留下千古奇文《割圆术》,全文 1 800 余言,内容翔实,结构紧凑,气势磅礴而寓意深邃.现代数学史家将 1 800 言逐句解读,含义均严谨明确,唯在第 19 款中,有

…… 以十二觚之幂为率消息 ……

由于"率消息"三字费解,又不能望文生义,王能超教授深入思索刘徽的哲学思想,更新自己的思维方式,一下子领悟了:"割之弥细,所失弥少,割之又割,以至于不可割,则与圆合体,而无所失矣",说明每次割圆所获之值 S_{2n} 与前次所获之值 S_n,同"正数"(精确值)S^* 的偏差越来越小,即

$$S^* - S_{2n} < S^* - S_n \tag{1}$$

直到最后 $S_n \to S^*$.但在"割圆"过程中,S^* 是不知道的.因此,用 S_{2n} 代替 S^*,则公式(1)变为

$$0 < S^* - S_{2n} < S_{2n} - S_n$$

就是

$$S_{2n} < S^* < S_{2n} + (S_{2n} - S_n) \tag{2}$$

（2）启发刘徽，两次割圆的结果 S_n 和 S_{2n} 不仅仅是两个近似值，他们的差 $S_{2n}-S_n$ 还可以用来修正所获结果．那么由公式（2）可知，存在一个数 ω：$0<\omega<1$，使

$$S^* \approx S_{2n}+\omega(S_{2n}-S_n) \tag{3}$$

这就是"校正公式"．当时在刘徽术文中，已有公式

$$S^* \approx \frac{36}{105}(S_{192}-S_{96})+S_{192}$$

但这校正因子 $\omega=\dfrac{36}{105}$ 是怎样求出来的呢？

3. 差之比中的奥妙.

为了找到公式（3）中 ω 的最佳值，王能超教授命 $\Delta_n=S_{2n}-S_n$，观察差之比 $S_n=\dfrac{\Delta_n}{\Delta_{2n}}$（差商）．当时刘徽已算出了 $S_{12},S_{24},S_{48},\cdots,S_{192}$ 的值，那么可以算出

$$S_{12}=3.95,\ S_{24}=3.99,\ S_{48}=4.00$$

把 $S_n \approx 4$ 代入 $S_n=\dfrac{\Delta_n}{\Delta_{2n}}$

$$\frac{S_{2n}-S_n}{S_{4n}-S_{2n}} \approx 4,\ S_{2n}-S_n \approx 4(S_{4n}-S_{2n})$$

命下标依次取 $n,2n,2^2 n,\cdots,2^k n$，将所得各式相加，中间各项抵消，得

$$S_{2^k n}-S_n=4(S_{2^{k+1} n}-S_{2n})$$

命 $k \to \infty$，则 $S_{2^k n} \to S^*$，$S_{2^{k+1} n} \to S^*$

$$S^*-S_n=4(S^*-S_{2n}) \tag{4}$$

所以得

$$S^*=S_{2n}+\frac{1}{3}(S_{2n}-S_n) \tag{5}$$

与公式（3）相比，知 $\omega=\dfrac{1}{3}$，那么刘徽何以取 $\omega=\dfrac{36}{105}$ 而不取 $\dfrac{1}{3}$ 呢？先考察一下 ω 与 δ_n 的关系，在公式

$$\delta_n=\frac{\Delta_n}{\Delta_{2n}}=\frac{S_{2n}-S_n}{S_{4n}-S_{2n}},\ S_{2n}-S_n \approx \delta_n(S_{4n}-S_{2n})$$

中，进行类似计算，可得

$$S^*-S_n=\delta_n(S^*-S_{2n})$$

所以

$$S^*=S_{2n}+\frac{1}{\delta_n-1}(S_{2n}-S_n) \tag{6}$$

（因为 $\Delta_{2n}<\Delta_n,\ \delta_n>1$，）将公式（3）与式（6）相比，知 $\omega=\dfrac{1}{\delta_n-1}$.

于是王能超教授推测刘徽当时取 $\omega = \dfrac{36}{105}$ 的原因是：当时刘徽已有 $S_{12} =$ 3.95，那么

$$\omega = \frac{1}{3.95 - 1} = \frac{1}{2.95} > \frac{1}{3} = \frac{35}{105}$$

因此需将 $\dfrac{35}{105}$ 放大一点，从而取 $\omega = \dfrac{36}{105}$，这正是"十二觚之密率". 至此王能超教授终于领悟了那十字天书："…… 以十二觚之密为率消息 ……"应将"为""率"颠倒顺序，成为

…… 以十二觚之密率为消息 ……

即以十二边形产生的幂率 $S_{12} = 3.95$ 为消息算出校正因子 $\omega = \dfrac{36}{105}$，那么事情也就顺理成章了.

然而十分可惜的是若取 $S_n = 4$，即 $\omega = \dfrac{1}{3}$，则应用公式（5），刘徽本可算出

$$S_{192} = 3.141\ 592\ 46（精确到小数 7 位）$$

从而达到祖冲之的结果，然后取了 $\omega = \dfrac{36}{105}$，只算出 $S_{192} = 3.141\ 4\cdots$，而与七位小数精确值失之交臂，祖冲之当时弄清了刘徽术文的含义（祖冲之时代离刘徽时代尚远，那时术文尚未被抄写颠倒，也说不定），而且算到 $S_{49} = 4.00$，即知 S_n 的真值是 4，从而用 $\omega = \dfrac{1}{3}$，而不是 $\dfrac{36}{105}$，把 $\dfrac{36}{105}$ 修正（补缀）为 $\omega = \dfrac{1}{3}$，再不必去算 $S_{24\ 576}$. 仅用刘徽的数据就可算出 π 精确到小数 7 位的近似值，还把刘徽的术文中的方法开发出来，成为对圆内接正多边形面积计算中的补缀校正之术、对计算数据的加工之术，祖氏父子还写成了专门著作《缀术》.

4. 几点认识.

王能超教授破解祖氏"缀术"之谜，此事启示颇多.

① 实验数据的校正法是刘徽的伟大发明并写在了他的《九章注》述文中，然而由于其校正因子选取不当，从而使他与 π 的 7 位小数近似值失之交臂. 王能超深入研究术文，将校正因子由 $\dfrac{36}{105}$ 修正为 $\dfrac{35}{105} = \dfrac{1}{3}$，取得了千年领先的成果. 这已经够耐人寻味了. 刘徽为什么选 $\dfrac{36}{105}$，而不选 $\dfrac{1}{3}$，这是因为过于相信"12觚"之幂率的归纳结果，而没有仔细分析 δ_n 趋近于 4 这个事实. 祖冲之还进一步阐明了这种方法为"缀术"，但由于阐释不够明确，致使"学官莫能究其深奥"逐步失传. 这是个历史教训：我们发现、发明一项重要理论方法既要给予严谨的证明，又能做出深入浅出的阐释，才便于其流传和后人的应用. 爱因斯坦的相对

555

论、近代的混沌学说都是这样做出的.

②理解"缀术"的关键. 在刘徽的《割圆术》中, 而"凑巧"的是术文中关键的"十字文"被抄写的人弄颠倒了两个字(把"…… 幂率为 …… 抄成了 …… 幂为率 ……"), 从而成为难解的天书. 王能超教授反复思索、深入观察计算, 运用现代数学中的极限思想终于破解了这千古之谜, 这真是一件了不起的成就. 然而王能超教授的书出版后的两三年, 对国外学术动态十分敏感的我国学术界和传媒(如对加拿大少年"天才"波西瓦1998年6月"发现"π的第1.245兆(万亿)位是它的尽头. 当年9月,《参考消息》即刊出新闻,《科技日报》刊出"中国数学家视为无稽之谈"的文章, 对此却无动于衷. 为此我们曾两度向一本著名杂志寄发文章(一是2002年5月2日, 二是2003年7月4日), 结果都石沉大海, 被审稿人打入"冷宫". 我们中国学术刊物、传媒为何对自己同胞的研究成果如此冷漠? 致使时至今日, 仍在说"缀术"是个未解之谜, 云云! 我们同胞的研究成果会妨碍我们什么呢?

③在《千古绝技"割圆术"—— 探究数学史上一桩千年疑案》一书中, 不仅研究了刘徽割圆中的校正常数 ω 和 δ_n, 还研究了混沌学中作为"中流砥柱"的费根鲍姆常数

$$\delta = 4.669\ 201 \cdots$$

称为混沌产生的速率, 说明率作为差之比中含有大自然和人间事物中的无穷奥妙. 我们作为微积分"中流砥柱"的导数、微商

$$\frac{\mathrm{d}y}{\mathrm{d}x} = \lim_{\Delta x \to 0} \frac{\mathrm{d}y}{\mathrm{d}x} = \lim_{\Delta x \to 0} \frac{f(x + \mathrm{d}x) - f(x)}{\mathrm{d}x}$$

不也是个差之比的极限吗?

在"数列"研究中文献很多, 在《中国初等数学研究文粹 —— 数列》一书中摘编的就有近300篇. 尔后杨之还撰写了"数列趣谈"书稿, 可惜均未能出版.

当然数列研究还要向纵深发展. 而它的两个自然的发展方向, 一是"限定"着重研究某种独特数列, 从而把"映射数列"(也称变换数列或迭代数列)课题提出来并加以研究; 二是向高维拓展, 从而"数阵"课题提出来了, 并引起了大家的关注.

2.3　对"映射数列问题"的初步研究

在《初等数学研究的问题与课题》一书中提出的第一类问题就是"映射数列问题", 它平凡而神奇, 十分好玩, 往往涉及数的出人意料的发现: 出发点很"普通", 变换也容易想象, 结果却往往很不普通且不少把它"升格为世界难题". 因此备受关注, 现在把杨之和张忠辅在台湾《数学传播》杂志22卷2期上, 发表的一则短文附在下边, 请大家研究.

映射数列问题

设 T 为自然数集 $N \to N$ 的映射. 任给 $n_0 \in \mathbf{N}$, 连续施行迭代: $T(n_0) = n_1$, $T(n_1) = n_2, \cdots$. 一般地, $T(n_{k-1}) = n_k \in \mathbf{N}, k = 1, 2, 3 \cdots$ 则数列

$$n_0, n_1 \cdots, n_k \cdots \tag{1}$$

就叫作映射数列, 这种数列常呈现某种奇妙的性质, 如周期性等.

易见 T 是 N 上的一个二元关系. 考虑 N 的一个子集 N', 满足 $m \in \mathbf{N}' \Rightarrow T^{(m)} \in \mathbf{N}'$ 即 ($\mathbf{N}'$ 关于 T 封闭). 我们约定, 如果 $T(m) = n$, 则由 m 到 n 以有向弧 (m, n) 连接, 那么就构成图 (N', T), 该图也称为数列 (1) 的图论表示. 不难知道数列 (1) 的性质与图 (N', T) 的性质是相互对应的.

对数列 (1) 来说, 如存在一个非负整数 k 和一个最小的自然数 l, 使得

$$T(n_k) = n_{k+1}, \ T(n_{k+1}) = n_{k+2}, \cdots, T(n_{k+l-1}) = n_k$$

(即 $n_{k+l} = n_k$), 则数列 (1) 称为周期数列, l 叫作周期, $\{n_k, n_{k+1}, \cdots, n_{k+l-1}\}$ 称为一个周期节 (也叫作循环节). 一个周期节在图 (N', T) 中将形成一个圈 (称为洞, 以周长 l 表示其大小).

按"鸽洞原理", 数列 (1) 为周期数列的一个显然的充分条件是 $\{n_k\}$ 有界. 由此不难证明: 如果数列 $\{n_k\}$ 自某项以后位数不增, 则它必为周期数列.

关于数列 (1) 成为周期数列的条件问题已有若干工作, 但至今未能较具体地解决如下问题:

whc1: 数列 (1) 为周期数列的条件是什么? (这里, whc 表示问题或猜想, 下同)

1. 数码方幂和问题

以 $T(n)$ 表示 n (在 10 进制下) 各位数码的 $m(m \in \mathbf{N})$ 次方之和. 当 $m = 1$ 时, $T(n)$ 即为 n 的数码和, 容易证明. 这时在有限步内数列 (1) 必进入周期节 $\{1\}$, $\{2\}, \{3\}, \{4\}, \{5\}, \{6\}, \{7\}, \{8\}$ 或 $\{9\}$. 我们考虑 $m = 2$ 的情形, 即数码平方和问题, 先看两个例子:

取 $n_0 = 9\ 331$, 则数列 (1) 成为: $9\ 931$, 100, 1, 1, $1, \cdots$;

取 $n_0 = 2\ 986$, 则数列 (1) 成为: $2\ 986, 185, 90, 81, 65, 61, 37, 58, 89, 145,$ $42, 20, 4, 16, 37, 58, \cdots$.

它们都是周期数列, 周期分别为 1 和 8. 一般地有如下结论:

设 $T(n)$ 表 $n(n \in \mathbf{N})$ 在 10 进制下各个数码的平方和, 则数列 $\{n_k\}$ 有如下两条性质之一:

$1°$ 存在 $k_0 \in \mathbf{N}$, 使得当 $k \geqslant k_0$ 时, $n_k = 1$;

$2°$ 存在 $k_0 \in \mathbf{N}$, 使得当 $k \geqslant k_0$ 时, $n_k \in \mathbf{M} = \{37, 58, 89, 145, 42, 20, 4, 16\}$.

为了证明, 设 $n_0 = \sum_{i=1}^{t} 10^{i-1} a_i (a_i$ 为数码 $0, 1, \cdots, 8$ 或 9). 则

$n_1 = T(n_0) = \sum_{i=1}^{t} a_1^2$，于是 $n_0 - n_1 = \sum_{i=2}^{t} (10^{i-1} - a_i)a_i - (a_1 - 1)a_1$. 因 $0 \leqslant$ $a_1 \leqslant 0$，则 $(a_1 - 1)a_1 \leqslant 72$，当 $t \geqslant 3$ 时，如 $a_i \neq 0$，则 $(10^{t-1} - a_t \geqslant 99$ 且对 $i = 2, 3, \cdots, t-1$，有 $(10^{i-1} - a_t)a_t \geqslant 0$. 因此当 $t \geqslant 3$ 时，$n_0 - n_1 > 0$，即

$$n_1 < n_0$$

这就说明，只要 n_0 为三位或三位以上的数，求数码平方和后就会减小. 同样如果 n_1 仍是不低于三位的数，那么 $n_2 < n_1$，$\cdots$，因此在有限步之后必成为一位或两位数（当然可能再变为三位数，但不会再超过三位），按前面判别准则，知 $\{n_k\}$ 当为周期数列. 而且为了具体地找出周期节，仅考虑一位数、两位数就可以了.

设 $n_p = 10b_2 + b_1$，则 $n_{p+1} = b_1^2 + b_2^2$，作出数列 $n_p, n_{p+1}, n_{p+2} \cdots, n_{p+s}, \cdots$ 的图论表示（图 1），它是图 (N, T) 的一部分（"根"部）.

此图说明由不超过两位的数 n_p 出发，通过最多 9 此迭代即进入 $\{1\}$ 或 M. 从而结论成立.

记 $T^1(n) = T(n)$；$T^2(n) = T(T^1(n))$，$\cdots$，$T^k(n) = T(T^{K-1}(n))$，$\cdots$，对任意的 $n \in \mathbf{N}$，上面已证明. 当 $m = 2$ 时，存在最小的非负数 $k_0(n) = k_0$，使 $T^{k_0}(n) = 1$ 或 $T^{k_0}(n) \in \mathbf{M}$（我们称这个 k_0 为 n 关于 T 到 M 或 $\{1\}$ 的路程. 那么我们问：

whc2：能否求出 $k_0(n)$ 的解析式？n 满足什么条件时有 $T^{k_0}(n) \in \{1\}$（或 $\mathbf{M}$）？

对 $n = \sum_{i=0}^{t} 10^i a_i, a_i \in \{0, 1, \cdots, 9\}$，设 $T(n) = \sum_{i=0}^{t} a_i^m (m \in \mathbf{N})$. 上海市一位中学生戚淳昊 1988 年曾研究过此问题. 当找到了当 $m = 3$ 时，$(\mathbf{N}, \mathbf{T})$ 中的七个圈

$$\{1\}, \{153\}, \{370\}, \{371\}, \{407\}, \{55, 250, 133\}, \{160, 217, 352\}$$

1992 年 4 月，冯跃峰认为应存在九个圈，另外两个是

$$\{919, 1\,459\}, \{136, 244\}$$

当 $m = 4$ 时，他找到了两个圈

$$\{1\}, \{1\,138, 4\,179, 9\,219, 13\,139, 6\,725, 4\,338, 4\,514\}$$

在一般情形下，图 (N, T) 是否一定有圈？对此，冯跃峰证明了如下：

定理 1 对任何 $n \in \mathbf{N}, n = a_0 + a_1 \cdot 10 + \cdots + a_t \cdot 10^t$，（其中 $a_0, a_1, \cdots, a_t$ 为数码，$a_t \neq 0$），设 $T(n) = a_0^m + \cdots + a_t^m (m \in \mathbf{N})$，则数列（1）必为周期数列，即图 (N, T) 中必有圈.

只需证明存在 n_0，当 $n > n_0$ 时，$T(n)$ 位数不增即可. 事实上可证更强的结果：当 $n > n_0$ 时，$T(n) \leqslant n$. 为此考察

$$n - T(n) = \sum_{i=0}^{t} (10^i a_i - a_i^m) = \sum_{i=0}^{t} a_i (10^i - a_i^{m-1})$$

构造函数

振兴祖国数学的圆梦之旅
——中国初等数学研究史话

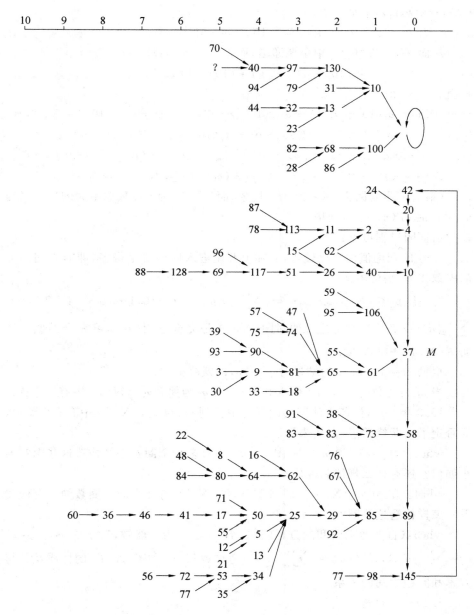

图 1　数列 $n_p, n_{p+1}, n_{p+2}, \cdots, n_{p+s}, \cdots$ 的图列表示

$$f(x) = x(10^t - x^{m-1})(0 \leqslant x \leqslant 9)$$

则

$$f'(x) = 10^t - mx^{m-1} \geqslant 10^t - m \cdot 9^{m-1}$$

设 $m \cdot 9^{m-1}$ 为 k 位数, 取 $n_0 = \max(10^k, 10^m)$. 由于 $a_t \neq 0$, 则当 $n > n_0$ 时,

559

$t \geqslant \max(k,m)$,于是

$$f'(x) \geqslant 10^t - m \cdot 9^{m-1} > 0$$

从而 $f(x)$ 在 $[0,9]$ 中单调递增,而 $1 \leqslant a_t \leqslant 9$,故 $f(a_t) \geqslant f(1)$ 即

$$a_t(10^t - a_t^{m-1}) \geqslant 1 \cdot (10^t - 1) \geqslant 10^k - 1$$

再由 $t \geqslant m$,得

$$
\begin{aligned}
n - T(n) &= a_t(10^t - a_t^{m-1}) + a_{t-1}(10^{t-1} - a_{t-1}^{m-1}) + \cdots + a_{m+1}(10^{m-1} - a_{m-1}^{m-1}) + \\
&\quad a_{m-2}(10^{m-2} - a_{m-2}^{m-1}) + \cdots + a_1(10 - a_1^{m-1}) + a_0(1 - a_0^{m-1}) \\
&\geqslant a_t(10^t - a_t^{m-1}) + a_{m-2}(10^{m-2} - a_{m-2}^{m-1}) + \cdots + a_1(10 - a_1^{m-1}) + a_0(1 - a_0^{m-1}) \\
&\geqslant 10^k - 1 - 9 \cdot (0 - 9^{m-1}) \cdot (m-1) \geqslant 10^k - 1 - m \cdot 9^m \geqslant 0
\end{aligned}
$$

(最后一步是因为:$m \cdot 9^m$ 为 k 位数,而 $10^k - 1$ 为 k 位数中最大的). 所以当 $n > n_0$ 时,$T(n) \leqslant n$,证毕.

由证明过程可见:

①n_0 的理论值估得比较大,实际上开始进入周期要早得多,即非周期部分的项数比 n_0 小得多;

② 设 $p \in \mathbf{N}, p \geqslant 2, n = \sum_{i=0}^{t} a_i p^i, a_i \in \{0, 1 \cdots, p-1\}, T(n) = \sum_{i=0}^{t} a_i^m (m \in \mathbf{N})$,则上边证明对图 (N, T) 是完全适用的,即可完全类似地证明图 (N, T) 中必有圈.

根据 $m = 1, 2, 3, 4$ 的结果对 $p = 10$,冯跃峰猜想:

当 m 为奇数时,(N, T) 中有 9 个圈;当 m 为偶数时,(N, T) 中有 2 个圈.

1993 年 5 月,江苏省沭阳县的张延卫找到 $m = 4$ 时,(N, T) 中有 6 个圈,从而否定了冯跃峰猜想;但还未弄清:

whc3:对 $p = 10$ 和 $m \in \mathbf{N}$,图 (N, T) 中有多少个圈?怎样构造这些圈?大小如何?还有什么规律和性质?

whc4:在 $p(p \in \mathbf{N}, p \neq 1)$ 进制下,图 (N, T) 有几个圈?圈数同 p 有何关系?怎样构造这些圈?

whc5:(自然数数码和的方幂问题) 设 $m \geqslant 2$ 为自然数,对 $p \in \mathbf{N}, p \geqslant 2$, $n = \sum_{i=0}^{t} a_i p^i$,设 $T(n) = \left(\sum_{i=0}^{t} a_i\right)^m$,考虑数列(1)和图 (N, T) 的性质及其与方幂和问题之间的关系.

2.3 $n + 1$ 问题.

汉堡大学的科拉茨(Collatz)1985 年底发表一篇文章,谈到他早在 1928 ～ 1933 年想到的一个问题,1952 年后逐渐传播出去的情形. 到 80 年代初已有若干工作. 此问题由于表述简明又有难度,激起不少人的兴趣. 科拉茨本人称为 "$3n + 1$ 问题",有文献称为"科拉茨问题",日本人称为"角谷猜想",问题至今尚未解决.

whc6:（$3n+1$ 问题）对任一自然数 $n \geqslant 2$,反复施行运算:若 n 为奇数,乘以 3 再加 1;若 n 为偶数,则除以 2,那么计算到最后总得 1.

米田信夫(Yoneda Nobuo)对 7 000 亿以内的数进行验算,结果都对. 如果对 $n \in \mathbf{N}$,取

$$T(n) = \begin{cases} 1, n=1 \\ \dfrac{n}{2}, n=2k, k \in \mathbf{N} \\ 3n+1, n=2k+1, k \in \mathbf{N} \end{cases}$$

那么就是要证明:对任意 $n_0 \in \mathbf{N}$,数列(1)成为

$$n_0, n_1, \cdots, n_t, 1.1, 1, \cdots \tag{2}$$

（t 为非负整数),如称满足数列(2)的自然 n_0 为科拉茨数,全部科拉茨数构成的集合记作 $\mathbf{N}_c$,那么 $3n+1$ 问题就是要证明:

whc6′:$\mathbf{N}_c = \mathbf{N}_o$

我们有 $1 \in \mathbf{N}_c$,$2^k \in \mathbf{N}_c (k \in \mathbf{N})$,而且由于对 $k \in \mathbf{N}$,有 $T^k(2^k m) = m$,则有

定理 2 $m \in \mathbf{N}_c \Rightarrow 2^k m \in \mathbf{N}_c (k \in \mathbf{N})$.

将 $T(n)$ 分别记为 $T_0(1)=1, T_1(2m)=m; T_2(2m+1)=3(2m+1)+1$,则易证如下的:

定理 3 $m \in \mathbf{N}_c \Leftrightarrow$ 存在 $k \in \mathbf{N}$,对 $m \in \mathbf{N}$ 进行若干次运算 T_1, T_2 后化为 2^k.

充分性是显然的,现证必要性:设 $m \in \mathbf{N}_c$,则按定义

$$T_1^k T_2 T_1^{K_t} T_2 T_1^{K_{t-1}} T_2 \cdots T_2 T_1^{K_1}(m) = 1 \tag{3}$$

其中,$k, k_t, \cdots, k_2 \in \mathbf{N}$,$k_1$ 为非负数整(约定 $T_1^0(m)=m$). 但只有 $T_1^k(2^k)=1$,因此由关系式(3)知 $T_2 T_1^{K_t} T_2 \cdots T_2 T_1^{K_1}(m) = 2^k$.

由定义可直接推出:

定理 4 $n \in \mathbf{N}_c \Rightarrow T(n) \in \mathbf{N}_c$.

我们来考虑(无限有向)图 (N, T),由于除 1 以外,奇数仅是 $T_1(n)$ 的结果. 因此奇数顶点的出入次数都是 1,偶数顶点的出次数为 1,但入次数可以为 2(当且仅当 $2m \equiv 1 (\bmod 3)$ 时,顶点 $2m$ 的入次数为 2),在图 2 中画的是图 (N, T) 的一部分.

如果其中没有圈和指向无穷的分支(图 3),它就是一个"向根"树,树的根部是 1,那么 whc6 成立. 而如果它是连通的就不会有圈或指向无穷的分支,否则就会出现如图 3 所示的分叉点 A. 其出现次数为 2,这同 $T(n)$ 为映射相矛盾. 而没圈和无穷分支且连通的图即为"向根"树. 因此 $3n+1$ 问题等价于

whc6″ 图(N,T)是连通的.

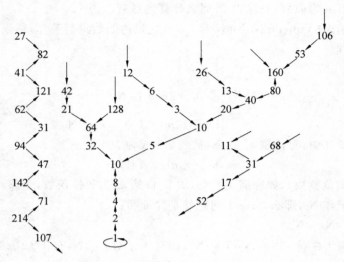

图 2   图(N,T)的一部分

图 3

设 $m \in \mathbf{N}$,满足关系式(3),则 m 称为次科拉茨数,比如 $g_0(k)=2^k(k=0,$
$1.2\cdots)$ 为零次科拉茨数;对于 $t \in \mathbf{N}$ 和非负整数 k

$$g_1(k,t)=2^k(4^t+4^{t-1}+\cdots+4+1)$$

为 1 次科拉茨数;由图 2 可见,26,13 等为 2 次科拉茨数.不难验证,11 为 4 次,而
27 为 41 次科拉茨.

whc7:$l(l=2,3,4,\cdots)$ 次科拉茨数的解析式是什么?

1994 年 9 月,福州市的林世保获得如下结果:

① 对 $l \in \mathbf{N}$ 和非负整数 $k_i(i=1,2,\cdots)$ 使得

$$g_l = \frac{1}{3^l}(2^{k_1+\cdots+k_l} - 3^{l-1} - 3^{l-2} \cdot 2^{k_1} - 3^{l-3} \cdot 2^{k_1+k_2} - \cdots 2^{k_1+\cdots+k_{l-1}})$$

为正整数,则 g_l 是 l 次库拉茨数.事实上,这不过是方程(3)求解的结果,例
如,二次(奇)库拉茨数的表达式为

$$g_2 = \frac{1}{9}\left[2^{2k}(2^{6k_1+2}-1)-3\right] \text{ 或 } g_2 = \frac{1}{9}\left[2^{2k+1}(2^{6k_1+4}-1)-3\right]$$

② 当 $g_l \equiv 1 (\mathrm{mod}\ 3)$ 时，$g_l g_1 + \dfrac{g_l-1}{3}$ 是 $l+1$ 次库拉茨数；当 $g_2 \equiv 2(\mathrm{mod}\ 3)$ 时，$2g_l g_1 + \dfrac{2g_l-1}{3}$ 是 $l+1$ 次库拉茨数.

③$4g_l+1$ 也是库拉茨数.

3. $3n+1$ 问题的推广.

早在 1987 年安徽省一位数学教师张承宇对 $3n+1$ 问题就做了系统的推广. 1990 年 5 月《自然杂志》在发表他的文章的同时，通过"编者按"评价说：

"《角谷猜想的推广》虽然出自一位业余数学爱好者之手，但猜想有据，推断有理，显示出一定的数学功底. 本刊特予刊载，若有朝一日谁能沿着该文的思路一举解决了"角谷猜想"，千万不要忘记了这位在艰苦条件下勤奋自学的业余爱好者！"

一个尚未解决的问题或猜想再"推广"有什么意义吗？希尔伯特说：

"在解决一个问题时如果我们没有获得成功，原因常常在于我们没有认识到更一般的观点，即眼下要解决的问题不过是一连串有关问题中的一个环节. 采取这样的观点之后不仅我们所研究的问题会容易得到解决，同时还会获得一种能用于相关问题的普遍方法."

张承宇对 $3n+1$ 问题的推广正是给出了一连串有关的问题和这类问题的一般观点，从而使问题表现出更明显的规律性，特别显示出问题不仅同两个素数 2 和 3 有关，而是同整个素数列密切联系，从而揭示出问题的深刻意义.

如果把 $3n+1$ 问题（whc 6）叫作猜想 1，做代换 $1 \rightarrow 3^k$（k 为非负整数）就得：

猜想 $1'$（$3n+3^k$ 问题）：设 k 为给定的非负整数，对任一自然数 m：

(1) 若 m 为偶数，则用 2 除 m；

(2) 若 m 为奇数，则用 3 乘 m 再加 3^k.

对上述运算结果行上述运算，则经有限次后总得 3^k.

猜想 2（$5n+1$ 问题）：对任一自然数 m：

(1) 若 $2\mid m$ 或 $3\mid m$，则用 2 或 3 除 m；

(2) 若 2 和 3 均不能整除 m，则用 5 乘 m 再加 1.

对上述运算结果再行上述运算，有限次后总为 1.

在 $5n+1$ 问题中，做代换 $1 \rightarrow 5^k$（$k \in \overline{Z^-}$），其他不变，则得：

猜想 $2'$：$5n+5^k$ 问题.

猜想 3（$7n+1$ 问题）：对任一自然数 m：

(1) 若 $2\mid m$ 或 $3\mid m$ 或 $5\mid m$，则用 2,3 或 5 除 m；

（2）若 $2,3,5$ 均不能整除 m，则用 7 乘 m 再加 1.

对上述运算结果再行上述运算，有限次后必得 1.

在猜想 3 中做代换 $1 \to 7^k (k \in \overline{Z^-})$ 得：

猜想 3′：$7n + 7^k$ 问题.

猜想 4（$11n + 1$ 问题）：对任一自然数 m：

（1）若 $2,3,5,7$ 中至少一个整除 m，则用它去除 m；

（2）若 $2,3,5,7$ 均不能整除 m，则用 11 乘 m 再加 1.

对上述运算结果再行上述运算，则经有限次后，结果或为 1，或出现循环"$17 - 47 - 37 - 17$".

如果记 $\psi_1 = \{1\}$，$\psi_2 = \{17, 47, 37\}$，则上述猜想结论可说成："…… 经有限次后，结果或属于 ψ_1，或属于 ψ_2". 记 $\psi'_1 = \{11^k\}$，$\psi'_2 = \{17 \times 11^k, 47 \times 11^k, 37 \times 11^k\} (k \in \overline{Z^-})$ 在猜想 4 中做代换 $1 \to 11^k$，$\psi_1 \to \psi'_1$，$\psi_2 \to \psi'_2$，则有

猜想 4′：$11n + 11^k$ 问题.

由以上不难看出猜想 1.4 分别为猜想 1′～4′当 $k = 0$ 时的特殊情形. 意味深长的是，有：

定理 5   如果猜想 1.4 成立，则猜想 1′～4′也成立.

我们仅证明如 4 成立，则 4′成立.

对给定的非负整数 k，设从某自然数 m_0 开始，进行猜想 4′运算过程

$$m_0 - m_1 - m_2 \to \cdots \to m_i \to \cdots$$

其中 m_i 是由 $11m_{i-1} + 11^k$ 中约有去素因子 $2,3,5,7$ 而得. 用 F_i 表示约去的所有素因子的和. 则

$$11m_{i-1} + 11^k = F_i m_i$$

再设 $m_i = 11^{l_i} n_i$，11 不能整除 $n_i (i = 0, 1, 2 \cdots)$ 下面分两种情形讨论：

若 $l_0 \geq k$，则 $11m_0 + 11^k = 11^{l_0+1} n_0 + 11^k = 11^k (11^{l_0-k+1} + 1) = F_1 m_1 = 11^{l_1} n_1 F_1$，由素因子分解唯一性定理知 $l_0 = k$，同样可证 $l_2 = l_3 = \cdots = k$；

若 $l_0 < k$，则 $11m_0 + 11^k = 11^{l_0+1} (n_0 + 11^{k-l_0+1}) = F_1 m_1 = 11^{l_1} n_1 F_1$. 因为 11 不能整除 $n_1 F_1$，故 $l_1 \geq l_0 + 1$；如仍有 $l_1 < k$，则同样可得 $l_2 \geq l_1 + 1$. 如此下去，因 k 为有限数，故必有某 t 使 $l_t \geq k$.

综合上述两种情形，必有某 t 使 $l_t = l_{t+1} = \cdots = k$. 于是

$$l_{t+1} = \frac{11^{k+1} n_t + 11^k}{F_{t+1}} = \frac{11^k (11 n_t + 1)}{F_{t+1}}$$

$$m_{t+2} = \frac{11^k (11 n_{t+1} + 1)}{F_{t+2}}, \quad m_{t+3} = \frac{11^k (11 n_{t+2} + 1)}{F_{t+3}} \cdots$$

把这运算过程中每个 m_i 除去因子 11^k 正是从 n_t 起，按猜想 4 的规定进行运算的过程. 由于假定猜想 4 成立，它最后结果属于 ψ_1 或 ψ_2；由 ψ'_1，ψ'_2 的定义可

知,猜想 $4'$ 成立.

由于这种等价性,猜想 i' 可不再考虑;于是有一般性的

猜想 5($p_s n + 1$ 问题):设 $p_1 = 2, p_2 = 3, p_3, p_4, \cdots$ 为连续的素数数列,$s \geqslant 2$ 为给定的自然数,$m \in \mathbf{N}$.

(1) 若 $p_1, p_2, \cdots p_{s-1}$ 中有能整除 m,则用它去除 m;

(2) 若 $p_i (i = 1, \cdots, s-1)$ 均不能整除 m,则用 p_s 乘 m 再加 1.

对上述运算结果再行上述运算,最后必形成有限个循环 $\psi_1, \psi_2, \cdots, \psi_l$,且 $\psi_1 = \{1\}$.

whc8:证明或推翻上述猜想. 如果猜想得到证明,则对给定的 $s \in \mathbf{N}, s \geqslant 2$,进一步确定 l 及 $\psi_1, \psi_2, \cdots, \psi_l$.

上述猜想是建立在连续素数数列基础上的,问题在于对单个的素数或任意排列的素数列将会有什么样的结果? 对单个素数,1991 年 3 月张焕明给出了一个猜想:

Whc   设 m 为自然数:

(1) 若 $m = 3k (k \in \mathbf{N})$,则用 3 除 m;

(2) 若 $m = 3k + 1 (k \in \mathbf{N})$,则用 4 乘 m 再减去 1;

(3) 若 $m = 3k - 1 (k \in \mathbf{N})$,则用 4 乘 m 再加上 1.

对上述运算结果再行上述运算,经有限次后结果总为 1.

这猜想正确吗? 能否进行系列推广?

1985 年拉嘎利斯(C. Lagarias)著文《$3x + 1$ 问题及其推广》(The American Mathematical Monthly, Jan, 1985)概述了其研究情况并引进了"停止时间函数"等概念,但很少有实质性进展,唯揭示其同遍历理论之联系颇有启发性. 这就要在整数集上定义映射 $T: Z \rightarrow Z$

$$T(\alpha) = \begin{cases} \dfrac{\alpha}{2}, \alpha \equiv (\bmod\ 2) \\[2mm] \dfrac{3\alpha + 1}{2}, \alpha \equiv 1 (\bmod\ 2) \end{cases} \qquad \text{然后再加以扩充}$$

4. 黑洞数问题.

对任一个数字不全相同的三位数,如 207 进行重排求差运算 T:把数字重排,用所得最大数减去最小数,对结果再行同样运算最终必得 495,即

$$207 \xrightarrow{T:720-027} 693 \xrightarrow{T:963-369} 594 \xrightarrow{T:954-459} 495 \xrightarrow{T:954-459} 495\cdots$$

再换一个,也是如此.

这可做出一般的证明:取 $n = \overline{b_3 b_2 b_1}$,不妨设 $b_3 \geqslant b_2 \geqslant b_1, b_3 \neq b_1$,则

$$T(n) = \overline{b_3 b_2 b_1} - \overline{b_1 b_2 b_3} = (b_3 - b_1 - 1) 9 (10 + b_1 - b_3)$$

$T(n)$ 的 10 位数字是 9,首末位数字的和也是 $(b_3 - b_1 - 1) +$

$(10+b_1-b_3)=9$. 因而只要对 990,891,792,693,594 加以验证就可以了,结果为

$$990 \xrightarrow{T} 891 \xrightarrow{T} 792 \xrightarrow{T} 693 \xrightarrow{T} 594 \xrightarrow{T} 495$$

一般地,设 N_m 表示由 m 个不尽相同的数字排成的自然数(10 进制数,包括前面若干位为 0 的数如 $0012\cdots7$)的集合(事实上,N_m 为不超过 m 位但数字不全相同的数的集合),$T(n)$ 表示将 $n(n\in \mathbf{N})$ 的数字重排,用所得最大数减去最小数的差(称为重排求差),我们来考查图 (N_m,T) 的有趣性质.

如果存在不同的数 $n_1,n_2,\cdots,n_k \in \mathbf{N}_m$,使

$$T(n_1)=n_2,T(n_2)=n_3,\cdots,T(n_{k-1})=n_k,T(n_k)=n_1$$

则 $(n_1,\cdots,n_k)$ 形成图 (N_m,T) 中一个圈,也叫作一个黑洞.$n_1,n_2,\cdots,n_k$ 称为 N_m(或 m 位)的一组黑洞数,k 表明了黑洞的大小,叫作周长.

由定义知 $N_1=\varphi$.上已证明.

定理 6 图 (N_3,T) 中恰有一个黑洞(495).

有文献说,印度数学家们研究过所谓"陷阱数"且证明了四位陷阱数为 6 174,即:

定理 7 图 (N_4,T) 中恰有一个黑洞(6 174).

(N_2,T) 如何? 容易证明:

定理 8 图 (N_2,T) 中恰有一个周长 $k=5$ 的黑洞(09,81,63,27,45).

在图 4 中给出的是一个完全归纳的证明.仔细观察这个图,不难发现 (N_2,T) 构造上的一些特点.

易见若 $n\in \mathbf{N}_m$,则 $T(n)\in \mathbf{N}_m$;但 n_1,n_2 只有数字排列不同,则 $T(n_1)=T(n_2)$;由于 $\mathbf{N}_m$ 中元素个数是有限的($|\mathbf{N}_m|=10^m-10$),运算 T 却可无限进行下去,因此有如下:

定理 9(黑洞存在定理):对任何 $m\in \mathbf{N},m\geqslant 2,m$ 位黑洞数存在,即图 (N_m,T) 中必有黑洞.

黑洞乃是 $\mathbf{N}_m$ 中对 T 封闭的子集,具有"只入不出"的性质同宇宙黑洞有某些类似.

其名亦由此而得,现已找到:

(N_5,T) 中的三个黑洞(仅列其中一个数):

$(63\ 954,\cdots)(k=4),(62\ 964,\cdots)(k=4),(53\ 955,\cdots)(k=2).$

(N_6,T) 中有三个黑洞:

$(642\ 654,\cdots)(k=7),(6\ 317\ 464,\cdots)(k=7),(549\ 945,\cdots)(k=7).$

(N_7,T) 中的一个黑洞:$(8\ 719\ 722,\cdots)(k=8).$

(N_8,T) 中的四个黑洞:

$(63\ 317\ 664)(k=1),(97\ 508\ 421)(k=1),(83\ 208\ 762,\cdots)(k=3),$

$(86\ 308\ 632, \cdots)(k=7).$

(N_9, T) 中的三个黑洞：

$(864\ 197\ 532)(k=1), (554\ 999\ 445)(k=1), (865\ 296\ 432, \cdots)(k=14).$

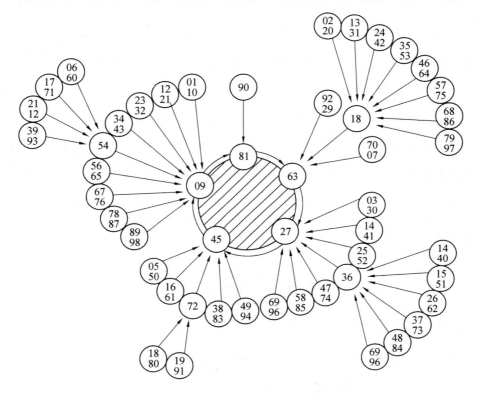

图 4   完全归纳证明

Whc10：对于自然数 $m \geqslant 5$，设图 (N_m, T) 中共 L_m 个黑洞，则 L_m ＝等于多少？这些黑洞的周长各是多少？怎样具体地构造这些黑洞？

设 $n \in \mathbf{N}_m$ 则 $T(n)$ 各位数字之和为 9 的倍数还知道它的一些数字结构特征，但尚不知：

Whc11：$n \in \mathbf{N}_m$ 是黑洞数的充分必要条件（除了定义）是什么？

若 $n \in \mathbf{N}_m$ 不是黑洞数且 $T(n)=n_1, T(n_1)=n_2, \cdots, T(n_{d-1})=n_d$ 且 $n_1, \cdots,$ n_{d-1} 都不是黑洞数，n_d 是黑洞数，则 $h_m(n)=d$ 叫作黑程（相当于数列(1)中非循环部分的项数）；若 n 是黑洞数，约定 $h_m(n)=0$.

怎样求 $h_m(n)$？它有解析式吗？

自 1993 年以来，人们发现了黑洞数的不少衍生规律，但对上述几个问题的研究，无实质性进展.

Whc12：设 $p \in \mathbf{N}, p \geqslant 2$，试在 p 进制下考虑相应的黑洞数问题.

567

为了简化 $\mathbf{N}_m$ 中黑洞的研究,岳阳市李抗强提出一种方法即"特征数法":

设 $n \in \mathbf{N}_m$,将其数字由大到小排列为 $a_1, \cdots, a_m (a_1 \geqslant a_2 \geqslant \cdots \geqslant a_m)$,命 $\beta_i = a_i - a_{m-i+1} (i = 2, 3, \cdots, [\frac{m}{2}])$,则称 $\bar{n} = \beta_1 \beta_2 \cdots \beta_{[\frac{m}{2}]} 0 \cdots 0$ 为 n 的特征数(由 $a_1 \geqslant \cdots \geqslant a_m$ 知 $\beta_1 \geqslant \cdots \geqslant \beta_{[\frac{m}{2}]}$). $\bar{n}(n \in \mathbf{N}_m)$ 的集合记为 $\bar{\mathbf{N}}_m$,则 $\bar{\mathbf{N}}_m \subset \mathbf{N}_m$, $\bar{\mathbf{N}}_m$ 中共有 $C_{9+m/2}^{[m/2]} - 1$ 个元素,比 $\mathbf{N}_m$ 少得多,特征数有如下性质:

① 若 $n \in \mathbf{N}_m$,则 $\overline{T(n)} = T(\bar{n})$;

② 若 $n_1, n_2 \in \mathbf{N}_m$,则 $T(n_1) = T(n_2) \Leftrightarrow \bar{n}_1 = \bar{n}_2$.

对 $\bar{n} \in \bar{\mathbf{N}}_m$,我们定义 $\bar{T}(\bar{n}) = \overline{T - (\bar{n})}$,则 $\bar{T}$ 称为 T 在 $\bar{\mathbf{N}}_m$ 中的共转运算,那么 $\bar{T}$ 在 $\bar{\mathbf{N}}_m$ 中是封闭的,因此它是 $\bar{\mathbf{N}}_m$ 中的二元关系,从而可构造图 $(\bar{\mathbf{N}}_m, \bar{T})$. 可以证明:

定理 10 $(\mathbf{N}_m, T)$ 中的黑洞可与 $(\bar{\mathbf{N}}_m, \bar{T})$ 中的黑洞建立一一对应关系且对应黑洞周长相等.

略证如下:

设 $(\bar{n}_1, \cdots, \bar{n}_k)$ 为 $(\bar{\mathbf{N}}_m, \bar{T})$ 中一个黑洞,则

$$\bar{T}(\bar{n}_1) = \bar{n}_2, \bar{T}(\bar{n}_2) = \bar{n}_3, \cdots, \bar{T}(\bar{n}_k) = \bar{n}_1$$

于是

$$\bar{T}(\bar{T}(\bar{n}_1)) = \bar{T}(\bar{n}_2), \cdots, \bar{T}(\bar{T}(\bar{n}_k)) = \bar{T}(\bar{n}_k)) = \bar{T}(\bar{n}_1)$$

由性质 ① 及 $\bar{T}$ 的定义:

$$\bar{T}(\bar{T}(\bar{n})) = \bar{T}(\overline{T(n)})(\text{定义}) = \bar{T}(\overline{T(n)})(\text{性质 ①}) = \overline{T(T(n))}(\text{性质 ①})$$

所以

$$\bar{T}(\bar{T}(\bar{n}_1)) = \overline{T(T(\bar{n}_1))} = \bar{T}(\bar{n}_2), \bar{T}(\bar{T}(\bar{n}_2)) = \bar{T}(\bar{n}_3), \cdots, \bar{T}(\bar{T}(\bar{n}_k)) = \bar{T}(\bar{n}_1)$$

这说明 $(\overline{T(n_1)}, \cdots, \overline{T(n_k)})$ 为 $(\bar{\mathbf{N}}_m, \bar{T})$ 中一个黑洞,即 $F: (\bar{n}_1, \cdots, \bar{n}_k) \rightarrow (\overline{T(n_1)}, \cdots, \overline{T(n_k)})$ 为 $(\bar{\mathbf{N}}_m, \bar{T})$ 中黑洞集合 $\bar{H}_m$ 到 $(\mathbf{N}_m, T)$ 中黑洞集合 H_m 的一个映射. 由性质 ①,② 知,$\bar{H}_m$ 中的不同黑洞映射到 H_m 中的不同黑洞,即 F 为单射.

设 $(n_1, \cdots, n_k) \in \mathbf{H}_m$,则 $T(n_1) = n_2, \cdots, T(n_k) = n_1$,由性质 ①,有 $\overline{T(n_1)} = n_2, \cdots, \overline{T(n_k)} = n_1$. 因此

$$\bar{T}(\bar{n}_1) = \bar{n}_2, \cdots, \bar{T}(\bar{n}_k) = \bar{n}_1$$

振兴祖国数学的圆梦之旅
——中国初等数学研究史话

可见,$(\overline{n_1},\cdots,\overline{n_k}) \in \mathbf{H}_m$,说明 F 为满射,从而 F 是 $\overline{H}_m$ 到 H_m 的一一映射,由证明过程还可知对应黑洞周长相等.

上述证明过程还给出了 H_m 中黑洞的构造方法,它们也是特征数的性质:

③ 若 $(\overline{n_1},\cdots,\overline{n_k}) \in \mathbf{H}_m$ 则 $(T(\overline{n_1}),\cdots,T(\overline{n_k})) \in \mathbf{H}_m$;

④ $T(\overline{n})$ 为 (N_n,T) 中黑洞数 $\Leftrightarrow \overline{n}$ 为 (N_m,T) 中黑洞数;

⑤ 设 n_0 在 N_m 中黑程为 $h(n_0)$,$\overline{n}_0$ 在 $\overline{N}_m$ 中黑程为 $\overline{h}(n_0)$,如 $\overline{h}(n_0) \neq 0$,则 $h(n_0) = \overline{h}(n_0) + 1$;如 $\overline{h}(n_0) = 0$,则 $h(n_0) = 0$ 或 1.

事实上,记 $\overline{h}(n_0) = d \neq 0$,则 $\overline{T}(n_0) = \overline{n}_1,\cdots,\overline{T}(n_{k-1}) = \overline{n}_d$,其中 $\overline{n}_0,\cdots,\overline{n}_{d-1}$ 均非黑洞数,而 $\overline{n}_d$ 为 $\overline{N}_m$ 中黑洞数,仿定理 10 的证明过程可知,$T(n_0) = T(\overline{n}_0)$,$T(T(n_0)) = T(\overline{n}_1),\cdots,T(T(n_{d-1})) = T(\overline{n}_d)$,由性质 ④ 知 $T(\overline{n}_0),\cdots,T(\overline{n}_{d-1})$ 非 N_m 中黑洞数,而 $T(\overline{n}_d)$ 为 N_m 中黑洞数.因此 $h(n_0) = d+1 = \overline{h}(n_0) +1$,但当 $\overline{h}(n_0) = 0$ 时,$\overline{n}_0$ 虽为 $\overline{N}_m$ 中黑洞数,n_0 却可能是也可能不是 N_m 中黑洞数,因此 $h(n_0) = 0$ 或 1.

5. 映射数列问题研究的意义与前景.

由前面所举的几例不难看出映射数列(1)或与之相应的图 (N',T) 的性质既与 n_0(及相应的集合 N')有关,又同映射 T 有关,于是就开辟了研究自然数的一个新的领域:研究数在各种映射之下的性质,数的动态性质,如果设

$$T(2) = 3, T(3) = 5,\cdots,T(p_{k-1}) = p_k,\cdots$$

$p_k(k = 1,2\cdots)$ 为连续素数,那么我们对素数的研究也可看作对一种映射数列的研究.

由于映射 T 的多样性以及相应的图论表示 (N',T),这就给映射数列的研究开辟了无限广阔的前景.至于研究方法由于它既与数论、分析有关又同图论联系,乃是一种边缘数学.因此不仅可自如地运用已有的数论、图论、函数论的成熟方法还可把它们融会贯通、创造独特的方法.

但应注意的是:虽然我们前面介绍的几类都是周期数列,可并不意味着只有周期映射数列才有研究价值.我们相信在大量非周期映射数列中也必然有很多值得研究的问题,至于那些可能引向混沌映射的数列(把 N 扩充到复整数),更会引人入胜,还有二阶的 $(T(n_{i-1},n_i) = n_{i+1})$ 映射数列呢?

参考文献

[1] Collatz. About the motivation of the $(3n+1)$ — problem[J]. 曲阜师大学报,1986 年 3 月.

[2] 杨之,张忠辅.角谷猜想与黑洞数问题的图论表示[J].自然杂志,1988,6.

[3] 杨之.自然数在变换下的性质及其图论表示中的研究课题[J].中国初等数学研究文集,1992,6.

此文发表于 1998 年,尔后还有一些相关文献,这里补上.

[4] 张承宇.角谷猜想入推[J].自然杂志,1990,5.

[5] 曾晓新.自然数迭代陷入循环的一个充分条件[J].数学通讯,1988,12.

[6] 李抗强.研究黑洞数问题的一个简捷方法 —— 特征数法[J].湖南数学通讯,1990,6.

[7] 杨世明.中国初等数学研究[M].郑州:河南教育出版社,1962.

[8] 冯钦峰.自然数一种迭代性质及猜想:中等数学[J].1992,4.

[9] 马文杰,杨之.黑洞数 123[J].中学数学教学参考,2010,1 ～ 2.

§3　典型课题的研究成果(3)

这一节我们综述三项现代课题的研究成果.它们是数阵、一般折线和绝对值方程的研究.

3.1 "数阵"研究

数阵研究的情况我们也通过杨之写的一篇综述文章加以说明.

"数阵"研究综述

中国数学应该有自己的问题,即中国数学家在中国本土提出而且加以解决的问题.

—— 陈省身

"数阵"是我国 20 世纪 80 年代末提出来的一个新的数学研究课题.几年的研究发现它蕴藏丰富,前景广阔.本文对近年我国数阵研究的进展加以综述并提出进一步研究的若干课题.

一、数阵概念产生的背景

数阵概念的产生是有广阔的实际和理论背景的.我们先看一个几何问题.

将任意四边形 $ABCD$ 每边三等分,联结对边对应分点.则四边形被分为 9 块(图 5(a)).问中间一块 S_{22} 的面积是整个四边形面积的几分之几?

观察图形容易猜想 $S_{22}=\dfrac{1}{9}S_{四边形ABCD}$.当然这并不难证明[4].首先用三角形中位线定理或解析法证明这些交点,对每条线段来说都是等分点;然后用图 5(b) 中的辅助线,可证

$$S_{\text{四边形}PQTR} = \frac{1}{3} S_{\text{四边形}ABCD} \qquad (*)$$

这是由于 $S_{\triangle QTR} = S_{\triangle QTC}, S_{\triangle RQT} = S_{\triangle RAT}$，所以只要再证 $S_{\triangle CDQ} + S_{\triangle ABR} = \frac{1}{3} S_{\text{四边形}ABCD}$ 就可以了. 但 $S_{\triangle CDQ} = \frac{1}{3} \cdot S_{\triangle ACD}, S_{\triangle ABR} = \frac{1}{3} S_{\triangle ABC}$，故（ $*$ ）成立，从而猜想成立.

但同时得到 $S_{12} = \frac{1}{2}(S_{11} + S_{13})$，即 S_{11}, S_{12}, S_{13} 成等差数列，同样

$$S_{21}, S_{22}, S_{23}; \cdots; S_{13}, S_{23}, S_{33}$$

也各自成等差数列.

这个结论可推广到将凸四边形 $ABCD$ 的一组对边 m 等分，另一组对边 n 等分的情形（图5(c)）. 这时，$\{S_{11}\}$ 中每行 $S_{11}, S_{12}, \cdots, S_{in}(i = 1, 2, \cdots, m)$ 和每列

$$S_{1j}, S_{2j}, \cdots, S_{mj}(j = 1, 2, \cdots, n)$$

都成等差数列. 面积在凸四边形中的这种分布方式是令人深思的.

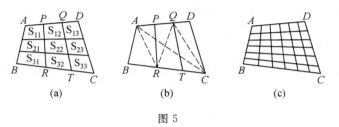

图 5

其次，我们考察函数 $f(x, y)(x, y \in \mathbf{N})$，它的值域 $\{f(i,j)\}(i, j = 1, 2, 3 \cdots)$ 就构成一个平面上的无穷数表，作为二元函数的离散对应物类似于一元函数 $f(x)(x \in \mathbf{N})$ 的离散对应物 $\{f(i)\}(i = 1, 2, \cdots)$ 即一个数列. 我们研究数列，主要着眼于它的结构，同样地对 $\{f(i,j)\}$ 的研究也着眼于它的结构. 我们同样也可以一般地考虑 $N^{(n)}$ 上的函数 $f(x, \cdots, x_n)$ 的离散对应物 $\{f(i_1, \cdots, i_n)\}(i_1, i_2, \cdots, i_n = 1, 2, 3, \cdots)$，且主要是考虑它的结构特征. 因此称它为数表或矩阵都是不科学的.

最后，我们考察杨辉－皮尔三角（逆时针旋转 $45°$ 放置）

$$y_p = \begin{cases} 1 & 1 & 1 & 1 & 1 & \cdots \\ 1k & 2k & 3k & 4k & 5k & \cdots \\ 1k^2 & 3k^2 & 6k^2 & 10k^2 & 15k^2 & \cdots \\ 1k^3 & 4k^3 & 10k^3 & 20k^3 & 35k^3 & \cdots \\ 1k^4 & 5k^4 & 15k^4 & 35k^4 & 70k^4 & \cdots \\ \vdots & \vdots & \vdots & \vdots & \vdots & \vdots \end{cases}$$

易见，它是具有独特结构的数表，这种例子我们还可举出很多.

二、n 维数阵的探讨

作为多元函数的离散对应物、数列概念的高维拓广和各种数表的概括证明,我们引进如下数阵概念:

设 n 下标数 $a_{i_1 i_2 \cdots i_n} \in \mathbf{C}(i_k=1,2,3,\cdots;k=1,2,\cdots,n)$. 那么每个数 $a_{i_1 i_2 \cdots i_n}$ 对应 n 维欧氏空间 R^n 中的一个整点 $(i_1,i_2,\cdots,i_n)$,如果把数就排在它对应的点处,就形成一个由复数构成的阵 $\{a_{i_1 \cdots i_n}\}$,称为 n 维数阵,$a_{i_1 \cdots i_n}$ 叫作数阵的通项,如果通项能表示为一个 n 元解析式

$$a_{i_1 \cdots i_n} = F(i_1 \cdots i_n)$$

该解析式就叫作数阵的通项公式.

当 $n=1$ 时,就是通常的数列;二维数阵 $\{a_{ij}\}$ 也叫平面数阵(简称为数阵或阵);三维数阵 $\{a_{ijh}\}$ 也叫立体数阵或空间数阵.

对于数阵来说,我们着重考虑的是它的通项公式、递推关系、周期性、增减性(对实数阵)、前若干项和、敛散性,它包含的低维子阵等. 对于同维数阵还可考虑它们之间的关系. 以平面数阵为例,可定义如下关系、变换和运算.

设 $A=\{a_{ij}\}$,$B=\{b_{ij}\}$,$C=\{c_{ij}\}$,则有

① 相等关系:$A=B \Leftrightarrow a_{ij}=b_{ij}(\forall i,j \in \mathbf{N})$.

② 子阵:若数阵 D 由 A 的部分行、列构成且不改变原来的排列顺序,则 D 叫作 A 的子阵,记作 $D \subseteq A$.

③ 称 $A'=\{a_{ji}\}$ 为 A 的转置,如果 $A'=A$,A 叫作对称阵.

④ 和阵:$C=A+B \Leftrightarrow c_{ij}=a_{ij}+b_{ij}(\forall i,j \in \mathbf{N})$.

⑤ 倍阵:设 a 为复数,定义 $aA=Aa=\{aa_{ij}\}$.

易证:

① $A+B=B+A$;

② $(A+B)+C=A+(B+C)$;

③ $\alpha(\beta A)=(\alpha\beta)A=\beta(\alpha A)$;

④ $(A')'=A$;

⑤ $\alpha(A+B)=\alpha A+\alpha B$;

⑥ $(\alpha+\beta)A=\alpha A+\beta A(\alpha,\beta$ 为复数$)$.

例如,华罗庚在《从杨辉三角谈起》一书中就深入研究了杨辉数阵 y_p 中的数列问题,杨辉 — 皮尔数阵 $y_p=\{p_{ij}\}$ 的通项公式为

$$p_{ij}=\frac{(i+j-2)!}{(i-1)!(j-1)!}k^{i-1}$$

三、等差数阵研究

每行、每列都成等差数列的数阵 $D=\{a_{ij}\}$,叫作等差数阵. 前面叙述四边形面积块 S_{ij} 就构成等差数阵 $\{S_{ij}\}$,综合杨之、肖振纲的工作获如下重要性质:

1.设 D 第 i 行和第 j 列公差分别为 d_i 和 e_j，则通项公式为
$$a_{ij} = a_{i1} + (j-1)d_1$$
$$= a_{1j} + (i-1)e_j (i, j = 1, 2, \cdots)$$

2.行、列的公差构成的数列 $\{d_i\}$ 和 $\{e_j\}$ 为公差相同的等差数列，记这相同公差为 d（称为数阵 D 的公差），则通项公式为
$$a_{ij} = a_{11} + (i-1)e_1 + (j-1)d_1 + (i-1)(j-1)d$$

3.内部任一项是它前后上下四项的算术平均.

4.一个数阵为等差数阵的充要条件是它的通项为项标 i, j 的双一次式
$$F(i, j) = dij + ai + bj + c (a, b, c, d \text{ 为常数})$$

5.前 mn 项和
$$S_{mn} = mna_1 + \frac{mn(n-1)}{2}d_1 + \frac{mn(m-1)}{2}e_1 + \frac{mn(m-1)(n-1)}{4}d$$

6.设 $d \neq 0$，记 $a_i = a_{i,ki+l}$（k 为固定自然数，$l > -k$ 为固定整数），则 $\{a_i\}$ 为二阶等差数列，二阶差为 $2kd$.

7.A, B 为等差数阵，公差分别为 d 和 d'. α, β 为复常数，则 $\alpha A + \beta B$ 也是等差数阵，公差为 $\alpha d + \beta d'$.

8.若等差数阵中存在两行两列，其四个交叉项成比例，则其中任两行、任两列成比例.

9.四项 $a_{kl}, a_{hl}, a_{kt}, a_{ht}$（$k \neq h, l \neq t$）唯一确定等差数阵 $\{a_{ij}\}$.

10.设 $a_{ij}, a_{kl}, a_{pq}, a_{rs}, a_{uv}$ 为等差阵中五项，则行列式
$$\begin{vmatrix} 1 & i & j & ij & \alpha_{ij} \\ 1 & k & l & kl & a_{kl} \\ 1 & p & q & pq & a_{pq} \\ 1 & r & s & rs & a_{rs} \\ 1 & u & v & uv & a_{uv} \end{vmatrix} = 0$$

这 10 条性质深入地刻画了等差数阵的性质，这些性质在数列、行列式、幻方、函数和组合论中派上用场的前景是不容置疑的. 比如，余新河数学题[2] 的四组对偶数列 $A_1', A_2', \cdots, D_1', D_2'$ 中的每一个都是从自然数列中删除如下四或六个等差数阵 $\{f(i, j)\}$

$f(i, j) = 30ij + ai + bj + c (30c = ab + k, k = 1, 7, 11, 13, 17, 19, 23 \text{ 或 } 29)$
中的元素的结果. 我们应用数阵的语言，不仅简明地表达和剖析了余新河数学题，而且证明了"余新河猜想是哥德赫猜想的一个充分条件."[3] 把等差数阵用于哥德巴赫猜想，只要注意到一个十分显然的命题：设 $n \in \mathbf{N}$，则 $2n+1$ 为素数的充要条件是对任何 $k, m \in \mathbf{N}$，有 $n \neq 2km + k + m$，如记 $a_{ij} = 2ij + 3i + 3j + 4$，则有：

定理　哥德巴赫猜想等价于

$$\{1\} \cup \{p_1 + p_2 \mid p_1, p_2 \in \mathbf{A}'\} = N$$

其中 $A' = \{p \mid p \in \mathbf{N}, \text{且 } p \notin \{a_{ij}\}\}$.

易见,这里的 A' 正是 $\{a_{ij}\}$ 的对偶数列. 因此一个或几个正整数等差数阵的对偶数列的构造程序或性质的研究就成为数阵研究的前沿课题.

肖振纲[5] 和王浚岭获得了 n 维等差数阵一系列深刻性质. 比如,设 $\{f(x_1, \cdots, x_n)\}$ 为 n 维等差数阵(可以递归地定义,也可定义为:当让任一个 x 沿自然数列变化时,f 都是等差数列),则他们证明了数阵有一个(常数)公差

$$d = \sum_{\substack{y_1 + \cdots + y_n = 0 \\ (\bmod 2)}} f(y_1, \cdots, y_n) - \sum_{\substack{x_1 + \cdots + x_n = 1 \\ (\bmod 2)}} f(x_1, \cdots, x_n)$$

求得通项公式且证明 $\{f(x_1, \cdots, x_n)\}$ 为等差数阵的充要条件是 f 为 $x_1, \cdots, x_n$ 的 n 元一次式.

四、递归数阵研究中的问题

我们前面提到的杨辉阵 $Y = \{y_{ij}\}$ 就是线性递归数阵,其递归公式为

$$\begin{cases} y_{i1} = y_{1j} = 1 (i, j = 1, 2, 3, \cdots) \\ y_{ij} = y_{i-1, j} + y_{i, j-1} (i, j = 2, 3, \cdots) \end{cases}$$

另一个例子是空间分割数阵:设直线上 n 个点最多分直线为 $\varphi_{1,n} (= n + 1)$ 部分,平面上 n 条直线最多分平面为 $\varphi_{2,n} (= \frac{1}{2}(n^2 + n + 1))$ 部分,空间 n 个平面最多分空间为 $\varphi_{3,n} (= \frac{1}{6}(n^2 + 5n + 6))$ 部分. 设 k 维空间有 n 个 $k-1$ 维平面,最多分 k 维空间为 φ_{kn} 部分,则数阵 $\varphi = \{\varphi_{kn}\} (k, n = 0, 1, 2, \cdots)$ 满足递归公式

$$\begin{cases} \varphi_{k0} = \varphi_o = 1 \\ \varphi_{k+1, n+1} = \varphi_{k, n} + \varphi_{k+1, n} \end{cases}$$

1993 年,王东南和徐道分别求得了通项公式

$$\varphi_{kn} = \sum_{i=0}^{k} C_n^{k-i} (C_m^{-j} = C_m^{m+1} = 0)$$

杨林和胡国振研究了一般常系数线性递归数阵 $\{f(m, n)\}$[7],递归关系定为

$$\begin{cases} f(i, j) = a_{ij} (i = 1, \cdots, k; j = 1, \cdots, l) \\ f(m, n) = g(m, n) + \sum_{i=0}^{k} \sum_{j=0}^{l} b_{ij} f(m-i, n-j), (m > k, n > l) \end{cases} \tag{1}$$

比如,等差数阵的递归方程为

$$\begin{cases} a_{11} = a \\ a_{ij} = d_i + a_{i, j-1} = e_j + a_{i-1, j} \end{cases} \tag{2}$$

斐波那契数阵 $\{f(i, j)\}$ 递归方程为

$$\begin{cases} f(i,0) = f(0,j) = 0 \\ f(1,1) = f(1,2) = f(2,1) = 1 \\ f(m,n) = f(m,n-1) + f(m,n-2) + f(m-1,n) + f(m-2,n)(m \geqslant 2, n \geqslant 2) \end{cases}$$

他们还定义了数阵的母函数

$$F(x,y) = \sum_{i=1}^{\infty} \sum_{j=1}^{\infty} f(i,j) x^i y^j$$

并求出了符合(1)的递归数阵的通项公式.

但这里有一个方法论的问题,那就是把数阵看作是"数列的编织",还是看作"整体推进"? 比如,等差数阵的定义,就是属于数列编织式的,它的递归式(2),实际上并不是(1)型.但斐波那契阵则是(1)型的"整体推进"式的定义.

两种定义哪个更"恰当"? 它们是什么关系? 尚不能定评.而且,这一方法论问题,反映在"周期数阵"的定义中,更为突出.

五、关于周期数阵

1991年,湖南有几位"数阵"研究人士曾反映,"周期数阵"的定义遇到了麻烦,并怀疑高维情况下"周期性"能否进行数学描述.

现在知道,关于数阵 $\{x_{ij}\}$ 的周期[3] 有两种考虑:一是把它看作纵横周期数列编织的结果,可定义为

定义 1 对数阵 $\{f(i,j)\}$ 来说,如果对任意的 i,存在最小数 $T_i \in N$,使得 $f(i,j+T_i) = f(i,j)$,同时,对任意的 j,存在最小的数 $U_j \in N$,使得 $f(i+U_j, j) = f(i,j)$,则 $\{f(i,j)\}$ 就叫作以 T_i 为行周期、以 U_j 为列周期的周期数阵,简称 (T_i, U_j) 周期数阵.

二是把数阵看作"无纺布""整体推进"式的定义,有

定义 2 数阵 $\{f(i,i)\}$,如果存在 $k, l \in \mathbf{N}$,使得对任何 $i, j \in \mathbf{N}$,都有 $f(i+k, j+l) = f(i,j)$,则 $\{f(i,j)\}$ 叫作以 (k,l) 为周期的周期数阵.

但定义 2 是太宽了,因为像如下数阵(其中 $f(i,j) = 1, f(i,j) = 0 (i \neq j)$)

$$\left\{ \begin{matrix} 1 & 0 & 0 & 0 & \vdots \\ 0 & 1 & 0 & 0 & \vdots \\ 0 & 0 & 1 & 0 & \vdots \\ 0 & 0 & 0 & 1 & \vdots \\ \vdots & \vdots & \vdots & \vdots & \vdots \end{matrix} \right\}$$

中,无一行一列是周期数列,但按定义 2,它也是"(1,1) 周期数阵",下面仅考虑定义 1,我们证明了:

定理 1 设 $\{x_{ij}\}$ 为 (T_i, U_j) 周期数阵,如果 $\{T_i\}$,$\{U_j\}$ 分别为以 $t > 1$ 和 $u > 1$ 为周期的周期数列,则

$$t = [U_1, U_2, \cdots, U_u], u = [T_1, T_2, \cdots, T_t]$$

其中 $[a_1,\cdots,a_k]$ 表示 $a_1,\cdots,a_k$ 的最小公倍数.

我们称 $\{T_i\},\{U_j\}$ 为周期数列的数阵为 (t,u) 正规周期数阵,则有

定理 2 (t,u) 正规周期数阵 $\{x_{ij}\}$ 必有周期块

$$S_{kl}=\{x_{ij}\,|\,1\leqslant i\leqslant u,1\leqslant j\leqslant t\}$$

使得 $\forall k,l\in\mathbf{N},S_{k+u,l}=S_{k,l+1}=S_{k,l}$($S_{kl}$ 相等的意思是对应位置的元素相等).

此定理告诉我们,正规周期数阵的研究可化为有限数阵的研究,我们还有

定理 3 设 $\{x_{ij}\}$ 为 (t,u) 正规周期数阵,对非负整数 k,令 $x_i=x_{i,i+k}$ 或 $x_i=x_{i+k,i}$,则 $\{x_i\}$ 为周期数列且周期为 $[t,u]$(最小公倍数).

应用定理 2 即可顺利地推出 (t,u) 正规周期数阵 $\{x_{kl}\}$ 的通项公式

$$x_{kl}=\sum_{i=1}^{u}\sum_{j=1}^{t}P_{k+u+1-i}(u)P_{l+t+1-j}(t)a_{ij}$$

其中 $a_{ij}(i=1,\cdots,u;j=1,\cdots,l)$ 为常数. 若设 $x^m-1=0$ 的根为 $\varepsilon_1=e^{\frac{2\pi i}{m}}=\varepsilon$,
$\varepsilon_2=\varepsilon^2,\cdots,\varepsilon_m=\varepsilon^m=1$ 则

$$P_n(m)=\frac{1}{m}\sum_{k=1}^{m}\varepsilon^{k(n-1)}$$

由此可见,数阵周期性的研究才刚刚开始.

六、高阶等差数阵的探索

应用数列编织的观点可以顺利地进行高阶等差数阵的研究[8]~[10],先看一个有趣的例子.

如下是一些多边形数:

三角形数 $1,3,6,10,15,21,\cdots$;

四边形数 $1,4,9,16,25,36,\cdots$;

五边形数 $1,5,12,22,35,51,\cdots$;

六边形数 $1,6,15,28,45,66,\cdots$;

七边形数 $1,7,18,34,55,81,\cdots$;

八边形数 $1,8,21,40,65,96,\cdots$;

……

若以 x_{ij} 表示第 j 个 $i+2$ 边形数($i,j\in\mathbf{N}$),则上面的数表就构成一个多边形数数阵 $\{x_{ij}\}$,易见它的每列都是等差数列,公差依次为 $0,1,3,6,10,15,\cdots$,这是个二阶等差数列,二阶差为 1;再看行数列可以验证,它们都是二阶等差数列,二阶差依次为 $1,2,3,4,5,6,\cdots$,这是公差为 1 的等差数列. 就是说,多边形数阵 $\{x_{ij}\}$ 的列和行分别为一阶、二阶等差数列,列公差和行二阶差分别为二阶、一阶等差数列,前者的二阶差等于后者的公差. 这性质是偶然的吗? 不是的,如果称列数列均为(一阶)等差数列、行数列均为二阶等差数列的数阵为 $(1,2)$ 阶等差数阵,则我们证明了:

定理 1 设 $(1,2)$ 阶等差数阵 $\{x_{ij}\}$ 的第 j 列公差为 d_j,第 i 行二阶差为 e_i,则 $\{d_j\}$ 为二阶等差数列,$\{e_i\}$ 为等差数列且 $\{d_j\}$ 的二阶差等于 $\{e_i\}$ 的公差(这里公差 d 叫作 $\{x_{ij}\}$ 的公差).

若已知 $(1,2)$ 阶等差数阵 $\{x_{ij}\}$ 的前两项 x_{11} 和 x_{12} 列公差 d_1 和 d_2,行二阶差 e_1 和数阵公差 d,则其通项公式为

$$x_{ij} = x_{11} + (i-1)d_1 + (j-1)(x_{12}-x_{11}) +$$
$$(i-1)(j-1)(d_2-d_1) + \frac{1}{2}(j-1)(j-2)[e_1+(i-1)d]$$

比如,前述多边形数数阵的通项公式为

$$x_{ij} = \frac{1}{2}(ij^2 - ij + 2j)$$

推广这个结果,如果称列数列和行数列分别为 m 阶和 n 阶等差数列,数阵为 (m,n) 阶等差数阵,则我们证明了:

定理 2 设 (m,n) 阶等差数阵 $\{x_{ij}\}$ 列的 m 阶差为 d_i,行的 n 阶差为 e_i,则 $\Delta^n d_j = \Delta^m e_i = d$(常数),其中 $\Delta^t x_l$ 表示 x_l 的 t 阶差分.

如果以 Δ_1 和 Δ_2 分别表示对 i,j 作偏差分,我们求得 (m,n) 阶等差数阵的通项公式为

$$x_{ij} = \sum_{k=1}^{m}\sum_{l=1}^{n} C_{i-1}^k C_{j-1}^l \Delta_1^k \Delta_2^l x_{11}$$

定理 3 数阵 $\{f(i,j)\}$ 为 (m,n) 阶等差数阵的充要条件是 $f(i,j)$ 为 i,j 的 (m,n) 次多项式.

这里所谓 (m,n) 次多项式是指 $f(i,j)$ 为 i 的 m 次多项式,又为 j 的 n 次多项式.

对数阵 $\{f(i_1,\cdots,i_n)\}$ 来说,如仅让 i_k 变化时,$\{f(\cdots,i_n,\cdots)\}$ 为 m_k 阶等差数列 $(k=1,2,\cdots,n)$,则 $\{f(i_1,\cdots,i_n)\}$ 就称为 $(m_1,\cdots,m_n)$ 阶等差数阵.这时可考虑各维子阵之间的关系.如果定义相应的 $(m_1,\cdots,m_n)$ 次多项式,则我们在 (m,n) 阶等差数阵上获得的结果,运用偏差分工具不难推广到 $(m_1,\cdots,m_n)$ 阶等差数阵上去.我们已详细地研究了 (m,n,p) 阶等差数阵,我们还研究了高阶等差数阵的划分问题,获得了:

定理 4 (m,n) 阶等差数阵的 (r,s) 阶等差划分,构成 $(mr+m+r,ns+n+s)$ 阶等差数阵.

由本文的综述不难明白"数阵"还是一块广阔无垠的未开垦之地,其开发运用前途无量.

参考文献

[1] 杨之. 一般截割定理[J]. 中学数学,1992,6.

[2] 杨之. 初等数学研究的问题与课题[M]. 长沙: 湖南教育出版社, 1996.

[3] 杨之. 余新河猜想是哥德巴赫猜想的一个充分条件[J]. 中学教研(数学), 1995, 10.

[4] 杨之. 等差数阵与哥德巴赫猜想[J]. 中学数学教学参考, 1995, 1-2.

[5] 肖振纲. n 维等差数阵[J]. 中国初等数学研究文集. 1992.

[6] 杨林, 胡国振. 二元线性递归数阵的母函数及通项公式[J]. 中国初等数学研究文集, 1992.

[7] 杨之. 周期数阵[J]. 湖南数学通讯, 1995, 5.

[8] 杨之. (1, 2)阶等差数阵的若干性质[J]. 中学教学, 1995, 11.

[9] 杨之. (m, n) 阶等差数阵[J]. 福建省初等数学研究文集(二), 1996.

[10] 杨之. (m, n, p) 阶等差数阵[J]. 贵州初等数学研究文集, 1996.

(此综述文章撰写于 1997 年初, 现补充一些文献如下)

[11] 杨之. 高阶等差数阵的划分[J]. 中学数学教学参考, 1997, 6.

[12] 杨之. 方螺旋数阵的若干性质[J]. 数学通讯, 1997, 11.

[13] 王雪芹, 杨之. 高阶等比数列的划分[J]. 中学数学, 1999, 2.

[14] 杨之. 一个有趣的周期数阵[J]. 中学数学教学参考, 2000, 4.

[15] 杨之. 两个基本数列的美妙编织 —— 高阶等差 — 等比数阵初探[J]. 中学数学教学参考, 2002, 4.

[16] 杨之. 最小非元素引发的一个美妙数阵[J]. 中学数学教学参考, 2003, 6.

[17] 杨之. 平方筛选数阵[J]. 中国初等数学研究, 2009, 1.

[18] 杨之, 王雪芹. 一个优美的自然数阵[J]. 中国初等数学研究, 2009, 1.

[19] 杨之, 汪江松. $(m_1, m_2, \cdots, m_n)$ 阶等差数阵[J]. 全国第六届初等数学研究学术交流会议文集, 1996, 8.

[20] 杨之, 王雪芹. 类杨辉数阵[J]. 数学通版, 2008, 9.

(杨世明, 王雪芹. 数阵及其应用[M]. 哈尔滨: 哈尔滨工业大学出版社, 2012: 2.)

3.2 "一般折线"研究

对于"一般折线"的研究, 杨之有一篇综述文章, 先说明研究的概况.

"一般折线"研究综述

中国人应该做中国自己的数学, 不要老是跟着人家走.

—— 陈省身

"一般折线"是我国 20 世纪 80 年代末至 90 年代初提出的四类新的数学研究课题之一. 事实上, 我国数学家傅种孙先生早在 20 世纪 50 年代就对正星形折线进行了研究,以后又有对筝形、蝶形性质的研究,某些折线顶角和的问题也常委身赛题.1991年,提出"一般折线"研究的问题经不足七年的"勘探开发"不仅发现甚多,而且也已探明它乃是不断出课题、出方法、出思想、出成果的富矿;一批"折线"爱好者随于1996年8月组建"中国折线研究小组".

下面拟对我国近年折线研究概况加以综述,读者不难从中找到自己喜爱的研究课题.

一、对"平面几何"的反思

自《周髀算经》《九章算术》《几何原本》问世.到希尔伯特《几何基础》降临历数千年风风雨雨."平面几何"真是人才辈出,著述颇丰,然而我们若问:自谓研究平面图形学科的"平面几何"到底研究了哪些"平面图形"呢?答曰:圆、三角形、几类特殊四边形、正多边形及一般凸多边形的某些性质.仅拿"折线形"来说,研究的也不过是其百分之一、千分之一,那么,人们为什么没有"向一般折线进军"?想来原因可能是:

① 受初数发展"停滞论""枯竭论"的影响,不相信会有、也未能提出"一般折线"的有价值的问题;

② 认为以三角形、四边形为工具,足以"对付"复杂的折线构图;

③ 缺少剖析"乱麻折线"的必要的思想和工具.

现代科学技术的发展一方面提出了整体把握和深入认识"一般折线"的要求;一方面辩证法的运用和科学哲学(如系统论)的发展,使人们确信混乱中的有序(概率论、模糊数学、分形几何和混沌学说做出了范例),组合与拓扑的研究,则为之提供了必要的工具.

然而,要使"一般折线"出头有日还有一个关键的问题必须解决.

二、折线"特征性质"的发现

平面上若干条线段顺次首尾相接(每条最多同另外两条联结且端点不在另外线段内部)构成的图形,称为(平面)折线;如折线每边都有两邻边,就叫(封)闭折线,否则,叫开折线.这样就可对折线进行初步的分类和对几个常用概念给予明确的界定:边不相交的折线为简单折线,简单闭折线叫作多边形.多边形划分平面为两部分,有限部分叫内部,无限部分叫外部.用归纳法易证:n边形内部可用不相交对角线,划分为以其顶点为顶点的互不重叠的$n-2$个三角形,从而可直接推出内角和定理.且可提出如下几个方面的问题:

(1)折线整体性质的研究:拓扑和其他结构特征、复杂性指标、组合计数问题、合成与分拆、有关度量性质研究等;

(2)特殊折线的研究:如直角折线、等角或等边折线、平行多边折线、具有某种特征的折线(短程线、遍历折线)的存在和构造问题;

(3)圆与凸多边形内接折线(如星形折线)的研究等.

为了弄清折线的特征性质,观察图 6(a),看闭折线 $A_1A_2\cdots A_9$ 的边 A_1A_2,A_2A_3,A_3A_4,A_4A_5,它们的邻边折向有不同的情况(图 6(b)):A_1A_2 和 A_2A_3 的两邻边都折向异侧,而 A_3A_4 和 A_4A_5 两邻边折向同侧,前者叫双折边,后者叫单折边.双折边又有不同:如在 A_1A_2 邻边加上向外的力,它会向右旋转故称右旋边,类似地 A_2A_3 称为左旋边,这种由于在顶点"拐弯"而形成的边的折性确实是折线的特征性质,这由如下命题即可知晓.

命题 1(折线特征性质) 闭折线如有双折边则必有偶数条,左右旋边各半且相间排列.

比如,在 A_i 处左拐,则在 A_{i+1} 处必须右拐,才能使 A_iA_{i+1} 为双折边(右旋边).如要生成下一条双折边,又必须在某处,比如 A_{i+k+1} 处左拐,从而使 $A_{i+k}A_{i+k+1}$ 成为左旋边.因此命题似乎成立,但证来颇不易,直到发现了边的"双标号"法才给出了证明.如称顶点处劣角为顶角,则知有:

命题 2 有双折边的闭折线,顶角和不定.

如图 6(c) 所示的"蝶形",其顶角和

$$\sum = A + B + C + D = 360° - 2\alpha$$

$$\sum{}_1 = A_1 + B_1 + C_1 + D_1 = 360° - 2\alpha_1$$

$$\alpha_1 > \alpha \Rightarrow \sum > \sum{}_1$$

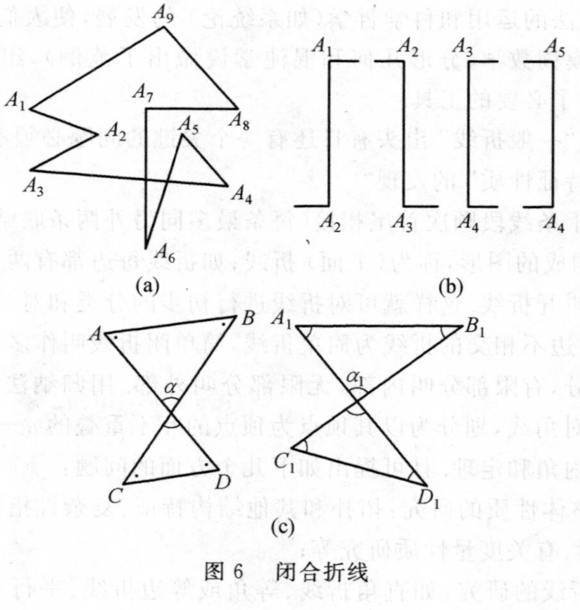

(a)

(b)

(c)

图 6 闭合折线

但这种蝶形有一个优良性质,即 $A+B=C+D$,这是求折线顶角和的一个"转移"工具.

由两个命题可推出一系列重要事实,如奇数条边的封闭折线至少有一条单折边、多边形为凸的充要条件是无双折边,等,且一眼可看出很多折线的规律性.

如图 7 所示的开折线中:(a) 是回形折线,无双折边;

(b) 为齿形折线,单双相间;

(c) 为阶形折线,无单折边.

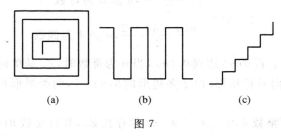

(a)　　　　　　(b)　　　　　　(c)

图 7

而且可看出如图 8 所示的两种星形中的(a) 是回式星形,全由单折边构成;(b) 为阶式星形,全由双折边构成,且知前者顶角和为180°,后者顶角和不确定.

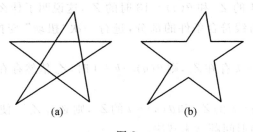

(a)　　　　　　　(b)

图 8

三、"复杂性指标"的探讨

一条 n 边闭折线 Z_n 的复杂程度,这是指什么呢? 如前所述:

1.看它双折边的条数 $S(n)$(双折数),易见有 $0 \leqslant S(n) \leqslant n$ 且容易证明

$$S_0(n) = \max S(n) = \begin{cases} 0, n=3 \\ 2, n=4 \\ n-1, n \geqslant 5 \text{ 为奇数} \\ n, n \geqslant 6 \text{ 为偶数} \end{cases}$$

对 $n \geqslant 5$,可统一写成 $S_0(n) = 2\left[\dfrac{n}{2}\right]$.有两个问题:

(1)k 为偶数且 $0 \leqslant k \leqslant S_0(n)$,是否有 Z_n 使 $S(n) = S(Z_n) = k$?

(2)设按 $S(n)$ 和单双折边排列不同,n 边形可分为 $L(n)$ 类,则 $L(n) =$ 等于

581

多少？有表达式吗？

由于 $k=0,k=S_0(n)$ 时，Z_n 存在且由折性变换（每次恰改变两条边折性，即均由单变双或双变单）知(1)的答案是肯定的.

对于(2)，由实际观察可知：$L(3)=1,L(4)=2,L(5)=4,L(6)=8,L(7)=9$,可猜想 $L(n)$ 递增.

2.看它的边自相交的情况. 设 Z_n 的边之间交点个数为 $\theta(n)$（顶点不计，t 条边交出的点算 C_t^2 个），称为自交数. 记 $\theta_0(n)=\max\theta(n)$，则杨林得到

$$\theta_0(n)=\begin{cases}\dfrac{n(n-3)}{2}, & n\geqslant 3 \text{ 为奇数}\\[2mm]\dfrac{n(n-4)+2}{2}, & n\geqslant 4 \text{ 为偶数}\end{cases}$$

王方汉得出：若 $\theta(n)$ 达到 $\theta_0(n)$，当 n 为奇数时，Z_n 是单向极位星形；n 为偶数时，Z_n 是双向对称星形. 由于多边形的 $\theta(n)=0$，两类星形 $\theta(n)=\theta_0(n)$，那么问题是：

是否对任何整数 $k,0<k<\theta_0(n)$ 都存在 Z_n，其自交数 $\theta(n)=k$？

通过构图（图9）归纳地研究了 $n=3,4,\cdots,8$ 诸情况，发现 $n=3,4,6,8$ 时答案肯定；$n=5$ 时除了 $k=4$ 答案肯定；$n=7$ 时除了 $k=13$，答案也是肯定的. 但未能构造出 $\theta(n)=4$ 的 Z_5 和 $\theta(n)=13$ 时的 Z_7，这说明了什么？

另外发现对折线符合条件的部分，进行一次"扭动"变换可增减一个自交点，从而可知：

① 若对 $\theta(n)=k$ 存在 Z_n，则 $\theta(n)=k+1$ 时，Z_n 依然存在（除非无适当的可扭动部分）；

② 若有 $\theta(m)=k$ 的 Z_m 和 $\theta(n)=l$ 的 Z_n，则必有 Z_{m+n} 使得 $\theta(m+n)=k+l$，但上述自交数构形问题远未解决.

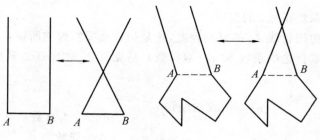

图 9

3.看它的自相缠绕情况. 设当我们沿着 Z_n 的边按一个方向遍历折线时，我们实际上围绕某中心转过的圈数为 $H(n)$，则 $H(n)$ 称为环（绕）数. 计算方法是：给折线选一个方向（图10），在平面任选一点 O，选适当半径作圆 O，并作向

量$\overrightarrow{OB_1}//A_5A_1$,交圆$O$于点$B_1$,则$A_5A_1$对应于点$B_1$.同样作$OB_2//A_1A_2$,则$A_1A_2$对应于点$B_2$.类似知$A_2A_3$对应于点$B_3$,$A_3A_4$对应于点$B_4$,$A_4A_5$对应于点$B_5$,于是由$A_1$(沿$\overrightarrow{A_5A_1}$方向)出发,依次走过点$A_2$,$A_3$,$A_4$,$A_5$再回到$A_1$,就相当于由点$B_1$沿圆周依次走过点$B_2$,$B_3$,$B_4$,$B_5$,再回到$B_1$,而沿折线前行所拐过的角度(称为折角)$\alpha_1$,$\alpha_2$,$\cdots\alpha_5$,就相当于点$B_1$到点$B_2$,$\cdots$,$B_5$,$B_1$逐次绕过的圆心角.由作图可知,$a_i$的和(代数和,可规定逆时针为正)必为$2\pi$的整数倍.对任一折线$Z_n$,王方汉证明了

$$H(n) = \frac{\left| \sum\limits_{i=1}^{n} a_i \right|}{2\pi}$$

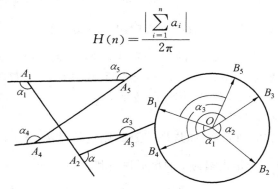

图 10

并给出了应用"同类变换"和"分离"计算环数的方法,命$H_0(n) = \max H(n)$.由于$-\pi < a_i < \pi$,$H(n)$要尽可能大,a_i应选用同号,即$0 < a_i < \pi$,故$0 < \sum a_i < n\pi$,因此

$$0 < H(n) < \frac{n\pi}{2\pi} = \frac{n}{2}$$

事实上,可以证明(通过构造n边回式星形)$H_0(n) = \frac{n}{2} - \frac{3+(-1)^n}{4}$,再设$h(n) = \min H(n)$,则易见$h(3) = 1$,$h(n) = 0$,$n \geqslant 4$.那么类似的问题是:

对任一整数k,$h(n) \leqslant k \leqslant H_0(n)$,是否存在$Z_n$使$H(n) = k$? 这样一来,如果$Z_n$定下来了,则它的$S(n)$,$\theta(n)$,$H(n)$也定下来了,于是可记作$Z_n(S,\theta,H)$,这时我们要问:

(1)$S(n)$,$\theta(n)$,$H(n)$有何关系?

(2)一般说来,S,θ,H越大标志着Z_n越复杂,则我们称它们为衡量折线Z_n复杂程度的三项指标,是否妥当? 还有别的指标吗?

反过来,我们还要问对于偶数$k \in [0, S_0(n)]$和整数$l \in [0, \theta_0(n)]$,$m \in [h(n), H_0(n)]$,是否存在Z_n使$S(n) = k$,$\theta(n) = l$,$H(n) = m$? 是否唯一? 何时存在且唯一? 欲想唯一,还需引进什么指标?

四、星形折线研究

583

除在折线一般性质研究中取得的成果外,还对一种特殊折线 —— 回式星形折线($S(n)=0$,也叫单折边星形)进行了研究,以下简称星形.

1951年5月,我国数学教育家傅种孙在著名讲演"从五角星谈起"中开了正星形折线研究的先河,讲了"正n角星内外角和""n角星之有无、多少、支数、瓣数、边幅、角幅"等.事实上,将圆周n等分作为圆内接正n边星形,每边跨c段弧,c叫作边幅,傅种孙证明了:正星形共有$\sum \varphi(a)$个($\varphi(a)$表示小于a且与a互素的数的个数).若$n=P_1^{a_1} \cdots P_{\lambda}^{a_{\lambda}}$(素因数分解式),则$n$边星形共分成$F(n)=\prod_{i=1}^{\lambda}(a_i+1)$类,其中在$\frac{n}{a}=b$支的一类中,共有$\varphi(a)$个.

例如,$n=7$时,1支(独支)的有$\varphi(7)=6$个,边幅$c=1$到6各一个,但$c=1$与$c=6$同,$c=2$与$c=5$同,$c=3$与$c=4$同,故只有3个($H(7)=1$的一个即正7边形,$H(n)=2$和3的各一个);7支的有$\varphi(1)=1$个($c=7$与$c=0$同,退化成7个点,也叫"星形").

另外等弦构成的圆周角,如弦跨c段弧,则这角对$d=n-2c$段弧,d就是角幅.每个顶角为$\frac{d\pi}{n}$.于是边幅为c的星形顶角和为$D_c=d\pi=(n-2c)\pi$.

我们着重研究了素星形(独支星形),边幅为c的n边素星形存在的充要条件是$(c,n)=1$,除去重复的,可知n边素星形个数为$K_n=\frac{\varphi(n)}{2}$.若每边跨c段弧,则当遍历星形一次时必绕圆心转c圈.因此冯跃峰称c为圈秩,事实上也就是环数:$c=H(n)$.

在一般情形下的星形(可看作由凸n边形的边或"同类的"对角线构成的)可用"一个顶角内含若干个顶点"来刻画,我们把每个顶角内含$m(0 \leqslant m \leqslant n-3)$个顶点的$n$边星形称为$m$阶$n$边形星($c$环$n$边星形),则有$d=m+1$,由$d=n-2c$,即得

$$H(n)=c=\frac{n-m-1}{2}$$

应用$D_c=(n-2c)\pi$,即知m阶n边星形顶角和$D(m,n)=(m+1)\pi$.

设$r=c-1$,王方汉称r为生成数.他证明了:n边星形生成数r的最大值的

$$r_0=\max r=\begin{cases} \frac{1}{2}(n-3), & (n=4m\pm1) \\ \frac{1}{2}(n-4), & (n=4m); \quad (m \in \mathbf{N}) \\ \frac{1}{2}(n-6), & (n=4m+2) \end{cases}$$

并称按r_0生成的星形为"n边单向极位星形".对$n=2k$个点$A_1, \cdots, A_{2k}$,从A_1

584

开始按定向每隔 $k-2$ 个点依次取为 $A_2,\cdots,A_k$,再将它们的循环对称点依次取为 $A_n,A_{n-1}\cdots,A_{k+1}$,则生成的星形 $A_1A_2\cdots A_n$ 称为双向对称星形. 这两种星形将达到 n 边封闭折线的最大自交数 $\theta_0(n)$.

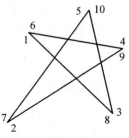

图 11

为了弄清星形的组合特征和应用代数方法研究星形问题,王方汉还研究了"序号数列的遍历性":沿 n 边星形顶点所在圈的某一方向将顶点标号 $1,2,\cdots,n,n+1,n+2,\cdots$(约定 $n+i$ 与 i 是同一个顶点),然后从顶 1 出发,沿着边前行,沿途经顶点依次记为 $1=b_1,b_2,\cdots,b_n$ 最后回到 $b_1=1$,约定取 $\{b_i\}$ 为递增数列,$1=b_1<b_2<\cdots<b_n$(如图 11 所示的五星,则取 $b_1=1,b_2=3,b_3=5,b_4=7,b_5=9$),则 $B_n=\{b_1,b_2,\cdots,b_n\}$ 称为序号数列. 显然 n 边星形对应的序号数列的模 n 剩余是 $0,1,\cdots,(n-1)$ 的一个排列,这时称 B_n 具有遍历性. 反之,如 B_n 具有遍历性,则顺次联结 $b_1,b_2,\cdots,b_n$ 就生成一个 n 边星形. 他证明了:

① 若 B_n 为公差是 $r(r\in \mathbf{N})$ 的等差数列,则 B_n 具有遍历性的充要条件是 $(n,r)=1$.

记 $r_i=b_{i+1}-b_i,R_{n-1}=(r_1,r_2,\cdots,r_{n-1})$ 称为生成数列,则序号数列与生成数列相互确定,且有:

② 设 n 为 $2^p(p\geqslant 2,p\in \mathbf{N})$ 型数,则生成数列 $R_{n-1}=(1,2,\cdots,n-1)$ 确定的 B_n 具有遍历性.

③ 当 $n\geqslant 4$ 为偶数时,$R_{n-1}=\left(\dfrac{n}{2}-1,\cdots,\dfrac{n}{2}-1,\dfrac{n}{2},\dfrac{n}{2}+1,\cdots,\dfrac{n}{2}+1\right)$,则 B_n 具有遍历性.

五、某些"度量性质"的研究

熊曾润和王方汉都研究了星形自交点构成的子星形系列,如把生成数为 r 的正 n 边星形记为 $P_r(n)$,则王方汉证明了:

①$P_r(n)$ 第 i 层上的自交点构成 $P_{r-1}(n)$ $(i=1,\cdots,r)$;

② 设 R 为外接圆半径,则 $P_r(n)$ 的第 i 个子星形 $P_{r-1}(n)$ 的边长

$$a_i=2R\tan\frac{r-i+1}{n}\pi\cos\frac{r+1}{n}\pi(i=0,1,\cdots,r)$$

熊曾润猜想非正星形 $X_r(n)$ 也有类似性质:其自交点构成 $r+1$ 个 n 边星形 $X_{r-i}(n)(i=0,1,\cdots,r)$. 如以同样记号表示星形面积,则定义 $X_r(n)$ 的累加面积为

$$\Delta(n,r)=\sum_{i=0}^{r}X_{r-i}(n)$$

若点 P 在 $X_r(n)$ 的所有顶角内部,则称 P 为正规内点. 如果正规内点存在,

585

他证明了：

① $\Delta(n,r) = \sum_{i=1}^{r} \Delta PA_i A_{i+r+1}.$

$\Delta PA_i A_{i+r+1}$ 表同一三角形面积，$A_i A_{i+r+1}$ 为星形 $X_r(n)$ 即 $A_1 A_2 \cdots A_n$ 的边；

② 若星形 $X_r(n)$ 内接于圆 (O,R) 且圆心 O 为正规内点，则

$$\Delta(n,r) \leqslant \frac{1}{2} n R^2 \sin \frac{2(r+1)}{n} \pi (= | X_r(n) \text{ 为正星形})$$

③ 若星形 $X_r(n)$ 外切于圆 (O_1, R_1)，则

$$\Delta(n,R) \geqslant n R_1{}^2 \tan \frac{r+1}{n} \pi (= | X_r(n) \text{ 为正星形})$$

宋方钦证明了：

④ 设点 P 为星形 $X_r(n)$ 任一正规内点，则

$$\Delta(n,r) \leqslant \frac{1}{2} \sum_{i=1}^{r} PA_i{}^2 \sin A_i (= | X_r(n) \text{ 为正星形})$$

特别地，熊曾润研究了多边形正规内点的优美性质. 设点 P 在多边形所有内角内部，则点 P 称为这多边形的正规内点，其一个显然性质是它与各顶点连线全落在多边形内部. 他证明了：

① 等边多边形若有正规内点，则任一正规内点到各边的距离之和为定值.

② 若多边形 $B_1 \cdots B_n$ 的内角与一等边多边形的内角对应相等，则其任一正规内点到其各边的距离之和为定值.

请看，如果不从一般折线的观点去审视多边形，则对其内点不可能进行如此有价值的分类. 但一个未解决的问题是：

③ 多边形存在正规内点的必要条件是什么？充要条件是什么？

他还把"正规内点"概念推广到单折边闭折线且称有正规内点者为正规闭折线. 如果正规闭折线 $A_1 A_2 \cdots A_n$ 的环数为 k，则总可把它看成是由 k 个大小不同的、满足一定条件的多边形以某种方式相接而成，其中较小的在较大的内部，最小的一个是凸的，其余都是凹的. 若以 S_j 表示第 j 层多边形的面积，他证明了：

① $\sum_{i=1}^{n} \Delta PA_i A_{i+1} = \sum_{j=1}^{k} S_j$（点 P 为正规内点，A_{n+1} 即 A_1）；

② 若它内接于圆 (O,R) 且点 O 为正规内点，则

$$\Delta(n,k) = \sum_{i=1}^{n} \Delta PA_i A_{i+1} \leqslant \frac{1}{2} n R^2 \sin \frac{2k\pi}{n} (= | \text{正星形})$$

③ $\Delta(n,k) \leqslant \dfrac{c^2}{4n} \cot \dfrac{k\pi}{n} (= | \text{正星形}, c \text{ 为周长}).$

一个未解决的问题是：

④ 一条单折边封闭折线成为正规闭折线的充要条件是什么？

若闭折线 $B_1 \cdots B_n$ 的顶点 B_i 是线段 $A_i A_{i+1}$ 的内点,则称其为闭折线 A_1, $A_2, \cdots, A_n$(不限于 $A_1, A_2, \cdots, A_n$ 共面)的严格内接折线. 设 $A_1 A_2 \cdots A_n$ 的周长为 P_A,其顶角 $A_i \geqslant 2\varphi$,严格内接折线 $B_1 B_2 \cdots B_n$ 的周长为 P_B,则熊曾润证明了

$$P_B \geqslant P_A \sin \varphi (= | \angle A_i = 2\varphi, i = 1, \cdots, n).$$

关于圆内接星形,他还证明了如下漂亮的不等式:

设星形 $A_1 \cdots A_n$ 内接于圆 (O, R) 且点 O 为正规内点,记它的边 $A_1 A_2 = a_1, \cdots, A_n A_1 = a_n$,则对任何正数 P,有

$$\sum_{i=1}^{n} \frac{1}{a_i^p} \geqslant n \cdot \left(2R \sin \frac{m+1}{n}\pi\right)^{-p} + \frac{1}{n} \sum_{1 \leqslant i \angle j \leqslant n} (a_i^{-\frac{p}{2}} - a_j^{-\frac{p}{2}})^2 (= | \text{正星形})$$

熊曾润还研究了封闭折线与圆锥曲线相接、与 m 次曲线、曲面相交时的性质,获得了类似于梅涅劳斯定理的优美等式. 叶挺彪引进封闭折线"有向面积"的概念,并从分解与合成的角度进行研究,也获得了有一定价值的结果. 王方汉引进"有向顶角"概念并获求和公式. 这都是非常有价值的成果. 有兴趣的读者,可参阅文献.

参考文献

[1] 杨之. 初等数学研究的问题与课题[M]. 长沙:湖南教育出版社,1993.

[2] 王方汉. 合星形与素星形[J]. 中学数学,1994,6.

[3] 熊曾润. 多边形正规内点的优美性质[J]. 数学教师,1995,12.

[4] 王方汉. 正星形自交点构成的子星形系列[J]. 数学通报,1995,12.

[5] 熊曾润. 圆内接星形的一种优美的度量性质[J]. 中学数学,1996,1.

[6] 王方汉. 平面折线的环数[J]. 数学通报,1996,3.

[7] 王方汉. 平面折线有向角及其求和公式[J]. 数学通报,1996,12.

[8] 宋方钦. 关于 r 阶 n 边星形的几个性质[J]. 中学数学教学参考,1996,8-9.

[9] 熊曾润. 封闭折线中的一个优美不等式[J]. 中学数学月刊,1997,1.

[10] 王方汉. 关于序号数列的遍历性[J]. 数学通讯,1997,2.

[11] 熊曾润. 封闭折线与 m 次曲线及曲面间的美妙关系[J]. 中学教研,1995, 7-8.

[12] 熊曾润. 与圆锥曲线相关的星形的美妙性质[J]. 中学教研,1996,3.

[13] 王方汉. 初等数学前沿[J]. 初等数学前沿,1996.

[14] 熊曾润. 封闭曲线的同侧点及其性质[J]. 中学数学,1997,5.

(此篇"综述"撰写和发表于 1997 年,其中已包含了闭折线研究中提出的基本概念、命题等. 但尔后的 13 年,它仍在发展从下面补充列出的文献中,可见一斑)

[15] 杨之. 折线基本性质初探[J]. 中学数学,1991,2.

[16] 杨之.一般裁割定理[J].中学数学,1992,6.

[17] 杨之,王雪芹.凸多边形的构形定理[J].中学数学数学,1995,3.

[18] 杨之,王雪芹.蝶形初探[J].中学数学,1997,8.

[19] 杨之.筝形初探[J].中学数学参考,1998,11.

[20] 杨之.凸 2n 边形的一个性质[J].中学数学月刊,1998,12.

[21] 杨之.双折线、自交数与环数 —— 封闭折线复杂性的三项指标[J].中学数学,1999,8.

[22] 杨之.关于闭折线可对称化问题[J].中学数学数学参考,1999,10.

[23] 杨之.四边闭折线中位线的奇迹 —— 从"叶中豪问题"谈起[J].中学数学杂志,2000,2.

[24] 杨之.闭折线的性质 —— 三角形中位线性质的引申[J].中学教研(数学),2000,7.

[25] 熊曾润.非等边双圆闭折线的存在性[J].数学通讯,1998,1.

[26] 杨之.多边形的分类[J].中学数学,2003,6.

[27] 熊曾润.闭折线顶点系重心的性质[J].中学教研(数学),1998,1-2.

[28] 杨之.正多边形上的最大点[J].中学数学,2005,1.

[29] 杨之,王雪芹.五边闭折线的一个性质[J].中学数学,2006,2.

[30] 杨之.闭折线的一个基本性质[J].中学数学教研,2006,4.

[31] 杨之,王雪芹.三点共线的等价命题类[J].中学数学参考,2007,9.

[32] 杨之,王雪芹.半正多边形[J].中学数学数学参考,2009,3.

[33] 黄汉生,刘素莲.初等数学前沿[M].南京:江苏教育出版社,1996.

[34] 钱义光.初等数学前沿[M].南京:江苏教育出版社,1996.

[35] 萧振纲.初等数学前沿[M].南京:江苏教育出版社,1996.

[36] 曾建国,黄遵斌.中国初等数学研究文集(二)[M].郑州:河南教育出版社,2003:6.

[37] 曾建国,杨李生.中国初等数学研究文集(二)[M].郑州:河南教育出版社,2003:6.

[38] 梁卷明.中国初等数学研究文集(二)[M].郑州:河南教育出版社,2003:6.

[39] 段惠民.中国初等数学研究文集(二)[M].郑州:河南教育出版社,2003:6.

[40] 杨学枝.中国初等数学研究文集(二)[M].郑州:河南教育出版社,2003:6.

[41] 李耀文,张愫.中国初等数学研究文集(二)[M].郑州:河南教育出版社,2003:6.

［42］熊曾润. 研究平面闭折线度量性质的几点体会［J］. 全国第五届初等数学研究学术交流会文集，2003.

［43］王方汉. 平面闭折线中关于锐角个数的几个命题［J］. 全国第五届初等数学研究学术交流会文集，2003.

［44］胡如松. 关联半外切圆的四个相似三角形［J］. 全国第四届初等数学研究学术交流会文集，2000.

［45］郭强，郭富喜. 全息几何学拾零［J］. 全国第四届初等数学研究学术交流会文集，2000.

［46］苏文龙. 双圆 n 边形再探［J］. 全国第三届初等数学研究学术交流会文集，1996.

［47］林常. 再论优美多边形［J］. 全国第三届初等数学研究学术交流会文集，1996.

［48］宋之宇. 一个几何猜想的证明与深化［J］. 全国第三届初等数学研究学术交流会文集，1996.

［49］何廷模. whc 57 的肯定证明［J］. 全国第三届初等数学研究学术交流会文集，1996.

［50］黄华松. "等和点"初探［J］. 全国第六届初等数学研究学术交流会文集，2006.

［51］梁开华. 凸多边形重心问题及其应用［J］. 全国第六届初等数学研究学术交流会文集，2006.

［52］张汉清. 正多边形的一类定质问题［J］. 全国第六届初等数学研究学术交流会文集，2006.

［53］吴波. 圆内接四边形的一个有趣性质［J］. 全国第六届初等数学研究学术交流会文集，2006.

［54］黄华松. 圆内接闭折线的一个性质［J］. 全国第六届初等数学研究学术交流会文集，2006.

［55］张敬坤，纪保存. "垂线三角形"的三个性质［J］. 全国第六届初等数学研究学术交流会文集，2006.

［56］熊曾润. 四面体奈格尔点与斯俾克球面［J］. 全国第七届初等数学研究学术交流会文集，2009.

［57］李明. $n(n \geqslant 5)$ 边形最大面积的计算［J］. 全国第七届初等数学研究学术交流会文集，2009.

［58］张丽丽，石岩，吴康. 三聚圆相关性质的研究［J］. 全国第七届初等数学研究学术交流会文集，2009.

［59］陶楚国. 双圆闭折线与双圆多边形［J］. 全国第七届初等数学研究学术交

流会文集,2009.

[60] 徐道.两道经典几何题与 Fibonacci 数列有关的再推广[J].全国第七届初等数学研究学术交流会文集,2009.

[61] 梁卷明.两类闭折线的奇妙构图[J].全国第七届初等数学研究学术交流会文集,2009.

[62] 杨文龙."两边夹半角"全等与相似命题的发现与证明[J].全国第七届初等数学研究学术交流会文集,2009.

[63] 李耀文,刘尊国.三角形半内切圆性质再探[J].全国第七届初等数学研究学术交流会文集,2009.

[64] 魏清泉.三角形中线、角平分线构成三角形的探讨[J].全国第七届初等数学研究学术交流会文集,2009.

[65] 林世保.三角形特殊点的一种变换[J].全国第七届初等数学研究学术交流会文集,2009.

[66] 吴波.圆内接蝶形的一个有趣性质[J].全国第七届初等数学研究学术交流会文集,2009.

有的读者可能认为如此长的文献名单很烦人,可是当我写到这里时,内心充满了自豪之情.我们这些初数爱好者用心血和智慧写成的文章(目录)像优美的数学诗,每一行都是一项成就、每一项成果都把闭折线研究向前推进一步.它们有的已在杂志上发表,有的还沉睡在学术会议的论文集中,有的在学术专著中被引用,有的可能没有,但在我们的"数学史"上不能没有他们(和他们的文章的目录).

在这一时期,我们还有三部专著出版:

熊曾润,《平面闭折线趣探》,中国工人出版社:2002(北京);

曾建国、熊曾润,《趣读闭折线的 k 号心》,江西高校出版社:2006(南昌);

王方汉.《五角星・星形・平面闭折线》,华中师范大学出版社:2008(武汉).

我们还有一本专著:杨之的《一般折线的几何学》,由哈尔滨工业大学出版社 2015 年出版.

3.3 "绝对值方程"研究

对这部分的内容,我们仍采用"综述"文章加上"数学诗"(文章写于 2002 年,2003 年 ～ 2011 年发展采用,发表文章的目录来说明)的形式.下面是林世保和杨世明的文章:

"绝对值方程"研究综述

1. 由来.

17 世纪初,笛卡儿提出"建立一种普遍的数学,使算术、代数和几何统一起来"的设想时至今日 300 余年,此"理想"并未完全实现."坐标几何"(今称"解析几何")仅在光滑曲线的研究中实现了方程化.

然而,数学家们对此并非无动于衷.他们不时地流露出"不满",而试图加以"补救".20 世纪五六十年代,苏联的多莫里亚特(А. П. Доморяд)在《数学博弈与游戏》一书中,就列出了诸如

$$|2y-1|+|2y+1|+\frac{4}{\sqrt{5}}|x|=4(正六边形)$$

$$||x|+||y|-3|-3|=1(正立双"8"字形)$$

的四个含绝对值符号的二元一次方程,并说:"读者能否找到正十二、十六边形的方程?也许要找到正五边形、正七边形等的方程会更加困难."到七八十年代,中国数学杂志上出现了含绝对值的函数解析式图像的文章.但无论如何,供茶余酒后的零星"渲泄",难成气候.

1985 年,杨之发表《绝对值方程》一文,给出了一般概念,提出了研究课题,从而打开了研究的闸门:

定义   在曲线方程 $F(x,y)=0$ 中,如果某些含有变量的部分上带有绝对值符号,那么就称该方程为含有绝对值符号的曲线方程,简称为绝对值方程.

并提出了若干性质,如"一个绝对值方程等价于一个或几个由普通方程和不等式构成的混合组",绝对值符号与曲线的对称性、翻折、封闭性等.并且还提出了若干研究课题:

K1   怎样画方程的图形和依方程研究图形的性质?

K2   怎样构造图形(如多边形)的方程?

2. 由方程到图形.

通过逐次(由外向内)剥去绝对值符号的方法,已经知道如下一些图形的方程:

(1) 角方程,如 $y=|2x+1|$,$y=2|x|+1$,$|y|=2x+1$,$y=x+|x|+1$ 等;

(2) 单折线方程,如 $y=|x-1|\pm|x+1|$ 等;

(3) 双折线方程,如 $|y|=|x-1|+|x+1|$,$\frac{|x|}{a}-\frac{|y|}{b}=1(a>0,b>0)$ 等;

(4) 多边形方程,如凸六边形方程 $|x-1|+|x|+|y|=2$,凹六边形方程 $||x|-|y||+|x|=1$;

（5）单道横"8"字形：$||x|-1|+|y|=1$；

（6）线段方程，如$|\,|y-h|+k-|x-a|\,|+|x-a|=k(k>0)$和射线方程如$|\,|y-y|+|x-a|\,|=0$；

（7）正方形区域的方程，如$|x-1|+|x+1|+|y-1|+|y+1|=4$.

剥去绝对值符号，可用零点分段法也可用其他方法，实际上是化为若干方程不等式混合组. 有趣的是上述图形的方程都是二元一次绝对值方程，因而杨之1986年提出一个课题：

K3　怎样按图形将二元一次绝对值方程进行分类？

时过十六年，至今毫无进展. 也许由于它表示的图形千奇百怪，加"‖"的方式又多种多样，难于入手的缘故吧. 但此问题十分重要，可能是"绝对值方程"进入理论分析的突破口，希望21世纪前十年能有所进展.

至于K1的第二问题，首先在三角形和四边形方程的研究中有重大收获.

3. 由图形到方程.

由图形到方程即求折线方程的实质，就是把描述折线中各线段的混合组逐步并入一个绝对值方程. 由于折线往往缺少基于"距离"概念的轨迹定义，所以按上述方法乃属不得已而为.

罗增儒率先（在1990年前后）给出了求多边形方程的一般的、可操作的程序：

（1）求线段方程；

（2）求折线方程；

（3）组合成多边形方程.

他构造线段方程的方法是典型的；如求线段A_1A_2：$\begin{cases}Ax+By+C=0,\\x_1\leqslant x\leqslant x_2\end{cases}$的方程. 由于$Ax+By+C=0\Leftrightarrow|Ax+By+C|=0$，

$$x_1\leqslant x\leqslant x_2\Leftrightarrow x_1-\frac{x_1+x_2}{2}\leqslant x-\frac{x_1+x_2}{2}\leqslant x_2-\frac{x_1+x_2}{2}$$

即

$$-\frac{x_2-x_1}{2}\leqslant x-\frac{x_1+x_2}{2}\leqslant\frac{x_2-x_1}{2}\Leftrightarrow\frac{x_2-x_1}{2}-\left|x-\frac{x_2+x_1}{2}\right|\geqslant 0$$

所以A_1A_2的方程为

$$\left|\,|Ax+By+C|+\frac{x_2-x_1}{2}-\left|x-\frac{x_2+x_1}{2}\right|\,\right|=\frac{x_2-x_1}{2}-\left|x-\frac{x_2+x_1}{2}\right|$$

再把$Ax+By+C$换成$(x_2-x_1)(y-y_1)-(y_2-y_1)(x-x_1)$就可以了.

1991年以后，我国有很多人对"绝对值方程"进行顽强的探索求出了大量方程. 1998年以后，林世保总结大家的经验，归纳出求绝对值方程的多种行之有效的方法：

(1)轨迹法.引理:$\Box ABCD$ 两顶点到对角线 l 和 m 的距离分别为 d_l 和 d_m，周界任一点到 l 和 m 的距离分别为 h_l 和 h_m，则

$$\frac{h_l}{d_l} + \frac{h_m}{d_m} = 1 \qquad\qquad (*)$$

反之，符合条件($*$)的点，都在 $\Box ABCD$ 上．它适用于求平行四边形的方程．

(2)折叠法．设一次方程 $f(x,y) = 0$ 某部分含有 $x + a$ 或 $y + b$ 且曲线 $f(x,y) = 0$ 与直线 $x + a = 0$ 或 $y + b = 0$ 相交，则在 $x + a$ 或 $y + b$ 上添加 "$|\quad|$"，所得方程的图形即为以过点 $\begin{cases} f(x,y) = 0 \\ x + a = 0 \text{ 或 } y + b = 0 \end{cases}$ 而垂直于 $x + a = 0$ 或 $y + b = 0$ 的直线为折痕，将 $f(x,y) = 0$ 图像的一部分向内折叠所得的图形．

例如，在 $\triangle ABC$ 方程 $||x| + y - 2| + |x| = 2$ 的"$|x| - 1$"上添"$\|$"所得方程 $|||x| - 1| + y - 1| + ||x| - 1| = 1$，为将点 A 按过 AB 的中点 D 和 AC 的中点 E 向内折叠所得的双三角形的方程．

(3)对称法．设方程 $f(x,y) = 0$ 含有 $x + a$ 或 $y + b$，直线 $x + a = 0$ 或 $y + b = 0$ 与图形 $f(x,y) = 0$ 相离或相接，则在 $x + a$ 或 $y + b$ 上添加"$\|$"后的图形是原图形与它关于 $x + a = 0$ 或 $y + b = 0$ 的对称图形的并．

如一个圆的方程为 $(x - 1)^2 + (y - 1)^2 = 1$，则四个相邻圆相切图形的方程为

$$(|x| - 1)^2 + (|y| - 1)^2 = 1$$

(4)区域法．曲线 $f(x,y) = 0$ 在区域 G 的边界条件 $g(x,y) \geqslant 0$（或 $g(x,y) \leqslant 0$）限制下是其在 G 内的部分．

(5)弥合法．通过把几个图形方程弥合在一块而得新图形方程是依据法则

$$\begin{cases} f(x,y) = 0 & (x \geqslant 0) \\ f(-x,y) = 0 & (x \leqslant 0) \end{cases} \Leftrightarrow f(|x|,y) = 0$$

若 x, y 为某一代数式，命题依然成立．

(6)重叠法．依据是

$$f(x,y) = 0 \text{ 或 } g(x,y) = 0 \Leftrightarrow |f(x,y) + g(x,y)| - |f(x,y) - g(x,y)| = 0$$

林世保按这些法则已求出数百幅非常生动、漂亮（有的还十分复杂）的图形方程．如此得到一个十分重要的课题是：

K4　对求绝对值方程轨迹法、折叠法、对称法、弥合法、区域法、重叠法等理论与应用技巧做广泛深入研究，并加以综合拓展．

邹黎明给出多面体方程的二元构造法：设多面体 M 的 k 个面，所在平面方程为 $f_i(x,y,z) = 0 (i = 1, \cdots, k)$，点 P 为 M 内一点，则其绝对值方程为

$$f_1 + r_1 F_1 + |f_1 - r_1 F_1| = 0$$

其中 $F_1 = f_2 + r_2 F_2 + |f_2 - r_2 F_2|, \cdots, F_{k-2} = F_{k-1} + r_{k-1}F_{k-1} + |f_{k-1} - r_{k-1}F_{k-1}|, F_{k-1} = f_k$. 常数 r_i 的确定方法:把点 P 的坐标依次代入

$$f_{k-1} - r_{k-1} \cdot f_k = 0, f_{k-2} - r_{k-2} F_{k-2} = 0, \cdots, f_1 - r_1 F_1 = 0$$

即可顺次求出 $r_{k-1}, r_{k-2}, \cdots, r_1$,我们有

K5 怎样证明"二元构造法"的正确性?试研究把它运用于各种多边形、多面体方程探求的技术、技巧.

4. 第一个三角形方程.

1985 年《中等数学》在发表"绝对值方程"一文时,审稿人由于"把握不大",割掉了文末的一条"尾巴""…… 但对于多边形,我们只考虑了四边形和六边形的方程,而未能构造出奇数条边的多边形的方程.从研究的过程中可得到如下猜想:奇数条边的多边形的方程不存在,特别是三角形方程不存在."1986 年 10 月,应作者之约,《中等数学》又刊出《关于"绝对值方程"几个问题和猜想》一文补上了这条"可爱"的尾巴.

真是一石千浪,"尾巴"发表不到两个月《中等数学》编辑部就收到青年数学教师从东北边陲城市鸡西寄来的文章"关于三角形方程的存在性问题的探讨".杨之看到此文异常高兴.他先是想到"这可能吗?"然后动手对结论进行具体数字和推理过程的严格检验,当验证准确无误时,杨之内心燃起了希望的火光.在把标题改为明确的标题"三角形方程是存在的"之后,建议发表.1987 年第 2 期的《中等数学》在显著位置(封底)发表了该文.绝对值方程研究历程中的,第一个三角形方程

$$||x| + y - 1| + |x| = 1$$

诞生了!当作者小娄拿到刊物时显得异常感动并激发了他灵感的火花,很快撰写出"凸多边形的绝对值方程"一文.不远千里到津门与杨之一起进行检验、修改.1987 年 4 月在《中等数学》发表.接踵而至的是惠州人冯跃峰、杨正义、叶年新、林世保等的研究成果.其中三角形方程有:

较广形式:设 $a > |f|, d \neq 0$,则 $\triangle ABC$ 的方程为

$$|a|x - b| + c(x - b) + dy + e| + a|x - b| + f(x - b) = 1$$

(可竟写出顶点坐标等).

一般形式:设 $\triangle ABC$ 顶点坐标已知,记 $f_i = a_i x + b_i y + c_i = 0$,则其方程为

$$|f_1 + |f_2|| + |f_2| + f_3 = 0$$

三边可由顶点坐标确定且弄清了它表示 $\triangle ABC$ 的条件.

一个"功能性"方程:设 $m > 0, n, p$ 为实数,那么方程

$$|my - px - mn - m|x|| + m|x| = \frac{1}{2}\triangle \quad (\triangle \text{ 为面积})$$

594

振兴祖国数学的圆梦之旅
——中国初等数学研究史话

表示 $\triangle ABC$,其中:

① 顶点坐标为 $A(0,2m)$, $B(n,p)$, $C(-n,-p)$;

② $\triangle = 2m|n|$;

③ $p=0$, $AB=AC$ (等腰三角形);

④ $BC=2\sqrt{n^2+p^2}$, $CA=\sqrt{n^2+(p+2m)^2}$, $AB=\sqrt{n^2+(p-2m)^2}$;

⑤ $p^2+n^2=4m^2$ 时,角 A 为直角三角形;

⑥ $p^2+n^2>4m^2$ 时,为钝角三角形.

还推出了一系列特殊形式的三角形方程,如重心式方程、面积式方程、面积—重心式方程、费马点式方程等,可谓大丰收并产生了一个课题:

K6 怎样化简三角形方程? 怎样判断不同方程的图形是同一三角形? 在一个三角形的众多方程中,哪一个是明显反映其基本性质的标准形式?

5. 多边形的方程.

四边形方程:杨正义获得了四边形的一般式方程

$$||f_1|+|f_2||+r|f_2|+f_3=0(f_i=a_ix+b_iy+c_i,i=1,2,3)$$

且当 $-1<r<1$, $r=1$ 和 $r>1$ 时,分别表示凹四边形、三角形和凸四边形.冯跃峰给出了单层方程,林世保则获得一个功能性四边形方程

$$|f_1|+|f_2|+f_3=0$$

① $k=a_1b_2-a_2b_1\neq 0$, $a_3=b_3=0$, $c<0$ 时,表示平行四边形;特别 $a_1^2+b_1^2=a_2^2+b_2^2$ 时,表示矩形; $a_1a_2=b_1b_2=0$ 时,表示菱形.

② $\begin{vmatrix} a_1\pm a_2 & a_3 \\ b_1\pm b_2 & b_3 \end{vmatrix}=0$ 且 $a_3^2+b_3^2\neq 0$ 时,表示梯形.

冯跃峰还获得一个功能性的平行四边形方程

$$|f_1|+|f_2|=1$$

据此,可算出中心、顶点、对角线方程及长度、夹角、四边方程,长度和面积可与圆锥曲线方程媲美且达到了应用的水平,还得到了顶点式方程.吴永中则导出了凸四边形的二次绝对值方程.

n 边形方程:娄伟光、叶年新和林世保都导出了凸 n 边形方程,但林世保的最简单(其中 $f_i=a_ix+b_iy+c,i=1,\cdots,n,n+1$)

$$\sum_{i=1}^{n}|f_i|+f_{n+1}=0,(凸 2n 边形) , |f_1|+|f_2||+\sum_{i=2}^{n}|f_i|+f_{n+1}=0$$

朱慕水和林世保还得到正 n 边形和边幅为 c 的正 n 角星的方程

$$s=\frac{R\cos\dfrac{\pi}{n}}{\cos\left[\dfrac{1}{n}\arccos(-\cos n\theta)\right]}, s=\frac{R\cos\dfrac{c}{n}\pi}{\cos\dfrac{1}{n}\left[c\pi-\arccos(\cos n\theta)\right]}$$

其中 R 为外接圆半径, $c\in \mathbf{N}$, $n\geqslant 2c+1$, $\theta \in [0,2\pi]$.林世保于 1995 年推出了

双圆(既有内切圆,又有外接圆的)四边形的方程.我们又有:

K7　多边形(如四边形)方程的"标准形式"是什么?不同形式间怎样互化?二元一次绝对值方程的曲线为多边形的条件是什么?

6. 多面体的方程.

多面体方程的获得是意义重大的进展,因为数学中研究多面体一直缺乏有效的手段.而这项成果有希望开拓多面体解析研究的一条途径.

棱锥的方程:牛秋宝、张付彬于 1993 年获四棱锥方程

$$|\lambda|f_1|+||f_1|+f_2|+f_3|+\lambda|f_1|+||f_1|+f_2|+f_3|+f_4=0$$

其中 $f_i=a_ix+b_iy+c_iz+d_i$,$i=1,2,3,4$,λ 和 a_i,b_i,c_i,d_i 为待定常数,可由顶点坐标确定.设 n 棱锥 $V-A_1\cdots A_n$ 底面多边形方程为 $f(x,y)=0$,且 $z=0$,顶点为 $V(a,b,c)$ $(c>0)$,则其方程为

$$|F_1-F_2|=2|F_1|+2|F_2|+F_1+F_2$$

其中 $F_1=(c-z)f\left(\dfrac{cx-az}{c-z},\dfrac{cy-bz}{c-z}\right)$,$F_2=\left|z+\dfrac{c}{2}\right|-\dfrac{c}{2}$.

林世保获得了顶点－体积式的四面体方程.宋之宇和杨正义则对四面体进行解析研究并把仿射变换用于推导任意四面体方程,难能可贵.

其他多面体的方程:首先徐宁推广椭球 $\dfrac{x^2}{a^2}+\dfrac{y^2}{b^2}+\dfrac{z^2}{c^2}=1$ 内接中心对称八面体方程,推出了平行八面体的方程

$$\sum_{i=1}^{3}|a_{i1}x+a_{i2}y+a_{i3}z|=1(\triangle=|a_{ij}|\neq 0)$$

然后李煜钟导出了五种多面体方程,而牛秋宝和刘瑞燕又导出了柱体和台体的方程.于是又引出如下课题:

K8　三元一次绝对值方程成为柱、锥、台、正多面体的条件各是什么?怎样按图形进行分类?

我们的最终目标是把绝对值方程用于多面体性质的研究,而要到达这个目的,就要对方程进行简化、标准化.

7. 简单的结语.

自 1985 年以来,我国绝对值方程的研究无疑取得了可观的成绩,发表了近100 篇论文,对"常见的"平面和立体图形几乎都导出了它们的方程,个别达到"可用"的水平并且发现了方程的一般构造方法.但是自 2000 年以来,给人以一种"似乎停滞"的感觉,"问题缺乏"可能是原因之一.我们这里又概括出八个问题,但是过大了一点,我们希望有具体的猜想提出来.

"绝对值方程"是中国人在自己的土地上提出并加以深入研究的课题,是一个不断出思想、出方法、出问题和猜想出成果的课题,前景广阔.值得我们去深入研究.

由于绝对值方程往往要用多层绝对值符号,为避免混淆,建议构造多套绝对值符号.

文献目录

[1] 多莫里亚特. 数学博弈与游戏[M]. 杨之,译. 北京:科学普及出版社,1985, 5.

[2] 杨之. 绝对值方程[J]. 中等数学,1985,6.

[3] 杨之. 关于绝对值方程的几个问题和猜想[J]. 中等数学,1986,5.

[4] 娄伟光. 三角形方程是存在的[J]. 中等数学,1987,2.

[5] 娄伟光. 凸多边形的绝对值方程[J]. 中等数学,1987,6.

[6] 冯跃峰,杨正义,叶新年等. 凸多边形绝对值方程的一种求法[J]. 中等数学,1988,4.

[7] 冯跃峰. 三角形的方程[J]. 湖南数学通讯,1989,4.

[8] 杨之. "绝对值方程研究"小议[J]. 中国初等数学研究文集,1992,6.

[9] 冯跃峰. 平行四边形的方程[J]. 中国初等数学研究文集,1992,6.

[10] 杨正义. 三角形绝对值方程的一般形式[J]. 中国初等数学研究文集, 1992,6.

[11] 杨正义. 四边形绝对值方程的一般形式[J]. 中国初等数学研究文集, 1992,6.

[12] 叶年新. 一类凸多边形的方程[J]. 中国初等数学研究文集,1992,6.

[13] 罗增儒. 线段、折线与多边形的方程[J]. 中国初等数学研究文集,1992,6.

[14] 杨之. 漫谈"绝对值方程"的研究[J]. 湖南教学通讯,1992,5.

[15] 萧国梁. 二元一次绝对值方程的曲线[J]. 中学数学月刊,1989,6.

[16] 冯跃峰. 任意凸四边形方程[J]. 数学通报,1992,11.

[17] 杨之. 初等数学研究的问题与课题[M]. 长沙:湖南教育出版社,1993.

[18] 林世保. 凸多边形和凸多面体的方程[J]. 福建省第二届初等数学研究学术交流会论文,1993,8.

[19] 林世保. 正多边形方程[J]. 福建省第二届初等数学研究学术交流会论文, 1993,8.

[20] 林世保. 凸五边形方程[J]. 福建省第二届初等数学研究学术交流会论文, 1993,8.

[21] 朱慕水. 任意正多边形方程[J]. 福建省第二届初等数学研究学术交流会论文,1993,8.

[22] 朱慕水. 任意凸多边形方程[J]. 福建省第二届初等数学研究学术交流会论文,1993,8.

［23］刘秋宝、张付彬.四棱锥的绝对值方程［J］.全国第二届初等数学研究学术交流会（长沙）论文,1993,8.

［24］刘秋宝、张付彬.柱、锥、台的绝对值方程［J］.全国第二届初等数学研究学术交流会（长沙）论文,1993,8.

［25］邹黎明.谈谈绝对值方程［J］.全国第二届初等数学研究学术交流会（长沙）论文,1993,8.

［26］徐宁.平行八面体方程［J］.全国第二届初等数学研究学术交流会（长沙）论文,1993,8.

［27］刘伍济.对称八面体方程［J］.全国第二届初等数学研究学术交流会（长沙）论文,1993,8.

［28］游少华.折线的分类与方程［J］.全国第二届初等数学研究学术交流会（长沙）论文,1993,8.

［29］宋之宇.再论三角形的绝对值方程［J］.全国第二届初等数学研究学术交流会（长沙）论文,1993,8.

［30］林世保,杨学枝.正偶边形的绝对值方程［J］.福建中学数学,1993,5.

［31］林世保.五角星方程［J］.中等数学,1994,4.

［32］林世保.三角形方程的简化与分类［J］.中等数学（湖北）,1994,5.

［33］肖振纲.平行四边形的解析研究［J］.中等数学（苏州）,1994,4.

［34］林世保.三角形方程的再探讨［J］.湖北数学通讯,1995,1.

［35］吴永中.凸多边形闭区域的绝对值方程［J］.湖南数学通讯,1995,1.

［36］林世保.四面体方程［J］.福建省第三届初等数学研究学术交流会,1996,8.

［37］林世保.双圆四边形的方程及应用［J］.全国第三届初等数学研究学术交流会（福州）,1996,8.

［38］李煌钟,李清河.任意凸五边形方程［J］.全国第三届初等数学研究学术交流会（福州）,1996,8.

［39］李煌钟.关于多面体方程［J］.全国第三届初等数学研究学术交流会（福州）,1996,8.

［40］孙大志.几种常见曲面的绝对值方程［J］.全国第三届初等数学研究学术交流会（福州）,1996,8.

［41］杨正义.三角形的重心式方程［J］.中学数学,1996,3.

［42］宋之宇.三角形的费马点式方程［J］.中学数学,1996,3.

［43］林世保,杨学枝.凸六边形的方程［J］.中学数学教学参考,1996,11.

［44］李裕民.四边形和三角形的绝对值方程［J］.中学数学（苏州）,1996,8.

［45］林世保.正 n 角星的极坐标方程［J］.中等数学,1997,1.

[46] 林世保. 四面体的体积－顶点式方程[J]. 中等数学,1997,6.

[47] 裘良. 凸四边形的解析研究[J]. 中学教研(数学),1999,12.

[48](1) 林世保,杨之. 中国绝对值研究方程[J]. 研究通讯(第一期),1995.

(2) 冯耀峰. 中国绝对值研究方程[J]. 研究通讯(第二期),1995.

(3) 孙大志. 中国绝对值研究方程[J]. 研究通讯(第三期),1996.

(4) 宋之宇,杨正义. 中国绝对值研究方程[J]. 研究通讯(第四期),2000.

[49] 林世保. 绝对值方程研究的综述报告[J]. 第四届全国初等数学研究学术交流会文集,2000.

[50] 林世保. 再论三角形的顶点式方程[J]. 第四届全国初等数学研究学术交流会文集,2000.

[51] 林世保. 绝对值方程的构造法[J]. 第四届全国初等数学研究学术交流会文集,2000.

[52] 游少华. 凸折线方程及其应用[J]. 第四届全国初等数学研究学术交流会文集,2000.

[53] 范茜. whc 32 的纯几何解决[J]. 第四届全国初等数学研究学术交流会文集,2000.

[54] 林世保,杨之. 二元一次绝对值方程构图的两个关键定理[J]. 中学数学,2008,5.

[55] 孙家荣. 凸四边形的绝对值方程[J]. 全国第六届初等数学研究学术交流会论文集,2006.

[56] 林世保. 四边形的顶点式方程[J]. 全国第七届初等数学研究学术交流会文集,2009.

[57] 李盛. 凸多边形区域的参数方程及应用[J]. 全国第七届全国初等数学研究学术交流会文集,2009.

我们的数学"诗"暂告一段落了,当然没有写完,这里要指出,我们还有一本绝对值方程的专著:林世保、杨世明著《绝对值方程－折边与组合图形的解析研究》,2012 年 6 月由哈尔滨工业大学出版社出版. 易见,这实际上是数十个人合作的结果.

(2011 年 9 月 14 日)

《中国初等数学研究》会刊诞生

创办初等数学研究性质的杂志,一直是中国初数研究工作者与爱好者的一个梦想.

不想在 2007 年初步实现.

《中国初等数学研究》杂志正式出刊启事

1.《中国初等数学研究》杂志是由数学大师陈省身题名,全国初等数学研究会主办的面向全国数学教师、初数研究工作者、爱好者的刊物.我们热忱欢迎广大大、中、小学数学教师与初等数学研究工作者和爱好者,各教研、科研单位与个人给予大力支持,并赐大作.

本刊主要栏目:

专题研究、最新成果、数学教育与教学、竞赛数学、测试数学、数学建模与试验、教材研究、数学杂谈、短论集锦、研究动态、习作园地、问题与解答.

稿件请寄:福建省福州市福州教育学院江嘉秋老师收.邮编:350001;另发电子稿至:jjq1963@yahoo.com.cn.

2.全国初等数学研究会决定与哈尔滨工业大学出版社刘培杰工作室合作出版《中国初等数学研究》杂志(会刊,有 ISBN 书号,系正式出版物).交由刘培杰数学工作室承办,一年两期,大 16 开本,256 页,五号字,每页约 45×44 字,定价每本 35 元.

3. 凡我会正式注册的交费会员,每位会员每年交会费的 100 元中 70 元给刘培杰工作室,作为杂志订阅费. 100 元会费汇到:中国工商银行深圳公圆大地支行:账号:4000056101000030147,孙文彩或深圳市平冈中学:孙文彩,邮编:518116,将由研究会转交;非会员或非缴费注册会员若需订阅杂志,则一年需交 80 元(含邮寄费)并汇款至:哈尔滨工业大学出版社刘培杰工作室《初等数学研究》编辑部,邮编:150006.

4. 成立杂志编辑委员会,人员如下:

顾问:周春荔、杨世明.

主任:沈文选;

副主任:杨学枝、吴康、刘培杰.

主编:杨学枝.

副主编:刘培杰、吴康.

编委(按姓氏笔画为序):

王中峰、王光明、田彦武、叶中豪、江嘉秋、孙文彩、刘培杰、沈文选、吴康、汪江松、杨学枝、杨志明、张小明、曹一鸣、黄邦德、曾建国、萧振纲.

编辑部主任:刘培杰(兼);

编辑部副主任:江嘉秋.

5. 所有编辑委员会人员都应义务参与审稿并按时认真、保质保量做好审稿工作.

6. 稿件的基本要求.

(1)稿件务必用 300 字方格稿纸撰写,稿件要求字迹工整、图形正确,正文行距要适当大一点,便于修改.

(2)稿件同时应提供电子文稿,最好使用 Word 录入,文字使用五号字,通过 Word 中的公式编辑器输入公式.打印时请选用 B5(或 A4)纸张,左右边距不少于 1.5 cm,上下边距不少于 2 cm,每面不宜超过 800 字,一律通栏排版.

(3)首页的最上方注明来稿日期、适合栏目、适合年级以及作者的联系方式,有电子邮箱(E—mail)地址的作者请将其附在文首,便于我们和您联系.

(4)稿件按以下格式书写:标题、姓名、作者单位及邮编、内容摘要(一般不超过 100 字)、关键词、正文、参考文献.

(5)如果稿件不止一页,请用订书器在左上角订好.如果同时邮寄两份及两份以上稿件,请用订书器分别装订.

(6)稿件的篇幅不宜过长,一般以不超过 5 000 字为宜.

(7)文稿中的图表、公式、标点、符号要清楚、准确,上、下角标要有明显区别,容易混淆的字母、符号最好在旁边用铅笔适当标注.

(8)文稿中如有引文,请务必注明出处、参考文献.来稿文责自负,如有抄

601

袭现象我们将公开批评,作者本人应负相关责任.

（9）凡被会刊正式录用的稿件的作者,不付稿酬,适当收取版面费.

全国初等数学研究会

2008 年 8 月 26 日

《中国初等数学研究》杂志"创刊号"运作方案

一、刊名与刊号

刊名:《中国初等数学研究》,由数学大师陈省身生前题名.

努力争取获得国家正式刊号,在此之前拟于 2008 年 2 月 10 日前能办妥广东省的"准印证".

二、组织机构与职责

1.《中国初等数学研究》杂志编辑委员会.

顾　问:单墫、周春荔、杨世明.

主　任:沈文选.

副主任:黄邦德、杨学枝、吴康.

编委(排名不分先后):

沈文选、黄邦德、杨学枝、吴康、丁丰朝、王光明、王中峰、叶中豪、江嘉秋、江游、孙文彩、刘培杰、杨志明、汪江松、李德先、曹一鸣、曾建国、黄仁寿、萧振纲、裴光亚.

编委会主要负责制订杂志的编辑方针、宗旨和发展方向及杂志的重大决策.

2.《中国初等数学研究》杂志社.

社长:黄邦德.

主编:杨学枝.

副主编:吴康、李德先.

编辑人员(含特邀编辑):另定.

杂志社挂靠深圳市邦德文化发展有限公司,实行社长负责制.主编主要负责杂志的采编、组稿、定稿、发行等工作.

3.编辑部.

主任:公司拟抽调专人(兼职)负责.

责任编辑:3 人左右(兼职)(另定).

编辑部隶属于杂志社,由主编直接管理.编辑部主要负责杂志的内务工作,稿件来往的收发、登记、编号、打印、校对、杂志邮寄等工作.

三、"杂志社"挂牌

《中国初等数学研究》杂志社挂牌仪式拟在 2008 年 3 月 31 日连同"创刊号"

首发式一同进行.

四、杂志社办公地点与设备添置

《中国初等数学研究》杂志社及编辑部拟设在深圳市邦德文化发展有限公司(深圳市福田区深南中路 2 008 号中国凤凰大厦 1 号 13 楼,邮编:518003).

编辑部拟安排单间办公场所.室内拟添置以下设备:橱柜(存放各方来稿及相关资料)、电脑(可上网,用于收发及修改电子稿件、游览相关信息,对外联络等)、打印机(具有打印、扫描、复印功能,用于打印电子稿件及下载相关资料)、数码相机(用于采编某些原样稿件、现场摄像以便编入杂志等)、电话(传真)机(用于对外联络,接收有关资料)、订书器、文件夹等.

五、"创刊号"内容安排

1."创刊号"封面.

封面设计由美工人员拟于2007年12月底前完成,每期封面图案固定(仅每一期期号改动).

2."创刊号"封二刊登编委会、杂志社成员名单.

3."创刊号"封三与封四用于刊登深圳市邦德文化发展有限公司(以下简称:邦德公司)广告.

4."创刊号"内页.

$P_1 \sim P_2$ 为目录,$P_3 \sim P_4$ 为彩面发刊词(沈文选、黄邦德分别撰写),$P_5 \sim P_8$ 为彩面,刊登名人题词或贺词,$P_9 \sim P_{128}$ 为初数研究文章及邦德公司教师教研文章,内容各半.在 $P_9 \sim P_{128}$ 中用8个彩色版面作为邦德公司专用,介绍邦德公司情况.

六、征稿与审稿

征稿对象为全国从事数学教育教学人员、初数研究工作者和爱好者、邦德公司教师与教研员.有关征稿问题另行通知,刊出的稿件不付稿酬.审稿由初数研究会会员中聘请,其他另请专家审稿,审稿者以自愿义务为原则,一般不给审稿费.杂志暂为季刊,在每季度末发行,一年四本收成本费 100 元(含邮寄费).

七、"创刊号"编辑发行时间安排

1.2007 年 11 月 13 日 ～ 15 日:草拟《中国初等数学研究》杂志运作方案.

2.2007 年 11 月 16 日 ～ 17 日:草拟《中国初等数学研究》杂志"投稿须知".

3.2007 年 11 月 16 日 ～ 20 日:安排、布置编辑室,网站(含初数网和邦德公司内部网)发布有关信息及"征稿通知".

4.2007 年 11 月 21 日:编辑室正式开始办公.

5.2008 年 1 月 31 日:"创刊号"初定稿.

6.2008 年 2 月 10 日:"创刊号"最后定稿,并交付排版、校对.

7.2008 年 3 月 20 日:杂志正式出版.杂志排版印刷工作由邦德公司信息、

企划部负责.

8.2008 年 3 月 31 日：举行《中国初等数学研究》杂志社挂牌及杂志"创刊号"发行仪式（具体事宜另拟）.

2007 年 11 月 13 日

投稿须知

1. 稿件的基本要求.

（1）稿件务必用 300 字方格稿纸撰写,稿件要求字迹工整、图形正确,正文行距要适当大一点,便于修改.

（2）若为打印文稿,最好使用 Word 录入,文字使用五号字,通过 Word 中的公式编辑器输入公式. 打印时请选用 B5（或 A4）纸张,左右边距不少于 1.5 cm,上下边距不少于 2 cm,每面不宜超过 800 字,一律通栏排,单面打印.

（3）首页的最上方注明来稿日期、适合栏目、适合年级以及作者的联系方式,有电子邮箱（E－mail）地址的作者请将其附在文首,便于我们和您联系.

（4）稿件按以下格式书写:标题、姓名、作者单位及邮编、正文、参考文献.

（5）如果稿件不止一页,请用订书器在左上角订好. 如果同时邮寄两份及两份以上稿件,请用订书器分别装订.

（6）稿件的篇幅不宜过长,一般以不超过 5 000 字为宜.

（7）文稿中的图表、计算、标点、符号要清楚、准确,上、下角标要有明显区别,容易混淆的字母、符号最好在旁边用铅笔适当标注.

（8）文稿中如有引文,请务必注明出处、参考文献. 来稿文责自负,如有抄袭现象我们将公开批评,作者本人应负相关责任.

2. 对来稿的几点建议

（1）请尽可能按照上面的要求投递稿件,这是能被选用的重要前提.

（2）一般用平信邮寄稿件即可,不会丢失. 注意在寄出前留存备份,最好将原稿寄出,复印稿留存,来稿不退.

（3）在稿件后面注明作者的联系电话、学校及个人简介.

（4）不宜同时投递多篇（三篇以上）稿件. 因为持续刊登的可能性不大,反而容易引起"一稿多投"的误解. 如手头稿件较多,请有选择地分投各刊.

（5）在写作投寄学生阅读版的论文时,最好围绕四个月以后教学中要讲的内容来写,录用的机会会增加很多.

（6）可以在投稿时适当介绍一下《数学通讯》（教师阅读版和学生阅读版）在当地的发行情况.

3. 来稿不被选用的几种可能.

（1）稿件中有明显的科学性错误.

(2)字迹潦草,涂改较多,难以辨认.

(3)主题不鲜明,文不对题或者选题陈旧老套.

(4)拼凑罗列、结构松散,没有创作的成分.

(5)与教案相仿,不适合发表.

(6)内容太基本与教辅资料雷同.

(7)内容或方法不可靠、不适宜推广,以防误导读者.

(8)近期刊登过类似文章,不宜重复发表.

4. 长期未收到回复怎么办?

对于来稿,编辑部目前还做不到一一回复.编辑部将在网站的"稿件查询系统"中适时公布来稿的审查情况,便于作者查询.作者可以在投稿后一个月左右查询到稿件的初审情况,三个月左右查询到稿件的二审情况,四个月左右查询到稿件的三审情况.

由于稿件众多,不排除极少数通过三审的稿件最终不被录用的可能.同时,由于内容需要也不排除使用少量超过四个月的稿件.对于这两种情况,我们都会及时与作者协商.如果稿件在四个月内未通过"一审""二审"或"三审",可另投他刊.除此以外,不可一稿多投,一旦核实将中止审查该作者的作品并以适当方式处理.

5. 中学生如何写好论文?

中学生写作论文时,最好围绕一两个有新意的题目展开得出明确的结论,总结出适用的解题思想和规律.注意逻辑要清晰、说理要透彻、语言要简明流畅.形式和内容没有限制,可以写学习心得、解题经验,也可以写自己得到的一些探索性成果,要注意将探索过程中的思维变化也融入文中,让读者了解你的解题之道.在选题或写作过程中,最好征求一下老师的建议并和同学们多加讨论,因为他们都是你的读者,应首先得到他们的认可,而且在交流中也容易发现并解决一些自己注意不到的问题.

《数学通讯》编辑部

2007 年 11 月 13 日

《中国初等数学研究》杂志首届编委会名单

顾　问:周春荔、杨世明.

主　任:沈文选;

副主任:杨学枝、吴康、刘培杰.

主　编:杨学枝;

副主编:刘培杰、吴康.

编　委(按姓氏笔画为序):

王中峰、王光明、田彦武、叶中豪、江嘉秋、孙文彩、刘培杰、沈文选、吴康、汪江松、杨学枝、杨志明、张小明、曹一鸣、黄邦德、曾建国、萧振纲.

编辑部主任:刘培杰(兼).

编辑部副主任:江嘉秋.

全国初等数学研究会

2008 年 8 月 26 日

编委的主要职责

1.依据学术论文审阅标准(观点、论据、逻辑性、结构等)及时完成编辑部送审稿件的审阅工作.

2.对期刊提出选题设想,对审阅后的论文提出编辑意见.

3.协助编辑部对某选题进行组稿、审稿.

4.随时提出建设性意见,以增强刊物的可读性、提升刊物的知名度.

5.开展专业学术活动,组织办刊经验交流,举办期刊审读评析活动,活跃学术气氛,提高办刊水平.

编委须知

1.每期能按时间和质量要求通过电子邮箱(E—mail)为编辑部审稿 1～4 篇,每年 8 篇以上.每篇稿件审稿周期 15 天,对于特殊需加急的稿件,审稿人应配合编辑部在规定的时间内将审稿意见返回.

2.向杂志社推荐符合本刊宗旨且可通过初审筛选的优秀稿件,在作者用电子邮箱(E—mail)投稿的同时,编委需用电子邮箱(E—mail)通知缉辑部,以便缉辑部对编委做记录备案.

3.每位编委可有 1 篇有权利向杂志社推荐符合"绿色特快通道"条件的优秀稿件.

4.编委聘用时间为 1 年,能够完成工作者,将连任下一届,不能完成相应工作时,下一届将不再被聘任.下一届聘任时间为每年的 1 月份.

审稿要求

为进一步做好学报审稿工作,使审稿人审阅(评)论文时有章可循,真正做到客观、公正、全面、准确地评价论文的科学性、先进性和新颖性,并合理确定刊用与否,对杂志稿件审稿请按以下要求进行.

1. 文稿内容应坚持四项基本原则,坚持辩证唯物主义,贯彻党和国家对教育和出版工作的方针政策,遵守国家法律法规,不得有政治性错误或浮夸、泄密现象.

2. 文稿既要尽可能反映我国初等数学和数学教育教学的新成就和发展水平,又要注意我国初等数学当前的水平和实际教育工作的需要,贯彻理论与实践相结合、普及与提高相结合和"百花齐放、百家争鸣"的方针.

3. 文稿内容必须实事求是,方法是否准确可靠,依据是否充足,是否客观、深入,数据是否准确、完整及符合统计学要求,结论是否正确与国内已发表的同类文章相比有无作者自己新的或更深入的经验、发现和见解.特别注意有无抄袭、剽窃.

4. 文题贴切、简明准确,摘要符合要求,其中方法、结果完整,关键词标引方法恰当.名词术语规范,缩写符合要求,项目代号无重复.文末参考文献注录规范.文章精练、语言表达通顺、层次清晰、图表正确清晰与正文不重复.

5. 审稿过程中应重视和加强对稿件的修(删)改工作,认真提出修改意见.通过指导作者修改稿件,提高中、青年作者的科研、写作水平;审稿过程中应妥善保管稿件,以防遗失并注意保密审稿过程.

6. 请审稿人按审稿要求认真填写好审稿单上的各项内容和结论意见,刊用与否要明确,录用理由应具体充分并及时反馈编辑部,不得把结论意见泄露出去.

7. 取舍、处理原则:

① 全文发表或精简后全文发表.属于国内外首创者、国内新的较成熟的成果者、有新的或较以往深入的经验和见解者均可以全文发表.内容繁琐或有重复者可请作者精简后发表.

② 摘要发表.属于初步研究;类似研究已有发表,但尚有一定加深认识;内容一般的研究或分析等均可摘要发表.

③ 不用稿.主要内容有不能弥补的政治性、学术性错误者,内容不符合本刊性质或宗旨者,已有多次类似研究方法不成熟者,立论不能成立者,内容一般、无太多价值者均予不用.发现一稿两投者一律不用,由编辑部依据相应的规定给予适当处理.

8. 审稿者请勿与作者直接发生联系,有何意见或建议可由编辑部与作者联系.

9. 注意事项:

① 审稿人应以对杂志、读者、作者高度负责的态度严肃、认真、细致地做好审稿工作,不论作者是谁均应一视同仁,根据来稿的质量决定取舍.与自己有关的人员来稿,应回避参加审稿与处理.

② 审稿人对所审文稿应明确表示自己的见解,认真填写审稿单.审稿意见要清楚地写在审稿单上.审稿意见包括政治、学术、写作要求应尽量一次提得全面,以免多次返修或修后不用,造成被动.审毕签名以示负责,并注明审完日期.

③ 每篇稿件的审稿人姓名均对作者保密.审稿者请勿与作者直接发生联系,有何意见或建议可由编辑部与作者联系.审稿人也勿向他人展示所审稿件,也不要与无关人员讨论.遇到特殊情况需要征求他人意见者,则应写在审稿单上由编辑部负责处理.切勿将审稿人及其审稿意见告诉作者或除编辑以外的任何第三者.编辑部负责归纳各方面的意见,直接与作者联系.

本刊审稿流程

① 编辑部初审:

编辑部对所投稿件按本刊宗旨及审稿标准进行稿件初审,并进行归类整理,录入作者材料,并报送主编.

② 专家外审,学术把关:

由主编确定同行专家(提出与作者的研究方向相同、相近、相关的同行专业专家 2 ~ 3 名,供本刊编辑部送专家评审前参考)后,通过编辑部发送至编委进行外审.

③ 编辑部审修:

按本刊出版的宗旨和标准提出稿件修改意见,以电邮方式与作者通联,并需作者配合.

④ 每篇稿件均需经编辑部初审,专家专业审稿、主编复审,通过的稿件方可进入排版程序.

⑤ 凡被录用稿件,由编辑部确定应收的版面费后,连同稿件录用通知一并告知作者.

《中国初等数学杂志》编辑部

2009 年 9 月

振兴祖国数学的圆梦之旅
——中国初等数学研究史话

《中国初等数学研究》征稿启事

《中国初等数学研究》杂志创办于 2009 年,刊名由数学大师陈省身生前所题写,是全国初等数学研究会主办的专业性刊物(以书代刊,由哈尔滨工业大学出版社正式出版).本刊宗旨在促进初等数学研究交流、汇聚初等数学研究最新成果、推进各级数学教学和科研单位及初等数学教育教学工作者的理论研究水平.

一、征稿对象

全国大、中、小学数学教师,初等数学研究工作者、爱好者,各教研和科研单位与个人.

二、栏目开设

专题研究、研究动态、数学教育与教学、竞赛数学、测试数学、数学普及、短论集锦、新课程探索、国外初数研究、问题与解答、数学试验与应用、趣味数学、数学史话、学生习作、现代数学思想、数学方法论等.

三、来稿须知

1.论文一律需要提供电子文稿,同时打印一份纸质文稿寄给编辑部.

2.电子文稿,必须使用 Word 录入,标题文字使用黑体小三号字,正文及其他文字使用宋体五号字,通过 Word 中的数学公式编辑器编辑公式符号,句号一律用".".版面请选用 A4 纸张,左右边距 2.2 cm,上下边距 2.5 cm,单倍行距(每面约 1 700 字),一律通栏排版.为不耽搁审稿周期,论文提交后,一般不再接受修改稿.

3.稿件按以下格式书写:标题、作者姓名、作者单位及邮编、内容摘要(一般不超过 200 字)、关键词、正文、参考文献、附录,文后请务必注明来稿日期、作者的联系电话及电子邮箱(E — mail)地址,便于我们和您联系.有多个作者的请注明通讯作者.文章最后附上作者简介以及作者联系电话和电子邮箱.

4.打印文稿中的图表、公式、标点、符号要清楚、准确,上、下角标要有明显区别,容易混淆的字母、符号最好在旁边用铅笔适当标注.

5.文稿中如有引文,请务必注明出处和参考文献.来稿文责自负.如有抄袭现象我们将公开批评,作者应负相关责任.

四、联系方式

咨询电话:13705936996.

主编电话:13609557381.

投稿邮箱:jjq1963@yahoo.com.cn,QQ:271344645.

投稿地址:福建省福州市福州教育学院　　江嘉秋老师收,邮编:350001.

《中国初等数学研究》杂志

编辑部

610

振兴祖国数学的圆梦之旅
——中国初等数学研究史话

数学教育教学学术交流会. 厦门市通过）

第一期　　目录

第二期　目录

振兴祖国数学的圆梦之旅
——中国初等数学研究史话

第三期　　目录

614

振兴祖国数学的圆梦之旅
——中国初等数学研究史话

第四期　　目录

第五期　目　录

振兴祖国数学的圆梦之旅

——中国初等数学研究史话

第六期　　目　录

振兴祖国数学的圆梦之旅
——中国初等数学研究史话

主要参考文献

[1]钱宝琮.中国数学史[M].北京:科学出版社,1964:11.

[2]李俨.中算史论丛[M].北京:科学出版社,1954.

[3]李约瑟.中国科学技术史[M].北京:科学出版社,1978:7.

[4]曲安京.中国古代科学技术史·数学卷[M].沈阳:辽宁教育出版社,2000:
7.

[5]刘钝.大哉言数[M].沈阳:辽宁教育出版社,1995:6.

[6]中外数学史编写组.中国数学简史[M].济南:山东教育出版社 1986:8.

[7]郭金彬,李赞和.中国数学源流[M].福州:福建教育出版社 1990:11.

[8]吴文俊.吴文俊文集[M].济南:山东教育出版社,1986.

[9]中外数学史编写组.外国数学简史[M].济南:山东教育出版,1987.

[10]傅忠鹏.三次方程风云记[M].天津:新蕾出版社,1987.

[11]梁宗巨.世界数学史简编[M].沈阳:辽宁人民出版社,1981.

[12]奥利·莱赫托.数学无国界——国际数学联盟的历史[M].王善平译.上
海:上海教育出版社,2002.

[13]傅种孙.傅种孙数学教育文选[M].北京:人民教育出版社,2005.

[14]张奠宙.20世纪数学经纬[M].上海:华东师范大学出版社,2002.

[15]任南衡,张友余.中国数学会史料[M].南京:江苏教育出版社,1995.

[16]沈世豪.陈景润[M].厦门:厦门大学出版社,1997.

[17]汤璪真.几何与数理逻辑—汤璪真文集[M].北京:北京师范大学出版社,
2007.

[18]赵慈庚.赵慈庚数学教育文集[M].上海:上海教育出版社,1987:7.

[19]王世强.代数与数理逻辑——王世强文集[M].北京:北京师范大学出版
社,2005.

[20]赵慈庚.初等数学研究[M].北京:北京师范大学出版社,1990.

[21]冯长河.中学数学文献1951~1966[J].天津师范大学数学系,1984:10.

[22]张友余.中国中等数学文摘[J].西安:陕西科学技术出版社,1983.

[23]杨学枝.不等式研究[M].拉萨:西藏人民出版社,2000.

[24]李炯生,黄国勋.中国初等数学研究[M].北京:科学技术文献出版社,
1992.

[25]杨世明,杨学技.初等不等式在中国[J].中学数学研究,2007:1.

[26]哈代,李特伍德,波利亚.不等式[M].越民义译.北京:科学出版社,1965.

[27]杨之.初等数学研究的问题与课题[M].长沙:湖南教育出版社,1993.

[28]王世强.傅种孙与现代数学[M].北京:北京师范大学出版社,2001,12.

[29]杨学枝.数学奥林匹克不等式研究[M].哈尔滨:哈尔滨工业大学出版社,
2009:8.

[30]杨学枝.中国初等数学研究[M].哈尔滨:哈尔滨工业大学出版社,2009～
2011.

[31]杨学枝.不等式研究(2)[M].哈尔滨:哈尔滨工业大学出版社,2012,12.

[32]杨学枝,林章衍.福建省初等数学研究文集[M].福州:福建教育出版社,
1997:7.

振兴祖国数学的圆梦之旅
——中国初等数学研究史话

哈尔滨工业大学出版社刘培杰数学工作室
已出版(即将出版)图书目录

书 名	出版时间	定 价	编号
新编中学数学解题方法全书(高中版)上卷	2007—09	38.00	7
新编中学数学解题方法全书(高中版)中卷	2007—09	48.00	8
新编中学数学解题方法全书(高中版)下卷(一)	2007—09	42.00	17
新编中学数学解题方法全书(高中版)下卷(二)	2007—09	38.00	18
新编中学数学解题方法全书(高中版)下卷(三)	2010—06	58.00	73
新编中学数学解题方法全书(初中版)上卷	2008—01	28.00	29
新编中学数学解题方法全书(初中版)中卷	2010—07	38.00	75
新编中学数学解题方法全书(高考复习卷)	2010—01	48.00	67
新编中学数学解题方法全书(高考真题卷)	2010—01	38.00	62
新编中学数学解题方法全书(高考精华卷)	2011—03	68.00	118
新编平面解析几何解题方法全书(专题讲座卷)	2010—01	18.00	61
新编中学数学解题方法全书(自主招生卷)	2013—08	88.00	261
数学眼光透视	2008—01	38.00	24
数学思想领悟	2008—01	38.00	25
数学应用展观	2008—01	38.00	26
数学建模导引	2008—01	28.00	23
数学方法溯源	2008—01	38.00	27
数学史话览胜	2008—01	28.00	28
数学思维技术	2013—09	38.00	260
从毕达哥拉斯到怀尔斯	2007—10	48.00	9
从迪利克雷到维斯卡尔迪	2008—01	48.00	21
从哥德巴赫到陈景润	2008—05	98.00	35
从庞加莱到佩雷尔曼	2011—08	138.00	136
数学解题中的物理方法	2011—06	28.00	114
数学解题的特殊方法	2011—06	48.00	115
中学数学计算技巧	2012—01	48.00	116
中学数学证明方法	2012—01	58.00	117
数学趣题巧解	2012—03	28.00	128
三角形中的角格点问题	2013—01	88.00	207
含参数的方程和不等式	2012—09	28.00	213

哈尔滨工业大学出版社刘培杰数学工作室
已出版(即将出版)图书目录

书　名	出版时间	定　价	编号
数学奥林匹克与数学文化(第一辑)	2006—05	48.00	4
数学奥林匹克与数学文化(第二辑)(竞赛卷)	2008—01	48.00	19
数学奥林匹克与数学文化(第二辑)(文化卷)	2008—07	58.00	36'
数学奥林匹克与数学文化(第三辑)(竞赛卷)	2010—01	48.00	59
数学奥林匹克与数学文化(第四辑)(竞赛卷)	2011—08	58.00	87
数学奥林匹克与数学文化(第五辑)	2015—06	98.00	370

书　名	出版时间	定　价	编号
发展空间想象力	2010—01	38.00	57
走向国际数学奥林匹克的平面几何试题诠释(上、下)(第1版)	2007—01	68.00	11,12
走向国际数学奥林匹克的平面几何试题诠释(上、下)(第2版)	2010—02	98.00	63,64
平面几何证明方法全书	2007—08	35.00	1
平面几何证明方法全书习题解答(第1版)	2005—10	18.00	2
平面几何证明方法全书习题解答(第2版)	2006—12	18.00	10
平面几何天天练上卷·基础篇(直线型)	2013—01	58.00	208
平面几何天天练中卷·基础篇(涉及圆)	2013—01	28.00	234
平面几何天天练下卷·提高篇	2013—01	58.00	237
平面几何专题研究	2013—07	98.00	258
最新世界各国数学奥林匹克中的平面几何试题	2007—09	38.00	14
数学竞赛平面几何典型题及新颖解	2010—07	48.00	74
初等数学复习及研究(平面几何)	2008—09	58.00	38
初等数学复习及研究(立体几何)	2010—06	38.00	71
初等数学复习及研究(平面几何)习题解答	2009—01	48.00	42
世界著名平面几何经典著作钩沉——几何作图专题卷(上)	2009—06	48.00	49
世界著名平面几何经典著作钩沉——几何作图专题卷(下)	2011—01	88.00	80
世界著名平面几何经典著作钩沉(民国平面几何老课本)	2011—03	38.00	113
世界著名解析几何经典著作钩沉——平面解析几何卷	2014—01	38.00	273
世界著名数论经典著作钩沉(算术卷)	2012—01	28.00	125
世界著名数学经典著作钩沉——立体几何卷	2011—02	28.00	88
世界著名三角学经典著作钩沉(平面三角卷Ⅰ)	2010—06	28.00	69
世界著名三角学经典著作钩沉(平面三角卷Ⅱ)	2011—01	38.00	78
世界著名初等数论经典著作钩沉(理论和实用算术卷)	2011—07	38.00	126
几何学教程(平面几何卷)	2011—03	68.00	90
几何学教程(立体几何卷)	2011—07	68.00	130
几何变换与几何证题	2010—06	88.00	70
计算方法与几何证题	2011—06	28.00	129
立体几何技巧与方法	2014—04	88.00	293
几何瑰宝——平面几何500名题暨1000条定理(上、下)	2010—07	138.00	76,77
三角形的解法与应用	2012—07	18.00	183
近代的三角形几何学	2012—07	48.00	184
一般折线几何学	即将出版	58.00	203
三角形的五心	2009—06	28.00	51
三角形趣谈	2012—08	28.00	212
解三角形	2014—01	28.00	265
三角学专门教程	2014—09	28.00	387
距离几何分析导引	2015—02	68.00	446

哈尔滨工业大学出版社刘培杰数学工作室
已出版(即将出版)图书目录

书　名	出版时间	定价	编号
圆锥曲线习题集(上册)	2013—06	68.00	255
圆锥曲线习题集(中册)	2015—01	78.00	434
圆锥曲线习题集(下册)	即将出版		
俄罗斯平面几何问题集	2009—08	88.00	55
俄罗斯立体几何问题集	2014—03	58.00	283
俄罗斯几何大师——沙雷金论数学及其他	2014—01	48.00	271
来自俄罗斯的5000道几何习题及解答	2011—03	58.00	89
俄罗斯初等数学问题集	2012—05	38.00	177
俄罗斯函数问题集	2011—03	38.00	103
俄罗斯组合分析问题集	2011—01	48.00	79
俄罗斯初等数学万题选——三角卷	2012—11	38.00	222
俄罗斯初等数学万题选——代数卷	2013—08	68.00	225
俄罗斯初等数学万题选——几何卷	2014—01	68.00	226
463个俄罗斯几何老问题	2012—01	28.00	152
近代欧氏几何学	2012—03	48.00	162
罗巴切夫斯基几何学及几何基础概要	2012—07	28.00	188
用三角、解析几何、复数、向量计算解数学竞赛几何题	2015—03	48.00	455
美国中学几何教程	2015—04	88.00	458
三线坐标与三角形特征点	2015—04	98.00	460
平面解析几何方法与研究(第1卷)	2015—05	18.00	471
平面解析几何方法与研究(第2卷)	2015—06	18.00	472
平面解析几何方法与研究(第3卷)	即将出版		473

书　名	出版时间	定价	编号
超越吉米多维奇.数列的极限	2009—11	48.00	58
超越普里瓦洛夫.留数卷	2015—01	28.00	437
超越普里瓦洛夫.无穷乘积与它对解析函数的应用卷	2015—05	28.00	477
超越普里瓦洛夫.积分卷	2015—06	18.00	481
超越普里瓦洛夫.基础知识卷	2015—06	28.00	482
超越普里瓦洛夫.数项级数卷	2015—07	38.00	489
Barban Davenport Halberstam 均值和	2009—01	40.00	33
初等数论难题集(第一卷)	2009—05	68.00	44
初等数论难题集(第二卷)(上、下)	2011—02	128.00	82,83
谈谈素数	2011—03	18.00	91
平方和	2011—03	18.00	92
数论概貌	2011—03	18.00	93
代数数论(第二版)	2013—08	58.00	94
代数多项式	2014—06	38.00	289
初等数论的知识与问题	2011—02	28.00	95
超越数论基础	2011—03	28.00	96
数论初等教程	2011—03	28.00	97
数论基础	2011—03	18.00	98
数论基础与维诺格拉多夫	2014—03	18.00	292
解析数论基础	2012—08	28.00	216
解析数论基础(第二版)	2014—01	48.00	287
解析数论问题集(第二版)	2014—05	88.00	343
解析几何研究	2015—01	38.00	425
初等几何研究	2015—02	58.00	444
数论入门	2011—03	38.00	99
代数数论入门	2015—03	38.00	448
数论开篇	2012—07	28.00	194
解析数论引论	2011—03	48.00	100

哈尔滨工业大学出版社刘培杰数学工作室
已出版（即将出版）图书目录

书　名	出版时间	定价	编号
复变函数引论	2013—10	68.00	269
伸缩变换与抛物旋转	2015—01	38.00	449
无穷分析引论(上)	2013—04	88.00	247
无穷分析引论(下)	2013—04	98.00	245
数学分析	2014—04	28.00	338
数学分析中的一个新方法及其应用	2013—01	38.00	231
数学分析例选:通过范例学技巧	2013—01	88.00	243
高等代数例选:通过范例学技巧	2015—06	88.00	475
三角级数论(上册)(陈建功)	2013—01	38.00	232
三角级数论(下册)(陈建功)	2013—01	48.00	233
三角级数论(哈代)	2013—06	48.00	254
基础数论	2011—03	28.00	101
超越数	2011—03	18.00	109
三角和方法	2011—03	18.00	112
谈谈不定方程	2011—05	28.00	119
整数论	2011—05	38.00	120
随机过程(Ⅰ)	2014—01	78.00	224
随机过程(Ⅱ)	2014—01	68.00	235
整数的性质	2012—11	38.00	192
初等数论100例	2011—05	18.00	122
初等数论经典例题	2012—07	18.00	204
最新世界各国数学奥林匹克中的初等数论试题(上、下)	2012—01	138.00	144,145
算术探索	2011—12	158.00	148
初等数论(Ⅰ)	2012—01	18.00	156
初等数论(Ⅱ)	2012—01	18.00	157
初等数论(Ⅲ)	2012—01	28.00	158
组合数学	2012—04	28.00	178
组合数学浅谈	2012—03	28.00	159
同余理论	2012—05	38.00	163
丢番图方程引论	2012—03	48.00	172
平面几何与数论中未解决的新老问题	2013—01	68.00	229
法雷级数	2014—08	18.00	367
代数数论简史	2014—11	28.00	408
摆线族	2015—01	38.00	438
拉普拉斯变换及其应用	2015—02	38.00	447
函数方程及其解法	2015—05	38.00	470
罗巴切夫斯基几何学初步	2015—06	28.00	474
[x]与{x}	2015—04	48.00	476
极值与最值.上卷	即将出版		486
极值与最值.中卷	2015—06	38.00	487
极值与最值.下卷	2015—06	28.00	488
历届美国中学生数学竞赛试题及解答(第一卷)1950—1954	2014—07	18.00	277
历届美国中学生数学竞赛试题及解答(第二卷)1955—1959	2014—04	18.00	278
历届美国中学生数学竞赛试题及解答(第三卷)1960—1964	2014—06	18.00	279
历届美国中学生数学竞赛试题及解答(第四卷)1965—1969	2014—04	28.00	280
历届美国中学生数学竞赛试题及解答(第五卷)1970—1972	2014—06	18.00	281
历届美国中学生数学竞赛试题及解答(第七卷)1981—1986	2015—01	18.00	424

哈尔滨工业大学出版社刘培杰数学工作室
已出版(即将出版)图书目录

书 名	出版时间	定 价	编号
历届 IMO 试题集(1959—2005)	2006—05	58.00	5
历届 CMO 试题集	2008—09	28.00	40
历届中国数学奥林匹克试题集	2014—10	38.00	394
历届加拿大数学奥林匹克试题集	2012—08	38.00	215
历届美国数学奥林匹克试题集:多解推广加强	2012—08	38.00	209
历届波兰数学竞赛试题集. 第 1 卷,1949～1963	2015—03	18.00	453
历届波兰数学竞赛试题集. 第 2 卷,1964～1976	2015—03	18.00	454
保加利亚数学奥林匹克	2014—10	38.00	393
圣彼得堡数学奥林匹克试题集	2015—01	48.00	429
历届国际大学生数学竞赛试题集(1994—2010)	2012—01	28.00	143
全国大学生数学夏令营数学竞赛试题及解答	2007—03	28.00	15
全国大学生数学竞赛辅导教程	2012—07	28.00	189
全国大学生数学竞赛复习全书	2014—04	48.00	340
历届美国大学生数学竞赛试题集	2009—03	88.00	43
前苏联大学生数学奥林匹克竞赛题解(上编)	2012—04	28.00	169
前苏联大学生数学奥林匹克竞赛题解(下编)	2012—04	38.00	170
历届美国数学邀请赛试题集	2014—01	48.00	270
全国高中数学竞赛试题及解答. 第 1 卷	2014—07	38.00	331
大学生数学竞赛讲义	2014—09	28.00	371
高考数学临门一脚(含密押三套卷)(理科版)	2015—01	24.80	421
高考数学临门一脚(含密押三套卷)(文科版)	2015—01	24.80	422
新课标高考数学题型全归纳(文科版)	2015—05	72.00	467
新课标高考数学题型全归纳(理科版)	2015—05	82.00	468
整函数	2012—08	18.00	161
多项式和无理数	2008—01	68.00	22
模糊数据统计学	2008—03	48.00	31
模糊分析学与特殊泛函空间	2013—01	68.00	241
受控理论与解析不等式	2012—05	78.00	165
解析不等式新论	2009—06	68.00	48
反问题的计算方法及应用	2011—11	28.00	147
建立不等式的方法	2011—03	98.00	104
数学奥林匹克不等式研究	2009—08	68.00	56
不等式研究(第二辑)	2012—02	68.00	153
初等数学研究(Ⅰ)	2008—09	68.00	37
初等数学研究(Ⅱ)(上、下)	2009—05	118.00	46,47
中国初等数学研究 2009 卷(第 1 辑)	2009—05	20.00	45
中国初等数学研究 2010 卷(第 2 辑)	2010—05	30.00	68
中国初等数学研究 2011 卷(第 3 辑)	2011—07	60.00	127
中国初等数学研究 2012 卷(第 4 辑)	2012—07	48.00	190
中国初等数学研究 2014 卷(第 5 辑)	2014—02	48.00	288
振兴祖国数学的圆梦之旅:中国初等数学研究史话	2015—06	78.00	490
数阵及其应用	2012—02	28.00	164
绝对值方程—折边与组合图形的解析研究	2012—07	48.00	186
不等式的秘密(第一卷)	2012—02	28.00	154
不等式的秘密(第一卷)(第 2 版)	2014—02	38.00	286
不等式的秘密(第二卷)	2014—01	38.00	268
初等不等式的证明方法	2010—06	38.00	123
初等不等式的证明方法(第二版)	2014—11	38.00	407

书　名	出版时间	定　价	编号
数学奥林匹克在中国	2014—06	98.00	344
数学奥林匹克问题集	2014—01	38.00	267
数学奥林匹克不等式散论	2010—06	38.00	124
数学奥林匹克不等式欣赏	2011—09	38.00	138
数学奥林匹克超级题库(初中卷上)	2010—01	58.00	66
数学奥林匹克不等式证明方法和技巧(上、下)	2011—08	158.00	134,135
近代拓扑学研究	2013—04	38.00	239
新编640个世界著名数学智力趣题	2014—01	88.00	242
500个最新世界著名数学智力趣题	2008—06	48.00	3
400个最新世界著名数学最值问题	2008—09	48.00	36
500个世界著名数学征解问题	2009—06	48.00	52
400个中国最佳初等数学征解老问题	2010—01	48.00	60
500个俄罗斯数学经典老题	2011—01	28.00	81
1000个国外中学物理好题	2012—04	48.00	174
300个日本高考数学题	2012—05	38.00	142
500个前苏联早期高考数学试题及解答	2012—05	28.00	185
546个早期俄罗斯大学生数学竞赛题	2014—03	38.00	285
548个来自美苏的数学好问题	2014—11	28.00	396
20所苏联著名大学早期入学试题	2015—02	18.00	452
161道德国工科大学生必做的微分方程习题	2015—05	28.00	469
500个德国工科大学生必做的高数习题	2015—06	28.00	478
德国讲义日本考题.微积分卷	2015—04	48.00	456
德国讲义日本考题.微分方程卷	2015—04	38.00	457
博弈论精粹	2008—03	58.00	30
博弈论精粹.第二版(精装)	2015—01	88.00	461
数学 我爱你	2008—01	28.00	20
精神的圣徒　别样的人生——60位中国数学家成长的历程	2008—09	48.00	39
数学史概论	2009—06	78.00	50
数学史概论(精装)	2013—03	158.00	272
斐波那契数列	2010—02	28.00	65
数学拼盘和斐波那契魔方	2010—07	38.00	72
斐波那契数列欣赏	2011—01	28.00	160
数学的创造	2011—02	48.00	85
数学中的美	2011—02	38.00	84
数论中的美学	2014—12	38.00	351
数学王者 科学巨人——高斯	2015—01	28.00	428
王连笑教你怎样学数学:高考选择题解题策略与客观题实用训练	2014—01	48.00	262
王连笑教你怎样学数学:高考数学高层次讲座	2015—02	48.00	432
最新全国及各省市高考数学试卷解法研究及点拨评析	2009—02	38.00	41
高考数学的理论与实践	2009—08	38.00	53
中考数学专题总复习	2007—04	28.00	6
向量法巧解数学高考题	2009—08	28.00	54
高考数学核心题型解题方法与技巧	2010—01	28.00	86
高考思维新平台	2014—03	38.00	259
数学解题——靠数学思想给力(上)	2011—07	38.00	131
数学解题——靠数学思想给力(中)	2011—07	48.00	132
数学解题——靠数学思想给力(下)	2011—07	38.00	133
高中数学教学通鉴	2015—05	58.00	479

哈尔滨工业大学出版社刘培杰数学工作室
已出版（即将出版）图书目录

书　名	出版时间	定　价	编号
我怎样解题	2013—01	48.00	227
和高中生漫谈：数学与哲学的故事	2014—08	28.00	369
2011年全国及各省市高考数学试题审题要津与解法研究	2011—10	48.00	139
2013年全国及各省市高考数学试题解析与点评	2014—01	48.00	282
全国及各省市高考数学试题审题要津与解法研究	2015—02	48.00	450
新课标高考数学——五年试题分章详解(2007～2011)(上、下)	2011—10	78.00	140,141
30分钟拿下高考数学选择题、填空题(第二版)	2012—01	28.00	146
全国中考数学压轴题审题要津与解法研究	2013—04	78.00	248
新编全国及各省市中考数学压轴题审题要津与解法研究	2014—05	58.00	342
全国及各省市5年中考数学压轴题审题要津与解法研究	2015—04	58.00	462
高考数学压轴题解题诀窍(上)	2012—02	78.00	166
高考数学压轴题解题诀窍(下)	2012—03	28.00	167
自主招生考试中的参数方程问题	2015—01	28.00	435
自主招生考试中的极坐标问题	2015—04	28.00	463
近年全国重点大学自主招生数学试题全解及研究.华约卷	2015—02	38.00	441
近年全国重点大学自主招生数学试题全解及研究.北约卷	即将出版		
格点和面积	2012—07	18.00	191
射影几何趣谈	2012—04	28.00	175
斯潘纳尔引理——从一道加拿大数学奥林匹克试题谈起	2014—01	28.00	228
李普希兹条件——从几道近年高考数学试题谈起	2012—10	18.00	221
拉格朗日中值定理——从一道北京高考试题的解法谈起	2012—10	18.00	197
闵科夫斯基定理——从一道清华大学自主招生试题谈起	2014—01	28.00	198
哈尔测度——从一道冬令营试题的背景谈起	2012—08	28.00	202
切比雪夫逼近问题——从一道中国台北数学奥林匹克试题谈起	2013—04	38.00	238
伯恩斯坦多项式与贝齐尔曲面——从一道全国高中数学联赛试题谈起	2013—03	38.00	236
卡塔兰猜想——从一道普特南竞赛试题谈起	2013—06	18.00	256
麦卡锡函数和阿克曼函数——从一道前南斯拉夫数学奥林匹克试题谈起	2012—08	18.00	201
贝蒂定理与拉姆贝克莫斯尔定理——从一个拣石子游戏谈起	2012—08	18.00	217
皮亚诺曲线和豪斯道夫分球定理——从无限集谈起	2012—08	18.00	211
平面凸图形与凸多面体	2012—10	28.00	218
斯坦因豪斯问题——从一道二十五省市自治区中学数学竞赛试题谈起	2012—07	18.00	196
纽结理论中的亚历山大多项式与琼斯多项式——从一道北京市高一数学竞赛试题谈起	2012—07	28.00	195
原则与策略——从波利亚"解题表"谈起	2013—04	38.00	244
转化与化归——从三大尺规作图不能问题谈起	2012—08	28.00	214
代数几何中的贝祖定理(第一版)——从一道IMO试题的解法谈起	2013—08	18.00	193
成功连贯理论与约当块理论——从一道比利时数学竞赛试题谈起	2012—04	18.00	180
磨光变换与范·德·瓦尔登猜想——从一道环球城市竞赛试题谈起	即将出版		
素数判定与大数分解	2014—08	18.00	199
置换多项式及其应用	2012—10	18.00	220
椭圆函数与模函数——从一道美国加州大学洛杉矶分校(UCLA)博士资格考题谈起	2012—10	28.00	219

哈尔滨工业大学出版社刘培杰数学工作室
已出版（即将出版）图书目录

书　名	出版时间	定　价	编号
差分方程的拉格朗日方法——从一道 2011 年全国高考理科试题的解法谈起	2012—08	28.00	200
力学在几何中的一些应用	2013—01	38.00	240
高斯散度定理、斯托克斯定理和平面格林定理——从一道国际大学生数学竞赛试题谈起	即将出版		
康托洛维奇不等式——从一道全国高中联赛试题谈起	2013—03	28.00	337
西格尔引理——从一道第 18 届 IMO 试题的解法谈起	即将出版		
罗斯定理——从一道前苏联数学竞赛试题谈起	即将出版		
拉克斯定理和阿廷定理——从一道 IMO 试题的解法谈起	2014—01	58.00	246
毕卡大定理——从一道美国大学数学竞赛试题谈起	2014—07	18.00	350
贝齐尔曲线——从一道全国高中联赛试题谈起	即将出版		
拉格朗日乘子定理——从一道 2005 年全国高中联赛试题的高等数学解法谈起	2015—05	28.00	480
雅可比定理——从一道日本数学奥林匹克试题谈起	2013—04	48.00	249
李天岩－约克定理——从一道波兰数学竞赛试题谈起	2014—06	28.00	349
整系数多项式因式分解的一般方法——从克朗耐克算法谈起	即将出版		
布劳维不动点定理——从一道前苏联数学奥林匹克试题谈起	2014—01	38.00	273
压缩不动点定理——从一道高考数学试题的解法谈起	即将出版		
伯恩赛德定理——从一道英国数学奥林匹克试题谈起	即将出版		
布查特－莫斯特定理——从一道上海市初中竞赛试题谈起	即将出版		
数论中的同余数问题——从一道普特南竞赛试题谈起	即将出版		
范·德蒙行列式——从一道美国数学奥林匹克试题谈起	即将出版		
中国剩余定理:总数法构建中国历史年表	2015—01	28.00	430
牛顿程序与方程求根——从一道全国高考试题解法谈起	即将出版		
库默尔定理——从一道 IMO 预选试题谈起	即将出版		
卢丁定理——从一道冬令营试题的解法谈起	即将出版		
沃斯滕霍姆定理——从一道 IMO 预选试题谈起	即将出版		
卡尔松不等式——从一道莫斯科数学奥林匹克试题谈起	即将出版		
信息论中的香农熵——从一道近年高考压轴题谈起	即将出版		
约当不等式——从一道希望杯竞赛试题谈起	即将出版		
拉比诺维奇定理	即将出版		
刘维尔定理——从一道《美国数学月刊》征解问题的解法谈起	即将出版		
卡塔兰恒等式与级数求和——从一道 IMO 试题的解法谈起	即将出版		
勒让德猜想与素数分布——从一道爱尔兰竞赛试题谈起	即将出版		
天平称重与信息论——从一道基辅市数学奥林匹克试题谈起	即将出版		
哈密尔顿－凯莱定理:从一道高中数学联赛试题的解法谈起	2014—09	18.00	376
艾思特曼定理——从一道 CMO 试题的解法谈起	即将出版		

哈尔滨工业大学出版社刘培杰数学工作室
已出版(即将出版)图书目录

书　名	出版时间	定　价	编号
一个爱尔特希问题——从一道西德数学奥林匹克试题谈起	即将出版		
有限群中的爱丁格尔问题——从一道北京市初中二年级数学竞赛试题谈起	即将出版		
贝克码与编码理论——从一道全国高中联赛试题谈起	即将出版		
帕斯卡三角形	2014—03	18.00	294
蒲丰投针问题——从2009年清华大学的一道自主招生试题谈起	2014—01	38.00	295
斯图姆定理——从一道"华约"自主招生试题的解法谈起	2014—01	18.00	296
许瓦兹引理——从一道加利福尼亚大学伯克利分校数学系博士生试题谈起	2014—08	18.00	297
拉格朗日中值定理——从一道北京高考试题的解法谈起	2014—01		298
拉姆塞定理——从王诗宬院士的一个问题谈起	2014—01		299
坐标法	2013—12	28.00	332
数论三角形	2014—04	38.00	341
毕克定理	2014—07	18.00	352
数林掠影	2014—09	48.00	389
我们周围的概率	2014—10	38.00	390
凸函数最值定理:从一道华约自主招生题的解法谈起	2014—10	28.00	391
易学与数学奥林匹克	2014—10	38.00	392
生物数学趣谈	2015—01	18.00	409
反演	2015—01		420
因式分解与圆锥曲线	2015—01	18.00	426
轨迹	2015—01	28.00	427
面积原理:从常庚哲命的一道CMO试题的积分解法谈起	2015—01	48.00	431
形形色色的不动点定理:从一道28届IMO试题谈起	2015—01	38.00	439
柯西函数方程:从一道上海交大自主招生的试题谈起	2015—02	28.00	440
三角恒等式	2015—02	28.00	442
无理性判定:从一道2014年"北约"自主招生试题谈起	2015—01	38.00	443
数学归纳法	2015—03	18.00	451
极端原理与解题	2015—04	28.00	464
中等数学英语阅读文选	2006—12	38.00	13
统计学专业英语	2007—03	28.00	16
统计学专业英语(第二版)	2012—07	48.00	176
统计学专业英语(第三版)	2015—04	68.00	465
幻方和魔方(第一卷)	2012—05	68.00	173
尘封的经典——初等数学经典文献选读(第一卷)	2012—07	48.00	205
尘封的经典——初等数学经典文献选读(第二卷)	2012—07	38.00	206
实变函数论	2012—06	78.00	181
非光滑优化及其变分分析	2014—01	48.00	230
疏散的马尔科夫链	2014—01	58.00	266
马尔科夫过程论基础	2015—01	28.00	433
初等微分拓扑学	2012—07	18.00	182
方程式论	2011—03	38.00	105
初级方程式论	2011—03	28.00	106
Galois理论	2011—03	18.00	107
古典数学难题与伽罗瓦理论	2012—11	58.00	223
伽罗华与群论	2014—01	28.00	290
代数方程的根式解及伽罗瓦理论	2011—03	28.00	108
代数方程的根式解及伽罗瓦理论(第二版)	2015—01	28.00	423

哈尔滨工业大学出版社刘培杰数学工作室
已出版(即将出版)图书目录

书 名	出版时间	定 价	编号
线性偏微分方程讲义	2011—03	18.00	110
几类微分方程数值方法的研究	2015—05	38.00	485
N体问题的周期解	2011—03	28.00	111
代数方程式论	2011—05	18.00	121
动力系统的不变量与函数方程	2011—07	48.00	137
基于短语评价的翻译知识获取	2012—02	48.00	168
应用随机过程	2012—04	48.00	187
概率论导引	2012—04	18.00	179
矩阵论(上)	2013—06	58.00	250
矩阵论(下)	2013—06	48.00	251
趣味初等方程妙题集锦	2014—09	48.00	388
趣味初等数论选美与欣赏	2015—02	48.00	445
对称锥互补问题的内点法:理论分析与算法实现	2014—08	68.00	368
抽象代数:方法导引	2013—06	38.00	257
闵嗣鹤文集	2011—03	98.00	102
吴从炘数学活动三十年(1951～1980)	2010—07	99.00	32
吴从炘数学活动又三十年(1981～2010)	2015—07	98.00	491
函数论	2014—11	78.00	395
耕读笔记(上卷):一位农民数学爱好者的初数探索	2015—04	48.00	459
耕读笔记(中卷):一位农民数学爱好者的初数探索	2015—05	28.00	483
耕读笔记(下卷):一位农民数学爱好者的初数探索	2015—05	28.00	484
数贝偶拾——高考数学题研究	2014—04	28.00	274
数贝偶拾——初等数学研究	2014—04	38.00	275
数贝偶拾——奥数题研究	2014—04	48.00	276
集合、函数与方程	2014—01	28.00	300
数列与不等式	2014—01	38.00	301
三角与平面向量	2014—01	28.00	302
平面解析几何	2014—01	38.00	303
立体几何与组合	2014—01	28.00	304
极限与导数、数学归纳法	2014—01	38.00	305
趣味数学	2014—03	28.00	306
教材教法	2014—04	68.00	307
自主招生	2014—05	58.00	308
高考压轴题(上)	2015—01	48.00	309
高考压轴题(下)	2014—10	68.00	310
从费马到怀尔斯——费马大定理的历史	2013—10	198.00	I
从庞加莱到佩雷尔曼——庞加莱猜想的历史	2013—10	298.00	II
从切比雪夫到爱尔特希(上)——素数定理的初等证明	2013—07	48.00	III
从切比雪夫到爱尔特希(下)——素数定理100年	2012—12	98.00	III
从高斯到盖尔方特——二次域的高斯猜想	2013—10	198.00	IV
从库默尔到朗兰兹——朗兰兹猜想的历史	2014—01	98.00	V
从比勃巴赫到德布朗斯——比勃巴赫猜想的历史	2014—02	298.00	VI
从麦比乌斯到陈省身——麦比乌斯变换与麦比乌斯带	2014—02	298.00	VII
从布尔到豪斯道夫——布尔方程与格论漫谈	2013—10	198.00	VIII
从开普勒到阿诺德——三体问题的历史	2014—05	298.00	IX
从华林到华罗庚——华林问题的历史	2013—10	298.00	X

哈尔滨工业大学出版社刘培杰数学工作室
已出版（即将出版）图书目录

书　名	出版时间	定　价	编号
吴振奎高等数学解题真经（概率统计卷）	2012—01	38.00	149
吴振奎高等数学解题真经（微积分卷）	2012—01	68.00	150
吴振奎高等数学解题真经（线性代数卷）	2012—01	58.00	151
高等数学解题全攻略（上卷）	2013—06	58.00	252
高等数学解题全攻略（下卷）	2013—06	58.00	253
高等数学复习纲要	2014—01	18.00	384
钱昌本教你快乐学数学（上）	2011—12	48.00	155
钱昌本教你快乐学数学（下）	2012—03	58.00	171
三角函数	2014—01	38.00	311
不等式	2014—01	38.00	312
数列	2014—01	38.00	313
方程	2014—01	28.00	314
排列和组合	2014—01	28.00	315
极限与导数	2014—01	28.00	316
向量	2014—09	38.00	317
复数及其应用	2014—08	28.00	318
函数	2014—01	38.00	319
集合	即将出版		320
直线与平面	2014—01	28.00	321
立体几何	2014—04	28.00	322
解三角形	即将出版		323
直线与圆	2014—01	28.00	324
圆锥曲线	2014—01	38.00	325
解题通法（一）	2014—07	38.00	326
解题通法（二）	2014—07	38.00	327
解题通法（三）	2014—05	38.00	328
概率与统计	2014—01	28.00	329
信息迁移与算法	即将出版		330
第19～23届"希望杯"全国数学邀请赛试题审题要津详细评注（初一版）	2014—03	28.00	333
第19～23届"希望杯"全国数学邀请赛试题审题要津详细评注（初二、初三版）	2014—03	38.00	334
第19～23届"希望杯"全国数学邀请赛试题审题要津详细评注（高一版）	2014—03	28.00	335
第19～23届"希望杯"全国数学邀请赛试题审题要津详细评注（高二版）	2014—03	38.00	336
第19～25届"希望杯"全国数学邀请赛试题审题要津详细评注（初一版）	2015—01	38.00	416
第19～25届"希望杯"全国数学邀请赛试题审题要津详细评注（初二、初三版）	2015—01	58.00	417
第19～25届"希望杯"全国数学邀请赛试题审题要津详细评注（高一版）	2015—01	48.00	418
第19～25届"希望杯"全国数学邀请赛试题审题要津详细评注（高二版）	2015—01	48.00	419
物理奥林匹克竞赛大题典——力学卷	2014—11	48.00	405
物理奥林匹克竞赛大题典——热学卷	2014—04	28.00	339
物理奥林匹克竞赛大题典——电磁学卷	即将出版		406
物理奥林匹克竞赛大题典——光学与近代物理卷	2014—06	28.00	345

哈尔滨工业大学出版社刘培杰数学工作室
已出版（即将出版）图书目录

书　名	出版时间	定　价	编号
历届中国东南地区数学奥林匹克试题集(2004~2012)	2014—06	18.00	346
历届中国西部地区数学奥林匹克试题集(2001~2012)	2014—07	18.00	347
历届中国女子数学奥林匹克试题集(2002~2012)	2014—08	18.00	348
几何变换(Ⅰ)	2014—07	28.00	353
几何变换(Ⅱ)	2015—06	28.00	354
几何变换(Ⅲ)	2015—01	38.00	355
几何变换(Ⅳ)	即将出版		356
美国高中数学竞赛五十讲.第1卷(英文)	2014—08	28.00	357
美国高中数学竞赛五十讲.第2卷(英文)	2014—08	28.00	358
美国高中数学竞赛五十讲.第3卷(英文)	2014—09	28.00	359
美国高中数学竞赛五十讲.第4卷(英文)	2014—09	28.00	360
美国高中数学竞赛五十讲.第5卷(英文)	2014—10	28.00	361
美国高中数学竞赛五十讲.第6卷(英文)	2014—11	28.00	362
美国高中数学竞赛五十讲.第7卷(英文)	2014—12	28.00	363
美国高中数学竞赛五十讲.第8卷(英文)	2015—01	28.00	364
美国高中数学竞赛五十讲.第9卷(英文)	2015—01	28.00	365
美国高中数学竞赛五十讲.第10卷(英文)	2015—02	38.00	366
IMO 50 年.第1卷(1959—1963)	2014—11	28.00	377
IMO 50 年.第2卷(1964—1968)	2014—11	28.00	378
IMO 50 年.第3卷(1969—1973)	2014—09	28.00	379
IMO 50 年.第4卷(1974—1978)	即将出版		380
IMO 50 年.第5卷(1979—1984)	2015—04	38.00	381
IMO 50 年.第6卷(1985—1989)	2015—04	58.00	382
IMO 50 年.第7卷(1990—1994)	即将出版		383
IMO 50 年.第8卷(1995—1999)	即将出版		384
IMO 50 年.第9卷(2000—2004)	2015—04	58.00	385
IMO 50 年.第10卷(2005—2008)	即将出版		386
历届美国大学生数学竞赛试题集.第一卷(1938—1949)	2015—01	28.00	397
历届美国大学生数学竞赛试题集.第二卷(1950—1959)	2015—01	28.00	398
历届美国大学生数学竞赛试题集.第三卷(1960—1969)	2015—01	28.00	399
历届美国大学生数学竞赛试题集.第四卷(1970—1979)	2015—01	18.00	400
历届美国大学生数学竞赛试题集.第五卷(1980—1989)	2015—01	28.00	401
历届美国大学生数学竞赛试题集.第六卷(1990—1999)	2015—01	28.00	402
历届美国大学生数学竞赛试题集.第七卷(2000—2009)	2015—08	18.00	403
历届美国大学生数学竞赛试题集.第八卷(2010—2012)	2015—01	18.00	404

哈尔滨工业大学出版社刘培杰数学工作室
已出版(即将出版)图书目录

书　名	出版时间	定　价	编号
新课标高考数学创新题解题诀窍:总论	2014—09	28.00	372
新课标高考数学创新题解题诀窍:必修1～5分册	2014—08	38.00	373
新课标高考数学创新题解题诀窍:选修2—1,2—2,1—1,1—2分册	2014—09	38.00	374
新课标高考数学创新题解题诀窍:选修2—3,4—4,4—5分册	2014—09	18.00	375
全国重点大学自主招生英文数学试题全攻略:词汇卷	即将出版		410
全国重点大学自主招生英文数学试题全攻略:概念卷	2015—01	28.00	411
全国重点大学自主招生英文数学试题全攻略:文章选读卷(上)	即将出版		412
全国重点大学自主招生英文数学试题全攻略:文章选读卷(下)	即将出版		413
全国重点大学自主招生英文数学试题全攻略:试题卷	即将出版		414
全国重点大学自主招生英文数学试题全攻略:名著欣赏卷	即将出版		415

联系地址:哈尔滨市南岗区复华四道街10号　哈尔滨工业大学出版社刘培杰数学工作室
网　　址:http://lpj.hit.edu.cn/
邮　　编:150006
联系电话:0451—86281378　　13904613167
E-mail:lpj1378@163.com